生态保护理论探索与实践

金鉴明文集

《金鉴明文集》编辑组

科学出版社

北京

内 容 简 介

金鉴明是我国著名的环境生态学家，中国工程院院士。本书精选了金鉴明发表过的代表性著述，包括环境科学、生态保护、生物多样性、生态管理和生态文明五部分；另外还包括记者专访和主要论著目录。

本书展现了金鉴明的学术思想，反映了老一辈科学家开拓中国环境保护事业的奋斗历程，可供环境保护科研人员、管理人员以及高校师生阅读参考。

图书在版编目（CIP）数据

生态保护理论探索与实践：金鉴明文集/《金鉴明文集》编辑组编.
—北京：科学出版社，2012
　ISBN 978-7-03-032544-0

Ⅰ.生… Ⅱ.金… Ⅲ.生态环境—环境保护—文集 Ⅳ.X171.1-53

中国版本图书馆CIP数据核字（2011）第208183号

责任编辑：李　敏　张　震/责任校对：张怡君
责任印制：徐晓晨/封面设计：王　浩

科 学 出 版 社 出版
北京东黄城根北街 16 号
邮政编码：100717
http://www.sciencep.com

北京京华虎彩印刷有限公司印刷
科学出版社发行　各地新华书店经销
*

2012年1月第　一　版　　开本：787×1092　1/16
2017年4月第二次印刷　　印张：31 1/2　插页：18
字数：750 000

定价：300.00 元
（如有印装质量问题，我社负责调换）

谨以此书献给

金鉴明先生从事科学事业五十余载

暨八十华诞

我的奋斗历程

忙碌碌中，忘了自己已近八十高龄。前些天，中国环境科学研究院孟伟院长和郑丙辉副院长提出帮助我将从事环保工作以来的文章集册出版，以贺我八十寿辰。我和夫人翻阅整理过去几十年的资料和照片，回想起上大学、留学、在中国科学院植物研究所从事科研工作、进入原城乡建设环境保护部以至国家环境保护局、国家环境保护总局从事管理工作，乃至退休仍旧在环境保护部坚持环保工作的经历，几十年来的人和事都浮现在了眼前。我按四个工作阶段归纳了主要工作成果，作为一次全面的总结汇报。

一、1960~1972年，中国科学院植物研究所生态室研究工作

中国科学院工作期间，本人作为野外调查队长及研究组长，领导和组织相关协作单位，共同开展如下工作：

1. 开展生态植物学、群落学调查研究

1）以中国植物研究所生态室为主，会同东北师范大学师生，共同调查长白山森林植被的分布。根据该地区的区位优势和群落结构功能，提出优先保护森林生态系统、适度进行森林资源的综合利用意见，以解决当地森林类自然保护区的保护与当地住民砍伐森林的矛盾。

2）在长白山原始红松林群落中发现了罕见的小片野生人参，建立自然保护小区加以严格的保护，以备引种实验所用。

3）以广西亚热带植被为重点开展三年的南方植被调查。行走90个县，绘制广西1：400万广西植被图。特别是在广西龙胜县花坪林区开展的详细植被调查，为建立生态定位站提供了依据。

2. 提出并设计生态定位站及研究方案

以中国科学院植物研究所生态室为主，会同广西植物所科研人员共同设计、建设亚热带生态定位站，开展森林生态定位监测和群落的生物多样性生态演变过程的研究，为广西龙胜县花坪林区的自然保护与生态建设提供科学依据。

3. 开展示范基地实验工作

（1）制定并推动实施广西蓉县农林牧副渔综合规划

1962～1964年，联合广西林学院师生，将农林牧副渔综合考虑的大生态观念运用于广西蓉县农业，因地制宜地制定大农业规划，实施三年取得明显的经济效益和环境效益。后由中国科学院主持，在当地召开现场经验交流会议，由当时的广西科学技术委员会将蓉县经验推广至广西全境。

（2）资源植物引种栽培及生态适应性研究

在北京郊区成功引种广东穿心莲，产品药效高于南方（与药物研究所共同分析结果），实现了南药北移的成功示范。

（3）调查资源植物成分和储量并将成果应用于军工

历经三年在西双版纳开展植物资源调查和实验室分析，筛选出含14C脂肪酸的资源植物，并评估该植物资源的储量。资源植物在上海炼油厂进行中试和产业化，供当时珍宝岛备战之需。科研工作"野外调查—实验室分析—工厂车间—产业化"的体制格局受到表彰，研究成果获得有关部门的好评。

二、20世纪70年代初期至90年代中期，行政管理工作

1. 在学术上的贡献

（1）提出环境保护的概念

20世纪70年代初，中国的环境污染表现在废气、废水、废渣三个方面，因而主管当局提出三废治理并建立三废办公室作为管理机构。本人汇同中国科学院有关专家，主张环境保护的内涵不仅有三废污染，还有生态破坏，三废仅是

环境保护的一个方面，参见《环境保护》（科学出版社，1977）一书。从当时的出版物看，环境保护概念率先在该书中被提出。

（2）率先提出自然保护的概念

经过和有关专家的多年宣传推动，三废治理和自然保护成为环境保护的两大任务。污染治理与自然保护被写入《环境保护法》中，于1983年公布。

（3）在中国最早系统提出环境科学的概念、研究方向与研究任务

20世纪60年代至70年代初，国内外有两种观点，一种认为环境科学包罗万象，涉及环境化学、环境医药、环境声学等多个学科，没有自己独特的研究内容，因而不存在环境科学；另一种观点认为，环境科学既与各学科交叉同时也有本身独有的研究方向及任务。本人在两种不同观点争议中赞同后一种观点，并对环境科学下了明确的定义，提出了其研究方向及研究任务，参见《环境科学浅论》（科学出版社，1987年）一书。实践证明，后一种观点是正确的。

（4）从国外引入生态农场理念，结合中国国情把生态农场率先改为生态农业，提出中国式的生态农业概念（1979～1980年）、开展生态农业试点（1980年至今）及构建生态农业模式（1990年至今总结提升阶段）

本人在1979年率代表团赴西德考察生态农场。西德生态农场以产品绿色化、有机化及设备的机械化、管道化见长。其先进理念可以吸取但机械化、管道化成本太高，不符合中国国情。本人与中国科学院两位专家商议提出发展中国式的生态农业。本人写报告给原城乡建设环境保护部李锡铭部长和农业部原何康部长，建议在中国试点生态农业，并召开大会加以宣传和推行。征得两位部长同意，两部于1980年初召开大会并开展示范，至今全国已发展了2000多个生态农业试点。联合国环境规划署原执行主任托尔巴来华参观访问，授予中国北京留民营、江苏河横村、安徽小张庄村、浙江藤头村等生态农业试点"全球500佳"奖。

20世纪90年代，本人在示范研究的基础上综合归纳出九大类生态农业模式；至2000年和2010年，进一步追踪调研总结了30年生态农业的实践经验（见《生态农业——21世纪的阳光产业》，清华大学出版社、暨南大学出版社，2011年）。2010年，生态农业的典型——中国浙江宁波滕头村成为上海世博会唯一入选的乡村实践案例，建立了藤头村馆。全球有三千人参加藤头村馆馆长海选。本人有幸担任评选专家参加评选全过程。作为全球生态500佳、世界十佳和谐乡村、全国首批文明村、中国十大名村等，在过去的30年里，滕头村荣获国家级及以上荣誉多达70余项。

2. 在环保管理上的贡献

（1）提出了"积极保护，全面规划，科学管理，永续利用"十六字自然保护方针

基于多年自然保护科研和管理工作经验以及对全国性实践经验的累积和总结，本人提出了"积极保护，全面规划，科学管理，永续利用"的十六字自然保护方针。首先由原国务委员宋健主任在长春市全国自然保护工作会议所做报告中应用，后由国务院发文批准为自然保护十六字方针，见《自然、文化、科技》一书序言（中国环境科学出版社，1995年）。

（2）提出了"污染控制与生态保护并重"的方针

与北京大学陈昌笃教授联名写信，向原国家环境保护总局领导祝光耀及解振华局长建议在全国开展环境保护工作的同时不仅要把污染控制作为重点还需把生态保护提到应有的高度，即"并重"的建议。两位领导同意并采纳了"并重"的意见，在报告中提升为"污染控制与生态保护并重"的方针，转发全国。

（3）参加《中华人民共和国自然保护区条例》的起草制定工作

《中华人民共和国自然保护区条例》的形成历经10年。本人参加了起草、制定以及修改讨论的全过程，多次参加国务院部际联席会议，协调并主持部委召开重要协调会议80多次、中小会议近300多次。

（4）推动全国自然保护区建设及保护区有效管理的试点

20世纪80～90年代主管环保系统的自然保护区及全国自然保护区的评审工作，推动约100个自然保护区建设工作，组织制定自然保护区规划与评审、有效管理的试点等工作（见《自然保护概论》一书，该书被台湾大学译为繁体字作教材，并获国家优秀图书奖）。

（5）对生物多样性保护工作的贡献

1）参与国际生物多样性公约的政府间谈判，并作为专家组成员起草编制《生物多样性公约》。工作历时三年，代表中国政府维护了第三世界的利益。

2）主持并会同有关部门制定《中国生物多样性保护行动计划》。1992年联合国环境与发展大会在巴西首都里约热内卢召开，通过了《生物多样性公约》，要求各国履约并制订本国相应行动计划。本人主持并会同有关部门制定了《中国生物多样性保护行动计划》，由国务院批准出版（中、英版）。作为全球第二家制定的行动计划，在巴哈马联合国生物多样性保护第一届缔约国大

会上受到大会秘书长和主席团的称赞，认为《中国生物多样性保护行动计划》具有现实性和可操作性。

3）主持、组织和参与出版《中国自然保护纲要》工作。1980年，世界自然与自然资源保护联盟（IUCN）、世界自然基金会（WWF）及联合国环境规划署（UNEP）共同出版了《世界保护大纲》（WCS），提出了物种、遗传资源和生态系统三大保护目标，要求世界各国编制相关保护纲要。1984～1987年，本人在中国率先主持、组织并参与出版《中国自然保护纲要》。该纲要由国家有关部门及13个学会参与，200多位专家协作完成。在纲要中，本人提出了中国自然保护的四大保护目标。纲要由国务院颁布实施，成果获得环境保护科技进步一等奖。

（6）组织推动实施全国"七五"环保科技攻关国家项目

本人任全国"七五"环保科技攻关国家项目领导三人小组组长，郭方（代表中国科学院）为副组长，井文勇（代表教育委员会）为副组长，组织推动的80个研究项目中有10项获全国科技进步奖。

本人作为原国家环境保护局总工程师，重点主持参与"全过程生态定量化研究"项目，获部科技进步一等奖、国家科技进步三等奖及"七五"攻关突出贡献奖。

三、90年代后期至今，生态环境保护科研、咨询、评议工作

1. 全国自然保护区国家评审委员会的工作

任全国自然保护区国家评审委员会主任委员和副主任委员多年，参加全国自然保护区考察和保护区的评审、科学有效管理试点及保护区自养管理模式的示范及推广工作。率先创导结合国情的保护区自养模式，如辽宁蛇岛国家级自然保护区的自养模式、贵州草海国家级自然保护区的自养模式等，都取得显著的成效。

2. 参加有机食品基地建设及培训工作

80年代，组织南京环境科学研究所成立联合国中国有机食品研究中心，主持挂牌仪式。此后对生态农业80年代、90年代至2000年间的三个时段试点加以总结，提出有机农业是生态农业发展的方向。该三时段总结参见《院士科普书系》系列丛书之一《生态农业——21世纪的阳光产业》。该系列丛书获国家科

技进步二等奖。

3. 生物多样性保护后续工作——生态安全调研

生态安全是生物多样性保护的重点工作之一，本人参与了12个省市外来种入侵的调查、咨询工作。至今担任两届国家生物物种资源保护专家委员会主任。该委员会是17部委部长联席会议领导下的专家委员会，秘书处设在环境保护部生态司生物安全处。

4. 参加生态示范区、生态市、生态工业区的调研、规划评审工作

早在20世纪80年代，本人主持推动中国第一个生态市——江苏张家港市的构建并参加实践工作，组织中国环境与发展国际合作委员会（以下简称"国合会"）外宾实地考察张家港实施生态市取得的显著成效。江苏省委号召全省学习"团结拼搏、负重奋进、自加压力、敢于争先"的"张家港精神"。在环境保护部生态司领导下（本人参与），张家港贯彻"十六大"精神，率先组织编制了"循环经济规划"，补充生态市规划；"十七大"后又在全国率先编制了"生态文明规划"，提升生态市规划；张家港生态市建设与日俱进，领先于全国。

近十年来，生态工业园区建设在环境保护部科技司领导下取得了显著成绩，特别是三部委（环境保护部、商务部、科技部）联合推进，成就尤其显著。本人参与了大部分调研及规划评审工作。

四、参与部委、省市及部门工作

1. 中国工程院及有关部门的项目咨询、评议和评审工作

1）承担中国工程院项目"三峡水库及其上游水污染防治策略"（2003～2006年）。项目由魏复盛院士负责，本人为课题三"三峡库区面源污染现状与控制对策研究"组长，郑丙辉为副组长。

2）承担中国工程院项目"中国养殖业可持续发展战略的研究"（2008～2011年）。项目由中国工程院旭日干副院长负责，本人为"养殖业发展环境污染防治战略研究"课题组组长，副组长为韩有为。

3）承担"新时期我国生物安全战略与法律法规研究"（2008～2011年）项目。项目负责人为中国工程院刘德培副院长，本人为"新时期我国环境生态安

全战略与法律法规研究"课题组组长，高吉喜为副组长，执笔人苏德。

4）承担"我国湖泊富营养化控制及其流域经济社会发展模式研究"（2008～2011年）项目。刘鸿亮院士为项目组长，本人任项目副组长兼课题一"环境承载力及湖泊富营养化发展趋势研究"课题组长，副组长为席北斗。

2. 用生态学理论引导旅游业（生态旅游）可持续发展

自20世纪八九十年代以来，本人会同中国科学院王献溥研究员、北京大学陈昌笃教授倡导在中国开展生态旅游，研究在自然保护区的实验区、国家森林公园、自然遗迹地、旅游景区等地开展生态旅游的必要和成效并加以培训和宣传。参与国际生态旅游专家论坛，结合国情提出了生态旅游应遵循的四个标准。这四个标准作为制定生态旅游标准的四项原则被主管部门（国家旅游局、环境保护部门）及旅游界学者所认同（见本人主编、李俊清等副主编的生态旅游系列丛书，中国林业出版社，2004）。

3. 参与麋鹿回归祖国的物种迁移工程

由中国生物多样性保护基金会接收的20头麋鹿从英国乌邦寺返回中国北京南海子麋鹿苑，本人组织推动开展了麋鹿园建设、麋鹿原野放养及麋鹿监测与跟踪等一系列科研工作以及湖北石首黄河峪道第二个麋鹿原野保护地建设工作。该工作是在中国生物多样性保护基金会领导胡昭广、季延寿等支持下和王宗炜、杨戎生、汪松研究员等的参加以及湖北省环保厅的努力下共同进行的。

4. 奖项评审及职称评定工作

参加科学技术部国家科技进步奖评审，环保系统部级科技进步奖评审以及环保部门正研究员系列职称评定工作。

5. 顾问、特聘教授等任职

任广西壮族自治区院士顾问团顾问（2010年至今）、福建省人民政府环境专家顾问（2005年至今）以及杭州师范大学特聘教授（2011年起）等职，承担如下任务：

1）广西典型有机农业基地建设，推动有机农业及其产品的开发；

2）广西生态城市规划的评审及生态农业循环模式的推进；

3）福建流域生态保护及其污染综合整治工作咨询；

4）每年6.18海峡两岸环保与经济可持续发展论坛交流；

5）浙江城市湿地系统保护及应用技术系统构建研究。

6. 参加筹备北京奥运会工作，获由雅克·罗格、刘淇颁发的荣誉证书

证书内容如下：

在北京奥运会和残奥会筹备和举办工作中担任工程和环境顾问，为成功举办有特色，高水平的北京奥运会做出了积极贡献，特此纪念。

雅克·罗格　　　　　　　　　刘　淇
国际奥林匹克委员会主席　　29届奥林匹克运动组织委员会主席

7. 参加国合会第一、第二届工作

任环境监测、信息、指标体系组中方组长，外方组长为施奈德（荷兰人）。本工作组有刘鸿亮、段宁、陈昌笃、方克定、雍永智、孙启宏、丁中元、梁熙彦、冯东方等12位成员，届时4年研究、咨询、会议讨论等，研究并取得了监测网络发展战略与能力评估、决策支持系统设计和开发及环境指标的应用等成果。该成果及建议见国合会文件（中国环境科学出版社，1997）。

为此在1997年本人获得"环境与发展国际合作最高奖"，该奖由国务委员、国合会主席宋健颁发。

8. 研究生培养

任上海复旦大学、北京林业大学博士生导师，中国环境科学研究院学术顾问及博士后合作导师。

以上工作成果是与老领导、老部下、老朋友以及我的学生们共同取得的，党和国家给了我荣誉和肯定，在此我衷心地感谢所有给予我关怀和帮助的人。感谢上天眷顾我，给我健康的身体，还能以八十之龄南北奔波。"虽在耄耋之年，而吾人苟奋自我之欲能"，为环保事业、为和谐社会做更多的贡献。

金鉴明

2011年8月8日

李克强副总理访问中国环境科学研究院并接见环境保护系统的中国工程院院士。左一金鉴明院士，左二刘鸿亮院士，左三蔡道基院士，左四魏复盛院士（新华社记者李悦摄于2009年）

与环境保护部部长周生贤合影（摄于2005年）

与原国家环境保护局局长曲格平合影（摄于2010年）

原国家环境保护总局副局长祝光耀宣读金鉴明院士获得何梁何利基金科学与技术进步奖并合影（摄于2002年）

与原国家环境保护总局局长解振华合影（摄于1993年）

参加第一届巴哈马生物多样性保护缔约国大会。左起金鉴明院士、联合国副秘书长兼UNEP执行主任多特斯尔、白长波、原国家环境保护总局副局长王玉庆、王捷（摄于1994年）

环境保护部副部长李干杰接见中国生物多样性保护与绿色发展基金会理事长胡德平等人。前排左起金鉴明院士、胡德平、李干杰、胡昭广，二排右二庄国泰（摄于2011年）

张家界生态考察。左一金鉴明院士，左二环境保护部总工程师万本太（摄于2006年）

参加上海世博会。左起原国家环境保护局副局长张坤民、唐孝炎院士、金鉴明院士（摄于2010年）

吉林长白山地区野外考
察。右一国务委员宋
健，右三金鉴明院士
（摄于1990年）

与广东省原副省长张高丽
合影（摄于1997年）

与中国科学技术协会党组
书记邓楠合影（摄于2009
年）

在西双版纳合影。从左到右分别为金鉴明院士、中国科学院副院长竺可桢院士、沈文雄（摄于1963年）

海南博鳌会场外合影。左起李文华院士、刘鸿亮院士、金鉴明院士（摄于2003年）

中国工程院院士浙江行。左起宋湛谦院士、金鉴明院士、魏复盛院士、中国工程院副院长沈国舫院士、冯宗炜院士、张齐生院士（摄于2004年）

中国工程院院士行考察广西。左三金鉴明院士，左五蔡道基院士（摄于2004年）

中国科学院植物研究所植物园、北京植物园成立五十周年庆祝会上合影。左起冯宗炜院士、匡廷云院士、金鉴明院士（摄于2006年）

中国工程院工程管理学部院士与航天员合影。前排左五王利恒院士，左八杨利伟，左十一学部主任殷瑞钰院士，后排左七袁晴棠院士，左八王基铭院士，左十巴德年院士，左十一金鉴明院士，左十三孙永福院士

航天城合影。左起金鉴明院士、航天员杨利伟、孙永福院士（摄于2006年）

金鉴明院士与获得2007年国家最高科学技术奖的吴征镒院士合影（摄于2009年）

参加第十一届全国科协年会。左起金鉴明夫妇、杨振宁夫妇（摄于2009年）

中国工程院院士行视察
川气东送工程。前排就
坐徐匡迪（名誉主席）、
第二排左起金鉴明院士、
蒋士成院士、袁晴棠院士
（摄于2010年）

与中国科学院水生生物
所研究人员合影。左起
吴振斌、田兴敏、刘健
康院士（名誉所长）、
金鉴明院士、王德铭、
胡征宇（摄于2010年）

院士专家香港行。右为南
京大学张全兴院士（摄于
2011年）

参加无锡生态修复工程技术咨询会。右为中国环境科学研究院院长孟伟院士（摄于2011年）

内蒙古阿尔山生态文明建设院士行。左起张健、孙铁珩院士、金鉴明院士、魏复盛院士（摄于2011年）

当选为欧亚科学院院士。左一金鉴明院士（摄于2007年）

广西壮族自治区主席马飚给
金鉴明院士颁发顾问证书
（摄于2009年）

金鉴明院士荣获何梁何
利基金科学与技术进步
奖。左二周国泰院士
（摄于2002年）

联合国工业发展组织绿色产
业专家委员会对先进个人金
鉴明院士进行表彰（摄于
2008年）

第十一届全国科协年会。右一中国环境科学研究院副院长郑丙辉，右二金鉴明院士，右三魏复盛院士（摄于2009年）

参加无锡生态修复工程技术咨询会。右为南京环境科学研究所所长高吉喜（摄于2011年）

资源节约环境友好国际合作高层论坛合影。左为第十一届全国政协常务委员、经济委员会副主任胡德平（摄于2009年）

春节团拜会。左一金鉴明院士，左二浙江省省委书记赵洪祝（摄于2011年）

在原国家环境保护总局办公室（摄于1994年）

在赣州参加第三届中国生态旅游发展论坛（摄于2006年）

在中国生物多样性保护基金会自然保护区委员会第三届年会暨生物多样性保护与利用论坛作报告（摄于2006年）

上海世界博览会浙江滕头村馆馆长推选现场会。左五金鉴明院士，左六腾头村书记傅企平（摄于2010年）

参加第三届院士（专家）
苏州生态文明论坛（摄于
2008年）

考察滕头村（摄于2010年）

考察辽宁蛇岛国家级自然保
护区蛇岛老铁山生态监测管
理站（摄于2005年）

考察四川王朗国家级自然保护区
（摄于2003年）

在浙江安吉竹海与当地工作人员合影
（摄于2004年）

考察广西桂林地区金桔林。左一广西农业厅厅长张明沛，左三金鉴明院士（摄于2009年）

考察南海子麋鹿苑。左三金鉴明
院士，左四王宗炜教授（摄于
1983年）

参观四川卧龙自然保护区（摄于
1994年）

参观澳大利亚悉尼野生动物园
（摄于2001年）

UNEP总部合影。左二联合
国副秘书长兼联合国环境规
划署执行主任托尔巴，左三
金鉴明院士（摄于1991年）

参加联合国环境规划署理
事会（摄于1991年）

在UNEP总部参加世界生物多样性政府间谈
判。左为金鉴明院士，右为中国科学院动物所
研究员汪松（摄于1992年）

在巴哈马参加第一届生物多样性保护缔约国大会
（摄于1994年）

荷兰科学考察。左为中国环境与发展国际合作委员会中方科考组组长金鉴明院士，右为国合会荷方科考组组长施奈德（摄于1993年）

在美国旧金山金门大桥（摄于1980年）

赴加拿大参加联合国自然资源保护及综合利用大会（摄于1993年）

在法国巴黎参加联合国教育、科学及文化组织人与生物圈计划（MAB）第一次全体大会（摄于1973年）

在日本参加环保技术应用会议。右为金鉴明的大女儿金冬霞（摄于2003年）

在西班牙马德里参加联合国自然资源保护大会（摄于1984年）

访问IUCN、WWF总部瑞士日内瓦（摄于1980年）

在美国圣地亚哥参加中国环境与发展国际合作委员会专家组会议。前排左起荷方组长施奈德、金鉴明院士、方克定，后排左一孙启宏，左三梁熙彦，左四陈昌笃（摄于1996年）

金鉴明院士的父母（摄于1930年）

金鉴明院士的外祖母、母亲（右一）
和小姨（摄于1930年）

金鉴明院士与弟金树明在杭州（摄于
2002年）

金鉴明夫妇和女儿、女婿、外孙女（摄于2009年）

金鉴明、沈国英夫妇在四川九寨沟合影（摄于2000年）

与大女儿金冬霞在奥林匹克森林公园合影（摄于2009年）

与小女儿金东宇在江西合影（摄于2006年）

金鉴明、沈国英夫妇和女儿们（摄于2009年）

金鉴明夫妇重访小女儿金东宇的母校美国斯坦福大学（摄于2011年）

参加第十一届科协年会后种植院士林（摄于2009年）

金鉴明、沈国英夫妇在天涯海角合影（摄于2004年）

与小女儿金东宇在上海小女儿办公室合影（摄于2009年）

在原苏联列宁格勒大学研究生院留学期间留影（摄于1956年）

列宁格勒大学研究生院同学。左起韩德聪、金鉴明、雍世鹏、戚长敬（摄于1957年）

列宁格勒大学生态地植物教研室师生。右一金鉴明院士，右三金鉴明院士的导师谢尼柯夫（摄于1957年）

暑期在列宁格勒大学实验基地（摄于1957年）

与列宁格勒大学小导师合影。左一金鉴明院士，
左二尤利尼古拉维奇（摄于1956年）

与复旦大学同学合影。后排左
起金鉴明、陈鹭声、孙焕林、
苏德造（摄于1954年）

与老师周纪伦教授（左三）夫
妇和复旦大学博士生任文伟
（左一）合影（摄于2004年）

与杭州二中老同学相聚。前排左二金鉴明院士，后排左一李大均，左三胡辛年，左四胡兴农（摄于2011年）

与中国科学院植物研究所同事聚会。前排左一吴鹏程，左二金鉴明院士，左四鲍显成，左五何关福，后排左一胡舜士（摄于2008年）

金鉴明院士的博士生和博士后。左起于玲、冯朝阳、任文伟、刘军会（摄于2009年）

序　一

在党中央、国务院的正确领导下，"十一五"时期是环境保护大有作为的五年，环境保护工作取得显著成绩。"十二五"时期是环境保护大有希望的五年。国务院刚刚发布《关于加强环境保护重点工作的意见》，把污染治理和生态保护摆上更加重要的位置，明确提出以改革创新为动力，积极探索代价小、效益好、排放低、可持续的环境保护新道路，继续推进环境保护历史性转变。近期，国务院将研究发布"十二五"环境保护规划，并召开第七次全国环境保护大会，全面部署今后五年的环境保护工作。

生态保护是环境保护的重要领域，也是提高环境承载力的战略举措。做好生态保护工作，需要综合运用法律、市场、科技和必要的行政办法，规范经济社会活动，防止生态破坏，切实保护良好的和修复的生态系统。《金鉴明文集》集中展现了金院士的奋斗历程，也是迄今我国生态保护管理工作的发展史。从界定环境保护概念与内涵到推动生态农业，从提出自然保护十六字方针到主持起草《自然保护区条例》，从制定《中国生物多样性保护行动计划》到编撰《中国自然保护纲要》，这些今天为我们所熟知的生态保护管理工作，无一不闪耀着先生的智慧火花，凝结着先生的辛勤汗水，印刻着先生的孜孜身影。金院士作为国家环境保护部门的老领导，是探索环境保护新道路的先行者。同时，作为德高望重的环境学家，他又是探索环境保护新道路的实践者。其勇于创新的理论与实践品格，以及长而不宰、为而不恃的为人作风，值得我们广大环境保护工作者发扬光大。

时逢金院士八十寿辰，祝先生身体健康，阖家幸福！对他几十年来推动我国环境保护事业发展所做出的成就表示深深敬意。

写于先生文集付梓之际。

中华人民共和国环境保护部部长

2011 年 11 月

序 二

自蒸汽机的轰鸣声震醒了人类的田园之梦后，全球工业化的进程就以不可抑制的脚步急速前行。人类在享受着工业文明所创造的丰厚物质的同时，也逐渐开始饱尝自然资源无节制消耗和环境变化所带来的种种惩罚。特别是随着人口的急剧膨胀和生产力水平的不断提高，能源危机、环境污染、水资源短缺、气候变暖、土地荒漠化、生物多样性丧失……灾难性恶果直接威胁人类的生存与发展，人与自然和谐也面临着有史以来最严峻的挑战。

随着人类对自身与自然关系的反思和认识的迅速升温，保护环境、拯救地球已逐渐成为人类的共识。金鉴明先生作为我国生态保护、环境管理、可持续发展和生态文明建设领域的开拓者和奠基者之一，其科学经历和开拓精神，谱写了一部为共和国环境生态事业发展而奋斗的乐章……

20 世纪 50 ~ 60 年代，金先生致力于我国的植被生态学和植物群落学研究，足迹遍布东北长白山、广西石灰岩山地和西双版纳热带地区，长期的野外考察积淀，为他日后从事环境保护，特别是生态保护和建设以及自然保护区管理等方面的政策研究奠定了深厚的基础。20 世纪 70 年代始，先生参与开拓中国的环境保护事业，积极探索环境科学和环境保护理论，并全身心地致力于环境保护实践。先生提出的"全面规划、积极保护、科学管理、永续利用"的自然保护方针，至今仍在贯彻之中。

生物多样性是人类社会赖以生存和发展的基础，保护生物多样性、保证生物资源的永续利用，是当前国际社会关注的重大环境问题之一。我国是世界上生物多样性最为丰富的国家之一，为保护我国的生物多样性，先生率先在我国环境保护领域推动组织编制《中国自然保护纲要》。由先生主持编写的《中国生物多样性保护行动计划》获国务院批准并出版，并在 1994 年巴哈马第一届生物多样性缔约国大会上获宣读，得到大会主席及主席团的赞扬。鉴于我国生态破损难以定量化计算的突出问题，先生又积极推动生态学从宏观定性研究转向综合定量化研究，丰硕的研究成果为国家宏观决策部门提供了重要依据。20世纪 90 年代末，先生与北京大学陈昌笃教授联名向环境保护总局领导提出生态环境保护与污染防治并重的建议，后被作为国家环境保护的重大方针。

金鉴明先生也是我国环境保护领域杰出的学者、导师，他兼职我国多所高等学府和科研院所的教授、博士生导师，躬耕不辍，著述等身，桃李天下，为我国的环境保护教育事业做出了重大贡献。正如先生所言："我的心愿就是努力使人与自然协调，把绿色撒满人间。"今适逢金鉴明先生八十华诞，出版《金鉴明文集》，旨在秉承先生的学术成就，弘扬我国的环境保护事业。

祝先生健康长寿，青春永驻！

中国环境科学研究院院长

2011 年 10 月

前　言

　　环境保护是当今世界性的重大社会经济问题，也是科学技术领域的重大研究课题。就世界范围来说，环境科学成为一门科学还是近三四十年的事情。在中国最早系统提出环境科学概念的就是我国著名的环境生态学家、中国工程院院士、博士生导师——金鉴明先生。

　　金鉴明先生 1932 年生于浙江杭州，1955 年毕业于上海复旦大学生物系，1960 年毕业于原苏联列宁格勒大学研究生院，获副博士学位。回国后，他开始在中国科学院植物研究所从事生态和植物群落研究工作。在此期间金先生从事野外生态调查，足迹遍布全国。在植被考察、调查及制图、农业区划的编制、南药（穿心莲）北移、资源调查和综合利用等研究工作中都取得了突破性的成果。

　　新中国的环境保护管理工作有近四十年的发展历史。1972 年我国政府派出代表团赴瑞典参加第一届联合国人类环境会议，1973 年成立了"国务院环境保护领导小组办公室"，1979 年 9 月全国人民代表大会通过《环境保护法（试行）》，之后我国有了正式的环境保护管理建制——城乡建设环保部设立的环境保护局（1982.5～1987.4）、国家环境保护局（1988.5～1998.2）、国家环境保护总局（1998.3～2008.2）和中华人民共和国环境保护部（2008 年 3 月至今）。金先生 1972 年从中国科学院植物研究所调职参与筹备"环境保护领导小组"，后任原国家环境保护局总工程师、副局长、总局科学顾问委员会副主任等职位，参与并见证了环境保护机构创建、环境保护科学理论奠基、生态保护地位提升和生物多样性保护走向世界等我国环境保护事业的重要发展进程的全过程。在此期间，金先生率先提出环境科学是独立学科并予以定义；在当时历史条件下，他顶着特殊的社会压力率先提出"环境保护"概念，后又提出了适合我国国情的自然保护十六字方针；他在环保领域开创性地推动生态农业试点研究工作，组织编写了《中国自然保护大纲》和《中国生物多样性保护行动计划》等。金先生的工作也得到了党和国家的高度肯定，获得国家"七五"科技攻关突出贡献者奖、国务院"在科学技术事业做出突出贡献的科学家"证书、环境金牛奖、环境与发展国际合作最高奖、何梁何利基金科学与技术进步奖等，1997 年当选为中国工程院院士，2007 年当选为国际欧亚科学院院士。金先生是我国生态环境保护管理工作的重要奠基人之一。

　　在金先生从事环保工作五十余年暨八十寿辰之际，中国环境科学研究院组织人员汇编此书，以示祝福。全书选编了金先生不同时期的代表性著述七十余篇，照片八十余幅。"我的奋斗历程"是金先生亲自整理的珍贵工作回忆资料。著述共分为五个部分，即环境科学 思辨开拓、生态保护 探索实践、生物多样性 引领发展、生态管理 建章应制、生态文明 演绎和谐，主要包括公开发表的论文，也有部分讲话稿和著作节选。

　　本书反映了先生高屋建瓴的学术思想，艰苦奋斗的学术历程，坚韧不拔的进取精神和对我国环保事业上的重大贡献，是一本具有学术价值和纪念意义的出版物。编辑此书，不仅表达了我们对老一辈科学家勇于探索、殚精竭虑致力于我国环保事业精神的崇敬之情，更望将先生的学术思想领会并发扬光大。

　　为真实地反映历史背景，本书保留时用术语。部分原文中插有照片，但由于刊出时间久远清晰度不足，经金先生同意未作保留。由于篇幅所限，金先生的主要论著仅提供目录，备读者查寻。

　　由于时间有限，疏漏不妥之处敬请读者批评指正。

《金鉴明文集》编辑组

2011 年 10 月

目　录

第三篇　生物多样性　引领发展

第一篇 | 环境科学
思辨开拓

环境科学[*]

环境科学是研究人类环境质量及其保护和改善的科学，是近一二十年蓬勃发展起来的一门综合性科学。它不仅包括各种自然因素，也包括一定的社会因素。它以生态学和地球化学为主要基础理论，充分利用化学、生物学、数学、地学、医学、工程学等各领域的科学知识和技术，对人类活动引起的水、空气、土地、生物等环境的问题进行系统的研究。目的是学会认识与正确估价人类的生产行为引起的对自然界近期或比较远期的影响，更好地掌握自然规律。

环境科学的诞生，是二十世纪六十年代自然科学向深度和广度进军的一个重要标志。现在许多自然学科把人类活动对自然界变化的影响作为重要研究内容，从而出现了与环境科学相互渗透的许多分支学科，如环境化学、环境地球化学、环境物理学、环境医学、环境工程学以及大气污染学、水污染学、土壤污染学、污染生态学等等。

环境科学现正处在发展阶段中，其研究内容，目前大致有以下六个方面：

一、环境质量综合评价和预断评价。环境质量是指保障人类和其他生物维持生存的必需条件。自然资源的开发、大型工程的建设以及工矿企业排放的污染物等，都可能引起局部或者大范围内的环境质量的变化，对人类和其他生物产生有害的影响。因此，在建设之前对环境可能产生的影响做出预断评价，为工业合理布局、控制污染源提供科学依据，是预防污染的重要研究课题。

二、环境污染综合防治技术的研究。控制和消除污染源是解决环境污染的根本措施。在二十世纪六十年代初期，一般采取排污口净化处理的办法，到七十年代已采用闭路循环、资源综合利用和综合防治技术，尽量把资源利用起来，减少或不排废物。专门研究污染综合防治技术的环境工程学，近几年发展很快。它运用系统工程和现代控制论，对工厂内外环境污染治理工程进行系统分析，建立各种模拟试验和数学模式，寻找出预防和控制污染的最佳方案。

三、污染物在环境中运动规律的研究。一切生物有机体包括人类，都是由水、碳、氮、氧以及磷、钙等元素组成，这些物质在自然界的循环是有一定的规律的。大量人为污染物的排放，参与了自然界的循环，有可能影响或破坏原有自然循环规律，从而产生不可预料的后果与危害。因此，研究污染物在环境中运动的规律，对防止环境污染是十分必要的。

---

* 金鉴明，周富祥. 1978-9-22. 环境科学. 光明日报.

四、人类活动对生态系统影响的研究。从生态学来说，人是生态系统的组成部分，人的环境也是生态系统的环境。污染物在生态系统中是沿食物链转移、积累的，并危害生物和人类本身。所以，广泛开展人类活动对生态系统影响的研究，各种不同污染物在大气、土壤、水体中运动规律及其反应转化机制和污染物在环境中的自净能力的研究，是环境科学的基本内容和基础研究课题。

五、环境污染与人体健康关系的研究。流行病学的调查表明，环境污染同癌症、心血管、呼吸道等各种疾病的发病有明显的相关性。广泛开展污染物的毒性、毒理学研究，揭示环境因子与疾病的关系，也是环境医学的一项重要任务。

六、环境分析和监测方法的研究。环境中的污染物大多含量极微，而且成分复杂。多种物质混在一起，又会产生新的污染物。加上环境中各种自然因素如气象、水量、水温等都对物质形态有影响，所以对环境分析监测技术的要求很高。目前我国环境分析监测技术，还不能适应工作开展的需要，因此，要大力加强这方面的研究工作，尽快实现监测系统网络化、监测分析标准化和监测技术自动化。

一门新的综合性科学

环境科学[*]

一、环境科学的诞生

环境科学是近一二十年蓬勃发展起来的一门新的综合性科学。

在二十世纪六十年代，西欧爱尔兰海上空成千上万只海鸟莫名其妙地相继死亡。经生物学家们解剖，发现海鸟体内含有高浓度的多氯联苯。这种人工合成的化学物质怎么会进到海鸟体内的呢？

在冰层覆盖的南极大陆定居的企鹅体内，却发现含有滴滴涕农药。有人在北极附近格陵兰冰盖中，发现铅和汞的含量近几十年来正在不断上升。人类进行工业生产和使用的农药，竟能"飞跃"到遥远而荒无人烟的南极洲和北冰洋，这将会产生什么后果呢？

英国首都伦敦，素有"烟雾的城市"之称。1952 年 12 月 5 日，伦敦、南英格兰一带有一大型移动性高压脊，使伦敦上空完全处于无风状态，工厂烟囱、居民取暖排出的烟尘，使天空烟雾弥漫，持续了四五天，大多数居民感到胸口窒闷，并有咳嗽、喉痛、呕吐等症状，仅几天就死亡了 4 千人，其中以 45 岁以上的死亡最多，约为平时的 3 倍，一岁以下死亡的为平时的 2 倍。在事件过后的两个月中，还陆续有 8 千人病死。这是历史上最严重的"悲惨的烟雾事件"。"杀人的烟雾"是怎样致人死亡的呢？

日本有个水俣县，五十年代初期那里的人们发现，有些猫不知什么缘故竟向河里跳去。难道猫也会去自杀吗？后来，有些妇女突然间四肢麻木，精神失常，一会儿酣睡，一会儿兴奋异常，身体也渐渐弯弓起来，痛得惨叫，最后死去。医生查不出是什么原因，说它是"水俣病"，意思是水俣这个地方特有的病。

这一系列的事情，引起了科学家们的注意。1962 年，美国女生物学家雷希尔·卡逊（Rachel Carson）搜集了大量材料，写了一本科学普及读物《寂静的春天》，说明大量使用化学农药后，使自然界发生一系列的变化，一些生物被毁灭了。她写道："原来百鸟歌唱，春光明媚的春天，如今阴影笼罩，已听不到鸟鸣的音浪；以前清澈的河水，清澈的小河溪，游洄着鱼虾贝类，绿荫碧波的池塘栖息着异类的水生生物，现在捕不到鱼虾，也听不到动物的声息——像失去了任何生命似的一片寂静；曾经一度多么引人入胜的林荫道路和

　＊ 周富祥，金鉴明 . 1978. 一门新的综合性科学——环境科学 . 见：现代科学技术简介 . 北京：科学出版社，28～43.

怡神悦目的百草鲜花，现在只见像火灾浩劫过后的焦黄的、枯萎的植物；小鸡、牛羊成批的病倒或死亡……"日本熊本大学医学院有些人也开展了对"水俣病"的调查。他们花了将近十年时间才查明它的病因。原来是该地河流上游有个工厂，排放含汞废水，污染了河水，经过生物的不断富集和转化，在鱼体内不断累积，人们长期吃了含汞的鱼类，经过一二十年的潜伏期，才发作了这种病。伦敦的烟雾事件，以后又相继发生。经过研究对比才弄清楚，原来在燃烧的煤中含有一种三氧化二铁的成分，能促进空气中的二氧化硫氧化，生成硫酸液沫，附着在烟尘上或凝聚在雾核上，进入人的呼吸系统，使人发病或加速慢性病患者的死亡。

空气污浊，水质污染，这在资本主义国家的大城市和工业集中的地方，比比皆是。新鲜的空气，清澈的河流，灿烂的阳光，是难以享受得到的。一系列惊人事例的发生，自然现象中奇怪的变化，使许多生物学家、气象学家、地质学家、土壤学家、化学家、医学家从各个不同角度进行调查研究。调查说明，在工业高度发达的资本主义国家，环境污染与破坏已发展成为社会的"公害"。这是由于垄断资本家拼命追求最大限度的利润，工业高度集中，乱采滥用自然资源，任意排放有害物质，使自然环境遭到了严重污染与破坏，已引起自然界一系列不正常的变化，人类的身体健康受到了危害，潜藏着摧残子孙后代的祸害。污染物质通过水和空气的流动，可以传播到地球各个角落，南极洲、北冰洋发现的有害物质，正是它危害广泛性的例证。又如，瑞典这个国家，经常下"酸雨"，使土壤变坏，农作物受害，建筑物也被严重腐蚀。经调查发现，是西欧一些国家的工厂排放二氧化硫烟气，通过风力的传送，越过国界吹到了北欧，而降落到瑞典。污染物质的直接危害，常常很快会被人们重视；然而许多污染物质在环境中含量极微，大多是以百万分之几或十亿分之几来计算的，因此人们大都不加重视。但是，经过生态系统食物链的富集，这些污染物质可以成千倍、成万倍地在生物体内积累起来。以滴滴涕为例，如散布在大气中的滴滴涕的浓度为 0.000 003ppm*，当降落到海水中为浮游生物吞食后，浮游生物体内的滴滴涕浓度可达到 0.04ppm，即富集 1.3 万倍；浮游生物被小鱼吞食后，小鱼体内滴滴涕浓度可达到 0.5ppm，即富集 14.3 万倍；小鱼再被大鱼吞食后，大鱼体内滴滴涕浓度又增加到 2.0ppm，即富集 57.2 万倍；如鱼再被水鸟所吞食，水鸟体内滴滴涕浓度又增高到 25ppm，富集 858 万倍；人若食用这些海生物，滴滴涕可以在人体内进一步富集到 1000 万倍。人们长期饮食这些含毒量很高的物质，不断地累积于体内，最后产生了危害。有些污染物质进入人体后，还会遗传给子孙后代。上面说的水俣病，当母亲怀孕后，汞会进入胎盘，使胎儿形成畸胎。所以，环境污染的潜在的危害，对人类威胁更大。有些悲观的资产阶级学者叫喊："环境污染使地球正在走向毁灭"，"人类将被技术文明的成就推向自我毁灭"。有些人讽刺地写道：人类的技术文明，使登上月球探险已经成为容易的事，然而，人类却不能在地球这个小小行星上安全地饮用水和呼吸新鲜空气。

什么是环境科学？

目前对环境科学的含义，还没有公认的说法。一般认为，环境科学是一门研究人类环境质量及其保护和改善的科学。它的领域十分广阔，不仅包括各种自然因素，也包括一定

---

* $1\text{ppm} = 10^3 \mu\text{g/L} = 1\text{mg/kg}$

的社会因素。它是以生态学和地球化学为主要基础理论，充分利用化学、生物学、物理学、地学、医学、工程学等各领域的科学知识和技术，对人类活动引起的空气、水、土地、生物等环境的问题，进行系统的研究。

环境科学，在近一二十年内得到了迅速的发展。这主要是，自然环境是人类赖以生存的必要条件，保护和改善环境关系到人们的健康、生产的发展和人类的生存及发展，因而引起广泛的重视，推动了这门科学的发展。同时，环境科学是由许多基础学科互相渗透而发展起来的，它的产生和发展又促进和丰富了其他学科的内容。许多人认为，环境科学的诞生是二十世纪六十年代自然科学向深度和广度进军的一个重要标志。为什么这样说？主要有以下两个基本原因：

第一，大家知道，自然科学是研究自然的现象及其变化的规律，各门学科从各个不同角度，比如从物理的、化学的、生物的、地理的等各个方面去探索自然界的发展规律，认识自然。各种自然现象的变化除了自然界本身的因素外，人类活动对自然界有很大影响，特别是二十世纪以来科学技术突飞猛进，日新月异，人类改造自然的能力大大增强。人类对自然界的影响越来越大，自然界对人类的反作用也日益显露出来。恩格斯在一百多年前就指出："地球的表面、气候、植物界、动物界以及人类本身都不断地变化，而且这一切都是由于人的活动。"可是，不少学科由于受着形而上学哲学思想的支配，还没有彻底摆脱自然主义的研究方法，孤立地研究自然现象。环境问题的出现，再一次证明了人类的活动对自然界的变化起着重大影响，从而许多学科把人类活动产生的影响作为一个重要研究内容，推动了该学科的发展。

以气象学来说，过去认为太阳辐射、下垫面特性和大气环流是研究天气和气候变化的三个重要因子。现在人类活动引起对大气的污染，是影响气候变化不可忽视的第四个重要因子了。有些气象学家提出，近百年来由于人类大量燃烧化石燃料，砍伐了大面积的森林植被，海洋受到石油的污染等原因，大气中二氧化碳的含量由 0.028%（按体积计）增加到 0.032%，近十年平均每年增加 0.2%。二氧化碳在大气圈中起着调节气温和雨量的作用，它像玻璃在温室中的作用一样，能透过太阳辐射，但不能透过反射的红外线辐射，而使底层大气的温度升高。有人提出相反的论点，认为四十年代以来地球上气候出现变冷趋势，这同烟尘粒子增多有密切关系。据测定，目前大气中的尘埃量比二十世纪初增加 2~3 倍，这些烟尘粒子排入大气，使地球上覆盖的云层加厚，减少了太阳辐射的强度，导致气温下降。尽管在二氧化碳、烟尘粒子对现在气候变化的影响程度方面，气象学家们还有不同的看法与争论，但是，人类活动对气候变化的影响这一点，却是没有争议的。

地理学是一门古老的研究自然环境的科学，原来侧重研究原生自然环境本身。人类兴建大量的工程出现在地球表面，大片自然植被被清除而代之以人工植被，埋藏在地下深处的物质和能源大量开发出来，自然界本来不存在的人工合成化学物质不断涌现，生产过程中的废弃物每天以亿万吨的数量排入自然环境中，所有这些都大大改变了自然环境中物质和能量的运动系统，影响了各自然要素之间的物质和能量的交换过程。这要求地理学进一步研究次生环境，研究人类各种活动对自然环境所引起的综合的长期的后果，以及它的空间规律，使地理学由此开拓了新的领域。

再以生物学来说，当前有两个明显发展方向：一个是向微观方向发展，即分子生物学；另一个是向宏观方向发展，研究种群、群落和生态系统，揭示生物有机体在整个自然界能量和物质交换中的作用。环境对种群、群落和生态系统起着重大影响，环境科学为生物学的研究开辟了更加广阔的领域。

再以医学来说，有人认为第二次世界大战后，医学和地学的结合是医学的重大发展，从而出现了一门环境医学，开展了预防疾病的研究，发现人体血液中所含的化学元素和地壳岩石中所含的量，其分布规律是一致的。这些化学元素在人体中含量极微，故称为"微量元素"。微量元素对新陈代谢起一定的作用，可能与生命的发展密切关联。如果某些元素含量多了或者少了，会对人体产生不良影响；而人体内微量元素的变化与环境条件密切相关。微量元素影响人体健康的研究，是环境医学的又一重大突破。

上述各学科向环境科学的渗透，丰富和充实了本学科的研究内容；而环境科学也正是在这一基础上，逐步发展为一门独立的综合性科学。

第二，环境问题的出现，使许多学科之间的关系更紧密地联系起来。近百年来，自然科学迅速发展，一门一门新的学科相继诞生。但各学科各自向纵深发展，自成系统，分科越来越细，而学科与学科之间的联系松弛了，有的更是互相隔阂。各个学科，比如生物学、物理学、化学、地学等，都从各自的角度出发研究环境问题，逐步地形成许多边缘科学，出现了一些新的分支学科领域，如环境生物学、环境医学、环境地质学、环境化学、环境生物地球化学、环境物理、环境工程学等等。这种学科分类方法确切与否，现在尚且不论。但说明了一个基本趋向，即环境问题使各个学科相互渗透，打破了过去那种自成体系、各立门户的状态，使各学科间关系更密切了。

二、环境科学研究的内容

环境科学现正处在发展阶段中，它的研究范围非常广阔，内容丰富，涉及面多。概括说来，大体有三个方面：一是环境质量基础理论的研究，二是环境质量控制与治理的研究，三是环境监测分析技术的研究。这三个方面正在逐步形成环境科学的专门学科，即环境质量学、环境控制学、环境分析学。

三、环境质量基础理论的研究

环境质量学主要是研究人类活动引起的自然环境的变化及产生的影响，环境污染与破坏对人类和生物生存影响的科学原理。

1）环境质量状况的调查。这是开展环境科学研究的基础。环境状况调查的特点是：量大、面广、多学科。近几年来，我国许多地区、部门开展对河流、海域、工业区大气污染的调查，都是在党的领导下，组织许多部门、大专院校、科研单位共同进行。环境状况的调查一般包括：污染现状的调查，污染源调查，污染对人体及生物影响的调查。通常这三方面结合一起进行。通过调查，了解各类污染源排放的污染物质数量，测定污染物质在自然环境中的含量，以及对自然环境引起的一些变化（包括生态变化），探求污染物质对人体健康和动植物生长的影响，为治理和控制污染提供科学依据。

2）环境自净能力的研究。天空烟雾弥漫，河流臭气冲天，地面废渣堆积如山，这是明显的污染现象。然而，自然环境对污染物质都有一定的自然净化能力。我们看到，污染物质进入河流慢慢地稀释，然后在光合和微生物作用下，进行氧化、分解、还原、沉淀等，水质渐渐地恢复原来清澈的状态。比如，排入水体中的酚、氰化物，在氧化条件下，很快分解成二氧化碳、氮氧化物、水。排入大气的污染物质在风力作用下，很快扩散，以后随雨水降落到地面。进入土壤中的污染物质，在土壤微生物的作用下分解，比如微生物破坏酚的化合物，并把它作为碳和能量的来源加以利用。但是，如果污染物质进入环境的数量超过了自然环境净化的能力，水体、空气、土壤中的污染物质越积越多，使水质变坏、空气混浊、土壤贫瘠等，这就造成了污染。

自然环境的净化过程，同污染物质的性质和环境因素有关，其机理是非常复杂的。人类生产活动排放的污染物质种类繁多，某些有机化合物如酚、氰等比较容易分解；某些无机化合物如汞、镉、铬、铅等重金属的化合物和滴滴涕、六六六、多氯联苯等人工合成物质，在自然条件下比较稳定，不容易分解。不容易分解的物质，对生物和人体危害就比较大。有些物质在一起发生反应，会生成新的化学物质。如汽车和工厂排出的氮氧化物和碳化氢气体，经太阳光紫外线照射而生成一种毒性很大的浅蓝色烟雾，称为光化学烟雾。这从污染物质来讲，也称为二次污染物质。

各种环境因素，比如大气、土壤、水体等，对污染物质的净化作用大不一样。一百多年来，世界上发生十多起严重的大气污染事件，包括英国伦敦烟雾事件、美国多诺拉烟雾事件与洛杉矶光化学烟雾事件、比利时马斯河谷事件等等，都是在一定的地理条件（大都是山谷盆地）和特定的气候条件（污染上空出现逆温层）下发生的。日本的水俣病是由于汞排入河道后，经微生物的作用转化为甲基汞，这就是甲基化过程。一般的汞进入人体大部分会排泄出去，不积累于体内，而甲基汞进入人体后会积累在人体中枢神经。汞的甲基化过程是有条件的，它与河流中微生物群落的组成、pH、温度、氧化还原电位以及其他代谢或化学过程的影响有关。这说明了为什么同样受汞污染的河流，对人和生物危害情况却不一样，这是同地理条件有关的。所以，开展环境自净能力的研究，摸索自然净化的规律，是环境科学一项重要基础理论课题，也是制定符合多、快、好、省要求的污染防治政策与措施的基础。

3）环境污染与破坏对人和生物的影响。直接的危害较易理解，间接的危害，特别是长期的慢性的影响，则需要从污染物质对生态系统的机能和环境生物地球化学循环中加以研究。

从生态学来说，人是生态系统的组成部分，人的环境也是生态系统的环境。污染物质在生态系统中沿食物链转移。食物链有点像金字塔，人在金字塔的最高层，最低层是绿色植物，再上是食草动物，再上是食肉动物。举一个例子来说，河流是一个生态系统，河流里有浮游植物、浮游动物、小鱼、大鱼，还有食鱼动物等等。浮游植物在光合作用下吸收大气中的氧生长，浮游动物吃浮游植物，小鱼吃浮游动物，大鱼吃小鱼，食鱼动物吃大鱼，人最后吃食鱼动物或鱼。在这条河流里，动植物之间形成一定的食物链。污染物质排入河流后，可能使河流的生态系统发生下述两种情形。

一种是有些排入的污染物质在水体中含量很高，把全部生物都毒死。不过，多数情况下污染物质含量并不高，生物没有死亡，而是经过食物链把它们成千上万倍地富集起来，前面提到的滴滴涕富集情况就是这样。人们长期饮食了含污染物质浓度很高的动植物，就会致病，甚至发生畸变。

另一种情况是有些污染物质并不是有毒的，像一般有机物质还是生物生长所需的营养物质，但由于这些物质大量排入水体，使水体富营养化了。营养太多了并不一定就好，正如有的人大量服用浓缩鱼肝油，反而可能引起疾病甚至畸变一样。同时，水体富营养化了，促使浮游植物大量生长，以至于耗尽了水中的氧，使鱼类成批地死亡。现在世界上就有许多河流污染引起富营养化，结果导致水体的生态系统完全毁灭的实例。

环境污染与破坏对环境生物地球化学循环有什么关联呢？对人类和生物的生存有什么影响呢？大家知道，物质是不灭的，自然界中物质有一定的循环规律。环境生物地球化学就是研究自然界各种元素运动、分散、富集的规律，及在生物体内物质的转移、代谢规律。自然界里最基本的元素是氢、氧、碳、氮等，一切生物有机体包括人类也主要由这些基本元素构成，自然界中最基本的物质循环也就是水、碳、氮及氧循环，还有磷、钙、硫、镁、钾等循环，这些物质的循环有其一定的规律。问题是，人类生产活动排放的物质，参与了自然界的循环，有可能影响或破坏原有物质自然循环规律，从而产生不可预料的后果或危害。

以碳循环来说，它有一定的周而复始的循环规律。现在由于大量燃烧化石燃料排出的二氧化碳烟气，以及世界森林面积大幅度减少等原因，致使大气中的碳含量增高。有人计算，如含碳量继续按现在的速度增加，那么到一定时期，有可能使全球的气候发生变化。

在平流层内，离地面 10～50 公里范围内，有薄薄的臭氧层。这个臭氧层和其他一些物质可以防止太阳紫外线的有害辐射，起着保护地球上一切生物繁衍的屏障作用。近年来，北美上空平流层臭氧的含量在减少，近五年约减少百分之一。臭氧的减少，除了火山爆发等自然因素外，还同工业废气、超音速飞机排气、氮肥、氟氯甲烷和高空军事活动的排放物等大气污染物质有关。臭氧层的变化会引起紫外线辐射、大气热力平衡等的变化，从而引起生态和气候的变异，对人类健康有很大影响。

综上所述，污染物质对自然生态系统的机能和环境生物地球化学循环有很大影响，这是环境科学的主要研究课题。掌握了这些知识，我们在改造大自然中，在开发利用自然资源时，才能更自觉地预计到对自然界近期的和长期的影响。

四、环境质量控制与治理的研究

人类生产活动造成对环境的污染与破坏，主要有两个方面：一是生产过程中排出的有害物质和使用某些农药、化肥造成对环境的污染；二是自然资源开发利用不当造成对环境的破坏。生产过程中排出的有害物质，就其实质来讲，也是由于自然资源没有充分利用而被当作废物排放的。所以有人认为，环境保护归根到底就是怎样有计划地合理利用和保护自然资源。

环境质量控制和治理，主要有以下几个途径：

1）改革生产工艺，搞好综合利用，尽量减少或不产生污染物质。近几年，我国创造了许多行之有效的无污染或少污染的新工艺、新技术，广泛开展三废综合利用，向生产的深度和广度进军。例如，皮革工业推广酶法脱毛代替灰碱法脱毛，造纸工业用亚胺法制浆代替碱法制浆，染料工业的某些合成染料采用固相反映代替液相反应，有色金属选矿采用无氰选矿，电镀工业采用无氰电镀代替有氰电镀，用无汞仪表代替汞整流器，改革锅炉燃烧机构等等，从生产工艺上控制污染物质的排放，既消除了污染，又促进了生产和技术的发展。工艺改革主要由各门工程学者研究。在设计新产品或新流程时，要考虑废水、废气、废渣的处理和回收利用，寻求最合理、最经济的工艺线路。

2）合理利用和保护自然资源。保护自然资源是为了更好地利用自然资源，合理利用自然资源就是更好地保护自然资源。生物、水、土壤等是可更新资源，如果破坏了它们的自然更新过程，不仅不能提供取之不尽的资源，而且会引起环境的破坏，造成对人类不利的后果。现代农业生产大量使用化学农药和化学肥料，虽可大幅度增产，但也带来某些不利的方面。今天，人类在大规模地改造自然和开发自然资源时，由于缺乏对自然界反作用的认识，往往造成对环境无法挽救的破坏。现在国际学术界常把苏联为埃及修建的阿斯旺大型水坝作为破坏环境的一个突出事例。修建这座水坝用了10年时间，耗资10亿美元，由于在设计时没有考虑对生态系统的影响，没有考虑自然环境各个因素的关系，大坝建成后却给附近地区带来了一系列灾难。大量农田失去了尼罗河的肥源，地中海沿岸鱼产量减产97%，地中海海岸侵蚀严重，许多村庄被淹，水库一带疾病蔓延。为消除水坝造成的恶果，埃及政府前几年与美国环境保护局和密执安大学达成了一项对阿斯旺水坝调查研究的协议。像这类工程建设破坏自然环境的事例在国外是很多的，我国也有这方面的教训。所以在开发自然资源时，要研究自然界各环境因素的相互关系、自然资源的更新规律，为开发自然资源、预防环境破坏提供科学依据。

3）环境污染的净化处理。这是指河流、海洋、土壤被污染后，采取治理措施，使它恢复到本来的自然良好状态。从现在各国治理经验来看，河流、海洋、土壤被污染后，治理比较困难，要花相当长的时间和相当大的代价，才能够得到恢复。尤其是受到自然界难以分解的重金属化合物和某些合成物质的污染，更难治理。如日本水俣的汞污染，排放含汞废水的工厂早于1968年就停产了，然而七十年代以来水俣病患者还在继续蔓延，这是因为水俣湾底泥中含汞量还有25～400ppm，残存汞不断向水体扩散，经过底泥中微生物的作用，转化为毒性更大的甲基汞。

目前对环境污染的治理，主要是治理和控制污染源。污染的净化处理技术，大体上可分为工程地质法、物理法、化学法（包括沉积地球化学法及环境生物地球化学法）、生物法等四类，有的方法还在探索阶段，尚需不断充实与完善。

这里讲一讲微生物对消除环境污染的作用问题。目前污水处理主要是采用微生物分解的方法，一般来说，自然界存在的物质都能被微生物分解。人工合成的化学物质如滴滴涕、六六六等，在厌气条件下，微生物也可以把它们分解。所以，从理论上研究土壤和水体中合成物质的微生物分解问题，是治理环境污染的一个有效途径，也是研制新型杀虫剂和洗涤剂的依据。

4）环境区域规划。这是工业合理分局、控制环境污染的重要措施。过去地理学和有关学科也都研究区域规划，但往往从生产方便上考虑。环境区域规划不仅考虑生产的要求，而且要按照环境对污染的负荷能力、生态要求、自然资源循环利用来合理布置工农业生产，使经济和环境保护协调发展。

五、环境监测分析技术的研究

环境监测是开展环境科学研究的手段。环境监测具有以下几个显著特点：

1）许多环境污染物质在环境中含量极低，大多是以痕量或超痕量存在，有的还不允许检出。用一般化学分析方法很难测出，要求有灵敏度高、快速、自动的监测仪器和分析方法。

2）环境中的污染物质往往不是单独存在，而是多种物质混在一起，它们相互干扰、影响，有的形成新的化合物，使监测分析更加复杂化。

3）环境中的污染物质成份复杂，相互之间的毒性有的拮抗，有的协同。因此单靠化学物理分析还不能正确测定它的毒性，还需配用生物学监测。

4）环境监测的面甚广，比如一条河流或一个工业区的监测区，要布很多的点，取许多的样，才能反映出环境质量状况；同时环境中各种自然因素，比如气温、气象、水量、水温以至地理环境，都与测定污染物质含量有关，还需要长期的、连续的观察，才能正确反映出环境污染的程度及其危害情况。

这几个特点说明了环境监测分析技术要求很高，是现代计量技术发展的一个方向。我国目前环境监测一般还是采用定期、定时间断性的人工操作的方法进行，每次调查要组织大批专业人员，花费时间长，测定数据受人为因素影响较大。近来，我国试制成功许多高精度、小型轻巧的分析仪器和具有先进水平的能测多种污染物质的大气监测车，为开展环境监测提供了有效手段。

六、国外环境科学研究动态

七十年代以来，许多国家把环境科学作为自然科学领域里的一个重要研究方向，投入了大量的资金和科研力量。

国外环境科学研究工作动向，大体有以下几个方面：

1）广泛开展环境科学的基础理论的研究。美国国家科学基金委员会将自然科学的基础理论科学分为五个组，其中有一个组就是环境科学。重点是研究污染物质在生态系统中和环境生物地球化学循环过程中的转移、代谢、积累规律，污染物质对人体健康的影响。苏联把研究土壤、地下资源、动植物、空气和水域的合理应用与保护的科学原理，作为1976～1980年自然科学领域内基础理论研究的重要课题，生物学、地学、化学的各学科都把有关环境问题作为重点研究对象。有些国家建立了环境质量模型和生态模型。

研究环境污染对人体健康的影响，主要是研究污染物质对人致突变、致畸变、致癌的作用与机理。国外普遍开展了化学物质的毒理试验，进行污染物的筛选工作。在动物试验上已证实有致癌作用的物质有一千多种，对人体上证实有致癌作用的物质有十多种。研究表明，致突变物作用于体细胞，引起体细胞的突变，在有机体未能抗御的情况下，则发生肿瘤或白血病。目前正在进一步探索其机理。

2）大力研究无公害和少公害的工艺技术，研究资源循环利用的途径。据报道，日本的环境科研费用大部分用于研究防治工业公害的新技术。如无公害炼铜、无公害电镀、低噪音的压力机、飞机公害的防治等，以及各种封闭工艺流程的研究，还有试制电动汽车和减少尾气排放的无公害汽车等等。有的造纸厂碱回收率已达到 98.5%，每吨纸只耗水 70 吨左右。加拿大研究成功用漂白废水制浆，不外排废水。日本烧碱厂每吨烧碱耗汞量大幅度下降，个别先进的厂只耗汞 1.8 克，现在积极研究离子交换膜制碱，彻底消除汞污染。美国重点研究工业闭路循环技术，发展精密的分离技术，把废水中的有用物质和水回收利用。美国有将近一半的炼油厂部分采用气冷代替冷水，减少废水排放，美国乔立爱特炼油厂每炼一吨油仅耗水 0.5 吨。在消除大气污染方面，美国于 1970 年研究成功回收低浓度二氧化硫烟气的装置。汽车采用催化转换器后，排气污染减少 80%。

从公害防治技术来看，国外大体经历三个阶段。第一个阶段在六十年代初期，一般采取污水净化处理和高烟囱排放的方法，虽可消除部分污染，但投资大，经常运转费用多。第二阶段即七十年代初期，发展闭路循环，减少废水废气的排放。第三阶段即现在集中精力研究的资源循环利用，尽量把资源利用起来，不排废物。把许多有原材料供应联系的工厂集中在一起，相互协作，相互依存。有的国家把资源循环利用，从原材料的获取、加工、制造、甚至最终弃置、再利用或再循环，作为全面估价资源开发利用的依据。据报道，德意志联邦共和国全部能源中来自中和利用工程的已占 29%，美国仅占 4%。美国政府声称要大力研究能源综合利用，以节约能源，保护环境。

3）发展环境监测预报技术。一些工业发达的国家已普遍采用自动分析仪器，建立自动化监测站，利用电子计算机收集、整理和储存监测数据，并且逐步实行污染预报。美国纽约建立了监测水质和大气的自动电子监测系统，包括 12 个水质监测站、11 个大气监测站、一个情报中心和一个计算中心，采用 B3500 电子计算机进行自动控制和数据处理。日本 47 个都道府县都有自动化的大气监测点。

监测技术向着快速、灵敏、连续自动的遥测方向发展。各种近代先进技术，如激光雷达、红外照相等已成功地应用于环境监测，有的甚至利用地球监测卫星、通讯卫星进行环境监测。美国 1972 年发射的地球资源观测卫星"ERTS-A"装备有监测海洋污染的仪器，如多谱摄影机、电视摄影机、多谱扫描器、微波扫描器和多谱辐射计等。美国最近还利用莱塞射线技术作为环境污染的遥测工具。在飞机上装置莱塞射线区域剖析器，可以精确地测定采矿区环境污染的程度、河流无定点污染、河流热污染、海洋油污染等。瑞典应用莱塞射线来监测烟囱排放的烟尘。

当然，我们也应该看到社会因素对环境科学的作用。我国有着优越的社会主义制度，党中央历来重视环境保护工作和科学研究，敬爱的周总理生前更是亲切关怀环境科学的发展，极为重视造福人民和子孙后代的环境保护工作，他多次指示要重视三废治理的研究，变废为宝，认真学习和吸取国外经验，采用国外先进技术，洋为中用，积极发展我国的环境科学，为实现四个现代化提供科教支撑和保障。

在这方面，大庆、大寨为我们做出了光辉榜样。大庆油田按照工农结合、城乡结合、有利生产、方便生活的原则，建成了城市型的乡村、乡村型城市的社会主义新型矿区。大庆，过去是一片荒无人烟的大草原，自然环境十分恶劣。而今天的大庆，地下是油田，地面是粮田；在一排排油井和巍然挺立的炼塔群周围，是一片片农田、星罗棋布的工农村，它对改变由于工业集中而造成工业三废污染，保护和改善环境起了重要作用。大寨大队的广大贫下中农，以愚公移山、改造山河的英雄气概，坚持科学种田，把七沟八梁一面坡的贫瘠荒山改造成为稳产高产的大寨田，建设成农林牧副渔全面发展的社会主义新农村，完全改变了旧日的自然面貌。

大庆、大寨的经验充分说明，在共产党的领导下，劳动人民一定能够合理地利用自然，改造自然，做自然的主人。我们要进一步总结大庆、大寨在同自然界斗争中改造环境的经验，为发展我国的环境科学而努力奋斗！

环境科学发展史[*]

  环境是人类生存和发展的基础。环境问题的出现和日益严重，引起人们的重视，环境科学研究工作随着发展起来，逐渐形成环境科学这样一个新兴的综合性学科。

一、环境问题的由来和发展

  人类是环境的产物，又是环境的改造者。人类在同自然界的斗争中，运用自己的智慧，通过劳动，不断地改造自然，创造新的生存条件。然而，由于人类认识能力和科学技术水平的限制，在改造环境的过程中，往往会产生意料不到的后果，造成对环境的污染和破坏。

  人类活动造成的环境问题，最早可追溯到远古时期。那时，由于用火不慎，大片草地、森林发生火灾，生物资源遭到破坏，他们不得不迁往他地以谋生存。

  早期的农业生产中，刀耕火种，砍伐森林，造成了地区性的环境破坏。古代经济比较发达的美索不达米亚、希腊、小亚细亚以及其他许多地方，由于不合理的开垦和灌溉，后来成了荒芜不毛之地。中国的黄河流域是中国古代文明的发源地，那时森林茂密，土地肥沃。西汉末年和东汉时期进行大规模的开垦，促进了当时农业生产的发展，可是由于滥伐了森林，水源不能涵养，水土严重流失，造成沟壑纵横，水旱灾害频仍，土地日益贫瘠。

  随着社会分工和商品交换的发展，城市成为手工业和商业的中心。城市里人口密集，房屋毗连。炼铁、冶铜、锻造、纺织、制革等各种手工业作坊与居民住房混在一起。这些作坊排出的废水、废气、废渣，以及城镇居民排放的生活垃圾，造成了环境污染。13世纪英国爱德华一世时期，曾经有对排放煤炭的"有害的气味"提出抗议的记载。1661年英国人J. 伊夫林写了《驱逐烟气》一书献给国王查理二世，指出空气污染的危害，提出一些防治对策。

  产业革命后，蒸汽机的发明和广泛使用，使生产力得到了很大发展。一些工业发达的城市和工矿区，工矿企业排出的废弃物污染环境，使污染事件不断发生。恩格斯在《英国工人阶级状况》一书中详细地记述了当时英国工业城市曼彻斯特的污染状况。1873年12月、1880年1月、1882年2月、1891年12月、1892年2月英国伦敦多次发生可怕的有毒

---

  * 金鉴明，周富祥. 1983. 环境科学发展史. 见：中国大百科全书（环境科学卷）. 北京：中国大百科全书出版社，187~190.

烟雾事件。19 世纪后期日本足尾铜矿区排出的废水毁坏了大片农田。1930 年 12 月比利时马斯河谷工业区由于工厂排出有害气体，在逆温条件下造成严重的大气污染事件。农业生产活动也曾造成自然环境的破坏。1934 年 5 月美国发生一次席卷半个国家的特大尘暴，从西部的加拿大边境和西部草原地区几个州的干旱土地上卷起大量尘土，以每小时 96～160 公里的速度向东推进，最后消失在大西洋的几百公里海面上。这次风暴刮走西部草原 3 亿多吨土壤。芝加哥在 5 月 11 日这一天，降下尘土 1200 万吨。这是美国历史上的一次重大灾难。尘暴过后，美国各地开展了大规模的农业环境保护运动。

第二次世界大战以后，社会生产力突飞猛进。许多工业发达国家普遍发生现代工业发展带来的范围更大、情况更加严重的环境污染问题，威胁着人类的生存。美国洛杉矶市随着汽车数量的日益增多，自 40 年代后经常在夏季出现光化学烟雾，对人体健康造成了危害。1952 年 12 月英国伦敦出现另一种类型严重的烟雾事件，短短四天内比常年同期死亡人数多 4000 人。1962 年美国生物学家 R. 卡逊写的科普作品《寂静的春天》出版，详细描述了滥用化学农药造成的生态破坏。这本书引起了西方国家的强烈反响。日本接连查明水俣病、痛痛病、四日市哮喘等震惊世界的公害事件都起源于工业污染。在荒无人烟的南、北极冰层中，监测到有害物质含量不断增加；北欧、北美地区许多地方下降酸雨，大气中二氧化碳含量不断增加。环境问题发展成为全球性的问题。20 世纪 60 年代工业发达国家兴起了"环境运动"，要求政府采取有效措施解决环境问题。到了 70 年代，人们又进一步认识到除了环境污染问题外，地球上人类生存环境所必需的生态条件正在日趋恶化。人口的大幅度增长，森林的过度采伐，沙漠化面积的扩大，水土流失的加剧，加上许多不可更新资源的过度消耗，都向当代社会和世界经济提出了严重的挑战。在此期间，联合国及其有关机构召开了一系列会议，探讨人类面临的环境问题。1972 年联合国召开了人类环境会议，通过了《联合国人类环境会议宣言》，呼吁世界各国政府和人民共同努力来维护和改善人类环境，为子孙后代造福。1974 年在布加勒斯特召开了世界人口会议，同年在罗马召开世界粮食大会。1977 年在马德普拉塔召开世界气候会议，在斯德哥尔摩召开资源、环境、人口和发展相互关系学术讨论会。1980 年 3 月 5 日世界自然与自然资源保护联盟在许多国家的首都同时公布了《世界自然资源保护大纲》，呼吁各国保护生物资源。这些频繁的会议和活动说明 70 年代以来环境问题已成为当代世界上一个重大的社会、经济、技术问题。

二、环境科学的形成和发展

环境科学是在环境问题日益严重后产生和发展起来的一门综合性科学。到目前为止，这门学科的理论和方法还处在发展之中。

环境科学的形成和发展，大体可分为两个阶段。

1. 有关学科分别探索

早在公元前 5000 年，中国人在烧制陶瓷的柴窑中已按照热烟上升原理用烟囱排烟，公元前 2300 年开始使用陶质排水管道。古代罗马大约在公元前 6 世纪开始修建地下排水道。公元前 3 世纪中国的荀子在《王制》一文中阐述了保护自然的思想："草木荣华滋硕之时，则斧斤不入山林，不夭其生，不绝其长也。鼋、鱼、鳖、鳅、鳝孕别之时，罔罟毒药不入泽，不夭其生，不绝其长也。"人类在同自然界斗争中，也逐渐积累了防治污染、保护自然的技术和知识。

19 世纪下半叶，随着经济、社会的发展，环境问题已开始受到社会的重视，地学、生物学、物理学、医学和一些工程技术等学科的学者分别从本学科角度开始对环境问题进行探索和研究。德国植物学家 C. N. 弗拉斯在 1847 年出版的《各个时代的气候和植物界》一书中论述了人类活动影响到植物界和气候的变化。美国学者 G. P. 马什在 1864 年出版的《人和自然》一书中从全球观点出发论述人类活动对地理环境的影响，特别是对森林、水、土壤和野生动植物的影响，呼吁开展保护运动。德国地理学家 K. 里特尔和 F. 拉策尔探讨了地理环境对种族和民族分布、人口分布、密度和迁移，以及人类聚落形式和分布等方面的影响。但是他们过分强调地理环境的控制作用，陷入地理环境决定论的错误。马克思和恩格斯批判了这种理论的错误，并且根据许多科学家包括弗拉斯的调查材料，指出地球表面、气候、植物界、动物界以及人类本身都在不断地变化，这一切都是人类活动的结果。

地球上生命的历史，是生物同它的周围环境相互作用的历史。英国生物学家 C. R. 达尔文在 1859 年出版的《物种起源》一书中，以无可辩驳的材料论证了生物是进化而来的，生物的进化同环境的变化有很大关系，生物只有适应环境，才能生存。达尔文把生物和环境的各种复杂关系叫做生存斗争或者叫适者生存。1869 年德国生物学家 E. H. 海克尔提出了物种变异是适应和遗传两个因素相互作用的结果，创立了生态学的概念。1935 年英国植物生态学家 A. G. 坦斯利提出了生态系统的概念，目前生态学的研究大多是围绕着生态系统进行的。

声、光、热、电等对人类生活和工作的影响从 20 世纪初开始被研究，并逐渐形成了在建筑物内部为人类创造适宜的物理环境的学科——建筑物理学。

公共卫生学研究内容从 20 世纪 20 年代以来逐渐由注意传染病发展到注意环境污染对人群健康的危害。早在 1775 年，英国著名外科医生 P. 波特发现扫烟囱工人患阴囊癌的较多，就认为这种疾病同接触煤烟有关。1915 年日本学者山极胜三郎用试验证明煤焦油可诱发皮肤癌。从此，环境因素的致癌作用成为引人注目的研究课题。

在工程技术方面，给水排水工程是一个历史悠久的技术部门。1897 年英国建立了污水处理厂。1850 年人们开始用化学消毒法杀灭饮水中的病菌，防止以水为媒介的传染病流行。消烟除尘技术在 19 世纪后期已有所发展，20 世纪初开始采用布袋除尘器和旋风除尘器。

这些基础科学和应用技术的进展，为解决环境问题提供了原理和方法。

2. 环境科学的出现

第二阶段是从 20 世纪 50 年代环境问题成为全球性重大问题后开始的。当时许多科学家，包括生物学家、化学家、地理学家、医学家、工程学家、物理学家和社会科学家等对环境问题共同进行调查和研究。他们在各个原有学科的基础上，运用原有学科的理论和方法研究环境问题。通过这种研究，逐渐出现了一些新的分支学科，例如环境地学、环境生物学、环境化学、环境物理学、环境医学、环境工程学、环境经济学、环境法学、环境管理学等等，在这些分支学科的基础上孕育产生了环境科学。最早提出"环境科学"这一名词的是美国学者，当时指的是研究宇宙飞船中人工环境问题。1964 年国际科学联合会理事会议设立了国际生物方案，研究生产力和人类福利的生物基础，对于唤醒科学家注意生物圈所面临的威胁和危险产生了重大影响。国际水文 10 年和全球大气研究方案，也促使人们重视水的问题和气候变化问题。1968 年国际科学联合会理事会设立了环境问题科学委员会。70 年代出现了以环境科学为书名的综合性专门著作。1972 年英国经济学家 B. 沃德和美国微生物学家 R. 杜博斯受联合国人类环境会议秘书长的委托，主编出版《只有一个地球》一书，副标题是"对一个小小行星的关怀和维护"。主编者试图不仅从整个地球的前途出发，而且也从社会、经济和政治的角度来探讨环境问题，要求人类明智地管理地球。这可以被认为是环境科学的一部绪论性质的著作。不过这个时期有关环境问题的著作，大部分是研究污染或公害问题的。70 年代下半期，人们认识到环境问题不再仅仅是排放污染物所引起的人类健康问题，而且包括自然保护和生态平衡，以及维持人类生存发展的资源问题。

环境污染控制技术的发展，大体上经历了三个时期。60 年代中期，当时面临着严重的环境污染，许多国家的政府颁布一系列政策、法令，采取政治的和经济的手段，主要搞污染治理。60 年代末期开始进入防治结合、以防为主的综合防治阶段。美国于 1970 年开始实行环境影响评价制度。70 年代中期，强调环境管理，强调全面规划、合理布局和资源的综合利用。随着人们对环境和环境问题的研究和探讨，以及利用和控制技术的发展，环境科学迅速发展起来。

三、环境科学的现状和展望

环境科学从提出到现在，只不过二三十年的历史。然而，这门新兴科学发展异常迅速。许多学者认为，环境科学的出现，是 60 年代以来自然科学迅猛发展的一个重要标志。这表现在两个方面：

1）推动了自然科学各个学科的发展。自然科学是研究自然现象及其变化规律的，各个学科从不同的角度，比如从物理学的、化学的、生物学的等各个方面去探索自然界的发展规律，认识自然。各种自然现象的变化，除了自然界本身的因素外，人类活动对自然界的影响也越来越大。20 世纪以来科学技术日新月异，人类改造自然的能力大大增强，自然界对人类的反作用也日益显示出来。环境问题的出现，使自然科学的许多学科把人类活动产生的影响作为一个重要研究内容，从而给这些学科开拓出新的研究领域，推动了它们的发展，同时也促进了学科之间的相互渗透。

2）推动了科学整体化研究。环境是一个完整的、有机的系统，是一个整体。过去，各门自然科学，比如物理学、化学、生物学、地理学等，都是从本学科角度探讨自然环境中各种现象的。然而自然界的各种变化，都不是孤立的，而是物理、生物、化学等多种因素综合的变化。各个环境要素，如大气、水、生物、土壤和岩石同光、热、声等因素也互相依存、互相影响、互相联系。比如臭氧层的破坏，大气中二氧化碳含量增高引起气候异常，土壤中含氮量不足等等，这些问题表面看来原因各异，但都是互相关联的。因为全球性的碳、氧、氮、硫等物质的生物地球化学循环之间有着许多联系。人类的活动，诸如人口增长、资源开发、经济结构等都会对环境发生影响。因此，在研究和解决环境问题时，必须全面考虑，实行跨部门、跨学科的合作。环境科学就是在科学整体化过程中，以生态学和地球化学的理论和方法作为主要依据，充分运用化学、生物学、地学、物理学、数学、医学、工程学以及社会学、经济学、法学、管理学等各种学科的知识，对人类活动引起的环境变化、对人类的影响及其控制途径进行系统的综合研究。

目前，在环境问题研究上的主要趋势是：以整体观念剖析环境问题；更加注意研究生命维持系统；扩大生态学原理的应用范围；提高环境监测的效率；注意全球性问题。这些趋势改变了以大气、水、土壤、生物等自然介质来划分环境的做法，要求环境科学从环境整体出发，实行跨学科合作，进行系统分析，以宏观和微观相结合的方法进行研究。这些都将促进环境科学的进一步发展。

面临全球性的环境问题，许多国家政府和学术团体都在组织力量研究和预测环境发展趋势，筹商对策。60 年代末，意大利、瑞士、日本、美国、德意志联邦共和国等 10 个国家的 30 位科学家、经济学家和工业家在意大利开会讨论人类当前和未来的环境问题，并成立了罗马俱乐部。受这个组织委托，美国麻省理工学院利用数学模型和系统分析方法，研究了人口、农业生产、自然资源、工业生产和环境污染五个因素的内在联系，于 1972 年发表了由 D. H. 米多斯等人撰写的《增长的限度》一书，提出了"零增长论"。1974 年罗马俱乐部又发表了由英国生态学家 E. 戈德史密斯为首编著的《生存的战略》一书。此后，一些国家也开展了全球性预测研究。1979 年欧洲经济合作发展组织发表了《不久的将来》一书，1980 年美国政府发表了《全球 2000 年》。这些出版物对未来的预测虽然各有特点，但都指出大致相同的趋势：①几乎在所有地区人口继续增加；②大部分地区经济继续增长；③全球范围内粮食和农产品供应变得不那么充裕，价格更为昂贵；④能源消耗的增长率下降，对能源更加注意节省；⑤水的问题愈来愈大，在供应和污染方面均是如此；⑥环境压力增大。

苏联科学院院士 Э. К. 费多罗夫认为，罗马俱乐部的科学家对世界形势的分析是新马尔萨斯的观点；自然环境的污染不应当认为是生产增长和技术进步不可避免的后果，进步本身还提供了消除污染的可能性；自然资源储量减少是事实，但技术进步也在不断发现新的资源来满足人的基本需要。在美国，以未来研究所为代表，对世界前景持乐观论点，发表了《世界经济发展——令人兴奋的 1978 ~ 2000 年》一文，认为人类总会有办法来对付未来出现的问题。

环境是人类生存和发展的条件。我们要科学地预测 2000 年或更长时期环境变化趋势，但更重要的是制定正确的决策，调整发展和生活方式的类型，控制人口增长，合理利用资源，以保证资源的永续利用，创造更好的生存环境。

四、中国的环境科学研究

70 年代以前，中国在基础科学、医学、工程技术等方面已进行了一些有关环境科学的研究工作，但当时都是从各自的学科和系统出发，零星地进行研究的。1972 年联合国人类环境会议后，在总结过去经验的基础上，中国政府提出了"全面规划，合理布局，综合利用，化害为利，依靠群众，大家动手，保护环境，造福人民"的环境保护方针。同年，中国科学院联合全国许多部门对官厅水系的污染和水源保护进行多学科的、大规模的调查研究，推动了环境科学的发展。1973 年中国第一次环境保护会议制定了 1974~1975 年环境保护科学研究任务。以后，又制定环境保护科学技术长远发展规划，并纳入全国科学技术发展规划。十多年来，中国的环境科学研究已形成了一定的力量，取得了一定的成果，环境科学的各门分支学科也得到了蓬勃发展。在环境质量研究方面，已进行了部分城市、河流、湖泊、海域、地下水的环境质量评价。在环境监测方面，研制了大气污染自动监测车和水质污染监测船，建立了标准分析方法，开展了中子活化、激光、遥感遥测等分析技术和生物监测的应用。在工业污染治理技术方面，高浓度二氧化硫回收、无氰电镀和电镀废水治理、酶法脱毛、汞害治理、炼油废水净化、气流噪声防治等技术已在生产上应用。在大自然保护方面，对沙漠综合防治、草原改良、黄土高原大面积造林、农村沼气的利用、中国综合农业区划的制定、野生濒危动物的驯化和濒危植物的引种栽培等，积累了一定经验。在污染和人体健康关系的研究方面，进行了大气和水污染对人体健康的危害、农药的毒性毒理、噪声危害等的研究。此外，还在环境化学、环境生物学、环境地学等方面进行一些基础研究。当前中国环境科学研究的重点是：无污染或少污染工艺技术，环境规划和区域环境污染综合防治，污染物在环境中的迁移、转化和归宿的规律，污染物的毒理及其对生物和人体健康的影响，环境政策、环境经济效果和环境立法等。

人类是环境的主人，人类在同自然界的斗争中总是不断总结经验，有所发现，有所前进。环境问题是随着人类社会发展而发展的，同时也是随着社会进步和科学技术发展而必然要被认识和解决的。

任重而道远

祝《环境科学研究》杂志创刊[*]

　　《环境科学研究》杂志创刊了，这是我国环境保护百花园中的又一颗幼苗。我们预祝她生根开花，苗壮成长。

　　十几年来，我国的环境保护事业有了很大的发展，1986年与1980年比较，废水处理率由9.7%提高到34%，废水达标率由26%提高到43%，废渣处理率由20%提高到54%。我国一部分城市的环境质量得到了改善。1987年共治理河流147条，长度为968公里；治理湖泊22个，水质状况有了改善；新增污水处理装置2752套，年处理能力近6亿吨；新增废气处理能力1400多亿标立方米；环境影响报告书执行率近100%；全国共有自然保护区468处，面积近22万平方公里。

　　现在党和国家对环境保护很重视，赵紫阳同志在十三大报告中特别指出："环境保护和生态平衡是关系经济和社会发展全局的重要问题……在推进经济建设的同时，要大力保护和合理利用各种自然资源，努力开展对环境污染的综合治理，加强生态环境的保护，把经济效益和环境效益很好地结合起来。"这就再次指明了环境保护事业的战略地位，强调了环境保护与经济建设同步协调发展的方针，提出了环境保护的基本任务。

　　我国的环境保护工作尽管取得了较好的成绩，但是环境污染仍然十分严重。目前，我国的经济在腾飞，在发展过程中排放的各类废弃物也在不断增加，生态环境还在恶化，这仍威胁着我们赖以生存的环境。怎样解决我国的环境问题？怎么实现到本世纪末的环境保护目标，正像李鹏代总理所说的：一靠政策，二靠管理，三靠科学技术的进步。曲格平局长也指出："除了制定和实施正确的政策外，最积极、最根本的措施是依靠科学技术的进步。"因此，我们环境科技工作者任重而道远。

　　在这种形势下，《环境科学研究》杂志创刊了。我们希望这个刊物要为环境管理决策服务，为环境科研服务，为解决我国污染防治技术的实践服务，为提高我国全民族的环境意识服务。《环境科学研究》应当坚持理论与实践相结合、提高与普及相结合、硬科学与软科学相结合、自然科学与社会科学相结合、宏观管理与微观治理相结合的办刊方针。既要介绍环境科研的最新成果，也要介绍量大面广的适用技术；既要介绍环境管理的科学方针，也要介绍环境医学、环境法、环境经济等各学术领域的科学实践；既要介绍环境规划、环境管理的内容，也要介绍经济与环境等问题的辩证关系；既要介绍国内环境最新信

---

　　* 金鉴明，程振华. 1988-03-01. 任重而道远——祝《环境科学研究》杂志创刊. 环境科学研究.

息，也要介绍国外的最新动向。从刊物本身所介绍的内容来看，既要有深度，也要有广度。要把刊物办好、办活、办成全国有影响的刊物，这一点是不容易的。《环境科学研究》要为解决我国的环境问题出谋献策，任重而道远。

该刊由中国环境科学研究院主办，由华南环境科学研究所、南京环境科学研究所、秦皇岛环境管理干部学院参加，这种办刊形式很好。我们希望该刊面向全国，成为全国广大环境科技工作者的良知益友。

预祝环境保护百花园中的这颗幼苗能够茁壮成长。

我国有害废弃物的防治对策[*]

随着工农业生产的持续发展和人民生活水平的不断提高，固体废弃物排放量也相应的增多，据不完全统计，我国工业废弃物每年约有 4 亿多吨的排放量，如不加严格控制和适当处置，任意堆放，不仅占用大片土地，日晒雨淋会导致土壤和水体的污染，特别是有害废弃物的增加对自然环境和人体健康都将造成现实危害和潜在的危害，为此我们分方针政策、适用技术、科学管理三方面加以论述。

一、制定方针政策

1）经济建设、城乡建设和环境建设要同步规划、同步实施、同步发展，也就是说工业发展和环境保护二者要协调发展，例如国家规定凡新建的工矿企业必须要有环境保护设施，否则不允许建设。

2）实行"谁污染，谁治理；谁破坏，谁补偿"的原则，哪家企业排放废弃物应由哪家进行污染治理，例如矿产工业，煤炭部门开采煤矿，其排放的污染物必须由煤炭部进行治理，开矿引起的环境破坏由该部门负责盖土复原和污染治理，并对环境损害负有赔款责任。

3）政府规定对于耗能高、质量低、严重污染环境的产品以及落后的工艺和设备，必须限期淘汰，像这样不合格的企业已停闭了 100 多个。

4）把自然资源合理开发和充分利用作为环境保护的基本政策。

①对开发区域的资源、能源和固体废弃物实行综合开发、综合利用与综合防治环境污染的政策。

②积极发展和推广各种有害固体废弃物的综合利用技术，使废物回收和资源化。

5）对工矿企业排放废弃物采取排污收费、超标罚款政策。

实践证明中国实行的上述方针政策，对治理污染、防止生态恶化是行之有效的。

二、发展适用技术

1. 无害化工艺

采用经济合理的低消耗、少污染或无害的工艺和装备。例如无排放镀铬无害化工艺，

---

* 金鉴明. 1988. 我国有害废弃物的防治对策. 环境科学动态，（3）：1~3.

是在电镀铬的生产过程中循环使用一切化学药品而不向环境排放任何有毒物质。又例如汞污染的综合防治，采用高锰酸钾的斜孔塔特殊构造装置，使反应充分，处理效果提高，化学法除汞后的废渣大大减少且含汞量低于 0.5 毫克/公斤 *，此法与活性炭处理相比，可每年节省人民币 3 万元。

2. 固体废物的处理和处置技术

中国在固体废物处理和处置技术的应用方面实践很多，仅举几例加以说明：

1）用化学凝固法处理有毒有害污泥废渣的新技术。该法可处理 30 个行业，29 种金属，12 种阴离子，可处理放射性废物和非放射性废物。应用该法对电镀厂、染化厂的污泥进行大量试验，其污泥中重金属 Cr、Mn、Zn、Ni、Cu、Pb、Cd 含量均低于国际标准。该新技术操作简单，设备投资少，处理费用低，可利用工业废料以废治废，且无二次污染。

2）养殖蚯蚓处理城市及工业有机废弃物。根据蚯蚓转化有机质富集重金属的生物学原理，研制出蚯蚓处理城市及工业有机渣的生物工艺技术，它与现有的其他处理有机废渣技术比较，具有投资省、耗能低、收效快、易推广等显著优点。适用于造纸、木材、纺织、印染、制革、食品、酿造、石油化纤等多种工业的生化污泥、沉降污泥和粉尘净化处理。例如制革污泥中的铜、锌、镉含量由 427.3 毫克/公斤、605 毫克/公斤、1.86 毫克/公斤分别降到 73.25 毫克/公斤、369 毫克/公斤、0.15 毫克/公斤，低于某些国家规定的标准。据计算一个年处理 400 吨有机废渣的蚯蚓处理场，除其耗资外，每年可盈利 0.7 万元。

3. 废弃物综合利用和实现废弃物的资源化技术

（1）用煤粉灰做早强水泥

用粉煤灰、石灰石、石膏、萤石经 1300℃ 高温煅烧而成的一种新品种水泥，抗压能力一天可达 250 公斤/平方厘米，三天可达 400 公斤/平方厘米，二十八天一般在 600 公斤/平方厘米以上，产品具有早强优点。

（2）钢渣的资源化

山西省太原钢厂几十年钢铁生产所排废渣形成了渣山，占地面积两万平方公里，最高处达 23 米。废渣量约计 1150 万吨。1983 年对渣山进行综合利用，在 4 年时间里，处理了 793 万吨废渣，回收了 333 200 多吨废钢，给国家创造了 4200 多万元的财富，其余的将逐步处理掉，这样既控制了污染，又改善了厂区的环境。

（3）高炉重矿渣制作矿渣碎石混凝土

我国每炼一吨生铁平均产 0.7 吨矿渣，历年积存重矿渣已达数亿吨，占地几万亩 **。用它制作混凝土骨料是大量、合理利用重矿渣的重要途径。目前矿渣混凝土被应用于 500 吨预应力钢筋混凝土轨枕、吊车梁和屋架等重要构件及抗渗标号 B8 的防水混凝土和工作温度在 700℃ 以下的耐热混凝土等工程中，技术效果良好。

---

* 1 公斤 = 1 千克，1 斤 = 500 克

** 1 亩 ≈ 666.7 平方米

（4）煤矸石的综合利用

利用经沸腾炉燃烧的煤矸石炉渣加入一定比例的石灰，经球磨机混磨而制成煤矸石无熟料水泥，具有工艺简单、设备少、燃料省、成本低等优点。煤矸石还可制成全煤矸石混凝土制品和煤矸石饰面砖（釉面砖），开辟了煤矸石利用的新途径，扩大了建筑陶瓷原料的来源，具有重要意义。

（5）砷碱渣的综合利用

锑精炼过程产生的砷碱渣含有大量的砷酸钠、硫酸钠、亚锑酸钠及金属锑等，从砷碱渣中综合利用二次锑精矿石和晶体砷酸钠混合盐的新工艺，创产值120余万元，利润近50万元。

（6）发展生态农业和资源循环利用技术

生态农业是指在生态学的原理和系统工程的方法指导下的农业生产。其目的是发展农、林、牧、副、渔业等资源的多项利用和循环利用技术，消除农村固体废物的污染，提高资源永续利用水平，建立良性循环的农业经济生态系统。

发展生态农业，要求提高绿色植物对太阳的利用率、生物能的转化率和废弃物的再循环率以提高农业生产力，从而取得更多的农副产品，满足人民生活的需要。中国已有200多个不同地区有各种不同类型的生态农业点。以北京大兴县留民营为例，该村太阳能利用主要有太阳灶、太阳能热水器和太阳能采暖房三种形式。

该村180户每户都有一个太阳灶，采光面积有2.0平方米和1.5平方米两种；太阳能热水器165个，容量为150公斤水；太阳能采暖房38间。

留民营在三年多时间内，逐步建立并完善了两种不同规模的农业有机废物综合利用模式。

A、家庭规模型：沼气供给农民生活燃料，沼气渣水是家庭蔬菜园和花草园的好肥料，菜叶、花茎又是鸡、兔饲料，同时家禽的粪便又可发酵产生沼气，这样形成了一个鸡、兔、猪、沼气、菜、花的小型循环系统。

B、系统总体型：这一利用模式建立在全村农、林、牧、副、渔多种经营基础之上。通过这一综合利用模式，将全村的种植业、饲养业、林业、渔业、沼气、加工业等各行各业有机地串联起来，形成一个相互促进的良性循环系统。

上述两种模式显示了良好的环境效益和明显的经济效益。

三、加强有效管理

环境管理的内容很多，这里仅从有害废弃物的方面简单介绍如下。

1. 发展产品

发展旧物质回收产业并加强管理固体废物交换和废品回收工作。中国目前城市和乡镇有无数个废物收购站，使物尽其用、变废为利。

2. 颁布各类固体废弃物的标准

目前中国已颁布的固体废物标准有下列几种：

1）有色金属工业固体废物污染控制标准；

2）有色金属工业固体废物浸出毒性试验方法标准；

3）有色金属工业固体废物腐蚀毒性试验方法标准；

4）铬盐工业污染物排放标准；

5）农用污泥中污染物控制标准；

6）建筑材料用工业废渣放射性物质限制标准；

7）放射性废物固化体长期浸出试验标准。

3. 制定各种固体废物管理条例

国家环境保护总局正组织拟定危险废弃物管理条例（草案），各地也根据各种行业正在准备制定有害废弃物的收集、储存、运输、处理、无害化处置、回收利用等有关法规和政策。

4. 发展无害化处理技术

发展固体及物理、化学、生物法处置等无害化处理技术，建立企业或区域的有害物处理厂。

5. 发展科学技术，培训管理人员

积极开展无害化低污染固体废物的研究和先进的适用技术及其设备，提高管理人员的科学水平和管理技能。

摘要：我国工业废弃物排放量已约达 4 亿吨/年，不仅占用大片土地，还将对自然环境及人体健康造成危害，我们的原则是：制定方针政策；发展适用技术，包括无害化工艺，采用化学的、生物的处理、处置技术以及综合利用和再资源化技术等；进行科学管理，制定废弃物的管理条例，提高管理人员的科学水平和管理技能。

中国的环境问题及其对策*

近几十年来，全人类都面临着人口问题、发展问题和环境问题三大问题的挑战，并引起世界各国的极大关注。在中国，十一届三中全会以来，党中央和国务院对这些问题一直给予高度重视，制定了正确的政策，采取了一系列的措施，力求正确地、科学地解决中国在发展过程中所面临的问题。把人口问题、发展问题和环境问题的对策列为基本国策，当作最紧迫和最重大的问题列入近期工作日程。在过去几年中，通过政府各有关部门和全国人民的努力，特别是环保工作部门的努力，我们已经取得了一些初步的成绩。这些成绩归纳起来有以下几方面：

1）三同步三效益战略方针的确定；

2）工业污染得到一定程度的控制；

3）城市环境综合整治取得了一定进展；

4）自然生态环境有了初步改善；

5）环境立法工作有所前进；

6）环境科学研究和环境监测事业取得成就；

7）环境管理工作得到加强。

但是，由于当前我国人口密度偏大，人均资源不足，加以不合理的自然资源利用，致使环境污染严重、生态环境失调。这种严峻局面直接影响经济建设，影响各部门协调发展，影响千家万户，影响全社会，环境问题已成为严重的社会问题，需要得到全社会的重视。这是5月24～27日中国科学技术协会组织的24个学会近300名专家参加的"环境与发展"学术讨论会上的一致看法和呼吁。

下面分中国的环境问题、它的危害及其对策三个方面来介绍。

一、中国的环境问题

1. 城市总环境

城市化进程加快，造成交通拥挤，住房紧张，能源和水源供应不足，同时排放更多的污染物，给城市总环境造成更大的压力。近几年来，随着科学技术发展、环境管理的加

* 金鉴明 . 1989. 中国的环境问题及其对策（一）（二）（三）. 国防环境科学，（1）：7～12；（2）：1～5.

强、污染控制能力有所提高，局部地区环境质量有所改善，但总体来说，污染没有得到有效控制，环境质量在继续下降。

（1）大气污染

我国城市大气污染属煤烟污染型，主要污染物为尘和二氧化硫，全国尘的排放量2300万吨（1981年），二氧化硫排放量1400万吨（1981年）。根据1988年5月底公布的数据，废气排放量7万多亿标立方米，包括燃料燃烧过程中废气排放量52 624亿吨，生产工艺过程中废气排放量24 651亿吨，其中二氧化硫1250吨、烟尘2550吨，大气颗粒物和二氧化硫浓度都很高，与国外相比，不低于20世纪60年代发达国家某些重点城市的水平（见表1）。

表1 我国大气污染（1981年）同国外的比较

区分	国家标准	北方城市		南方城市		国外城市（60年代）		
		浓度范围	平均	浓度范围	平均	伦敦	纽约	东京
降尘［吨/（平方公里·月）］	6~8	21~104	56.7	11~47	18.7		23.0	25.7
颗粒物浓度（毫克/立方米）	二级 0.3	0.37~2.77	0.93	0.06~0.85	0.41	0.3		
	三级 0.5							
二氧化硫浓度（毫克/立方米）	二级 0.15	0.02~0.38	0.12	0.02~0.45	0.4	0.6	0.21	0.13
	三级 0.25							

从1981~1985年某些城市的颗粒物浓度看，本溪、北京、沈阳、重庆都是超过国家标准的（见表2）。

表2 某些城市颗粒物浓度超过国家标准表

区分	本溪	沈阳	重庆	北京
降尘量［吨/（平方公里·月）］	90	50	40	30~20
颗粒物浓度（毫克/立方米）	1.2~0.8	0.7~1.2	0.8	1.1~0.8

我国另一大气污染特点是酸雨的出现。大气污染中酸雨的出现表明污染到了一个高水平。二氧化硫溶解于雨水后转化为 HSO_3^-，并释放出一个 H^+，这就是雨滴落地时的酸度。

贯阳、重庆、柳州等地，其酸雨pH与瑞典、西德、捷克、波兰、加拿大等国相当，为4.0~4.5。

酸雨毁坏森林、庄稼、建筑物、土地。美国酸雨导致经济损失达50亿美元，其中农作物10亿、林业17.5亿、建筑物20亿、工业2.5亿。到2000年，如不控制，中国酸雨将进一步加重，这对于环境酸化和敏感的地区是一个严重的潜在威胁。

为什么南方城市发生酸雨而北方采暖期酸雨却不显著？原因之一是南方使用高硫煤，含硫4%~5%，因此大气中二氧化硫污染非一般措施所能解决。

（2）水污染

水资源不但要有足够的量，还要有一定的质。质不好的水，不但失去资源的经济效益，而且会酿成公害，影响国家的经济建设，危害人民的身体健康。随着我国工业生产的迅速发展，工业废水、生活污水、废渣日益增多，以及农药和化肥的大量使用，使我国地表水和地下水遭到了普遍的污染。目前我国水体污染主要是城镇工业和生活污水直接排入水域而引起的。

1979～1980年的调查和评价表明，92 806公里长的江河，已有20 000公里受到不同程度的污染，其中5322公里已成为鱼虾绝迹的臭水沟。例如淮河蚌埠段在1982年关闸23天，河水发黑，鱼虾死绝，共损失鱼类25万斤。黄浦江也是主要的纳污水域，估计每天纳污水量430万吨，在枯水期水体发黑发臭，80年代初，每年黑臭时间长达190～151天。向长江排污量最大，占全国污水排放量的40.5%。长江虽然纳污量大，水量充沛，总的看不严重，但沿岸21个江段已形成几十到几百米宽的岸边污染带。严重的有上游渡口、重庆段，中游武汉段，下游南京、上海段。

全国污染的水系，比较严重的主要有松辽、海河、淮河、长江中下游以及珠江三角洲等工业比较发达的地区。

除大江大河外，城市水体污染更为严重，例如松花江的吉林以下地区，辽河水系的沈阳、鞍山、本溪、抚顺、辽阳、锦州等地区，海河水系的京津唐地区，淮河蚌埠、南四湖及苏北地区，长江下游沪宁杭地区，珠江三角洲，南怒江昆明地区，黄河兰州、西宁、西安地区，这些地区人口稠密、工业发达、经济繁荣，水质污染也达到相当严重的程度，已经严重影响到人民的生活和工农业生产。

全国废水排放量，1980年为234亿吨，1985年为342亿吨，1987年为349亿吨，其中工业废水264亿吨，处理率26%。预计1990年将为402亿吨，2000年将达666亿吨。我国城市居民生活污水排放量较低，随着城市住房设施和生活水平的提高，排放量将会不断增加。1980年城市生活污水量40亿吨，1990年将达71亿吨，2000年将达117亿吨。因此，全国污水总量1980年为274亿吨，1990年为473亿吨，2000年为783亿吨。

1983年工业与城市污水所携带污染物（8种）总量为1083万吨，2000年全国排放的污染物总量估计将达26万吨，上述预测是以技术进步和节水效率提高为前提的。

到2000年，七大江河污径比将比1980年高出0.9～2.2倍，辽河将高出420倍，污染物浓度比1980年增加2倍左右。

南方和北方均缺淡水资源，特别是北方，现在甚至已到污水不可再多的程度，工厂和城市居民排出的废水在尚未到达污水处理工厂前就被农民截取灌田，被大量利用，污水灌田带来土地污染，土地污染带来农副产品的污染并直接危害人民身心健康，如何管理与合理利用污水已成为一大难题。

（3）固体废弃物

随着社会经济发展和人民生活水平的提高，固体废物排放量越来越大、处理和利用率低、占地多。1983年统计，全国排放各种工业废渣5.2亿吨，连同垃圾粪便共约6.5亿吨。其中煤炭废物占一半，工业废渣利用率仅23%，当年堆存占地2.93万亩，其中有害物质占0.21万亩。历年堆存的废渣已达54亿吨，占地59万亩，其中有害废物占2.5

万亩。

预计：1990 年城市垃圾粪便 1.76 亿吨，为 1980 年的 1.3 倍；2000 年城市垃圾粪便 1.95 亿吨，为 1980 年的 1.43 倍（见表 3）。

表 3　固体废弃物排放预计

类别	1990 年	2000 年
工业废渣（亿吨）	6.4	9.8
城市垃圾粪便（亿吨）	1.76	1.95

固体废弃物每年造成的污染损失和资源未得到综合利用的经济损失约 42 亿元。

（4）噪声

噪声分交通噪声、工业噪声、建筑施工噪声、社会噪声。过去人们对噪声认识不够，认为是兴旺发达的标志，70 年代我国噪声总声能量比 50 年代约翻了一番，平均每年提高 0.5～1 分贝，十年间城市道路交通噪声增加了 6～8 分贝，城市区域环境噪声白天平均等效声级上升 5 分贝，引起人民群众的强烈反应。据 18 个城市不完全统计，反映噪声污染的人民来信所占的比率 1979 年为 29.7%，1980 年为 34.6%，1981 年增至 44.8%。南京 1981～1983 年反映噪声问题信件共 969 封，占全部人民来信的 46%，而夏季三个月占 60%。

据 47 个城市资料，全国平均白天声级为 59 分贝、夜间为 49 分贝，人口密度是决定环境噪声的主要因素。道路交通噪声绝大部分超过 70 分贝，平均达 74 分贝（超标），污染严重的城市有广州、武江、南京、长春、上海、西安、厦门、福州、南宁、郑州、漳州、泉州等，我国有 2/3 城市人口暴露在较高的噪声环境之下，有近 30% 城市人民在难以忍受的噪声环境下生活（即超过 55 分贝是较高噪声环境，65 分贝是难以忍受的）。

工业噪声：车间厂房噪声超过 90 分贝的比例甚高。据在 9 个省的调查，40% 超过 90 分贝。

飞机航空噪声干扰城市居民，北京、广州、西安、杭州、郑州、石家庄、济南等都发生过这种干扰事件。

2. 城市生态环境被污染的原因

造成工业污染的严重局面，除了中国工业、企业以中小型居多，特别是社队工业、街道工业发展给环境造成很大冲击，加以中国能源以煤为主，对环境污染危害严重，又因经济落后，拿不出更多投资治理污染以外，还有以下原因：

（1）工业布局不合理

主要表现在我国工业大部分集中在 40 多个大城市，它们的工业总产值占全国的 65% 以上，其中 13 个大城市和特大城市的工业总产值几乎占全国的一半，使城市的规模愈来愈大，不仅污染更加难以控制，而且使能源、水源、交通、住房等方面的供应日趋紧张。许多有污染的工厂建在城市的上风方向、河流的上游或居民稠密区或风景名胜区，使污染危害更加严重。不顾城市性质和环境特点去安排工业产品结构，增加了防治污染的难度。沿江沿河布置有污染的工厂，把许多水源污染了，有的直接把江河当成排污沟使用，扩大了污染范围。

（2）企业管理不善

据对一些企业的调查，由于企业管理不善产生跑、冒、滴、漏而造成资源、能源浪费的量约占"三废"总量的30%～50%。据化工部、冶金部统计，如果加强管理，污染可以减轻一半或一半以上。

（3）工艺落后

我国生产设备陈旧。据估计，目前大约50%～60%的技术装备落后老化，能耗和物耗高，大量的资源和能源以"三废"的形式排入环境之中，成为污染源，这样既浪费了资源又污染了环境。据化工部门对200多个企业的调查，每年投入生产的原材料转化为产品的占1/3，其余2/3变为有害环境的"三废"排放掉了。

（4）资源、能源综合利用差

我国工业排放的废弃物绝大部分没有回收利用，工业用水的重复利用率只有10%～15%，苏联工业用水重复利用率为75%～80%，美国为67%，日本为62%。中国能源利用率为30%，美国为51%，日本为59%。

（5）没有采取必要的净化处理措施

全国85%的工业废水、80%的工业废渣和大部分工业废气未经处理就直接排入环境中。

中国污水处理率为15%，美国与日本分别为77%和80%。煤炭洗选率中国18%，美国50%，苏联63%，日本100%。垃圾粪便清运率中国50%，美国和日本皆为100%。

认真总结我国环境保护方面的经验教训，力求在经济、社会发展中，避免盲目性、破坏性，是十分重要的。

3. 自然环境存在的问题

当今世界十大环境问题是：

1）土地沙漠化日益严重；

2）森林遭到严重砍伐；

3）野生动植物大量灭绝；

4）世界人口急剧增加；

5）饮水资源越来越少；

6）农药、化肥对作物、土壤的影响；

7）有毒化学品剧增；

8）温室效应使地球增温；

9）酸雨现象正在发展；

10）臭氧层耗竭对环境造成威胁。

上述环境问题我国或多或少都有涉及，有些环境问题甚至相当严重。

（1）森林资源的破坏

我国森林的分布面积虽然不大，但破坏森林的情况却相当严重。根据20世纪80年代初的统计，全国每年造林成活面积约1560万亩，而每年伐木、毁林、火灾损失面积约

3750 万亩，每年净减森林 2190 万亩，而可供采伐的森林蓄积量只有 35 亿立方米左右，每年实际采伐量 2～3 亿立方米，加上今年大兴安岭火灾的损失，照此速度再过十年，大小兴安岭、长白山林区都将无林可砍。我国西部的干旱、半干旱地区国土面积占全国 50%，但森林覆盖率已不足 1%，远远达不到生态平衡所需 30% 的较为均衡的森林覆盖率。亚热带地区的森林资源亦在迅速减少，广东省 1982 年林木蓄积量为 2.3 亿立方米，每年消耗超过 1600 万立方米，按此速度，不到 2000 年全省森林将消耗殆尽。福建省十年来森林覆盖率由 50% 降到 40%。20 年来四川森林面积减少 30%，云南减少 45%。森林资源的逐渐枯竭使生态危机日趋严重。

（2）草原资源的退化

我国有 43 亿亩草原，其中可利用面积 33 亿亩。过度放牧，不合理开垦，鼠害和火灾危害，以及开矿过多占用草地等，使草原退化已达 7.7 亿亩。草场退化、沙化、碱化的现象极为严重，亩产草量比十年前减少了 1/3～1/2。退化的主要标志是产草量降低，草质下降，杂草、毒草增多。内蒙古草原产草量一般下降 30%～40%，严重的下降几倍。

（3）珍稀动植物物种濒于灭绝

森林、草原和自然保护区的破坏，以及非保护区生物资源的不合理开发利用，致使许多珍稀动物、植物处于濒临灭绝的境地。例如四不像、野马、高鼻羚羊、白臀叶猴、豚鹿、黄腹雉等十几种动物已基本绝灭，长臂猿、海南坡鹿、野象、老虎、白鳍豚、大熊猫、朱鹮、黑颈鹤、扬子鳄等二十多种珍稀动物正趋向绝迹，金丝猴、雪豹等动物的分布区显著缩小，珍稀植物如银杉、望天树、龙脑香、金花茶、鹅耳枥、铁力木、降香黄檀等都不同程度遭受破坏。

（4）土地沙漠化加剧

我国沙漠化土地面积为 19.2 亿亩，主要分布在北方干旱、半干旱地区，其中约 97% 面积为人为活动引起，3% 面积为自然沙土移动。具体分配是樵柴滥伐占 28%，滥垦占 21%，过度放牧占 20%，开垦后用水不当占 16%，工矿交通建设占 9%。根据中国科学院兰州沙漠研究所资料，我国北方土地沙漠化 85% 是滥垦、滥牧和滥伐的结果，12% 是因水利资源利用不当和工矿建设中破坏了植被所造成的，属于沙土移动的占 3%。除上述破坏现象外，还有其他方面的破坏，这里不再叙述。

森林、草原、物种、土地等利用不当引起沙漠化、水土流失、生态平衡失调、环境趋向恶性循环，其中尤以水土流失较为严重。我国水土流失面积已有 150 万平方公里，每年土壤流失 50 亿吨，相当于流失 5000 万吨化肥，这是能源和资源的极大浪费。美国《公元 2000 年全球情况调查报告》主编巴尔尼博士访华时指出："黄河流的不是泥沙，而是中华民族的血液，平均每年泥沙流量高达 16 亿吨，这不再是微血管破裂，而是主动脉出血"。他又说："对国家安全问题，应改变传统的观念，绝不只是外来侵略。日本是个资源贫乏的国家，所以提出了全面安全的新概念。对中国来讲，除人口问题外，土壤问题也是国家安全的一个重要条件。"

由此看来，自然资源的利用问题不仅涉及国民经济发展和生态环境的好坏，而且危及一个国家的安全与生存。

4. 造成生态破坏的原因

造成生态环境破坏的原因众多，其主要原因为：

（1）思想认识问题

各级领导和部门还没有把保护自然环境提高到一项基本国策来认识，也没有遵循经济发展与环境保护协调发展的方针把自然保护工作真正纳入国民经济、社会发展计划中去。

（2）部门利益过重

各部门在考虑资源开发时，往往过多注意本部门利益，忽视国家的整体利益。只考虑暂时的经济利益，不顾及长远的永续利用，因此常常违背客观规律，对自然资源采取盲目的过量的甚至掠夺式的经营方式，既浪费资源又破坏环境。

（3）法制不全，执法不严

对各类自然资源遭受破坏的现象，无人过问，有关自然保护的条法很不健全，虽然对珍稀动物保护列有条法，但不够具体，缺乏量刑，执行较难，立法上还没有环境法庭来受理破坏生态环境的案件。

（4）体制和机构的问题

自然资源涉及各个部门，而各部门又各自为政、各行其是。土地问题，城市由城建部门管理、农村由农牧渔业部分管、土地管理局又要经管城市和农村土地，职责不明、交叉，甚多规划又由国土局统管。实践中矛盾不少，自然资源更缺少一个部门进行统筹兼顾、全面规划和科学管理。

（5）资源无偿论和价格政策问题

自然资源是国家的财富，任何单位、任何人无权任意采伐或使用。但长期来人们认为资源是取之不尽、用之不竭的。当前自然资源没有价格，或者即使有了价格，也严重偏低，是我国价格体系和价值理论的严重缺陷，也是造成自然资源浪费和短缺、生态环境污染和破坏的一个重要因素。

二、环境问题所产生的危害

1. 对环境污染和生态破坏严重性的认识

中国是排污量最大的国家之一，也是污染最严重的（特别是大气污染）国家之一。

（1）大气污染严重

我国大气污染已到非治不可的地步了。据1984年环境质量监测报告，全国60个城市大气总悬浮微粒年日平均浓度值为600微克/立方米，超过二级标准一倍多。32个北方城市大气总悬浮微粒年日平均浓度值为860微克/立方米，其中还有一批城市超过1000微克/立方米。北京市近年来大气总悬浮微粒年日平均值大体保持在每立方米700微克左右，与国外城市的同期水平相比，为伦敦22微克的35倍，纽约43微克的18倍，东京48微克的16倍。我国目前大气污染程度相当于世界发达国家五六十年代污染最严重时期的水平。

（2）酸雨的范围不断扩大

酸雨在20世纪70年代初，作为一个重大环境问题引起各国广泛重视，它的形成主要因素是二氧化硫和氮氧化物。据估计，全球每年人为排入大气的硫氧化物约 2 亿吨，其中二氧化硫约 1.5 亿吨。1950~1970 年，欧洲二氧化硫排放量增加 2 倍，致使整个欧洲大陆雨水酸度高出正常雨水酸度 10 倍，目前欧洲雨水酸度每年增加 10%，斯堪的纳维亚半岛南部、瑞典、丹麦、波兰、西德、捷克、加拿大等雨水 pH 为 4.0~4.5，法国为 4.5~5.5。美国各地雨水酸度比未受污染的雨水酸度高 10~40 倍。酸雨的生态影响极为广泛，它酸化土壤和湖泊，使鱼类、浮游生物、森林、农田作物、建筑物和材料等受到极大危害，当然对人体健康潜在危害也是极大的。据计算，1981 年美国因酸雨而遭受的经济损失达 50 亿美元。

我国酸雨主要发生在长江以南，尤以烧高硫煤的西南城市为重。例如重庆和贵阳降雨年平均 pH 在 4.5 以下，与西欧雨水中 pH 相当，可见其严重所在。

（3）地下水污染日趋严重

地下水资源是指贮存和运移于岩层中并在质与量上均具有一定利用价值的地下水。地下水由大气降水、地表径流、冰雪融水渗漏地下而成，它服从于大陆水的总循环，并有自己的运动规律。我国多年平均地下水资源量为 8000 多亿立方米，由于地域辽阔，地质地貌水文气象的条件不同，地下水资源分布不均、水质不一。对全国 75 个城市地下水的调查表明，有 41 个城市受不同程度的污染，其中北京、天津、上海、沈阳、西安、太原等大城市的地下水酸盐、硬度、矿化度普遍升高，不少指标超过饮用水标准。此外，由于长期超采地下水，不少城市的地下水位连年下降，形成大面积降落漏斗，导致地面下沉、海水入侵、岩溶塌陷等严重后果。

地下水的污染和地下水位的下降，造成的经济损失也是惊人的。据北京市调查，每年可达 2 亿元之多。

北京市地下水的污染和水位的下降，将严重制约北京市工业生产和国民经济发展，若不加以切实控制和解决，则首都北京将不能继续发展，到头来势必被迫迁都了。

（4）乡镇企业的发展，使污染由点蔓延到面

最近几年，随着乡村经济体制的改革，乡镇企业得到迅速发展。但由于乡镇企业工艺陈旧，设备简陋，技术落后，能耗高，污染大，加之缺乏科学技术管理人才，不少地方急功近利，办企业只讲经济效益，不顾环境效益，三废污染已全面蔓延。据统计，1985 年乡镇工业排放的废气占全国废气排放量的 12.4%，废水占全国工业废水排放量的 10%，废渣占全国废渣排放量的 15%。从三废排放量看，乡镇工业污染占全国比重不大，但因点多面广，大部分集中在沿海省区，厂点密度很高，且和农业环境镶嵌在一起，危害是严重的，特别是从发展看，问题更加严重，如表 4 所示。

表 4　乡镇企业三废排放量与经济损失

项目	1982 年	1990 年	2000 年
污水排放量（亿吨）	26.6	90.0	160
大气污染物排放量（万吨）	432	1277	1771
废渣排放量（亿吨）	0.56	1.0	3.0
污染经济损失（亿元）	65.82	223	398

从上述四个方面的分析，不难看出，中国的环境问题是十分严重的。特别值得警惕的

是这种情况还在继续发展，正如万里同志在 1987 年 5 月《中国自然保护纲要》发表时指出："……特别是我国目前正处于大规模的经济开发建设时期，自然资源的消耗速度比过去大大加快，带来的自然生态环境问题也就更加严重。许多地区森林草原植被破坏、乱占耕地、盲目开矿、水土流失、土地沙漠化和盐碱化、大气污染、水体污染、土壤污染、生物资源过量消耗、地下水位严重下降等情况，至今仍没有得到有效的控制和防治，更谈不上根本性的改善，生态形势十分严峻。"

2. 环境污染对人体健康的影响

环境污染是指有害物质（主要是工业的三废）对大气、水质、土壤和动植物的污染，以及于噪声、振动、恶臭、地面沉降、放射性和废热等造成的环境损害，这些污染环境的有害物质达到一定浓度时，就会对人体健康产生影响或引起疾病。

（1）大气污染对人体健康的影响

大气污染物多种多样，其中二氧化硫、氮氧化物、一氧化碳、飘尘、多环芳烃以及铅、氟和砷等都是损害人体健康的主要污染物。人体受到这些有毒有害污染物危害时，常常患上支气管炎、哮喘、肺炎、肺气肿、肺癌等疾病。在发生大气污染时，往往是多种污染物同时存在，发生协同作用或拮抗作用。因城市性质和所处地理环境不同，其大气污染物的组成类型和对健康影响也不尽相同，下面仅举二氧化硫为例说明之。

肺癌是一种明显与大气环境有关的疾病。据调查，世界上城市人口得肺癌死亡率是农村人口的 2~5 倍。据 70 年代的调查，我国城市肺癌死亡率也高于农村，随城市化发展，肺癌死亡率上升。北京、上海近 20 年肺癌死亡率增加 200%。城市和郊区儿童呼吸道疾病患儿数量有较高的比例，北京市内和郊区 3∶1 倍，上海与工业区接近的乡肺癌死亡率大于 20/10 万，远郊则为 12/10 万，上海 1974~1982 年二氧化硫浓度增加 0.01 毫克/立方米，呼吸系统疾病死亡人数递增 5% 左右。

（2）水污染对人体健康的影响

水污染对人群健康的影响主要有生物性污染、化学性污染和通过水生食物链的积累或污水灌溉污染粮食和蔬菜等危害人群。危害形式可以是急性或慢性中毒。

1）生物性污染。由于人口增多、居住聚集以及城镇化，人群生活废弃物是水生物受污染的主要来源。水污染导致肠道传染病的流行，在我国历史上屡见不鲜。1962 年本溪市曾发生肝炎爆发，患病人数高达 12 000 人，南方水网地区也常有急性肠道传染病水性传播的报道，1988 年春季，上海及附近一些城市甲肝传染病的流行一事是很说明问题的，也是值得吸取教训的例子。

我国目前尚有 26 个城市 1660 万人未饮用自来水，农村需要水改的地区有 5 亿人，其中饮用水源受到污染的沿海河网地区仍有 1.5 亿人。

2）化学性污染。我国大部分江河湖海以及水库等地面水都受到不同程度的化学毒物的污染，有的已造成严重的危害。

如松花江长期以来受上游化工厂排出的甲基汞的严重污染，江水中的甲基汞被鱼类吸收富集 20 万倍。沿江居民长期大量食鱼，渔民每年食鱼更高达 200 公斤以上，使甲基汞在体内逐渐蓄积，已明显地出现慢性甲基汞中毒症状。有关部门曾对 488 名渔民进行了临床检查和住院观察，结果发现不同年龄段的渔民发汞平均值为 10.35 ～ 43.70ppm，而对照居民发汞正常值95％的上限为4ppm。检查 400 名沿江儿童发汞值也明显高于对照儿童，说明沿江居民和儿童已受到了甲基汞的污染危害。现在上游排甲基汞的工厂已改革工艺，不再排放甲基汞，但已沉积在江底的大量甲基汞的二次污染问题仍需长期注意。松花江还受上游工厂有机工业废水的污染，其下游 500 公里的哈尔滨江段江水中可测出二百多种有机污染物，其中属致癌、致突变物质有 10 种以上，可疑致癌物、促癌物质数十种。将松花江的水、鱼和底泥的提取物作致突变试验，结果表明江水、江鱼、江底泥中都有致突变性。以松花江水为水源的哈尔滨市自来水的提取物也同样有致突变作用，而用地下水的市区自来水就没有致突变性。对哈尔滨市五个区的 170 万人口的癌症死亡率调查分析表明，饮用江水的市区居民癌症死亡率比饮地下水的居民高出 30/10 万以上。对沿江居民 51 万人口（五年累计）的癌症死亡率调查表明，近江吃鱼多的居民癌症死亡率明显高于对照居民，二者相差 36/10 万以上，并且以消化系统的肝癌和胃癌最为明显。

渤、黄沿海水域受到石油、汞、镉、铅、砷以及有机氯农药等的污染。据调查，沿海渔民发汞、发铅、发砷、发镉等含量均高于附近对照农民。

在 60 年代由甲基汞中毒引起的日本水俣病公害事件曾轰动世界。吉林省有八名渔民的甲基汞中毒症状及其数据表明已与当时日本水俣病的症状相当。

3）污水灌溉对人体健康的危害。随着国民经济的发展，我国工业废水和城市生活污水排放量逐年增加，其中工业废水的比重越来越大，污水成分十分复杂，绝大部分未经处理任意排放。我国许多地区水资源紧缺，只得将污水用于灌溉农田。污水灌溉同时兼有水、肥资源的再利用和廉价的污水土地处理两个方面的效益，但是由于污水灌田，给农业环境和城郊环境带来不同程度的污染，除了灌区农村生活环境和劳动环境恶化外，主要存在生物性污染和化学性污染两类问题。生物性污染导致人群中肠道传染病的传播。据某灌区调查，污灌 5 岁以下婴儿急性腹泻发病率为 5.44％，学龄儿童蛔虫感染率为 81.21％，分别高于清灌区的4％和53.24％。有机、无机化合物在环境中积累，其中有毒有害物质通过土壤—作物系统、水生物、地下水的污染，最终进入食物链，对人群产生危害和长期效应。首先是重金属的污染，污灌区土壤中镉、汞、铅、铬、砷等的积累，可在粮食、蔬菜等作物中有不同程度的残留，通过食物链也不同程度地影响灌区人民的健康。其次是石油化工有机物的污染，石油化工废水成分复杂，含有许多环状化合物，多数具有毒性和致癌、致畸、致突变的潜在威胁。

在利用污水灌溉的许多老灌区，普遍反映癌症病人数比清水灌区高 1 倍，在石油污水灌区更为明显。如某灌区居民肝脏肿大率、慢性胃病患病率、白血球总数增加等明显高于对照区，胃癌标化死亡率、畸胎率、先天性畸形率也比对照区高（见表5）。

表5 石油污水灌区与清灌区居民主要疾病患病率的比较

疾病名称	污灌 30 年	污灌 20 年	清灌区
慢性胃炎（‰）	22.2	2.4	2.2
肝肿大（‰）	106.1	19.2	4.2

续表

疾病名称	污灌 30 年	污灌 20 年	清灌区
白血球增多（‰）	133.6	29.2	32.0
胃癌标化死亡率（1/10 万）	34.2	24.0	12.0
畸胎和先天性畸形率（‰）	14.43	10.07	5.20

（3）固体废弃物污染对健康的影响

固体废物一般分为生活废弃物（垃圾、粪便）和工业废弃物（有害废渣、一般废渣）两大类。随着生产的发展和人民生活水平的提高，固体废物的排放量日益增多，加之管理不善、处理不当，往往造成对大气、水体和土壤的污染，加剧环境的恶化，危害人体健康。固体废物对人体健康的影响主要是：城乡垃圾与粪便的生物性污染，有毒有害工业废渣的化学性污染。

目前，我国垃圾粪便90%以上直接施于农田或者任意堆弃，经无害化处理的还不到10%，这是我国长期存在而需要认真研究解决的一个重要环境卫生问题。在作为生理排泄物的粪便中往往含有肠道致病菌、寄生虫卵和病毒。1980 年细菌性痢疾在全国 24 种急性传染病中发病率占首位，发病例数占全部传染病总数的37%。我国属病毒性肝炎高发地区，流行十分广泛，它对社会的影响和劳动力的损害是极其严重的。前面已提到上海今年甲肝流行便是一例。此外，我国的钩虫病和蛔虫病也很严重，感染人口可达 1 亿以上。

对人体健康危害最大的是有毒有害废渣，它虽然只占工业废渣的一小部分，但通过地下水、地面水、大气和土壤的污染，影响陆生生物和水生生物，又通过食物链富集作用危害人体健康，甚至可以引起急性中毒或慢性中毒而威胁生命。我国曾发生过铬渣、铊渣、砷渣和锑渣等多次污染事故，引起人体急性或亚急性中毒，危害人身安全。

（4）噪声的危害

日本把环境噪声作为三大公害之一，在日本每 3 人中就有 1 人受汽车噪声之苦，因噪声干扰而无法上好课的学校超过 10%。暴露于 55 分贝或更高噪声级的人数，美国占40%，挪威22%，欧洲大多数国家为50%～70%，日本达80%。

我国1981 年对20 个重点城市的调查表明，我国环境噪声主要来源于交通（36.6%）、工业（18.3%）、施工（4.4%）、生活（26.8%）及其他（13.9%）。

我国有 2000 万～3000 万职工在损害健康的噪声条件下工作。长时间高强度的噪声作用可损害听力，严重的可发生噪声性听力损伤乃至噪声性耳聋。如济南市对 330 名交通民警做体检，有 128 人出现不同程度高频听力损伤，其中有 45 人为重、中度损伤。上海虹口区交通噪声为 75 分贝，23 名交通民警的体检中，工龄 10 年以上听力损伤显著比工龄10 年以下的为多。

噪声还对人体产生非听觉性危害，如影响神经系统和心血管系统以及消化系统、内分泌系统，但以前二者为主。例如济南市 330 名交通民警中 222 例有异常心电图，神经衰弱58 例，心动过缓和过速15 例，高血压 7 例。西安航空噪声、上海苏州间拖轮深夜鸣笛、北京附近铁路噪声等都对城市环境和居民住宅产生很大干扰，群众意见十分强烈。

3. 对资源的破坏、浪费及造成的经济损失

（1）我国自然资源的特点

我国土地资源的特点是三多三少，即山地多、不可利用地多、难利用地多，耕地少、林地少、平地少。

我国山地土地面积占国土面积的 66%，平地仅 34%。不可利用地包括沙质荒漠、戈壁、沙漠化土地、永久积雪和冰川寒漠、石骨裸露山地、沼泽，共有 205 万平方公里，占国土面积的 21.4%。难利用地诸如盐碱地、红壤丘陵地、水土流失地、干旱地、涝洼地等占可利用土地的 1/3。现有 14.9 亿亩耕地，只占国土面积 10.4%，而其中质量较好的占 2/3，其他 1/3 是难利用地。

我国资源短缺，但浪费甚大；我国资源总量丰富，但人均资源十分贫乏。

1）耕地。我国现有耕地约 14.9 亿亩，人均 1.45 亩，比世界人均耕地 5.5 亩低约 74%（苏联人均 13.6 亩、美国 14.6 亩、印度 4.5 亩）。令人担忧的是，由于农村建筑用房占用好地、工程建设用地等，耕地不断地在缩小的趋势正在发展。

2）林地。我国人均 1.8 亩，仅为世界平均数的 12%。

3）草地。我国人均 5 亩，仅为世界平均数的 34%。

4）森林。覆盖率 12%，仅为世界平均数的一半左右（世界平均数为 22%）。

5）水资源。中国人均径流量 2600 立方米，相当世界人均水量的 1/4，苏联为 18 450 立方米，美国 13 904 立方米。我国农村一方面缺水，影响作物收成，另一方面采取田间大水漫灌的落后方法，灌溉水利用率为 20%～30%，其他的都白白浪费掉。

水资源的利用率我国与发达国家差距甚大。发达国家工业用水重复利用率为 60%～80%，我国平均不到 20%；发达国家炼一吨钢耗水 5～10 吨，我国 60～70 吨；发达国家做纸浆一吨耗水 30 吨，我国 300～1000 吨。我国既缺水，但水资源利用率又低，并大量的浪费。

（2）自然资源的破坏和污染所造成的经济损失十分惊人

1）水环境污染造成的经济损失。水污染损失主要包括对农业、工业生产造成的直接经济损失及对资源破坏造成的经济损失两大方面，潜在的影响目前尚无法估算，合计上百亿元/年。

2）大气污染造成的经济损失。大气污染损失主要包括大气污染对农业造成的损失以及不合理的燃烧方式造成的经济损失，合计几十亿元/年。

3）固体废弃物造成的经济损失。包括废渣占地、煤矸石资源浪费、粉煤灰资源浪费、固体废物转为水体污染等，合计几十亿元/年。

4）噪声污染的经济损失。包括企业设备运行率降低、工人健康下降、交通噪声影响居民的生活环境等，合计几十亿元/年。

5）自然环境破坏造成的经济损失。据不完全统计，包括土地、草原、森林、野生动植物等，合计上百亿元/年，自然生态的潜在破坏性的损失目前尚无法估量。

我国环境保护科学技术发展展望*

科学技术是第一生产力，是当代社会进步和经济发展的主动力，这一点已经成为全社会的共识。对环境保护来说，应当如何充分发挥科学技术在解决环境问题中的作用，是"八五"期间环境科学需要解决的发展方向问题。这里，拟结合我国环境保护发展状况，就我国"八五"和至本世纪末环境保护科学技术的发展规划，特别是生态和自然保护科学技术发展方面，介绍一些情况，谈几点看法。

一、我国"八五"环境保护计划的基本情况

"七五"期间，经各方面的共同努力，我国的环境保护取得了较大的进展，基本完成了"七五"计划所确定的各项指标，局部地区特别是一些重点治理城市和地区的环境状况已有了较大的改善。但由于历史欠账太多，加上一些现实因素的影响，如工业设备陈旧、技术落后、布局不合理、管理不善等，目前我国的环境状况总体还在恶化，前景也很令人担忧。根据这些情况，"八五"期间的环境保护目标是：努力控制环境污染的发展，力争有更多的重点城市和地区的环境质量有所改善；努力抑制生态环境恶化的趋势，争取局部地区有好转，为实现2000年的环境目标打下牢固的基础。

为实现"八五"目标，所采取的对策主要是：

第一、使环境保护计划纳入国民经济和社会发展计划。

第二、充分发挥环境保护的监督和服务功能，促使经济与环境保护协调发展，实现经济、城乡建设、环境建设同步规划、同步实施、同步发展和经济效益、社会效益、环境效益相统一。

第三、进一步推行强化环境管理的工作方针，主要是健全环境法制、制定配套改革、积极推行各种行之有效的环境保护制度和措施。主要有："三同时"制度，排污收费制度，环境影响评价制度，环境保护目标责任制，城市环境综合整治定量考核制度，排污许可证制度，污染集中控制制度和污染限期治理制度。

第四、加强科学技术支撑能力。

第五、保证环境投资强度，加强投资管理，提高投资效益。据测算，实现"八五"环境保护目标所需的环保投资至少应占国民生产总值的0.85%。

* 金鉴明．1992．我国环境保护科学技术发展展望．中国科学基金，（4）：23～27．

上述五方面，可以总结成一句话，"增加投入，科技进步，强化管理"。特别是其中的"科技进步"，"八五"期间一定要把依靠科技进步解决环境问题提到战略地位来对待，要大力开展环境科学技术研究和示范工程的建设，筛选和推广行之有效的环境治理适用技术。现在，国家环境保护局每年都要推出一批国家环境保护最佳实用技术推广项目，有力地促进科技成果的转化，以解决有的成果不知推向哪个部门，而有的部门需要的技术又不知向哪个单位索取的双向难题。

二、我国环境保护科学技术十年规划和"八五"计划的主要内容

在制定十年环保科技发展规划和"八五"计划时，主要遵循这样的指导思想：

1）坚决贯彻"经济建设必须依靠科学技术，科学技术必须面向经济建设"的基本方针。

2）坚持环境科技为环境管理服务的方向。

3）加强国际合作。

4）突出重点，确定可行的、有限的目标。

5）研究开发和大力推广能有效提高资源利用率和能源效率、无废或少废的生产工艺和防治技术。

"八五"计划和十年规划的总目标是，把我国污染防治技术和生态破坏恢复技术的整体水平提高到一个新的高度，使我国环境决策和环境管理的科学化水平上一个新台阶。

"八五"环保科技工作的主要任务有：

（1）环境管理研究

其中包括中国环境经济量化研究。一是定价研究，即资源定价和生态环境定价；二是环境问题的经济损失计算研究，即环境污染的经济损失和生态破坏的经济损失计算；三是核算研究，包括资源核算、环境核算、资源环境核算，以及将其纳入国民经济核算体系的研究。

（2）工业污染源控制对策研究

包括生产工艺产污系数、工业污染治理技术的评价、筛选和推广，工业生产环境保护技术政策，工业生产污染防治新技术等的研究。

（3）区域性环境污染控制对策研究

内容包括全国环境区划研究、环境规划技术导则的研究、城市环境污染控制对策研究等。

（4）自然保护区与农村环境研究

主要内容有：

1）自然保护区的研究。包括野生珍稀濒危动植物引种、驯化、人工繁殖技术的研究，保护区生物资源、旅游资源开发技术的研究等。

2）农村环境发展战略及对策研究。包括摸清农村环境问题的发展现状及局部农村存在的主要环境问题，建立农村环境的评价方法，并对农村环境的发展趋势做出预测，提出

解决措施。

3）典型生态破坏区生态恢复技术的研究。选择几个典型生态环境严重退化的地区进行退化控制和恢复技术的研究，并建立一些示范工程。选择典型矿山开发对生态环境造成破坏的案例，开展复垦生态工程技术的研究，并完成示范区的研究工作。

（5）工业污染源成套监测技术的研究

重点开展工业废水、废气和废渣的采样技术、分析监测方法和测试仪器、设备的研究，同时兼顾工业废水、废气中污染物监测信息系统和系列标样的研究。

（6）全球环境问题的研究

"八五"期间，重点开展全球气候变化的预测、影响和对策研究，建立与我国相关的全球和区域气候变化模型；研究气候变化对我国国民经济、社会发展、生态环境的影响及我国的对策；着重研究我国削减二氧化碳、甲烷等温室气体排放量的技术政策和技术路线，并对其进行效益分析。

三、关于环境科学的结构与特点的一些探讨

从环境保护的发展和环境科学与传统学科的区别来看，环境科学主要是研究人类活动所引起的环境结构、状态、功能的变化，以及这种变化造成的对人类生存和发展的影响，研究人与环境协调、持续发展的规律和实现的方法与途径。在这里，有三个最为基本的因素，即人的活动对环境的影响，环境的变化影响人的生存和发展，人与环境的协调、持续发展。从某种意义上讲，这也是贯穿于整个环境科学研究的三条基本原则。

环境科学具有当代科学整体化发展的特点，它横跨自然科学和社会科学两大领域，涉及宏观和微观两方面，与众多传统学科相交叉。根据上面的定义，大致可以归纳出如下的环境科学学科结构（图1）。

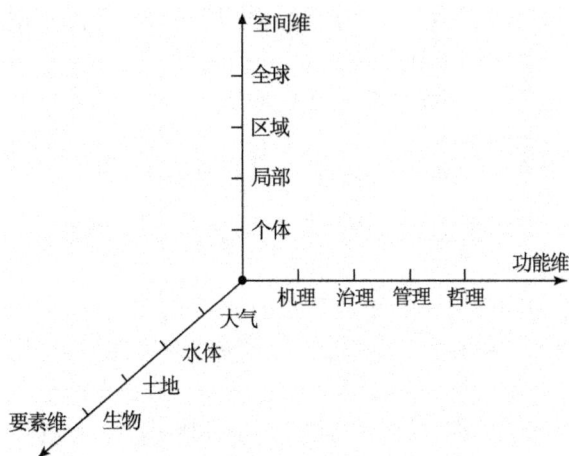

图1　环境科学学科结构示意图

图中的要素维代表环境系统的构成要素，也是环境保护的对象；空间维代表人类活动

和环境影响所及的不同作用空间尺度；功能维代表环境保护所决定的环境科学的功能，也是环境科学研究的主要内容。其中，机理包括环境污染物和破坏因子的产生、特点、迁移转化规律、影响作用，以及认识上述机理的方法和手段；治理包括各种预防、治理、恢复技术；管理包括环境规划、各种管理手段的内涵、作用与运用；哲理包括环境保护的新世界观、价值观、道德观及环境保护的社会效应、文化效应等。

作为一门新兴学科，环境科学具有这样一些特点：

（1）实用性

环境科学产生、发展于认识和解决环境问题的需要，具有很强的实用性。它的研究成果必须能应用于实践，解决实际中出现的环境问题。

（2）地域性

人们是在不同的地域与环境发生关系和作用的，由于不同的地域的地形、水文、气象、生态系统等自然条件，以及文化背景、社会经济与科学技术发展水平、民众素质、生活方式乃至社会制度等社会条件也不同，环境问题产生的性质、危害的程度、解决问题的方式也不尽相同。

（3）整体性

环境是一个有机整体，局部的变化将对整体产生影响。环境科学需要从整体的观点来开展研究，要不断地综合、吸收其他各学科的成果和理论来丰富完善自己。

此外，环境科学还存在着一些难点，主要有：

1）定性与定量的结合。由于环境问题的多重性、不确定性，使得环境科学研究对质与量的把握十分困难。

2）不可实验性。自然系统庞大复杂，许多环境恶化的后果极为惨重，不可重复，由此限制了通过实验对它们进行模拟研究的可能性。

3）时间尺度的适应性。人对环境的作用与由此引起的环境变化对人的影响，在时间上通常是不匹配的，人的作用可能是短时间的，所造成的危害却可以是长时间的；反之，作用可能是长时间的，影响却是短时间的，造成了因果分析上的不确定性和研究成果难以检验。

解决上述三大难点，也是环境科学的重要任务，否则，其实用性将受到影响。

四、关于环境科学研究工作并结合 SCOPE 中国委员会工作谈几点建议

第一点，我们的主题和开展研究也应当树立这样的思想，即面向经济建设和社会发展，经济建设是当前我国的中心任务，我们开展环境保护，进行环境科学研究，理当为经济建设服务。通过研究揭示发展与环境相协调的规律，引导人们合理、持续地开发利用自然资源，以确保社会经济的健康、持续发展，这是环境科学研究的生命力所在。

第二点，结合我国目前的发展需要，抓住一些重点课题，集中力量搞好，搞出成效来。例如，就生态环境保护来说，目前急需解决的问题有如下几方面：

（1）全球问题

包括气候变化和臭氧层破坏的发展变化、生物多样性保护情况，对我国生态环境和社

会经济特别是工农业生产的影响，以及我国应采取的对策。

（2）区域问题

包括：①我国西北黄土高原、黄河流域、长江中上游等一些生态破坏严重的典型生态脆弱区恢复发展及优化利用技术的研究和区域生态指标体系的研究。②针对乡镇企业的迅速发展及其对农村生态环境的影响，结合农村经济发展的需要，开展对农村生态环境综合整治、乡镇企业环境规划、生态农业发展技术和规划的研究。

（3）局部问题

如目前我国开矿所引起的地面塌陷、植被、景观破坏、资源浪费、水污染、大气污染、矿渣污染等生态环境问题十分严重。因此，矿山开发区生态保护恢复技术研究亟待加强。包括矿山生态恢复技术及其景观设计，土地复垦技术，矿山固体废弃物处置工程技术，废水污染治理技术，矿山人工恢复、自然恢复的经济效益分析，矿山开发与生态恢复的一体化工艺的研究。

（4）自然保护区问题

我国自然保护有了很大发展，截至 1991 年，全国已建立自然保护区达 708 处，面积 5600 万公顷，为保护我国的生物多样性做出了很多的贡献。但总体上讲，自然保护区的发展水平不高，有很多工作需要充实，同时有很多科研需要开展，包括：保护区野生珍稀濒危动植物引种驯化、人工繁育技术的研究；保护区生物资源、旅游资源开发研究；保护区生态保护工程技术研究；保护区开发适度规模和环境影响阈值研究；等等。

（5）其他

如生态监测技术及其基准的研究、城市生态环境综合整治技术研究等。

第三点，要结合我国环境保护的实际问题来开展研究，同时加强基础理论的建设。

第四点，要把研究成果的推广应用作为科研的一个重要环节来抓。防止实际问题、科学研究、成果应用三个环节相互脱离。

摘要：本文简要介绍了我国"八五"环境保护计划和环境科学技术发展计划，初步探讨了环境科学的结构与特点，并对环境科学研究工作提出了建议。

OUTLOOK ON DEVELOPMENT OF SCIENCE AND TECHNOLOGY OF ENVIRONMENTAL PROTECTION

Abstract：This paper briefly introduces plans of both environmental protection and development of environment science and technology for the period of the eighth-five years plan in China, discusses structure and characteristics of environment science and makes some suggestions on research of environment science.

环境领域若干前沿问题的探讨[*]

工业文明给人类带来了富裕和繁荣，写下了人类历史辉煌的一页，是人类引以自豪的文明。但工业文明意味着人类以牺牲环境为代价来实现自身发展，它又使自然界遭受了前所未有的浩劫，给人类的生存与发展带来了威胁，因而又是人类不得不抛弃的文明。走可持续发展的道路是人类唯一的选择，这是一种以绿色为标志的发展道路，是一种追求人与自然协调发展、互惠共生的新的文明，是带给人类生存与发展所希望的绿色文明之路。

一、生态工业、清洁生产、循环经济

生态工业的学科基础是工业生态学，是模拟生物新陈代谢过程和生态系统的循环再生过程所开展的"工业代谢"研究，是按生态经济原理和知识经济规律组织起来的基于生态系统承载能力、具有高效的经济过程及和谐的生态功能的网络型进化型工业，它通过两个或两个以上的生产体系或环节之间的系统耦合使物质和能量多级利用、高效产出或持续利用。

生态工业园是实现生态工业和工业生态学的重要途径，它通过工业园区内物流和能源的正确设计模拟自然生态系统，形成企业间共生网络：一个企业的废物成为另一企业的原材料，企业间能量及水等资源梯级利用。美国、加拿大、日本、德国、奥地利、瑞典、爱尔兰、荷兰、法国、英国、意大利都建成了一批生态工业园。20世纪80年代后期，我国建立了113个被国务院批准的各种工业园区，涉及面为大型联合企业、工业园区、工业集中的城镇。

清洁生产的概念最早可追溯到1976年，欧共体在巴黎举行的"无废工艺和无废生产国际研讨会"上提出了"消除造成污染的根源"的思想。国际公认和UNEP关于清洁生产的定义：清洁生产是一种新的创造性思想，该思想将整体预防的环境战略持续应用于生产过程、产品和服务中，以增加生态效率和减少人类及环境的风险。我国是国际上公认的清洁生产搞得最好的发展中国家，已在20多个省、直辖市、自治区的20多个行业、400多家企业开展了清洁生产审计，建立了20个行业或地方的清洁发展中心，一万人次参加了不同类型的清洁生产培训班。

循环经济思想萌芽于20世纪60年代，直到90年代，特别是随着人类对生态环境保

---

* 金鉴明. 2002. 环境领域若干前沿问题的探讨. 自然杂志，(5)：249～253.

护和可持续发展的理论和认识上的深入发展，循环经济才得到越来越多的重视和快速的发展。循环经济是对物质闭环流动型经济的简称，从物质流动的方向看，传统工业社会的经济是一种单向流动的线性经济，即资源→产品→废物。线性经济的增长，依靠的是高强度地开采和消耗资源，同时高强度地破坏生态环境。循环经济的增长模式是资源→产品→再生资源。循环经济正逐渐成为许多国家环境发展的主流，一些发达国家（包括日本、美国）已把循环经济作为资源可持续利用的重要途径。

　　清洁生产、生态工业、循环经济都是对传统环保理念的冲击和突破，突出表现在：①从单项到综合（三结合）的方向转变；②从末端治理向全过程控制战略转变；③从传统管理向先进的管理体制转变。

二、环境管理体系（包括生命周期评估）

　　ISO 是国际标准化组织，成立于 1947 年 2 月，负责制定除电工产品以外的国际标准，目前已经制定了一万多项标准，多数是技术性的。

　　ISO14000 是 ISO 推出的第二个管理性系列标准——环境管理系列标准，目前有成员国 80 个。中国也是成员国之一。在 ISO14000 系列标准中，以 ISO14001 环境管理体系标准最为重要，因为 ISO14001 是企业建立环境管理体系以及审核认证的最根本的准则，是一系列随后标准的基础。

　　自 1996 年 7 月起国家环境保护总局在部分企业开展 ISO14001 环境管理体系认证试点工作以来，中国的 ISO14001 环境管理体系认证工作已取得重大进展。国家环境保护总局先后发布了《国家环境保护总局关于环境管理体系认证工作若干意见》、《国家环境保护总局 ISO14000 标准试点城市工作方案的通知》、《环境管理体系认证暂行管理规定》、《环境标志产品认证管理办法（试行）》、《环境标志产品种类建议》、《中国环境标志产品认证收费实施细则》等，成立了"中国环境管理体系认证指导委员会"、"中国环境管理体系认证机构国家认可委员会"、"中国认证人员国家注册委员会环境管理体系专业委员会"、"中国环境标志产品认证委员会"等。

　　生命周期评价（Life Cycle Assessment，LCA）这种全面评价产业活动生态影响潜力的方法已逐渐成为实施产业生态学的基础方法。生命周期评价方法的原则是要从产业活动的生命周期全过程（包括原材料开采与提炼、产品制造、产品使用、产品报废和最终处置等）。

　　美国、加拿大、荷兰等国都颁布了本国的 LCA 国家标准，一些国际跨国集团如菲亚特、沃尔沃、大众汽车企业等都主动出巨资对自己产品开展 LCA 研究。

三、绿色运动的兴起（绿色消费、绿色食品、有机食品）

　　绿色消费是 20 世纪 90 年代兴起的国际性的消费新潮流，近两年引入我国。所谓绿色消费就是从满足生态需要出发，以保护消费者健康权益为宗旨，消费要符合人的健康和环境保护标准的各种消费行为和消费方式，有益健康和促进环保是基本内涵。

　　绿色产品的定义，就狭义而言指不包括任何化学添加剂的纯天然食品或天然植物制成的产品；就广义而言，指生产、使用及处理过程符合环境要求，对环境无害或危害极小，有利于资源再生和回收利用的产品，因而绿色产品又称环境意识产品。在大力提供发展绿色食品的同时，有机食品也在我国应运而生。有机食品源于1972年国际有机农业运动联合会（IFOAM）的推动，IFOAM 所倡导的有机农业是一种在生产中不使用化学合成的肥料、农药、生长调节剂、畜禽饲料添加剂等物质，也不采用基因工程获得的生物及其产物的农业生产体系。其核心是建立和恢复农业生态系统的生物多样性和良性循环，以维持农业的可持续发展。有机农业生产体系的建立需要有一个有机转换过程，而有机食品正是一类真正源于自然、富营养、高品质的环保型安全食品。

四、生 态 安 全

生态安全主要是针对国家生态安全而言，国家生态安全是指生态环境能够适应国家经济和社会发展需要的状态，它涉及国家安全、现代化建设、社会进步、人类文明以及人类生存和发展。生态安全的内容是保持土地、水源、天然林、地下矿产、动植物种质资源、大气等自然资源的持续利用，使生态环境有利于经济增长，有利于人民健康状况改善和生活质量提高。

生物安全是生态安全的主流。生物安全涉及外来种入侵和转基因物质。外来种侵入往往排斥和扼杀本地物种，它们的危害往往是潜在的、长期的，现代生物技术产生的转基因物质及其产品改变了品种的质量、提高了性能、增加了产量，但也对生物多样性、生态环境和人体健康存在着潜在的风险及危害。各国政府纷纷立法和设立管理机构，对转基因活生物体的实验室研究、田间释放试验和商业化发展以及进出口进行严格管理。生物安全管理的目的是为了在生物技术发展的同时采取有效措施，防止转基因活生物体及其产品对生物多样性、生态环境和人体健康的危害。国家生物安全管理的总体目标是通过制定政策、法规制度和相关的技术准则，形成生物安全科学管理能力和完善的监督机制及技术产生系统，把由现代生物技术产生的转基因活生物体及其产品可能产生的风险降低到最低限度，以最大限度地保护生物多样性、生态环境和人体健康，同时促使现代生物技术的研究开发与产业化发展健康、有序地进行。

五、生 态 旅 游

生态旅游是指以吸收自然和文化知识为取向，尽量减少对生态环境的影响，确保旅游资源的可持续利用。

生态旅游不只是一种旅游形式，它是回归自然、保护自然、给旅游者以保护生物多样性的意识和科学知识，同时又是旅游资源的保护与开发相结合的一种战略思想。

生态旅游的一般原则包括：①保护优先；②传统性、系统性；③综合考虑、统一规则；④保护与利用相结合；⑤旅游资源的持续利用。

生态旅游实施的基本途径包括：①规划实行；②生态培训；③基础设施；④制定策略；⑤其他。

生态旅游的环境管理原则包括：①加强旅游区法规建设和严格规章制度；②开发必须纳入环境项目管理轨道；③经营必须遵循经济、社会、生态三效益结合的方针；④提倡生态文化、提高游人的环境意识和生态保护意识；⑤开展生态旅游的容量研究。

综上所述，生态旅游的主要内容可归纳为以下四点：

①回归自然，让人们了解自然，认识自然，从而热爱自然和保护自然。②在不破坏生态不污染环境的前提下开展旅游活动，根据环境保护对旅游活动的要求积极处理生活污水和生活垃圾。③通过生态旅游宣传，认识保护生物多样性、保护珍稀濒危动植物的重要意义及提高旅游者的环境保护和生态保护意识。④通过生态旅游推动周边地区的社会经济的发展，所得惠益共享。

六、全球环境问题热点

由于人口的增长、资源的浪费、环境污染和生态危机，人口、资源、环境和发展的问题就成为全人类面临的四大挑战，成为举世瞩目的全球性问题。

1. 酸雨的危害

酸雨是一项全球性问题。目前，世界上有许多地区，酸雨对环境的污染已越过了国境，而且这一问题已有20多年的历史，最严重的地区是北美和欧洲，形成酸雨的一个重要原因是烧煤发电厂排出的 SO_2 所致。普遍认为，酸性沉降物对农作物、水生生物、建筑材料和文物古迹都是有害的，对人体也有影响。

2. 臭氧层破坏

臭氧层的破坏，主要是由氯氟烃类物质的长期排放和积累所引起，还有 N_2O、CH_4 等气体也都是破坏臭氧层的物质。在南极上空已形成近千万平方公里的臭氧空洞，臭氧层被破坏后，太阳紫外线长驱直入，使地球上的生物（包括人类）皮肤癌、白内障患者增多，人体免疫力下降；使豆类、甜瓜、荠菜、西红柿等农作物产量减少，品质下降；海水深20m以内的浮游生物、鱼苗、虾和藻类也将受到危害。

3. 全球气候变化

全球气候变化是由 CO_2 及其他诸如 N_2O、CH_4、氯氟烃类以及 O_3 等温室气体的排放浓度增加所引起的，亦称为温室效应，其中，CO_2 是最主要的原因。CO_2 含量的倍增，将导致全球气温的逐渐变暖，而气候变暖将会给人类带来许多灾难。首先，气候变暖将使冰川融化，海平面上升。其次，气候变化也改变了降雨和蒸发体制，影响农业和粮食资源的生产。再次，气候变化还能改变大气环流，进而影响海洋水流，导致富营养地区的迁移、海洋生物的再分布和一些商业捕鱼地区的消失，所以气候变暖将影响全球生态系统。

4. 生物多样性的丧失

生物多样性的丧失标志着野生动植物的破坏和消失。生物种消失的主要原因是世界人口的剧增和森林资源不合理的开发和破坏。1992 年联合国环境与发展大会上通过并由各国签署的《生物多样性公约》标志着生物多样性保护的新纪元的开始。

5. 生态安全

国家生态安全是指生态环境能够适应国家经济和社会发展需要的状态，它涉及国家安全、现代建设、社会进步、人类文明、人类生存和发展。前文对此已有论述，此处不再重复。

七、环境领域的前沿课题

人类已进入 21 世纪，环境问题更加成为世界各国关注的热点。环境保护包括污染防治和生态保护，具有宏观性、综合性、社会性的特点，需要各部门和社会的重视和共同努力。21 世纪在环境领域的前沿课题将主要包括：

1. 重大环境污染态势、机理、监理、监视及管理技术

气溶胶污染特征及源解析、城市气溶胶污染对人体健康影响、颗粒物排放的环境质量标准及管理对策。

水体富营养化、湖泊富营养化、赤潮。

高效、动态城市大气 L/DAR 监测系统的建立。

卫星、航空、地面遥感及污染源动态监测环境信息网络建设。

2. 高效实用污染控制技术及产业化

高浓度难降解废水处理、烟气脱硫、除尘和固体废弃物处置新技术研究。

氮氧化物排放及控制技术研究。

汽车尾净化技术。

高效微生物处理技术与生物工程技术。

3. 生态恢复及生态建设

生态城市建设理论与评价体系。

农村生态环境研究。

退化生态系统恢复与生态承载力研究。

自然保护区的建设和管理。

4. 生物技术与生态安全问题

物种的侵入。

转基因物质和转基因食品的安全问题。

生物安全国家框架。

生态旅游。

5. 有毒化学品的环境安全研究

对人体健康的危害。

有毒化学品潜在毒性及对生态环境风险的研究。

生物修复技术在污染治理中的应用研究。

目前，我国正在组织落实和近年已落实的科研项目列于表1，资源环境领域"十五"规划重点基础研究项目列于表2。

表1 我国正在组织落实和近年已落实的科研项目表

项目属性	课题名称	年度	进展情况
国家"973"计划项目	1. 湖泊富营养化机理及水体防治基础理论研究	2001	通过预审
	2. 中国主要河口的陆海相互作用及其地貌与生态环境效应研究	2001	通过预审
	3. 长江流域水污染控制与生态保护调控	2001	参加申报
	4. 水体富营养化及灾害控制理论研究	1997	参加申报
	5. 水体藻类/赤潮灾害机理及控制理论研究	1998	参加申报
	6. 中国水环境污染失衡与灾害控制机理研究	1998	参加申报
国家"863"计划项目	7. 半干半湿法脱硫工程技术研究	2001	正在组织申报
	8. 柴油车尾气控制催化材料的研究	2001	正在组织申报
	9. 渤海环境容量与总量控制技术研究	2001	正在组织申报
	10. 清洁生产生物工程技术/蔗糖循环工业	2001	正在组织申报
	11. 污染水体的生态修复技术	2001	正在组织申报
	12. 高浓度难降解废水的光催化降解技术	2001	正在组织申报
	13. 污染控制的高效生物菌种技术	2001	正在组织申报
	14. 工业有害废弃物资源化技术	2001	正在组织申报
	15. 污染土壤的生态修复技术	2001	正在组织申报
国家"十五"科技攻关计划项目	16. 面源污染控制技术研究	2001	正在组织申报
国家"九五"科技攻关计划滚动计划项目	17. 生态环境质量评估技术与典型地区研究（300万元）	1999	实施中
国家计划委员会/国家环境保护总局专荐	18. 渤海、南海生态环境保护与污染防治对策研究（100万元）	1999	实施中
	19. 有毒化学品的环境生态效应研究（50万元）	1999	实施中
	20. 燃料乙醇汽油使用过程中的环境标准与示范工程（200万元）	1999	实施中
科技部基础性基金与重大公益性研究基金项目	21. 中国生态环境数据库与网络（150万元）	2000	实施中
	22. 北京周边地区沙尘源调查及生态环境信息系统（70万元）	2000	实施中
国家计划委员会高技术产业化计划项目	23. 酒糟蛋白饲料化技术（800万元）	1998	实施中
	24. SO_2 在线式测试仪开发（500万元）	1998	实施中
	25. 半干半湿法脱硫工程技术	1998	落实示范工程

续表

项目属性	课题名称	年度	进展情况
科技部重点新产品开发基金项目	26. 污泥制作石油吸附剂材料技术（70万元）	1999	实施中
	27. 酒糟蛋白资源化技术（30万元）	1999	实施中
国防科学技术工业委员会专项	28. 环境小卫星环境保护应用预研（25万元）	2000	实施中
	29. 中–巴资源环境卫星应用示范研究（30万元）	1999	实施中
国务院三峡工程建设委员会移民局专项	30. 生活垃圾堆肥技术研究（45万元）	2000	实施中
	31. 三峡库区七个区县污水垃圾处理项目建议书（45万元）	2000	已完成
国家自然科学基金项目	32. 近年共组织申报16项，其中两项获取资助	1999 ~ 2001	申报中

表2　资源环境领域"十五"规划重点基础研究项目一览表

	大陆动力学	圈层相互作用
1. 具有地域特色的资源环境综合研究	（1）北半球纬向构造与典型盆山原耦合及其资源环境和灾害效应 （2）中国东部中新生代深部流体活动规律、地质环境演化及成矿效应	（3）长江流域物质的水文地球化学循环及环境效应 （4）中国大陆及邻区新生代圈层相互作用过程与资源环境效应
2. 化石资源与矿产资源	（1）中国西部中亚型造山及其资源效应 （2）中国古生代沉积盆地动力学油气聚集规律	（3）非传统矿产资源发现与开发基础研究
3. 水资源与土地资源	（1）中国西北地区新生代构造演化过程及控水机制	（2）我国东部经济发达地区水资源演化及可再生维持 （3）土地质量演变机理与持续利用
4. 生态与环保	（1）陆地生态系统碳循环及对全球变化的响应 （2）全球变化与我国重要区域环境演变规律的进一步综合研究 （3）中国西部生态分区、生态系统功能评价及生态恢复和重建途径 （4）西部重点地区植被的水文功能研究 （5）南水北调的生态效应	（6）东部快速发展地区环境污染规律、环境质量变化和调控 （7）氮、磷化合物的环境行为和控制 （8）有毒有害污染物在不同尺度界面间的运动规律、生态风险评价和控制原理
5. 海洋资源与环境	（1）中国近海陆海相互作用动力学过程及预测	（2）海洋生态系统动力学与生物多样性 （3）热带西太平洋和东印度洋环流与暖池变异预测
6. 重大技术基础研究	（1）关键地球物理技术的相关基础理论研究 （2）复杂钻井工程不稳定性机理与智能化控制研究 （3）环境污染控制和环境质量改善以及环境修复的重大技术基础研究	

关键词：环境保护 环境管理 可持续发展战略

Exploration of Some Frontier Problems in the
Environmental Field

Key words：environmental protection，environmental administration，strategy of sustainable development

第二篇 | 生态保护
　　　　探索实践

环境保护和植物生态学[*]

一、环境污染及其防治

我们每个人都生活在周围环境之中，并从中获取生活资料和生产资料。环境是指包含气、水、土、地质、化学、物理、生物、社会等诸因素的总合。环境质量的改变不仅会影响人类健康的生活，而且会影响工、农、林、畜牧、渔业等国民经济的发展。因此环境污染和环境保护问题已成为当前人们所普遍关注的社会问题。

环境保护是针对环境破坏和环境污染出现的新课题。环境破坏包括自然破坏（火山、地震、台风、海啸、旱灾等等）和人为破坏（人类利用自然资源的生产过程中所带来的破坏）。人为破坏环境的结果之一就是环境被污染，环境污染造成公害的发展，是随着燃料动力的变迁、新的工业部门的增加、新的工业基地的建立和新的技术的应用而加剧的。产业革命以后，煤、烟尘、二氧化硫逐渐造成大气污染，矿冶、制碱、制酸逐渐造成水质污染。到本世纪20 ~ 40年代，又增加了石油产品和有机化学工业所带来的污染。本世纪50年代到现在除了石油和石油产品造成的污染大量增加外，出现了农药等有机合成物质和放射性物质的污染。除大气污染、水质污染外，噪声、振动、垃圾、恶臭、地面沉降等其他公害也纷纷出现。

随着经济和科学的不断发展，人类认识和保护自然环境的能力也不断的提高，环境问题的研究也日益为人们所重视，不少国家设立了管理和研究的专门机构，开展了环境教育，培养了专业人员，研制了各种测试和监测仪器，召开了一系列有关环境污染的会议，出版了有关期刊和读物。一门新兴的综合性学科——环境科学的出现，丰富了自然科学领域中的各学科，产生了环境地质学、环境地球化学、环境医学、环境声学、环境生物学等等。

我国是社会主义国家，又是一个发展中的国家，经济发展也会带来新的环境保护问题，但在毛主席革命路线的指引下，在"全面规划，合理布局，综合利用，化害为利，依靠群众，大家动手，保护环境，造福人民"32个字方针指导下，我国的环境可以得到改善，污染也可以得到防治。

---

* 金鉴明，侯学煜.1974.环境保护和植物生态学.植物学杂志，（1）：18 ~ 20.

二、植物生态学在环境保护工作中应有的作用

环境科研从 60 年代开始，由零星、个别、不系统的工作到 70 年代成为蓬勃发展的一门科学，不仅发展和丰富了其他自然科学，同时各学科向环境科学渗透，赋予它更新的内容。环境科学是以气象学、地球物理学、海洋学、生态学等为基础，并充分利用物理、化学、生物、数学、工程等各领域的科学知识和技术，对空气、水质、土地、能量和人类生活环境进行系统研究的科学。它涉及生产和科学的许多部门和分支。拿当前的生物学领域来说，有两个明显的趋向，一个是从本世纪 40 年代以来，由个体、器官、组织、细胞、分子结构与功能的微观方向发展；另一个是由个体、种群、群落、生态系统的环境生物科学的宏观方向发展。所谓生态系统是指占据一定空间的自然界基本功能单位，即指生物有机体和它的无生命环境的各种因素。在这个系统中只要有一个因素发生变化，其他因素也跟着发生一系列的连锁反应，从而整个生态系统也就发生了变化。如苏联 1954～1963 年在哈萨克、西伯利亚、乌拉尔、伏尔加河沿岸和北高加索的部分地区大量开垦荒地，面积近 6000 万公顷，但由于植被破坏，耕作制度混乱，缺乏防护林带，加之气候干旱造成新垦荒地的严重风蚀，每当春季狂风来临时，松散表土经常被刮起而成巨大的"黑风暴"。仅 1969 年 1 月几天之内，在克拉斯诺达尔、罗斯托夫等地就有 82 公顷冬小麦完全毁于"黑风暴"。在中亚受风蚀的土地面积达 4500 万公顷，比苏联欧洲部分全部耕地面积还大，这些惨重的教训必须引以为戒。由此看来，自然的或人为的活动对于自然环境的影响，不能只看到眼前的、局部的变化，而必须要用长远的、全面的观点考虑它们的后果，不能只从某些环节上看到一定的收效，而要从生态系统的相互制约、相互联系的观点去估计由于人为活动所产生的生态效应。环境污染和环境保护显然是有机联系的一个问题的两个方面，对环境污染采取综合利用，变废为宝、化害为利，创造财富是环境保护的重要途径。当前综合利用是治理"三废"的主要方向，但是污染后的治理毕竟要花费相当长的时间和投入相当人力和物力。一条河流 1～2 年可以很快被污染，但是治理它却要 20～30 年的时间（而且很难治）。土壤被污染也同样如此。如日本神冈矿山开采铅锌矿，排放含镉废水是第二次世界大战时的事，到 50 年代采取废水治理措施，此后河水中含镉很少。但事隔十几年的今天该地区骨痛病人反而日渐增多，原因就是土壤受镉污染后至今仍然含镉，镉由此转移给稻米，人吃了该地区的稻米而得病。因此环境保护必须采取积极的以防为主的方针和措施，这是长远之计。如果我们不从以防为主的方针着手，不去考虑自然界大的环境保护，不研究人类活动影响所产生的长远的生态系统变化的后果，也就不可能合理开发和利用自然资源，更不可能掌握保护自然、改造环境的主动权。因此需要绿化城市和荒山荒地，涵养水源和水土保持，改造沙漠和防风固沙，合理开发利用和管理自然资源，防止乱砍乱伐森林资源和不合理的开垦草原，围垦湖泊，有计划地加强和建立全国性的省（区）自然保护区以及保护自然风景和游览区等等。

三、植物生态学在环境保护中的一些研究途径

当前国际上围绕环境保护的科研工作，性质上大致分为三个方面，作为解决环境保护

和环境污染的途径。而作为环境科学的基础之一的生态学，在环境保护的科研工作中占有重要的位置。

一是减少污源及处理污物的研究，其中主要是工程工艺的改革和扩大对三废的回收利用，燃料系统的改革和三废的再回收再利用。

二是认识污染和改善人类、生物环境的工作，利用食物链富积的研究认识和揭示污染物在自然环境和生物体内积累、转移、循环的运动规律。利用生物学、生理学、生态学、医学等手段研究生态系统的结构和功能，环境质量变化的途径和方式，人类和生物对污染物允许量的限制性的要求（排放标准和卫生标准的制定）等等，为人类进一步合理利用和管理自然资源、改造自然环境提供理论依据。

三是利用自然规律，采取农、林、水等综合措施以创造对人类、生物有益的环境是长远的和带有根本性的目标。例如工业的布局和城乡发展规划，自然资源和土地的合理利用，环境绿化和生物资源的保护，合理开垦草原和防风固沙、治沙等等。

结合我国具体情况可考虑以下研究课题：

1. 全国污染源和污染状况的调查及对环境质量的生态评价

通过调查，对环境保护有一个正确的认识和理解，对环境质量作出生态学的评定，从而掌握全局，有助于分清轻重缓急，有计划地采取措施和对策，有助于根据我国实际情况制定切实可行的各种标准和明确科研的途径和方法。

为此对全国水系、海域、大气、土壤、地下水的污染调查，不仅要有布局和重点，依靠各部门各学科的配合，而且要有连续和重复的调查。从生态因素的各个方面考虑和对生态系统的各个环节进行调查，为揭示污染物在环境中的运动规律、制定环境保护的对策和措施方面提供依据。

2. 利用植物监测污染物的研究

对环境污染物实行监测是研究环境污染的基本手段，利用植物监测污染物是经济可行的方法。因许多植物对于工业排放的有毒物质十分敏感，它们会发生许多"症状"反应。人们可以根据植物的"症状"反应来观测和掌握环境污染的程度与污染范围，进而采取措施，防止污染。地衣植物、苔藓植物和许多高等植物对大气污染反应特别灵敏，如紫花苜蓿、大麦、莴苣、棉花、紫茉莉、菠菜、甜菜、胡萝卜、小麦等可监测二氧化硫；唐菖蒲、中国杏、落叶杜鹃、梅、郁金香、甘薯、落叶松、桃、草莓、葡萄、玉米等可监测氟化氢；番茄、马铃薯、菠菜、牡丹可监测臭氧；用矮牵牛、烟草可监测光化学烟雾；用棉花可监测乙烯；向日葵可监测氨；柳树、女贞可监测汞；复叶槭、油松可监测氯；落叶松可监测氯化氢；等等。

3. 生物防治是解决环境污染的重要途径

采用生物防治环境污染是当前环境科研的重要动向。如苏联利用水生轮藻、单细胞藻吃掉油船排出的污物；美国认为藻类过滤污水是最经济的污水净化系统；西德1972年利用灯心草、芦苇处理严重污染的废水，这两种植物具有天然解毒和净化能力。用机械、化学和一般生物方法净化污水往往会留下含水量很高的污泥渣，不能用于农业，水生植物通过附着在它们身上的各种菌可以分解溶解在污水中的污物和产生矿化作用，从而使污泥量减少到 20% 或更少。美国利用此法用于净化印染厂排出的污水，效果显著，总之水生生物净化法简便、代价不高、效果较好，应该推广。森林植被不但能美化环境，调节气候，保持水土，促进农、林、牧、副、渔业的全面增产，同时又有监测污染物质、吸收有毒气体、净化空气、消除有害噪声等改善环境的作用。故研究不同地带不同森林植被类型的生态系统结构和功能（不同的抗毒和净化功能），可为森林植被对污染物的净化作用提供理论依据。

4. 生态系统的食物链的研究

对于生态系统来说，营养源、日光、水、大气和土壤等都是生命发生和发展的条件。而生命的发生和发展又通过食物链能量循环和营养物质的循环与这些条件紧密联系在一起。能量在生态系统中是沿着食物链由一个机体转移到另一个机体，或由于完成功能而消失，或以物质的形态蓄积起来。改变食物链中的任何一环，就可能影响全局，所以这种关系的实质是物质、能量代谢循环和再生产。这是构成生态系统的基础。污染物通过食物链转移、循环、累积的过程，也就是物质、能量代谢循环的过程。研究生态系统的食物链为污染物运动的规律提供了基础。

日本发生的水俣病事件是由含汞废水污染河道，经水生生物积累（浮游生物一小鱼一大鱼），鱼体内的汞经多次浓缩，已比原来污水中的浓度提高了一万倍或十万倍，人吃了被污染的鱼日久累积而得水俣病。由含镉废气和废水灌溉稻田污染稻米，使人食后积累于体内而得骨痛病。农药的污染也是通过生态系统食物链毒害人体的。例如有机氯农药，由农药厂的污水排入稻田或河流，被浮游生物吸收，其浓度为 13 000 倍，小鱼吃浮游生物，浓度提高为 17 万倍，大鱼吃小鱼又浓缩为 66 万倍，人吃了鱼，有机氯便积累在人体内而得农药残毒的污染病。

5. 环境污染物质对植物生长发育及其产品质量、产量影响的生理生态学的研究

环境污染物对植物生长发育的影响受种种因素的制约，是十分复杂的问题。同类污染物对不同的植物有不同的反应，从敏感到有抗性，幅度较大。

环境污染对植物的危害又因某些生态条件而不同，大气中二氧化硫对植物危害与空气的湿度、阳光有关，也与它的浓度及其接触植物的时间有关：在湿度大、有阳光的条件下发生毒害，相反则受害不大或无毒害，在贫瘠土壤上较肥沃土壤上易受害，二氧化硫在高浓度下即使短时间的接触也可使植物受害，如果浓度较低则植物尚能忍受较长时间的接触。但有些毒性较大的污染物如氟化氢虽浓度小（人体长期饮用含氟 6ppm 以上的水会得骨硬化症，植物只要十亿分之几即严重受害），若接触时间较长也会因积累而造成严重危害。

农作物对大气中有害气体特别敏感，往往在人未能觉察到的情况下，就能明显地受害。有害气体经植物的叶子气孔吸进后，能影响植物的生物氧化和光合作用。轻者花苞脱

落，重者叶子枯黄，只要叶子受损面积达到 5% 以上就能引起减产。例如二氧化硫会减少马铃薯、甜菜的糖分和淀粉的含量，而菠菜、蚕豆、草莓、番茄、棉花在营养生长进入生殖生长时期如受二氧化硫的污染，它们的产量显著降低。

此外污水灌溉对于植物生长发育的影响已被人们所重视，特别是各种污水灌溉对于农作物生长、发育及其产量质量的影响已成为生理生态学当前迫切的研究课题。有不少生产队利用污灌提高了作物产量，但是也有些地方由于常年污灌致使土壤板结，肥力衰退从而影响作物的产量和质量。污灌后的稻米里是否有有害物质的积累，人们吃了污灌的稻米对于身体健康有何影响以及污染地下水源等等，都必须作进一步的研究。全国污水灌溉总结会议认为，对污灌应采取既要积极又要慎重的态度。这就要求科研工作对污灌作进一步的研究和评价。要研究污灌对于农作物的生态学评价；污水中有害物质在不同生态系统中的吸收浓缩、积累和转化的过程；污灌产品对于人体健康的影响等等。除了生理生态学，还必须会同医学、毒理学等协同作战共同研究。

环境科学是一门综合性很强的新兴学科，它涉及面很广。至于生态学和环境科学的关系，以及如何在环境科学的发展中推动生态学的工作等方面，希望全国有关同志都来研究和讨论。

植物生态学与环境保护[*]

在自然界里，有大气、水、土、光和热等非生物，也有植物、动物、微生物等生物。非生物也好，生物也好，它们彼此都不是孤立地存在的，也就是说，其中任何一个因素，一方面要受到它周围各个因素的影响，另一方面也影响着它周围的各个因素。因此，这些自然因素就构成了一个有内在联系的不可分割的整体，这就是人们常说的环境。研究自然环境中的各个因素之间相互关系的，就叫做生态学。于是，就有植物生态学、动物生态学、微生物生态学、土壤生物学、大气污染生态学、湖沼生态学、海洋生态学等等。

要问植物生态学与环境保护的关系，这还得从生态系统的变化谈起。

一、生态系统的变化

前面说了，各种环境因素在自然界里都不是孤立的，现在要讲的是它们也不是永远不变的。可是，说它们是处在不断运动、不断变化的状态中吧，但在一定条件和一定时间内，它们联系在一起则又能形成一个相对稳定的平衡状态，这叫做"生态系统"。在这个生态系统中，通过人类的生产活动，只要使一个因素发生变化，其他因素也会跟着发生一系列的"连锁反应"，从而带来整个生态系统的变化。

工业高度集中的城市，一些工厂排放出的烟尘和废气会造成空气污染，破坏这种生态平衡。这里只拿一些工厂排出大量二氧化硫为例，它一方面会直接使工厂附近居民发生呼吸道疾病，另一方面还能使一些敏感植物发生各种急性或慢性症状的反应。同时，大气中的二氧化硫随着雨、雪（二氧化硫溶于水变成亚硫酸）降落下来，就成了"酸雨"。"酸雨"落进土壤，会增加土壤酸度，特别是落在原来就是酸性的土壤上，会使酸度更大，这不仅不利于土中硝化细菌和固氮细菌的活跃和繁殖，降低土壤肥力，还会增加土壤中的锰、铝的有效度，毒害一般作物，增加植物的含硫量，人和动物吃了这样的植物或它的产品，自然也会受到一定的影响。可见，大气中有了二氧化硫，会引起水、土、微生物、植物、动物和人的一系列"连锁反应"的变化，也就是引起整个生态系统的变化。

---

* 金鉴明 . 1974. 植物生态学与环境保护 . 科学实验，（4）：24～25.

二、生态系统变化的"自动测定器"

植物是自然生态系统的改造者。它在同化作用中，能利用大气中的二氧化碳制造食物，排出对人类有益的氧；它又能通过蒸腾作用把土壤里的水分转运到大气中，因而植物对大气可以起调节作用。谁都知道，森林可以调节气候、防风固沙、涵养水源、保持水土和改变日照强度。当然，通过植物还能把土壤里没有用的物质变为有用。所以，植物是改造自然环境的一个重要因素。

还有，自然环境因素的变化，每当人们还没有发觉时，从植物身上却很容易表现出来。例如污染地区的果树死了，或者蔬菜和大米有特殊气味，这都是植物对自然环境因素变化的反应。正由于许多植物对大气、土壤和水中含有的有毒物质会有不同程度的不同症状表现，所以植物又成了自然生态系统变化的"自动测定器"。

不过，污染物对植物的影响和危害，受种种因素的左右，是个十分复杂的问题。

首先，不同植物和不同品种受污染物危害的敏感程度并不一样。例如，南瓜、小麦和棉花等对二氧化硫很敏感，对氟化氢就不那么敏感；而水仙、菖蒲和玉米又恰恰相反。也有的植物像苜蓿、烟草等对大气中的许多污染物都敏感；而苋菜和草莓又对一般污染物的抗性较强。

再说，生态条件不同，污染物对植物的危害程度也不完全一样。例如，根据报道，氟化氢对杏和葡萄，在不施化肥而施有机肥的情况下不受害，春季施化肥有害，而秋季施化肥受害就不显著了。又如二氧化硫，它在湿度大和有阳光的条件下对植物有害，相反时就受害较小。

还有，污染物的浓度和它接触植物的时间，也是危害植物的因素。例如，二氧化硫在高浓度下，即使短时间的接触也能使植物受害；而在浓度较低时，就是接触较长时间植物也能忍受。但对一些能在植物体内积累而毒性又较大的污染物并非如此，像氟化氢，即使浓度小，如果接触时间长了也会造成严重危害。

因此，对这个问题需要进行深入地综合研究，才能掌握它的规律，控制其危害，并且使它在环境保护中发挥作用。

三、利用植物来了解和改造环境

在环境保护工作中，及时、准确地发现有害污染物和它的分布情况，是防治工作的重要环节。这除了用理化仪器监测，还用飞机、放射线、激光雷达、卫星等探测污染物外，用生物监测也是一种有力的手段。

像有些植物对某些污染物非常敏感，并且会表现出急性症状。例如大气中含有二氧化硫达到百万分之一点二时，棉花就会枯死，而人则需在含量百万分之三以上时才能有所感觉。因此，利用植物来监测空气污染，能起到预报或警报的作用。

据知，监测大气中二氧化硫的还有一些植物，例如在落叶树中有核桃、椴树等，在针叶树中有落叶松、黄杉等，在农作物和园艺作物中有三叶草、苜蓿、菠菜、豌豆、蚕豆等，在观赏植物中有香豆花、羽扁豆等。另外，对大气中含有其他毒物质的监测，如对臭氧、氟化物、氮的氧化物、碳氢化合物、2-4D、氯、氨、氯化氢、汞、硫化氢和一氧化碳等的监测，也发现了许多种植物有这种功能。

环境保护工作，目前还主要靠改革工艺流程和"三废"的化学净化处理，至于生物化学方法的综合利用，变害为利，也是个重要方面。例如利用微生物"吃"汞，几乎可以回收工厂废液中的全部甲基汞；用活性污泥制成的生物滤池，也主要是靠微生物的作用。据报道，绿色植物也能起到吸毒作用，如加拿大杨、槭、桂香柳等能吸收苯类污染物，玉米、甜菜、柑橘等吸收大量的二氧化硫，芦苇能净化含酚的污水等等，这些还需要进一步研究。

因此，在工厂附近栽植一定面积的林带和草坪，不仅能调节大气中的二氧化碳和氧的平衡，如果再选种一些有抗性的树种和草坪，还可以起到"天然过滤网"的作用。例如在排氟化氢较多的炼铝厂、玻璃厂、磷酸厂、炼钢厂、过磷酸钙厂附近，可以种刺柏、美国榆、美国椴、柳等树木和狐茅、早熟禾等草皮；在排二氧化硫的工厂附近，可以种银杏、洋槐、欧洲杨、刺柏、侧柏等树木，种菊花、鸢尾、玉簪、黄杨等观赏植物，或种土豆、玉米、甜菜、西红柿、葱等农作物；在排氯和二氧化氮的工厂附近，可以种早熟禾、藜等。不过，对上面谈的各种抗性植物，如何因地制宜地在某一工厂附近栽种，这还要看当地的土壤、气候等生态条件是否适宜。

此外，有计划地加强和建立全国性的和省（区）的自然保护区，保护自然风景区和游览场所，绿化城市和荒山，营造防风固沙林、涵养水源林、水土保持林，以及合理利用土地和自然资源等，也是环境保护的积极途径。

四、为了使环境更加美好

环境保护工作是一个内容极其复杂、涉及各方面的综合性问题。因此，必须依靠各个部门、各个学科的协作，研究人类活动对生态系统所起的作用，研究变化了的生态系统的反作用，充分运用生态系统在环境保护中的作用，揭露环境污染物在生态系统中的转移、积累、残留、循环和变化的规律，揭露环境污染物对人类的生态影响，从而找出各个环节间物质和能量变换的规律，拟订出控制和调节生态系统中的某些环节的具体措施，为环境保护工作的全面规划与合理布局提供理论基础。

目前，我国环境保护的研究工作正在逐步开展，我们深信，在毛主席的革命路线指引下，坚持"全面规划、合理布局、综合利用、化害为利、依靠群众、大家动手、保护环境、造福人民"的方针，一定会把我国的环境保护工作搞得更好。资本主义国家不能根治的环境污染，我们社会主义中国不但能够防治，而且会在高速度发展国民经济的同时，创造出更加美好的自然环境。

生态系统和环境污染[*]

一、生态系统的基本概念

环境污染和破坏现象与生态学有着密切的联系。为了弄清它们之间的关系，有必要了解生态学的一些基本概念。

1. 生态学和生态系统

一切生物都是在一定的自然环境条件下生存的。自然环境包含空气、日光、水、温度、湿度、土壤、岩石、生物等许多因素。构成环境的这些基本因素，称为环境因素。生物离开它所需的环境因素，就不能生存，同时，生物的活动，反过来又影响它所生存的环境。研究生物和环境相互关系的科学，就叫做生态学。

生物即动物、植物、微生物等，在自然界中并不孤立地生活，它们总是结合成生物群落而生存的。生物群落与大气、水、土壤、岩石、化学物质等非生物环境之间密切相关，互相作用，并进行着物质和能量的交换，这种生物群落和环境的结合体，就叫做生态系统。近年来，生态学的研究常常以生态系统为中心而开展工作。

生态系统是一个广泛的概念，可大可小，从含有几个藻类细胞的一滴水到宇宙本身都可称生态系统。就拿一个池塘来说，这里有水、植物、微生物和鱼类，它们互相联系，互相制约，在一定的条件下保持着自然的、暂时的、相对的平衡关系，形成了一个非常精巧而又非常复杂的生态系统。在池塘中，鱼依靠浮游动植物生活，鱼死了以后，水里的微生物把它分解为基本的化合物，微生物在分解过程中又消耗了水中的氧气。这些基本的化合物又是浮游生物的营养源，而浮游植物在光合作用下又产生氧气来补充它的消耗，浮游动物吃了浮游植物，而鱼又吃了浮游动、植物。这样，在池塘里，微生物—浮游动植物—鱼之间建立了一定的生态平衡关系。

从大的范围来说，地球也是一个生态系统。地球表面层里的空气、水、土壤和岩石维持着生物的生命，一切生命就生存在这个表面层。地球上各种生物之间、生物和非生物（环境）之间进行着物质循环和能量交换。它们互相依赖、互相制约，保持着一定的生态平衡。

---

* 金鉴明，周富祥. 1974. 生态系统和环境污染. 环境保护，(5)：36～39.

2. 生态系统的能量与物质的交换

生态系统的能量交换通过食物链，从一种生物转移到另一种生物。绿色植物利用光能进行光合作用，从而能够固定能量和贮存有用物质。动物和其他非绿色植物不能直接利用太阳能。因此绿色植物是生态系统的各种生物的生产者。所有的动物和各种非绿色植物就是靠着这些生产者为生的。

能量通过绿色植物的光合作用进入生态系统，然后沿食物链途径从绿色植物转移到食草动物，由食草动物到食肉动物（往往有 4~5 个能量级）。生产者也好，消耗者也好，它们死后都成为还原生物，被腐生生物进行分解和腐化，被分解的有机化合物中的光合作用能量，又返回到环境之中。腐生生物通过体外消化过程以及它们本身的呼吸作用，把有机物质分解为无机残余物，并把无机养分释放返回到环境中。同时消耗者由于呼吸作用造成能量的损失，把部分能量逸散到外界。这一能量循环现象叫做能量环流，或称能量交换。

生物群落和环境之间的物质循环是十分复杂的。生态系统中最基本的物质循环有水循环、碳循环、氧循环、氮循环，此外还有磷、硫、钙、镁、钾等循环。以碳循环为例，碳是构成有机体的主要元素。碳以二氧化碳的形式，通过光合作用，把二氧化碳和水转变成简单的糖，并放出氧，供消耗者需要。当消耗者呼吸时释放出二氧化碳，又被植物所利用。这是碳循环的一个方面。同时随着这些有机体的死亡和分解，蛋白质、碳水化合物和脂肪盐被破坏，最后被氧化变成二氧化碳返回大气层，重新又被植物吸收利用，参加生态系统的再循环。这是碳循环的第二个方面。绿色植物的残体积累在湖底或海底或地层很久时，通过很多个世纪的过程，成为矿物燃料，当人们利用燃烧原料时又把它们所贮存的太阳能释放出来，并把二氧化碳返回于大气之中。这是第三个方面。另外，不仅是植物，岩石也从空气中吸收二氧化碳构成另一个碳循环。例如岩石风化，分解石灰石中所含的碳酸钙，在二氧化碳和水的作用下，变成可溶解的酸式碳酸钙，然后经雨水冲洗，从江河到海洋，当酸式碳酸钙与石灰化合或受热分解时就变成碳酸钙沉积海底，形成新的岩石，或者它被鱼介类等生物摄取，构成贝壳、骨骼中的钙质。细菌分解、火山爆发等自然现象，又使二氧化碳回到大气层，参加生态系统的循环和再循环。

以上我们简单地叙述了生物和环境之间进行的能量的交换和物质的循环，这是生态系统的基础，对于研究环境保护有重大作用。

需要指出，自然界中生物与生物之间、生物与环境之间的物质循环和能量交换，保持着一定的平衡，也就是生态平衡。这种平衡不是一成不变的，而是处在不断运动、不断变化的状态中。它们在一定条件和一定时间内，趋向于相对的、暂时的平衡状态，随着空间、时间、条件的变化又不断地变化着，特别是人类的活动加剧了这种变化，正如恩格斯说的："地球的表面、气候、植物界、动物界以及人类本身都不断地变化，而且这一切都是由于人的活动。"（《自然辩证法》）因此，生态系统总是在不平衡—平衡—不平衡的发展阶段中进行着物质循环和能量交换，推动事物的向前发展。那种把生态平衡看成是一成不变的东西，鼓吹自然界的和谐的合作，否定它们之间的矛盾或斗争的形而上学的资产阶级观点，是极端错误的。现在，某些资产阶级学者散布什么"现代工业的发展造成人类的生态危机"，叫嚷要"保持原来的自然面貌"，妄图掩盖帝国主义的掠夺和侵略的本性，阻挠发展中国家发展民族经济，对此必须加以彻底揭露和严厉驳斥。

二、生态系统的失调和环境污染与破坏

我们有了生态学、生态系统和生态平衡的基本概念，就比较容易理解环境污染与生态平衡的关系了。自然界中各种自然资源，包含多种物质。一种物质在生产过程中，总会产生另一种物质出来，所谓物质不灭，就是这个意思。这些物质，有的以气体的状态排出来，有的含在水中，有的变成渣滓，这就是大家习惯称为废气、废水、废渣。这些物质散落在自然环境中，会引起环境的变化。但是自然界——大气、水、生物、岩石等所组成的各个生态系统（大气圈、水圈、生物圈、岩石圈）对某些化学物质都有一定的净化、稀释能力，人体内对某些化学物质也有一定的分解能力，因此，当浓烟、污水等含毒物质数量还比较少的时候，对自然界包括对人体并不会发生什么大的影响，只有当这些数量聚增到一定程度，超过了自然界净化的能力，破坏了生态系统的结构和功能时，才造成对环境的污染与破坏。

比如上面举的池塘例子，池塘中生活的鱼类、浮游动植物和微生物相互制约、相互促进，它们都依靠水和空气、日光生存，水中的有机物质是它们的营养源。完全纯洁的水，水生生物是不可能生存的。工业和城市排放含有一定量的有机物质的废水，对水生生物的生长有时不一定有害。当大量污水排入池塘后，某些水生植物得到了丰富的营养，大量繁殖起来，消耗了水中的氧，而鱼类却因缺氧而大量死亡，这就是所谓富营养化。世界上有许多国家的河流，由于富营养化而破坏了原有的生态平衡，使鱼类大量死亡。污水排入河流后，水中的生物群落也会发生变化。原先生长茂盛的生物可能减少，甚至有的可能消失；而有的生物不仅没有减少反而可能增加，还会出现新的生物。比如，某些有机氯农药废水排入河流后，据调查，鲫鱼的能忍度最强，在一定浓度内不会死亡，而有些能忍度较低的鱼类由于不适应污染的环境，相继死亡；鲫鱼由于没有凶猛鱼类的干扰，数量比原来增多了。这是由于河中环境变化后引起生物群落的变化。

上面列举的碳的循环也是这样。煤炭、石油等在燃烧过程中产生的二氧化碳、一氧化碳气体，对人类健康有一定的影响，当人为活动产生碳的元素还是少量时，并不会引起碳循环的破坏。据国外报道，只是近几十年来，由于燃料消耗量激增，世界森林面积逐年的减少，海洋被石油污染后吸收二氧化碳能力的减低，目前大气中二氧化碳浓度有所增高。二氧化碳浓度的继续升高，会使世界气候发生变化。需要指出，许多化学物质对大气的污染，受气象条件和地理位置的影响很大。风力较大时，污染物会很快扩散；在山谷里，污染物不易扩散。近几十年来发生多次重大大气污染事件，大都是在逆温层气象条件下产生的。当时地球表面的空气不能上升，排入大气中的污染物难于扩散，污染物浓度激增，烟雾笼罩城市上空，结果造成了对人和其他生物的危害。

开发利用自然资源，如果破坏了它原有的自然生态系统，也会造成环境的严重破坏。这个问题，恩格斯早在《自然辩证法》一书中就指出，美索不达米亚、希腊和小亚细亚的居民为了得到耕地，把大片森林砍光了，但他们没有想到，由于失去了森林，失去了积聚和贮存水分的中心，经过久远的年代后，这些地区竟变成了荒芜的不毛之地。同样，居住在阿尔卑斯山的意大利人砍光了山坡上的松林，却没料到他们摧毁了高山牧畜业的基础，并使山泉枯竭，一到雨季更加凶猛的洪水便倾泻到平原上去。

苏修社会帝国主义肆意破坏自然资源，盲目开垦荒地，引起"黑风暴"的灾难也是一个明显的例子。苏修 1954～1963 年在哈萨克、西伯利亚、乌拉尔、伏尔加河沿岸和北高加索的部分地区大量开垦荒地面积近 6000 万公顷，由于滥用土地，耕作制度混乱，缺乏防护林带，加之气候干旱造成新垦荒地的严重风蚀，每当春季狂风来临时，松散表土经常被刮起而成巨大的"黑风暴"。1960 年 3～4 月间黑风暴使垦荒区春季作物受灾面积达 400 万公顷以上，1963 年刮起黑风暴比 1960 年影响范围更广，在哈萨克被开垦土地上受灾耕地达 2000 万公顷，1969 年 1 月几天之内在克拉斯诺达尔、罗斯托夫等地又有 82 万公顷冬小麦完全毁于黑风暴。在中亚受风蚀的土地面积达 4500 万公顷，比苏联欧洲部分全部耕地面积还大，这就是自然界给予的惩罚。

恩格斯还指出："但是我们不要过分陶醉于我们对自然界的胜利。对于每一次这样的胜利，自然界都报复了我们。每一次胜利，在第一步都确实取得了我们预期的结果，但是在第二步和第三步却有了完全不同的、出乎预料的影响，常常把第一个结果又取消了。"

譬如，在河流上修筑水利工程，如果单纯为了发电和灌溉农田，事先没有考虑河流中生物的复杂关系，以及建筑水利工程后所引起的长远的生态影响，水坝建成后，就会产生许多预料不到的事情。河流被拦截，河流两岸土壤往往逐渐贫瘠化，致使农业减产，尤其是由于河水的拦截破坏了水生生物洄游的规律，同时浮游生物大大减少，致使渔业遭受巨大损失，有时还会加剧传染病的蔓延。

除了上述列举的人为的因素外，自然界本身的变异也常破坏原有的生态系统。例如南美洲西岸秘鲁海面的渔场，常常发生一种叫做"厄尼诺"的"海洋变异"的现象，每隔六七年就有一次来自寒流系的鱼类——鳀鱼大量死亡事件的发生。海面上漂浮着一片死鳀鱼。由于大量鱼群死亡，使吃鱼的海鸟也大量饿死。1965 年发生死鱼事件，附近 1600 万只海鸟饿死，只剩 400 万只，海鸟的减少使秘鲁农民依赖鸟粪作肥料的来源剧降，农业生产遭受损失。又如火山、地震、台风、海啸、旱灾，雨水对各种矿石的溶解作用所产生的天然矿毒水对水体的侵蚀，海水对淡水的侵蚀，深水湖在阳光照射下产生上层和下层的水温差而招致一系列水质变化等等，也都是自然破坏引起生态系统变化的例子。

生态系统某一个因素的变化，会引起一连串的连锁反应，而且生态系统的破坏所引起的环境污染与破坏，不是短期内能恢复的，有的甚至很难恢复，有的即使能恢复，也要花费很大代价。一条河流一两年内就可以被污染，但是把它治理好，需要用较长的时间，花费较大的人力、物力。森林乱砍滥伐后造成的土壤侵蚀、水土流失甚至使气候变化所带来的危害，也不是轻而易举地可以消除掉的。事实告诉我们，在开发和利用自然资源时，在建设某项巨大工程时，在排放污染物时，不能单纯考虑近期的、眼前的利益，而要考虑到"我们最普通的生产行为所引起的比较远的自然影响"。要把眼前利益和长远利益、局部利益和全局利益结合起来，才能更好地掌握自然规律，掌握保护环境和改造自然的主动权。

在资本主义社会，"当一个资本家为着直接的利润去进行生产和交换时，他只能首先注意到最近的最直接的结果"。垄断资产阶级只顾追求高额利润，根本不顾自然环境的破坏，他们不愿多花一点钱去处理三废，放任三废危害人民健康，因此资本主义生产愈发展，环境污染与破坏也愈严重，甚至于造成了举世惊骇的"公害"，成为资本主义世界无法克服的一大社会问题，这是资本主义发展的必然结果。我国是发展中的社会主义国家，一切为了人民的利益，我们要充分发挥社会主义制度的优越性，认真地执行毛主席关于"统筹兼顾、全面安排"的方针，在发展工农业生产的同时，就要考虑到对环境发生的长远影响，从生态系统的相互制约、相互联系的观点去估计人为因素所产生的长远的生态效果，认识和掌握生态系统发展的规律性，采取一切措施防止环境的污染与破坏，在毛主席的革命路线指引下，在"全面规划，合理布局，综合利用，化害为利，依靠群众，大家动手，保护环境，造福人民"的方针指导下，努力改造自然和保护环境，为子孙后代造福。

关于环境保护的生态学研究的探讨 *

    环境科学是七十年代兴起的一门新的综合性学科。它的产生，不仅发展和丰富了其他自然科学，同时与各学科互相渗透，形成许多边缘学科，又进一步丰富和发展了环境科学。

    而生态学的研究是围绕生态系统为中心而开展的，生态学不仅是环境科学的基础理论学科之一，而且由于环境科学的发展，也丰富和促进了生态学的发展。积极开展环境保护的生态学研究，这对于人类在同自然界的斗争中，进一步认识自然环境的发展规律，能动地改造自然和保护环境，有着很大的作用。

    从国内外的科学实践和研究的动向来看，开展环境保护的生态学研究，主要有以下几个方面。

一、环境质量的生态调查

    目前，对环境质量的调查，一般是进行大气、海洋、江河、土壤、地下水等污染物质的化学、物理分析，看来这是不完善的。污染物质在环境中的含量，是反映环境质量的一个重要指标，但这些污染物质究竟对人体和动、植物发生什么影响，自然环境发生什么变化，这就需要从生态方面去观察，对生态系统的各个环节进行全面调查，才能对环境质量作出正确的评价。比如，对海洋污染的调查，除了分析海水污染物质的物理化学变化外，还要调查了解海洋气候、海洋微生物、浮游生物、鱼卵仔鱼、底栖生物等的变化规律，这样才能正确判断海洋污染的趋向和海洋生物环境的变化。从生态学的角度来看，在没有受到污染的地区，那里分布有一定的生物群落，其种类组成和种间关系有一定的比例，形成一个相对稳定的生态系统。当受到污染时，种类组成和种间关系会发生一系列的变化，有的种类增多，有的种类减少。当污染影响特别严重时，导致生态系统的破坏，造成生态平衡的失调，此时这些生物种类都可能死掉，成为无生物区。根据这些生物种类和数量的变化，就可以判断污染的程度和范围。

    许多污染物质对人体和动、植物的影响，都是在一定条件下产生或者加剧的。大气污染物质受气候条件和地理位置影响很大。近几十年来，世界上发生的重大空气污染事件，都是在逆温层气象条件下产生的。同样水污染对水产资源的危害，也与气象条件有关，往

---

    * 金鉴明，周富祥．1974．关于环境保护的生态学研究的探讨．科学通报，（12）：542～546．

往一场大雨过后，鱼类突然死亡较多。有些污染物质并不直接毒害生物，而是影响和干扰了它的生活环境。例如有些鱼类生长在内河，到交配产卵季节就长途迴游到河口，由于内河或河口受污染物质影响而改变了那里的生活环境，鱼类不适应这个环境，就不到河口去产卵或者游到内河来生活；有的则相反，久而久之，它适应了这个改变后的环境，而不再迴游到原来的环境中繁殖、生长。这些都是环境质量变化后发生的生物环境的变化。引起生物环境变化的因素是多种多样的，污染物质的影响只是其中之一，这需要经过长期的、连续的调查，才能掌握它的变化规律。因此，我们要重视生态调查，通过对生态系统各个因素的调查，以便采取措施和对策，制定切合实际的各种环境质量标准，作出对环境质量的生态评定，并为进一步开展科学研究提供科学依据。

二、污染物质在食物链中的转移、循环和累积

有些污染物质直接危害生物，但也有许多污染物是通过生态系统食物链的转移、循环、累积过程，危害着人的健康。因此，对食物链的研究是环境科学一个很重要的课题，它对揭示污染物在生物环境中运动的规律，预防污染物的危害，有重要作用。

从生态系统来说，营养源、日光、水、大气和土壤等都是生命发生和发展的条件，而生命的发生和发展又是以食物链能量环流和营养物质的交换为其条件的。能量在生态系统中是沿着食物链由一个机体转移到另一个机体，或由于完成功能而消失，或以物质的形态累积起来。这一转移过程大致有两个途径，用图1表示如下。

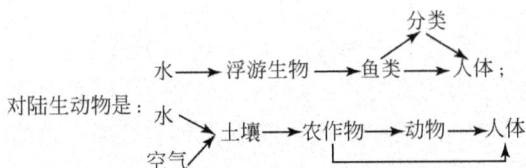

图1 能量沿食物链转移过程两大途径

污染物质在食物链转移、循环、累积的过程也就是生物进行物质能量的交换和循环即新陈代谢的过程。不同的污染物和它在不同的生物体内的转移、循环、累积又有什么规律性呢？这都需要深入研究。许多研究材料表明，生物对污染物的浓缩是相当惊人的。环境中含量较低的污染物，只要进入生态系统的食物链，通过生物体的不断浓缩，就能达到对人体产生危害的程度。日本发生的水俣病，最初是由含汞废水污染河道，河中浮游生物吸附了汞，小鱼吃了含有汞的浮游生物，汞在小鱼体内浓缩、富集，然后大鱼又吃小鱼，汞在大鱼体内又进一步浓缩，其浓度已比原来污水中的汞浓度提高了一万倍或十万倍，人吃了被汞污染的鱼，也逐渐在体内累积起来，这样日积月累就得了水俣病。据有关资料介绍，淡水浮游植物和水生植物对汞的富集系数是一千倍，鱼类是一千倍，淡水无脊椎动物达十万倍，海水含汞浓度 3×10^{-4} 毫克/升，而海水浮游生物可以富集到 0.03 毫克/公斤（干重），鱼更可富集到 60 毫克/公斤。这说明污染物一旦进入食物链，将对所有生物都产生影响。

自然界原来存在的物质，或者在化学结构上与这类自然物质相似的化合物，一般来

说，都能被微生物分解，再度还原于自然环境之中。这就是物质的再循环．但在环境或转移过程中，需要注意的是，有些污染物本来对人体是无害或者危害较小的，但经过生物体的作用，却对人体有害了。比如上面所说的汞污染，除了乙醛工厂直接排出大量含甲基汞废水外，许多工厂排放的是无机汞废水，无机汞对人体的毒害较小。但无机汞废水排入河道后，经过微生物的作用，无机汞就转化为有机汞。有人研究指出，汞在低浓度下，用甲烷杆菌游离细胞提取物，通过酶的作用或无酶作用，能完成甲基化。有机汞进入人体后，很长时间内循环不变，逐渐在脑神经系统累积起来，最后破坏中枢神经。有机汞还能进入胎盘，而使胎儿发生先天性汞中毒。又例如砷，一般情况下如前所述，主要通过图式表示的两个途径进入人体的。食品中的含砷量在海产物尤其是鱼类的内脏中较多；在农产品中因使用含砷农药，也能混入。进入人体内的砷，大部分从尿中排出，其余分布在器官组织中累积，随着人的年龄增长而增加。砷的毒性与它的化学状态和物理特性有关。单体的砷经口摄入体内，通过肾脏大部分几乎不吸收而迅速排出，因而无害。有机砷化物（除砷化氢的衍生物外）一般毒性也比较弱。五价砷离子毒性也较弱，吸入后出现中毒症状较慢，若在体内还原成三价砷离子后则产生剧毒作用。此外，人体吸入粉尘、烟雾或气体状态的三氯化砷和砷化氢，容易迅速导致急性中毒。

另外，许多合成有机化合物进入自然界中，由于没有生物能够分解它们，随着时间的推移而不断累积，通过食物链又不断浓缩，对人类健康的威胁更大，特别是氯苯基乙烷，即滴滴涕。聚氯联苯（PCB）被称为是难以分解的合成物质。PCB对人体危害的严重性，已广泛引起人们的重视。

生态系统中各个因素都是互相联系，互相影响，而且是一环扣一环，改变食物链的任何一环，就可能影响全局。食物链的中断，造成物质循环失调，从而引起自然环境的变化。某些有机氯农药、石油等排入海洋湖泊后，首先受害的是浮游动、植物。浮游生物减少，可能引起海洋湖泊中食物链的中断，使渔业资源遭受损失，生态系统结构的长期变化和破坏，最后毁坏了海洋与湖泊的生产力。

三、利用生物防治环境污染

预防和消除环境污染，主要应从消除污染源着手，改革生产工艺，提倡无害工艺，开展资源的综合利用，尽量不使用有毒原料，不排放或少排放污染物质。近年来，利用生物防治环境污染，维持自然生态系统，也是环境科学研究的一个动向。

大家知道，森林、灌丛、草被等植被，不但能调节气候，保持水土，促进农林牧副渔业的全面增产，同时，对吸收有毒气体、净化空气、消除噪声等，都有一定的作用。这里不再赘述了。

某些生物对防治工业污染物，有良好效果，且代价不高。据报道，国外油船的排污，利用水生轮藻、单细胞藻可把污物净化。据称利用藻类过滤污水是最经济的污水净化方法。灯心草、芦苇等对严重污染的废水具有天然解毒和净化能力。用机械净化法、化学和生物净化法往往要遗留下含水量很高的污泥渣，不能用于农业，水生植物通过附着在它们身上的菌种，可以分解在污水中的污物和产生矿化作用，从而使污泥量减少到20%或更少。有的国家利用此法净化印染工业排污，据称效果显著。欧美一些城市用下水道的污水养胎生的鳉鱼，它有很强的耐污水能力，并在污水中繁殖，鳉鱼能吃水中的脏东西或微生物，还能吃掉城市下水道和地下室产生的蚊子的幼虫。

生物防治的另一方面的工作，即利用天敌来抑止农、林病虫危害，取得治害虫、防污染的效果。生物防治方法这一原理的应用是根据研究害虫与其天敌在不同地区的生态学，并观察那一种天敌从一个地区移到另一地区以后所获得预期的防治结果。由于大量的、长期的使用化学农药，一方面致使害虫产生抗药性，从而增加了对作物的危害程度；另一方面，在长期施用某些农药过程中增加了在作物上的残留量，往往危害人畜。近年来因大量使用有机氯制剂，致使某些农副产品有机氯残留量的增加，影响人畜健康和出口贸易。因而采取生物防治方法，代替化学农药的污染并防治病虫害的研究，也同样越来越引起国内外的重视。

我国很重视生物在防治环境污染方面的科研工作，特别是经过无产阶级文化大革命，广大工农兵在以虫治虫、以菌治虫、以菌治病的生物防治工作方面，积累了丰富的科研成果。如广东许多地方，稻纵卷叶螟是严重危害水稻生产的害虫，廉江平坦大队的贫下中农大搞科学实验，利用赤眼蜂进行防治，自己动手制造养蜂设备，不仅治虫效果好，而且成本大大降低，工效比施药提高 10～20 倍，且对人畜无毒，也无农药污染的危害，在农业生产上发挥了很好的作用。此外，利用赤眼蜂防治甘蔗螟虫、玉米螟、稻苞虫、豆荚螟、豆小夜蛾、大豆食心虫、豆天蛾、松毛虫等在全国各地都相继开展了试验研究及推广应用，获得了较好的成效。在以菌治虫方面，各地广泛试验应用的主要有白僵菌、苏云金杆菌、青虫菌、杀螟杆菌等，并开展一菌多用的研究，例如白僵菌可防治松毛虫、玉米螟、大豆食心虫、甘蓝夜蛾、地老虎等害虫，杀螟杆菌可防治玉米螟、稻苞虫、稻纵卷叶螟、菜青虫等。在以菌治病方面，春雷霉素、内疗素、灭瘟素、放线酮等，已在生产上推广应用，效果良好。

此外保护益鸟、以鸟治虫必须引起注意。山东省林业科学研究所和平邑县浚河林场共同进行啄木鸟的招引试验，消除光肩星天牛害虫危害森林，效果显著。过去光肩星天牛危害森林，虽经连年用药物和人工防治，但总不能彻底除虫。当 1965 年秋季在千余亩林区内居住下两对啄木鸟，据当年冬季调查，林内平均 100 棵树，就有天牛幼虫 80 个，经过三个冬季再调查时，平均 100 棵树，就只剩下不到一个虫子了。连续六年来除虫效果一直稳定，使林木恢复了长势，生长健旺。啄木鸟还能防治柳吉丁虫、柳蚜、避债蛾、双尾天社蛾等害虫。因此积极保护益鸟、招引益鸟防治害虫也是生物防治工作中不可忽视的一环。总之，随着我国工农业生产不断发展，新技术在生物防治工作的应用，将使生物防治在环境保护工作中越来越显示出它的重要作用。

生物防治最大的特点，就是能够维持自然的生态系统，避免和减少某些防治物质对环境和生态系统产生的副作用，因此生物防治有广阔的前途。

四、利用生物监测污染物

利用生物监测污染物，是开展环境监测的一个方面。许多生物对于工业排放的有毒物质十分敏感，它们会产生许多"症状"反应。人们可以根据生物的"症状"反应来观测与掌握环境污染的程度与范围，进而采取措施，防止污染。

植物对于有害气体的接触能够产生不同的"症状"，它们往往是通过叶子来反应的。例如受氟化物损害的植物的叶子，常能观察到其伤区在叶尖或叶缘，像唐菖蒲属鸢尾、谷类和草往往叶尖很显，阔叶树一类植物呈现在叶尖或尖缘，其开始是灰色或浅绿色，后为红棕色或黄褐色。受二氧化硫损害的叶子，损伤处往往在叶脉间，受害组织开始常被染成驼色或象牙色，更厉害的使叶子全部变成白色。受光化学烟雾（如臭氧）损害的叶子在叶表上部分地区出现斑点，严重时可扩展到整个叶子，而受过氧乙酰硝酸盐（pan型）损害的叶子，其叶子下表皮细胞崩溃而呈银色。植物除了对有害气体表现出形态的症状外，各种植物对于不同的有毒气体产生不同的反应。例如地衣植物和苔藓植物对大气污染反应特别灵敏，可作为空气污染的监测器。紫花苜蓿、大麦、莴苣、棉花、紫茉莉、菠菜、甜菜、胡萝卜、小麦等对二氧化硫反应灵敏，因此可用它们来监测二氧化硫的存在；用唐菖蒲、中国杏、落叶杜鹃、梅、郁金香、白薯、落叶松、桃、草莓、葡萄、玉米测氟化氢的存在；用西红柿、土豆、菠菜、牡丹监测臭氧；用矮牵牛、烟草监测光化学烟雾；用棉花监测乙烯；用向日葵监测氨；用柳树、女贞监测汞；用复叶槭、油松监测氯；用落叶松监测氯化氢；等等。

在动物方面，老鼠的死亡可能表示空气中有一氧化碳存在。猫步态不稳，抽筋麻痹，跳河"自杀"，说明甲基汞中毒，是水俣病发生的前奏。农村里耕牛牙齿松动，跪地吃草（不能站立）甚至死亡，说明周围环境有有毒气体氟的存在。矿山坑道小黄雀的突然昏倒，标志着沼气的急剧增长。城市中鸟群的迁移，鸟类的逐渐减少与城市里空气污染的加剧有关。鸟类对于二氧化硫和多氯联苯中毒比较敏感。小公鸡若受PCB中毒，其症状是鸡冠和睾丸显著减小，体重减轻，肝重增大。

在水生生物方面，蛤蜊在人不能觉察有毒的水中，始终不开壳爬行。鱼类的大片死亡，可能与有害污水有关，也可能是鱼病等其他原因。但鱼眼突出，鳞片翘起，腹部膨大而积水，肠烂、肝大等症状，说明江湖中污水含有黄磷、砷等有毒物质。有的鱼体由于受有机氯、五氯酚钠、有机磷等有毒物质影响，鱼的脊椎发生扭曲，变为畸形。

环境污染的监测项目较多，难度较大，污染物质成分又比较复杂，有些污染物质在环境中及农、畜、水产品中含量极微，因此要求分析方法和测试仪器有较高的灵敏度。一般采取物理、化学等监测方法，生物监测是对物理化学仪器监测不足的补充方法，一般来说，生物监测成本较低，方法简便，容易掌握，是可取的方法。

五、环境污染物与植物生理生态学的关系

环境污染物对生物的生长发育有很大影响，但是因素非常复杂，需要进一步开展研究。许多实验表明，对同类污染物不同植物种类和品种有不同的反应，有的敏感，有的有抗性，而且有较大程度的选择性。例如，紫花苜蓿、棉花、南瓜、菜豆等对二氧化硫很敏感，但唐菖蒲、洋葱、夹竹桃、枫杨等对二氧化硫却产生抗性，而棉花、南瓜、菜豆又对氟化物有抗性作用。所谓抗性是反应生物对外界不利因素的一种适应性。比如有害昆虫对

杀虫剂产生的抗性；受农药污染的湖中，鱼的品种减少，但出现较多的鲫鱼、鲤鱼等等。

环境污染物对生物的危害又因某些生态条件不同而不同。大气中二氧化硫对植物的危害与空气的湿度、阳光有关。在湿度大、有阳光（有时如光化学烟雾）的条件下发生毒害，被烟雾污染的葡萄小而不甜，产量降低60%，反之，则受害不大。在贫瘠土壤上的植物又较肥沃土壤上的植物易受害。大气污染物的浓度与接触生物的时间长短有关。二氧化硫在高浓度下，即使短时间的接触，也可使植物受害；空气中二氧化硫浓度高达百万分之十就使人不能长时间工作，到百万分之四百，人就会迅即死亡。如果浓度较低，则植物能忍受较长时间的接触。但百万分之一低浓度的二氧化硫长时间污染能使针叶树受害。水污染方面也同样如此，据有关资料介绍，水中酚的含量超过50毫克/升时，就会影响水稻的生长，低于50毫克/升时，则危害不明显。又如动物方面，在含有浓度百万分之五的PCB水中，针鱼和石首鱼体内的PCB含量将超过百万分之一百，并且近50%～60%的鱼死亡；PCB含量在百万分之一的水中，鱼类不会死亡，但在30天后鱼体内PCB的残留量达到百万分之三十左右，如再移到未受污染的水中生活84天后，鱼体内的PCB残留量又减少了约73%。这说明污染物的浓度及接触生物的时间对生物危害关系较大。

农作物对有害气体很敏感，只要叶子受损面积达5%以上就能引起减产，但作物在不同生长发育阶段对有害气体的反应也有所不同。小麦和大麦在早期分蘖时期受二氧化硫熏烟，只引起很小减产；在开花和早期乳熟期，一次简单熏烟就能毁坏所有叶子，减少产量35%～40%。

此外，有关污水灌溉与人体健康的关系，需要从生理生态学、医学、毒理学等方面去进一步研究。

人类是自然的主人，是改造社会和改造自然最伟大的动力。恩格斯在《自然辩证法》一书中指出："我们一天天地学会更加正确地理解自然规律，学会认识我们对自然界的惯常行程的干涉所引起的比较近或比较远的影响。"在毛主席和共产党的领导下，我国人民意气风发，正在进行一场战天斗地、改造自然、加速社会主义建设的伟大战斗。我们在同自然界的斗争中一定能逐步掌握自然生态的发展规律，"改变自然界，为自己创造新的生存条件"。

大自然保护与四个现代化[*]

　　《中华人民共和国环境保护法（试行）》指出：保护环境，必须一方面防治污染和公害，一方面保护大自然。大自然的保护的中心内容就是保护和合理利用自然资源。环保法第二章对保护和合理利用土壤、水、矿产、动物、植物等自然资源作了明确的规定。下面我们仅从保护和合理利用野生生物资源的角度，谈谈保护大自然与四个现代化的关系。

　　我国森林覆盖率和按人口平均占有的森林面积在世界上分别居第一百二十位和一百二十一位。本来森林就少，每年由于毁林开荒、乱砍滥伐、森林火灾和病虫害还要损失占树木总消耗量三分之二的森林资源。森林的破坏加上滥捕和无计划的采集使我国野生动物资源大大衰减，许多珍稀动植物濒于灭绝。新中国成立以来，已绝灭的大型鸟兽近十种。我国草原也由于滥垦、乱牧等原因，严重退化、沙化和碱化，产草量比十年前减少了三分之一到一半；过度的捕捞、水质的污染、不合理的围湖造田及缺乏生态观点的水利工程建设，使我国淡水鱼的天然捕捞量逐年下降，七十年代还不及五十年代的一半。

　　自然资源的破坏首先给我国农牧业带来灾难性的后果。农作物生长的基本条件，除了阳光和空气外，主要是水、肥、土。而森林就是天然的"绿色水库"。据研究，五万亩森林的蓄水量相当于一座一百万立方米的小水库。它既能调节小气候，增加降雨量，又可以涵养水源，保持水土。原来林茂粮丰、水草丰盛的地区，一旦森林被砍光，就会使小气候干燥甚至泉井枯竭，土壤沙化，给农业生产带来严重的损害。这在古今中外史上是不乏其例的。土壤的保护和合理利用也同森林、草原等自然植被的保护密切相关。由于植被破坏而造成的水土流失，仅黄河、长江每年带走的泥沙量就有二十六亿吨，相当于冲走六百万亩良田。新中国成立以来，我国沙漠面积的扩大还使我们损失了大片的耕地和草原。自然界中许多生物之间相互制约，一只大山雀每天可以吃几十只甚至上百只害虫，青蛙则更是稻田害虫的死敌。由于农药的滥用，大量的捕杀，益鸟、益虫、益兽在一些地区近乎绝迹，这使喷洒农药短期控制的病虫害反而更加猖獗。古人形容一望无边的内蒙古草场是"天苍苍，野茫茫，风吹草低见牛羊"，可见当时牧草的深厚丰美。现在有些草原，群众形容它像癞头一样，跑过一个老鼠都能看见，而且常常是"黄沙滚滚半天来，一半草场沙里埋"。草原的破坏使我国牧区大牲畜数量十多年来徘徊不前。

　　其次，许多生物资源如木材、橡胶、纤维、油料、香料等是工业发展必不可少的重要原料。它们的破坏和衰减还直接或间接地影响了工业的发展。许多动植物是珍贵的药材，

*　金鉴明，王玉庆.1980-01-04. 大自然保护与四个现代化. 光明日报.

不加保护、无计划的采集也大大破坏了药源。如我国麝香最高年收购量曾达三十一万两，现在只能收购二万两，由出口转为进口。还应该看到，人类认识自然在一定时期内总是有局限性的。今天认为无用的物种，明天可能就是无价之宝。比如从西双版纳一种不出名的热带植物中提取取抗癌药物；澳大利亚从中国引进一种吃牛粪的屎壳螂，解决了牛粪结块破坏草原的问题。生物通过千百万年的生存斗争，进化到今天，形成了一个丰富多彩、充满斗争、美妙而和谐的世界，这是一个宝贵的、巨大的基因库。其中每一个物种都应看作大自然给人类创造的财富。同时，为了保护和改善环境，探索农业发展和环境演变的规律，都需要有一些受人类活动影响尽可能小的自然环境作为对照。因此，保护珍稀动物资源，保留一些原始的自然生态系，对科学技术的发展有着重要的意义。

人们生活和工作，都希望有一个美好的环境，到处山清水秀，绿草茵茵，鲜花遍地，鸟语蝉鸣。这不但有利于我们的身心健康，还可以开阔胸怀，丰富知识，美化生活。自然生态保护好了，还有利于教学工作的开展。目前许多大学的生态系甚至找不到一个理想的天然生物实验场。人类生存环境可以看做是一个巨大的生态系统，生物是维持这个系统平衡协调的重要因素。有它的存在，自然界中能量的流动、物质的循环才成为可能。不按生态规律办事，不合理地利用生物资源，必然会造成环境的破坏，从根本上危及人类的生存。

由此可见，保护大自然与四化建设密切相关。它不仅是当前急待解决的重要问题，而且是关系到子孙后代、千秋万载的大事，应该引起我们高度的重视。

环境保护与生态系统[*]

目前，环境保护已成为人们日益关注的社会问题。众所周知，自然环境是由空气、水、土、岩石、光、热以及植物、动物、微生物等生物因素组成的。一切生物，包括人类在内，如果离开了它所需要的环境因素，那就不能生存。而生物的活动又反过来影响它所生存的环境。它们之间相互影响，相互制约。这种由生物与环境构成的统一体，简单地说，就是生态系统。

南美洲西岸秘鲁海面渔场盛产鳀鱼。鳀鱼产量越多，秘鲁的农业收入也就越高。人们不禁要问，海里的鳀鱼和陆上的农作物为什么会有数量上的相关性呢？原来，秘鲁农业上施的肥料主要是鸟粪，鳀鱼产量越多，鸟的繁殖率就越高，为农业提供的肥料越多，农业产量当然也就越高了。可是，科学家们发现，每隔六七年，这里的海面就要发生一次鳀鱼的大量死亡。据统计，1965 年发生死鱼时，附近 1600 万只海鸟饿死到只剩下了 400 万只。由于海鸟的大量减少，就使肥料鸟粪剧烈减少，秘鲁的农业生产也就受到了一定的损失。就这样，表面上看来似乎互不相干的海上鳀鱼和陆地作物之间失去了生态平衡，迫使整个生态系统发生了变化，这种变化破坏了水产、肥料和农业之间的生态关系，从而使当地居民的生产和生活受到了一定的影响。

除了自然因素引起的生态破坏以外，人类在发展生产的同时，不合理地开发自然资源，也往往会破坏生态系统，导致环境恶化，受到自然界的惩罚。

根据历史记载，美索不达米亚原是底格里斯河和幼发拉底河之间一片肥沃高原，两河的河区森林茂密，雨量丰富，是一个繁荣富庶的好地方。可是到了今天，这一地带已经成了荒漠地区。中国的西北高原，原来林木参天，茫茫树海，山清水秀，景色宜人，如今已经变成黄土高原。辽宁西北部的章古台，过去是森林密布、水草丰盛的好地方，如今也成了沙漠地带。是什么原因使原来林茂粮丰的自然环境，变成了荒无人烟的不毛之地呢？

我们知道，森林是由乔木层、灌木层、草本层和苔藓、地衣所组成的地被层等组成，分布有各种不同的植物种类，还有飞禽走兽、昆虫、蠕虫和大量的微生物等，它们之间互相关联、互相协调，形成了一个巨大的森林生态系统。森林作为巨大的绿色植物的仓库，它利用阳光的辐射能进行光合作用，吸进人们呼吸时吐出的二氧化碳，呼出人们所必需的氧气。森林还能吸收水分，一般说来，一亩森林每年要从土壤中吸收 60 万到 100 万斤水，通过植物体的蒸腾作用，由太阳能和热能把它转变成水蒸气散布到空气中去，这种强大的

　＊　金鉴明 . 1980. 环境保护与生态系统 . 知识就是力量，（2）：4 ~ 5.

蒸腾作用使森林消耗掉大量的热能，这样就使林内外温度降低，林区上空的水汽容易凝结成云，导致降雨。所以，有森林的地方，往往是云多、雾多、雨水多。

总之，森林生态系统具有调节气候、涵养水源、保持水土、防风固沙、防止环境污染和保持生态平衡等优点。森林的存在对于保护人类生存的环境和发展国民经济有着很大的作用。但是，如果人们大面积的滥伐森林，森林的生态系统就受到破坏，水土大量流失，气候逐渐干燥，久而久之，就会变成一片荒漠，对于人民生活的改善和国民经济的发展就会产生不利的影响。

人们不合理的利用自然资源，导致另一方面的严重后果，就是环境受到污染，人民的健康受到损害。

1952 年，英国伦敦发生"烟雾"事件，两周内死亡 4000 人。这一惊人数字，使资本主义世界注意到大气污染的严重性。五十年代至六十年代初，日本九州水俣市因氮肥工厂排出含汞废水到水俣湾，致使鱼类含汞量增加，人们食鱼后，因汞中毒而得了水俣病。患病者四肢萎缩、精神失常、大叫而死，还会遗传给子孙后代。这一事件使人们认识到了水污染的可怕性。1962 年，美国女作家卡逊发表了《寂静的春天》一书，揭露了滥用化学药物特别是农药所引起的水域、土壤、农田、生态系统的污染和自然界的变化，致使许多鸟类消失，鱼虾绝迹，牛羊成批病倒或死亡。所有这些又使人们进一步认识到环境问题的广泛性和潜在的危险性。那么，究竟环境是怎样被污染，人们又是怎样受害的呢？这还要从生态的平衡谈起。

自从地球有生命以来，地壳经过了许多次变化，人类和生物为了生存，必须适应变化了的自然环境，双方保持生态平衡。但是生物对外界不利条件的适应和忍受是有一定限度的，俗话说，"物极必反"，超过了它的极限就会导致灾难。自然界也同样如此，一方面它对有毒有害物质具有稀释、自净能力，但如果超过了它本身的容量或极限，就会造成环境污染。比如氟是地球表面的一种稀有元素，如果饮水中含氟量太少，人就容易得龋齿。相反，如果含氟量太高，牙齿又会变黄，进而得氟骨症，导致全身骨质松脆，容易骨折。磷肥厂和铝厂排放大量含氟废气，污染大气和农田，使工厂附近的居民和作物遭殃，这些含氟废气随雨水进入土壤，土壤受到污染，牧草吸收土壤中的氟，耕牛再吃牧草，这就会导致耕牛的死亡。以上这一系列的连锁反应，都是由污染物进入环境破坏了生态平衡所造成的结果。

人类在改造自然、发展经济的同时，必须要运用生态观点，合理利用自然资源，防止乱砍滥伐森林、盲目围湖（或海）造田、任意排放有毒有害物质。如果我们现在再不考虑自然环境的保护，不研究人类活动所引起的生态系统变化的长远后果，我们就不可能实现四个现代化，也就不可能造福于人民和我们的子孙后代。

保护大自然[*]

资源、环境、人口是当今国际环境保护涉及的三大问题。这些问题联系面广又互相影响。它不仅关系到现在，而且影响到未来。

人口的增长，都市人口的集中，资源和能源的大量消耗，促使自然环境的破坏和污染。可以说，环境的破坏和污染实质上就是对资源、能源的不合理利用所引起的，而人口的不适当增长，特别是过分集中在少数大城市的状况，更加剧这些矛盾。

一九七九年八月间在斯德哥尔摩召开的资源、环境、人口和发展关系讨论会表明，合理地开发利用自然资源，适当地控制人口增长，维护和改善环境是每个国家在发展本国经济中遇到的重大问题。因此，正确地认识和妥善地处理这些问题已迫在眉睫。本文仅从积极保护和合理利用自然资源的角度，提出一些问题和看法。

一、我国丰富的资源及其遭到的破坏

我国地大物博、资源丰富。全国耕地面积达十五亿亩，土地肥沃，物产丰盛。江河湖泊数量多，流域面积广，河川年径流量约二万六千多亿立方米，地下水年径流量约七千亿立方米。矿产资源种类多、储量大。目前已找到一百四十多种矿产资源，其中钨、锡、钼、铁、煤等十五种矿产储量居于世界前列。我国有十八亿亩森林，四十多亿亩草原。动植物种类繁多，已鉴定的仅高等植物就有三万多种，脊椎动物三千七百余种，而且有许多世界稀有的珍贵物种。

这样丰富的资源是我国人民的宝贵财富。解放后我们虽然在保护和合理利用自然资源方面做了些工作，但是由于思想认识上的问题，工作中的缺点错误和林彪、"四人帮"的干扰，使得自然资源遭到了严重的破坏。我国森林覆盖率仅有百分之十二点七，在世界上占第一百二十位。但是每年消耗森林资源近二亿立方米，其中三分之二是毁林开荒、滥砍乱伐、森林火灾和计划外采伐造成的损失。草原可利用面积三十三亿亩，由于过度放牧、不合理的开垦、鼠害和火灾的危害，草场退化、沙化、碱化的现象极为严重，致使产草量比十年前减少了三分之一到一半。由于水被污染、过度捕捞、不合理围湖造田和缺乏生态观点的水利工程，我国淡水鱼天然捕捞量七十年代只有五十年代的一半。滥捕乱采造成野生动物资源大大减少，许多珍稀动植物濒于灭绝。土壤是人类赖以生存的最基本资源，也

* 金鉴明，王玉庆.1980.保护大自然.环境科学，(2)：67～70.

是农业生产环境的重要组成部分，我国土壤破坏也极其严重。除了不合理的使用农药、化肥、污灌及工厂排污所引起土壤污染外，主要有三方面原因：①植被破坏造成土壤侵蚀、沙化和水土流失，如长江、黄河每年带走泥沙达二十六亿吨，相当于冲走六百万亩良田；②水的不合理使用，使土壤盐碱化、沼泽化、潜育化；③土壤的不合理使用，使肥力减退，结构变坏。我国仅解放后形成的沙漠化土地面积就达六万四千多平方公里，其中人为的不适当的经济活动所造成的沙漠化面积占百分之九十一，仅这一项就损失了大片耕地和草原。水和矿产资源同样存在着严重的浪费和开采不合理的现象。

二、自然资源破坏带来的危害

自然资源的破坏带来的直接后果使资源的数量减少，给工农业生产和科学研究带来巨大的损失。森林经营不合理、重采伐、轻造林等原因，致使水源涵养林、防护林、自然保护区遭到严重破坏，不仅直接造成木材供需关系日益紧张，而且导致环境恶化、气候变坏、水土流失、土壤沙化，整个生态系统失调，严重影响农、牧业生产。我国水土流失面积大，仅长江流域面积就在百分之二十以上。川西森林的继续破坏，使长江确有变成第二黄河的危险。黑龙江省每年因水土流失减产粮食四十亿斤左右。水土流失不仅直接影响农业生产，而且危及主要为农业服务的各种水利工程。据统计，我国二十座重点水库不到二十年时间，泥沙淤积量已占库容的百分之十八点五。贵州省是八山一水一分田，过去只注意了一分田，甚至毁掉了八山来保一分田。由于山林被破坏，水土流失严重，气候从"天无三日晴"到"三年出现两年旱"（发生这种变化，大气候的影响也是一个重要因素），农业发展相当缓慢。森林植被的破坏使一些区域的小气候发生很大的变化。四川盆地一九五七年前气候尚好，近十几年雨量逐渐减少，五十年代春旱约三年一遇，现在是十春八旱。据统计，四十六个县降雨量下降了百分之十五到二十。由于大兴安岭森林面积急骤缩小，呼伦贝尔草原气候向干旱多风的方向发展。以鄂温克族自治旗为例，一九六〇年至一九六七年这八年内年平均降水量为三百一十九毫米，而一九六八年到一九七五年这八年内下降到二百九十五毫米，平均风速却从每秒三点七米增加到每秒四点零三米。

由于草场破坏，产草量减少，我国大牲畜数量十多年来徘徊不前，牧区每年冬春因饲草不足牲畜掉膘造成死亡所损失的肉量远远超过国家的收购量。畜牧业上不去，加上渔业资源的破坏，就必然加重了九亿人民对粮食需要的压力。野生动植物资源，特别是一些珍贵稀有的物种的保护，在科学研究上有特殊意义。许多专家发出呼吁："救救珍稀的野生动物！"

水资源的浪费和污染给我国工农业生产、渔业和人民生活都带来很大的影响。我国水资源总储量十分丰富，但是由于各地气候条件和水文条件不同，其蒸发、降水和径流情况也不一样，各地区、城乡、工业区和农牧区的需水与供水之间存在一定的不平衡状态，如果不进行全面规划和合理布局，就会造成供需之间的矛盾，严重时就会发生水荒现象。随着国民经济的迅速发展，各种工业及工业产品用水量和排污水量相应增长。一般按中等水平大致估计，污水量至少每十年增加一倍。北京一九五四年至一九七八年污水量增加了二十六倍。一些国家水污染造成的损失约占该国国民经济总产值的百分之一。我国一些地区水污染造成的经济损失不会少于这个数字。另一方面供水量却在不断增加，据全国一百八十多个城市统计，城市日供水量一九七六年底将为一九四九年的十倍。如不采取有效措施，不久的将来，像北京、上海、青岛等城市就会出现严重水荒。

此外，矿产资源的乱采、乱堆也会严重破坏和污染自然环境。

总之，资源的滥用和破坏会使自然生态平衡严重失调，环境恶化，阻碍生产的进一步发展。这是人类在同自然界长期斗争中认识和总结出来的一条客观规律。

三、保护好大自然

当前搞好大自然保护应该加强宣传，提高认识，认真贯彻执行环境保护法、森林法和水产资源保护条例等有关的法规。要加强科学研究，设置一些必要的专门的机构，切实解决有关大自然保护所需的资金、设备、物资等具体问题。此外，还应该做好以下几项工作。

1. 认识自然规律，掌握自然规律

恩格斯在一百多年前就警告人们，要警惕大自然的报复。美索不达米亚、希腊、小亚细亚等地居民，为了得到耕地把森林砍光，结果使这些地区变成了不毛之地；意大利人在阿尔卑斯山南坡砍光松林，结果摧毁了那里高山畜牧业的基地；加拿大西部边界和美国西部草原地区由于开垦和过度放牧，引起了灾难性的黑风暴，毁坏了牧场和农业。这些都是由于人们没有正确认识和理解自然规律，不合理地使用土地和乱砍、滥牧而得到了与人们愿望相反的结果。由此看来，人为的活动对于自然环境的影响，不能只看到眼前的、局部的变化，而必须从长远的、全面的观点考虑它们的后果，不能只从某些环节上看到一定的收益而要从生态系统的相互制约、相互联系去估计人为活动对生态的影响。环境保护必须采取积极的以防为主的方针和措施，这是长远之计。如果我们不从全局的、战略的方针着眼，不去考虑自然环境的保护，不研究人类活动影响生态系统变化的后果，也就不可能合理开发和利用自然资源，更不可能掌握保护自然和改善环境的主动权。

2. 搞好全面规划，合理布局

自然界是由多种因素构成的，各种因素彼此影响、互相制约。因此当人们变革某一自然条件时，必须全面规划、合理布局。在安排工农业建设时，要加强计划性和预见性，避免和克服盲目性。无论是采伐森林，开发矿山，兴建水利工程，还是垦殖草原和山林，都要既看到它收益的一面，又要考虑可能对自然环境长远的不良影响的一面。对于新建的城市、居民区、工矿区或其他大型工程以及农村城镇的五小工业的发展，也要根据当地的自然地理特点，应用生态系统的调节与再生的动态平衡规律进行全面规划、合理布局。从全局的、长远的观点出发，进行损益分析，作出对环境影响的预断评价，从而制定出既保护自然环境又发展生产的最佳方案。我国农村幅员辽阔，保护农业自然环境刻不容缓。农业是国民经济的基础，也是工业发展的重要条件。农业生产对自然条件的依赖性很大，具备良好的水质、土壤、大气的环境是发展农业生产的基本条件。当前不合理的使用土地、农药以及工业污染物的排放已使农业自然环境遭受严重的破坏和污染。保护农业自然环境，为实现农业现代化创造条件，是工业生产及其合理布局必须遵循的一条重要原则，应当引起有关方面的高度重视。

3. 尽快增加自然植被的覆盖率

自然植被是自然环境的重要组成部分，特别是森林植被对于自然环境的作用和影响尤为显著。据有关资料介绍，五万亩森林的蓄水量就相当于一座一百万立方米小型水库的容量。一片森林就是一座绿色水库，就是农作物的一道天然屏障。国外森林恢复和发展情况说明，如果森林覆盖率达到百分之三十左右，而且分布地均匀，就可基本上保证风调雨顺，起到防御自然灾害、保证农业稳定发展的作用。因此保护和发展自然植被，提高森林和其他植被的覆盖率是一项保护自然环境、改变自然景观、保证农牧业高产稳产的带有根本性的战略措施。世界各国的森林资源大体上都经历了由破坏到恢复、发展的过程。目前加拿大、美国、苏联以及芬兰、瑞典、日本等国的森林覆盖率分别达到百分之三十至六十以上。我国森林覆盖率仅有百分之十二点七。有十几亿亩宜林荒山、荒地和大量的四旁零散空地尚待绿化，有几亿亩疏林、灌木林需要改造，有接近十亿亩中幼林需加强抚育。我们要认识到自然植被不仅能改善自然条件，而且具有保障农牧业稳定生长的生物效能，掌握自然资源和森林植被的生长发展及其演变的规律，大力开展植树造林工作，绿化祖国，林茂粮丰的目标是一定能够实现的。

4. 加强自然保护区工作

建立自然保护区是保护自然资源的一项重要建设。建立自然保护区，是在一定的自然地理景观带或典型的自然生态类型地区划出一定的范围，把应受国家保护的生物资源，特别是某些濒于灭绝的珍稀物种保护起来。这是一个活的自然博物馆，是自然资源的仓库。它也是自然生态系和生物种源的储存地。自然保护区为观察、研究物种的产生和发展，对野生动植物资源的积极保护和合理利用，为引种驯化有价值的生物种以及研究生态系统和生物资源的发展规律等等提供了良好的科学基地，也是普及科学知识、进行教学实习的有效场所。从科学发展的意义来说，保存自然生态系统就是保住了自然"本底"，对于类似地区的过去、现在、今后的资源利用和自然改造的规律性有了对比的基础和研究的依据。为此许多国家把建设和发展自然保护区的事业看作一个国家文化科学水平发达的标志之一，把宣传保护珍稀野生动植物看作提高整个民族科学文化水平的一项重要工作。

我国自然保护区的建设事业解放以来得到了较大的发展，但和先进科学技术的国家相比，差距甚大。例如，美国有自然保护区六百六十九个，占国土总面积的百分之十以上；瑞典有自然保护区八百九十九个，占国土总面积的百分之八；英国有一百多个，占百分之八到十；肯尼亚占百分之十；日本占百分之十五到二十。我国自然保护区目前只有五十一个，占国土总面积的百分之零点一七。自然保护区无论在面积上或是在管理水平上都远远落后于国际先进水平。为此一方面要加强领导，巩固和完善现有的自然保护区，另外应尽快制定全国自然保护区规划，在短期内增划一些新的自然保护区，以推动大自然保护工作的开展。

5. 加强自然资源的调查研究工作

解放初期根据我国国民经济发展的需要，在全国范围内开展了大规模的植被调查、生物资源调查、橡胶宜林地的选择、草场的生产力研究、经济植物的引种栽培等等。通过调查，对我国植被资源的特点及其分布规律有了比较全面概括的了解，编制出各种比例尺的植被图，陆续出版的中国动物志和中国植物志，为各地植被和土地资源的合理利用和农林牧副渔业的合理布局等都提供了有价值的科学依据。尽管如此，我国丰富的自然资源蕴藏量和现状还有待摸清，由于人为活动的干扰，许多生物种类尚未调查研究即已遭受破坏或濒于灭绝。为此，必须加强自然资源的调查研究，为进一步掌握资源的储藏量，要根据自然资源的状况，制定出积极保护和合理利用资源的规划和措施。目前当务之急，是要开展自然保护区的综合科学考察，为区划和经营管理自然保护区提供科学依据。

第十五届国际自然及自然资源保护同盟大会简介[*]

第十五届国际自然及自然资源保护同盟（以下简称"同盟"）大会于 1981 年 10 月在新西兰克赖斯特彻奇召开。来自 57 个国家、21 个国际组织的 380 多名代表出席了本届大会。会议由同盟会长卡萨斯主持，东道国新西兰土地部部长出席了开幕和闭幕式并发表了讲话。联合国环境规划署、联合国教科文组织、欧洲议会、经济合作与发展组织等机构的代表以及世界野生生物基金会总裁参加了大会并致贺词。"同盟"总裁李托波特作了三年来的工作报告；"同盟"下设的环境政策法律和管理、规划、教育、生态、国家公园和保护区、物种生存等六个委员会的主席分别向大会作了工作报告。大会回顾了自 1979 年在苏联阿斯卡巴召开第十四届会议以来的工作成绩；介绍和交流了各国执行于 1980 年 3 月发表的《世界自然资源保护大纲》（以下简称"大纲"）的情况和经验；讨论并通过了"同盟" 1982～1984 年持续发展保护方案；选举并产生了地区理事，通过了 28 项决议。

会议强调经济发展与自然保护必须相互协调，要求在发展中求得开发和保护的统一，使发展得到持续。大会的主要内容是从科学技术的角度出发，共同商讨自然保护的规划目标、发展方案、优先项目和经费资助等。大会建议各国把为了取得发展和保护二者的统一所制定的策略和方案纳入各国的经济发展计划之中。呼吁各国根据"大纲"的基本战略思想和各国的具体情况尽快制订国家级的自然资源保护规划或"大纲"。这些建议和呼吁对各国来说，虽然没有什么约束力，但其基本观点、原则以及策略都对各国有巨大的吸引力，不少国家正在结合自己的情况积极行动。

中国代表团在会上做了发言，博得一些国家代表的赞赏。

1982～1984 年持续发展保护方案是"同盟"的纲领性文件，也是今后三年工作的具体规划。整个方案分为九个主要方面：规划法律、机构和管理、教育、生态系统、保护区、物种、地理分布的保护计划、保护联络网、计划制订和管理。每个方面都提出了工作目标和实现这些目标所采取的措施以及经费预算。

大会通过的 28 条决议，主要包括：要求各国及其各成员组织继续贯彻执行世界自然资源保护大纲，重视自然资源和生态系统的保护，遵守有关公约和条法，资助地区性的研究项目，搞好环境规划和教育等。决议认为，处理好发展经济、保护环境、合理利用自然资源、稳定人口这四者之间的关系，至关重要。决议指出，由于社会与经济差别的悬殊，

---

* 金鉴明，沈建国.1982. 第十五届国际自然及自然资源保护同盟大会简介. 环境保护，(4)：11～12.

人口的迅速增加，不合理的利用资源和缺乏保护环境的观点，导致自然资源遭受破坏，加速了土壤侵蚀、沙漠化扩大、耕地丧失、森林破坏、物种退化等一系列不利于人类的生态系统退化的现象。决议呼吁，联合国所有机构和各国政府机构以及经济开发组织，为了保护自然资源，持续发展经济，应使"大纲"在他们自己的规划中具体化，为实现"大纲"的目标而共同努力。决议最后提到自然保护与和平的问题时指出，保护自然和自然资源是各国的历史责任，反对为军备而消耗大量钱财和自然资源，禁止把环境技术用于军事或其他敌对行动。

以下是几点观感。

"同盟"是一个由国家、政府机构、非政府国际组织和国家组织、群众学术团体、科学工作者以及有关专家参加的非官方组织。它成立于1948年，现有成员56个国家、121个政府组织和313个非政府组织，世界各地三千多名科学家参加了"同盟"的各个委员会和中心。其宗旨是在世界范围内促进科学研究活动，以保护自然环境和自然资源，达到永继利用资源，持续发展经济为目的。"同盟"确定，生态、国家公园和自然保护区、濒危物种的保护这三者为自然资源保护的主要对象，运用政策和立法、环境规划、教育和训练等手段，达到其预定的保护目标。"同盟"的六个委员会就是执行总的方案，以期达到上述目标的功能机构。"同盟"通过密切关注世界自然保护发展趋势，发起有关行动，取得各国政府、非官方机构及学术团体的协作以实现其宗旨。总之"同盟"的宗旨、它的指导思想和战略目标、组织协调推动各国开展工作的有效做法，是值得我们借鉴的。

我国自然环境和自然资源的破坏、生态系统的失调也日趋严重，在经济发展的同时，怎样防止自然环境的破坏、维护生态平衡同样存在着尖锐的矛盾。对经济发展如何与自然保护相协调，把发展与保护统一起来，在发展中求得自然资源的持续利用，从整个国家来说，尚缺乏整体考虑，缺少解决这一问题的战略目标和指导方针。编制《中国自然资源保护大纲》是解决上述问题的一个重要途径，因此编制《中国自然资源保护大纲》已是刻不容缓了。

学习大自然的课堂

介绍中国自然保护展览[*]

"中国自然保护展览"于1982年4月5日在北京自然博物馆开幕了！这是我国第一次较大规模的为宣传保护大自然的重要性及普及大自然保护科学知识，以推进我国的自然保护事业举办的展览。

我国的疆域辽阔，南北横跨寒、温、热三带，再加上第四纪冰川冰化作用不强烈，使我国具有动植物种属异常繁多、各类资源极其丰富的特色。但是多年来，由于乱砍滥伐、乱捕乱猎，任意出口，以及烧山毁林，盲目围海、围湖，致使生态平衡破坏、环境质量下降，使我们美丽富饶的国土出现了水土流失、土地沙化、碱化、草场退化、森林面积缩小、不少珍贵和稀有的生物资源日趋减少的现象。为了认识自然、保护自然和改造自然，从而合理地利用和积极地保护自然资源，并使自然环境有利于人类的生存发展，有关部门举办了"中国自然保护展览"。

展览共分四部分：

第一部分是保护自然界的生态平衡。

这一部分以人类发展史为线索，从原始社会、奴隶社会、封建社会直到工业较发达的现代社会，对人类不合理的开发、利用自然资源致使自然资源及其环境遭到严重破坏进行了回顾。

现代工业的发展使人类拥有强大的技术能力可以较为轻易地毁灭整个自然界，也可以掌握自然规律运用技术力量改造整个大自然，为人类造福。由于人口和经济的增长刺激了资源的使用，特别是人们在开发自然资源时采取了只顾眼前利益的态度，从而导致一系列的危害。在展览会上可以看到我国森林生态系统的破坏情况。如：夹皮沟村民烧柴毁林，惨遭报复。珍贵的红皮云杉"神林"被大火毁灭。新疆塔里木盆地中的荒漠屏障——胡杨林，三十年来由于毁林开荒、拦洪截流，面积减少46%。内蒙古潮格旗固沙植被——梭梭林，由于盲目樵砍，每年平均毁林六万亩，使原来固定的沙丘变为荒沙裸地。

被称为"世界之肺"的热带雨林正在遭受浩劫，如海南岛在解放初有天然林1295万亩，现在只到497万亩，覆盖率从解放初的25.7%减少到9.7%。

西双版纳在解放初有天然林1657万亩、目前只有997万亩，覆盖率从解放初的55%减少到28%。

---

  * 金鉴明，王礼嫱.1982. 学习大自然的课堂——介绍中国自然保护展览. 环境保护，(6)：17~19.

海岸、滩涂、草原、淡水生态系统是人类生存的基本环境，也是发展经济不可缺少的自然资源，人类要生存，就要合理地开发利用自然资源，保护自然界的生态平衡。

第一部分的结尾，展示了中国存在的环境问题，同时提出一个亟待思考的问题，即如果再不采取有效的措施，那么到 2000 年世界的环境问题将是怎样，中国的自然环境又将怎样呢？

第二部分是生态系统的基本知识介绍。

气、水和陆地交界的一个薄层中是生物圈。生物圈中的各种生物与环境都存在着极其复杂的联系，他们不是各自孤立的生存，而是相互依存、相互制约组成一个有机的体系，即生态系统。各种生物在长期适应环境的过程中，形成了各自的特性，占据了不同的生活环境，所以各种生物在自然界中都占据着一定的生态位置。如雪莲在雪峰上吐艳，红树在潮汐中生长，鹰隼在蓝天上翱翔，孤兔在林莽中生存。所有的生物都要进行生命活动：运动、摄食、消化、吸收，分解、排泄、生长、繁殖以及对内、外环境变化发生反应等。世界上所有的生物（包括人类）都必须在这样的系统中参加能量和物质的交换。一旦这种生物赖以生存的物质交换与能量代谢停止，生命也就结束了。生态系统有四个组成部分：即进行光合作用的绿色植物，它直接利用太阳光能，是生产者；直接或间接依靠植物为食物的动物是消费者；依靠分解动、植物废物和尸体生存的微生物是分解者；还有它们周围的无机环境。

生命活动的动力是能，太阳光是生命运动的唯一能源。据统计：生物所能利用的能量大约仅仅是到达地球的太阳光能的百分之一。在地球的生命系统中，绿色植物可以通过叶绿素直接摄取太阳光能，而动物则不能直接摄取。

"大鱼吃小鱼，小鱼吃虾米，虾米吃泥巴"、"一山不能存二虎"等形象地揭示了在一个生态系统中，能量的流动是通过食与被食者的关系实现的。能量每转移一次都有一部分为生命活动所消费，因此在生态系统的各营养层中，每一级所含能量递减，形成能的金字塔分布。

自然界中生物与生物、生物与环境相互依存，维持比较稳定的状态，称为生态平衡，其组成愈复杂就愈稳定，自我调节能力就愈强。一个稳定的生态系统的形成常常要经过长期的自然演替过程，从最初较简单的生物组合发展为复杂的生物组合，直到形成各地区相对稳定的顶级生态系统。因此顶级生态系统是保护的主要对象之一。

第三部分是保护动植物物种资源。

自然界的千千万万种生物，在亿万年的进化过程中，通过遗传、变异与自然选择，最后进化为完美的统一体，每一个物种都具有独特的遗传性状，都是一个基因库。它保证着性状和特征的不断重现，千千万万个物种构成了遗传的多样性。这种多样性对于人类的生存和发展具有重大的关系。因为每一个物种在其生态系统中都有自己的位置和作用，有时一个物种的绝灭会引起整个生态系统的破坏，而物种一旦绝灭就不可能恢复。

例如：新西兰的大型走禽恐鸟，在三个多世纪以前他们还生活在南太平洋的岛屿上，后来由于人类的过度捕杀而绝灭。世界上最大的白令海牛自 1742 年被发现后，由于人类的滥猎，仅 27 年就绝灭了。其他如我国的麋鹿和野马也都由于任意猎杀而绝灭。

这都有力地说明了物种具有可更新性和解体性，人类不合理的经营活动，包括滥砍乱垦森林、草原，烧山开荒、过度捕猎和采集、工业的污染等，使物种的生存环境遭受破坏，那么物种将因环境的破坏而消灭，一旦绝灭将会造成无法挽回的损失。

物种直接与人类的关系是供给人们以粮食、油料、建材、蛋白质、纤维、毛皮、药材、水果等。

据统计，世界现有两栖类动物 2800 余种，爬行类 5700 余种，鸟类 8590 种，兽类 4237 种。但是世界许多栽培植物和家畜品种正在消失中。许多野生物种也在消失中，估计约有 25 000 种植物和 1000 种以上的脊椎动物受到灭绝的威胁。

我国国家一类保护动物有 46 种，其中大熊猫、朱鹮等都是世界瞩目的濒危物种。我国特有的珍稀植物有 300 余种，其中银杉、水杉、银杏、珙桐等植物是仅存于我国的冰川孑遗植物。我国国家一类的保护动物即三种金丝猴——川金丝猴、黔金丝猴和滇金丝猴（地理亚种）同时展出，这是中国和世界极为珍贵和罕见的。所以人类要生存，就要对物种资源进行保护（包括：保护生境、建立基因库及保护精液、种子、养殖等）。

第四部分是我国的自然保护事业。

保护自然的目的是要防止基本生存环境的破坏，持续地利用生态系统和生物资源以及保存遗传的多样性。我国从古代就对生物资源可更新性和解体性有了认识，而且反对竭泽而渔、杀鸡取卵。荀子曾提出：保护好自然资源，"则万物皆得其宜，六畜皆得其长，群生皆得其命"。这些都是自然保护概念的萌芽。

解放以来，党和国家十分重视自然保护工作并采取了下列措施：制定了有关条法、规划、开展了宣传教育，进行了科学考察、建立了自然保护区等。自 1954 年以来，颁发了一系列有关的政策法令，近年来又颁布了中华人民共和国环境保护法（试行）、森林法和水产资源保护条例，并正在制定许多单行的法规和条例，如大气保护法、水质保护法、自然保护区管理条例、野生动物管理条例、野生植物资源管理条例等，并划定和建立了七十三个自然保护区。展览会以精美的彩色图片的形式对四川卧龙大熊猫保护区、青海湖鸟岛自然保护区、贵州梵净山自然保护区、海南岛南湾猕猴保护区、新疆喀纳斯综合自然景观保护区、辽宁蛇岛保护区、吉林长白山自然保护区等不同类型的自然保护区分别做了介绍，同时还介绍几个自然保护工作好的典型及存在的突出问题以及对我国自然保护事业的设想、规划和展望。

我国是一个发展中国家，又经过一场浩劫，正处于百废待兴的时代，需要大力发展经济，合理利用自然资源和积极保护人类所需的生活和生存环境。

让我们共同为可爱的祖国永远天蓝、水清、林茂、草绿、花香鸟语而共同努力吧！

从三废治理到生态保护[*]

一、对环境问题认识的三个阶段

人们经常谈论环境污染和破坏，"环境"已成为大家熟悉的名词。但是在本世纪七十年代以前，人们仅仅把污染问题看作工业和其他经济活动排放的"三废"（废水、废气、废渣），毒化了城市的空气、水体，从而威胁和损害人们身心健康的孤立的、局部的事件。虽然后来把公害的范围扩大到噪声、振动、恶臭和地面沉降等许多方面，但直到1962年美国女作家卡逊所著的《寂静的春天》一书问世，揭示了环境污染使许多种鸟绝迹的事实，人们才逐渐认识到环境污染会造成长期的甚至是无法挽回的后果。从南极洲的企鹅到北极的白熊，甚至在爱斯基摩人的身上，都发现了滴滴涕的成分，说明污染物质可以到达地球的任何角落，这使人们进一步认识到污染问题的广泛性乃至全球性。于是，一些工业发达的国家纷纷采取必要的政治、经济和行政手段，颁布了一系列政策、法令，使污染得到了基本的控制。但由于这时人们仅把污染视作孤立的和局部的现象，因而忽视了大环境的保护，所采取的"头疼医头，脚疼医脚"的应急措施，只能解决工业"三废"对环境造成的污染问题，而对于整个人类生存的环境并没有明显的改善。

进入二十世纪七十年代以后，以斯德哥尔摩人类环境会议为转折，人们开始把注意力从工业环境、城市环境转向人类赖以生存的自然环境，注意探讨污染和破坏对于整个生物圈的影响。生物圈在地球环境中起着主导作用，是一切能流和物流的中心环节，它也是自然和社会环境统一的综合体。对生物圈的研究，可以为恰当地处理人类活动与自然界的关系，并求得在维持动态的生态平衡前提下的健全发展，找到正确的观点和途径，提供科学的依据。

到了八十年代，一个更能揭示本质、更有说服力的观点被明确地提出：环境问题的实质，是生态系统的维护和退化的问题。这可以说是人类对环境问题在认识上的一次飞跃。1980年第十五届国际自然及自然资源保护同盟大会所拟定的世界自然保护大纲，又一次强调保护自然资源对人类生存和维护资源本身持续发展的重要意义，强调把经济发展与自然保护二者协调起来，并把这种策略和方案作为战略大纲纳入各国经济发展计划中去。这些都标志着人们对环境的认识达到了一个新的水平，它不仅关系到当代人，而且关系到子孙后代和人类的未来。

---

* 金鉴明，王礼嫱. 1982. 从三废治理到生态保护. 大自然，（3）：33～34.

二、控制污染和治理技术的三个阶段

人类在控制污染和发展治理技术上，也可以大致地划分为三个阶段。

在五十年代，人们只把注意力集中在"三废"的治理上，即污水处理、空气净化、固体废品处置。六十到七十年代初期发展到第二阶段，开始发展闭路循环，减少废水、废气的排放等新工艺、新技术的应用，同时从"三废"的单项治理逐步发展到综合防治技术的研究。七十年代后期至今为第三阶段，控制污染和治理技术又有了突飞猛进的发展。其中，治理技术从合理使用资源着眼，进行资源的再循环或再利用，同时为消除污染进行工艺革新和燃料改造（包括目前还处于实验室研究阶段的煤的气化、液化同时脱硫脱硝技术等）。基础研究也越来越受到重视，研究的课题从点污染源发展到面污染源，单元介质发展到多元介质，从静态发展到动态，从定性发展到定量。在基本完成污染调查、摸清情况的基础上，进而深入研究污染物在大气、土壤、生态系统中的运动规律及其反应、转化机制；建立了各种模拟试验和数学模式，进行环境质量的综合评价，预测预报环境污染和自然破坏的趋势。特别是在斯德哥尔摩会议以后，人们更加强调生产工艺的无害化、工业用水的封闭化、资源利用的合理化和综合防治方案的最佳化。比如目前提倡的区域综合治理，就是在一个地区内按照地区生态规律和专业化协作原则，对区域规划、资源利用、能源改造、"三废"净化等多种因素加以综合考虑后的治理措施，它是综合防治的一个新的趋势。

三、对未来环境的展望

在谈到环境问题时，人们对 1972 年斯德哥尔摩人类环境会议以来所取得的成就感到欢欣鼓舞，同时也觉察到新的环境问题还在不断地产生。除了臭氧层、酸雨、富营养化、热污染等环境污染之外，不合理的开发活动引起的水土流失、土地沙化、热带雨林的减少、物种的不断消失等全球性的环境问题，更加令人忧心忡忡。美国环境质量委员会和国务院调研了世界各国经济发展对地球上人口、资源和环境所带来的影响之后，发表了 2000 年环境报告，预测如果目前形势继续发展，2000 年的世界将比我们现在生活的世界更为拥挤，污染更加严重，生态更加不稳并且更易于受到破坏。显而易见，人口、资源及环境方面的压力将是严重的。2000 年世界上的人口将达到 63.5 亿，每年净增 1 亿，其中百分之九十出生在贫穷国家里。水的需要将增加 1~2 倍，局部地区的缺水情况将更为严重。由于对木材和薪柴需求量增加，世界森林将以每年 1500 万~2000 万公顷的速度消失，而发展中国家森林覆盖率将减少 40%。由于森林遭到破坏、水土流失、土地沙化、农业土壤变质，每年将有 33 200 平方英里（约 860 万公顷）的土地变成不毛之地。世界上现有的动植物也会因为污染和失去栖息地而有 15%~20% 灭绝，即至少损失 50 万种……

工业发展带来了环境污染和破坏的可能，但又包含着战胜污染和克服破坏的可能。要使后一种可能变为现实，并避免上述种种不幸，从而使人类主宰自己的命运，那就必须把发展经济与保护自然这二者协调起来，并作为战略目标，切实地、全面地采取措施促其实现。这正是摆在我们面前的一项迫切任务。

回顾与展望

纪念斯德哥尔摩人类环境会议十周年[*]

联合国人类环境会议于一九七二年六月在斯德哥尔摩召开，至今已有十年了。会议制定的各项环境原则以及《人类环境宣言》，鼓舞和指导着世界各国人民去改善人类环境，维持生态平衡和改造自然。十年来，世界各国普遍建立和加强了环境管理机构，制定了各种环境法规和条例，强调了统筹规划和合理布局，组织了环境科学的基础理论研究，发展了控制污染及治理技术，开展了环境教育和宣传等工作，从而控制了污染，改善和维护了人类赖以生存和生活的自然环境。中国环境保护工作自一九七二年也开始全面展开。可以说，人类环境会议是一次具有历史意义的会议，标志着人类对环境的认识和改造能力达到一个新的阶段，是环境保护事业前进道路上的新的里程碑。为了环保事业的发展，回顾以往的成绩，展望未来的环境，将是十分必要的。

一、十年的环境保护成效

十年来，世界各国的环境保护工作取得了显著的成绩，简要地归纳为以下几个方面：

1. 认识上的飞跃

七十年代以前，人们对环境问题的认识，只停留在污染的危害以及污染治理的概念上。一九六二年美国女生物学家卡逊发表《寂静的春天》一书，揭示了环境污染使许多鸟类绝迹以及农药污染水域、土地、野生物种的事实，人们才逐渐认识到环境问题不仅是一时的污染，而且自然环境遭受破坏后，往往是长期的甚至是无法恢复的问题。以后，科学家又发现从西德工厂中排放的二氧化硫借风力吹到北欧，随雨雪降落成为含硫酸很高的"酸雨"，使水质变坏，土壤酸化，作物、森林、草场受害；此外，从南极洲的企鹅至北极圈的白熊体内皆发现有滴滴涕的成分，说明污染物质传布的广泛性和全球性。七十年代以后，以斯德哥尔摩会议为转机，人们进一步意识到不合理的开发活动所引起的环境破坏与工业交通污染带给环境的危害，是环境保护的一个问题的两个方面，而且它们互相联系、互相影响。这是对环境保护全面理解和整体性认识的重大发展。一九七九年在斯德哥尔摩又召开了资源、环境、人口和发展互相关系的座谈会。会议强调了经济发展和环境保护协

---

[*]　金鉴明，王礼嫱. 1982. 回顾与展望——纪念斯德哥尔摩人类环境会议十周年. 环境，(7)：2~3.

调的必要性。一九八〇年第十五届国际自然及自然资源保护同盟大会所拟定及通过的世界自然保护大纲，把保持基本的生态过程和生命维持系统及保证资源的持续发展提到理论的高度，并作为战略目标加以实现。它把环境问题概括性地形成一个观点，即环境问题实质上就是生态系统的维护或退化的问题，这是人类对自然环境的理解在认识上的一个飞跃。

2. 管理上的加强

除了人们对于环境整体性的理解，对环境与污染的相互作用、环境与资源的密切关系、环境与发展的协调等有一个比较明确的认识以外，加强环境管理工作是取得成效的措施之一。除了制定条法、控制污染、发展科研、学术交流、宣传教育、国际合作等方面以外，强化管理机构至关重要，成绩也尤为显著。自七十年代以来，许多国家从中央到地方都逐步建立并加强了具有权威性的国家级的职能机构——环境管理机构。机构的设置大体可分为下列三种类型：第一类是设立国家级的环境保护专职机构，有美国、瑞士环保局，日本环境厅，英国、加拿大环境部等；第二类是环境与资源或与其他有关事业合并而成的国家级机构，例如委内瑞拉环境和自然资源部，扎伊尔自然环境保护和旅游部，坦桑尼亚自然资源和旅游部，新西兰土地森林部，波兰土地及环境保护部，瑞典农业环境部，奥地利卫生和环境部，尼日利亚环境发展部；第三类是以保护生物物种和国家公园为中心设立国家级的机构，有冈比亚、斯里兰卡野生生物保护部，肯尼亚旅游和野生生物部，印度尼西亚自然保护和野生生物管理局，马来西亚野生生物和国家公园局，巴西国家公园保护部等。

3. 治理技术和基础研究的发展

总的看来，国外治理污染大致经历了三个阶段：第一阶段大约在五十年代以前，人们的传统观念是单纯的"三废"处理技术；六十至七十年代发展到第二阶段，致力于废物回收、工艺改革、闭路循环等新工艺、新技术的应用；第三阶段即八十年代的治理技术从合理使用资源、能源着手，同时为消除污染进行工艺革新、燃料改造等方面的研究。基础研究方面从点污染源发展到面污染源，单元介质发展到多元介质，从静态发展为动态，从定性发展到定量的研究，并建立各种模拟实验和数学模式，进行环境质量综合评价、预测预报环境污染和自然破坏的趋势。人类环境会议以后，各国更加强调生产工艺的无害化、工业用水的封闭化、资源利用的合理化和综合防治的最佳方案。

4. 综合防治的战略目标

环境保护必须汲取在经济发展中以牺牲环境为代价的惨痛教训，必须着眼于预防为主的方针，以防患于未然。就是要从统筹兼顾、全面规划、合理布局出发，处理好城市与乡村的布局、人口与资源的配置、工业与各行业的综合平衡、生产观点与生态观点的统一以及开发工程应持有生态观点等。正确处理好工业发展与环境保护、局部与整体、近期与远期、治与防等几方面的关系，是实现既稳健发展国民经济又保护和改善环境的战略目标的根本保证。近年来，联合国环境规划署提倡经济发展速度和布局应当符合"生态发展"的原则，即经济发展速度，城市、工矿的布局与规模以不违反生态规律为限度，不使自然环境造成恶性循环导致到头来生产也不可能持续发展。"生态发展"就是实现上述战略目标的有效原则或策略。

二、未来的环境展望

人们为一九七二年斯德哥尔摩人类环境会议以来所取得的成就而感到欢欣鼓舞，同时也为新的环境污染和破坏包括臭氧层、酸雨、富营养化、热污染、不合理的开发活动引起的水土流失、土地沙化、热带雨林减少、物种消失而忧心忡忡。美国编写了 2000 年的环境报告。该报告总的预测，如果目前的环境破坏趋势继续发展，2000 年的世界将比我们现在生活的世界更为拥挤，污染更加严重，生态更不稳定，并且更易于受到破坏。显而易见，人口、资源及环境方面的压力将是严重的。据估计，到那时人口将从一九七五年的 40 亿增至 2000 年的 63.5 亿；水的需要量将增加 1~2 倍；世界森林将以每年 1500 万~2000 万公顷的速度从地球上消失，发展中国家的森林覆盖率将减少百分之四十；世界现有野生动植物种将有百分之十五至二十灭绝，至少损失 50 万种。这样大规模的物种灭绝是人类命运的不幸。报告虽对今后的环境预测持悲观的论调，但它确实告诫人们不可忽视这些问题。要避免上述种种不幸，从而使人类掌握自己的命运，必须把经济发展与自然保护相协调并作为战略目标，切实地、全面地采取措施加以实现，这是人类面临的一项紧迫任务。

十年来，中国的环境保护事业有了很大的发展，在纪念斯德哥尔摩会议十周年之际，总结过去，展望未来，环境保护工作任重而道远。在四化中，走中国的路，创自己的事业，我们是信心满怀的。

自 然 保 护[*]

保护自然环境和自然资源，其中心任务是保护、增殖（可更新资源）和合理利用自然资源。目前，对自然保护的对象有不同的认识，有人认为自然保护是"维持人类所能发挥最高潜在可能性的各种条件"；有人认为自然保护，不仅要保护原始的自然和接近原始的自然景观，即保护构成自然的动、植物，以及需要保护的地学对象，而且要努力把人类活动造成的不良环境改造成为对人类有益的环境。关于自然保护的对象，有人具体提出12个方面：①确保可更新的自然资源的连续存在；②在自然灾害发生时保护国家资源不受危害；③保护水源的涵养；④保护野外休养和娱乐的场所；⑤维护环境净化能力；⑥确保自然生态系统的平衡；⑦确保物种的多样性和基因库的发展；⑧保存学术研究对象；⑨保护宗教崇拜的对象；⑩保护乡土景观；⑪保护弱者；⑫保护稀有动物和植物。

自然保护的历史 18世纪，欧洲由于农业和畜牧业的发展，原始森林减少，同时由于产业革命的影响，自然的破坏速度加快，这就促使人们采取保护地域的形式来保护自然。1872年美国设立黄石国家公园，把黄石的广阔原始地域辟为永远保存的国家公园。随后世界各国相继建立了各种形式的自然保留地。1900年"关于非洲动物保护的欧洲会议"召开。1913年第一个国际自然保护机构在瑞士伯尔尼建立。1928年国际自然保护事务所布鲁塞尔设立。1948年联合国教科文组织和法国政府共同倡议召开会议，讨论全球性环境保护问题，并成立了"世界自然保护联盟"（International Union of Protection of Nature），这一组织在1956年改称为"世界自然与自然资源保护联盟"（International Union for Conservation of Nature and Natural Resources）。1972年在斯德哥尔摩召开了联合国人类环境会议，有114个国家的代表参加，通过了《人类环境宣言》和《行动计划》。

自然保护的必要性 人类的生存和发展，需要有良好的自然环境和丰富的自然资源。自然环境是指客观存在的物质世界中同人类、人类社会发生相互影响的各种自然因素的总和，主要是大气、水、土壤、生物、矿物和阳光等。自然资源是自然环境中人类可以用于生活和生产的物质，可分为三类：一是取之不尽的，如太阳能和风力；二是可以更新的，如生物、水和土壤；三是不可更新的，如各种矿物。随着人类生产力的发展和提高，自然资源可为人类利用的部分不断扩大。如一种矿物往往和其他矿物共生，选矿和冶炼技术的发展，使共生矿物不再是被排入环境的废渣，而是被回收进入社会生产过程中，成为新的

[*] 金鉴明，王德铭，黄振管.1983.自然保护.见：中国大百科全书总编辑委员会《环境科学》编辑委员会.《中国大百科全书》环境科学卷.北京：中国大百科全书出版社，496~497.

自然资源。这些资源，特别是可更新资源，如开发利用不合理，不仅会使大气、水体、土壤等受到污染，生态平衡和自然环境遭到破坏，而且自然资源本身也将日趋枯竭，严重地影响人类的生存和社会的发展。因此，人类在开发和利用自然资源的同时，必须对自然进行保护和管理。

建立自然保护区　即对一定范围内的陆地或水域，采取有效措施，保护自然综合体或自然资源，以及保护其他特定的单种、多种或整体的对象，是自然保护工作的重要内容。

水资源保护　河流、湖泊、沼泽、水库、冰川、海洋等"地表贮水体"，由于太阳的照射，水蒸发后在空中凝结成雨降到地面，一部分渗入地下，大部分流进河流汇入海洋。地球上的水总量约 14 亿立方公里，但真正可利用的水资源却只有很小的一部分。中国大部分地区是季风气候区，降雨多集中于夏季，很多河流雨季后流量迅速减少；华北和西北又处于干旱和半干旱气候区，缺水尤其严重。因此保护水资源，防止水污染，十分重要。

保护水资源必须有效地控制水污染，因此要大力降低污染源排放的废水量和降低废水中有害物质的浓度。行之有效的措施是：①改革生产工艺和设备，少用水或不用水；少用或不用容易产生污染的原料，减轻处理负担。②妥善处理工业废水和生活污水，杜绝任意排放。③回收城市污水，用于农业、渔业和城市建设等，节约新鲜水，缓和农业和工业同城市争水的矛盾。④加强对水体及其污染源的监测和管理，使水污染逐步得到减轻和控制。

土地资源保护　土地是人类生活和生产的场所，是地质、地貌、气候、植被、土壤、水文和人类活动等多种因素相互作用下组成的高度综合的自然经济系统。中国的国土有 2/3 是山地，1/3 是平地，而耕地面积只占 10.4%，约为 100 多万平方公里，工业、交通、城镇等面积占了 6.9%，约为 67 万平方公里。因此从生态平衡的观点出发，控制人口增长和严格限制对耕地面积的侵占，是同自然保护密切相关的。

土地资源保护的根本措施是植树造林，对已开发利用的土地资源要合理灌溉和耕作。海涂是沿海淤积平原的浅海滩，可为农业提供可耕土地，又可为水产业提供养殖场地，可以制盐，还可利用潮汐能发电等。因此必须对海涂资源进行综合调查和研究，做出全面安排和统筹规划，使海涂得到合理的开发和利用。

生物资源保护　森林是由乔木、灌木和草本植物组成的绿色植物群体，要根据森林的自然生长规律，有计划地合理开发，永续利用，还要注意防止森林火灾和防治病虫害。草原是草本植被，要根据草原的生产力，合理确定载畜量，防止超载放牧。对已沙化地区，要进行封育，并结合人工补种。对大面积天然草场采取围栏、灌溉、施肥、化学除莠、灭鼠、区划轮牧等综合技术措施，提高草原牧草的产量和质量。某些原始性的草原，或有特殊植被类型的草原，以及有珍稀动物栖息的草原，可划为草原自然保护区。在野生动物、植物资源保护方面，要开展资源的普查工作，建立自然保护区和禁猎区，规定禁猎期，建立物种库，保存和繁殖物种，并开展人工引种驯化科学研究。

自然保护的法律和经济学　人类对自然保护的努力是同对自然价值的认识分不开的。人类对自然价值的认识程度较低，或者自然受到污染或破坏较轻时，自然保护活动规模也是较小的。随着人类对自然价值认识程度的提高，以及自然资源的蕴藏量日趋枯竭，人们认识到必须设立自然保护的行政机构，及时根据可靠的、系统的情报资料，进行正确的预测，提出有效的防治措施。同时，为了有效地对自然进行保护和管理，需要制定相应的法律。如德国于1902年制定保存美丽景观的法律，1935年制定自然保护法。日本于1919年制定《古迹名胜天然纪念物保存法》（日本在名胜及天然纪念物的概念中，也包括人工构筑物、饲养的动物和栽培的植物）；1931年制定《国立公园法》，还颁布了有关鸟兽保护区、禁猎区的《狩猎法》，有关地域环境保护的《自然环境保护法》，有关保护森林的《森林法》，以及学术参考保护林制度等。

对自然资源的开发利用也要进行环境经济学的研究，除了研究一些经济发展方面，如社会生产的需要、工艺技术的可能、成本的高低等因素外，还要研究对自然保护和环境保护最有利的开发利用的形式、规模和速度。

中国自然保护的历史和现状　中国人民很早就注意利用自然资源和保护自然的相互关系。《逸周书·大聚篇》记有传说中的大禹所述："春三月，山林不登斧，以成草木之长。夏三月，川泽不入网罟，以成鱼鳖之长。"荀子指出保护自然资源的重要性，必须做到"万物皆得其宜，六畜皆得其长，群生皆得其命"，并提出保护措施："草木荣华滋硕之时，则斧斤不入山林，不夭其生，不绝其长也。鼋鼍鱼鳖鳅鳝孕别之时，网罟毒药不入泽，不夭其生，不绝其长也。"《礼记·王制》上记有："林麓川泽以时入而不禁。""五谷不时，果实不熟，不粥于市；木中不伐，不粥于市；禽兽鱼鳖不中杀，不粥于市。"为了"山泽多禽兽"、"鱼鳖优多"，设有官吏管理，川衡掌握川泽的禁令，管理水产；迹人掌握苑囿田猎的政令。明末清初王夫之《噩梦》记有："土广人稀之地，如六安、英霍，接汝黄之境，及南漳以西，白河以南，襄府以东，北接淅川、内乡之界，有所谓'禁山'者。"说明17世纪秦岭东端、巫山、荆山、武当山、桐柏山、大别山、霍山等山地均被列为"禁山"。此外，许多地方有"风水山"、"风水林"、"神林"等，虽然有封建迷信的色彩，但起着保护自然资源、保持山林植被的作用。

中华人民共和国成立后，1956年第七次全国林业会议通过了《狩猎管理办法（草案）》。同年，在全国科学技术规划中，自然保护和自然保护区都被列为基础研究的内容。1957年制订了一个《中华人民共和国水土保持暂行纲要》。1962年国务院发出《关于积极保护和合理利用野生动物资源的指示》。1963年颁布了《森林保护条例》。1979年公布了《中华人民共和国森林法（试行）》、《水产资源繁殖保护条例》和《中华人民共和国环境保护法（试行）》等。1980年3月5日中国共产党中央委员会和国务院又一次发出《大力开展植树造林的指示》，全国人民开展了大规模的全国性植树造林活动。

从1979年起，国务院和有关部门及部分省、市都先后建立了自然保护管理机构。1979~1980年中国先后参加了"世界野生生物基金会"、"世界自然与自然资源保护联盟"、"面临灭绝危险的野生动植物国际贸易公约"。1980年3月5日北京同世界其他一些国家的首都同时公布了《世界自然资源保护大纲》。1979年，中国同世界野生生物基金会签订了《关于保护野生生物的合作协定》。

自然保护区[*]

自然保护区，是指国家为保护自然环境和自然资源，对具有代表性的不同自然地带的环境和生态系统、珍贵稀有动物自然栖息地及其他自然历史遗迹和重要的水源地等划出界线加以特殊保护的自然地域，也指某一特定的保护区。

意义 自然保护区能够完整地保存自然环境的本来面目，为人类观察研究自然界的发展规律，以及为环境监测评价提供客观依据。自然保护区能够保护、恢复、发展、引种、繁殖生物资源，可以看作物种的天然"资源库"；它能保存生物物种的多样性，尤其是保护濒于灭绝的生物种，因而又是天然的"基因库"。自然保护区对于维持生物圈的生态平衡，保持水土，涵养水源，调节气候，改善人类生活环境，促进农业生产、科学研究、文化教育、卫生和旅游等事业的发展，都有重要的作用。设立自然保护区是人类保护环境的一项重要措施。

分类 自然保护区按照保护对象可分为五类：

1）以保护典型的有代表性的自然生态系统为主的自然保护区：面积较大，包括所在自然地带的多种多样的自然生态系统，如中国吉林长白山温带森林生态系统自然保护区；四川卧龙和福建武夷山的亚热带森林生态系统自然保护区；广东海南岛、云南西双版纳的热带森林生态系统自然保护区。

2）以保护某类特有生态系统为主的自然保护区：面积不一定很大，主要保护某类生态系统及其中一些珍贵动植物种类。如中国广西花坪的银杉自然保护区，湖南莽山常绿阔叶林自然保护区，四川王朗大熊猫等珍贵动物自然保护区，黑龙江伊春红松母树林自然保护区等。

3）以保护某些珍贵稀有动植物资源为主的自然保护区：面积依实际情况而定，如中国陕西佛坪、甘肃白水江等地的大熊猫自然保护区，黑龙江扎龙丹顶鹤水禽自然保护区，以及福建莘口格氏栲、米储林珍贵树种自然保护区等。

4）以保护特殊的自然风景为主的自然保护区：多半是与名胜古迹结合在一起，有零散小片天然森林和古树，自然风景奇特而优美，个别地方还具有科研和教学价值。如中国四川九寨沟自然保护区、重庆缙云山自然保护区、广东鼎湖山自然保护区等。

5）以保护具有特殊意义的自然历史遗迹为主的自然保护区：包括一些特殊的地质剖

---

* 金鉴明，张维珍. 1983. 自然保护区. 见：《中国大百科全书》环境科学卷. 北京：中国大百科全书出版社，498.

面、冰川遗迹、化石产地、瀑布、温泉等。如中国黑龙江省五大连池自然保护区，甘肃省玛雅雪山古冰川遗迹和恐龙古化石产地等。

任务 自然保护区以保护自然资源为主，还必须把科研、教学、旅游和生产结合起来，统一经营管理，使之成为以自然保护为主的科学实验、生产示范和旅游的基地。为便于经营管理，保护区可划分为核心区（绝对保护区）、缓冲区（相对保护区）和实验区（一般保护区）。核心区是原始状态保护较好的自然景观地区，是开展生态系统研究的基地，需要严加保护，使其不受人为的干扰和破坏。缓冲区设在核心区周围，是半开发地区，由一些演替植被组成，可结合实际需要在不破坏原有群落环境的前提下，开展一些合理利用和改造的试验。实验区可根据所在地的特点和需要，利用本地的资源，生产自己特有的产品，为当地或所属自然景观地带的植被恢复和建立新的人工生态系统起示范推广作用。

发展 人类建立自然保护区已有百余年的历史。19 世纪初，德国博物学家 A. 洪堡首倡建立天然纪念物以保护自然生态。美国于 1872 年建立了世界上第一个国家公园——黄石公园，开创了保护自然的新途径，现在已有自然保护区 669 个，国家公园 39 个，占国土面积 10%。德意志联邦共和国和日本还划定了具有自然保护性质的景观保护区和天然公园，总面积都占其国土面积的 13% 以上。目前，国际上常以自然保护区总面积占国土的百分比，衡量一个国家自然和自然资源保护事业的发展水平。目前中国已有自然保护区 85 个，总面积为 220 万公顷。有名的吉林长白山、四川卧龙和广东鼎湖山等自然保护区，已于 1980 年参加国际"人与生物圈"自然保护区网。

世界自然保护的战略

记第十六届 IUCN 大会*

一、保护世界自然资源的目的

人类赖以生存的地球生物圈是经过漫长岁月形成的一个精巧而又脆弱的生态系统,虽然它具有很大的容量,有自净和调节的能力,但是也有一定的限度,当超过一定的限度时,地球维持生态系统的能力就会遭到破坏。随着人口的增长,对各种资源的需求量与日俱增,因而也日益加速对自然资源的利用强度,从而削弱了地球维持生态系统的能力,导致自然环境的破坏、自然资源的衰竭。其表现为:

(1)耕地的丧失

全世界沙漠化和受沙漠化影响的土地面积达 3800 万平方公里。据联合国沙漠化会议估计,世界上由于沙漠化而损失的农田每年约有 7500～10 500 万亩。如不加以控制,到本世纪末,全世界的可耕地将损失三分之一。由于受水和风的侵蚀而丧失的农田面积,据统计过去 100 年内,地球上有 30 亿亩土地遭受侵蚀,约占可耕地总面积的 27%。

(2)森林被破坏

一万年前,自人类发展驱放牲畜和进行刀耕火种时起,森林便遭受了极大的破坏,总面积几乎减少了一半。在最近 350 年内,这一过程大大加快了。现在由于各种原因,世界上每年约毁掉森林 2.7 亿～3 亿亩。世界著名的亚马孙原始森林主要在巴西境内,那里蕴藏着世界木材总量的 45%,现在巴西森林面积已从占全国总面积的 80% 减少到 40%,亚洲、非洲和拉丁美洲森林面积平均每年至少缩小 1650 万亩。

(3)物种在消失

森林是野生生物的主要栖息地,一旦森林遭到破坏,林内物种也就随之减少,有人认为消灭一种植物,就有 10～30 种依附于这种植物的动物(如昆虫及高等动物)也随之而消失。近年来,据 IUCN** 估计,大约有 1000 种鸟和哺乳动物处于濒危。据 WWF*** 的专家推算,到 2000 年地球上的动物至少要减少六分之一,即约有 50 万种动物将要绝迹。为了保护自然,维持地球资源能永续开发利用,并有效地管理生物圈资源,为子孙后代和人

---

* 金鉴明,高拯民,王之佳. 1985. 世界自然保护的战略——记第十六届 IUCN 大会. 环境,(9):30～32.

** 世界自然与自然资源保护联盟(IUCN)。

*** 世界野生动物基金会(WWF)。

类社会的经济发展，联合国环境规划署委托 IUCN 编纂了《世界自然资源保护大纲》（以下简称"大纲"）。大纲的宗旨在于保护自然，更好地利用自然，也就是保护人类赖以生存的自然环境和自然资源，防止生态系统的失调和野生动植物资源的破坏，特别是要保护那些世界上有价值的野生生物继续生存，使其免遭灭种的危险，从而为发展经济提供物质基础，给人类造福。

大纲为下列三种人就如何进行管理提供政策指导：政府制定政策的官员和顾问，自然资源保护学家及其他直接与生物资源有关的人员，从事经济发展工作的人员和机构，包括各种开发机构、工商业及工会。大纲的三个主要目标是：①保持基本的生态过程和生命维持系统，如土壤的更新和保持，养分的再循环和水的净化，这些是人类赖以生存和发展的物质基础；②保存遗传的多样性，在世界各种有机体中，寻找所有的遗传种源，有利于保护和改进农作物和家畜所需要的繁殖计划，以及先进科学的发展，技术的革新和许多利用生物资源的工业部门能安全地进行生产；③保护物种和生态系统的永续利用，主要是渔业、野生生物、森林和牧场，使数以百万计的农场和某些重要的工业得以生存和发展。

二、第十六届 IUCN 大会的决议

第十六届 IUCN 大会于 1984 年 11 月 4 ~ 14 日在西班牙首都马德里召开。大会回顾了自十五届 IUCN 大会（1981 ~ 1984 年，会址在新西兰 Christchurch）以来所取得的成就，讨论 IUCN 保护计划；通过 IUCN 保护计划大纲（1985 ~ 1987），并做出了大会决议十九条，归纳起来有如下内容：

（1）保护湿地

由于排水、开垦、干旱、污染及其他因素，湿地已成为最受威胁的生境。因此，必须大力加强湿地保护。1984 年 5 月在荷兰哥罗宁根召开了第二届 Ramsar 湿地条约成员会议，以促进世界湿地的保护。

（2）海洋保护

IUCN 在制定世界自然保护规划时，特别注意海洋的保护，提倡建立深海保护区，筹备成立海洋保护区委员会，起草有关法律和条例工作，强调在允许某些国家从事深海考察和开采活动之前，这些国家必须遵守保护区有关规定。对经济特区的管理（Management of the EEZ）方面也应采取立法手段和实际步骤，减少、控制与防止污染的发生。

（3）南极洲

大纲优先考虑采取国际行动来保护南极洲和南极洋的自然与自然资源。十六届 IUCN 大会对南极洲的环境保护、南极洲海洋资源保护公约、南极洲矿产资源开发以及实际保护措施等方面进行讨论，并做出相应的决定。

（4）大气污染

酸雨的直接和间接环境与生态危害十分值得注意。在 1983 年 UNEP* 环境报告书中，酸雨是三个最重要的生态问题之一。大会要求 IUCN 会员采取实际行动，促进工业国家减

---

* 联合国环境规划署。

少向大气大量排放污染物，首先加拿大的渥太华，而后西德的慕尼黑，要求 1990 年减少大气污染物排放量 30% ~ 50% （和 1980 年水平相比较）。其他国家也同样应按照环境质量要求尽可能快地进一步降低大气污染物的排放量。

（5）生物圈保留地

生物圈保护网分布在世界上 62 个国家 226 个地点。1983 年在苏联明斯克召开了第一次国际保留生物圈会议，为进一步发展这种生物圈保护网提供了组织基础，这是贯彻世界自然资源保护大纲的十分重要的内容之一。会议要求进一步巩固、扩充并发展这个国际保护网，并从科学技术上全力给予实际支持，要求 IUCN 各级组织在生态系统保护与综合的农村发展计划中，更加重视生物圈保留地的重要作用。

（6）野生遗传资源

绝大多数情况下遗传资源的保存最好是通过保护野生遗传资源的原生地现场来达到目的。大会要求 IUCN 总干事推动实现全球性野生遗传资源保护协定的工作，起草有关文件。这不仅是为了当代的需要，而且也是为子孙后代造福。特别规定有关商业部门或个人，凡是利用野生遗传资源得利者，都应当为保护野生遗传资源从经济上尽到自己的义务。

（7）支持保护非洲

由于人口的剧增、沙漠化的继续扩大以及世界性经济危机的影响，非洲的自然保护必须加强，包括采取实际行动，建立并实现国家自然资源保护大纲及规划等。

（8）支持对典型生态系统的保护

会议指出，有很大部分典型生态系统位于发展中国家，因此必须给予国际性的财政资助，促使这些国家开展保护生态系统的工作。

（9）人口与世界资源保护大纲

人口、资源、环境和发展，是世界范围的四大问题，《世界自然资源保护大纲》应包括人口与自然资源方面内容。各国应制定控制人口的政策，使国家发展规划与国家保护大纲相结合，以达到永续利用资源满足人类需要的长远目标。

（10）世界自然宪章

要求那些尚未表明支持世界自然宪章的国家或政府首脑，向联合国秘书长表示支持世界自然宪章的态度，并且号召所有国家在自己的法律和实际行动方面能够站在国际的高度反映世界自然宪章的原则。

三、今后三年（1985 ~ 1987）的计划纲要

IUCN 的三年计划是在公布《世界自然资源保护大纲》的基础上制定的。1984 年 3 月在瑞士哥兰德召开了专门工作小组会议。当年 4 月在荷兰阿姆斯特丹又举行了一次欧洲成员参加的讨论会。总共有 150 名专家参加了本计划的制订工作。1985 ~ 1987 年新的三年计划纲要是在上述基础上产生的。计划包括七项内容：

第一部分计划纲要　发展与动员 IUCN 组织网络的力量付诸行动

IUCN 的组织网络包括这个国际组织的 500 个政府、官方机构、非官方机构团体会员，6 个科学技术委员会（环境规划、环境政策、法律与管理、教育、物种生存、国家公园与

自然保护区等），包括 3000 名专家。此外，还有保护监测、保护发展、环境法律中心，专业工作与咨询机构、地区理事以及计划人员等。要发展与动员 IUCN 组织网络的全部力量，使之更有效地在实现《世界自然资源保护大纲》的活动中发挥更大的作用。在国际范围，要进一步加强和粮农组织、环境署、教科文组织以及世界野生动物基金会等组织的相互合作与支持。而且要密切和世界银行及各种双边发展资助机构的联系。

第二部分计划纲要 保护监测与资料分析

IUCN 特别注意到必须加强监测与资料分析工作，为此建立了这方面的服务中心。进一步发挥有关自然保护、保护行动与成就以及保护法规等方面物种与生态系统的世界范围监测中心的作用，包括在英国建立了保护监测中心（CMC）和在西德建立了环境法律中心（ELC）。通过数据库的资料分析，具有对各种信息做出迅速反应的能力，同时为 IUCN 根据这些信息确定优先项目、监测保护行动的反应等做出相应的结论提供了科学依据。

第三部分计划纲要 推动永续性发展

在考虑发展社会、经济、文化及伦理道德等因素的同时，必须把生态与环境因素考虑在内，否则将导致严重后果。因此，《世界自然资源保护大纲》的主要目标之一，是保证发展与保护的对立统一性，维护人类生存的长远利益。其具体目标为国家、地区以及部门的保护规划及大纲作为发展规划的不可分割的组成部分。推动支持永续性发展的国家法规的建立，为要求制定永续性发展法规的国家提供有效的支持。

第四部分计划纲要 推动物种与种群的保护

保护物种及种群的多样性是保证遗传多样性及永续性利用得以实现的关键部分。由于人类活动对生境及物种两方面的影响，物种的灭绝可能以前所未有的速度在进行着。保护受灭绝威胁的物种只是 IUCN 任务的一个方面，另一方面，对于在科学的管理制度下所取得的永续利用的物种也同样应当给予保护。特别重要的是遗传资源（IUCN 定义为具有遗传特性的对人类有用的动植物）。由于很多物种种群规模日益缩小或者由于农民和农场主正在应用的品种与栽培种的数目减少，使这些遗传资源遭受损失。遗传工程科学将会有新的重大突破以确保人类食物的需要，但该领域的进步也同样需要依靠驯养物种的野生亲缘提供的遗传原始材料，以及驯养品系的多样化。

物种的保护最终取决于物种赖以生存的生境的保护，因而对于生境的保护及保护措施显得特别重要。

第五部分计划纲要 促进生境与生态系统的保护

保护是指对任何地方的自然生境和生态系统的保护。在短期内，国家公园和保护区是可以提供保护自然生态系统样品的最佳场所。目前，全世界有 120 个国家具有保护区，总面积达到 400 万公顷，有 3000 个保护区单位，但从管理上需要加以改进。1982 年 10 月印度尼西亚巴厘会议通过的巴厘行动规划（BAP）是确保保护区管理工作得到改善的重要文件，提出了必须采取的优先目标和行动要求。其具体目标是鼓励建立世界性的陆地和水生生态系统及有关物种保护的保护区网络。促进现有保护区更有效的管理，并改进保护区外边自然及半自然生境的管理工作，其优先的目标是推动热带森林生境及生态系统保护工作，推动湿地保护工作，推动岛屿生态系统保护工作。

第六部分计划纲要 加强对主要保护问题的培训、教育和公众认识水平的提高工作根据《世界自然资源保护大纲》意见，认为促使保护措施付诸实施的主要障碍是缺乏训练有素的专业人员。特别在发展中国家，十分需要多方面专家，包括生态学家、地质学家、水文学家、公共卫生工程师、环境经济学家、环境法律学家、环境规划人员，以及各种技术人员。很多国家已认识到此问题的重要性，但实际上对自然资源管理方面人才的培养和训练，其标准和有效程度都远远跟不上客观的需要。因此必须大力加强对主要保护问题的培训、教育和公众认识水平的提高工作。

第七部分计划纲要　专题性研究保护行动

IUCN 计划项目包括下列几个方面：课题内容、地理位置、经费来源、创办人。根据上述分类可以用电子计算机进行有效的管理。有关各领域的计划项目都得到应有的考虑和安排，但其中几个重点领域是：热带森林的合理开发与保护（1983 年开始）；植物遗传资源的保护（1984 年开始）；湿地的保护（将在 1985 年开始）；岛屿生态系统按照规划将在1987 年开始；其他关于干旱地区的保护、沿海和海洋资源保护以及山地合理利用和高原的保护的计划项目，将按原有计划，经过充分酝酿，逐步付诸实施。

人口与环境[*]

一、举世关注的人口增长

人口、资源、环境是当代世界三大问题，有人也把人口、资源、粮食、环境与发展这五大问题作为人类面临挑战的问题。无论是三大或五大问题都是当今世界各国政府所面临和所注目的重大社会问题。这些问题都互相关联、互相制约，这些关系处理得当与否，关系着一个国家的兴旺发达还是贫困落后，是持续发展还是停滞不前甚至危机重重。正因为如此，几年来，这些问题受到各国的关注。各层次、各种类型的会议也就这些问题加以讨论、研究并制定了行动计划从而使之成为世界性的、社会性的问题。

1. 人口空前的爆炸性的增长

据联合国资料统计，目前城市人口占世界总人口的比例为 40%，预计到 2000 年将达到 50% 以上。10 亿以上人口将集中于世界 78 个大城市，其中包括 22 个拥有 1000 多万人口的特大城市。

最近世界 50 个大城市的市长和政府官员出席了联合国人口活动基金会召集的研究城市未来状况的第二次国际会议。联合国秘书长德奎利亚尔对与会代表们说："我们正面临着城市人口空前的爆炸性增长，这是一个世界性的问题，需要全世界合作来迎接这一挑战。"

世界上人口最为稠密的都市之一印度加尔各答市的副市长在会议上讲："发展中国家，乡村地区的贫困最落后状况迫使人们纷纷离农村流入城市以谋求较好的生活。"在巴黎出版的《青年非洲经济》半月刊今年 4 月 24 日第 83 期刊载了侯赛因、本·马布鲁克的一个调查报告：马格里都三国阿尔及利亚、摩洛哥和突尼斯的人口按 3% 增长速度，到本世纪末将达一亿。三国都面临着三个问题：巨大的人口压力、粮食不能满足需要、经济政策各不相同。（具体数例略。）

今年 5 月 12~16 日在津巴布韦首都哈拉雷举行非洲议员人口会议，这次会议是继墨西哥议会人口会议之后应非洲议员的要求由全球人口和发展委员会发起的，参加会议的除来自非洲大陆 30 多个国家的 250 名议员及人口问题专家外，包括中国在内的许多其他国家及国际组织也派代表参加。据报道，这次会议开得很成功，对人口增长与经济发展的关系统一了思想认识，会议认为，影响地区发展的主要问题是人口增长率与经济增长相比过快。非洲目前

  * 金鉴明. 1986. 人口与环境. 海军计划生育办公室印制，8 月份：1~21.

人口增长率为3%，非洲经济的资源增长率为2%，因此人们愈来愈认识到要使非洲大陆得到真正发展，就必须把如何解决人口问题放在议事日程的首位，正如本届会议秘书长肯尼亚议员说："我们为发展所做的一切努力的目的就是要提高人均收入及人民的福利水平，如果这就是我们的目标，那么人口不加控制地继续增长，就使这成为空话。"

长期以来，非洲国家普遍存在一种错误的认识，认为非洲人口与非洲耕地的比例而言，非洲可耕地占世界可耕地20%，而人口却只有世界总人口的9%，人口并不是影响非洲发展的主要因素，因而低估人口增长给社会及经济发展带来的不利影响。会议上决定设立一个非洲议员人口和发展常设委员会，要求非洲各国应首先把解决人口问题纳入国家计划，对人口控制具体计划，政府要给予政治上和财政上的支援。全球人口和发展委员理事会主席舍内尔用一句话概括了这次会议的成功之点：尽管议员们表达的方式不同，但这次会议的信息是一样的，这个信息就是为了非洲更快地发展，非洲要控制人口。

中国人口在解放初4.5亿，1981年已10亿，30年翻了一番多，按世界人口增长率每41年总人口翻一番，我们超越了世界平均增长率。

在另一个角落即欧洲，人口增长缓慢，"出现人口老化"。前几年英、法等国始终保持4000万~5000万人口，西德、匈牙利人口增长是零。

2. 2000 年的人口预测

二十一世纪世界城市化将继续发展，据预测2000年世界十大城市的人口为：

墨西哥城 2760 万	上海 2590 万
东京 2380 万	北京 2280 万
圣保罗 2150 万	纽约 1950 万
孟买 1630 万	加尔各答 1590 万
雅加达 1430 万	里约热内卢 1420 万

全世界1960年人口为30亿，1975年（经15年）为40亿，预计2000年世界人口增长到63亿，即大约每年要增加近1亿人口。

另一方面，欧洲共同体统计局今年6月11日报道，欧洲经济共同体国家人口同世界其他地区相比将减少，到2000年欧洲共同体国家人口将由1984年占世界人口的6.7%降为5.4%，它在1984年人口为3亿2128万，从现在到本世纪末将只增加2.6%，达3亿2968万，将大大低于美国（增长为13%）、日本（增长6%）、苏联（为15%），其他国家的人口增长率为29%。

西德、比利时人口预计2000年将分别减少3.2%、2.3%，丹麦不增不减，意大利增加1.6%，爱尔兰增加16.6%，英国增加2.1%，法国增加5.3%，西班牙增加6.7%，中国增加20%，世界人口到2100年将达102亿，从现在到2100年出生婴儿95%在发展中国家，到那时先进国人口增到14亿，而发展中国家增加到33亿~88亿，到那时南北经济差距增大，个人所得将达30~40倍之差。

3. 人口、资源、环境是个战略问题

（1）人口影响着国民经济发展和人民生活水平的提高

人口的多少直接影响着一个国家、一个地区的发展和人民生活水平以及贫困或富裕。

我国的资源总量很大，属名数量不少，但是人口众多，人均数便少了，例如我国国土面积960万平方公里（144亿亩），占世界陆地面积的6.4%，仅次于苏联、加拿大，居世界第三位，但是按10亿人计算，人均只有14.4亩，比世界人均49.7亩（按45亿人计）低得多，其中可以用于农林牧业的土地面积每人平均只有6.7亩，即使可利用荒地全部开垦出来，人均土地最多也不超过10亩，与世界人均32亩相比，仅为其1/4～1/3。

我国现有耕地约14.9亿亩（美国人造卫星遥测为22.6亿亩），人均1.5亩，比世界人均耕地5.5亩少，仅为世界平均数的27%，苏联人均13.6亩（34.8亿亩），美国人均14.6亩（31.4亿亩），印度人均4.5亩（24.72亿亩）。我国有林地人均1.8亩多，仅为世界平均数12%，我国草地人均5亩，仅为世界平均数34%。森林覆盖率为12%，世界为22%，相差一半，人均水资源为2600立方米/年，仅相当世界人均水量的1/4。

能源：工农业总产值翻两番，2000年能源缺口大，达小康生活水平最低水均能耗量达1.6吨标准煤，而我国1985年人均年能耗为0.7吨，预计2000年也达不到1.100吨。

住宅：2000年住房面积，人均居住面积达8平方米以上，基本满足"住得下、分得开"的要求，农村人均15平方米，基本一户一套，到那时，可能达不到东欧七十年代的水平。

通讯：通达的深度、分布密度较低，电话机总数仅为世界总数0.8%，平均每100人只有0.6部，和世界平均水平相比差距很大。

收入：1986年5月10日邓小平主任接见加拿大总理马尔罗尼时指出：1980年算起我国人均国民收入为250元美金，很穷啊，是世界上最大的穷国，250元基础上翻两番达到1000美元，后来我们又考虑本世纪末人口从10亿增到12亿，或12.5亿，所以翻两番后人均收入只能800～1000美元，每人加一个美元即10亿美元，综上所述人口影响着国民经济的发展，影响着国家的贫富和人民生活水平的高低。

（2）人口、资源、环境和发展作为战略问题的提出

1972年6月在瑞典首都召开了人类环境会议。作者巴巴拉·沃德和番内·杜博斯为会议写了一本背景材料，题为《只有一个地球》，要人们很好地维护它，不要由于污染和破坏把它毁灭掉。会议指出：工业化就会加速资源的消耗，使对能源的需求与日俱增，而人口的激增也对资源的利用造成了极大的压力。这使许多人进一步认识到，环境因素、人口因素的制约可能会妨碍经济的持续增长，因而只有控制人口的增长和保护环境免受污染和破坏，才能使发展持续下去。会议制订了斯德哥尔摩行动计划。

1979年8月又在斯德哥尔摩召开了资源、环境、人口和发展相互关系座谈会，会议认为资源、环境、人口和发展是最基本、最主要、关系全局的战略问题，当前这四方面都出现了许多令人不安的发展。

自然资源包括土地、矿藏、水源和森林、野生动植物等。由于不适当的生产方式和生活方式，造成了巨大浪费和破坏；森林过度砍伐、草原过度放牧和不适当的开垦，致使水土流失加重、土地贫瘠和沙化；不适当地使用化肥、农药，使土壤水域中有毒物质积聚增加，这一切都严重破坏了农业生产的发展。从全球看污染与环境破坏有增无减，特别是森林程度的破坏，二氧化碳量正以每10年增加4%的速度在积累着。这将引起全球性气候的降雨量的改变，对人类经济的许多方面都带来严重的后果。

前面已述,世界人口正以每年 8000 多万(近 1 亿)的速度增长着,预计本世纪将增至 63 亿,这种惊人增长仍将发生在发展中国家,势必加重发展中国家的困难和妨碍经济的持续发展并继续扩大与发达国家的经济和生活差距,使矛盾和对抗进一步加剧。

经济发展,特别是发展中国家的经济发展,由于科学和技术装备的落后,民族工业发展缓慢,往往依附于发达国家的援助。他们原材料丰富,但廉价出售给发达国家,发展中国家的上层正在效仿追求发达国家的奢侈浪费的生活方式,如此种种将进一步加剧社会不平等和分化。

从大量的社会经济、技术和生态过程中都明显地看出资源、环境、人口和发展不是彼此孤立和分割的,而是相互影响、相互作用的,这种相互关系和影响不仅表现在一个国家或地区,而且往往带有全球的性质,因此增进对资源、环境、人口和发展之间关系的认识,可以帮助人们得出有意义的结论与制定切合实际的政策,从而更有效地进行发展。

环境、资源、人口、发展都是涉及多方面的综合性很强的问题,离开了哪一个都不行,特别是发展离开了环境、人口就不可能有发展,或者是盲目的发展,那是行不通的,正确的方针只能是全面规划、统筹兼顾、协调发展,并制定出具体的实施方案和对策,才能处理这四个方面问题和协调好这四个关系。

二、人口激增对环境的压力和冲击

人口与环境关系极为密切,因为环境指自然环境,是人类赖以生产、生活和生存必不可缺的条件。环境对人类有很大影响,住在深山老林里的人们往往长寿(当然长寿的因素很多),而住在大城市里由于空气污染、住宿拥挤等原因往往疾病的发病率比郊外要高。但是人类对环境的影响和作用也很大,特别是科学技术发达的今天,人类可以破坏和污染环境,同时也可以改善和创造一个美好的适合于人们发展、生活的环境。当今世界上环境污染和破坏已严重地威胁着人类的生存和发展。环境问题的产生原因是多种多样的,但主要是人类的影响,是人们不适当的活动包括生产活动和生活方式,特别是人口激增给环境带来的影响所造成的。因此要找出环境污染和破坏的根源及寻求解决的办法,就必须认真研究人口的发展规律,从而制定出适当的对策。离开人口去研究环境问题,或者离开环境问题去研究人口问题,都不可能得出科学的结论,也就不能制定出正确的策略。

人口对环境的冲击和压力是多方面的,试从以下几方面作一介绍:

1. 人口对土地资源的压力

土地是人类获取资源的主要基地,也是人类生存的主要环境,人口激增使土地受到的压力愈来愈大。据资料记载,1973 年世界人均耕地为 0.31 公顷,到 2000 年预计将下降到 0.15 公顷,即减少一半,在七十年代初平均 1 公顷耕地上可养活 20 个人,到 2000 年需要养活的有 4000 人之多。目前世界粮食增长率高于人口增长率,但许多发展中国家粮食供应日趋紧张。六十年代世界上有 56 个国家人口增长率超过本国粮食增长率,到七十年代这类国家已经增加到 69 个。

我国人均耕地本来就少,加之人口增长过快,人均耕地更少。解放初我国人口耕地只有 0.8 公顷，每公顷耕地平均养活 5.5 个人，而目前人均耕地只有 0.1 公顷，每公顷耕地平均需养活 98 人，与 30 年前比人口增加一倍，耕地都减少一半。全国粮食产量由 1952 年 3278 亿斤增加到 1981 年的 6500 亿斤，增长近一倍，但人均粮食自有量却只增加 82 斤，即增加 14%，因为绝大部分粮食被同期新增加 73% 的人口占去了。到 2000 年如果把人口控制在 12 亿内，耕地担负供养人口数大大高于世界平均值，人口激增，耕地减少。如何提高粮食质量呢？积极办法是提高耕地单位面积质量，其措施主要靠用化肥和农药，但无节制地大量施化肥、农药，造成土壤板结和污染、有机质含量减少、肥力衰退等（例子略）。因此必须一靠政策，二靠科学种田，三靠合理配置，政策上要控制人口增长，制止滥占耕地，提高施用有机肥、绿肥和合理施用农药。

2. 人口对土地资源退化的影响

在人口激增、粮食短缺的压力下，滥肆开发、过度放牧和破坏性的耕作，使土地资源发生严重的退化现象，全国生产量不断下降，甚至完全丧失生产能力。据联合国环境署估计，全世界每年被迫弃耕地有 500 万 ~ 700 万公顷之多。

（1）不适当的垦荒

苏联、美国的黑风暴使大片土地被破坏。中国鄂尔多斯草原的开垦面积达 1000 万亩，造成 1800 万亩草原沙漠化。据联合国环境规划署 UNEP 估计，世界每年由于沙漠化而失去土地达 600 万公顷，目前有 64 个国家正面临沙漠化威胁，世界沙漠化面积几乎占世界陆地面积的 1/3，预计本世纪末将扩大 20%。我国沙漠化土地面积已扩大到 19 亿亩，解放以来沙漠化土地面积增加了一亿亩，90% 是由于不适当的人为活动造成的。

（2）毁坏种田导致水土流失

这种现象在世界上是普遍和严重的。印度耕地面积为 330 万平方公里，其中 140 万平方公里土地，土壤水土流失严重。美国每年度水冲刷损失农田土壤约 30 亿吨。我国解放初水土流失面积为 116 万平方公里，到目前扩大为 150 万平方公里，占国土面积 1/6。长江、黄河两大水系每年泥沙流失量多达 26 亿吨。

（3）重用轻养

农村贫困农民因缺少薪柴，不得不把每年近 4 亿吨牲畜粪便及农作物的残杂物作为燃料烧掉，农肥不能还回，影响土壤肥力，造成土壤贫瘠。

3. 人口对森林资源的影响

森林是宝贵的自然资源，它有多方面的功能，是人类生存和发展的重要屏障。森林覆盖率高低在很大程度上对一个地区或一个国家农业牧业的发展有决定性的意义，同样它还决定着环境的质量，森林是构成自然生态良性循环的主体。主要国家的森林资源情况见表 1。

表 1　世界主要国家的森林资源

国名	森林面积（万公顷）	覆盖率（%）	按人口平均面积（公顷）
芬兰	2.263	74	4.81
日本	2.345	64	0.24

续表

国名	森林面积（万公顷）	覆盖率（%）	按人口平均面积（公顷）
瑞典	2.195	53	2.73
苏联	74 680	34	0.36
加拿大	32.252	35	14.93
美国	29.272	32	1.41
澳大利亚	20.727	27	16.3
法国	1.2	22	0.24
英国	168	14	0.06
中国	12.2	12	0.13
世界平均		22	1.04

森林有涵养水源、防止水土流失、防风固沙、净化大气、调节气温、降低噪音、防护农田牧场、保护野生动植物、休养保健等作用，但是人口激增，为了开垦耕地和供给建筑房屋，生活燃料和商业需要木材不断增加，加以乱砍滥伐、森林火灾等，森林面积在急剧减少。据称地球上森林面积曾达76亿公顷，后来随着人口增加到1962年减少到55亿公顷，进入二十世纪特别五十年代，随人口骤增到1975年已减少到26亿公顷。由于各种原因，世界上每年约毁掉森林2.7亿~3亿亩。巴西热带雨林已由总面积的80%减少到40%，仅四年时间，整整少了一半。我国可供采伐利用森林蓄积量只有35亿立方米，全国每年消耗资源2亿立方米以上，接此速度到2000年我国现有森林资源将全部砍光。要解决人口对森林资源的压力，在控制人口的同时，必须贯彻环保法、森林法、利用和养护相结合，并多途径地解决能源问题。

4. 人口对物种的影响

野生生物提供人们食物、生活和工业原料，人类食物4/5就是靠24种动植物提供的，连衣着也是。近代工业方法生产合成纤维代替部分野生植物纤维，但人们还是离不开棉布。中药如人参、天马、田七、三七，野生的比栽培的效用高。许多培育新品种的源泉，来自野生动植物，例如美国的大豆，利用中国野生大豆的种源嫁接，使一度遭到危机的美国大豆一跃而变为输出大豆的国家，类似这样的例子举不胜举。故野生生物基因库是人类共同的财富。

农业、林业、畜牧业、渔业的发展要求不断培育出更多富有营养、高产、有抗病虫害能力、能满足人类多方面需要的新品种，所以野生动植物在医疗、植系、科研、发展经济方面都有极其重要的价值，它们还是生态系统组成成分，对生态系统稳定性起到主导作用。但是目前世界上生存的300万~1000万种生物已不断在消失中，20世纪以来，已有110个种和亚种的动物以及139种禽类从地球上消失了。据世界自然与自然资源保护联盟（IUCN）估计，平均大约有1000种鸟和哺乳动物处境危险，预计2000年地球上动物至少要减少1/6，即约有50万种动物将要绝迹。

我国地域辽阔，野生动植物种类丰富，全国有兽类400种，鸟类1100种，高等植物约3万种。随着人口增多、森林破坏,野生动植物也大大减少,至今珍稀动物四不像(麋鹿)、野马、高鼻羚羊、白臀叶猴、豚鹿,黄腹角雉等近10种动物已基本灭绝,长臂猿、坡鹿、老虎、大熊猫、白鳍豚、相子鳄等20多种动物正趋于绝灭的境地。要保护野生动植物,首先要保护好它们的栖息地生态环境,同时要提高认识、制定方法、采取措施,破坏的可更新资源(生物资源)是不难恢复的。

5. 人口对能源的影响

能源短缺是一个世界性问题,其原因固然很多,但就发展中国家来说,人口激增无疑是重要原因。森林资源破坏,主要原因就是愈来愈多的生活燃料靠砍树木来维持,发展中国家砍伐树木90%是用作生活燃料的。许多地区树木被砍光,植物秸秆被烧光,甚至牲畜类屎也用来做燃料。据世界粮食组织(FAO)估计,在亚洲远东和非洲每年作燃料烧掉牛粪6800万吨,蔬菜下脚料3900万吨,由于牲畜粪便和秸秆被烧,使农田肥力减退,粮食产量下降,人民生活更加贫困。我国能源(生产能源、生活能源)都供给不足,已成为工农业资源发展的重大障碍,我国年产煤灰6亿多吨,石油1亿多吨,加上水力发电和天然气等能源,绝对数量很大,在世界上还是占有相当位置,但人均量很少,要改变农村面貌和解决能源问题,必须控制人口增长,增加煤炭、石油、天然气量,发展水力发电、生物沼气、薪炭林、节柴灶等多种途径才能解决问题。

6. 人口对水资源的影响

像经济危机、能源危机一样,目前人们也在忧虑水资源的危机。世界水资源极为丰富,但淡水只占3%,其中能被人类利用的淡水又只占地球总水量的十万分之九十一,而且它们的分布极不均匀,这些水由于大量蒸发,剩下也只有三分之一,即37 500立方公里左右可供人类使用。随着人口不断增长和现代工业的发展,人类用水量越来越大。据联合国统计,全世界用水量平均每年约递增4%,城市用水量增长更快。现在陆地一半以上地区缺水,已有几十个国家(多是发展中国家)发生水荒,灌溉和生活用水都发生了困难。据估计1975~2000年期间,世界提取水量至少增加200%~300%,增长最大的是灌溉,人口激增和森林大面积砍伐更加剧了水荒的发展。

在发展中国家,水资源随人口剧增和工业发展在不断转化,化学、农药的污染在严重发展。据估计1975~2000年期间,欠发达国家的农药使用量至少要增加3~6倍,同时工业的发展使许多城市地面水和地下水都受到污染,危及江、河、湖、海及水生生物。

我国首都北京及北方几十座城市和大片地区都出现缺水问题,原因主要是工业、农业用水不当,这些都直接或间接与人口问题有关。解决缺水问题要靠加强规划,严格控制用水量大的工业企业发展,合理调整农业种植结构,大力节约用水,循环用水和适当控制人口。

7. 人口对气候的影响

随着人口剧增,人类活动对气候影响正在加剧,特别是人们生活和生产排放大量二氧化硫和氧化氮气体所引起的酸性雨(酸雨),危害极大。正常雨水酸碱度(pH值)为7,

而在北欧、加拿大、美国等一些地区雨水 pH 值到 4.8 以下，这种酸雨对农、牧、林、材料、建筑物特别渔业造成愈来愈大的危害。人口增加，工业发展，消耗矿物燃料愈来愈多，据统计 1950 年全世界消耗燃料（折合标准煤计）26.6 亿吨，到 1978 年上升为 93 亿吨。目前世界燃料消耗量每年正以 2%~4% 速度增长着，据联合国环境署统计，到 2000 年大气中二氧化碳浓度可增 3% 以上，到 21 世纪中期可增加一倍，如森林砍伐的速度比预料的加快，那就失去二氧化碳储存库，二氧化碳增加速度将更快。据专家们估计，二氧化碳浓度增加一倍，气温将平均升高 2~3 度，会使农业生产受到极大的影响，并导致地球两极冰盖融解，海水上涨，沿海城市和地区将可能被淹没，给人类带来空前的灾难。

防止大气中二氧化碳增加的最积极有效措施是保护现有森林，并广泛植树造林，使之二氧化碳排放量与吸收量相平衡。要做到这点，必须严格控制人口增长，减轻对生物资源的压力。

8. 人口对环境城市的影响

城市是人口最集中的地区，也是环境质量最差的地方。据统计，1950 年世界城市人口为 6.98 亿，到 1980 年增加到 18.7 亿，从占世界总人口的 28.1% 增加到 42.2%。预计到本世纪末，城市人口将增加到 32 亿，即超过当时世界总人口的一半以上。发展中国家的城市化开始比较顺，但发展都很快，预计本世纪末城市人口也将上升到占总人口的一半左右。

我国城市人口比重还不大，但城镇人口绝对数量却很大，已达 1.2 亿人以上，城市人口急剧增加和高度集中给环境造成很大压力，带来严重问题。

（1）环境质量日趋恶化

大气污染，江、河、湖泊、地下水质变坏影响饮用水质不断下降，噪声污染，垃圾堆积。

（2）居住环境差

人口急剧增长，公共服务设施的压力愈来愈大，即使维持 1975 年人口平均服务设施水平，到 2000 年公共服务设施要比目前增加 2/3。三十多年来，我国城市建成居住总面积达 6.66 亿平方米，有不少城市建房面积成倍地增加，但人口大量增长城市每人平均住房面积反而比解放初下降，如 1978~1980 年三年建成住宅 18 238 万平方米，其中 80% 被新增人口所占据，仅 20% 用于改善原有的居住条件。

（3）绿化面积少

人口增加，建筑密度愈来愈大，树木草地面积很少，影响环境美化、绿化、净化，对人体健康不利。一般每人每天要吸进 0.75 公斤氧气，呼出 0.9 公斤二氧化碳。为调节空气，每个城市人口平均要有 10 平方米树木面积或者 50 平方米草坪面积，但是我国现有每个城市人口平均绿地面积不到 4 平方米。而华盛顿人均绿地 40.8 平方米，莫斯科人均绿地面积 44.5 平方米，堪塔拉 70.5 平方米，华沙 73.5 平方米，就是繁华而又吵闹的纽约也有 20 平方米。我国人口众多，郊区耕地少，不可能放弃种植蔬菜改为栽树、种草，但只要加强规划，加强管理，四旁种树，绿地面积是可以增加的。要解决城市出现的种种环境问题，一是从规划着手，调整布局，改革工业结构，改造旧城市环境；二是控制人口进城，降低人口自然增长率，使人口增长与城市环境容量和建设相适应。

9. 人口对工业发展的影响

在人口激增、大量人口要求就业的压力下，办工业就是一项重要措施。发展中国家正在以比资本主义国家工业化初期时高得多的速度加快发展自己的工业，取得很大成就。但是工业不适当的发展，又给环境带来很大问题，许多城镇和工业区烟雾弥漫、污水横流，环境很坏，资本主义工业化初期出现的环境污染悲剧又在许多发展中国家重演。

我国也出现了类似的情况。三十多年来，我国工业有了巨大发展，建成近 40 万个工业企业，工业产值比解放初期增加 40 多倍，工业在业人数约 5600 万人，但人口增加，仍有大批人员待业，今后每年将有 300 万城镇青年进入劳动年龄需要安排，在农村将有 2000 万以上人口进入劳动年龄，当前国家经济条件下，要安排那么多人就业不太可能，于是城市街道工业、社队企业纷纷发展。小型工业的出现是一件好事，对安置就业人员、发展多种经济、活跃城镇市场、提高人民生活水平都有积极作用，但小型工业发展有很大盲目性，加之布局不合理，土法上马，工艺技术落后、设备陈旧，未采取防治污染措施，污染由城市的点扩散到乡镇的面。另外它们与大厂争原料、争能源，形成以小挤大、以落后挤先进的不合理局面，给农业生产和人民生活造成许多危害，这是乡镇企业带来的新的环境污染问题。

要解决小型工业发展带来的环境问题，首先应加强计划性，避免盲目性，要正确规定乡镇企业发展方向和工业结构的合理布局。广东顺德县的经验证明了这一点。其次不要只看工业一项，在城市应积极发展商业、饮食业、服务业，在农村田地制宜积极发展农村产品加工业、饲养业和养殖业以及为群众生活服务的加工工业，这些都是少污染和无污染的工业，同时要控制人口增长，减轻社会就业的压力。

10. 人口对生活水平的影响

由于经济发展水平的差异和人口多少的不同，世界各国人民的生活水平极为悬殊，发达国家人均每年国民生产总值达 9684 美元，而发展中国家仅为 560 美元，其中低收入国家只有 240 美元，相差几十倍。预测发达国家和发展中国家的贫富差距将越来越大，发展中国家按人口平均国民生产总值每增加 1 美元，工业发达国家则增加约 20 美元。在发展中国家发展也不平衡，拉丁美洲一些国家经济增长较多，另一些人口多的国家增长很少，因为有限的经济增长被过多的人口增长所抵消掉。我国是很明显的例子，三十多年来，我国国民经济和其他事业都有很大发展，1981 年国民收入比 1953 年增长 4.5 倍，但按人口平均国民收入只增长 2.2 倍。1981 年粮食年产量已超 6500 亿斤，比 1953 年增长 94%，而人均占有粮食只增长 14%。尽管我国粮食总产量与美国相当，但人均占有量都大大低于美国，也低于世界人均占有粮食 800 斤的水平，我国主要工业产品同样如此。从经济指标绝对数来看，我国在世界上还是占有相当位置的，但用人均数相比就很少。我国人均国民生产总值只有 250 美元，处于发展中国家人均产值线以下，居于贫穷国家之列。

1953～1981 年的 28 年间，消费基金总额增长 3.9 倍，幅度不小，但同时期人口增长过快，而人均消费只增加 1.9 倍。每年新增消费额中有 58% 用于满足新增人口需要，42%

用于提高原有人口生活水平。据人口普查材料统计，1964 年以来的 18 年间，我国增产消费资料中 30% 用于新增加人口，每年增产粮食中 52% 用于新增加人口，如果现有人口有 6 亿 ~7 亿，而不是 10 亿，人均国民生产总值就会成倍增长，社会财富将会显著积累，人民生活水平就有迅速的提高和改善。

目前世界银行估计，世界上处于严重饥饿状态下的人口有 4 亿 ~6 亿，预计本世纪末将增加到 13 亿。可以讲贫穷是环境污染中最严重的污染，是环境破坏中最大的破坏。不改变贫穷谈不上营养、住房、医疗卫生等基本生活条件的改善，更谈不上保护和改善环境了。改善贫穷落后状况最积极办法是发展生产，创造更多财富，同时严格控制人口增长，使人口增长与生产发展相适应，二者缺一不可。

三、解决人口、资源、环境问题的对策

人口、资源、环境问题相互关联，互相影响。因此要解决它必须要有全面规划、统筹兼顾的观点，从而使人口、资源、环境协调发展，而这三者关系中，人口问题是主导方面，因为人口的多少决定着资源的消耗量和环境容量。

1. 计划生育是我国的一项基本国策

长期以来，由于左的问题影响，只讲人是生产者，不讲或很少讲人也是消费者，只讲人多有积极的一面，不讲人多也是消极的一面。这种片面的观点，使人口无节制的发展，人口急剧增长，不仅给当前经济和其他事业造成困难，而且将长时间的延缓经济建设和其他事业发展的速度。

在人口激增对资源和环境产生的压力愈来愈大的情况下，地球上到底能容纳和养活多少人？从发展看，地球的承载能力是随着科学的进步和对其合理养护而不断提高的，养活更多人口是可能的，但在当今科学技术水平下，特别对那些低收入的发展中国家，人们愈来愈认识到不改变人口增长超越物质资料增长的局面，贫困状态很难扭转，因此综合评价一个地区或一个国家的承载能力，是制定人口和经济发展计划的重要依据和前提。

中国 960 万平方公里土地的承载能力有多大，能容纳和养活多少人？长期以来，人们的概念是中国地大物博，物质丰富，容量大得很，但是近几年来，经过深入调查和研究，人们对自然资源有了比较符合实际的了解，特别是认识到土地资源并不丰富，开始认识到衣食住行、教育、卫生、就业、环境等方面遇到的困难，都直接或间接与人口压力有关。

北京一个人口调查研究小组对我国人口研究之后，提出中国理想人口数目是 6.5 亿 ~7 亿。学术界提出的合理界限也大体相似。要实现这一目标，有人认为要 88 年的努力之后才能达到，有的认为要用 130 年时间才能达到。按照 7 亿人口这个目标我国现在人口已超 3 亿，到本世纪末将超 5 亿多，众多人口与比较低的物质资料生产水平之间形成了尖锐的矛盾，这是我们面临的严重困难。

要做到有计划、按比例地发展我国的国民经济，必须把国民经济规划与人口规划结合起来，做到使人口与物质资料生产协调地发展。另外切实做到人口有计划地增长，光靠定时教育是不行的，还必须有强有力的政策措施和组织措施的保证。政策措施重要的是定法，要把提倡一对夫妇只生一个孩子、控制二胎、杜绝三胎，以及晚婚、晚育、优生、优育等要求，用法律的形式肯定下来，使计划生育像国民经济其他部门一样，受到法律的约束。守法受到奖励，违法受到惩罚。组织措施就是建立从国家到地方的各级有权威的计划生育管理机构，配套管理队伍和科研队伍。"六五"期间，我国五十年代第一个人口生育高峰的周期性影响已平稳通过，人口过快增长的势头得到控制，这不仅对今后人口再生产的良性循环有力，而且对促进我国当前的社会主义四化建设，使我国逐步摆脱不发达状态有利，收到较好的社会效益。六五期间实践进一步证明，我们国家制定一系列关于控制人口增长的方针、政策、措施是完全正确的，这是得到广大人民群众的拥护和支持的。

七五期间，我国控制人口增长的任务仍然很繁重，同六五相比形势显得更加严峻，只要坚决按照中央指示精神办，坚持两条基本经验即必须进行计划生育，而且要长期坚持下去。坚持不懈地抓下去，力争五年内人口平均增长率控制在千分之十二点五左右是可能的。

2. 资源的合理利用和环境保护是一个基本国策

中共中央关于"七五"计划的建设中指出："在一切生产建设中，都必须遵守保护环境和生态平衡的有关法律与规定，十分注意有效保护和节约使用水资源、土地资源、矿产资源和森林资源，严格控制非农业占用耕地，尤其要注意逐步解决北方地区的水资源问题。大力种草、种树、逐步改变水土流失严重的状况和控制某些地区的沙化倾向。要把这些作为长期坚持的基本国策。"二十世纪七十年代初我国环境保护工作是在三十二字方针进行的：全面规划、合理布局、综合利用、化害为利、依靠群众、大家动手、保护环境、造福人民。在二十世纪八十年代我们总结了十年经验教训，提出三同步、三效益方针和合理利用资源的基本政策：经济建设、城乡建设、环境建设要同步规划、同步实施、同步发展，做到经济效益、社会效益和环境效益三统一，目前资源合理开发和充分利用作为环境保护的基本政策。

1985年10月李鹏副总理在全国城市环境保护工作会议上的讲话中重申了环境保护的基本政策，他强调三个效益要统一，他说"我们不能走资本主义国家先污染后治理"的道路，因为我们社会主义国家的一条基本原则，就是发展生产、造福人民。如果我们生产发展了，而环境却被破坏了，就和社会主义生产的目的背道而驰；同时也指出"环境治理的程度，治理的标准，要和国家的经济发展状况协调一致"。

在三同步、三效益的方针下，采取具体的措施是：

1）对于新建企业或城乡，特别注意全面规划、合理布局，中国的许多城市的污染，从根本上说都是由于没有全面规划和合理布局造成的。因此①扩建城镇、工矿企业都要考虑环保的要求，要求做出环境影响评价报告书，否则不予建设；②规定在河流上游、居民住宿中心、风景区、自然保护区、游览区不准建设有污染的工厂；③如要建设必须定三同时政策，在进行一个新的建设项目时，要把环保设施的建设，在设计时同时设计，在施工时同时施工，在投产时同时投产，这是防止污染扩大、保护环境的有效措施。

2）对有污染危害的老企业，采取谁污染谁治理的原则。

①对现有污染造成城镇、农村、河流、港口污染的工厂企业，列出治理规划，纳入各

部门计划，分期分批进行治理。

②治理办法采取三步骤。

a. 结合企业技术革新、工艺改革把污染消灭在生产过程中。

b. 综合利用把废变宝，回收废弃物作为原料。

c. 积极治理采取各种途径的综合治理办法。

③排污收费，超标罚款。

④对已有不合理布局、污染严重的企业，按规定期限治理，若不积极治理，则实行关、停、并、转、迁等措施。

3）对自然资源必须采取合理利用的政策。

自然资源范围很广，从利用角度可以分为取之不尽的资源、可更新资源和不可更新的资源。对不同资源，采取不同的对策。

①取之不竭的资源（生态资源）。如太阳辐射、气温潮汐、风力等。

②可更新资源（生物资源）。如森林、草原、野生动植物、土壤等。

③不可更新资源（矿物资源）。如煤、石油、矿石等。

对于生产资源我们要充分进行开发利用。对可更新资源，必须合理开发利用和积极保护相结合，加强科学管理，使其循环不息，生生不已，供人们持续利用。

对不可更新资源要加强综合调查、综合开采、综合利用。矿物资源用一点少一点，它是不能再生的，因此必须保护和利用相结合，加强综合性的研究。除了正确的方针、政策外，还必须加强宣传教育、立法、科研工作等，使作为基本国策的人口政策、环境政策能真正贯彻执行、落到实处。

中国典型生态区生态破坏现状及其保护、恢复、利用研究[*]

一、立题背景

生态破坏日益严重是一个世界性的问题，森林锐减、土壤退化、生物多样性的损失等生态问题与环境污染问题一道给人类的生存和发展造成了严重的威胁。

我国生态破坏问题也是十分严重的，随着人口的急剧增长和经济的迅速发展，生态破坏的程度和广度日渐扩大，从而加剧了资源的紧缺，严重影响了我国国民经济和社会的发展。据有关统计资料表明，我国森林覆盖率只有世界平均水平的54.5%，按每人占有森林面积计，在世界居第120位。全国森林面积1.25亿公顷，覆盖率12.98%，森林蓄积量为91.41亿立方米，但是，森林资源的消耗量大于生长量，森林蓄积量减少。森林质量下降等问题仍然没有得到有效的控制。我国水土流失严重，全国水土流失面积超过150万平方公里，风蚀面积130万平方公里，土壤流失总量每年约100亿吨，流失有机物含量相当于全国每年化肥产量的两倍。我国沙漠及戈壁的面积达19亿亩，近年来每年以1000平方公里速度发展。中国耕地面积为1.35亿公顷，人均约为1亩，40多年来，虽然开荒造田3.77亿亩，但却减少了6.11亿亩耕地，人口则增加6亿。近几年，沿海各省每年耕地以几十万亩的速度递减。我国很多珍贵稀有动植物濒于灭绝，受威胁物种数增加的速度惊人。

我国生态破坏特别严重而且十分脆弱的一些重点地区包括黄土高原和华北部分农牧交错区、东南部的红壤丘陵区以及长江中上游的水土流失区等。对于这些自然生态破坏已经比较严重，且呈继续恶化趋势的地区，如果不尽早采取措施，则可能很难恢复良性循环，从而导致更大规模的生态灾难，并直接影响到经济发展和人民群众的生活。因此，开展对典型生态区生态破坏现状及其保护、恢复、利用研究，既是自然保护的一个重要任务，也是环境科学研究的一项十分紧迫的重大课题。

为此，国家环境保护局决定在"七五"期间开展对中国典型生态区生态破坏现状及其保护、恢复、利用的研究，并依此确立本课题。鉴于本课题的涉及面广，工作量大，为了有效地发挥各有关研究机构的科研力量，课题采取由国家环境保护局牵头，组织华南环境科学研究所、南京环境科学研究所和新疆环境科学研究所共同承担完成的形式，力求达到

---

[*] 金鉴明. 1992. 中国典型生态区生态破坏现状及其保护、恢复、利用研究. 农村生态环境, (1): 1~8.

各尽所能、密切合作。

二、课题的指导思想

本课题的研究以经济与环境协调发展和资源持续利用的原则为指导，主要遵循下述三条指导思想：

1. 坚持生态经济观

从某种意义上讲，生态破坏是一个经济问题，是一个与经济发展密切相关的问题。因此，研究生态破坏及其保护恢复问题，不能单纯从生态学的角度出发，同时还要考虑到经济学。要把生态—经济作为一个系统来加以研究，才有可能抓住问题的本质，真正使研究服务于生态保护与经济建设的协调发展，促使生态资源得到永续利用。

2. 突出典型

我国生态破坏较严重的现象具有一定的普遍性，这是一个面的问题，但是，鉴于目前我们的工作着重点是一些生态脆弱地区，同时也由于我们的科研能力和科研经济支持力还十分有限，研究工作不可能全面展开，所以，我们在顾及面的问题的同时，主要是抓住重点，以对一些典型地区的研究为主。事实上，典型地区的研究有较强的代表性，对面的问题的研究有指导作用。

3. 理论与应用兼顾，保证课题成果有较强的应用性

因为本课题研究的最终目的在于应用，在于切实解决生态保护与破坏恢复问题，因此，我们在研究中既力求能在理论上有所突破，又力争能有较强的应用价值，能为加强自然保护，加强生态环境管理及其有关的决策、规划服务，提供有力的依据和切实可行的指导。

三、课题研究任务

关于典型生态地区生态破坏及其保护、恢复、利用的研究，国内还没有系统地开展过，国际上也开展得不多，因此，本课题的研究基本上属于初创性的，研究的重点是一些基础性的工作，包括如下四个部分：

1. 我国典型生态区生态破坏经济损失分析研究

在对全国典型生态区生态破坏现状分析的基础上，对生态破坏的经济损失进行分析估算，揭示经济发展与生态破坏经济损失的相关性，为管理决策者在生态环境保护与经济建设间的调控提供方法和依据。

2. 我国典型生态区生态破坏分区等级研究与制图

研制反映大尺度生态破坏现状的分区等级图，形象、直观地表达我国生态破坏类型与

破坏强度的空间分布特征等；间接地指出不同地区保护生态环境的方向与途径，为有关部门进行国土宏观管理和生态环境保护提供基本图件，为生态环境规划及其整治、管理提供依据和指导。

3. 中国典型生态区生态环境评价及其指标体系研究

建立生态系统指标体系，解决生态系统的评价和调控问题，使生态系统的发展和生产适合社会经济发展的需要。

4. 我国典型生态区生态保护恢复利用对策研究

在上述研究的基础上，分类分区提出生态保护恢复利用对策。

根据上述四部分内容，我们把总课题分成了与此相应的四个子课题，分别由华南环境科学研究所、南京环境科学研究所和新疆环境科学研究所承担。

四、课题的路线

1. 宏观技术路线

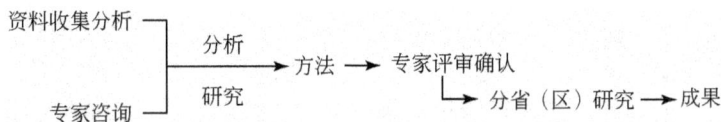

2. 微观技术路线

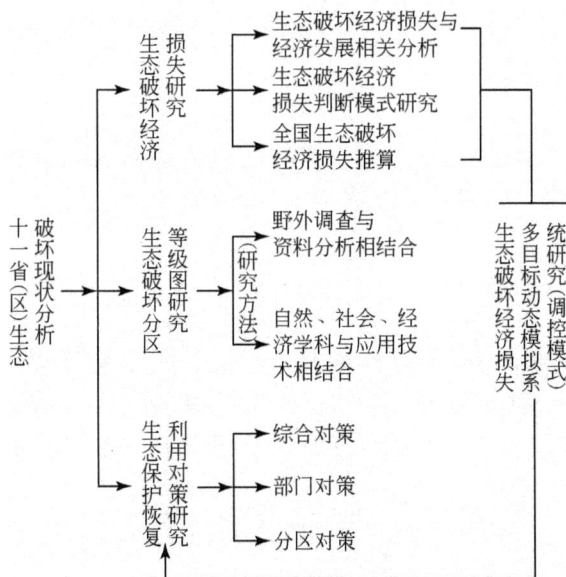

五、课题的开展情况

四年中我们重点对热带、亚热带地区的广东、海南、云南、四川、江西，干旱、半干旱地区的新疆、甘肃、青海、宁夏，黄河中下游地区的陕西、山东等 11 个省（区）的生态破坏现状进行研究，并在此基础上完成上述四方面的研究任务。课题研究工作的开展情况大致如下：

1. 进度

本课题于 1987 年 10 月正式立题，1988 年 7 月完成方法论，1990 年 2 月完成省（区）研究，1990 年 12 月完成专题汇编，1991 年 3 月完成总课题。

2. 工作面

本课题重点研究热带、亚热带地区的广东、海南、云南、四川、江西，干旱、半干旱地区的新疆、甘肃、青海、宁夏，黄河中下游的陕西、山东共 11 省（区）972 个县（以县为单元单位），总面积 459.42 万平方公里，所在地人口 4 亿。

3. 人力

由国家环境保护局金鉴明副局长主持，科技司、自然司、局直属的华南环境科学研究所、南京环境科学研究所以及有关省（区）的新疆环境科学研究所、云南环境科学研究所、江西环境科学研究所、甘肃环境科学研究所、宁夏环境科学研究所、山东环境科学研究所和中国科学院成都分院、青海省科学技术委员会、陕西省科学技术委员会等 13 个单位 67 位科技人员组成课题组，华南环境科学研究所、南京环境科学研究所、新疆环境科学研究所、甘肃环境科学研究所、宁夏环境科学研究所的所长直接领导和参加了二级课题组工作。

4. 工作量

本课题主要内容涉及 972 个县，每个县都按 33 个指标选取参数，生态破坏分区等级评价按 30 个省统计分析，总课题共获取 350 万个有效参数。

5. 难度

目前，在生态破坏及其保护、恢复、利用研究方面还没有现成方法，而且对这样大地域要建立生态破坏综合效应分析方法难度很大，所以，本课题在建立有关概念、评价技术和方法，建立系列的分析模式、动态模拟系统和表达图表，以及提出保护对策，形成一个较完整的生态破坏经济损失分析系统等方面，都是以前未曾做过的工作。

六、课题完成情况

根据前述的四部分研究任务，我们完成了如下四方面的主要工作。

1. 我国典型生态区生态破坏经济损失分析

当前，国内外对自然资源利用的生态经济效益的论述以及对自然资源经济评价的论述较多，对由于生态破坏造成的经济损失的分析很少，特别是以货币估算为主的评价技术，目前正处在探讨阶段，亟须进行创新，寻求新的定量分析和估值技术。本子课题是对此的一种探索。

我们从经济的角度，采用了币值的形式来综合评价某一地区人类活动对生态环境的影响。也就是将生态学的基本规律与市场价值法则相结合，将各种类型的生态破坏，通过定量或半定量的折算，最终以经济损失的形式表示出来，作为生态经济负效值，以期能及时了解经济发展过程中，各地区生态环境遭到破坏的类型与形式，受损害的程度，使生态破坏的现状与经济建设的主要指标形成强烈对比，为管理决策者提供宏观的科学依据。为此，我们建立了生态经济负效值分析法，即采用生态破坏的影子工程法、替代市场法、市场价值法、机会成本法等多种生态环境效益的综合评价方法相结合，形成一套完整的评价生态环境破坏现状的技术和方法体系。

上述各种分析方法，可采用如下通式来表示：

$$M = f(D, E, \vec{P})$$

其中，M 为某项生态破坏的经济损失值，D 为该项生态破坏的量值，E 为与该项有关的价格系数，$\vec{P} = (p_1, p_2, p_3, \cdots)$，$p_1, p_2, p_3, \cdots$ 分别为与该项破坏有关的各种参变量，它们主要来自于各类专业统计资料（如实地调查数据）。

计算某单元（如县城地区）生态破坏造成的总的经济损失，可采用下式 $M = \sum_{i=1}^{n} M_i$，n 为生态破坏项目数。

而某一省（区）的经济损失总值则可表示为

$$Y = \sum_{j=1}^{m} M(j)$$

其中，Y 为该省（区）的经济损失总值，m 为该省（区）内计算单元数。在各省的具体计算中，还需要依据当地生态环境破坏的特点及掌握资料的实际情况，对基本公式进行修改，或增加一些针对性较强的补充公式。

在本研究中，通过对全国各典型生态区生态破坏现状的详细调查分析和归纳总结，将整个生态系统划分为植被、土地、水资源三个子系统，共确定了森林破坏、草地破坏、水土流失等33个项目，其中植被系统14个、土地系统11个、水资源系统8个。利用上述的分析方法，我们对典型区11个省（区）的33个项目的经济损失进行了计算。并根据各省（区）内生态破坏的特点，计算了部分具有典型意义的生态破坏项目，比如江西的矿山开采、山东的刨草根地、新疆的野生甘草与煤炭燃烧、四川的森林龄组结构劣化等。11个省（区）生态破坏经济损失的计算结果见表1。

利用这些计算结果，与各省（区）的社会经济发展状况进行比较，可以看出生态破坏经济损失的影响程度。以经济损失值最大的四川省为例，全省的损失值与人文社会经济的比值是（1985年）：

表1　11个省（区）生态破坏经济损失的计算结果

省（区）	损失值（亿元，现行价）	年份
广东	31.7303	1986
海南	3.2107	1986
云南	23.6120	1986
四川	102.2519	1985
江西	21.4538	1985
陕西	15.8077	1985
山东	29.6060	1985
新疆	89.4657	1985
甘肃	10.8038	1985
青海	10.8323	1985
宁夏	1.5103	1985

全省损失值为102.2519亿元；

平均每平方公里损失1.8015万元；

平均每亩耕地损失107.06元；

平均每县损失4939.71万元；

人均损失100.37元；农业人口人均损失121.36元；

全省损失值占1985年全省社会总产值的9.77%；

占1985年全省国民收入的19.37%；

占1985年全省工农业总产值的20.81%；

占1985年全省农业总产值的38.45%。

这些数目是比较惊人的，不能不引起人们的重视。

我们采用统计方法对上述计算结果进行验证，结果表明，所得出的计算值与实际状况比较相符。此外，通过对计算结果进行的聚类分析、结构分析和综合评价，进一步了解到11个省（区）生态破坏经济损失的特点和主要作用项目，它们是森林破坏，二、三产业占用耕地，不合理垦殖（包括山地农业）和农田沙化四方面，占总损失值的89.31%。其中最严重的是森林破坏（占35.78%）和二、三产业占用耕地（占28.85%）。若把森林破坏同草场破坏视为植被破坏，则其损失值占总损失值的40.36%。但是，不同省（区）情况略有不同，如青海省主要是草原破坏造成的损失，占总损失的48.46%，新疆主要是土地沙化，占总损失的38.09%，而西北干旱、半干旱区主要是水土流失，宁夏占55%以上，甘肃占51%以上，陕西占34%以上。在以上分析的基础上，据各主要生态破坏因子，我们建立了生态破坏经济损失诊断模式。同时，还根据所设立的评价生态破坏现状的技术和分析方法体系，建立了生态破坏经济损失多目标动态系统模型，为进行生态破坏经济损失趋势分析，实现生态保护控制系统的最优规划、运行和管理提供了动态模拟方法。

最后，由3个典型区11个省（区）的生态破坏经济损失的计算结果，结合全国各地（台湾除外）生态环境和社会经济特点，采用一定方法可推算出全国的损失值。在此，我们主要采用加权平均法、专家分类法和双因子相关归纳法，计算的结果分别是：加权法为965.9亿元，专家法为788.56亿元，双因子法为739.91亿元。三者总平均，得出全国生态破坏经济损失值为831.47亿元。

2. 我国典型生态区生态破坏分区等级研究与制图

在生态环境变化和生态破坏的制图方面，国内已有一些单要素的专题图出现，如土壤侵蚀、盐碱化分布图等。但在生态类型综合分区和生态破坏综合制图方面，尚未开展工作。本子课题正是要通过在这个领域开展研究，来填补空白。

首先是对生态类型进行划分，依据的理论包括地域分异规律和人类经济活动的区域异同规律，并遵循以下四项原则：

1）发生统一性。即自然综合体要有共同的发展历史和演变途径，其自然景观有相对独特的性质，同一类型区域中，地貌、气候、土壤、植被等自然条件具有明显的相似性，不同区域之间则具有较大的差异性。

2）相对一致性。在所划分的区域内，自然特征和经济活动要有相对一致性。尤其在农业经济活动中，地域分异规律强烈影响着农、林、牧、副、渔业的结构与布局方式。在漫长的历史变化过程中，同一类型区中已形成在资源开发、土地利用等方面的相对一致和较稳定的分布格式。

3）生态破坏的相似性。同一生态类型区中，由于对资源的不合理利用（如陡坡开荒、过度放牧等）将造成生态平衡失调，引起资源衰退和生态破坏，其表现形式和防治途径基本一致。

4）空间连续性。每一类型区域在空间的分布上必须是连续成片的。考虑到我国行政区划的实际情况，"县"级行政区是领导生产、保护生态环境的基本单位，也是提供生态信息和统计数据的单位，因此，生态类型分区中，其边界尽量保持基层行政单位"县"的完整性，除非在县界内有特殊意义的生态转折线，在划区时，可适当打破县的行政边界。在西部特别大的行政区域内，可酌情划小，但其图斑区不小于1万平方公里。

实际的生态分类型分区非常复杂，上述原则并不能完全与所有实践相符，因此，在确定类型区界线时，必须进行深入的实地调查分析，根据实际情况进行综合判断，并听取多方面专家和基层部门的意见，进行反复核实比较后，才能最后落实。

按照《分区等级图》的设计要求，全国生态类型共划分为两个层次：一级区为第一层次区域，反映出我国最基本的地域差异，基本以我国综合自然区划的一级区为依据，即按温度、干湿情况和地形因素划分，但青藏高原作为特殊单元处理；二级区基本是在一级区内划出的第二层次的区域，部分区界因受自然、经济、行政的限制，未与一级区重合。二级区可反映出生态经济系统的地域差异，包括自然资源特征、资源利用条件、生产特点、生态破坏状况等。二级区作为全国《生态破坏分区等级图》制图的基本单位，以其破坏程度进行分级，符合当前国土整治工作需要。以类型区为基础，可为更高层次的分区提供依据。全国参照八个温度带界线，共划分为109个生态类型区。

其次是全国《生态破坏分区等级图》的研制。制图的指标体系是在经济损失分析指标体系的基础上，按照更能反映人为生态破坏的区域特点和对各破坏因子进行分类分级，指出其分布范围和破坏程度，直观效果好，可以为环境管理服务的原则，建立了二类指标体系：

1）表达各地区生态破坏经济损失值大小的制图指标体系，一般将其归纳为三大类损失值指标：

a. 土地资源破坏损失值；

b. 植被资源破坏损失值；

c. 水资源破坏损失值。

按损失值大小分级作图，可反映各地区生态破坏经济损失的程度，还可通过各指标内部不同的比例符号反映分指标的损失程度。各省（区）经济损失分区等级图都按以上指标编制。

2）表达各地区生态破坏类型和程度的制图指标体系，即各类资源破坏的数量指标，按类型共归纳为六类指标：

a. 森林破坏面积（公顷），森林破坏蓄积量（立方米）；

b. 水土流失面积（公顷），水土流失总量（吨/年）；

c. 水库泥沙淤积量（立方米/年）；

d. 沙漠化面积（公顷）；

e. 盐碱化面积（公顷）；

f. 二、三产业占用耕地面积（公顷/年）。

由于各省（区）地理位置不同，生态破坏项目有所差别，所选破坏因子指标也有少量调整。

建立了分级指标，还必须经过标定，进行标准化处理。原因是所选取的作图单元（生态类型区或县）本身的工地面积、资源量等就有很大差别。直接用破坏量作图，其离散度大，不能有效地反映出单元间的变化规律，因而不能准确地描述破坏的分布趋势。另经分析比较，我们认为取破坏强度为作图依据较为合理，因此需要对各因子 X_{ij}（i 为生态破坏指标因子，j 为 109 个生态类型区的作图单元因子）进行标定，分为内因标定和外因标定两种（全国破坏类型分级用到了内因和外因法标定制图），并将标定后所得的数据，划分成五个破坏等级：0：基本无破坏级；1：轻微破坏级；2：中度破坏级；3：重度破坏级；4：严重破坏级。因为，大量数据分析的结果表明，生态破坏程度的规律一般是最严重破坏和基本无破坏的地区占比例小，多数为受到不同程度破坏的地区，上述等级划分基本反映了这一规律，同时也便于实施生态恢复和环境管理。

此外，对于全国生态破坏类型图，还需要各指标的权重分配，这里根据的是各指标的破坏面积占国土面积比例的差别，并经数值转换后而定。总的来看，二、三产业占耕地和水土流失两项破坏指标分布面积最广，造成危害也最大，故其权重最高，这与经济损失分析各指标计算结果的权重分配趋势一致。

根据以上研究结果，我们共研制了 8 幅全国《分区等级图》，其中包括 6 幅单要素（破坏指标）图，82 幅各省（区）《分区等级图》，并提供了各幅图相配的说明。

全国《分区等级图》上各生态区生态破坏特点与破坏等级的差别，直观地反映出全国各地区最主要的生态破坏现状分布，具有一定的规律性。全国生态破坏的 5 个等级中，基本无破坏区面积为 133.1 万平方公里，占国土面积比例 13.8%；严重破坏区面积 37.8 万平方公里，占国土面积比例 3.9%；而中度破坏区面积最大，为 411.5 万平方公里，占国土面积比例达 42.9%。这说明国内生态破坏的问题已非常严重，必须引起人们的高度重视。图上还表明生态破坏最严重的四大块地区分别为小兴安岭、长白山山麓区，晋、陕、蒙、宁交界区，川、陕、鄂交界区和天山山麓区。它们大多分布于我国北方，这说明了北方地区的生态破坏区域分布广，破坏较严重。

3. 我国典型生态区生态环境评价及指标体系研究

近年来，指标体系的研究是一个热点，出现了一大批生态系统指标体系，它们的主要做法是把一个生态系统分成社会、经济、生态和环境三个子系统，在子系统内列出子指标，进而形成指标体系，从而使所建立的指标体系出现不完整性、系统性差、应用性差和人为性大等不足，其问题在于生态系统评价理论还不成熟。为此，要想建立一套理想的评价指标体系，先得建立评价理论。本子课题从生态系统的本质出发，运用耗散结构理论，探讨了建立生态系统指标的方法，以期提供简单、实用和明了的指标体系。

根据耗散结构理论。生态系统具有耗散结构性质，主要表现在如下四个方面：

1）就体系的状态而言，生态系统是一个开放的、为物质和能量所流转的、在时空和状态上存在和发生着不可逆现象的系统。它的状态满足热力学定律，因而可用熵作为测度生态系统有序度的一个状态参量。

2）生态系统是一个通过自组织作用形成的自组织系统。它表现为系统能够自动地从无序态转成有序态。这本身也就是其耗散结构的形成过程。

3）生态系统本身的变化总是趋向稳定。问题在于外部变化（包括人为活动）总是在打破这种趋势，从熵理论讲，生态系统的稳定性可以用熵指标来测度。

4）生态系统是一个时变的可以演变的系统，因此，可以通过热力学的熵产生方程和协同方程中参量关系的分析，来深入研究其动态特征。

基于以上分析，运用热力学理论，我们建立了生态系统的熵计算方程组：

$$S = Q/P$$

Q（能量）是对社会的输出（或输入），P 是经济收入（或支出）。

$$\Delta S = S_2 - S_{12} - S_1$$

其中，S_1 为系统的初态熵，S_2 为系统终态熵，S_{12} 为系统在运动过程中从外界环境所摄取的熵流，ΔS 为系统在运动过程中熵的变化量，假定系统在运动过程中总的熵变 $\Delta S = 0$，并有 $A = S_{12}$，则

$$A = S_2 - S_1$$

A 即为系统内部熵的变化量，亦即为系统的稳定度，可描述系统内部结构和功能好坏的程度。A 值越小，系统越稳定。

根据方程组，我们就有了建立生态系统评价指标和调整指标的方法。即某一区域的生态系统评价指标为 ΔS 和 A，其调控指标由方程 $\dfrac{\partial A}{\partial X_i} = 0$ 的解获得。X_i 为系统主要变量因子。按照以热带、亚热带和干旱地区的生态问题为研究重点的原则，结合我国的实际，本

研究选取了陕西省绥德县生态系统以代表黄土高原生态系统、新疆天山北麓经济开发区以代表干旱区生态系统、海南岛生态系统以代表热带地区生态系统作为研究对象，分别建立了该地的生态系统评价指标和调控指标，以及生态系统管理指标体系。并从协同方面，以陕西绥德县为例进行验证。结果表明，应用耗散结构理论中的熵来开展生态系统指标体系的建立，不但在理论上有其可行性，在实践中也是切合实际的。本研究针对三个典型区不同特点提出的方法都较好地反映了当地生态系统的状况，全国推广这种方法来建立指标体系具有可行性。当然，全国区域生态系统指标体系的建立还需在各地生态系统基础调查的基础上，按上述方法进行研究，才有可能找出适合各地的评价、调控和管理指标。

4. 我国典型生态区生态保护、恢复、利用对策研究

本子课题是在以上三方面研究的基础上，探索典型生态区生态保护、恢复、利用对策。共分三个部分，即综合对策、部门对策和分区对策。

综合对策部分。主要从国家的宏观政策和战略高度来研究，从而提出我国生态保护恢复利用综合对策，包括完善自然生态保护的方针、政策，加强生态保护的合理规划，科学管理，加强法制建设和宣传教育等。

部门对策部分。根据对 11 个省（区）生态破坏经济损失的结构分析，森林破坏面积 10 432.18 万亩，造成的损失为 121.71 亿元，占总损失的 35.78%；二、三产业占用耕地 298.81 万亩，造成的损失为 98.14 亿元，占 28.85%；不合理的垦植（包括山地农业造成的损失为 48.04 亿元，占 14.12%；农田沙化的面积 29 669.87 万亩），损失为 35.94 亿元，占 6.44%。上述几项的损失占总损失值的 94.45%，这在一定程度上也反映了我国生态环境保护的主要内容应是：

a. 森林保护；

b. 水土流失防治；

c. 耕地保护；

d. 山地农业的合理耕作制度和耕作方法；

e. 农田沙化；

f. 草地保护；

g. 其他。

这涉及多个部门，为此，我们提出了农业生态环境、森林资源、土地资源、水资源、草原以及野生动植物资源的保护、恢复和利用的部门对策。

分区对策部分。包括热带亚热带区、西北干旱半干旱区和黄土高原区的生态保护、恢复、利用对策。同时，还根据各省（区）生态破坏的结构和特点，提出了省（区）生态环境保护对策。例如，对陕西省，首要任务是调整土地利用结构，建设好基本农田，其次是保护森林、草地，以及开展小流域综合治理，走生态农业的道路等。因为，1985 年全省由于不合理的垦植造成的损失为 5.32 亿元，占总损失的 33.6%；全省森林破坏面积为 151.59 万亩，经济损失 3.67 亿元，占总损失的 23.25%；草地破坏面积 5236.45 万亩，经济损失为 1.67 亿元，占总损失的 10.58%。同时陕西是全国水土流失最严重的地方之一，水土流失面积已达 13.2 万平方公里，占总土地面积的 64%。再比如，对于山东省，首先

要严格控制二、三产业占用耕地，其次要加强盐碱地整治。而对于甘肃省，首先要搞好水土保持，其次是土地沙漠化的整治以及土地盐碱化的治理等。在提出对策的同时，我们还结合当地的社会经济特点，提出了一些具体的保护措施和实施途径。

七、课 题 成 果

摸清了广东、海南、云南、四川、江西、新疆、甘肃、青海、宁夏、陕西、山东 11 个省（区）、972 个县、覆盖面积 459.42 万平方公里和 4 亿人口的大地域生态破坏现状及其经济损失，推算出全国生态破坏经济损失值约为 831.47 亿元，研究、绘制了全国生态破坏分区等级图，共提交了全国分区等级图 8 幅、各省（区）分区等级图 82 幅，提出了我国生态保护综合对策、部门对策、分区对策。

在方法论上，本课题建立了生态破坏经济损失的概念、评价技术和评价方法，建立了生态破坏经济损失估值分析的 33 条通用公式和 54 条专项公式，建立了 11 个省（区）生态破坏经济损失与经济发展相关模式、生态破坏经济损失诊断模式；在建立上述系列模式的基础上，建立了 11 个省（区）生态破坏经济损失多目标动态模拟系统，即趋势预测和人工调控模式；在生态破坏分区等级研究方面，建立了生态破坏分区等级评价和绘图方法；在生态环境评价及指标体系研究方面，建立了生态系统评价指标、调控指标的建立方法。

本课题还对生态环境评价指标的筛选、分析、分类进行研究，并提出了陕西省绥德县、新疆天山北麓经济开发区和海南岛生态环境评价指标。

1. 上述成果的突破和关键部分

1）大地域的生态破坏的全面的、系统的经济损失估值研究。

a. 目前国内外仅对小区域、部分生态破坏项目的经济损失进行过探讨，进行几百万平方公里、972 个县为单元单位的研究尚属首次。

b. 本研究不仅对生态破坏的直接影响进行估值研究，还对间接影响指标进行分析，并定量、定值，这也属首次。

c. 在横向指标上，对生态破坏的全面、系统、横向效应指标定量、定值分析，也是前所未有的。

2）建立了生态破坏经济损失估值概念、估值技术和方法，建立了系列计算公式，建立各种模式和多目标动态模拟系统，也属首次。从某种角度讲，它把生态学和生态经济学科推进了一大步。

3）抓住主要生态破坏因子，首次将生态破坏与资源、环境类型分区结合起来，绘制生态破坏分区等级图。

2. 成果的应用性

1）为政府和环保部门的生态环境保护工作提供决策、管理依据。

过去讲生态环境破坏，对其程度只能笼统地称为"严重"、"恶化"，而"严重"、"恶化"到什么程度？特别与经济发展指标比较怎样？往往说不清楚，所以作为政府决策者，就难以下决心采取措施进行保护、恢复。如近年来经济发展迅猛的广东省东莞县，每年社会总产值超 100 亿元，虽然知道生态破坏严重，但一直没采取有力措施，当他们看到本课题的成果后（1986 年该县生态破坏经济损失超过 5 亿元），县长立刻采取有力措施，包括建立新机构、增强环保力量等。

2）生态破坏分区等级图为决策管理者提供我国生态破坏现状直观图表，便于了解、掌握生态状况，为制定地区生态、资源保护规划和对策提供科学依据。

3）为政府有关部门、行业决策提供参考。

生态破坏是由于多种形式或者说是由于不同部门、不同行业的活动造成的，通过本课题研究成果，可将各种活动造成的生态破坏经济损失计算出来，使各部门了解其活动造成的影响，以便调整其计划和协调生产与环境的关系。

4）环保部门主动、超前地将环境保护意向参与到各部门和国家计划的蓝皮书中。

以往由于没有这方面的书面、定量材料，当国家或部门制订计划时，环保部门无法提供生态环境保护方面的书面材料。通过本课题的研究成果，可以部分地解决这个问题。

3. 成果应用情况

在鉴定前，不少地方政府正引用或参照课题成果于决策中，地方环保、林业、农业、水利、国土、气象部门也引用本成果。

辽宁、浙江、江苏、广西、黑龙江、湖北等省（区）也来人来函联系，准备应用本成果。国家国土局也来函联系，对本研究在土地资源定值方面的研究方法和成果表示赞赏并准备采用。

八、不足之处

1）采用熵的理论方法来确定生态系统指标体系是否能够达到生态系统指标体系的系统性和统一性，并在现实中切实可行，尚有待于作广泛的分析检验和作进一步的论证完善。

2）本课题所提出的生态保护的综合对策、部门对策和分区对策还需要多方面采取措施，包括增加投入、纳入发展计划等才能得以实现。

3）本课题由于经费及时间等原因，只能对 11 个省（区）进行研究，对于一个生态环境破坏比较严重的大国来说，急需对其余 19 个省（市）进行研究，同时若全国各省（区）都能在同一时段内进行研究，其可比性较强，所以建议在"八五"期间继续立题研究，或结合"八五"期间全国环境区划一起研究。

此外，今后也有必要加强对适合生态脆弱地区的气候条件与地理特征的不同类型生态结构的研究，提出生态结构的合理配置方案，以及加强建立良性循环的生态示范区的工作。

提要：本文系"中国典型生态区生态破坏现状及其保护、恢复、利用研究"课题的全面概要介绍报告，分别阐述了立题背景、课题的指导思想、课题研究任务、课题的技术路线、课题的开展情况和完成情况、课题成果和存在的问题。该课题是国家环境保护局"七五"期间的重点课题,历时四年,是我国首次系统地、大规模地对区域生态系统进行的深入研究。

PRESENT SITUATION OF THE TYPICAL ECOSYSTEMS DESTRUCTION IN CHINA AND THEIR CONSERVATION, RESTORATION AND UTILZATION

Abstract:This is an executive summary report of the project "Present Situation of the Typical Ecosystems Destruction in China and Their Conservation, Restoration and Utilization". The project is a major project sponsored by the National Environmental Protection Agency of China during the Seventh-Five-Year-Plan (1986-1990) and is also the systematical, deep and large scale research project in regional ecosystems of China. In this paper, the background, guiding ideology, research tasks, technical routes, progress, main achievements and existing problems of the project have been discussed separately.

自然环境的保护[*]

一、自然保护是个战略问题

自然环境保护是运用生态学的原理，研究人与环境的相互影响，并协调人与生物圈的相互关系的活动。因此，它是一个战略问题，其重要性在于小则涉及一个国家的发展，大则关系到整个地球的保护与生存，这是带有全局性、长远性的问题。万里副总理在《中国自然保护纲要》出版时指出："生态形势十分严峻，它不仅直接制约社会主义建设的发展进程，而且严重地影响子孙后代的生存。资源和环境的状况如何，是衡量一个国家和地区社会物质文明和精神文明的重要标志……保护环境是我国的一项基本国策。"由此可见，自然环境保护是个全球性的、战略性的大事。下面分自然保护与环境污染的关系、自然保护与国家经济发展的关系、自然保护与生态发展的关系三方面加以介绍。

1. 自然保护与环境污染的关系问题

（1）从环境保护发展历程看

1）环境保护的萌发阶段（1949～1972 年）。这一阶段环保停留在改善工人群众的生产劳动条件、着重在环境卫生、根治疾病传播的概念上。治理了一批脏、乱、差的区域环境，如北京的龙须沟、上海的棚户区等。50 年代，我国重点建设了 156 项大型工程，工业总产值增长 5.9 倍，工业总产值占工农业总产值的比重由 47% 上升到 69%，工业的发展带来了大量的三废污染。因此少数几个省市成立了三废办公室。60～70 年代，一些地区的环境污染已相当严重，但由于受左的思想干扰，不仅不承认中国有环境污染问题，反而认为公害是资本主义制度的产物。

2）环境保护事业起步发展（1973～1978 年）。1972 年斯德哥尔摩联合国人类环境会议之后，在周恩来总理亲自关怀和倡导下，我国于 1973 年 8 月召开了第一次全国环境保护大会，总结了我国环境保护方面的成绩和教训，提出了环保三十二字方针，开始了我国环境保护发展的一个新时期。由于三废污染严重，所以环境保护工作的内容主要是解决具体的三废污染问题，如消烟除尘、治理官厅水库污染与江苏运河污染等等。

3）环境保护蓬勃发展时期（1979～1987 年）。在斯德哥尔摩人类环境会议后，人们开始把注意力从工业环境、城市环境转向人类赖以生存的自然环境，注意探讨污染和破坏

---

[*] 金鉴明. 1992. 自然环境的保护. 见：自然环境保护文集. 北京：中国环境科学出版社，31～40.

对于整个生物圈的影响。到 80 年代，一个更能揭示本质、更有说服力的观点被明确地提出，环境问题的实质是生态系统问题。这个观点在国际上被公认，可以说是人类对环境问题在认识上的一次飞跃。1980 年第十五届国际自然及自然资源保护同盟大会通过的《世界自然保护大纲》又一次强调保护自然资源对人类生存和维护资源本身持续利用的重要意义，强调经济发展与自然保护两者协调起来，并把保护策略和方案作为战略大纲要求纳入各国经济发展计划中去。我国参照国内外经验，把污染控制和自然保护两大方面工作由 1979 年颁布的《中华人民共和国环境保护法（草案）》加以肯定，这样由三废污染、自然保护组成了一个完整的环境保护概念和内容。1983 年召开第二次全国环境保护大会，在总结十年环境保护工作经验基础上，国家宣布把保护环境作为一项基本国策，并提出了三同步、三效益方针，即经济建设、城乡建设和环境建设同步规划、同步实施、同步发展，做到经济效益、社会效益、环境效益的统一。

（2）从环境保护业务范围和工作内容看

严禁毁林开荒、滥垦草原，禁止灭绝性捕捞和狩猎，防止土地沙漠化、水土流失、地下水枯竭、森林火灾、草原退化、野生动植物灭绝等自然环境的恶化。这种非污染的破坏是由于不合理的利用自然资源引起的生态环境破坏，这与企业或城市排放废弃物而污染周围环境截然不同。当然这里也有生态问题，那是属于污染生态的问题。但自然保护与环境污染又密切相关，是一个问题相互关联的两个方面，例如内蒙古有些厂矿在开矿、采选、冶炼时不注意环境保护和自然保护，对废石、尾矿、矿渣处理不当，堆压土地，既毁坏了耕地、草场和地貌景观，又污染了周围的环境；又例如吉林市不少工厂直接向松花江排放废水，污染了江水和鱼类，又破坏了水体环境和水生生物资源。前者不合理利用矿产资源，导致生态破坏和环境污染；后者由于排放废弃物引起水体污染和生态破坏。不论是非污染工程或是污染工程，都影响生态恶化和环境污染，由此可以得出如下结论：

1）环境保护应包括保护自然环境与防治污染和其他公害两大部分，只提一个方面是不全面的。

2）生态问题渗透到各个领域和各个方面，污染工程和非污染工程所带来的环境问题都包含生态问题。

3）生态环境问题具有宏观决策的高度和战略预测的特点；持有生态观点，掌握生态规律，可避免头痛医头、脚痛医脚的被动局面，从而能展望未来、抓住根本、统筹全局、取得主动。

2. 自然保护与国民经济发展的关系

（1）自然环境是自然资源的组成部分，是国民经济发展的基础

环境与资源在某种意义上讲是同一语，从生态学观点看，环境由许多生态因素组成，如水、气、土、生物是组成环境的因子，从资源学观点看，水、气、土、生物又都是资源。可以说环境是由多种资源组成。从资源利用角度看，可以把资源分为不断更新、可更新与不可更新资源三种不同性质的自然资源，应采取不同政策加以保护和利用。不断更新资源如太阳能、风能、潮汐等，一般在利用时，不会导致贮量的减少，应充分挖掘其潜力，积极开辟其利用途径。可更新资源如生物、水、土壤等在一定条件下可代谢更新，对

其消耗速度必须限定在它们的恢复速度容许限度之内，努力增殖资源，确保资源的永续利用。不可更新资源如各种矿物、矿物燃料、化石、地质剖面等，在使用过程中应尽可能减少耗损和浪费，坚持节约和综合利用。自然保护的中心问题是保护、增殖和合理利用自然资源，并保证自然资源的永续利用。因此，自然保护就是对自然环境和自然资源的保护，保护环境就是保护资源。

以上三类资源如处理得当，则促进国民经济的发展，如处理不当（过度开发、污染破坏等）将会使它们日趋枯竭，会严重妨碍人类生存和社会发展。资源，弃之为废，用之为宝。回收和综合利用，即少排废物又保护环境，变废为宝是一举多得的事。而森林和草原的保护也会促使农、林、牧、副业的稳定发展，同时又保护了生态环境，保持了生态系统的稳定性。

（2）生态环境与经济发展互相依赖，互相促进

万里副总理在《中国自然保护纲要》序言中写道："经济建设必须和自然保护协调起来发展，这是我国人民在几十年的社会主义建设实践中总结出来的一个重要经验，也是自然保护工作的一条重要规律。"

环境对经济的促进作用，主要表现在保护环境可促进生态系统的良性循环，使资源的再生增殖能力大于经济增长对资源的需要。广东省顺德县把乡镇企业的环境规划纳入乡镇建设总体规划之中，合理安排行业结构，把握产品发展方向，稳定发展无污染、少污染的传统工业，既注意环境保护又促使乡镇企业稳步发展，达到了环境效益与经济效益的统一。另一个例子是生态农业的建设，如广东的桑基鱼塘、北京的留民营生态村、浙江萧山的生态农业、江苏古泉的生态农场都是环境效益与经济效益统一的典范。

环境对经济的制约作用，表现在环境受污染与破坏后不仅使社会受到巨大经济损失，而且环境资源枯竭，使经济发展受到限制。如过度开采地下水资源，使水资源日渐减少，从而限制了生产用水量，使生产发展受阻。

经济对环境的制约表现在要花钱、投资大、治理期限的延长等等。

（3）保存遗传物质的多样性是资源永续利用的一个重要方面

自然保护，其中有一个目标就是保存遗传物质的多样性。一方面保护那些野生物种资源，另一方面保护珍稀野生动植物种。美国整个大豆生产靠亚洲某些长株大豆品种起家，由于远缘杂交，使美国大豆产量超过中国，但后来品质退化、产量下降，又从中国找到野生大豆种进行杂交，拯救了美国整个大豆生产和出口。农作物的原始种群及其野生亲缘种往往是价值数百万美元，当然还有药用、观赏、经济植物等，所以一个野生植物种的灭绝给人类造成的损失是无法弥补的。另一类是珍稀动物，如大熊猫、金丝猴等，更不是用经济价值能衡量的。它们一旦灭绝，就是文明的毁灭、人类的悲剧。

3. 自然保护与生态发展的关系

保护和发展是一对矛盾，处理得好可以互相促进，处理不好矛盾便尖锐化，它们是互相依存、互相影响的。

人类只有发展了经济才能为改善环境提供充裕的物质基础，提供改善环境所需的必备条件（资金、物资装备、仪器、科研、培训等）。但是发展又带来了环境问题，它反过来

又影响着经济的发展。如果不保护好环境，到头来经济发展既不能持久，也不能造福人民。因此，保护与发展的问题在联合国讲台上已论证了多年。1972 年人类环境会议强调只有一个地球，发展工业要注意环境保护；1979 年斯德哥尔摩会议就环境、资源、人口、发展及其关系问题举行了高级首脑会议，中国论述了环境保护三十二字方针。联合国总结了不能以牺牲环境为代价去发展工业，又不能因保护环境而要求经济停滞两种倾向和观点，提出了生态发展的观点。即经济发展速度，城市、工厂的布局、规模应以不违反生态规律为限度，使自然资源与大自然的恢复自净能力不致受到破坏，超过这一限度就会产生严重的环境问题，生产就不能持久。

这里讲到了经济发展、持久生产与环保的关系、资源的载受能力、合理布局等问题，这和我们强调的全面规划、合理布局的方针相似，和环境保护与经济发展要协调的方针相仿。总之，就是要求经济发展要尊重生态规律，要受环境的制约。

如果说治理污染要从整体性、综合性出发的话，那么自然保护更具有全局性、长远性的特点，污染治理是这一代、下一代人的事，自然保护则可能是几代人的事。

二、我国自然环境保护问题及其对策

1. 自然环境存在的问题

当今世界十大环境问题是：①土地沙漠化日益严重；②森林遭到严重砍伐；③野生动植物大量灭绝；④世界人口急剧增加；⑤水资源越来越少；⑥农药、化肥对作物、土壤的影响；⑦有毒化学品剧增；⑧温室效应使地球增温；⑨酸雨现象正在发展；⑩臭氧层的破坏对环境造成威胁。上述环境问题或多或少在我国都存在，有些环境问题甚至相当严重。现重点介绍如下：

（1）森林资源的破坏

我国森林的分布面积虽然不大，但破坏森林的情况却相当严重。根据 20 世纪 80 年代初的统计数据，全国每年造林成活面积约 104 万公顷，而每年采伐、毁林、火灾损失面积约 250 万公顷，每年净减少森林 146 万公顷，而可供采伐的森林蓄积量只有 35 亿立方米左右。每年实际采伐量 2~3 亿立方米，加上今年大兴安岭火灾的损失，照此速度再过 10 年大小兴安岭、长白山林区将无林可砍。我国西部的干旱、半干旱地区国土面积占全国 50%，但森林覆盖率却不足 1%，远远低于生态平衡所需的 30% 且较为均衡分布的森林覆盖率。至于亚热带地区的森林资源亦在迅速减少。广东省 1982 年全省林木蓄积量为 2.3 亿立方米，每年消耗超过 1600 万立方米，按此速度，不到 2000 年全省森林将消耗殆尽。福建省 10 年来森林覆盖率由 50% 降到 40%。20 年来四川省森林减少 30%，云南减少 45%。森林资源的日趋枯竭其实就是生态危机的日趋严重化。

（2）草原资源的退化

我国有 2.9 亿公顷草原，其中可利用面积 2.2 亿公顷。由于过度放牧、不合理开垦、鼠害和火灾危害以及开矿过多占用草原等等，草原退化已达 0.5 亿公顷。草原退化、沙化、碱化的现象较为严重。亩产草量比 10 年前减少了 1/3~1/2。退化的主要标志是产量降低，可食牧草减少，杂草、毒草增多。内蒙古草原的产草量一般下降 30%～40%，严重的下降几倍。

（3）珍稀动植物种濒于灭绝

森林、草原和自然保护区的破坏，以及非保护区生物资源的不合理开发利用，致使许多珍稀动植物处于濒临灭绝的境地。例如四不像、野马、高鼻羚羊、白臀叶猴、豚鹿、黄腹雉等十几种动物已基本绝迹；长臂猿、海南坡鹿、野象、东北虎、白鳍豚、大熊猫、黑颈鹤、扬子鳄等二十多种珍稀动物正趋于绝迹；金丝猴、雪豹等动物的分布区域显著缩小；珍稀植物银杉、望天树、龙脑香、金花茶、鹅耳枥、铁力木、降香、黄檀等都不同程度遭到破坏。

（4）土地沙漠化加剧

我国沙漠化土地面积为 1.3 亿公顷，主要分布在北方干旱、半干旱地区，其中约 97% 的面积为人为活动引起，3% 的面积为自然沙丘移动。具体分配是樵柴滥伐占 28%，滥垦占 24%，过度放牧占 20%，开垦后用水不当占 16%，工矿交通建设占 9%。据兰州沙漠所研究资料，我国北方土地沙漠化 85% 是滥垦、滥牧和滥伐的结果，12% 是水利资源利用不当和工矿建设中破坏植被所造成。属于沙丘移动的只占 3%。除了上述破坏现象外，还有其他方面的破坏。

森林、草原、物种、土地等利用不当引起沙漠化、水土流失、生态平衡失调、环境趋向恶性循环，其中尤以水土流失较为严重。我国水土流失面积已有 150 万平方公里，每年土壤流失 50 亿吨，相当于流失 5000 万吨化肥。这是能源和资金的极大浪费。美国《公元 2000 年全球情况调查报告》主编巴尔尼博士访华时指出："黄河水不是泥沙，而是中华民族的血液。平均每年泥沙流量高达 16 亿吨，这不再是微血管破裂，而是主动脉出血。"他又说："对国家安全问题，应改变传统的观念，绝不只是外来侵略。日本是个资源贫乏的国家，所以提出了全面安全的新概念。对中国来讲，除人口问题外，土壤问题也是国家安全的一个重要条件。"由此看来自然资源的利用问题不仅涉及国民经济发展和生态环境的好坏，而且危及一个国家的安全与生存。

2. 造成破坏的原因

造成破坏的原因很多，其主要原因有：

（1）思想认识问题

各级领导和部门还没有把保护自然环境提高到基本国策的高度来认识，也没有遵循经济发展与环境保护协调发展的方针，把自然保护工作真正纳入计划。

（2）部门利益过重

各部门在考虑资源开发时，往往过多注意本部门的利益，忽视国家的整体利益，只考虑暂时的经济利益，不顾及长远的永续利用。因此常常违背客观规律，对自然资源采取盲目的、过量的甚至掠夺式的开发方式，既浪费资源又破坏环境。

（3）法制不健全、执法不严

对各类资源遭受破坏的现象，无人过问。有关自然保护的法律很不健全。珍稀动物保护虽有法律，但不够具体，缺乏量刑标准，执行较难。立法上还没有环境法庭来受理破坏生态环境的案件。

（4）体制和机构的问题

自然资源涉及各个部门，而各部门又各自为政、各行其是。土地问题，城市由城建部门管理，农村由农牧渔业部门分管，规划又有国土局统管，实践中矛盾不少。自然资源更缺少一个部门进行统筹兼顾、全面规划和科学管理。

3. 自然环境保护的政策

控制生态破坏与整治环境污染一样，要靠政策、科学技术和加强管理。上述三者的关系是，政策的基础来自科学进步，加强管理也需要科学技术，管理就是宏观上的决策。三者关系十分紧密，分别叙述如下。

（1）靠政策

近十几年的实践证明，在经济和社会发展中，既要发展工业又要保持良好的生活环境和自然生态环境。其主要措施就是要有适当的政策。环境规划和预测、环境法令、条例、标准等等，都是政策的体现。环境保护工作能否顺利向前发展，要看其政策是否得当。因此研究制定适当的环境政策就成为环境保护工作的一项基本任务。

第二次全国环境保护会议宣布保护环境是一项基本国策，并总结了十年的环保工作经验，提出了三同步、三效益的方针、政策，即经济建设、城乡建设和环境建设同步规划、同步实施、同步发展，做到经济效益、社会效益、环境效益的统一。要从这一基本指导思想出发，积极地防治污染，改善生态，促进四化，造福人民。对自然资源的政策是，把自然资源的合理开发和充分利用作为环境保护的基本政策。不仅要着眼于污染的治理，而且更重要的是着眼于保护资源。

1）全面规划，合理布局。工业布局的不合理，是造成我国环境污染和生态破坏的一个重要原因。例如江南水乡著名风景城市苏州，工业布局极不合理：20家污染严重的化工厂分布于城市四周，42个电镀厂家遍地开花，两家大造纸厂在水源上游，整个城市毒水横流，臭气冲天，加上城内亭台楼阁之间见缝插针修建的高楼大厦，与民族古典园林极不协调，破坏了中国传统建筑的整体风貌。即使花大力气进行城市综合整治，但已造成的不合理的格局是很难改变的。

目前环境保护与发展旅游业间的矛盾日趋突出。这是环境保护工作中的一个新的课题。以举世无双的风景旅游胜地安徽黄山为例，由于发展旅游时不注意保护环境，没有全面规划、合理布局，使旅游区生态环境遭到不应有的破坏。黄山万松林被砍伐殆尽，其植被覆盖率由50年代的75%下降到现在的56%；为了修缆车把巧夺天工的风景点（老虎嘴）炸毁；美丽的"人"字瀑布因砍掉林木导致径流减少而少了一撇；70多公里的登山道两侧食品垃圾狼藉；曾是翠绿碧透的铁线潭，成了接纳粪便的臭水坑，桃花溪中的大肠杆菌超标80倍。这些大煞风景的生态破坏现象，已引起国内外游客的强烈批评，再不采取措施，后果不堪设想。像这样的例子全国何止一处，因此，一方面对已造成的环境破坏必须采取综合整治，另一方面对新开发区的污染工程或非污染工程必须全面规划、合理布局，实行经济发展与环境保护同步发展的方针。做到预防为主，治理为辅，防患于未然。

2）实行谁开发谁保护、谁破坏谁补偿的政策。我国地域辽阔，物产丰富，但人均资源极不丰富，均低于世界平均水平。耕地面积我国人均 0.1 公顷，世界水平 0.3 公顷；森林面积我国人均 0.13 公顷，世界平均水平 1.03 公顷；木材蓄积量我国人均 9 立方米，世界平均水平 83 立方米；森林覆盖率我国 12%，世界平均水平 22%。草地资源，我国北方牧区一般平均 1.3 公顷草场养一只羊，而新西兰人工改良草场 1.3 公顷可养 10 只羊。若按百亩草场所获得的畜产品对比，我国仅为澳大利亚的 1/10、美国的 1/27。水资源我国人均占有 2700 立方米，美国 13 904 立方米，苏联 18 500 立方米，相差 4~6 倍。我国人均资源很少，理应积极保护、合理利用。但情况恰恰相反，在资源利用上的浪费和破坏是惊人的。因此，必须明确资源是国家的宝贵财富，是建设四化的物质基础，任何个人、单位都不能无偿使用和进行掠夺式的经营。开发利用必须遵循生态规律，符合科学、合理的原则，使开发利用和积极保护相协调，以达到资源的永续利用，为此：

a. 矿产开发要实行综合开发、综合利用、综合防治的环境政策。有些共生矿的开采几乎只取其中一种原料，80%~90% 丢弃不用，既浪费资源又污染环境。

b. 对森林、草原、沼泽以及干旱半干旱地区的开发，执行环境影响报告书制度。

对自然资源的开发利用，如沿海经济开发区的开发等都必须贯彻三同步、三效益方针，贯彻自然资源合理利用和积极保护的政策。污染工程项目按规定实行环境影响报告书制度，这是把好"三同时"关的根本性措施。非污染的生态工程同样要执行环境影响报告书制度，在环境影响评价工作基础上，提出合理开发建设方案以及永续利用技术措施和管理措施。严禁盲目垦荒，过度放牧，过量开采和滥砍乱伐森林资源及滥捕滥猎野生动物。

（2）靠科学技术

经济建设要依靠科学技术，科学技术工作必须面向经济建设，这是国家的科技方针，说明了科学技术对经济建设的作用及其任务。新兴的环境保护工作更需要依靠科学技术。我国多数企业工艺技术落后，设备陈旧，经营管理不善，资源、能源综合利用率低，浪费大，污染严重。有许多行业的污染由于缺乏适合我国国情的行之有效的治理方案而得不到控制。生态破坏的控制和恢复也有待于科学技术提供管理依据和保护措施。对于已经破坏、将要破坏或尚未破坏的生态环境要分别采取不同的科学技术和保护手段。

对尚未破坏的生态环境：

1）建立自然保护区和物种基因库。据世界自然与自然资源保护联盟预测，到 2000 年，世界上由于污染和破坏，将有 50 万~100 万种物种消失，占全球物种的 15%~20%，这种损失是无法弥补的，它将是人类的悲剧。而建立自然保护区和物种基因库是保护自然的一种有效手段。保护区和基因库是保持基本的生态过程和生态系统的有效途径，也是保存遗传多样性、保证物种永续利用、保持生态系统动态平衡的积极措施。自然保护区和天然基因库的作用在于它是研究工作的理想场所，是大自然教育的天然课堂，是经营再生资源的物质基础。国外把建立保护区的数量以及保护区面积占整个国土面积比例的大小当作衡量一个国家是否重视物种保护、是否文明发达的标志。发达国家此比例都在 5%~10% 以上，我国争取 2000 年达到 5%。

对将要破坏的生态环境：

2）研究和控制生态环境的忍受度和自然资源再生能力之间的关系。森林采伐与更新之比，采伐率必须小于更新率；野生动植物资源的开发利用量不得超过其最低增殖量；草场的放牧不得超过最高载畜量；地下水的开采不得超过最低的补给量；旅游风景区的游客数量不得超过风景区或国家公园应有的环境容量等等。

3）生态环境与经济发展战略规划的研究。研究并提出一整套适合我国国情的生态经济规划理论与规划方法。

a. 在沿海地区，要根据海岸带和重点海域的自然环境条件、区域功能和经济发展的需要，编制合理开发利用海岸带和海域的规划，以保护其环境和资源。

b. 一切开发建设工程包括重要的铁路、公路、各种运输管线等开发工程，也要在编制环境影响报告书的基础上，采取维护生态环境的技术措施。

c. 矿山（包括露天矿）开发要少占土地，以保护资源和景观。事先应制订覆土及整治工程规划。

d. 森林、草原、沼泽及干旱、半干旱地区的开发除要执行环境影响报告书制度外，还应在功能评价的基础上，提出合理的开发建设规划以及落实规划所需的技术保证。

4）研究各类生态环境的评价方法、评价指标以及指标体系。对污染工程的评价方法和指标已研究较多，而对自然生态类型的评价指标及其方法的研究甚少，从而使对非污染生态工程实行"三同时"制度、编制环境影响报告书缺乏科学的方法和内容。加强各类生态系统评价指标及其方法的研究，为合理的区域开发和资源开发、控制生态平衡和自然环境的破坏提供管理上的理论依据。

对已经破坏的生态环境：

5）研究与推广适用于乡镇企业的污染治理技术。乡镇工业的蓬勃发展，对振兴农村经济、改善群众生活、加速村镇建度起了关键作用。但另一方面给农村带来了环境污染和生态破坏，这是当今我国环境工作中出现的又一新的问题。除了统筹规划、合理布局、因地制宜地调整产业结构、制定法律加强管理外，还必须在适用技术上提供行之有效的治理方案。

6）提供一整套自然环境综合整治的技术方案。

a. 开矿（露天矿）破坏了自然植被和景观，必须覆土造田、植树种草或蓄水养殖直至土地整治工程等。减轻和恢复土地资源和生态环境的破坏。

b. 土地沙漠化的综合治理技术方案。生物与工程措施相结合，特别是种树种草、乔灌草相结合，增加绿色覆盖率是一项生态环境综合整治的有效措施之一。

c. 研究和建立良性循环的农业生态系统。农业要实行集约经营，资源开发利用要与养护治理并重，保持物质投入与产出的恰当比例，发展农业资源的多次利用与循环利用的技术，使之废物资源化。发展农村产品适度加工技术，提高农林牧副渔等资源的永续利用水平，逐步建立良性循环的农业经济生态系统。

d. 发展多种实用的农村能源技术，包括太阳能、地热、沼气、风能转换装置、节柴灶、农户用的微型水电装置以及积极推广生物防治病害虫的技术。

（3）加强管理

李鹏总理曾经指出："我国面临的环境任务很重，但我们国家还不富裕，还不能拿出很多钱用于环境保护。实践证明，我国的很多环境问题通过加强管理是可以得到控制和解决的。基于这两点，我们必须把加强环境管理放在环保工作的首位。"加强管理是少花钱有效益的事，整治环境污染如此，控制生态破坏也同样如此。加强管理的内容很多，包括规划、计划、立法、宣传、教育、科研、监督以及机构的加强和人员的配备和培训等等，下面仅就自然保护方面作重点介绍。

1）自然环境保护须纳入规划和计划。各省（直辖市、自治区）和有关部门，必须把保护自然环境、维护生态平衡作为国民经济和社会发展的一部分来看待，将它提到议事日程上来。目前环保部门对于自然生态保护，讲起来重要，做起来不要，计划起来落空。说明自然保护与经济发展同步的问题还没有真正解决，必须通过各种渠道，并采取有效途径，把自然保护纳入规划之中，落实到计划中去。

2）突出环保部门的监督作用。突出监督作用是加强环境管理的重要一环，但是在发挥监督作用时还存在不少问题。

a. 对大型工程项目的环境污染和破坏容易控制，对于小型工程特别是乡镇工业的污染和破坏较难控制。

b. 沿海开放城市和地区实行环境监督管理时，有时是考虑经济效益多，而考虑环境影响不多。特别是合资联营或外商投资，往往坚持合理布局不够，或降低环境要求或以牺牲环境为代价以求得经济的迅速发展。

c. 自然资源的开发利用上，往往重利用、轻保护，只看眼前利益，缺乏对长远利益的考虑，监督作用发挥不大。因此，为了有效实行环境监督，还要相应采取一些措施。如再颁布一些必要的环境法规标准，加强环境管理机构的建设，提高管理水平，发挥群众及团体的监督作用等。实践证明，各地组织人大、政协代表进行环境监督检查，起到了极好的效果，各地区派代表团相互检查、监督也起到了一定的作用。

3）提高领导部门和决策者对自然环境保护重要性的认识。国务院《关于在国民经济调整时期加强环境保护工作的决定》中指出："保护环境和自然资源，是一项重要的国民经济工作，管理好我国的环境，合理开发利用自然资源，是现代化建设的一项基本任务"，"各级人民政府要把环境保护工作作为自己的一项重要职责，切实抓好。"广东顺德县环保工作之所以搞得好，就是按照这个要求办的。他们的做法是：①结合环境污染和生态破坏，学习有关环境保护的方针、政策和法规，不断提高认识，把它作为县的重要工作来抓。②把环境保护工作列入重要议事日程。③领导亲自过问环境保护工作，并亲自调查、亲自监督。④积极支持环保部门的工作。顺德县的经验说明：造成环境污染与破坏的原因是多方面的，有资金、技术等实际问题，但更重要的是认识问题。

4）大力开展宣传、教育。

a. 宣传自然保护是国民经济和社会发展的重要组成部分，是经济和社会发展的物质基础。

b. 宣传自然生态问题是一个战略问题，如果说污染问题是涉及这一代、下一代为人民造福的事业的话，那么自然生态问题是世世代代的事，它比防治污染环境具有更广、更深的意义。

c. 宣传确立生态观、资源价值观和持续发展的观点。

5）积极宣传和贯彻《中国自然保护纲要》。《中国自然保护纲要》是我国第一部保护自然资源和自然环境的纲领性文件。该纲要明确地表达了我国政府对保护自然环境和自然资源的观点及其政策，系统地阐明了自然保护在我国现代化建设中的地位和作用，论述了我国当前陆地和水域存在的重要环境问题及应采取的防治对策，说明了各种自然资源和各类地区在开发和保护工作中所应遵循的基本原则。纲要对我国自然保护工作起到了指导作用，为国家和地方各级政府制定经济、社会发展和自然保护的方针、政策、法令和规划提供了科学依据。此外它还是普及自然保护知识和科学研究的宝贵的教材和参考文献，对提高我国人民的环境意识起着积极的作用。

中国的自然保护区[*]

一、中国建立自然保护区的必要性

中国幅员辽阔、气候多样、自然条件复杂，蕴藏着丰富的物种资源和千姿百态的地貌景观。

中国野生植物种类丰富、独特，据统计苔藓植物约有 2100 种，蕨类植物约有 2600 种，裸子植物近 300 种，被子植物有 25 000 多种，共计 30 000 多种，约占全世界种数的 10%；中国野生动物分布范围广，且种类繁多，陆栖脊椎动物有 2130 多种，占世界种数的 9.5%，无脊椎动物包括昆虫在内，粗略估计不下 100 万种。由于独特的自然历史条件，特别是自第三纪后期以来，大部分地区未受冰川覆盖的影响，使中国的动植物区系具有自己的特色，它保留了许多在北半球其他地区早已灭绝的古老孑遗的种类和一些在发生上属于原始的或孤立的生物类群，因此特有属、种十分丰富。野生植物中约有 200 属为中国所特有，例如银杉、珙桐、银杏等；野生动物中的大熊猫、金丝猴、白唇鹿、麋鹿、黑颈鹤、白鳍豚、扬子鳄、中华鲟等为中国特有。但由于我国人口的增长和工业的发展，所需资源的供求量超过了生物资源增殖的速度，再加上人们开发活动的不当，包括乱砍滥伐森林、盲目地开垦草原、不合理的开发沼泽、过量地猎捕动物等，致使许多野生动植物种遭受破坏和灭绝。栖息环境的改变和破坏，是多数野生动植物种灭绝或濒危的主要原因。

为了保护物种和资源的永续利用，中国政府已制定了经济发展与环境保护协调发展的方针，将自然资源合理开发及充分利用作为环境保护的基本政策。除了必要的方针、政策和立法以外，建立自然保护区是保护物种特别是保护珍稀物种的有效手段，保护的目的是使资源得到永续利用，为国民经济发展提供雄厚的物质基础。自然保护区的经营方针应该是逐步走自力更生的道路。自然保护区应该是天然的基因库、天然的博物馆，还应该是科学研究的基地、大自然教学的课堂、生产经营的实验室和旅游的好场所。同时自然保护区对于维持生物圈的生态平衡、保持水土、涵养水源、调节气候、改善人们生活环境、促进农牧业生产和国民经济发展都具有极其重大的意义。

---

* 金鉴明，王礼嫱.1992.中国的自然保护区.见：自然环境保护文集.北京：中国环境科学出版社，201~206.

二、中国各类自然保护区的建立

1. 自然保护区发展现状

中国自然保护区建设开始于 1956 年，至今有 30 年的历史，大致可分为：萌芽期（1956～1965 年），开始建立阶段；停滞期（1965～1976 年），10 年动乱，已建立的自然保护区普遍遭受严重破坏；发展期（1978 年至今），自然保护区进入恢复发展阶段，表现在，自然保护区数量迅速增加，类型逐渐丰富，自然保护区的建设和管理水平不断提高。据 1985 年统计，中国自然保护区的总数已达 360 多个，总面积 20 万平方公里，约占国土面积的 2%。除了森林类型外，草原、水域、湿地、荒漠、地质地貌等类型的自然保护区正在逐步建立。中国已初步形成了布局合理、类型齐全、有一定数量的自然保护区网。

中国的自然保护区事业虽然有了一定的发展，但是与中国丰富多样的自然条件和数量众多的物种相比，与经济发展的要求相比，尤其是与国际上自然保护事业发展较早的国家相比，尚有很大差距，还需要进一步加快自然保护区建设步伐，促进自然保护区事业的不断发展。

2. 各类自然保护区的建立和原则

中国自然保护区按其资源类型可分为森林、草原、湿地、海涂、地质地貌及特殊类型（沙漠、岛屿）的自然保护区；按其保护对象和性质又可划分为原生环境、次生环境、生物种源、地质遗迹、资源管理、国家公园等六类自然保护区。下面我们依据其保护对象和性质的划分，各有侧重的作一简略介绍：

（1）原生环境自然保护区

系指为保护各大自然区域内，不同自然地带中，有代表性的、原始的、各种类型的自然综合体及其生态系统而建立的自然保护区。例如：

1）阿尔金山自然保护区。阿尔金山自然保护区位于新疆维吾尔自治区东南部若羌县阿尔金山以南，面积近 45 000 平方公里，是中国已建自然保护区面积最大的一个。该保护区海拔高度平均为 4500 米，四周高山耸立，形成一个高原盆地。区内有众多湖泊、河流、沼泽和大面积沙漠，此外还有景象万千的古岩溶地貌和罕见的岩溶套叠冰川地貌。生物群落独特，有许多珍稀动物和植物，尤其是大型的高原有蹄类动物如野牦牛、藏野驴、藏羚羊约 10 万只，群集量很大，举世罕见，其他还有盘羊、雪豹等 16 种属国家重点保护的动物。该区是一个原始的、高原生态系统结构和功能完整的自然保护区。

2）长白山自然保护区。位于吉林省安图县，面积 190 000 公顷，平均海拔 500～1100 米，是温带到寒带主要植被类型的缩影，是欧亚大陆北半部山地生态系统的典范，是一座生态系统保持较完整的天然博物馆。自然保护区内有 300 多种野生动物，其中兽类约 50 多种，有许多是国家重点保护动物，如东北虎、梅花鹿、金钱豹、紫貂、黑熊等；鸟类约 200 种，占长白山动物总数 2/3；还有古老的残遗植物如红松、黄檗、水曲柳等，珍贵稀有的濒危植物如冷杉、臭冷杉、黄花落叶松、红皮云杉等。

3）武夷山自然保护区。位于福建省北部，总面积约 57 257 公顷，平均海拔 1200 米，它包含了多种生态系统，是中国中亚热带山地的代表，世界罕见的物种基因库。自然保护区中约有哺乳动物 100 余种，占全国同类动物总数的 1/4，鸟类 400 余种，几乎占全国总数的 1/3；全国昆虫共 32 目，武夷山所采到的就占 31 目，估计有 20 000 余种昆虫；两栖爬行动物约 100 余种，据统计在武夷山发现的新种约有 600 多个，因此武夷山自然保护区很早就成为世界关注的动物模式标本产地。

4）梵净山自然保护区。位于贵州省印江、江口、松桃三县交界处，总面积 38 743 公顷，位于群山叠翠的宝地之中。梵净山被认为是我国黄河以南最古老的台地，这里保存了距今 7000 万年至 200 万年前第三纪、第四纪的古老动植物种类及丰富的生物资源，它有完整的山地垂直带谱和丰富而古老的生物类群，构成当今世界上少有的亚热带完整的生态系统。大灵猫、鬣羚、华南虎、黔金丝猴距今约 300 万年前就存在，这些与大熊猫同时代的珍贵动物，都被列为国家一类保护动物。

5）鼎湖山自然保护区。位于广东肇庆市东北郊，靠近北回归线，地处亚热带向热带过渡的地带，总面积 1133 公顷，是中国南亚热带森林中保存得比较完整的亚热带季风常绿阔叶林，而在同纬度的世界其他地区却是沙漠和稀树草原。该自然保护区约保存有 2000 余种高等植物和数以万计的动物种类。野荔枝、格木、观光木等珍贵稀有植物有 20 种，其中材质坚硬国家一类保护植物格木在中国亚热带地区不多见，而在鼎湖山自然保护区却成片分布，其木质坚硬，可与广西弄岗自然保护区的蚬木相比美。自然保护区内属国家重点保护的珍贵动物有豹、鬣羚、苏门羚、白鹇等。

（2）次生环境自然保护区

系指为保护各大自然区域内，不同自然地带中，有代表性的原生生态系统已遭破坏，但加以保护即可恢复的地区而建立的自然保护区。例如黑龙江的牡丹峰天然次生林自然保护区，面积 40 000 公顷；甘肃省小陇山麦草沟青枫次生林自然保护区，面积 3507 公顷，是青枫次生林及其生境；吉林省查干泡自然保护区，面积为 50 000 公顷，是遭破坏尚能恢复的碱化草场及珍贵水禽迁移地；河南省太白顶自然保护区，面积为 3533.3 公顷，是已遭破坏但可恢复的自然生态系统，有珍稀动植物和水源涵养的自然生态系统。

（3）生物种源自然保护区

系指为保护某种特定的生物资源或植被类型，特别是一些珍贵、稀有、濒危动物、植物种而建立的自然保护区。例如四川卧龙自然保护区，面积 200 000 公顷，王朗自然保护区，面积 27 700 公顷，甘肃的白水江自然保护区，面积 95 292 公顷，都是以保护大熊猫等珍稀动物为主的自然生态系统保护区；黑龙江省扎龙自然保护区，面积 42 000 公顷，江苏盐城沿海滩涂珍禽自然保护区，面积 40 000 公顷，是以丹顶鹤为主要保护对象的自然保护区；南湾珍贵动物自然保护区，面积 933 公顷，是以保护猕猴为主的自然保护区；大田珍贵动物自然保护区，面积 2533 公顷，邦溪珍贵动物自然保护区，面积 333 公顷，均是为保护海南坡鹿而建立的自然保护区；安徽扬子鳄自然保护区，是以保护扬子鳄及其栖息环境为主的自然保护区等等。以保护珍稀植物为主的自然保护区，如广西花坪自然保护区，面积 21 100 公顷，四川金佛山自然保护区，面积 900 公顷均，是为保护被称为植物中的大熊猫——银杉而建立的自然保护区；贵州赤水桫椤自然保护区，面积 900 公顷，则是为保护孑遗植物桫椤而建立的自然保护区；广西金花茶自然保护区、湖北保康野生腊梅自然保护区等则是为了保护珍稀植物种而建立的自然保护区。

（4）地质遗迹自然保护区

系指为保护地质地貌方面有科学、游览价值的自然遗迹而建立的自然保护区。

1）五大连池自然保护区。位于黑龙江五大连池市，面积 70 000 公顷，以五个堰塞湖和 14 座火山为中心的火山熔岩地貌和丰富的矿水资源而著称于世。火山爆发形成的 14 座火山锥及 5 个串珠式的堰塞湖构成的火山地貌以及伴随着火山爆发而喷发出的熔岩流及岩石碎块形成了石龙熔岩、熔岩瀑布、翻花熔岩、喷气穴、喷气锥等仪态万方的火山遗迹，同时，喷发击的熔岩、碎屑、气体等冷却后形成了火山熔岩、火山砾、浮石、矿泉等丰富的矿产资源。因此与世界同类地区相比，五大连池具有较高的典型性和代表性，不愧为举世罕见的火山博物馆。

2）天津蓟县中、上元古界地层剖面自然保护区。天津蓟县中、上元古界地层剖面位于燕山山脉南缘，标准剖面长达 20 公里。这个闻名于世界的地层剖面真实地记录了距今 8 亿～19 亿年间地球早期的演变历程及重大地质历史，储存着反映当时的古地理、古气候、古生物、古构造、古地磁等大量的自然信息以及各种金属、非金属矿产资源。

蓟县地层剖面自北向南、由老而新展布，并以其地层出露连续。顶底界面清楚、层序齐全、构造简单、变质极浅和古生物化石丰富、厚近万米、完整程度世界罕见的特点，于 1959 年被定为中国中、上元古界标准剖面。

3）武陵源地质自然保护区。该保护区位于湖南省重点生态保护地区，它与慈利县的索溪峪和桑植天子山两个风景区及张家界国家森林公园这三者同属一个完整的环境地质自然单元，面积 330 平方公里。

本区大地构造单元属江南古陆，系桑植复向斜和武陵山隆起带中段。从前震旦系至第四系仅缺失石炭系层位，地层出露齐全，沉积建造完整，化石丰富，地质构造发育，地貌奇特，石英砂岩峰林景观为国内外罕见。

武陵源地区在漫长地质历史时期内，由于地球内、外地质营力的作用，雕塑成"峰三千，水八面"的奇特重力地貌景观，与各种地质历史遗迹的微妙组合，构成了它"野"、"奇"、"秀"、"幽"、"险"的优美风光，成为中国以地质内容为基调的第一流地质风景保护区和世界上难得的科学及探险基地。

4）云南石林自然保护区。距昆明市 100 公里，面积 9000 公顷，属岩溶地貌景观，是著名的游览胜地。

5）苍山、洱海自然保护区。位于云南大理市，面积 70 000 公顷，是断层湖泊、弓鱼、古代冰川遗迹的保护地。

（5）资源管理自然保护区

系指为合理管理该区域内的可更新资源等，使之得以永续利用，并可作为林场、牧场、渔场、猎场等合理利用其资源的范例而建立的自然保护区。

资源管理自然保护区是利用和保护相结合的典范，它有明显的经济效益，如黑龙江黑峰自然保护区、新疆伊犁黑峰资源保护区、黑龙江逊克车陆湾子岛保护区和黑龙江逊克库尔滨自然保护区均是为保护野生五味子、都柿资源而建立的自然保护区。

（6）国家公园

系指为保护比较完整的自然综合体或自然生态系统，景观秀丽，适合于游览的地区而建立的自然保护区。

1）四川九寨沟自然保护区。位于四川省南坪县岷山山脉南麓，面积约 60 000 公顷，是一条纵深 60 多公里，雄伟旖旎的山谷，108 个清澈透明、形状各异的高山湖泊像一连串念珠一样分布在山谷中，众多壮观的瀑布从座座山巅飞流直下，与茂密碧绿的森林，怡然自得的大熊猫、金丝猴、羚牛、水獭、天鹅等野生珍稀动物交相辉映，构成了秀美、奇特、壮观的美丽风光。因此，它是中国第一个以保护自然风景为主要目的而建立的自然保护区。

2）庐山自然保护区。位于江西九江市，面积 30 493.3 公顷。它是自然景观、风景名胜、冰川遗迹、古树、石灰岩溶洞融为一体的自然综合体，也是旅游的胜地。

3）小武夷山风景保护区。位于福建省建阳、崇安、光泽三县交界处的武夷山自然保护区南部，素以山、水、林相互映衬而构成的南国秀丽风光而著称。由于武夷山整个断裂构造发生不均衡的抬升与下降，姿态万千的奇峰异石拔地而立，红层丘陵景观、九曲溪、泉水、瀑布构成了奇秀甲东南的小武夷风景区。

此外，四川缙云山自然保护区、辽宁千山自然保护区、江西井冈山自然保护区等都是以自然景观和风景游览为目的而建立的自然保护区。

三、为开展自然保护区工作所采取的措施

我国政府十分重视自然保护区的建设，把自然保护区事业看作国民经济发展的组成部分。为了保护和发展自然保护区事业，我们采取了下列措施。

1. 把保护野生动植物和建立自然保护区工作纳入国家计划

中华人民共和国国民经济和社会发展第七个五年计划第五十二章环境保护篇章中指出：保护和改善生态环境是基本任务，根据需要和可能，增建自然保护区，逐步在全国范围内形成布局合理、种类齐全的自然保护区网。建立一批珍稀濒危物种的培育繁殖基地和基因库，并以贯彻环保方针、政策，加强环境管理，必要的资金保证作为主要措施以实施"七五"计划。

2. 制定有关条例和法令

国家已颁布了森林法、环境保护法、草原法、土地法、海洋保护法、水产资源保护条例、森林类型自然保护区和野生动物保护条例等，正在拟定动物法、濒危植物保护条例，以及相应的动物红皮书、植物红皮书、自然保护区条例等。

3. 开展宣传教育和培训人才

每年 3 月 12 日定为全国植树节，在这一天亿万群众进行植树活动，通过爱护树木花草的宣传，使全国性的植树运动定期持续地开展。此外每年春季 4～5 月进行全国爱鸟周

活动，各地通过爱鸟展览、电视电影、报刊杂志、群众大会和学术报告等各种形式的宣传活动，使全民接受一次爱护野生动物教育。同样在每年 6 月 5 日世界环境日也开展类似的宣传活动。把环境教育渗透到学校的各科教学中去是长远之计。除了课本教学外，还结合地学与美术，让学生画出世界各大洲的珍禽异兽分布图与中国自然保护区的分布图。夏天，在中小学举办的学生夏令营活动时也进行类似的环境保护教育。

4. 在保护区内开展科学研究工作

新中国成立以来，结合国民经济建设的需要，国家组织了一系列大规模的综合考察。通过考察，基本查明了大部分地区的自然环境的特点与自然资源的数量、质量及其分布。在开展全国性的物种普查工作的基础上，逐步摸清了有经济和科研价值的野生动植物主要种类。特别是濒危物种的分布情况及其数量，并查清了已建和拟建自然保护区的生态环境，在保护区内如云南西双版纳、广东鼎湖山、广西花坪、吉林长白山、内蒙古白音格勒等建立了定位观察站和生态监测工作。同时，在各地带建立濒危动植物物种基因库，例如关于濒危植物物种的有广西濒危植物金花茶繁殖基地、杭州濒危植物鹅耳枥繁殖基地、湖北野生腊梅基地等；关于濒危动物的有黑龙江扎龙和江苏盐城的丹顶鹤繁殖地、贵州草海黑颈鹤繁殖地、安徽和湖北白鳍豚保护地、北京麋鹿研究中心的野生麋鹿放养繁殖地等等。此外，银杉的更新繁殖、麝鼠引种散放、蛤士蟆的放养增殖都取得了科学研究上的成功。

5. 开展国际合作

近 1～2 年内与国际组织开展了如下合作项目：与世界自然基金会（WWF）在四川卧龙自然保护区建立了大熊猫研究中心，并开展了对大熊猫的生态学和行为学的研究工作；与世界自然与自然资源保护联盟（IUCN）共同对新疆阿尔金山自然保护区进行野外考察；和美国内务部鱼类野生动物局开展森林类型自然保护区和森林野生动物的合作研究；同法国互访和考察自然保护区的经营管理；与英国乌邦寺公园合作研究麋鹿的野生放养和种群生态学；中日共同繁殖朱鹮的后代；和 WWF、IUCN 举办大自然保护的培训班等等。国际交往，有利于中国自然保护事业的发展。

四、展　望

近年来，由于国家重视自然保护事业，自然保护区和物种基因库的建设获得了较快的发展，一些濒危的珍稀动植物种也得到了比较有效的保护。据估计，到 2000 年自然保护区总数将达 500 处，总面积约 3600 万公顷，占国土面积的 4%，此外还将兴建森林公园 30 处，面积 180 万公顷，占国土面积的 0.2%。

估计到 2000 年时，中国珍稀动物麋鹿、野马等将重新建立种群；大熊猫、黑颈鹤、丹顶鹤、扬子鳄、野象等濒于灭绝的动物数量将会有所增加；珍稀濒危植物估计到 2000 年不会有灭绝的危险，因大部分国家确定的重点保护对象都在自然保护区内，仅 40 种在外，占重点保护植物总数的 11.6%，其中 10 多种已进行了引种栽培，另 20 种的种群数量尚多。

中国的珍稀物种丰富多样，它不仅是中国的自然宝库，也是全人类的共同财富，因此它获得了有关国际组织和专家的关注与重视。这些世界遗产具有许多自然奥妙等待着人类去探索和开拓；它还有许多古老的孑遗物种和未知的动植物新种等待着人们去发现和研究。随着社会的发展、技术的进步、研究的深入，相信中国的自然保护工作和保护区的建设将逐步得到加强和发展，并将对世界的大自然保护事业做出应有的贡献。

全球性环境保护浪潮[*]

一、全球环境问题的产生及其发展

自然环境是人类赖以生存的基本条件。科学技术的发展，大大提高了人类改造自然的能力，丰富了人类物质文化生活。然而，人们担心，人口增长、污染加剧、资源衰竭将会进一步导致生态危机。于是，人口、资源环境及其发展关系，就成为举世瞩目的全球性问题。

1986年12月8日在莫斯科召开的世界环境和发展委员会第七次会议上，该委员会主席布伦特兰提出："目前对生态平衡的破坏完全可能对地区性和全球性安全构成威胁。"她认为，保护环境应成为世界各国谋求发展的一个组成部分，各国政府在制定政策方针时应注意生态问题。

20世纪五六十年代，一些发达国家相继出现了严重威胁生态环境的公害事件。各国政府不得不付出巨额投资，制定各种保护环境的法令、法规，建立并加强环境保护机构，研究开发环境保护技术等措施来治理污染。到70年代后期，发达国家的环境质量已有明显好转。最近几年，在不断强化环境保护法规的同时，发达国家已开始从整个生态系统角度考虑环境问题，开展环境规划的研究，制定协调经济发展和环境保护的长期政策，重视自然资源的合理利用和持续利用。有的国家提出要编制生态规划，即在编制国家和地区的经济发展规划时，综合考虑当地的地球物理系统、自然生态系统和社会经济系统；遵循生态规律，既发展经济，又不使当地的生态平衡遭到更大的破坏。

但是，现代工业生产与自然环境之间的物质交换仍在以惊人的速度发展。一方面，许多国家和地区出现了过度消耗土地、森林、能源、淡水和其他自然资源的现象，尤其是对动植物可再生资源的开发利用，已使之难以恢复再生。另一方面，向环境排泄的废弃物不断增加。据估计，全世界每年排入环境的 SO_2 废气达1.5亿吨，废水4000多亿吨，固体废弃物超过30亿吨。有些废弃物包含难以降解的有毒物质，任其扩散、迁移、累积、转化，会不断恶化生态环境，严重威胁人类和其他生物的生存。

酸雨的问题、臭氧层破坏的问题、世界气候变暖的问题等已成为世界性的、当前人类面临的重大问题。

* 金鉴明.1993.环境保护知识讲座——全球性环境保护浪潮（上）.生物学通报，28（5）：24~28；金鉴明.1993.环境保护知识讲座——全球性环境保护浪潮（下）.生物学通报，28（6）：23~24.

1987 年 4 月 27 日，联合国环境与发展委员会向全世界公开发表了一份题为"我们共同的未来"的长篇报告，该报告引用大量历史资料和统计数字，全面地阐述了当今世界面临的 16 个严重的环境问题：①人口激增；②土壤流失和土壤退化；③沙漠日趋扩大；④森林锐减；⑤大气污染日益严重；⑥水污染加剧，人体健康状态恶化；⑦贫困加深；⑧军费开支巨大；⑨自然灾害增加；⑩大气"温室效应"加剧；⑪大气臭氧层被破坏；⑫滥用化学品；⑬物种正在以前所未有的速度从地球上消失；⑭能源消耗与日俱增；⑮工业事故不断发生；⑯海洋污染严重。上述情况表明，人类正面临生态环境问题的严峻挑战。

世界的环境问题可归纳为十大问题，即：①CO_2 的增加引起气候的变化；②酸雨的危害；③臭氧层被破坏；④有毒有害的化学品；⑤水荒和水污染；⑥沙漠化的蔓延；⑦土壤侵蚀和水土流失；⑧热带雨林的严重破坏；⑨野生物种的消失；⑩人口和都市化对环境的压力。

当前，世界共同关注的生态环境问题主要有以下几个方面。

1. 森林破坏严重

森林是最大的一种陆地生态系统，是维护陆地生态平衡的枢纽，它对于人类文明的发展产生过并继续产生着巨大影响。

历史上地球森林面积一度多达 76 亿公顷，19 世纪减少到 55 亿公顷，到 1980 年减少到 43.2 亿公顷。1985 年全世界森林面积又减至 41.47 亿公顷，其中发达国家森林面积 19.2 亿公顷，占土地总面积的 35%；发展中国家 22.27 亿公顷，占土地面积的 29%。全世界每年损失森林面积 1800 ~ 2000 万公顷。

目前，全世界热带森林面积为 30 亿公顷。自 1976 年以来，全世界每年砍伐密林 600 ~ 800 万公顷，疏林 400 万公顷，其中，非洲每年砍伐阔叶林 130 万公顷。1985 年一年中，拉丁美洲砍伐森林 400 万公顷，到 2000 年，全世界至少要损失 2.2 亿公顷的热带森林。

2. 土地资源丧失

土地资源是人类生存和发展的摇篮和襁褓，是人类最基本的环境资源。

随着森林的砍伐，土地沙化和土壤侵蚀日趋严重。目前，全世界沙漠化面积达 40 多亿公顷，100 多个国家受其影响，如非洲撒哈拉地区，干旱地面积 47 亿公顷，沙漠占 88%；西亚地区干旱地面积 1.4 亿公顷，沙漠占 82%；南美洲干旱地面积 2.9 亿公顷，沙漠占 71%。据联合国估计，非洲 40%、亚洲 32%、拉丁美洲 19% 的非沙化土地受到沙漠化的影响。

因沙漠化扩展，全世界每年损失土地 600 多万公顷，其中包括草地 320 万公顷，靠雨水浇灌的农田 250 万公顷，人工浇灌的 12.5 万公顷。有史以来已经损失土地大约 20 亿公顷，比目前全球耕种的土地还要多。1975 年世界人均耕地 0.31 公顷，到 2000 年将下降到 0.15 公顷，即减少一半。在 20 世纪 70 年代初，每公顷耕地养活 2.6 人，到 2000 年需养活 4 人。可见人均土地资源下降之快。

据联合国粮食及农业组织估计，全世界30%～80%的灌溉土地不同程度地受到盐碱化和水涝灾害的危害。由于侵蚀而流失的土壤每年高达240亿吨。这些土壤经过河流淤积在湖泊、水库和海洋，所到之处不会带来任何好处，还可能会产生危害。科学家们悲观地估计，到20世纪末，世界人均耕地土层将比现在减少1/3。有人认为，在自然力的作用下，形成1厘米厚的土壤需要100～400年的漫长岁月。土壤侵蚀是一场无声无息的环境危机，是一场还没有为人们充分认识的环境灾难。这种灾难所带来的不仅是土壤的退化，而且还有人类生活质量的下降。

3. 淡水资源紧缺

地球上水的储量很大，总计约为140×10^{16}立方米，其中97%分布在海洋中，但海水不能直接饮用，也不能用于灌溉。此外，大部分淡水分布在两极冰盖和高山冰川之中。而湖泊、河流、地下水、大气中和生物体内的水还不足全球水量的1%，但正是这部分少少的淡水资源构成了人类赖以生存的淡水的主要来源。其中，淡水湖、淡水河的水只占总水量的0.0093%。这些水中，又有2/3被蒸发掉，只有1/3，即大约37.5×10^{12}立方米，再加上适量抽取的地下水，来满足工业、农业和生活用水的全部需要。进入20世纪以后，全世界用水量急增。其中农业用水量增长了7倍，工业用水量增加了20倍，生活用水量仅1960～1975年就翻了两番。目前世界淡水的消耗量，正以平均每年递增4%的速度增长。有关预测认为，到2000年，全世界用水量可能达到60×10^{12}立方米。与1975年相比，增加2～3倍。耗水量的增加、水污染的加剧以及水资源的浪费，导致全球性的水源危机。过量开采水资源，不仅破坏了水的正常循环和水生态平衡，而且造成地面下降。

随着现代工业生产的发展和大城市的兴起，工业废水量和生活污水量急剧增加，全世界每年排出的污水量约4000多亿立方米，造成55 000多亿立方米水体的污染，占全球总径流量的14%以上。据联合国调查统计，全世界河流稳定流量的40%受到污染，有的国家受污染的地表水达70%。目前，全球淡水不足的陆地面积约占60%，全世界约有20亿人口面临饮用水紧缺，10亿以上的人口饮用被污染的水。

对水的浪费，也很惊人。日、法、美一些大城市中，每人每日用水量达到400～600升，但仅漏水一项，就占全部用水量的10%～15%。在工业用水中，99%的水没有进行处理重复使用，而是当做废水全部排掉。水的时空分布不均也造成水的极大浪费。

4. 野生物种的消失

美国世界资源研究所和国际环境与发展研究所最近公布的1986年世界资源报告指出，目前世界上已经鉴定的物种有170多万种，其中哺乳动物4200种，鱼类21 000种，鸟类8700种，爬行动物5100种，维管植物有25万种。

美国鱼类和野生动物管理局每年都公布一张濒临灭绝的野生动植物表。该组织宣称，他们的表格越编越大，已有900多种野生动植物列于该表之中。伦敦环境保护组织"地球之友"指出，目前地球上每天至少有一种生物灭绝，到20世纪90年代会增加到每小时消失一种，这样，到2000年将有100万种生物在地球上消失。

生物种消失的主要原因是世界人口的剧增和森林资源不合理的开发和破坏。人口的增长、生产的发展引起供需矛盾的突出，特别是都市化的发展引起居住和食品的矛盾，城市和部分发达地区变得非常拥挤，迫使人们去开拓那些原始地区和原始森林，每年有 1000 多万公顷的热带森林被毁掉。巴西的热带森林已有半数遭到破坏就是明显一例。

科学家们预言，如果热带森林从地球上消失，将有 80% 的植物和 400 万种物种随之消失。此外，湿地锐减、商品狩猎、粗放耕作、大气、水源和土壤污染等都造成对动植物的摧残。

5. 人口对环境的压力

地球孕育了人类，并为人类提供生存环境和一切必需的资源。人类在征服自然的过程中可以创造美好的环境和现代化社会，然而人口的激增给人类自己的生存环境造成了巨大的压力，如加以掠夺式的经营和违反自然规律的行径，人类将自处逆境、自毁家园。

《公元 2000 年的地球》预测，到 20 世纪末，世界人口总数将增至 63.5 亿，即每年将增长 1 亿人，生活在发展中国家的人数将达到 50 亿。

人口发展的另一个趋势是大量农村人口移居城市，使城市人口猛增。1985 年城市人口占世界人口的 41.6%，而在 1960 年仅占 33.6%。到 2000 年，地球上半数以上的居民（32 亿）将生活在城市地区。城市人口的增加，给住房、卫生设施、食物供应等增加了困难，并带来严重的城市生态环境问题。一些发达国家面临着住房不足和"四害"威胁。发展中国家一半人居住条件差，生活设施缺乏基本保证，造成严重的健康问题。

此外人口问题对土地资源、森林资源、野生动植物、能源、水资源、气候、工业发展、生活水平等都有极大的影响。

人类社会要生存和发展，就必须连续不断地进行物质资料的再生产。生态环境诸因素是社会的自然财富，是发展生产的物质基础，构成生产力的要素。但是，由于人们对"人口与资源、环境"的相互依存关系缺乏足够的认识，人口无限制地增长，社会生产中滥用环境资源，因而导致生态环境的破坏。

1972 年在斯德哥尔摩召开的联合国人类环境会议向全世界提出了"只有一个地球"的警告，让人们要为保护人类唯一的生存环境——地球而斗争。

除此之外，科学家对影响全球的酸雨危害、臭氧层被破坏以及 CO_2 浓度不断增加将导致地球平均温度明显上升等问题也不断发出警告。

6. 大气臭氧层破坏问题

自 1970 年以来，大气同温层中的 O_3 总量在不断减少。特别是 20 世纪 70 年代中期以来，根据卫星监测的结果，在南极洲上空，O_3 总量在春季（即 10 月）浓度减少约 25% ~ 30%，近年来南极上空已出现了一个直径上千公里的臭氧层空洞（地球同温层 O_3 平均含量高于 250 个多布森单位，而空洞中 O_3 平均含量低于 200 个多布森单位）。

O_3 可以减少太阳紫外线对地表的辐射，当大气中臭氧层被破坏后，照射到地面的紫外线将增加，引起人类身体的各种疾病，并影响动植物的生长。据研究，O_3 浓度降低 1% 会导致皮肤癌发病率增加 4%。迹象表明，阳光紫外辐射是恶性黑瘤的成因之一。

臭氧层的破坏，主要是由氯氟烃类物质的长期排放和积累所引起的，还有 N_2O、CH_4

等气体也都是破坏 O_3 的物质。而氯氟烃类物质的生产和消耗主要是在发达国家,有资料表明,全世界氯氟烃类物质的消耗量,美国占 28.6%,欧洲共同体占 30.6%,原苏联和东欧占 14%,日本占 7%,发展中国家总量仅占 14%,我国不足 2%。

臭氧层的改变将严重威胁人类的健康和产生其他危害,这已引起国际社会的普遍关注。1985 年 3 月世界各国通过了《关于保护臭氧层的维也纳公约》,联合国正式宣布该公约自 1988 年 9 月 22 日起生效。到 1988 年年底,已有 36 个国家正式批准了该公约,中国政府也已同意加入《维也纳公约》。1993 年 3 月份,欧洲共同体成员国的环境部长在布鲁塞尔开会,一致通过在 20 世纪末全部停止生产、使用氯氟烃类物质。

7. "温室效应"及全球气候变化

"温室效应"是由 CO_2 及其他诸如 N_2O、CH_4、氯氟烃类以及 O_3 等温室气体的排放浓度增加所引起的,其中,CO_2 是最主要的原因。而 CO_2 浓度的剧增主要是化石燃料的燃烧和森林的毁坏所致。一方面,全世界化石燃料消耗量占一次能源消耗的 87%,每年排入大气的 CO_2 达 50 亿吨,并逐年递增。大气中的 CO_2 含量已从 19 世纪中叶的 260~280ppm 增加到目前的 340ppm。据预测,21 世纪中叶还可能达 600ppm。另一方面,森林的严重砍伐加剧了 CO_2 浓度的增加。森林植被的光合作用可吸收 CO_2、释放出 O_2,对 CO_2 浓度起调节作用。但是,热带森林主要集中在近赤道地区的发展中国家,由于人口增加、不适当的毁林开荒,森林面积逐年下降。同时,在烧毁森林时,还向大气释放出大量的 CO_2。

CO_2 含量的倍增,将导致全球气候的逐渐变暖,而气候变暖将会给人类带来许多灾难。气候变暖将使冰川融化,海平面上升。据估计,到 2100 年时,全球海平面将会升高 144~217 厘米,这将使许多沿海地区被淹没。气候的变化也会改变降雨和蒸发体制,影响农业和粮食资源的生产。降雨量的变化使部分地区更加干旱,或更加雨涝,并使植物病虫害增加。气候变化还能改变大气环流,进而影响海洋水流,导致富营养地区的迁移、海洋生物的再分布和一些商业捕鱼区的消失。所以,气候变暖将影响整个全球生态系统。

同样,气候变暖也引起了全球范围内的广泛注意,一些控制 CO_2 释放浓度的国际性措施和合作也正在进行,特别是在改变能源结构、发展核能和可再生能源(如水、电、太阳能、风能)等方面,植树造林、扩大森林覆盖率等方面也都日益受到各国政府的重视。

8. 酸雨的危害

酸雨也是一项全球性环境问题。目前,世界上有许多地区,酸雨对环境的污染已越过了国境,而且这一问题已有十多年的历史。最严重的地区是北美和欧洲。

形成酸雨的一个重要原因之一是烧煤发电厂排出的 SO_2。酸雨使湖泊水质酸化,造成鱼虾死亡和灭绝;在陆地上,酸雨使土壤酸化,造成森林受害。最近的研究指出,在美国东北部,雨雪的 pH 已降到 4.0~5.0,由于水质酸化,已经消灭了那里湖泊河流中对酸敏感的水生生物种群,减少了绿色植物(第一生产者)的产量和破坏了酸化湖泊中的营养食物网络。酸性沉降物对陆生生态系统的影响,增加了植物表面或森林土壤中化学元素的淋沥量。有机物与无机物从植被和土壤中淋沥出来是陆生生态系统的一种自然功能。营养物的溶出会影响土壤的结构、通气性、渗透性以及离子交换能力。这些溶出物还影响土壤的微量有机物含量与状况，从而降低土壤的肥力，并使植物对害虫与疾病的抵抗力受到不良影响，使大批森林遭到毁坏。普遍认为，酸性沉降物对农作物、水生生物、建筑材料和文物古迹都是有害的，对人体也有影响。例如 1971 年，日本关东地区就出现过因酸雨使人眼睛受刺激、产生咽喉刺痛等症状的事件。

由于酸雨的严重污染和危害，各国都纷纷采取防治对策。各国的电力专家，都对酸雨问题采取了积极的措施。在火力发电厂，安装了许多防治公害的设施，如安装烟气脱硫装置就是一个十分有益的措施。一些国家如美国以法律形式规定了电力部门的脱硫装置。另外，为解决酸雨问题，开始实施了一些具体的国际合作。1985 年在赫尔辛基召开了国际性会议，欧洲各国及美国、加拿大参加了会议，会议通过了一项防治酸雨、减少 30% SO_2排放量的国际协议，协议规定在 1993 年以前，各国的 SO_2 排放量要在 1980 年的基础上减少 30%。

臭氧层破坏、温室效应和酸雨是大气遭受严重污染的三个明显后果，也是当代人类共同面临的三个全球性环境问题。

总之，对于世界面临的生态环境问题，一方面应清楚看到问题的严重性和紧迫性；另一方面应坚信人类的知识和智慧能够解决人类社会发展中出现的各种问题。影响人类未来的最关键因素是人类本身。人类唯一的出路是自我控制，即通过调节出生率，决定整个人类的人口限度，通过对自然和社会发展的深刻理解以及越来越多的科学发现和技术发明，来协调人与生物圈的关系，遵循生态规律，维护生态平衡，保护自然资源的永续利用，为当代和子孙后代维护并创造一个优美、富饶的生活环境。

二、联合国环境与发展大会

举世瞩目的联合国环境与发展大会，继 1972 年联合国人类环境会议（在斯德哥尔摩召开）之后于 1992 年 6 月 3 日至 14 日在巴西里约热内卢举行，12 日至 13 日举行了首脑会议，参加会议的有 170 多个联合国成员国的代表团，102 位国家元首和国际组织的代表。

会议是在全球环境日趋恶化、经济发展问题十分突出的情况下召开的。会议通过了《里约宣言》、《二十一世纪议程》、《关于保护森林原则问题》及《气候变化框架公约》、《生物多样性公约》。

中国政府代表团出席了会议，李鹏总理还在会议上发表了重要讲话。李鹏总理指出：保护环境和发展经济，关系到人类的前途和命运，影响着世界上的每一个国家，每一个民族，以至每一个人。解决世界与环境发展问题，必须开展广泛和有效的国际合作。李鹏总理还明确提出了关于加强环境与发展领域国际合作的五点主张：①经济发展必须与环境保护相协调；②保护环境是全人类的共同任务，但是发达国家负有更大的责任；③加强国际合作要以尊重国家主权为基础；④保护环境和发展离不开世界的和平与稳定；⑤处理环境问题应当兼顾各国现实的实际利益和世界的长远利益。

这次会议所通过的三个文件和两个公约来之不易，是几年来会议的酝酿、准备和多次谈判的产物，仅举《生物多样性公约》为例说明。

生物多样性即地球上所有动物、植物、微生物的概称，它具有重要的生态、遗传、社会、经济及科学价值。目前这些宝贵的财富正在大量消失，并已危及人类的生存环境。为此，自1988年11月起，在联合国环境规划署的推动下，为制定公约共举行了7次国际会议和谈判。公约于1992年6月5日至1993年6月4日开启签字。

三、环境外交的新课题

我国的外交政策是独立自主的和平外交政策，按照和平共处五项原则处理国家之间的关系。目前，中央提出要把巩固和发展周边关系，作为我们对外工作的重点。

环境问题已成为外交活动的热门话题，成为国际关系中的新课题，产生了环境外交。环境外交有如下特点。

（1）环境保护列为首脑会议的内容之一

环境外交的特点之一就是近一两年来，召开环境保护会议之多、范围之广是前所未有的。包括政府间、非政府间、学术团体，应邀出席环境会议的国家与代表之多是前所未有的，与会或在会议宣言上签字的国家元首级人物之多也是前所未有的。会议通过的环保问题宣言、环保公约、环保计划、环保建议和措施之多更是前所未有的。

特别要指出的是国际环境活动广泛而深入开展的特征之一是各国首脑会议的议事日程中都增加了环境保护的内容。

1988年6月在加拿大多伦多召开的发达国家首脑会议，在其经济宣言中有相当篇幅论述了应该认真对待有关臭氧层破坏、大气污染、水质污染、酸雨和有害废弃物的越境迁移等问题。

1988年在莫斯科举行的苏美首脑会议上，1989年7月在巴黎召开的西方七国首脑会议上，同年9月在贝尔格莱德召开的不结盟国家首脑会议上，都讨论了共同关心的环境问题及在该领域内加强国际间合作的问题。

（2）全面理解国家安全感的问题

自然环境面貌和自然资源处置得当与否，是反映一个国家能否兴旺发达、持续发展和关系到国家安全感的问题。

美国《公元2000年全球情况调查报告》主编巴尔尼博士访华时曾指出："对国家安全问题应改变传统的观念，绝不仅仅是外来的侵略。日本是个资源贫乏的国家，所以提出全国安全的新概念。对中国来讲，除人口问题外，国土问题也是国家安全的一个重要条件。"

1990年国际和平研究所与苏联科学院召开的国际环境讨论会提出，环境问题是个国家安全问题，应改变传统的安全感观念，人类的安全应理解为全面的安全感。政治、经济、军事是反映安全与否的一个方面的问题，另一方面是环境问题的安全感。如果环境问题搞不好，国家的安全将不会得到保障。因此，解决环境问题应提高到为保卫国家的安全而战，为人类奋斗的目标而全力以赴的高度。因而会议通过决议，建议联合国成立环境安全理事会这一与现有的安全理事会并行的机构，如不被接受，则建议把托管理事会改为环境理事会（托管理事会是过去管理殖民地的机构，目前许多殖民地已独立，该机构名存实亡），再则在经社理事会中加强环境方面的职能。

我国对于环境保护具有国家安全感的例子体会颇深。污染事件处理不当影响工农矛盾，城市居民与工厂、牧民与开矿主管部门的矛盾时有发生，从全国讲尽管是局部的、个别的，但如果处理不好，它将严重地影响社会稳定，影响国家安定团结。

（3）环境外交的斗争实质上是高科技的竞争

环境外交斗争的实质是科学技术，确切地讲是高科技的竞争和较量。

众所周知，由于当代科学技术日新月异、突飞猛进的发展，世界已进入高科技时代，已形成高科技竞争的格局。当代科技发展的趋势是科技与经济日益高度结合，高科技与传统产业技术关系的密切，21世纪超前科技与前沿基础科研的加强，军用科研与民用科研互补作用的显著，使科技成为外交与政治的重要关注点。因此，当代科学技术的重要作用和地位有了空前提高，国际间政治斗争、经济竞争、综合国力地位的估计和竞争，实质上就是科学技术的竞争和较量，科技已逐渐成为强国追逐其政治目的的武器。

环境问题和环境科学同样成为目前全球密切关注的问题。全球气候变迁、保护臭氧层、有毒废弃物越境运输，以及海湾战争所引起的海岸污染等，使我们面临的环境问题更加突出，而这些问题都通过外交途径和外交斗争反映出来。因此，国际上通过环境外交反映环保科技的竞争越来越明显、越来越激烈，同时对此问题也是越来越重视和越来越加强。例如，在保护臭氧层方面，在禁止生产和使用氟利昂（CFC）、采用代用品的问题上，日、英、美有CFC代用品专利，不肯转让，因此在环境外交上开展了一场技术转让的斗争：发达国家声称，一是CFC代用品是专利不能无偿转让，二是专利掌握在私人企业家手中，政府无能为力，即使转让也强调有偿转让，而发展中国家要求无偿转让、优惠或非商业性的转让。生物多样性技术转让同样有类似的斗争，第三世界国家与发达国家之间，技术（包括经济）上的斗争日趋明显地通过国际环境会议反映出来。

又如发达国家以处置有毒化学品的技术转让为借口，把污染转嫁给第三世界国家，美国、欧洲把有毒废物、废料运往非洲，建造储存库，设置先进技术处理厂，以处理一吨给30美元为诱饵。目前，非洲国家已经觉醒，1993年1月28～30日在马里首都巴马科召开了有26位部长、31个非洲国家代表参加的国际会议，其主题为"环境与持续发展，反对倾倒有毒废料"。会议通过了《禁止倾倒有害废物》的非洲公约，内容有关禁止以任何形式向非洲运进有毒废料及控制在非洲处置危险废料。会议呼吁国际社会向非洲提供援助，希望中国帮助非洲提高治理环境的能力，并把1991年定为非洲环境年。

中国的环境保护概况[*]

一、我国生态环境的现状和发展趋势

我国幅员辽阔，有不同的地带，生态环境类型复杂，地区差异很大。我国历史悠久，开发很早，社会背景、经济结构、科学技术和经济管理水平既不同于发达国家，也不同于发展中国家。我国人口众多，人均资源并不丰富，特别是人均生物资源很少，对环境的压力很大。我国目前正处在经济大发展时期，随着人口的增加和生产建设的发展，自然资源的消耗量和污染物的排放量都大幅度上升，我国面临的生态环境问题是十分严峻的。

1. 自然生态环境

自然生态环境恶化已是我国很严重的环境问题，其主要表现是植被破坏，并由此导致水土流失、土地沙化、野生动植物资源减少和自然灾害加剧。

我国植被的破坏主要表现在森林面积锐减和草场退化方面。

（1）森林资源的破坏

据统计，新中国成立后我国林地面积最高曾达 1.24 亿公顷，森林覆盖率为 13%。"四五"期间减为 1.2 亿公顷，覆盖率降为 12.7%。"五五"期间林地面积减至 1.15 亿公顷，覆盖率仅 12%。目前实际只有 11.5%（另据遥感测定结果，认为森林覆盖率只有 8.9%），还不及世界平均覆盖率 31.3% 的一半。就林木蓄积量来说，我国为 93.5 亿立方米，仅占世界林木蓄积量 3100 亿立方米的 3%。

我国森林破坏的情况相当严重。根据 20 世纪 80 年代初的统计，全国每年造林成活面积约 104 万公顷，而每年采伐、毁林、火灾损失面积约 250 万公顷，每年净减少森林 146 万公顷。可供采伐的森林蓄积量只有 35 亿立方米左右，每年实际采伐量为 2 亿~3 亿立方米，加上 1987 年大兴安岭火灾的损失，照此速度再过 10 年，大小兴安岭、长白山林区将无林可砍。我国西部的干旱、半干旱地区，国土面积占全国的 50%，但森林覆盖率却不足 1%，远远低于生态平衡所需的 30% 且较为均衡分布的森林覆盖率要求。至于亚热带地区的森林资源，亦在迅速减少。广东不到 2000 年全省森林将消耗殆尽。福建 10 年来森林覆盖率由 50% 降到 40%。20 年来四川森林减少 30%，云南减少 45%。森林资源的日趋枯竭

＊ 金鉴明．1993．环境保护知识讲座——中国的环境保护概况（上）．生物学通报，28（7）：14，21～24；金鉴明．1993．环境保护知识讲座——中国的环境保护概况（下）．生物学通报，28（8）：21～24．

其实就是生态危机的日趋严重化。

（2）草原资源的退化

我国有 2.87 亿公顷草原，其中可利用面积为 2.2 万公顷。由于过度放牧、不合理开垦、鼠害和火灾危害，以及开矿过多占用草原等，草原退化已达 0.51 亿公顷。草原退化、沙化、盐碱化的现象较为严重。单位产草量比 10 年前减少了 1/3 ~ 1/2。退化的主要标志是产量降低，可食牧草减少，杂草、毒草增多。内蒙古草原的产草量一般下降 30% ~ 40%，严重的下降得更多。

（3）珍稀动植物种濒于灭绝

森林、草原和自然保护区的破坏，以及非保护区生物资源的不合理开发利用，致使许多珍稀动植物处于濒临灭绝的境地。例如，四不像、野马、高鼻羚羊、白臀叶猴、豚鹿、朱鹮等十几种动物已绝迹或处于绝迹的状况。长臂猿、海南坡鹿、野象、东北虎、白鳍豚、大熊猫、黑颈鹤、黄腹角雉、扬子鳄等 20 多种珍稀动物正趋于绝迹。金丝猴、雪豹等动物的分布区域显著缩小。珍稀植物银杉、望天树、龙脑香、金花茶、鹅耳枥、铁力木、降香、黄檀等都不同程度遭到破坏。

（4）土地沙漠化加剧

我国沙漠化土地面积为 1.28 亿公顷，主要分布在北方干旱、半干旱地区，其中约 97% 为人为活动引起，3% 源于自然沙丘移动。人为原因中，樵柴滥伐占 28%，滥垦占 24%，过度放牧占 20%。我国北方土地沙漠化，85% 是滥垦、滥牧和滥伐的结果，12% 是因水利资源利用不当和工矿建设中破坏植被所造成，属于沙丘移动的只占 3%。

森林、草原、物种、土地等利用不当引起沙漠化、水土流失、生态平衡失调、环境趋向恶性循环，其中尤以水土流失较为严重。我国水土流失面积已有 150 万平方公里，每年土壤流失 50 亿吨，相当于流失 5000 万吨化肥。这是能源和资金的极大浪费。

（5）自然灾害增加

气候的变化、自然灾害的增加都和大气环流关系极大。气候的变化，特别是地区性或小气候的变化，以及与气候相关的自然灾害，都与植被的破坏关系甚大。

据全国政协经济建设组和农业组的调查，由于森林过量采伐和植被破坏，四川已有 46 个县年降雨量减少了 15% ~ 20%，不仅导致江河水量减少，而且导致旱灾日益加剧。在四川盆地，20 世纪 50 年代伏旱一般三年一遇，现在变为三年两遇，甚至连年出现，而且旱期成倍延长。过去一般 15 ~ 20 天，现在长达四五十天。春旱也在加剧，由 50 年代的三年一遇变为十春八旱，有的地区旱期长达 100 多天。自古雨量充沛的"天府之国"出现了缺雨少水的现象。与此同时，无霜期缩短，暴风、冰雹灾害加重。

黑龙江大兴安岭南部森林被砍伐破坏后，年降雨量由过去的 600 多毫米减少到 380 毫米。过去罕见的春旱、伏旱近年来常有发生。1970 年以前因为有森林防护，六七级大风时没有尘暴和扬沙现象，现在三四级风就沙尘飞扬。

云南、贵州的统计资料表明，由于森林砍伐和植被破坏，旱灾频率成倍增加。"天无三日晴"的贵州，现在是"三年有两旱"。

另外，森林面积减少和植被的破坏，还导致地面径流加快，从而加剧地基变形、岩崩、滑坡、泥石流的发生，给人民的生命财产造成严重危害。

（6）造成破坏的原因

造成破坏的原因很多，其主要原因有如下几点。

1）思想认识问题。各级领导和部门还没把保护自然环境提高到基本国策的高度来认识，也没有遵循经济发展与环境保护协调发展方针，把自然保护工作真正纳入计划。

2）部门利益过重。各部门在考虑资源开发时，往往过多注意本部门的利益，忽视国家的整体利益，只考虑暂时的经济利益，不顾及长远的永续利用，因此常常违背客观规律，对自然资源采取盲目的、过量的甚至掠夺式的开发方式，即浪费资源，又破坏环境。

3）法制不健全，执法不严。对各类资源遭受破坏的现象无人过问。有关自然保护的法律很不健全。珍稀动物保护虽有法律，但不够具体，缺乏量刑标准，执行较难。立法上还没有环境法庭来受理破坏生态环境的案件。

4）体制和机构的问题。自然资源涉及各部门，而各部门又各自为政、各行其是。土地问题，城市由城建部门管理，农村由农牧业部门分管，规划又由国土资源局统管，还有土地管理局等，实践中矛盾不少。自然资源更缺少一个部门进行统筹兼顾、全面规划和科学的管理。

2. 农村生态环境

随着工农业生产的迅速发展，特别是乡镇企业的蓬勃兴起，我国农村生态环境日趋恶劣。

（1）耕地面积减少，土壤肥力下降

我国现有耕地面积 1.37 亿公顷，人均 0.1 公顷，其中盐碱地约 0.06 亿公顷，涝、洼地 0.04 亿公顷，水土流失严重的山坡地约 0.37 亿公顷，被污染的耕地约 0.2 亿公顷。多年来，由于城乡、交通、水利、能源建设和资源开发占地不断增加，与新开垦的土地相抵后，每年仍减少耕地 80 万公顷。乡镇企业的发展加剧了耕地的减少。

我国耕地不仅人均占有量少，而且有一半耕地利用条件较差。全国低产田占耕地面积的 30.4%，而高产田仅占 20.8%。耕地质量普遍下降，土壤贫瘠化严重，这是当前农村生态环境面临的主要问题，也是限制农业生产发展的重要因素。

造成土壤肥力下降的主要原因是水土流失、粗放耕作、农田污染、有机质不能还田等。

我国许多水土流失地区每年损失土层的厚度达 0.2 ~ 1.0 厘米，严重流失的地区达 2 厘米，造成有机质和氮、磷、钾养分的大量损失。

粗放耕作和广种薄收的地区，土壤肥力一般都有所下降，如黑龙江三江平原，新中国成立初期开垦的肥沃黑土，土壤的有机质含量已从 6% ~ 11.5% 降至 3% ~ 5%，团粒结构从 60% ~ 90% 降至 30% ~ 50%。

长期使用农药化肥的地区，土壤都有不同程度的污染。在城市近郊和大型工矿区附近，"三废"对农田的污染更为明显，特别是城市垃圾粪便，多数未经处理直接运到郊区，施于农田，造成土壤理化性状劣化、土质变坏。

我国农村一年至少要烧掉 6.5 亿吨柴禾才能满足生活需要，占全部秸秆的 60% ~ 70%，由此损失有机质 2.7 亿吨。大量的有机秸秆长期不能还田，破坏了农田土壤的团粒结构，降低了土壤肥力。

现在农民都依靠施用大量的化学氮肥来补充土壤中的氮，但无法补偿有机质的损耗。长期依赖化肥还会使土壤的物理化学性质恶化。

（2）乡镇企业污染蔓延，资源浪费惊人

据统计，1985 年全国有乡村两级企业 157 万个，个体、联合企业 1065 万个。在乡镇企业中，有工业企业 85 万个，占全国工业企业总数的 80%。乡镇企业在振兴农村经济的同时给农村生态环境带来了极大危害，同时造成了资源的严重浪费。

1）乡镇企业污染在农村蔓延。据统计，1985 年乡镇工业排放的废气占全国废气排放量的 12.4%，工业废水占全国工业废水排放量的 10%，工业废渣占全国废渣排放量的 15%。从"三废"排放量看，乡镇工业污染占全国比例不大，但因点多面广，大部分集中在沿海省区，厂点密度很高，且和农业环境镶嵌在一起，危害是严重的。

浙江有乡镇企业 78 000 多家，污染比较严重的有 1900 多家，主要是建材、电镀和印染等行业。由于大量"三废"进入农村环境，给农业生产、渔业生产带来严重危害。龙山化工厂的废水直接排放到钱塘江，曾使新放养的鱼苗死亡 30 万尾。

云、贵、川三省土法炼硫在局部地区已造成毁灭性社会公害。大量的硫和铁以"三废"形式排入环境，造成炼硫区磺烟笼罩，毒气熏人，废渣堆积如山。有的硫厂，炼硫区周围方圆 9 平方公里内的空气中 SO_2 浓度超过国家标准 5 ~ 50 倍，整个炼硫区山光岭秃、寸草不生。大片耕地变成了死土，失去了生机。

2）乡镇企业对资源浪费严重。山西是我国煤炭能源基地，乡镇企业中小煤矿和土法炼焦占很大比例。由于开采方式落后，有的地方丢失的煤炭比采出量还要高。以介休县为例，全县 1984 年原煤产量为 72 万吨，生产土焦 15 万吨，但煤炭的回采率仅为 35%，土法炼焦和机焦相比，耗煤量大，全年要浪费原煤 7.2 万吨。

3）乡镇企业污染发展预测。2000 年以前，乡镇企业还将迅速发展，污染物的排放量和污染面积将成倍扩大。在未来的十几年内，乡镇企业的发展如果在布局、管理、技术等方面不采取得力措施，其小型分散的布局特点将更加突出，全国广大农村会形成星罗棋布的环境污染源，生产力和各种资源的浪费将更加严重，农村生态环境质量将明显下降，局部农村会受到严重威胁。

（3）农药化肥及农业废弃物对农村生态环境的影响

到 1983 年年底，我国累计农药总产量达 815 万吨（原药），每公顷耕地年平均使用量在 2100 克左右，其中有机氯农药占 60%，曾对农业生态环境和农畜产品造成不同程度的污染。1983 年国务院命令停止生产和使用六六六、DDT，将极大地改变农药的污染状况。但由于有机氯农药的长期环境效应，其影响到 2000 年可能基本消除。

今后在农药对环境的污染方面，有机磷、氮等农药将上升成为主要矛盾，其排污总量将从 1985 年的 32 万吨 ~ 33 万吨增加到 2000 年的 39 万吨 ~ 48 万吨，其污染程度约为有机氯农药总强度的 2%。但在农作物上的污染度明显增加，相当于土壤污染度的 5 ~ 6 倍。在农作物整个生长期中，污染状况在局部地区有可能出现比有机氯农药污染严重的情况。

化肥对环境的污染危害主要是氮素和磷素造成对河流、湖泊的富营养化的威胁。

农业废弃物主要是粪肥和秸秆。1981 年人粪尿和秸秆总量为 6.2 亿吨，到 2000 年不会有明显增加。而畜禽粪便的产生量将猛增，1990 年达 27 亿吨，2000 年达 36.6 亿吨。随着经济的发展，农民富裕了，有些农民不愿用粪肥而用化肥，所以粪便的利用率不高。按目前的 50% 计算，到 2000 年将有近 20 亿吨不能被利用还田，成为新的有机和生物污染源。其危害不小于城市垃圾。

总的来说，由于乡镇企业的不断发展、污染面积的扩大、农药化肥施用量的增加，到 2000 年，我国农村生态环境，特别是城镇郊区和乡镇企业密集的地区，污染呈逐渐加重的趋势。

3. 城市生态环境

城市生态环境是一个复杂的人工生态系统，它是自然环境与社会环境之间的相互作用与影响的统一体。在城市生态系统中，物质流、能流、信息流最大，最集中。随着工业发展和城镇人口增加，城市建筑、道路和大量废弃物的排放，造成大气和水体污染，产生了拥挤、噪声等环境问题，破坏了城市自然生态系统的平衡。

（1）城镇人口的迅速增加

随着经济建设的发展，我国城市化进程加快，其主要表现是城镇人口迅速增加，城市规模不断扩大。1949 年，我国城镇人口仅有 9000 万，到 1985 年年底，全国城镇非农业人口已超过 2 亿。1989 年年底最新统计，全国城镇非农业人口已突破 3 亿（3 亿零 500 万）。急剧的人口膨胀使得城市的生态关系扭曲，问题成堆。许多昔日宁静、美丽的自然栖境已一去不复返，而今变成"灰蒙蒙，雾茫茫，密匝匝，闹哄哄"的人工困境。

（2）工业污染严重

我国大部分工业集中在城市，工业"三废"的控制成为城市环境保护的主要内容。

大气污染是城市生态环境的主要特征之一。火电厂、各种工业窑炉、钢铁工业、有色金属冶炼、水泥等工业都是大气中尘埃和 SO_2 的重要污染源。1988 年全国烟尘排放量达 1436 万吨，SO_2 排放量达 1520 万吨，主要城市的降尘、颗粒物普遍超标，北方城市冬季传统的煤烟型污染尤其严重，而南方城市的酸雨问题日益严重。

由于历史的原因，我国大多数城市的工厂与居民区犬牙交错，彼此穿插，使得城市居民经常处在工业污染物影响之下。

工业废水的排放是造成城市地表水和地下水污染的主要原因。我国污水排放量大，处理能力低，1988 年全国污水排放总量达 368 万吨，但处理能力仅为 22%。一些城市在水源区建立工厂，使城市饮用水源也受到不同程度的污染。1987 年对 38 个城市 85 个水源的监测表明，有 54 个水源受到污染，其中受到严重污染的水源地有 36 个。严重污染的城市中，北方城市是长春、哈尔滨、沈阳、包头、乌鲁木齐，南方城市是成都、昆明、杭州、蚌埠、无锡、常州、长沙、福州和湘潭等。

固体废弃物，即工业废渣的排放也是城市生态环境恶化的重要原因。由于工业废渣的处理、利用率低，废渣的积累逐年增多。1988 年全国排放各种工业废渣 5.6 亿吨。截至 1988 年，我国历年积存的固体废弃物已达 66 亿吨。这些废弃物不仅占据大量土地，而且是大气和水体的二次污染源。

（3）水资源短缺

城市缺水和水污染，是城市生态环境的主要问题之一。

近年来，缺水问题越来越突出。据全国 191 个大中城市初步调查，有 154 个城市缺水，尤其是北方的城市。沈阳的地下水仅能开采 10 年，而且水质也在恶化，水的硬度超标率达 17%，有 20%～50% 的水酚含量超标。大连因过度开采地下水，招致海水入侵，使地下水 Cl⁻ 浓度大幅度提高。天津从 20 世纪 70 年代始，几乎年年用水紧张，人均水资源占有量仅 100 多立方米。虽然"引滦入津"工程的完成解决了天津人民吃水的问题，但那些年的缺水困境尚记忆犹新。北京近年来地下水位下降，缺水已给北京人心灵蒙上了阴影。

（4）噪声污染加剧

交通、道路、车辆的快速发展，加重了城市的噪声污染。北京市自 1978 年以来，每年平均增加机动车 13 500 辆，自行车 35 万辆。现在，二环路以内的主要路口，高峰时，每小时机动车的流量平均达 3000 辆，自行车 2 万辆。其他城市也是这种情况。目前，城市区域环境噪声平均等效声级达 60 分贝左右，平均白天声级为 59 分贝，夜间为 49 分贝，城区及交通干线的平均噪声达 74 分贝，交通噪声超标的城市占 84%。我国有 2/3 的市镇人口暴露在较高的噪声（55 分贝）环境中，有将近 30% 的城市居民处于难以忍受的噪声（超过 65 分贝）环境中。

二、改善我国生态环境的措施

根据到 20 世纪末我国社会主义经济建设战略任务的要求，改善生态环境的目标是：合理开发和利用环境资源，提高植被覆盖率；综合防治环境污染，使生态环境继续恶化的趋势得到缓和；人民生活和劳动环境进一步得到改善。为实现上述目标，需要从政策、技术和管理三个方面采取有力的措施。

1. 政策措施

政策措施是国家对环境保护和环境建设进行宏观指导的政策性规定，是国民经济走向科学发展道路的指南，对协调经济建设和环境建设起着决定性的作用。

我国已确定了"经济建设、城乡建设、环境建设同步规划、同步实施、同步发展，实现经济效益、社会效益、环境效益的统一"的环境保护战略方针。

（1）谁开发谁恢复，谁利用谁保护，谁破坏谁补偿的政策

开矿，特别是露天煤矿的开采，往往破坏大面积的地表。为了防止开采时的大面积植被破坏和对环境的污染，对采矿必须实行环境监督，注意节约用地，谁开发利用，谁就要造地复垦或筑塘养鱼，或植树造林，开辟为风景区。

（2）资源的合理利用与保护增殖同步的政策

合理利用林木、野生动物资源的同时要采取积极保护森林、草原、野生动物的政策。

明确开发单位的环境责任，在开发资源的收入中提取一定比例作为恢复生态环境的投入资金。国家在林业投资中应适当增加育林比例，严格法规对森林的管理，在矿区实行复垦造林，奖励群众在荒山荒坡植树种草，营造农田林网，开展群众性的"四旁"绿化和城市、工矿区的绿化工作。到 20 世纪末，使森林覆盖率提高到 15%。

　　保护草原方面主要是合理控制牧畜头数，纠正超载放牧，固定草场使用权，种植耐旱优良牧草，大力建设人工草场和围栏改良天然草场，提高产草量，防止草原退化。对已退化的草场进行整治和改造，力争到 2000 年把草原退化面积由目前的 11 亿亩减至 5 亿亩。

　　对珍稀濒危的野生动植物严禁非法猎采、买卖和出口，加强市场管理，对违法者严加处理。对它们的生存和栖息环境严加保护，建立和建设好自然保护区，争取到 2000 年使全国自然保护区面积达到国土面积的 4%～5%。建立一批濒危物种基因库和野生动植物引种繁殖中心，促进繁殖，保护濒危动植物。

　　（3）采取节约型的资源战略

　　人均资源少是我国国情的重要特征之一，也是经济发展的重要制约因素。环境污染实质上是资源的浪费，生态破坏实质上是使可再生资源不能增殖和非再生资源的大量浪费。我们必须采取节约型的资源战略，精心保护资源，努力增殖资源，合理利用资源，实行"自然资源开发利用与保护增殖并重"的方针，杜绝因盲目开发自然资源而造成的生态破坏。

　　以水资源为例：采取有效措施节约用水，最主要是降低单位产品耗水量。根据现有的技术水平，提出指令性指标，列入单位的考核指标，并应考虑建立双轨供水系统，即一方面通过公共供水系统供给合乎卫生标准的饮用水，另一方面积极发展污水的净化处理和回用技术，由专用供水系统供给不需合乎饮用标准的水满足生产和生活的需要。奖励水资源的循环使用，工业用水的循环利用率力争 2000 年达到 80%。

　　（4）开展资源综合利用的政策

　　开展资源的综合利用，对企业的综合利用项目实行"谁投资、谁受益"的原则。凡由企业自筹资金的项目，获益归企业所有。并按有关规定实行减免税的优惠政策。有关部门应制定鼓励"三废"综合利用的奖励政策，建立各种废旧物品回收交换中心，开辟第二资源基地，使工业固体废弃物综合利用率由 1985 年的 23% 提高到 2000 年的 50%。逐步实现废弃物的减量化、无害化和资源化。

　　（5）严格控制污染源，坚持"预防为主，防治结合，综合治理"的政策

　　对开发和建设项目，即所有新建、改建、扩建项目，包括重大技术改造项目，实行"环境影响报告书"和"三同时"制度，对污染严重的某些重要城市和河段，结合城市规划和区域规划进行综合治理；为防治乡镇企业对环境的污染在农村蔓延，要正确引导乡镇企业的发展方向。

　　（6）逐步改变能源结构，推行有利于生态环境保护的能源政策

　　我国能源以煤为主，导致煤烟型的大气污染。广大农村和山区，以植物秸秆和木柴为生活能源，导致过度樵采林木和大量有机质不能还田，破坏农村生态环境。我们应逐步改变能源结构，推行有利于生态环境保护的能源政策；在大中城市加速煤制气的进程，兴建集中供气的城市煤气厂；在没有条件实现煤气化的城市普遍推广使用型煤；在农村主要是因地制宜地营造各种薪炭林。

　　（7）逐步推行环境保护产业政策

　　环境保护产业是国民经济结构中以防治环境污染、改善生态环境、保护自然资源为目的所进行的技术开发、产品生产、商业流通、资源利用、信息服务、工程承包等活动的总

称，主要包括环境保护机械设备制造、环境工程建设、自然保护开发经营和环境保护服务等方面。环境保护产业是保护和改善自然环境的物质和技术基础。因此一方面要在治理整顿和深化改革中提高环境工程和产品质量，提高管理水平和成套工程服务项目；另一方面必须依靠科学技术进步，加强科研、学校、企业横向协作，开拓环保技术市场，促使研究成果尽快转化为生产力。

2. 技术措施

科学技术是生产力。我国生态环境所面临的许多重大问题，有赖于科学技术的突破来得到有效的解决。加强科学研究，注重科研成果的实用性，不断推广、采用新技术，对于实现 2000 年的环境目标有着巨大的作用。环境科学体制必须在改革中克服种种弊端，改革环境科技体制，制定适合国情的生态环境科技发展战略是当务之急。

环境科技发展战略的选择要从国情出发，从技术、经济、社会三方面通盘研究解决生态环境问题，以期花最小的代价，获取最佳的效益。当前应着重考虑以下几点。

（1）开发不同生态类型地区的生态保护技术

以生态经济学原理指导开发不同类型地区的生态保护技术，以确保生物资源的合理利用和不断增殖，如在森林采伐区采取伐后更新技术；在宜林山区采取飞播种树种草技术；在干旱、半干旱地区采取防风治沙技术；在严重水土流失地区采取以改变小地形为主和增加地面覆盖为主的水土保持耕作技术；在广大农村因地制宜地发展以秸秆、粪便、农业废弃物为原料的沼气能源技术等。

（2）开发自然保护领域中的现代技术

经济增长的主要源泉是新技术的发展，创造和掌握现代生产工具和技术是落后国家迅速赶上先进国家起决定作用的物质力量。在环境科学领域内，生态工程的兴起成为划时代的生产技术。

所谓生态工程，是把相当一部分粮食、饲料、能源和环境问题结合起来的强有力的经济开发手段。例如，用食品加工厂的污水来生产光合细菌和绿藻。光合细菌和绿藻含有蛋白质和维生素，可以当做饲料来饲喂家禽，家禽长大被送进食品加工厂制成食品，而加工厂的污水又被利用。这样的循环，使污染被净化、能源再生、能耗再利用，形成一个资源利用率高、成本低、没有污染的生产体系，它在不破坏林木、不消灭物种、不引起生态破坏和环境恶化的前提下，开辟了一条高产食物和饲料的途径。

生态工程的兴起，使生物工程的微观研究和宏观研究相结合，对减轻或消除环境污染，防止生态破坏，展现了光明的前景。

（3）研究农村生态系统的环境战略

生态农业作为一种先进的农业生产方式和农业现代化的重要内容而产生。生态农业的建设目的是探索农村发展与环境保护相互协调的道路，做到既省投资、低能耗，又高效益和有利于保护农村生态环境。生态农业作为一门科学，它的内容包括从维护农村生态系统出发，以生态经济学原理为指导，研究如何提高能源在农业生态系统中的数量及其速度，充分发挥生产潜力，建立农村新的物料、能料、肥料无害化的良性循环系统并开辟新能源，因地制宜发展太阳能、沼气、风能、地热等无污染能源，使自然生态符合良性循环等多方面的课题，这样就直接和间接地保护了绿色植被和有用物种，做到农村经济发展与环境保护同步。因此走生态农业之路，无疑是我国实现农业现代化的重要战略问题。

目前我国各种类型的生态农业试点有几百处，生态县、生态村的典型有100多个，但大多缺乏科学规划论证和由点带动面的实效。因此，当前怎样提高农村生态系统的生产率、稳定性、持久性和均衡性，使其发挥更大的效益，如何用经济、生态、社会的综合观点，用定量的方法进行多学科（自然科学、社会科学）的系统分析，以便把生态农业的研究水平提到一个新的高度，都是值得我们进一步研究的课题。在这方面，北京留民营村、浙江山一村、南京古泉农场、上海东风农场、辽宁西安农场等的生态农业已为我们做出了榜样。

（4）积极开展综合利用技术，提高资源的利用率

资源的综合利用是我国首先提出的，但实际进展并不快，资源利用率比一些国家低得多。例如，林木利用率仅10%，水的循环利用率不足20%，钢渣利用率仅5%，电厂粉煤灰的利用率也在15%以下。这里有管理问题，也有技术水平问题。应在不断加强管理的同时，积极开发综合利用技术，使更多的废旧物资转化为资源。

（5）研究资源开发对环境的影响

我国众多的人口对于生态环境产生的压力和冲击越来越大。我国的耕地、森林、草原、水体等资源的人均占有量本来就很低，随着人口的不断增加和经济的飞速发展，自然资源的不断衰减越来越不适应经济发展的需求；而自然资源的破坏导致枯竭的危机，往往是由于资源的开发不当和浪费所致。因此，坚持开发建设项目的环境影响报告书制度，是防止资源破坏和新的生态恶化的一项主要措施。

（6）开发生物多样性技术

当前国际环境保护的热点是保护臭氧层，防止全球气候变暖，严禁有毒废弃物越境和酸雨等。但是另一个新的热点已经到来，这就是保护全球生物多样性。生物多样性包括遗传多样性、物种多样性和生态系统的多样性。它是人类赖以生存的基础。科学家们估算，目前在地球上有500万~1000万种动植物，其中约有一半生存在只占地球表面6%的热带雨林地区。迄今为止，人类已毁灭了地球上大约一半的原始热带森林。根据联合国粮食及农业组织的估计，人类每四天就破坏一片像纽约市一样大的热带雨林。热带雨林为人们提供了取之不尽的多样化的生物资源。因此热带雨林的保护和开发之间的平衡问题，值得人们研究和重视。

当前世界上的物种毁灭并不是件新鲜事，新鲜的是灭种的速度和范围。为了保护物种的基因库和持续利用，防止破坏物种和生态系统，使之提供取之不尽的可更新资源，联合国环境规划署正在制定有关生物物种多样化的文件和公约，我国已颁布了《中国自然保护纲要》，提出了对自然资源确保永续利用的原则。

3. 管理措施

环境管理是指按照经济规律和生态规律，运用法律、经济、行政、技术和教育手段，对人们的经济社会活动进行管理，协调发展与环境的关系，使有限的环境投资获取最佳环

境效益，达到即发展生产又保护环境的目的。

（1）完善环境立法和标准，强化法制管理

我国已开始重视通过法制建设加强对生态环境的保护。宪法明确规定："国家保护和改善生活环境和生态环境，防治污染和其他公害。"1979 年颁布了《中华人民共和国环境保护法（试行）》，此后，我国环境立法工作迅速发展，制定和颁布了一系列单项法规和标准，如《大气污染防治法》、《水污染防治法》、《海洋环境保护法》、《森林法》、《土地管理法》、《草原法》、《矿产资源法》、《征收排污费暂行办法》和《环境保护标准管理办法》，各地区、各行业也制定了一些相应的法规。到目前为止，我国颁布了 71 项各类环境标准。

（2）加强规划管理，把环境规划真正纳入国民经济建设和社会发展计划

我国已把环境保护确定为基本国策，各项经济建设规划都应把环境保护提到这样的高度，即环境规划要真正纳入国民经济和社会发展。

当前要特别重视乡镇企业的规划管理。一方面要制止城市污染企业向农村转移，另一方面在布局上应相对集中，纠正村村办厂、处处"冒烟"的趋势。乡镇企业的布局，可考虑两个层次：一是红线规划，即根据各地的环境特点和资源优势，规定水源保护区、水产养殖区、风景游览区、自然保护区等，在这些区域所在地及一定距离内，限定某些企业的发展；二是从长远考虑，以县或地区为单位，制定经济、社会、资源、环境相统一的规划，对农村经济发展和生态建设起长远的指导作用。

（3）坚持排污收费制度，强化经济管理

（4）积极稳步地推行有关环境保护的制度

李鹏总理在第三次全国环境保护会议上提出，在治理整顿中建立环境保护工作新秩序，他指出，中心就是要加强制度建设，强化监督管理。他肯定了三项行之有效的总制度和近几年创造的五项制度和措施，主张在全国推行，并不断加以总结完善。五项制度即环境保护目标责任制、城市环境综合整治定量考核、排污许可证制度、污染集中控制和限期治理。

（5）加强环保机构建设，强化环境监督管理职能

为了确保我国环境建设与经济建设的协调发展，实现环境目标，环保部门必须依法全面行使环境的监督管理职权。环保部门的监督管理权首先是监督我国的环境保护法律、法令、规定、方针、政策等能否在产生污染和生态破坏的单位得到落实和实施，达到控制污染，恢复改善生态环境的目的。环境监督的职能是多方面的，对环境规划和计划的落实和实施的监督，以及保护自然生态的监督更需要强化，但目前尚无一个统管自然资源的机构以对自然资源和自然环境进行统筹规划和科学管理，需要成立国家自然资源委员会以行使保护和管理自然环境的职能。

（6）普及生态环境知识，提高全民族的生态环境意识

环境保护是一项基本国策，要通过宣传教育和法制管理提高全民族的环境意识和生态观念，特别要使各级领导的认识提高到"基本国策"的水平上来。

（7）积极开展环境外交和环境保护的国际合作

环境问题具有全球性、综合性，因此需要动员世界的力量和国际的合作才能加以解

决。围绕着保护臭氧层和防止气候变暖的全球环境问题的国际会议之多是 1990 年环境外交一大特点。随着世界环保浪潮的兴起，我们要不失时机地加入这个浪潮。我们应根据环境外交的特点和要求，既要坚持原则又要多做工作，积极开展国际环境合作，以外促内，以促进我国环境保护事业。

要使人类主宰自己的命运，保护人类赖以生存的自然环境，就需要加强计划性和预见性，克服对自然资源利用的盲目性和破坏性；就必须运用经济生态学规律协调经济发展与自然保护，以达到下列三大目标：保护生命支持系统和重要的生态过程；保存遗传基因的多样性；保证现有物种与生态系统的永续利用。

环境保护的基本原理及其宣传教育[*]

一、几个概念性问题

1. 自然环境

环境有自然环境和社会环境之分。广义的自然环境，可泛指人类社会以外的自然界。但比较确切的含义，通常是指非人类创造的物质所构成的地理空间。阳光、空气、水、土壤、野生动植物都属于自然物质，这些自然产物与一定的地理条件结合，即形成具有一定特性的自然环境。它有别于人类通过生产活动所建造的人为环境，如城市、工矿区、农村社会等环境。

人类劳动的结果使得自己在发展过程中越来越摆脱对自然环境的直接依赖，扩大了对自然界的影响，但不管人类对自然环境的影响、改变有多大，还始终不能摆脱自然环境的约束。

2. 自然资源

在一定的技术经济条件下，自然界中对人类有用的一切物质和能量都称为自然资源，如土壤、水、草地、森林、野生动植物、矿物、阳光、空气等。

（1）自然资源的概念

自然资源是指人类可以直接从自然界获得并用于生产和生活的物质，它是自然环境的重要组成部分。自然资源一般是指天然存在自然物，不包括人类加工制造的原材料。自然界的任何部分，凡是人们可以利用来改善自己的生产和生活状况的物质都可称为自然资源。1972 年联合国环境规划署对自然资源一词解释为"在一定时间条件下，能够产生经济价值、提高人类当前和未来福利的自然环境因素的总称"。自然资源主要包括土地资源、水资源、气候资源、生物资源和矿产资源等。还有一些资源是通过人的再生产过程而取得的，如各种农产资源，它们不属于自然资源的范畴。

自然资源的概念和范围是随着人类科学技术的进步、生产水平的发展、认识能力的提高而扩充的。

---

* 金鉴明．1993．环境保护知识讲座——环境保护的基本原理及其宣传教育（上）．生物学通报，28（9）：22～23，31；金鉴明．1993．环境保护知识讲座——环境保护的基本原理及其宣传教育（下）．生物学通报，28（10）：22～23.

自然资源的有用或无用会由于取得和使用资源的技术发展和经济状况不同而有所变化。例如，过去被视为外在的环境因素，像空气、风景等，现在已属于自然资源的范畴。又如，技术的进展可以使一种资源更有效地被利用，今天的 1 吨煤比 1900 年可以多得 7 倍的电力。以前煤只用来做燃料，今天从煤中可取得多种化工物质，而现代石油工业的崛起，又使石油在许多用途中代替了煤。今后核能、太阳能、风能和生物能也可能结合起来取代煤、石油和天然气。除技术之外，资源利用也与经济状况有密切关系，某种东西只有当它价格合理、能被利用时才是一种有用的资源。在缺水的干旱地区，尽管盐湖中水很多，但咸水淡化成本昂贵，它不是一种可以作为水来普遍利用的资源。综上所述，我们认为，自然资源的较完整的概念应该是：在现有生产力发展水平和研究情况下，为了满足人类的生产和生活需要而被利用的自然物质和能量。

（2）自然资源与自然环境

自然资源与自然环境密不可分，但又是两个不同的概念。自然资源是从人类利用的角度来理解的自然环境因素；自然环境则通常理解为不是人类创造的全部外界（自然界），它实质上就是人类生活、工作和进行生产活动的生物圈的部分。自然资源的保护是环境保护的一个重要方面。自然资源是自然环境的组成部分。

自然资源既然是自然环境的组成部分，那么自然资源的污染和破坏也就是对自然环境的污染和破坏，从这个意义上讲，保护自然资源合理开发利用，不使其遭到掠夺式的经营和破坏，也就是保护了自然环境。

（3）自然资源的分类

自然资源一般可分为三类：一是不可更新的资源，又称非再生资源，如各种金属和非金属矿物、化石燃料等，它们需要经过漫长的地质年代才得以形成，它们的储备是有限的，在开发利用中，只能消耗，无法持续地利用，不能"取之不尽，用之不竭"。二是可更新的资源，又称再生资源，在理论上可以永续利用，即用了一次之后又可恢复再度利用。这类资源是指生物及水、土壤等。可更新自然资源不论是生物还是非生物的，在自然界生物圈内能持续更新，即它们能在较短的时间内再生产出来或循环再现，但必须加以人为经营或保护。例如，家畜、森林等在几年或几十年内就可以生长起来，而人类经过一定时期后即能再度利用；水可以自净、循环；土壤则通过施肥、耕作措施而不断更新。三是取之不尽的资源，如空气、风力和太阳辐射能等，它们被利用后不会导致在某地区储藏量的减少，也不会导致资源的迅速枯竭。这类资源有明显的地区性，只有掌握其规律，运用现代科学技术，才能使之更好地为人类造福。

自然资源按其用途，大致可分为农业自然资源、工业自然资源和能源资源三类。土地资源、气候资源和生物资源等同农业生产的关系比较密切，是重要的农业自然资源。矿产资源则主要用做工业原料和能源。但许多自然资源用途极广，像水资源，它既是重要的农业自然资源，也是重要的工业自然资源和能源。能源也是一种自然资源，它是促进社会经济发展、提高人民生活水平和支持人类社会文明的基础。

当然还可以从不同角度进行自然资源的分类。例如从生物学角度，把自然资源分为生物资源和非生物资源等，在此不再一一赘述。

对于上述不同的自然资源，应采取不同的保护对策，对再生资源要积极保护和促进再生增殖能力，使之持续发展和永续利用；对非再生资源则应坚持综合勘察、综合开采、综合利用和经济节约的原则；对取之不竭的资源考虑如何最充分地挖掘潜力，最大限度地加以利用。

环境的各项因素是资源，环境的整体是资源的总和。

众所周知，人类社会的劳动过程从来就是生产的消费过程。它从环境中吸取资源变成产品，同时又将生产的排泄物返回环境中去。各类环境因素，都是社会的自然财富和发展生产的物质基础，构成了生产力的要素。环境保护的基本任务，就是在生产过程中，合理地开发资源和有效地利用资源，避免因对资源的不合理利用而导致资源破坏和环境污染，从这个意义上说，"环境污染就是资源浪费"。保护环境就是保护资源。

环境是资源这一观点，越来越为人们所接受。

3. 持续发展的战略观点

从20世纪60年代后期到现在的20多年间，各国公众对环境问题的认识在不断深化。在60年代，人们把环境问题仅仅当成是一个污染问题，并且主要是指大气、水质、噪声、垃圾等污染对人体健康的危害，关心的领域包括城市、江河、海洋，对热带森林和野生动植物的破坏也给予了一定的关注。1972年斯德哥尔摩联合国人类环境会议把人们对环境问题的认识大大向前推进了一步。会议指出了人类面临的多方面的环境污染和广泛的生态破坏，并且揭示了它们之间的相互关系；既提出了防治环境污染的技术方向，又提出了社会改革的措施。到了70年代末80年代初，人们对环境问题的认识有了一个新的、飞跃性的发展。此时，各国政府和多边机构已日益认识到，经济问题和环境问题是不可分割的对立统一体，发展经济会不可避免地影响环境，而环境的退化又必然会削弱经济发展的基础。目前，贫困是全球性环境问题的一个主要原因和后果，而解决贫困问题的根本出路是继续发展。但是，依靠大量消耗自然资源、以牺牲生态环境换取的经济发展已被证明是不能持久的。因此，提出了"持续发展思想"。这个战略思想的基本点是：其一，环境问题必须与经济社会问题一体考虑，并且在经济社会的发展中求得解决，这种战略要求正确解决眼前利益与长远利益、局部利益与整体利益的关系，求得经济、社会和环境问题的协调发展。这是保证经济社会持续发展的正确方针，也是解决环境问题的积极途径。其二，持续发展的观点认为，世界上富足的人应当把他们的生活方式控制在生态资源许可的范围内，减少其资源消耗量，并且应当使人口数量和人口增长同生态系统生产潜力的变化协调一致。从80年代初开始，不少国家在不断强化环境保护法规的同时，开始从整个生态系统角度考虑环境问题，开展环境规划的研究与实践，制定协调经济发展和保护生态环境的长期政策，重视自然资源的合理利用和持续利用，以生态的改善保障持续发展目标的实现。西方国家一般结合土地利用规划考虑环境问题。日本、原苏联、捷克等国家提出编制生态规划，即在编制国家和地区的经济发展规划时不是单纯考虑经济因素，而是综合考虑当地的地球物理系统、自然生态系统和社会经济系统，遵循生态规律，既发展经济，又不使当地的生态平衡遭到破坏。

从总体上说，中国环境问题必须通过与经济和社会的协调发展去防治、去解决。

因此，持续发展的战略，就是既满足当代的需要，又不危及子孙后代的长远利益。

4. 生态发展的概念与实践

20 世纪 70 年代初期由于世界性环境危机的爆发，西方学者曾出现过一种悲观论调，要求经济停止发展以保护环境。实践证明，这种"因噎废食"的观点是行不通的，相反，由于社会的发展、技术的进步，人类在自觉运用生态规律，做到在发展经济的同时，使环境得到进一步的改善。例如澳大利亚利用科学管理的办法，既开阔了肥沃的牧场，又发展了效率极高的畜牧业；瑞典等国对森林采取采伐和种植并重，使木材资源得以持续开发；工业先进国家采取各种措施大规模治理污染已大见成效，污染源基本得到控制。近几年对环境污染治理的悲观论调已不大听到。联合国环境规划署（UNEP）总结以上经验提出"生态发展"（ecodevelopment）观点，即经济发展速度，城市工厂的布局、规模应以不违反生态规律为限度，使自然资源和大自然的恢复及自净能力不致受到破坏，造成恶性循环。否则超过这一限度就会产生严重的环境问题，生产就不能持久。生态发展就是要求经济发展要尊重生态规律，要受环境制约。联合国环境规划署主张在资源开发上尽可能采用可更新能源（如太阳能、沼气等）和天然物料（如有机肥料、天然橡胶、纤维、药物、色素等），既节约了如石油等不可回收的资源的消耗，又减少了对化学品的依赖和由此引起的污染，使生产得以持续发展。

国外一些学者曾认为中国是最有条件实现生态发展的国家，因为中国工业布局上执行"大分散、小集中"的方针；农业生产上走"农林牧副渔综合发展"的道路；城市建设上提倡控制大城市发展，多搞中小城镇的原则；在环境保护的方针上贯彻经济发展与环境保护协调发展的方针；再加上中国劳动力丰富，对现代技术依赖程度低，能源消耗相对少等。美国环境经济学家卡普教授认为中国农业是一部生产能源的巨大机器，因为消耗 1 卡能量的人力、畜力可生产 8 卡热量的植物，而美国的农业机械则要消耗 40 卡能源才能产生 1 卡热量，所以他认为中国的经济发展符合发展规律，也就是符合环境要求。

5. 生态农业

（1）生态农业的兴起

发达国家的农业生产经过了一段高速度的发展后实现了现代化。由于它的高输入和大量消耗能量和资源，加剧了能源危机，致使自然资源缺乏以及环境污染和生态破坏等一系列问题的产生。美国近 200 年来农业表土已减少了一半。美国主要的食品蔬菜基地逐渐处于沙漠化阶段。化肥量的增加增产效果不显著，被作物吸收的只有 30%，其余 70% 都进入地下水，成为有害因素而污染环境。虽然发达国家目前的农业产量或生产效率比较高，但从生态学的角度出发，却潜藏着许多严重的问题。为此人们不得不探索一种发展农业生产、保护自然资源和农林生态环境的新方法、新途径，有机农业和生态农业便逐渐地发展了起来。

20 世纪 60 年代，北大西洋公约组织提出进行生态农业的研究。西欧许多国家都用生态学的原理和方法指导农业生产，建立生态农场取得较好的效果。有机农业主张保护自然资源，保护生态环境，以低成本的方法发展农业，主张施有机肥，不用杀虫剂和除草剂，以最小的土地面积获得最高的产量和最大的效益。80 年代，东南亚一些国家，如泰国、印度尼西亚、菲律宾等，在美国东西方中心环境和政策研究所、福特基金会以及洛克菲勒兄弟基金会的促进、资助下，成立了一个地区性的生态农业协作研究机构，即东南亚大学农业生态系研究网（SUAN），协调东南亚地区生态农业的研究和推广，菲律宾的马亚生态农场受到推崇。我国的一些研究单位，如国家环境保护局南京环境科学研究所也多次参加了该研究网的活动，并得到了洛克菲勒兄弟基金会的资助，该资助研究项目的试点，在国内也起到了很好的示范作用。

（2）生态农业的主要特点

所谓生态农业就是用生态学的原理指导发展农业生产，提高太阳能的固定率、生物能的利用率和农业废弃物的再循环率，因地制宜地合理开发利用自然资源，使农、林、牧、副、渔各业得到综合发展。生态农业有助于保护生态环境，维护良好的生态平衡，使资源得到持续的利用，提高农业生态系统的生产率，以满足人们不断增长的物质需要。生态农业是把农业当做一个开放的生态、经济、技术复合人工系统，遵循自然规律和经济规律，运用生态学原理、系统工程方法和现代科学技术，因地制宜地规划、组织和进行农业生产。通过劳动密集、技术密集、知识密集相结合的高度集约化经营，合理利用资源，实现无废物、无污染生产，达到少投入、多产出的目的，实现经济、社会、环境的综合效益。

生态农业归纳起来有整体性、区域性、高效性、稳定性的特点，我国生态农业取得了很好的成绩，联合国环境规划署曾多次以全球 500 佳的名誉表扬了中国的生态农业的典型例子。

二、要正确地全面地宣传环境保护

1. 环境保护是基本国策

强调宣传经济发展与环境保护同步，协调发展。避免走先污染后治理的老路，或以牺牲环境为代价求取经济发展，或只保护环境而阻碍经济发展都是不可取的。

2. 人均资源概念

中国自然资源总量丰富，但人均占有量并不丰富，甚至是资源贫乏的国家。

中国有耕地约 1 亿公顷，人均 0.1 公顷，是世界人均耕地 0.4 公顷的 1/4。中国人均林地 0.12 公顷，仅为世界平均数的 12%；人均草地 0.33 公顷，为世界平均数的 34%；森林覆盖率 12.98%，为世界平均数的 22%；水资源，人均流量为 2600 立方米，相当于世界人均数的 1/4。

3. 资源价值观

资源是有价值的，不是用之不尽、取之不竭的，人们不能任意向大自然掠夺。我国任意破坏森林、矿产、草地，破坏生态环境的现象，一方面是由于法制观念淡薄；另一方面是认为资源可以任意夺取而不用付任何代价，缺乏资源是国家财产的观念。

4. 自然环境的战略地位

保护自然环境是个战略任务。自然环境与自然资源是人类赖以生存的物质条件，也是社会主义现代化建设的物质基础。党的十三大报告中指出："环境保护和生态平衡是关系经济和社会发展全局的重要问题"。万里同志在《中国自然保护纲要》出版时写道："保护自然资源和自然环境是保证经济持续发展，促进社会进步繁荣造福全人类的一项战略任务，它不仅直接制约社会主义建设的发展进程，而且严重影响子孙后代的生存，资源和环境的状况如何，是衡量一个国家的地区社会物质文明和精神文明的重要标志，因此它是我国的一项基本国策。"李鹏同志多次指出环境保护是我国一项基本国策。根据他的指示，我国制定了环境保护"三同步三效益"方针和自然资源积极保护合理利用的基本政策，《中国自然保护纲要》贯彻并具体反映了保护自然的政策和策略。

5. 宣传要掌握政策

不掌握自然保护知识和政策，盲目地宣传教育，其效果适得其反。例如，前几年《人民日报》报道广西沿海捕捉了三吨鲸，引起世界各国保护组织的强烈抗议。又如宣传"打鸟致富"、"要富上山砍林"，这些都违背了自然保护有关方针政策。只看眼前经济利益，不从长远战略观点看问题，所以获得相反效果。

人口、资源、环境及其发展关系已成为举世瞩目的全球性问题，其实质就是要保护人类赖以生存的环境。为使人类有一个持续良好的自然环境，必须加强计划性、预见性，克服盲目性、破坏性。要运用经济生态规律协调好经济发展与自然保护，协调好人与自然的和谐。

建立和管理自然保护区的基本理论与实践[*]

一、生物圈和生态系统的理论

（一）现代生物圈学说

1. 现代生物圈的概念

"生物圈"这个学术用语是奥地利地质学家休斯（E. Suess）在 1875 年首先提出来的。20 世纪 20 年代，苏联生物地球化学家维尔纳茨基发现，生物活动对地表化学物质的迁移和富集有重大的影响，提出了生物圈的学说。他把住满生物的地球外壳称为生物圈。生物圈是生命物质（活质）及其活动的产物集中的范围，在这个范围内可以划分出若干圈或层。生物圈包括平流层的下层、整个对流层、沉积岩圈（即岩石圈的成层部分，基本上由沉积岩组成）和水圈。

对生物圈的范围有两种划分说法。一种是广义的理解，即生物圈的范围从海面以下约 12 公里的深处，到地平面以上约 23 公里的高空，包括大气圈下层、岩石圈上层及整个水圈和土圈。这是个生命强烈地起作用和比较集中的范围，特别是植物在这一范围内起着能量积聚的主要作用。另一种狭义的生物圈，仅指植物生存的地带，也称植物地理圈（或植物圈）。

如果说广义的生物圈的厚度（从上到下）在陆地上和海洋里，是几十公里的话，那么狭义的生物圈的厚度，在陆地上只是几十厘米（如冻原），或几十米（如热带雨林），很少超过 100 米。在水体中生物圈的范围一般较陆地要广。在淡水湖中，带有浮游生物的水层能深达几米至几十米；在海洋中，大量浮游的藻类可深达 100 米以上，而硅藻等少数藻类能深达 400 米。

（1）生物圈的形成及其特性

根据现代科学通过精确的方法计算得出，地球形成到现在大约已有 45 亿年。虽然原始的生命形式很可能产生得还要早，但是地球上明显的生命大约出现在 25 亿~30 亿年前。大约 5 亿年前，生命就开始征服地球：植物由海洋登上陆地，对整个生物圈的演化起了重

---

* 金鉴明．1994．论自然保护区的建立和管理．北京：中国环境科学出版社，1~22．

要作用。它使地球的结构、条件和演变过程发生了根本变化。许多学者认为，是生命物质（即活质）决定了大气圈、土壤圈，以及在很大程度上决定了水圈的组成。

生物圈最重要的特性之一，是生物有机体的极其多样性。

这种多样性，是在长期进化过程中形成的，并会导致它在时间上的稳定性和动态性。据有关资料介绍，地球上曾出现过的物种总数有近 2.5 亿个，可现在仅剩下约 500 万 ~ 1000 万种。目前已经鉴定的动物有 200 多万种，植物有 30 多万种，微生物有 10 多万种。还有许多生物种未被人类发现或认识。

生物圈的另一个特性，是结构的不平衡性、镶嵌性和绝对不对称性。

所谓不平衡性，是指山系、大的冲积平原和世界水文网的分布是不平衡的，陆地上和海洋中生命物质的分布是不平衡的。活质的最大浓度分布在浅水带、蓄水层，包括海洋中的浮游生物层；活质的较高浓度分布在陆地温带、亚热带、热带的土壤中；活质的较小浓度，分布在寒冷的极地区域、干旱区和荒漠、高山及海洋深处。

由于地形地貌的复杂性、生命物质分布的不均衡性，加上物种本身的多样性，造成了生物种群和群落分布的镶嵌性。

所谓不对称性，则是指大陆和海洋的分布和对比关系是不对称的。

总之，从历史观点出发，也就是从它的出现和发展到现在的状况来看，生物圈乃是有机体长期进化的产物，是天文的、地球物理的、地球化学的和生物的各种因素统一和相互作用的结果。

（2）活质的组成及生物地球化学机能

活质是地球上全部有机体质量的总称。陆地上活质是指植物生物量、动物生物量（包括昆虫）和细菌、真菌等微生物生物量。据估计，全部陆地生物量的总和大约为 3×10^{12} 吨（3000 亿吨）。陆地动物生物量少于植物生物量，占 1%。动物生物量中 95% ~ 99.5% 由无脊椎有机体组成。植物生物量主要由木本群落组成，草本植物对形成土壤肥力起重要作用。植物的光合作用，把巨量的太阳能转化为化学能，参与陆地的生命活动和土壤的形成过程。积累在植物中的能量，决定着动物和细菌的活动状况。有机残体和土壤腐殖质好像是能量的仓库，但实际上其储藏的能量，也经常更新和不断被土壤微生物利用。

活质的生物地球化学机能主要表现于六个方面。

1）气体交换机能。有机体的代谢通过呼吸与外界环境进行气体交换，包括导致氧、二氧化碳、氨、甲醛、水汽等的吸收和分泌的多种多样气体反应；有机体通过环境与大气、土壤空气、溶解在河海水中的空气进行交换。

2）氧化机能。在物质的风化、迁移和沉积、水和大气的化学性能的形成以及土壤形成等过程中，有机体的氧化机能起着重要的作用。

3）还原机能。主要是由细菌和真菌在厌氧环境中发生去硫和去氧作用，反应的结果是形成碳化氢、氢的氧化物和沼气等。

4）钙盐的富集和析出。大量的细菌、藻类、单细胞动物、苔藓、高等植物和动物种都具有富集和析出钙盐于不溶解的沉积物中的能力；钙被有机体以石灰岩和自垩的形式积累起来。

5）元素的富集。生物机体对某些化学元素具有选择性吸收机能，因此在动物和植物组织的成分中，经常出现大量的化学元素，从而积累在生物性沉积层和腐殖层中。所以，生命的发展会促使生物性元素在土层中、软泥中、腐泥中和沉积岩中的富集量不断增长。

6）有机物质的合成和分解。据估算，在陆地上每年形成和破坏的植物有机物质达550亿吨。草食和肉食动物、真菌、细菌、无脊椎动物（特别是蠕虫和昆虫），担负着有机物质的分解、再合成和矿质化的工作。

2. 生物圈的物质循环、能量流动和信息传递

（1）生物圈的基本结构单位——生态系统

生态系统是指在一定时间和空间内，生物的和非生物的成分之间，通过不断的物质循环、能量流动和信息传递而相互作用、相互依存的统一体，是具有一定结构和功能的单位。原苏联学者把它称为"生物地理群落"，指的是在一定的陆地和水体的表面层内，动物、植物、微生物与地形、气候、土壤、水文等各种环境要素组成的统一体。1965年，联合国教育、科学与文化组织在哥本哈根召开的"在第一性生产水平上陆地生态系统的机能"讨论会上，把这两个术语确定为同等含义而统一起来了。所以，生态系统又可以解释为生物群落与其生存环境之间构成的综合体，即：

生态系统 = 生物群落 + 生物群落生境；

生态系统 = 生命系统 + 环境。

生态系统是一个广泛的概念，从不同的角度可以有不同的分类。地球表面就是一个滋生万物的、最大的封闭性生态系统。它由许多大小不同的开放性生态系统组合而成。根据环境条件和生物区系，地球表面可分为陆地、淡水、海洋、岛屿等生态系统。陆地生态系统，又可分为森林、草原、荒漠、冻原等生态系统。森林生态系统，又可再分为热带雨林、热带季雨林、常绿阔叶林、落叶阔叶林、针叶林等生态系统。还可按地区、海拔高度、森林结构、树种、生态特点等一分再分，甚至微生物活动的小空间也可称为"微型生态系统"。按照人类活动和干预程度，同样可分为自然生态系统和人为生态系统（人为生态系统是指城市、工矿区、农田等生态系统）。

（2）生态系统的能量流动

生态系统的能量是通过食物关系，由一种生物转移到另一种生物的。绿色植物利用日光辐射能进行光合作用，把光能变成化学能储存在有机物质中。太阳能只有被绿色植物的叶绿素作用并转化成食物分子的化学能以后，才能为异养有机体所利用。因此，绿色植物是生态系统中的生产者。靠着这些生产者为生的是各种动物，称为消费者（即异养有机体）。能量通过绿色植物的光合作用进入生态系统，然后从绿色植物转移到草食动物，再由草食动物转到肉食动物。生产者或消费者，它们死后都被分解者（细菌、真菌等，又叫还原者）分解，把复杂的有机分子转变成简单的无机化合物。分解者最后将有机化合物中的光合作用能量，分散和送回到环境中。同时，生产者和消费者，由于呼吸作用都有一定的能量损失，把部分能量逸散到外界。这一能量单向转移的现象，叫做能量流动。而生物即通过摄食，从流动中取得维持生命所必需的能量。

（3）生态系统的物质循环

生态系统的物质循环，反映在生物群落与环境之间的关系是极为复杂的。自然界里最

基本的元素是氢、氧、碳和氮等。一切生物（包括人类）都主要是由这些基本元素所构成的。生态系统中最主要的物质循环，也就是水、碳、氮、氧的循环和磷、硫、钙、钾、镁等其他元素循环。

（4）生态系统的信息传递

生态系统既有能量的流动和物质的循环，也有信息的输入、输出和传递。信息的类型，从生物学角度来分，主要有营养信息、物理信息、化学信息和行为信息等。

总之，同一种群的不同个体之间，和无机环境与生物机体之间的信息联系或传递，比较容易观察和理解，而不同物种之间的信息传递关系，则目前所知甚少。物理信息和化学信息的传递，是比较简单的联系形式；营养信息和行为信息的传递，则属于联系的高级形式。由于生态系统的信息比任何其他系统都要复杂，所以在生态系统中形成了信息的自我调节、自我建造、自我修补和自我选择的特殊功能。

综合上面所述的物质循环和能量流动情况，生态系统中的能流、物流可归纳为三个过程。

1）建成过程。绿色植物作为初级生产者把无机物和太阳光能转化为有机物和生物化学能，然后，通过食物链，物质和能量转移到初级消费者——草食动物身上。草食动物又作为二级生产者被肉食动物所食。这样依此类推，逐级提高着物质的组织形式和能量的性能，最后到了人体，物质的组织形式也就达到大脑，能量则联系到大脑的思维活动。这就是建成过程的终点。

2）还原过程。这一过程主要是通过各种微生物把生物的尸体或排泄的有机物转化为各类无机物质，并把能量释放回自然界。它是土壤肥力的主要来源。

3）储存和矿化过程。如果在同一个生态系统中，建成过程比还原过程占优势，则生物能和物质的储存量就会随生物量的增多而增长，如森林的木材积蓄量和农田的粮食产量就是如此。沼泽中的泥炭和地层中的煤、石油和天然气等也都是物质能量和储存库，不过它们是经历了矿化过程才形成的。随着人类社会的发展和人口的快速增长，不仅原来储存的木材和粮食被消耗掉，使它们加入了还原过程，而且地下埋藏的矿物燃料也被大量发掘出来，通过燃烧也加入了还原过程。可见，近代的人类在生态系统所进行的各过程中起着重要的作用，确实成了储存能量和矿化物质的积极还原者。

3. 食物链、营养级与生态金字塔

在同一生态系统中，食物会使多种动物发生联系：某种生物以另一种生物为食，而它又被第三种生物捕食……彼此形成一个食与被食的连锁关系，这就是人们所说的"食物链"或"食物网"。根据物种间的相互关系，一般可把食物链分成四个类型。

1）捕食食物链（或称生食食物链）。它以植物为基础，其构成形式是：植物→小动物→大动物。后者捕食前者。

2）碎屑食物链。它以碎屑物为基础，其构成形式是：碎屑→碎屑取食者→小型肉食动物→大型肉食动物。

3）寄生食物链。它以大型动物为基础，由小动物寄生到大动物身上而形成。

4）腐生食物链。它以动植物尸体为基础，通过土壤里或水中的微生物分解、利用而形成。

在一个生态系统中，食与被食的关系往往很复杂。各个食物链互相交错，构成所谓"食物网"。能量的流动，物质的转移和转化，就是通过食物链或食物网实现的。食物链的各个环节叫"营养级"。生产者为第一营养级，一级消费者为第二营养级……依此类推。通常一个食物链，由 4~5 个营养级组成，最多不超过 7 级。低位营养级是高级营养级的养料及能量的供应者。一般说来，低位营养级的能量，仅有 10% 被下一个营养级利用。例如，第一营养级（物质生产者）获得的能量，在自身的呼吸和代谢过程中就要消耗掉很大部分，余下的作为生物量积累。而后者，又不能全部被植食动物（第二营养级）所利用。因此，在数量上第一营养级必然大大超过第二营养级，而且是逐级大幅度递减。生物量和能量的转移、流动情况亦与此相似。若以第一营养级为基底，逐级向上描绘，直至最高营养级人类，用图案表示就会形成一个金字塔形状，这就是"生态金字塔"。

根据上述情况，生态金字塔可分为数量金字塔、能量金字塔和生物量金字塔。生态金字塔是在共同基础上，对比不同生态系统的食物网的一种方法。但是，由于食物网结构的复杂性，这种对比往往较为困难。下面简单介绍一下生态金字塔的三种类型。

1）数量金字塔。它表示每个营养级所包含的生物有机体的个体数，即沿食物链逐级向上递减的趋向。最底层的是第一营养级——生产者（通常是植物），其个体数量往往最多；向上一级——取食植物的动物，数量就少得多；再向上——肉食动物，更少，一直到顶部只有很少数肉食动物。

2）能量（生产量）金字塔。前面已经提到，植食动物的产量通常小于或等于绿色植物产量的 10%。第一级肉食动物的产量也必然小于植食动物，而第二级肉食动物的产量则更少。第一级的平均净生产效率仅约 10% 左右。沿营养级逐级向上递减，即形成能量（生产量）金字塔。

3）生物量金字塔。若能通过每个营养级中所含的生物量或活组织的质量相加来表示，其得出的结果亦类似，即沿食物链逐级向上急剧递减，这就形成生物量金字塔。生物量金字塔在陆地生态系统和淡水生态系统中最为明显。

（二）人类活动与生物圈的关系

1. 人在生物圈中的位置

大约在 300 万年以前，人类通过劳动从高度发展的人猿中分化出来。自从地球上诞生人类以后，生物圈的演化大大加速了。今天，没有受到人类活动影响的"死角"已不多了。可以说，人类已主宰了生物圈，是生物圈中最强大、最有影响的成分。

人类对生物圈的作用，主要表现在两个方面。

1）从生物圈的食物链来说，人是生物中最高级的一个物种。人类通常处于食物链金字塔的最顶层，依赖生物圈中其他生物而生存。所以，人类自身的再生产也必然受到生物学规律的约束。

当然，人类对生物圈的作用并不是由它的生物量来决定的。据估算，人类的生物量只占全球活质总量的 0.1%。人类对生物圈的影响，主要是由他的大脑、智慧和劳动决定的。人类与其他动物的本质区别在于有意识的劳动，人类通过劳动作用于环境，改造环境，创造新的生存条件。

2）从生物圈的物质循环和能量流动来说，随着人类智慧的发展，物质生产的速度和规模在不断扩大，已具有全球规模的作用。这么大规模的物质和能量进入环境，必然会引起生物圈的变化，成为促使生物圈演化的强大的物质力量。

当前出现的全球性的严重环境问题，说明人类在利用生物圈和自己创造的智慧圈之间，矛盾越来越突出了。人类具有改造生物圈的能力，可是如果利用不当的话，也有毁灭生物圈的可能。可至今只有我们这个星球养育着生命体系。人类要在自己继承的生物圈内生存下去，就必须了解生物圈的运动变化规律，自觉保护生命维持系统，促使生物圈向前演进，而不是向后退化。只有这样，人类才能生存得更美好。

2. 人类对生物圈的影响

（1）全球性的影响

在很长一个时期内，人类活动及其影响一直局限在一个小的地区，或在一个国家的范围之内。但是，随着经济社会的发展，这种局限被冲破了。现在人类的许多活动及其影响扩展到了很大的区域甚至全球的范围。这种人为影响在生物圈内已开始暴露出来。

1）酸雨及其危害的问题。酸雨作为一个环境问题，大约出现于 20 世纪 50 年代。70 年代之后，局部地区的酸雨蔓延到几乎所有国家。酸雨对人类环境造成多方面的危害，已成为严重的国际纠纷之一。欧洲各国和美国、加拿大等国的首脑，曾多次磋商酸雨的防治问题，但进展缓慢。其原因是需要世界各国联合采取行动，同时现有技术的难度较大且需要付出的经济代价太高，多数国家难以承担。

2）"温室效应"的影响问题。"温室效应"是由于二氧化碳浓度的增加而引起的全球气温升高现象。

由于人类的活动，特别是化石燃料燃烧的迅速增加，大量二氧化碳被排入大气中，干扰和破坏了固有的平衡，造成了"温室效应"。

气候变暖的严重后果之一，是海平面的上升。据专家称，温度只要上升 2 摄氏度，就足以把南极西部的巨大冰川融化，会使海平面上升 5 米。它将淹没许多沿海城市和农田。气候变暖也将改变全球的风向、降雨和海洋循环的方式。所有这些都会对农、林、牧、渔业生产带来不利影响，人类将蒙受极大的灾难。

3）臭氧层的破坏问题。近 10 年来的监测表明，人类活动正在扰乱臭氧层的平衡。主要污染源是氯氟碳化物等，如制冷剂氟利昂的散逸。臭氧层的减少，特别是南极上空的"空洞"对生物圈将产生消极影响，这是摆在人类面前的一个严峻的课题。

（2）人类开发活动的影响

人类开发活动对生物圈的影响是至关重要的。随着人口的增多，必然要增产粮食、建宅拓荒、采薪伐木、开辟水源，当开发不适当时，则造成对自然资源的破坏。随着工业的发展和新技术、新能源的开发利用，在加快经济发展的同时，也给生态环境带来了严重的影响。

1）工业废物污染。

大气中聚积着大量的各种各样的有毒气体，这些气体的来源是汽车业和工业企业，其中最主要的气体是二氧化碳、一氧化碳和硫、氯、氨等。

许多国家，淡水污染问题很严重。在一些地区，由于严重缺水或水的过度污染，已经不可能再发展工业。

海洋变成倾倒所有生产残渣——石油、矿石、放射性物质等的巨大垃圾场。石油严重污染着海洋和海滩。更为让人担心的是牡蛎、贻贝和其他软体动物，很快将不能食用。由于鱼籽和幼鱼被污染以及食物链的破坏（其中包括浮游生物减少），鱼类资源大为减少。

2）杀虫剂污染。

杀虫剂的有害作用可归纳为下列三个方面：它消灭了很多有益的或在经济上无害的种，使生态系统缺乏生气；它是造成害虫种群稳定的原因，于是越来越难以摆脱虫害；它能在生态系统中积累，并能在其中保留若干年。杀虫剂对肉食性动物的毒性特别大，因为杀虫剂通过最后的食物链，逐渐聚积在食肉动物体内。

杀虫剂对动物作用的结果，是导致自然生态平衡的破坏。

3）放射性污染。

1963 年在莫斯科签订禁止核试验条约以前，放射性污染曾经是威胁人类和整个生物圈的主要危险之一。

放射性污染源是核爆炸时的沉降物，在放射性沉降物中最重要的是锶 90、碘 131 和铯 137，这些都见于人体组织中。碘富集在甲状腺中，而锶富集在骨骼中，其化学性能与钙相似。富集在有机体内的放射性元素的危害，可分为特定的（如致癌）或遗传的；第二种情况，为突变频率增加和出现先天性变态的后代。危险性的不断增长，还在于放射性元素与杀虫剂一样，是沿着食物链逐渐富集的。这种现象在冻土带表现得特别显著（在芬兰进行过一些工作），因为冻土带是很简单的生态系统，其基本食物链是从地衣通过鹿到人。

4）种的消灭和生态系统的破坏。

人类对生物圈的作用，造成了许多动植物或完全绝种，或所剩无几。哺乳动物和鸟类比无脊椎动物容易统计，可以获得十分准确的数据。从 1600 年至目前，被人类消灭的鸟类有 162 个种和亚种，381 种受到同样命运的威胁；哺乳动物中至少有 100 个种已经灭绝，255 个种濒于灭绝。澳大利亚有袋目中，灭绝或处于灭绝威胁的种大约有 42%。追述这些可悲事件发生的年代，并不困难。这里仅列举四个特别著名的事件。

1627 年，波兰最后一头原牛（*Bos primigenius*），即牛的祖先死了。该世纪中叶这种动物还可以在法国见到。

1627 年，毛里求斯的哆哆鸟已经绝种。马斯卡林群岛（毛里求斯岛、留尼汪岛、罗德里格斯岛）上的鸟类，因完全缺乏肉食哺乳动物而丧失飞行能力。17 世纪随着这些岛屿成为欧洲人的殖民地，鸟类动物区系大大稀少了，28 种鸟被消灭了 24 种。最明显的是体重约 20 公斤的鸽科大型鸟绝迹，如毛里求斯岛的哆哆鸟（*Raphus cucullatus*）、留尼汪岛的孤鸽（*R. solitarius*）和罗德里格斯岛上的特有种（*Pezophaps solitarius*）等。所有这些无力自为的鸟类，都是被前来群岛探险的航海家们所屠杀的。

1870～1880 年，名为布尔切洛夫的南非斑马被布尔人消灭。

1914 年，在美国辛辛那提市动物园里的漂泊鸠（*Ectopistes migratorius*），这个最后的代表者也终于死了。这种北美的鸟类，曾经形成过很大的群体。在 1810 年它有好几十亿只，到 1909 年由于过度猎捕，漂泊鸠已经完全灭绝。

某些生态系统及其中的物种也受到威胁。具有特有动植物区系的海滨砂丘和沙滩，逐渐地给建筑让路；泥炭沼泽干枯；具有特殊昆虫和真菌独特复合体的古老生物正在消失；非洲热带森林到现在已有 2/3 被砍伐。一公顷水青冈能涵养 3000～5000 立方米的水，毁灭森林的后果是使保持水土的植被消失。

3. 正确处理社会圈、技术圈和生物圈的关系

在讨论如何处理人类活动与生物圈的关系时，国际学术界又把人类活动分为技术圈和社会圈两部分。所谓技术圈，是指在生物圈空间内由人类建造的结构，像工业系统、农业系统、交通系统、通信系统、城市和乡村居住系统等；所谓社会圈，是指由政治 - 经济文化所组成的社会系统。生物圈、技术圈和社会圈三个系统的控制方式是各不相同的。生物圈的运转机制是能量和物质的不断交换和循环，使生物圈在不同层次之间做到相互补偿和调节，因而保持了生物圈的动态平衡。生物圈是靠自然力的推动，严格按照自然规律在运动。技术圈是生物圈内原来没有的，完全按照人类的愿望建造起来的。这种人造结构可以遵守自然规律，对生物圈产生有利影响；也可以违背自然规律，对生物圈产生不利影响。因为技术是掌握在人类手中的，既可以正确地使用，也可以任意地滥用。社会圈基本上也是人造的，这是表现人类主观能动性的大舞台。在这个大舞台上既可以演出人类喜剧，也可以演出人类悲剧，这就要看如何处理人类活动与生物圈的关系了。

人类在社会圈内组织起来，管理自己的事物，并处理技术圈和生物圈的关系。人类在这三个系统中生存，并与之相互作用。

人类的发展历史证明，所有的环境问题都与这三角关系中的一方与其他一方的相互作用失误或紊乱有关。其中，起关键作用的是社会圈。因此，协调人类活动与生物圈的关系就具有重要的意义。

人们开始认识到生物圈的统一性，认识到人类与生物圈的相互依赖、相互影响的关系，这是有重大意义的。虽然在当前，由于政治上的、经济上的种种原因，在国际上采取更多的统一行动还有困难，可是，一些区域性的联合行动（河域污染防治、跨国河流污染防治、欧洲酸雨防治等）已陆续开展起来。像保护海洋、保护臭氧层、保护鲸鱼、保护南极环境、保护珍稀野生动植物、保护大气层和外层空间等国际公约、协定也制定了不少。据统计已有 130 多个这样的国际公约或协定，表明人们对共同利益有愈来愈多的关心，这是个很大的进步。

在当前国际上还难于全面采取保护人类环境的统一行动的情况下，首先从每个国家做起，就具有更加重要的意义。因为每个国家都是人类环境的一部分，本部分的环境做好，就是对人类环境作出了贡献。中国是个大国，做好我国的环境保护，对人类环境就会作出

重大的贡献。

二、持续发展的理论与实践

（一）持续发展的战略观点

从 20 世纪 60 年代后期到现在的 20 多年间，各国公众对环境问题的认识在不断深化。在 60 年代，人们把环境问题仅仅当成是一个污染问题。1972 年斯德哥尔摩联合国人类环境会议，把人们对环境问题的认识大大向前推进了一步。会议指出了人类面临的多方面的环境污染和广泛的生态破坏，并且揭示了它们之间的相互关系；既提出了防治环境污染的技术方向，又提出了社会改革的措施。到了 70 年代末 80 年代初，人们对环境问题的认识有了一个新的、飞跃性的发展。此时，各国政府和多边机构已日益认识到，经济问题和环境问题是不可分割的对立统一体，发展经济会不可避免地影响环境，而环境的退化又必然会削弱经济发展的基础。目前，贫困是全球性环境问题的一个主要原因和后果，而解决贫困问题的根本出路是继续发展。但是，依靠大量消耗自然资源、以牺牲生态环境换取的经济发展已被证明是不能持久的。因此，提出了"持续发展思想"。这个战略思想的基本点是：其一，环境问题必须与经济社会问题一体考虑，并且在经济社会的发展中求得解决。其二，世界上富足的人应当把他们的生活方式控制在生态资源许可的范围内，减少其资源消耗量，并且应当使人口数量和人口增长同生态系统生产潜力的变化协调一致。此外，经济发展必须摆脱过去的模式，试图用老办法搞发展和进行环境保护，必将增加生态环境的不稳定性。

这种战略思想已被联合国大会所采纳，并被愈来愈多的国家所接受。我国也赞赏这种战略思想，我国在经济建设中所执行的持续稳定和协调发展的方针，也是这种战略思想的重要体现。

从总体上来说，中国的环境问题必须通过与经济社会的协调发展去防治、去解决。当然，反过来说也是一样：中国经济的持续稳定发展，只有协调处理好与生态环境的关系才有可能。

1. 持续发展战略问题

传统的发展战略必须转变。所谓传统的发展战略，就是以国民生产总值或国民收入的增长为主要目标，以工业化为主要内容。这种战略往往忽视农业生产，不注意环境保护和人民的福利。20 世纪五六十年代整个西方世界在追求高速增长，但这种增长没有解决原有矛盾，反而出现了通货膨胀、失业加剧、能源危机和社会动乱，特别是加剧了环境污染和生态破坏这一类新的矛盾。70 年代初，美国福勒斯教授和米多斯教授提出了全球性平衡观念，他们的代表作《增长的极限》，其主要论点是：人类社会的增长是由五种相互影响、相互制约的发展趋势构成的，这五种趋势是加速发展的工业化，人口剧增，粮食短缺和普遍营养不良，不可再生资源枯竭，以及生态环境日益恶化。他们认为，人口、自然资源、工业发展、农业生产、环境污染等因素按照一定指数增长，到 21 世纪，将导致全球性危机，因此主张停止地球人口数量的增长，限制工业发展，大幅度减少地球资源消费，以维护地球上的平衡。这就是所谓罗马俱乐部，反映了人类当前的未来困境的主要观点之一。

另一些学者不同意上述观点，例如原苏联科学院费多罗夫院士认为，罗马俱乐部的科学家对形势的分析持有悲观论点，他认为自然环境污染不应当是生产增长和技术进步的不可避免的后果。同样，进步本身也提供了消除污染的可能性。这样的过程将继续发展下去，所以，他们对人类发展的前景持乐观的态度。

持续发展的观点弥补了上述两种观点的片面性，它强调以满足人们的基本需要为主要目标；主张实行统筹兼顾的方针，既要满足局部利益又要兼顾整体利益，既要满足当前利益又要兼顾长远利益；同时强调资源的合理开发和利用、维护生态平衡、促使可更新资源不断增殖和永续利用。持续发展的战略实质上体现了环境与经济社会协调发展的方针。持续发展必须体现在发展规划上，体现在自然资源合理开发和城乡建设上以及工农业发展的政策上。我国是一个发展中国家，经济条件不富裕，没有很多的钱用于环境治理，只能制定相应的政策，通过严格的管理，防止环境问题的发生或者把污染和破坏环境的影响限制到最小的范围。环境政策的主要目标是：经济社会和环境的协调发展，实现经济、社会和环境效益的统一。

2. 经济、社会和环境同步发展的理论与实践

传统的发展道路是一条经济发展与环境保护相背离的道路，这就是"先污染后治理"的道路。主要资本主义国家是从这条道路上走过来的。实践证明，这是一条不可走的弯路。因为，这种发展方式可能会在一段时间里使经济状况出现令人鼓舞的繁荣景象，但与此同时，环境污染、生态破坏也同样在高速度地增长、加剧，经济繁荣的背后酝酿着危机。20 世纪五六十年代由于环境污染的日趋恶化，许多资本主义国家发生了社会公害事件。在历史上发生的公害事件中，比较有代表性的有八起，称之为"八大公害事件"。除此之外，有机氯农药的污染，其范围之广、危害之深，令人吃惊。1962 年美国生物学家卡逊写了一本书，名为《寂静的春天》，她列举了许多材料，说明滥用化学药物会引起环境污染与生态破坏，并导致自然界的一系列变化，作者呼吁公众要重视这个问题。这本书的出版使人们进一步认识到环境污染和生态破坏的广泛性和持久性。污染与破坏并不是一时的或局部的，而是长期的和普遍的，其创伤也是难以恢复的。

西方国家从经济繁荣的惊喜中觉悟过来，在公众的抗议、社会的舆论压力下，回过头来重新治理被破坏的环境。英国泰晤士河原来已鱼虾绝迹，经过治理恢复，该河已出现了水生生物，但治理时间长达 120 年之久，在经济上、时间上付出了极大的代价。这是沉痛的历史教训。

我国学术界和负责经济工作的部分领导人，曾对环境保护与污染治理存在一些模糊的认识，他们认为中国的环境也必须是走"先污染后治理"的道路，而且认为这条道路不可避免，把先污染后治理看做是一种发展的规律。这种观点是不科学的，也是不合理的。理由如下。

1）从理论上说，经济发展与环境保护并不是相互对立的矛盾。如果政策对头、处理得当，矛盾的对立是可以统一的。污染和破坏从经济发展与工业生产中产生，也只能在工业生产和经济发展中加以解决。我们要求的经济发展是不以污染和生态破坏为代价的；反过来经济发展了，也就有助于污染治理和控制生态恶化。这样，这种对立在经济社会的发展过程中便会统一起来。

2）从实践上看，中国和发展中国家与过去工业化国家所处的历史条件不同。发达国家在工业化时期，具有丰富和廉价的资源、能源和劳动力，取得了经济的较大发展。即使在他们走了"先污染后治理"的弯路之后，也有能力采取补救措施和付出高额代价，去治理发展过程中产生的环境污染和生态破坏。但是在发展中国家却很难同时具备这些优越条件。

3）从经济上衡量，"先污染后治理"要付出很高的代价，包括人力、物力、财力。大量事实证明，"后治理"的费用要比"同时防治"高出数倍。如果加上污染破坏所造成的"外部不经济"的损失，费用就更高了。国内外的实践一再证明，以牺牲环境的利益来求得工业的发展，或以牺牲整体利益和长远利益来换取一段时间"快速致富"是不稳固的，也是很不合算的。

4）从条件上讲，在发达国家工业化初期出现的某些环境问题，与当时认识水平和技术水平的限制也是分不开的。现在的情况不同了，发展中国家可以从发达国家的历程中借鉴成功的技术和经验，并且可以从他们的挫折中吸取教训。特别重要的是，随着科学技术的进步，建设中出现的各种环境问题，一般都可以找到防治措施，可以避免重走工业发达国家的弯路。

5）从建设的宗旨上看，我国实行的是社会主义制度，经济建设的根本目的是为人民谋利益，而环境保护的目的，也同样是为了当代和后代人民的生存利益，两者的宗旨是一致的。因此，在建设的同时就注重防治环境污染的可能性和现实性是存在的。十多年来，中国的环境保护总结出了"三同步、三效益"的方针，即经济建设、城乡建设和环境建设同步规划、同步实施、同步发展，实现经济效益、社会效益、环境效益相统一的发展方针，这是解决发展与环境之间矛盾的正确途径。同步发展方针的积极意义就在于"预防"。

（二）生态发展的概念与实践

1. 生态发展的由来

20 世纪 70 年代初期，由于世界性的环境危机的爆发，西方学者曾出现过一种悲观论调，要求经济停止发展以保护环境。实践证明，这种"因噎废食"的观点是行不通的。联合国环境规划署在总结各国经济发展的基础上提出了"生态发展"（ecodevelopment）观点，即经济发展速度，城市工业的布局、规模，应以不违反生态规律为限度，使自然资源和大自然的恢复及自净能力不致受到破坏，造成恶性循环。"生态发展"就是要求经济发展要尊重生态规律，要受环境制约。

国外一些学者曾认为，中国是最有条件实现生态发展的国家。因为中国是计划经济国家，工业布局上执行"大分散、小集中"的方针；农业生产上走"农林牧副渔综合发展"的道路；城市建设上提倡控制大城市，发展和多搞中小城镇的原则；在环境保护的方针上，贯彻经济发展与环境保护协调发展的方针；再加上中国劳动力丰富，对现代技术依赖程度低，能源消耗相对少等。当然，持这种观点的多数是发达国家的学者，他们对现代技术和环境矛盾方面理解很深，而对发展中国家普遍存在的由于贫穷、落后而使人们对环境被动地应付，甚至为了生存而不得不牺牲环境，造成严重的污染和破坏等方面则显然估计不足。"生态发展"的概念在中国现代生态学发展的基础上，在经济生态学发展的实践中，将得到更加完整的发展。

2. 社会、经济生态的整体化

我们认为，"生态发展"强调经济发展与环境保护之间的相互关系，探索合理调节人类与自然之间的物质变换的方式，使经济活动取得最佳的社会经济效果和生态环境效益。因此，生态发展强调经济、社会和环境是统一体。人类社会的经济再生产过程，首先是从自然界获取原料，通过劳动变成人们需要的产品，然后经过分配、流通、消费，将一部分废物（包括一切生产和生活所造成的废弃物）排入自然环境，参与自然界物质循环。要使经济活动和生产过程可持续地进行，那就要求从自然环境获取的资源不能超过环境再生能力，否则就会引起资源环境的破坏或枯竭；排入环境的废弃物不能超过环境容量，因为环境中有最大的生态忍耐度，超过极限即破坏了生态环境，就会引起生态环境质量的恶化。所以，经济再生产过程不是孤立地进行的，它总是同自然再生产过程交织在一起，受自然再生产过程的制约。自然再生产过程是经济再生产过程的基础。因此，生态发展与同步发展方针的观点是一致的，前者从生态学角度论述，后者从政策的协调上阐明。

3. 与生态发展相关的主要方面

（1）经济建设与生态效应

经济建设的规模、速度、布局，应以不违反生态规律为限度。人类如果不按生态规律办事，最终是要吃大亏的。违反自然规律，自然将给人类以报复。没有生态观点的水利工程的建设，使用大量的人力、物力围湖造田，盲目地大面积开垦农田，为了修建铁路、公路过多地砍伐大面积森林，在风景区开山取石等，都是只注重生产观点而忽视生态观点的做法。联合国环境规划署的专家们强调，必须要认真计算环境保护的实际费用与利益。全世界每年因沙漠化而损失的土地为6万多平方公里，经济损失达60多亿美元。若以健全生态的观点进行经济建设，便可避免这种惊人的损失。但人们往往不重视生态破坏的损益分析，就是每年只需用4亿美元去阻止沙漠化蔓延的投资，也无着落。这就是说人们往往只看到生产建设的成就，而并未看到这些成就的获得，在一定程度上是建立在浪费资源、滥用资源、严重污染和破坏环境的基础之上的，甚至是建立在对子孙后代的长远利益造成巨大损失和危害的基础之上的。它们大大地抵消了经济发展中的得益。因此，在制定经济建设发展目标时，必须考虑到经济建设带来的生态影响，及其生态效应正确的发展方针。在扣除这些制约因素后所确定的经济发展目标，才是健康的和真实的。

（2）城市发展与生态规划

我国的环境污染和破坏，突出地表现在城市环境的恶化上。全国城市污水有85%以上未经处理直接排放；城市的噪声危害及有害的固体废物，包括生活垃圾及粪便的处置不当等。当然，造成城市环境恶化的原因是多方面的，但首先是因为城市发展缺乏一个全面的整体规划。长期以来，由于片面强调变"消费城市"为"生产城市"，忽视生态要求，不加区别地强调发展工业，特别是重工业，也大量兴建重污染型的工业，结果城市的性质、规模、结构与布局都失去了控制。城市性质不明确，规模越搞越大，格局越搞越乱，发展方向越搞越不合理，从而导致了城市环境的严重污染与恶化。

城市是人口、经济、科学文化高度集中的地区，是一个具有多功能、多种结构层次的生态系统，对这个生态系统，我们往往只注意它的经济功能，而忽视它的生态功能，其结果便铸成了严重的环境问题；反过来，又阻碍了经济功能的发挥。这一教训是非常深刻的。

（3）乡村建设与良性循环

随着乡镇工业的发展，农村环境问题也日益突出。据初步调查，在乡镇工业中，有污染的工业约占其总数的20%左右（发展慢的地区约占5%，发展快的地区约占25%）。乡镇工业有许多是重污染的，如电镀、造纸、化工、印染、石棉、汞、砷制品及硫磺、土焦等。

乡镇工业发展后出现的农村环境问题，是我国环保工作20世纪80年代遇到的新问题，也是乡镇工业能否持续健康发展的重要问题。目前乡镇企业的发展，已成为我国国民经济建设中的一支重要力量，但是，乡镇工业由于"先天不足"、产品结构不合理、企业素质低下等原因，不少企业效益呈下降趋势，而且出现了占用耕地过多、污染蔓延、浪费资源、破坏乡村生态环境的严重现象。为使乡镇企业持续、稳定、健康地发展，必须从生态发展的原则出发，探索农村经济发展与保护环境的内在联系，从中找出规律，使之既能发展农村经济，又能保护好农村环境，以实现农村生态环境的良性循环。

（4）资源开发与生态原则

随着人口不断增加、工农业生产和科学技术的日益发展，对自然资源的开发愈来愈广泛。由于人们对自然生态规律缺乏认识，生产活动往往违背自然规律或者只顾眼前利益不顾长远利益，只考虑局部而忽视全局；对自然资源常常利用不合理，甚至采取掠夺式的经营方式。其结果是不仅破坏了自然资源，造成了重大的经济损失，而且自毁家园，使人们赖以生存的生活环境日趋恶化，环境质量低劣，生态平衡失调。试举几例说明。

例一：新疆艾比湖区的生态破坏。

艾比湖位于博尔塔拉蒙古族自治州（以下简称博州）的东北部，是自治区内最大的咸水湖。海拔高度为194米，面积1200平方公里，一般水深在2~3米左右，最深处达7米。艾比湖区域地貌复杂，水源丰富，气候条件多样，为各种植被的生长发育提供了良好的环境条件。20世纪50年代后期，国家的建设方针是大办农业。农田的开发、种植，使这里原来以游牧为主的天然牧业，转化为以农为主的农牧结合的经营方式。当时人们对大自然、对植被与生态平衡的重要性认识不足。于是，便导致了对博州各地自然植被盲目地、毫无约束地劫取，造成了野生动物资源减少、湖面缩小、干旱程度增加、风沙加大，生态平衡严重失调，自然环境转向恶化。

例二：热带雨林破坏所带来的灾害。

我国仅有的西双版纳和海南岛地区的两个集中的热带雨林，都相继受到较大的破坏。西双版纳境内热带原始森林茂密，动植物种类丰富，仅高等植物就有4000余种，有"动植物王国"、"植物宝库的明珠"之称。其中有许多稀有的珍贵野生动植物。但是近30年来，由于毁林开荒、森林火灾以及烧柴和乱砍滥伐等违反生态规律的活动，200多万亩原始森林遭到破坏。由于森林的破坏，相对稳定的生态系统失去了平衡，造成了许多珍贵稀有的野生动植物处于遭受灭绝的境地。原始森林破坏也引起了水文条件的恶化，水土流失严重，土壤质量下降，景洪县的大渡岗一带出现了"绿色宝库"中的荒原。

（5）人口增长与生态平衡

当今人类所面临的人口、资源、环境三大问题中，人口是第一位的，资源和环境问题都与人口紧密相关。从某种意义上来说，人口问题是其他所有问题的根源。

世界人口正以每年8000多万（近1亿）的速度在增加着，预计20世纪将增至63亿。而这种惊人的增长，主要仍将发生在发展中国家。这势必将加重发展中国家的困难和妨碍经济的持续发展，并将继续扩大与发达国家的经济和生活差距，使矛盾和对抗趋于进一步加剧。

我国是世界人口最多的国家，植被破坏、水土流失、土地沙化、污染严重等都与人口增长过快有关。认真探讨人口与生态环境的关系，对于维护良性生态循环、实现"小康"生活水平，具有直接的现实意义。

我们要用生态学的观点看待人口发展问题。一方面，人口与生态环境有密切的关系，生态环境作为人类赖以生存和发展的自然基础，制约着人口的发展；而人口的发展，又反作用于生态环境。这种作用超过了生态环境本身的自然调节限度，便会导致生态环境的破坏。因此，人口发展必须与生态环境相协调。

另一方面，我们还要看到人在维护生态平衡中的地位和作用。在生态系统中，人是最积极、最活跃的因素。人既是生态系统的成员，又是生态系统的支配者。当人类对生态系统演替规律缺乏认识的时候，人类的经济活动往往是造成生态平衡失调的主要因素。而人类一旦掌握了生态系统的演替规律，就能运用这一规律，变生态系统的恶性循环为良性循环。事实证明，人类能够用科学技术去削弱或控制工业发展带来的"四害"污染；减缓或治理由于植被破坏而造成的水土流失；开发或建立新的生物链，使自然资源得到持续合理利用。因此，人口的发展在控制数量的同时，必须着眼于提高质量，使人成为新的生态平衡的建造者。

三、生态学的原理及其应用

（一）生态学及其发展

1. 生态学定义和概念

生态学（oekologic，ecology）一词，首先由德国生态学家赫克尔（E. H. Haeckel）在其1866年所著的《普通生态学》一书内提出，1869年他在另一篇论文内指出，生态学是"研究生物与其居住环境的科学"，是"动物对有机和无机环境的全部关系"。100多年来生态学有了很大的发展，尤其是近二三十年来，生态学家充实了生态学的定义，扩大了生态学研究的领域。一般认为，生态学是研究"生物与环境之间相互关系及其作用机理的科学"，是研究"人类、生物与环境之间各种复杂关系的科学"。在最近几年内，生态学的定义还有很多。例如，生态学"是研究自然景观的形成及其动态规律的科学"，"是研究生物在自然因素及人类因素作用下，在数量变化、空间分布及生理功能方面适应环境变迁的科学"，"是研究人类活动与社会环境及自然环境相互作用规律的科学"，"是研究人管理大自然的科学……"等。

从生态学的定义和大量文献资料中，我们深深感到生态学的发展是极为迅速的，无论广度、深度都是空前的。生态学的研究已从生物个体、种群、群落，逐渐转为以生态系统研究为中心；从研究某地、某地区或一个国家的生态学，转为超越国界的大区域性研究；从静态、定性的单因子与生物相互关系的研究，转为动态、定量的综合因子研究；生态学已从单纯的自然科学，转为与社会科学相交织的新科学。

生态学这一名词，近10年来很时兴，受到各种不同形式的应用或滥用，但是我们必须澄清，任何不涉及环境生物学（包括人类）的研究，均不居于生态学的研究范畴。

2. 生态学历史回顾及发展

追溯一下历史，生态学从诞生以来大体上经历了下列发展阶段：①个体生态学；②群落生态学；③生态系统生态学；④研究生物圈各生态系统间相互作用和联系的生态学；⑤研究人类活动为主导的，人与生物圈相互作用和联系的跨学科（包括自然科学与人文科学）的生态科学。

生态学发展到现在已经不是一门单独的科学，而成为自己的一个独立的科学体系。据估计，包含"生态学"三字的学科，至少在100门以上。但当前现代生态学主要由下列几个部分组成。

1）个体生态。主要是研究生物个体与环境的相互关系，即生物对环境的适应过程及环境对生物的塑造作用。就植物来说，是研究植物个体的发芽、生长、开花、结果、落叶、休眠等一生中生长发育的各个阶段的形态变化、生理生化反应与环境的关系。

2）种群生态。种群是同种生物在特定环境空间内的个体集群。因此，种群是一定地段上群落中的一个种所有个体的总称。在自然界，种群是物种存在的基本单位，是生物群落或生态系统的基本组成部分。种群生态学是研究种群数量动态规律的学科。

3）群落生态。植物群体生态学又称植物群落学。植物群落，是指一定地段上全部具体的植被。它具有相同的种类组成、结构和外貌，并且在植物之间以及植物与环境之间，具有相同的相互作用。植物群落学研究群落在环境的影响下，如何发生、发展和演替，以及它们的结构和功能。

4）生态系统。生态系统是由生物及其所在的生态环境综合而成的系统，是国际生物学计划中的重要研究课题，它的研究主要是围绕其结构和功能进行的。

5）人与生物圈的生态学。人与生物圈的生态学，是研究人类对生物圈影响的学科，其主要研究方向是：在人类不同程度影响下的生态系统的功能，受到人类影响的资源管理与重建，人类的投入和资源利用以及人类对环境影响的反应。

（二）生态系统与生态平衡

前面已经叙述了生物圈的基本结构单位是生态系统以及生态系统的物质流、能量流和信息流，在此不再重复。

1. 生态系统

（1）生态系统的基本概念

生态系统（ecosystem）是 1935 年由坦斯利（A. G. Tansley）提出的。他认为，生态系统是生态学研究的基本对象，是生命界和非生命界之间相互联系所产生的一种稳定系统，它不仅包括有机复合体，而且也包括形成环境的整个物理因子复合体，是地球上自然界的基本单位。生态系统包括有生命的成分和无生命的成分在内：有生命的成分是由个体、种群、群落或几个群落所组成，包括整个植物、动物和微生物；无生命的成分是由环境中影响有机体的所有物质和能量所组成，即整个环境条件的综合体。

美国动物生态学家林德曼（R. L. Lindeman），对生态系统的发展作出了卓越的贡献，他提出的"食物链"和"金字塔形营养级"，为生态系统奠定了坚实的科学基础，并进一步证明了生物与环境之间的动态平衡关系，成为物质能量转化传递的指导原则，为生态系统的研究开拓了新的途径。

苏联生态学家苏卡切夫（V. N. Sucachev）在 20 世纪 40 年代提出了生物地理群落概念，它是由生物群落（包括植物群落、动物群落和微生物群落）和生物环境（包括土壤环境和气候环境）组成的一个综合系统。他同样强调了能量流动和物质循环。

生态系统的理论和实践得到了世界的公认，特别是在 20 世纪 60 年代环境污染非常严重的情况下，为了开展环境保护建立环境科学，生态系统作为环境科学的理论基础之一而出现，并进一步推动了环境科学的发展。

（2）生态系统的基本内容

1）生态系统的组成部分。

任何生态系统都是由生物和居住其中的无生命环境所组成的。

生态系统的成分可归纳如下：①无生命成分（太阳辐射能，无机物质，有机物质）；②生命成分（生产者，消费者，还原者）；③储存过程；④矿化过程。

2）生态系统的结构。

生态系统如前所述，包括各种生物因子和非生物因素，二氧化碳和水作为生命维持系统的物质源。而太阳光作为能量源，为人与生物圈提供再生资源和能源。

a. 形态结构特征。相同的生态系统类型，必有相同的形态结构。不同的生态系统，就有不同的生物种类、种群数量、种的空间配置（水平和垂直分布）和种的时间变化（发育和季相）。这些特征与植物群落的结构特征相一致，都属于生态系统的形态结构。

b. 营养结构特征。生态系统的营养结构是以营养为纽带，把生物和非生物紧密地结合起来，构成以生产者、消费者、还原者为中心的三大功能类群，这就是生态系统的一般营养结构模式。在营养物质循环的过程中，能量经生产者（绿色植物的光合作用）流入生态系统后，沿食物链营养级向"顶级"方向流动。所谓食物链营养级，是指初级能量在食物链流动过程中是单向的，不可逆的。能量在流动过程中，其中一部分消耗于呼吸作用；一部分不能为消费者所利用而直接传递给还原者；还有少部分能量作为生态系统的能量输出而丢失。因此能量储存的总量，在连续消费者营养级上依次（Ⅰ级到Ⅳ级）逐级显著地下降，并形成食物链中能量转化的金字塔形营养级。

能量流动说明，当太阳能输入生态系统后，能量不断地沿着生产者、草食动物、肉食动物等逐级流动。所以，生态系统必须不断地由外界补充能量，以保证生态系统的存在。一个生态系统中，每一种生物不可能只出现在一个食物链上，这是由于消费者常常不只吃一种食物，而同种食物又可能被不同种的消费者所利用，这就决定了在生态系统中有许多食物链。根据能量利用关系，各条食物链彼此相互紧密连结在一起，组成了食物网。

3）生态系统的功能。

在生态系统中，生物与非生物各级之间，通过能量的转换和物质的循环来发生联系。转换和循环都是运动，是能量与物质在生物与非生物环境之间的运转流动。因此，称其为能量流和物质流。这两个过程结合在一起就是生态系统的功能。

a. 生态系统中的能量流动。生态系统也可以认为是各种有机体所组成的进行能量传递和转变的功能单位。太阳光光量子的功，能被转变成为有机化合物的潜能，然后再通过食物链进行传递。

b. 生态系统中的物质循环。在生态系统中物质流动是循环的，物质循环按其本质就是生物地球化学循环。在物质循环中，各元素在库与库之间彼此进行传递，并连接起来构成了整个物质流。在整个物质流中各库之间应该是平衡的，即各库之间的输出量应等于输入量。在物质流整个过程中，各种有机物最终经过还原者分解成可被生产者吸收的形式，并返回环境，构成了整个物质的循环系统。

（3）生态系统的分类

生态系统的分类，大多是根据植被的地理分布，加上动物群落及其功能作用，把地球表面划分成若干主要的生态系统型。每一个生态系统型，就是一个具有相同的生长型、相同的结构与功能、相同的食物链关系的统一整体。

生态系统类型，根据环境中水分的含量可以划分为水生生态系统、陆地生态系统和栽培的农田生态系统三大类群。水生生态系统占地球表面2/3，包括海洋和陆地上的江河湖沼等水域。在这些水域里都有生命存在。根据水环境的物理化学性质，如咸水、淡水、静水、动水等，又划分成若干水生生态系统型。陆地生态系统，根据纬度、地带和水热等环境因素，又可分成冻原、荒漠、草原、森林等若干生态系统型。这里，我们把农田生态系统作为人工生态系统的一个特殊的类型划分出来。

地球表面生态系统划分表如下。

Ⅰ、水生生态系统型

一、淡水生态系统

（一）流水水生生态系统

1. 急流水生生态系统

2. 缓流水生生态系统

（二）静水水生生态系统

1. 沿岸水生生态系统

2. 表层水生生态系统

3. 深层水生生态系统

二、海洋生态系统

（一）海岸生态系统

1. 岩岸海洋生态系统

2. 沙岸海洋生态系统

（二）浅海（大陆架）生态系统

（三）珊瑚礁生态系统

（四）远洋生态系统

1. 远洋上层生态系统

2. 远洋中层生态系统

3. 远洋深海生态系统

4. 远洋底层生态系统

Ⅱ、陆地生态系统型

一、荒漠生态系统

（一）干荒漠生态系统

（二）冻荒漠生态系统

二、冻原生态系统

（一）极地冻原生态系统

（二）高山冻原生态系统

三、草原生态系统

（一）干草原生态系统

（二）湿草原生态系统

四、稀树草原生态系统

五、温带针叶林生态系统

六、温带落叶林生态系统

七、热带森林生态系统

（一）雨林生态系统

（二）季雨林生态系统

Ⅲ、农田生态系统型

一、一年一熟制生态系统

二、二年一熟制生态系统

三、二年三熟制生态系统

四、二年五熟制生态系统

五、一年三熟制生态系统

目前有人主张在生物圈之外，增加一个智能圈（noosphere），即人类生态系统。

2. 生态平衡

（1）生态平衡的概念

生态平衡是指在生态系统中，不断进行着能量和物质的交换和转移，形成了一种能量和物质的连续流动。在一个未受干扰的生态系统中，能量和物质的输入和输出是趋于平衡的，这种持续性的动态平衡叫做生态平衡。也就是说，在生态系统中生物与生物、生物与环境之间的物质循环和能量交换，它们相互依赖、相互制约，保持着一定的平衡。这时生态系统内部的平衡，表现在动物和植物的数量上保持相对恒定，生产者、消费者和还原者之间构成完整的营养结构，并具有典型的食物链关系和符合能量流动规律的金字塔形营养级。此外，生态系统内部的信息传递畅通，环境质量也由于生物群落的影响而保持良好。这种生态系统内部的状态是长期生态适应的结果。

生态系统的稳定性靠许多因素维持，生物种的多样性，它们之间的数量比例，共同适应的相互关系，环境因素的稳定性等。例如不同种类的动植物的数目愈大，构成的生态系统似乎愈稳定，营养层次愈多（即食物链愈长），生态系统也愈稳定等，都说明了这个道理。但是，随着环境的变化，生物与环境之间，以及生物各种群之间的关系的变化，往往会使旧的平衡打破，并在新的基础上形成和重建新的平衡。因此，自然界就在这种平衡—失调—建立新的平衡的过程中不断发展。

（2）生态平衡的破坏

生态平衡不是绝对稳定的，它具有相对性。在理论上，一个生态系统总是向稳定状态（动态平衡）发展，就是说，它的组成、结构和能量、物质循环，趋向于长时间地基本上保持一样。然而，由于它本身内部矛盾以及外界自然的，特别是人类活动的因素的影响，稳定状态总是很难达到。除去一个因素或增加一个因素，改变一个因素的性质或强度，都可能触发生态系统中的反应的长链，从而破坏系统的平衡。

当相对平衡的生态系统被打破时，就可能发生一系列不易预测的变化，并往往导致很难料到的恶果。例如1952年12月5～9日，伦敦发生了举世惊骇的烟雾事件。1954～1968年，哈萨克斯坦等地大量垦荒，却又缺乏防护林带，加之气候干旱，以致造成新垦荒地的严重风蚀——在春季形成巨大的"黑风暴"。1960年3～4月，"黑风暴"使垦荒区的春季作物损失达400万公顷以上。我国的黄土高原，在历史上是葱郁的森林和肥沃的草场，现在却由沙漠生态系统代替了森林生态系统，榆林县城三次南迁就是盲目开垦的结果。由此可见，自然的或人为的活动对自然环境的影响，不能只从某些环节上看到的一点收效，而要从生态系统的结构和功能的观点去估计生态效应。

（3）生态系统对生态平衡的调节能力

生态系统具有一种内部的自动调节的能力，以保持自己的稳定性。这种调节能力依赖于成分的多样性和能量流动，以及物质循环途径的复杂性。一般在成分多样、能量流动和物质循环途径复杂的生态系统中，较易保持稳定，即当系统的一部分发生障碍时，可被其他部分调节所补偿。相反，成分单纯、结构简单的生态系统，内部调节的能力就小，对剧烈的生态变化比较脆弱。

生态系统自我调节的能力决定于阈值。在一定限度以内，生态系统可以忍受一定的外界压力，并通过自我调节机制而恢复其相对平衡；超出此限度，生态系统的自我调节机制降低或消失。于是，在外界压力下，生态平衡遭受破坏，甚至使系统崩溃。这个限度就称为生态阈值。阈值的大小决定于生态系统的成熟性。系统越成熟，表示它的种类组成越多，营养结构越复杂，因而稳定性越大，那么，对外界的压力或冲击的抵抗越大，即阈值高。相反，一个简单的系统，则阈值就低。正由于生态系统在阈值以下具有一定的调节能力，因此我们强调生态平衡在自然资源利用上，是要求合理地利用资源，其开发量必须在生态阈值以下，以保证其能永续生产和使用。而且，我们认为只有这样生态效益与经济效益才能统一。而且也只有最优的生态效益才能保证持久、稳定的经济效益。只有生态效益和经济效益相结合，才能合理地利用自然资源，有效地发挥经济效益，而同时又能最大限度地保护自然环境和资源，以维持其稳定和持久的生产力。

（三）生态学的前景展望

世界环境与发展委员会提供的《我们共同的未来》的报告，指出了到 2000 年，乃至 2000 年以后的环境前景，探讨了人类在 20 世纪以后实现经济发展的可能性，并且明确地指出，任何把经济的发展与环境保护分离的企图，都是危险的和不可能的。

我们赞成世界环境与发展委员会提出的基本观点，并且始终认为，只要能够科学地认识世界，按照客观规律办事，世界的人口、发展、资源和环境的矛盾问题是可以逐步得到解决的，人类的前途是光明的。在解决人口、发展、资源和环境问题这个极为错综复杂的任务的过程中，科学技术的进步和人民群众生态环境意识的提高是头等重要的事，而环境保护生态科学也必将会有一个较大的发展，并且应当为人类作出更大的贡献。

为了实现上述崇高的目标，环境保护生态科学研究需要在实践中不断探索和总结经验，它的努力方向如下。

1）环境保护生态科学应当成为指导人类行为与社会实践的应用科学，它不仅要立足于当前人类所面临的迫切问题（人口、发展、资源和环境），还要着眼于未来，即不仅要加强战术方面的研究，而且要十分重视战略方面的研究，要把当前任务和长远目标有机地结合起来研究，特别要从整体方面去研究。

2）环境保护生态科学还必须包括"软科学"和"硬科学"两个方面。前者为决策部门提供国土整治、城市与环境规划等宏观决策的科学依据，后者为实现宏观决策提供必需的实际手段或示范工程典型。为此，环境保护生态科学的内涵应包括环境保护生态技术（eco-technology-for environmental protection）和环境保护生态工程（ecoengineering for environmental protection）。

3）生态科学在解决复杂的社会—经济—生态复合系统的重大任务时，必须在下列几方面得到提高：①提高环境保护生态科学的理论与方法的严密性；②提高生态科学的预测能力；③提高生态科学应用现代化先进技术的水平（包括遥感、电子计算机、数学模拟等）；④一方面用系统分析和整体观念，为宏观决策提供依据，另一方面利用化学生态学、经济生态学、模型生态学和分子进化学的生物工程等高技术手段的渗透，宏观和微观相结合，探索生态环境问题中的难点，从而有重大突破。

4）逆境生态系统的研究和管理将会越来越受到重视，要学会用整体观念和科学方法来管理逆境生态系统，及时准确地判识和排除逆境因素（stressors）。这在环境保护实践中必定会大有作为。

5）环境保护生态科学的真正发展，有赖于全民族和全人类生态环境意识和文化素质的提高，普及和提高对决策者和管理人员生态环境教育尤为重要。

最后，必须强调的是环境问题归根结底是由于人类活动以及不合理的开发利用资源而引起的。因此，环境保护生态科学不能孤军奋战。为了真正实现社会—经济—环境三统一，它必须与社会生态科学、资源生态科学、城市生态科学以及其他学科相结合，相互渗透，开展多层次的跨学科的综合研究。

四、生态学理论在自然保护区工作中的应用

生态学是自然保护工作的一个重要理论基础，对于规划建立和管理自然保护区具有重要的指导意义。

1. 生态系统的整体性和区域性

在组成自然环境的各种不同类型的生态系统中，各个因子相互联系构成一个整体，当改变其一，就会影响其他各因子。例如水源上游森林的大量砍伐，虽然得到了一些木材，但造成了水土流失，使下游地区的河道、水库淤积，河水易于泛滥成灾，即带来了水、土等因子的一系列变化。因此，在规划建设中，应该有整体观念、全局观念。在开发利用某一自然资源时，要特别注意它在整个生态系统中的作用，即它的各种结构效应。例如上游森林能够作为水源涵养林加以保护、成立保护区，则下游的河道水库淤积、旱涝灾害将可避免发生。另外，生态系统有很大地区性差异，如西北干旱地区的荒漠生态系统、东南亚热带的常绿阔叶林生态系统和南部热带雨林生态系统等，在开发、利用、改善环境和制订自然保护区规划时，必须遵循因地制宜、物物相关的原则。

2. 生态系统的动态平衡

某地区生态系统是自然界在特定条件下，经过长期演化所形成的，在这个系统中能量和物质的输出、输入、交换补让达到一定的平衡状态。研究和利用这一原则，可以帮助我们提高农田、森林、草原、湖泊的生产力。例如干旱草原或沼泽开垦成农田，就必须建设防护林带和灌、排水的渠道，有充足的水源，注意维护农作物、土壤中的物质循环和能量流动的正常平衡，就可创造新的高产的人工生态系统。

3. 生态系统的优化循环

通过绿色植物—草食动物—肉食动物—微生物完成物质的转换合成、分解和再循环的过程。我们可将生态系统中的物质循环的原理，用于保护区内资源的多层次利用上，使资源得到充分利用，使物质循环优化。例如农作物从土壤中吸收了大量有机质和微量元素，如果把秸秆只当做燃料直接烧掉，则这些有机物和微量元素虽能回到土壤中，但利用效率

较低。如果秸秆增加利用层次，比如把它用来发酵制沼气，沼气作为燃料，沼渣作为肥料还田，其结果就必然提高了利用效率。南方桑、蚕基鱼塘生态系统也是成功地运用了这一规律的典型例子。

4. 生态系统中结构和功能的辩证统一

生态系统由各种生物和它相关的非生物组成，具有一定的结构。而这个结构和它的功能是相适应的。例如南方山区同一气候和地形条件，纯杉木林和混交林的结构不同，它们的功能也就不同。热带雨林和橡胶林结构不同，功能也大不一样。"七山二水一分田"，是反映我国土地资源特征的生态系统结构。如果把七山的树木砍光，结构破坏了，二水和一分田也就不存在了。因此根据生态系统的结构和功能的不同，在自然保护区的规划中要区分保护区的功能，不同的功能发挥其不同的效益。

5. 生态系统的自净力和耐受力

生态系统有其自净协调的功能，当有限的污染排入某类型的生态系统中，可能对生态系统的影响不大，这是由于生态系统自身能协调。自净能力，使污染物迁移、转化或消失在生态系统的代谢过程中。这在治理河流污染、净化池塘湖泊和土地处理等实际工作中常常碰到。但是生态系统的容量是有限的，过多的污染物或对环境不利的因素进入生态系统，超过其本身负载容量时，将会产生污染，甚至会破坏生态系统平衡。这一原理为流域或河流制订水质标准提供了科学依据，也为区域的合理布局提供了科学依据。同时生态系统还是一种污染的指示剂，生态系统的破坏或污染，标志着该区域环境的污染和恶化，从而使人们采取行动，对环境加以改善和保护。

6. 生态影响的预测和控制对策的研究

近半个世纪以来，随着人类社会和经济的高速发展，筑坝、建库、围湖、填海等大型工程建设不断地在世界各地出现。建设者的本意和追求的最佳目标，无疑是为了给人类带来更多的福利或更美好的生活条件，但有时却意想不到地会带来严重的生态灾害。为了尽可能避免或减轻这类灾害，人们认为开展预测研究并探讨其控制的对策可能是有益的。因此，近年来生态影响的预测研究（也可称预见生态灾害的研究）获得了国内外生态学家及环境学家的重视。例如在一些发达国家中，人们开展了诸如自然保护区的存在对周围自然环境的影响，对农田作物、水库、水坝的影响，对当地小气候的影响，以及"水库对气候影响的预测"，"建坝对环境影响的预测"，"筑坝、建库对生物（包括人类）影响的研究"，围湖、填海的生态影响等多方面的研究。在这些研究中，人们对各种作用因素都进行了分析和考虑，并且提出了不少预测模型。

生态危机观念上的误区、盲区、进区[*]

当今世界的生态环境问题，诸如气候异常、臭氧层出现空洞、土地沙漠化、森林植被的大面积毁坏、核燃料和有毒物品的污染以及其他种种全球性危机正在引起人们的广泛关注。现已成为一场声势浩大的全球性运动。中国也同样面临着这些问题的困扰。而且随着我国经济的进一步发展，可以预料，环境问题会日趋严重。因此，在这种情况下，探索解决这些问题的途径就显得尤为重要。如果不努力解决好观念上的一些认识问题，就势必会严重影响到我国持续、快速、健康发展战略的实施。然而，环境问题的产生有其深刻的哲学认识上的背景。从根本上来探讨这些问题的哲学认识上的背景因素，对于寻求解决这些问题的途径必然是十分有益的。

一、生态危机观念上的误区

——人与自然的分离

当代科技和工业的高度发展是以现代自然科学日新月异的发展为基础的。而现代自然科学的整个概念框架则是以时空的分离性和经验物理感觉的来源性为其核心前提的。它们基本上反映了现代自然科学的本体论和认识论内涵。前者包含了还原论的观念内核，导致了对生态观念认识的基础，由此而导致了人们整体生态意识的退化。

虽然现代科学经历了巨大的发展，然而这两个前提基本上始终起着基石般的作用而支撑着整个自然科学的大厦。由于现代自然科学的巨大效用以及它可获得的巨大成功，这两个前提在我们的潜意识中成了观察、认识和理解外界自然的唯一基础。这样，当我们面对自然界的时候，就在不知不觉地观察、认识和理解外界事物的过程中以此为出发点，从它们所塑造的世界里来获得我们的感受。时空的分离性和认识来源的物理感觉经验性使我们失去了一种人类与外界自然的一体性体验：时空的分离性观念使我们产生了一种与自然界的分离感，而认识来源的物理感觉经验性又使我们感受到外界自然对我们所具有的一种外在性。这些核心观念使我们将外界自然视为一种可以分解成任意大小部分的外在存在。于是我们在观察、认识和理解外界自然时，不是将其视为与我们人类融合在一起的一个大系统的一部分，而是异于我们的外在的一部分，是与我们相隔的一部分。我们因此可以把它再分解成以更小的部分为基本单位，并把它们的活动现象还原到我们人类知识视野中的物

* 金鉴明.1996.生态危机观念上的误区、盲区、进区.环境科学动态，(4)：2～4.

理的化学的层次，以此得到一个最终的理解。由此我们便自然而然地把外界自然作为我们的对立物，从而成了我们控制和利用的对象了。

人们在意识中潜在地认为，自然界乃是外在于他们的存在，因而其相互之间的关系便具有一种对立的态势。同时，人类对外界自然的作用和干预可以有各种意志上的自由，而且这种自由不但不会影响人类，反而还会有助于人类的发展。这样，人类的心智活动全力以赴地集中在如何为了人类的目的而去干预影响外界自然，而根本不去反思这种干预的限度及其合理性基础。于是，人类为了它的某些可见的利益和舒适便去干预自然界的正常运行以至破坏自然界的结构面貌。例如，为了人类的交通便利而发明了汽车以后，便将大气层作为一个具有无限容量的受纳体而向它毫无节制地每天排放巨量的废气。为了能源的需要而用最先进的手段去拼命开采石油，如果有节制也只是着眼于市场的价格经济因素，而丝毫不考虑这种开采的限度以及其本身所伴随的生态恶果等。

因此，这种在意识深层将我们人类与外界自然隔裂开来的观念从某种意义上来说为生态危机的泛滥提供了温床。因为由此便很自然地衍生出人类企图征服自然的欲望。既然自然界对于我们而言本质上是互不相干的，那么我们便可以一心向它索取而不必考虑这种索取的后果，并且可以随心所欲地按照人类的意志去征服改造它。而现代自然科学的发展进程也正是在改造自然、征服自然的人类心理意识驱动下展开的，因而当人们以破坏了自然界的生态结构为代价而取得了某些可见的成功以后，还会兴奋地欢呼人类所具有的这种破坏力量，而且认为人类的最终目的必然是以人类的这种向自然界示威的力量日益增长为前提的。于是情况变得日益恶化，直到人类充分地感受到自己对外界自然的作用而所遭受到的反作用以后，才开始意识到这一问题。

二、生态危机观念上的盲区

——效益应有利于人与自然系统的进化

强调认识来源的经验物理感觉性容易使我们将价值判断建立在功利的基础上。当今西方文化异于东方文化的最大特点就是西方文化是一种感觉文化，是一种只着眼于"有"的文化，或者说是一种落实于视觉的文化。而现代自然科学对于当今西方科学文化的影响和作用是不言而喻的。这种文化抑制了人类认识和感受世界的其他多种渠道，甚至可能是远为重要的渠道，而将人类局限于仅仅可感觉到的视野之中。这样，其文化的价值判断也就必然以可视性的感觉内容为其基本前提，从而导致了它的功利性特点。而像生态危机这样的问题从根本上来说乃是缺乏一种人类与自然界的统一观和自然文化的生态价值观。在此，以"无"为其特质的东方文化也许能在这个问题上为人类提供一个健康而又合理的思考基础。因为"无"的文化具有一种超越功利性的特点。然而，它与西方文化所强调的实体性的"有"这一特质显然是难以相容的。因此，这个问题并非仅仅依赖于局部性地调整人类的某些活动而能予以解决的。

由于西方的视觉性文化即是一种功利性文化，因而它所导致的一个直接结果便是"经济效益"观念的盛行，即一切都可换算成视觉性的可计算的东西，并以这种可感物的最大量获得为其效益观念的实质性内容，从而加强了西方文化的功利性价值基础。于是，人们的聪明理智全部都聚焦到能促进和提高使人们最大程度地感受生理的舒适和愉悦的手段上去了。从而，人们现实活动的首要差别标准便是经济效益，生产是一种可予以计算的效益。显然，在这种功利性文化的效益观念的支配下，人们是不可能预先注意生态问题的，因为它的狭隘视野限制了它预先考虑这种问题的可能。因而只有在人们直接受到了生态危机的影响后，才会去注意这一点。而这恰恰是这种视觉文化所不可避免的对生态问题感知的滞后性。因此，在目前的全球性生态危机中，我们所要做的显然并不仅仅是去补修漏洞，更为重要的乃是去创造一种将人类与自然界融合在一起的视野，从而确立一种新的生态观念。而这种新生态观念显然必须以与外界自然的终极同一性为其基本内核。

从人与自然的共生观念来看，那种"效益"的观念是促使人类加速自我行为的有毒剂。它使人们撇开其自身与外界自然的互为因果的整体有机联系而代之以一种机械的单向因果联系，并在这种隔断了与更大范围系统的联系的情况下狭隘地局部性地考察外界自然。由于西方视觉文化的这种根深蒂固的局限性，生态性的整体考虑必然落于其视野之外。正是由于这一与生俱来的"盲区"，使人们一直到潜在的威胁变成可视可感的危险以后才去关注这一问题。因此，只有改变效益观念所蕴含的哲学假定并代之以系统论的生态观才能使其变成一个健康的合理观念。也就是说，必须经历一个立足点的转换，即所追求的"效益"应以有利于人与自然这一共生系统的进化这一更为广阔的目标为其基本内涵。

三、生态危机观念上的进区

——人与自然合而为一

从系统论的观点来看，自然客体亦是人类主体的自然延伸。首先，人类生存的物质来源必须从自然界获得，因而人类生命进化的可能性已隐于自然界内，并通过这些物质借助于人类所具有的由人与自然共生系统的进化而获得的生理机能，在人类体内成为一种现实性。这样，自然界的变化从某种意义上来说也构成了生命活动一系列环节中的一部分。在这个意义上而言，它们变得"合而为一"了，不同的只是这一连续过程所显示出来的外在差异而已。其次，人类本身的活动会影响自然，必然会在自然界中留下痕迹，因而在自然界的变化中也包含了人类活动的印记与内容，从而使自然界的活动在某种意义上显示了人类生命的内涵。于是，从这个意义上来说，自然界与人类生命力的作用便构成了一个闭合的循环圈。而在这一循环圈中，中国传统哲学的"天人合一"这一观念的意义得到了具体的体现，而"天人合一"这一传统的命题也在此得到了部分的注释。因此，在这里说自然界客体是人类主体的延伸，或说人类主体是自然界客体的延伸，在某种意义上来说是没有什么区别的。它们都是某种中性的终极同一的外化。而这种同一则可以用来取代自然科学所蕴含的世界分离性的哲学前提而作为一种新的自然科学的基础，从而构筑起一种以新的生态观念为核心的理论框架。

从这一新的观念来看，当今人类以效益为根本宗旨的全球经济活动有着潜在的巨大危害。因为它使自然科学和工程技术活动失去了正确的目标，而使人类不知不觉地走向灾难的深渊。尽管人们已关注到这一点，然而，由于未从更深层次去反思这一问题，因而人们实际上仍是以错误的效益观念为指导来对生态危机的恶果进行某种补救。由于出发点未有根本的改变，因而人们的努力实际上只是延缓了走向灾难的进程。而目前作为现代化楷模的西方视觉性文化已经深入全球的各个领域，并且这些文化的观念已经外化为相应的有形体制，要从根本上予以改变会产生巨大的震荡从而使社会的进化产生不良的突变，因而困难是极其巨大的。

解决生态危机必须认识到观念上的误区、盲区和进区，必须改变旧的传统观念。在目前我们国家正在向社会主义市场经济转变时，各种观念和体制都在形成过程中，因而这一努力不会向西方国家那样会遇到如此巨大的阻碍。因此，及时地对我们的经济活动从一个新的视野予以导向是十分必要的也是非常紧迫的。

中国的自然生态保护[*]

一、全球环境问题的产生及其发展

自然环境是人类赖以生存的基本条件。科学技术的发展，大大提高了人类改造自然的能力，丰富了人类物质文化生活。然而近几十年由于人口的增长、资源的浪费、环境污染和生态危机，人口、资源、环境和发展的问题成为全人类面临挑战的四大问题，成为举世瞩目的全球性问题。

20世纪五六十年代，一些发达国家相继出现了严重威胁生态环境的公害事件。各国政府不得不付出巨额投资，制定各种保护环境的法令、法规，建立并加强环境保护机构，研究开发环境保护技术等措施来治理污染。到70年代后期，发达国家的环境质量已有明显好转。最近几年，在不断强化环境保护法规的同时，发达国家已开始从整个生态系统角度考虑环境问题，开展环境规划的研究，制定协调经济发展和环境保护的长期政策，重视自然资源的合理利用和持续利用。有的国家提出要编制生态规划，即在编制国家和地区的经济发展规划时，综合考虑当地的地球物理系统、自然生态系统和社会经济系统；遵循生态规律，既发展经济，又不使当地的生态平衡遭到更大的破坏。

但是，现在工业生产与自然环境之间的物质交换仍在以惊人的速度发展。一方面，许多国家和地区出现了过度消耗土地、森林、能源、淡水和其他自然资源的现象，尤其是对动植物可再生资源的开发利用，已使之难以恢复再生。另一方面，向环境排泄的废弃物不断增加。据估计，全世界每年排入环境的 SO_2 废气达 1.5 亿吨，废水 4000 多亿吨，固体废弃物超过 30 亿吨。有些废弃物包含难以降解的有毒物质，任其扩散、迁移、累积、转化，会不断恶化生态环境，严重威胁人类和其他生物的生存。

近几年，环境问题，诸如酸雨、臭氧层破坏、世界气候变暖及生物多样性等问题尤为集中和突出，已成为世界性的、当前人类面临的重大问题。

1. 酸雨的危害

酸雨是一项全球性环境问题。目前，世界上有许多地区，酸雨对环境的污染已越过了国境，而且这一问题已有十多年的历史。最严重的地区是北美和欧洲。

形成酸雨的一个重要原因是烧煤发电厂向大气层排出 SO_2。酸雨使湖泊水质酸化，造

---

[*] 金鉴明. 1998. 中国的自然生态保护. 世界科技研究与发展，20（2）：21～31.

成鱼虾变异和灭绝；在陆地上，酸雨使土壤酸化，造成森林受害。最近的研究指出，在美国东北部，雨雪的 pH 值已降到 $4.0 \sim 5.0$，由于水质酸化，已经消灭了那里湖泊河流中对酸敏感的水生生物种群，减少了绿色植物（第一生产者）的产量和破坏了酸化湖泊中的营养食物网络。酸性沉降物对陆生生态系统的影响，增加了植物表面或森林土壤中化学元素的淋沥量。有机物与无机物从植被和土壤中淋沥出来是陆生生态系统的一种自然功能。营养物的溶出会影响土壤的结构、通气性、渗透性以及离子交换能力。这些溶出物还影响土壤的微量有机物含量与状况，从而降低土壤的肥力，并使植物对害虫与疾病的抵抗力受到不良影响，使大批森林遭到毁坏。普遍认为，酸性沉降物对农作物、水生生物、建筑材料和文物古迹都是有害的，对人体也有影响。例如 1971 年，日本关东地区就出现过因酸雨使人眼睛受刺激、产生咽喉刺痛等症状的事件。

由于酸雨的严重污染和危害，各国都纷纷采取防治对策。各国的电力专家，都对酸雨问题采取了积极的措施。在火力发电厂，安装了许多防治公害的设施，如安装烟气脱硫装置就是一个十分有力的措施。一些国家如美国以法律形式规定了电力部门的脱硫装置。另外，为解决酸雨问题，开始实施了一些具体的国际合作。1985 年在赫尔辛基召开了国际性会议，欧洲各国及美国、加拿大参加了会议，会议通过了一项防止酸雨、减少 30% SO_2 排放量的国际协议，协议规定在 1993 年以前，各国的 SO_2 排放量要在 1980 年的基础上减少 30%。

美国和加拿大之间的酸雨纠纷由来已久，1985 年里根与加拿大首相会谈时决定两国共同协作，双方在 1987 年签定了关于减少酸雨的双边协议，共同制定了大气污染物排放标准。中国酸雨源于西南地区，近几年酸雨区面积不断扩大，已向华南、华中、华东扩大，占国土面积的 1/3，已引起有关部门的严重关注，正在采取相应措施加以解决。酸雨不仅纳入国家攻关研究课题和"八五"、"九五"计划，也成为国家环境保护部门当今工作重点之一。

2. 臭氧层破坏

在离地面 $15 \sim 50$ 公里的大气平流层中，集中了地球上 90% 的臭氧气体，其浓度虽然从未超过 10ppm，但它吸收了对生物生长有害的波长小于 295 毫米的太阳紫外线 UV-C 及大部分波长在 $295 \sim 320$ 毫米的 UV-B。正由于有臭氧层这道天然屏障，地球上的人类及生物才能够正常生长与世代繁衍。

近半个世纪以来，由于工业发展，人们在空调制冷、塑料发泡、电子元件清洗、制作致雾剂以及消防中越来越多地使用氯氟烃类（氟氯化碳，CFC）、哈龙类（CFCB、CFB）化学物质，这些物质逸散到大气中能长期存在（约 100 年）。

臭氧层的破坏，主要是由氯氟烃类物质的长期排放和积累所引起的，还有 N_2O、CH_4 等气体也都是破坏臭氧层的物质，在南极上空已形成近千万平方公里的臭氧空洞。1995 年 9 月曾有报道，在北极经历了有记载以来高空温度最低的各季以后，大规模的臭氧破坏现象在北极也出现了。在 18 公里高空的旋涡中心内部，臭氧层损失速度已达到每天 1.5%。到 1995 年 3 月，臭氧水平已下降了 50%，在西伯利亚上空的某些地方，臭氧层已减少 35%。在那里已测得大剂量的 β-紫外线辐射。臭氧层被破坏后，太阳紫外线长驱直入，使地球上人类免疫力功能下降，皮肤癌、白内障患者增多；使豆类、甜瓜、荠菜、白菜、西红柿等农作物、蔬菜产量减少，品质下降。针叶树苗等也受到影响，海水水深 20 米以内的浮游生物、鱼苗、虾和藻类也将受到危害。为此它已成为当今全球环境问题之一。

联合国环境规划署召开了一系列国际会议，并于 1985 年制定了《保护臭氧层维也纳公约》（以下简称《公约》），1987 年制定了《关于消耗臭氧层物质的蒙特利尔议定书》以下简称《议定书》，1990 年又修正了《议定书》并建立了保护臭氧层多边基金。欧洲共同体成员国的环境部长在布鲁塞尔开会，一致通过在 20 世纪末全部停止生产、使用氯氟烃类。我国政府出席了历次《公约》与《议定书》缔约国会议，1991 年加入了修正的《议定书》，1992 年完成了《中国消耗臭氧层物质逐步淘汰国家方案》的编制工作。而氯氟烃物质的生产和消耗主要是在发达国家，有资料表明，全世界氯氟烃类物质的消耗量，美国占 28.6%，欧洲共同体占 30.6%，原苏联和东欧占 14%，日本占 7%，发展中国家总量仅占 14%，我国不足 2%。

3. 全球气候变化

全球气候变化是由 CO_2 及其他诸如 N_2O、CH_4、氯氟烃类以及 O_3 等温室气体的排放浓度增加所引起的，亦称为温室效应，其中，CO_2 是最主要的原因。而 CO_2 浓度的剧增主要是化石燃料的燃烧和森林的毁坏所致。一方面，全世界化石燃料消耗量占一次能源消耗的 87%，每年排入大气的 CO_2 达到 50 亿吨，并逐年递增。大气中的 CO_2 含量已从 19 世纪中叶的 260～280ppm 增加到目前的 340ppm。据预测，21 世纪中叶还可能达 600ppm。另一方面，森林的严重砍伐加剧了 CO_2 浓度的增加。森林植被的光合作用吸收了 CO_2、释放出 O_2，对 CO_2 浓度起调节作用。但是，热带森林主要集中在近赤道地区的发展中国家，那里人口增加、不适当的毁林开荒，使森林面积逐年下降。同时，在烧毁森林时，还向大气释放出大量的 CO_2。

CO_2 含量的倍增，将导致全球气候的逐渐变暖，而气候变暖将会给人类带来许多灾难。气候变暖将使冰川融化、海平面上升。1995 年 10 月来自 30 个国家的科学家在报告中指出，到 2100 年时全球变暖将使地球表面的平均气温上升 0.5～1.5 摄氏度，致使地球 1/3 的冰川融化，海平面将会升高 144～217 厘米，这将使许多沿海地区被淹没。气候的变化也会改变降雨和蒸发体制，影响农业和粮食资源的生产。降雨量的变化使部分地区更加干旱，或更加雨涝，并使植物病虫害增加。气候变化还能改变大气环流，进而影响海洋水流，导致富营养地区的迁移、海洋生物再分布和一些商业捕鱼区的消失。所以气候变暖将影响整个全球生态系统。但也有不同的观点。1996 年 3 月有 20 余位科学家提出，地球可能并没有在变暖，而且即使地球正在变暖，CO_2 不能也不是变暖的主要原因。他们认为地球变暖的原因是来自自然的原因。而政府间气候变化专门委员会（IPCC）最近草拟的评价报告得出结论说，过去 135 年来观测到的全球平均温度上升 0.5 摄氏度的现象，不大可能完全归结于自然原因。1997 年 12 月来自 160 多个国家的政府代表和非政府组织成员参加了防止地球变暖京都会议，会议认为如果人类今后继续按现在方式生活，那么由于 CO_2 等废气的大量排放，100 年后的全球气温将上升 1～3.5 摄氏度。虽然是有不同观点的争议，但气候变暖的趋势已引起全球范围内的广泛注意。早在 1989 年，联合国环境规划署就把 6 月 5 日世界环境日的宣传主题定为"警惕全球变暖"。一系列国际会议召开了，一些控制 CO_2 释放浓度的国际性措施和合作也正在进行，特别是在改变能源结构、发展核能和可再生能源以及植树造林、扩大森林覆盖率等方面。与此同时，在 1992 年 6 月联合国环境与发展大会上，各国都签署了《联合国气候变化框架公约》，该公约旨在限制全球人为温室气体排放，减缓可能发生的全球气候变暖趋势。我国是以煤为主的能源结构，短时间内难以改变，21 世纪我国作为温室气体主要组成部分——CO_2 的排放大国的形象会更加突出。届时，我国面临的政治和外交压力，以及对我国经济发展和国际贸易的影响将日益增大，那时对我国既是挑战也是机遇，将促使我国进一步优化能源结构，加强气候变化预测与研究，加强环境保护。

4. 生物多样性的丧失

生物多样性的丧失标志着野生动植物的破坏和消失。美国鱼类和野生动物管理局每年都公布一张濒危灭绝的野生动植物表。该组织宣称，他们的表格越编越大，已有 900 多种野生动植物列于该表之中。伦敦环境保护组织"地球之友"指出，目前地球上每天至少有一种生物灭绝，到 20 世纪 90 年代会增加到每小时消失一种，这样，到 2000 年将有 100 万种生物在地球上消失。1996 年 10 月世界动物保护协会的报告指出，地球上有 1/4 的哺乳动物目前有濒临灭绝的危险，而其中有一半在近 10 年内就可能消失。报告说，已有的 4600 种哺乳动物中，1096 种濒临灭绝，又指出目前至少 5205 种动物处于受伤害、受威胁或严重威胁的三种状态，其中 11% 是鸟类，20% 是爬行动物，25% 是哺乳动物，34% 是鱼类。

生物种消失的主要原因是世界人口的剧增和森林资源不合理的开发和破坏。人口的增长、生产的发展引起供需矛盾的突出，特别是都市化的发展引起居住和食品的矛盾，城市和部分发达地区变得非常拥挤，迫使人们去开拓那些原始地区和原始森林，每年有 1000 多万公顷的热带森林被毁掉。巴西的热带森林已有半数遭到破坏就是明显一例。

科学家们预言，如果热带森林从地球上消失，将有 80% 的植物和 400 万种物种随之消失。此外，湿地锐减、草原的退化、商品狩猎、粗放耕作、大气、水源和土壤污染等都造成对野生动植物的威胁和摧残。

生物多样性丧失以及环境退化，包括植被（尤其森林）减少、水土流失、土地沙漠化、土壤盐碱化、土壤肥力降低等。它们正威胁着人类的生存发展和社会进步。因此，保护地球的生物多样性，特别是保护野生动植物（尤其是濒危物种），对人类后代，对文化和科学事业都具有重大的战略意义。

1992 年联合国环境与发展大会上通过并由各国签署的《生物多样性公约》标志着生物多样性保护新纪元的开始，该公约的目标是促进保护并持续利用生物多样性，并促使公平合理地分享利用生物资源而产生惠益。同时物种资源的取得、生物技术的转让和特定的基金机制被确定为实现这一目标的三项措施。该公约的原则为各国有按照其环境政策开发其资源的主权权利，同时亦负有责任，确保其管辖或控制范围内的活动不致对周围的环境造成损害。中国政府于 1992 年在联合国环境与发展大会上率先签署了该公约。我国提出了中国生物多样性战略目标（简称战略目标）、组织编制了中国生物多样性保护行动计划

（简称行动计划）、中国生物多样性国情研究报告（简称国情研究报告）三者的行动作为现阶段履行《生物多样性公约》的主要方略，它们既相互联系又有各自的内容。战略目标针对中国生物多样性保护的现状，指出我国生物多样性保护的努力方向，它具有宏观性和战略性；行动计划为实施战略目标制定具体的行动和优先项目；国情研究报告收集和分析推动制定国家生物多样性战略和行动计划所需要的概况和信息。行动计划和国情研究报告已经国务院批准正开始实施，战略目标正在组织修订之中。国际社会声称，中国政府在履行《生物多样性公约》行动中，是走在世界的前列的。

二、中国在自然生态保护领域所采取的行动

1980 年第二次全国环境保护会议宣布了保护环境是一项基本国策，总结了 10 年来的环保经验，提出了三同步三效益的方针、政策（即经济建设、城乡建设和环境建设同步规划、同步实施、同步发展，做到经济效益、社会效益、环境效益的统一）以及合理开发和充分利用自然资源的基本政策。20 多年来环境保护在三同步三效益的方针和基本政策的指导下开展了大量工作，在防治污染和保护自然方面取得了显著成效，但也存在不少问题。现把保护自然的主要情况归纳如下。

1. 进行了自然生态的调查工作

中央和各省、直辖市、自治区的有关部门相继开展了自然生态本底调查、自然资源现状考察、野生动植物物种的科学考察、土地规划、农业区划、自然保护区规划，在此基础上制定了各类自然资源的保护和合理利用规划，出版了《中国植物志》、《中国动物志》、《中国植物红皮书》、《中国动物红皮书》等。

2. 建设了各种类型的自然保护区和森林公园及风景名胜区

1）1979 年前全国自然保护区不到 100 个，至 1997 年年底统计为 926 个，总面积 7698 万公顷，占国土面积的 7.64%。

自然保护区类型有森林生态系统类型、草原与草甸生态系统类型、荒漠生态系统类型、内陆湿地和水域生态系统类型、海洋和海岸生态系统类型、自然遗迹类型等，有 12 个自然保护区参加了世界人与生物圈自然保护区网络，有 6 个自然保护区列入国际重要湿地名录。

2）风景名胜区的建设。至 1994 年，统计得出全国已建有风景名胜区 512 处，其中国家级风景名胜区 119 处，省级 256 处，县（市）级 137 处，总面积 960 万公顷，占国土面积的 1%。泰山、黄山、武陵源、九寨沟、黄龙寺 5 处作为自然遗产迹地被列入"世界自然遗产名录"。

3）森林公园的建设。据 1995 年年底统计，全国已建森林公园 752 处，总面积达 666 万公顷。

3. 实施了一批生态建设工程

为了恢复和重建遭到破坏或退化的生态系统，中国政府已采取重大措施，投资了一系

列重大生态建设项目。现以植树造林项目和生态农业建设项目为例简要介绍。

1）造林工程项目有"三北"防护林体系、长江中上游防护林体系、太行山绿化工程、平原绿化工程、沿海防护林体系。

2）生态农业建设方面。自1984年试点起，在全国开展生态农业试点的，目前已达1000多个，其规模由生态户、生态村向生态乡和生态县扩大，生态农业成就得到联合国环境规划署的表彰，有18个生态农业试点被授予全球500佳称号。

4. 开展了生物多样性的保护工作

1992年于巴西召开的联合国环境与发展大会上中国政府签署了《生物多样性公约》，为了该公约的实施，中国政府领导各有关部门做了大量工作。

（1）提出了中国生物多样性战略、制定了中国生物多样性行动计划和中国生物多样性国情研究报告

（2）物种就地保护

中国野生生物类自然保护区的建立始于20世纪60年代，至1994年，全国共建立野生生物类（包括野生动物和野生植物两个类型）自然保护区284个，面积1904万公顷，国家公布的重点保护野生动物名录和重点保护野生植物名录中的大多数种已得到就地保护。

已建立野生动物类型自然保护区214个，面积1800万公顷，其中许多自然保护区是专门保护某一动物或某几种动物的，如建立了16个专门保护大熊猫的自然保护区，建立了20多个保护鹤类和十多个保护天鹅的自然保护区，还为保护金丝猴、黑叶猴、猕猴、东北虎、华南虎、野牛、亚洲象、长臂猿、羚牛、坡鹿、白唇鹿、野骆驼、白鳍豚、儒艮、朱鹮、扬子鳄、海龟、中华鲟、文昌鱼等数十种野生动物建立了专门的自然保护区，自然保护区的建立使一些濒危物种的种群得到恢复和增殖。

已建立野生植物类型自然保护区70个，面积104万公顷，其中许多保护区是专门保护某一植物种群或群落的，如建有专门保护水杉原始林和保护珙桐、银杉、桫椤、金花茶、苏铁、百山祖冷杉、银杏、人参、望天树、连香树、水青树、龙血树等植物的自然保护区，还建立了许多野生药用植物资源的自然保护区，仅黑龙江就建立36个药用植物保护区。

（3）物种移地保护

1）动物物种方面。全国共建有动物园和动物展区171个，保存脊椎动物600余种、10万余只（头）。全国已建各种野生动物繁育中心126个，并建立了大熊猫、朱鹮、海南坡鹿、扬子鳄、麋鹿、高鼻羚羊、野马、白鳍豚、东北虎等珍稀动物驯养中心和珍贵动物救护中心共14处，目前已有少量驯养动物进行了野化回归大自然的试验，如大熊猫、麋鹿等。

2）植物物种方面。已建有植物园和树木园110个，引种各类高等植物2300种，还在华南植物园建立了木兰科、姜科、苏铁科植物保存园，在昆明植物园建立了杜鹃花科、山茶科保存园；在西双版纳植物园建立了龙脑香科、肉豆蔻植物保存园等。并在昆明、杭州、南京、广州、九江、西双版纳、四川、北京、西宁、新疆等地建立了地区性珍稀濒危

植物引种基地和人工繁育中心。

（4）野生动植物的人工养殖和栽培

发展野生动物养殖业和野生植物种植业是保护和合理利用生物资源的一条重要途径。我国野生动物饲养业始于20世纪60年代，主要饲养国内原产的鹿、麝、狐狸、貉、水貂等经济动物。80年代后，国家实行扶持饲养野生动物的政策，使动物饲养业得到较快发展。在沿海地区发展了海洋动物养殖业，尤其在海珍品人工养殖方面取得了重大经济效益。在野生植物栽培方面，已人工栽种60多种中草药。为持续利用野生药材资源，黑龙江组建了省野生药材资源保护管理总站，设立了106个管理站，建立药材资源保护区35处，实行轮作采挖。内蒙古伊克昭盟对甘草资源实行围栏养护，围栏甘草8万公顷，全盟甘草面积自70年代的36万公顷增到47万公顷。此外，珊瑚礁和红树林的人工移植和栽培也取得了成功。

5. 制定了一系列有关自然保护的方针政策和法规制度

（1）方针政策方面

1）全面规划、合理布局的方针。在开发旅游区和度假村时都必须执行环境影响评价制度，否则不予设计和建设。

2）实行谁开发、谁保护、谁破坏、谁补偿的政策。例如矿山的开发，既污染环境又破坏地面植被，要求生产单位把破坏和污染限制到最小程度，同时规定其开矿后要进行复土整治工程，要求各开发单位对自然资源必须合理开发和充分利用。

3）全面规划、积极保护、科学管理、永续利用的自然保护十六字方针。

（2）法规制度方面

制定的有关条法有《环境保护法》、《水污染防治法》、《大气污染防治法》、《海洋保护法》、《渔业法》、《矿产资源法》、《土地管理法》、《森林法》、《草原法》、《野生动物保护法》、《全国自然保护区管理条例》、《水产资源养殖保护条例》等。

6. 组织了生态保护的科学研究

1）开展了珍稀濒危物种保护和引种驯化工作，如大熊猫和其繁殖工作、黑颈鹤的繁殖、朱鹮的繁殖等；珍稀植物有银杉的更新，鹅耳枥、木兰植物的移地引种，金花茶的繁殖等。

2）开展了500个生态县和100个生态示范县的试点研究。

3）研究了各类生态环境的评价方法、评价指标以及指标体系。

4）研究了一整套自然环境遭受破坏后恢复整治的生态恢复学的技术。

5）研究了生物多样性编目（生态系统编目、物种编目、遗传资源编目）和建立了生物多样性信息资料数据库和监测网络。

6）开展了生物多样性保护技术和理论研究。

7. 加强了有关自然生态教育和宣传活动

利用每年的3·12植树节、4·22地球日、5月爱鸟周、6·5世界环境日、野生动物月，集中组织大型和宣传纪念活动，在全国范围内采用报刊、电台、电视台开辟专版、专栏或专题，举办各种征文、知识竞赛，在街头、广场、车站、码头等公共场所设立各种宣传站、咨询点，举办各种报告会、演讲会、座谈会、电视讲座、广播讲话，举办反映自然保护的书、画展览，组织文艺演出，出版印刷各种纪念性的书刊、画册、邮票、宣传品等，平时则同样采取各种形式的宣传活动进行广泛、持久的宣传，以提高全民的生态观点和环境意识。

国家环保部门及有关部门每年定期举办自然生态保护的培训班，对在职的管理人员进行轮训，同时举办全国青少年环保、生态夏令营，组织青少年到自然保护区和动物园、植物园参观、学习，数年来有 2000 多万少年儿童参加了此类活动。

8. 已有的国际合作

1）我国参加了《濒危野生动植物种国际贸易公约》（CITES 公约，1981 年）、《关于特别是水禽栖息地国际重要湿地公约》（《湿地公约》，Ramsar Convention，1992 年）、《生物多样性公约》（1992 年）、国际捕鲸管制公约（1980 年）及《联合国防治荒漠化公约》（1994 年）等。

2）与世界自然基金会（WWF）合作于 1980 年建立了卧龙自然保护区大熊猫研究中心；与世界自然与自然资源保护联盟（IUCN）合作于 1986 年组织考察了新疆阿尔金山自然保护区；1993 年中国与 IUCN 国家公园委员会（CNPPN）合作在北京召开了第一届东亚地区国家公园与保护区大会。

3）与联合国环境规划署合作，先后举办了三期控制沙漠化培训班和两期生态农业培训班，联合国环境规划署立项支持中国编写生物多样性国情研究报告和建立生物多样性国家数据库。

4）与世界银行合作，世界银行贷款 3 亿美元用于中国造林项目，建速生丰产林 98.5 万公顷；1995 年全球环境基金（GEF）投资 1790 万美元用于 5 个自然保护区的建设和完善。

5）与联合国环境规划署合作于 1992～1997 年提供援助 638.3 万美元加强林业项目，其中包括建立全国森林资源监测体系以及与联合国粮食及农业组织（FAO）、联合国教科文组织（UNESCO）的合作等。

6）双边的民间的合作。例如中日候鸟协定、中国与俄罗斯的自然保护合作、中蒙保护自然环境合作、中英麋鹿回归自然的合作以及中美保护环境等生态项目合作。

三、中国自然生态的特点及其保护现状

自然生态涉及自然生态系统及其所组成的自然资源和生物物种。

中国地域辽阔、生态类型复杂、生态系统多样、生物多样性丰富，因而中国的保护对象丰富多样，自然保护区类型也丰富多样，如有森林、草原、荒漠、内陆湿地和水域、海洋和海岸、野生生物物种、自然遗迹等就地保护。根据 1997 年年底环保部门统计，全国各类自然保护区如前所述，已有 926 个，总面积达 7698 万公顷，占全国面积的 7.64%。

中国自然保护区 30 多年的建设经验表明，制定自然保护区的政策、明确其基本任务、制定远近规划、开展科学研究和教育培训至关重要。生物多样性保护的重要手段之一是开展就地保护，即自然保护区内的生物物种和生境的保护，但就自然保护区内的保护是远远不够的。根据中国生物多样性保护行动计划的要求，必须开展自然保护区以外的就地保护，同时要建立生物多样性管护区，以保证自然保护区有足够的面积实现保护对象及保护自身不受干扰的保护。

为了中国自然保护区今后的发展，1994 年编制了《中国自然保护区发展规划纲要》，该纲要指出，到 2000 年自然保护区总数将达 1000 个，将占全国国土面积的 9%。中国生物多样性保护行动计划指出，具有生物多样性国际意义且需要保护的野生动物有 130 种，野生植物 149 种。尽管中国自然生态有其独特的特点，需保护的对象又十分丰富和紧迫，但自然生态破坏极其严重，保护现状并不理想，形势严峻，令人担忧。

1. 中国自然生态的特点

（1）中国生态类型多样，造成生物多样性丰富多彩

中国地域辽阔，自北向南横跨寒带边缘、温带、暖温带、亚热带、热带北端 5 个气候带，各气候带都分布有不同的生境和不同的群落。与此同时，山地众多、地形崎岖，加之垂直高差大，位于中尼边境的珠穆朗玛峰海拔 8848 米，而新疆吐鲁番盆地中最低的艾丁湖，在海平面以下 154 米。不同纬度、山体垂直高度和空间格局的复杂多样，造成我国生物多样性空间分布极其复杂多样。

（2）中国生物物种高度丰富

由于生态系统的丰富多样（森林、灌丛、草原和稀树草原、草甸、荒漠、高山冻原等）致使物种分布丰富多样，中国有高等植物 30 000 余种，占世界高等植物总数的 10%；脊椎动物共有 6374 种，占世界总种数（45 417 种）的 14.03%；鸟类 1186 种，占世界总种数的 13.1%；鱼类 2804 种，占世界总种数（19 065 种）的 14.7%。

（3）物种资源古老，保存有世界特有种

由于中国在第四纪冰期未遭受大陆冰川覆盖的影响，全世界现存的 7 个科中，我国就有 6 个科，如古老或原始的科属木兰科的鹅掌楸（*Liriodendron*）、木兰（*Magnolia*）、木莲（*Manglietia*）、含笑（*Michelia*）等都是第三纪的残遗植物。与此同时，中国境内存在大量的古老和孑遗的特有种类，如有活化石之称的大熊猫（*Ailuropoda melanoleuca*）、白鳍豚（*Lipotes vexillifer*）、水杉（*Metasequoia glyptostroboides*）、银杉（*Cathaya argyrophylla*）、银杏（*Ginkgo biloba*）、攀枝花苏铁（*Cycas panzhihuaensis*）等。此外，中国植物区系中多单型属和少型属，也反映了中国生物区系的古老性特点，这类属大多数是原始或古老类型。中国 3875 个高等植物属中单型属占 38%，而特有属中单型属则占 95% 以上。中国所产的 2200 多种陆栖脊椎动物中不少为古老种类，如羚牛（*Budorcas taxicolor*）、扬子鳄（*Alligator sinensis*）、大鲵（*Andrias davidianus*）等。

（4）中国自然资源总量多，但资源的人均量少

土地资源是人类生存和发展的摇篮，是人类最基本的自然资源，我国土地资源具有三多三少的特点，即山地多、不可利用地多、难利用地多，耕地少、林地少、平地少。我国

人口以每年平均1700万的速度增加，耕地却以每年平均30万公顷左右的速度递减，全国耕地有1.0亿公顷，人均0.085公顷，不及世界人均耕地0.4公顷的1/4。林地，我国森林资源蓄积量为117.85立方米，占世界第8位，但人均占有蓄积量为8.6立方米（世界人均蓄积量为71.8立方米），不足世界平均水平的1/8；森林面积1.34亿公顷，仅占世界森林面积的3.9%，人均占有森林面积仅为0.11公顷，不足世界平均水平的1/5。草地我国有4.3亿公顷，其中可利用草地2.9亿公顷，占世界草地面积的13.3%，居世界第2位。但人均占有草地仅0.33公顷，低于世界人均草地面积0.76公顷水平一半以上，属草地资源相对贫乏的国家。我国矿产资源虽然丰富，但人均量很少，总体上矿产资源的人均占有量不足世界平均水平的一半，居世界第80位，水资源也有类似的情况。

2. 自然生态破坏情况严重

自然生态环境恶化已成为我国很严重的环境问题，其主要表现在植被破坏，并由此导致水土流失、土地沙化、野生动植物减少和自然灾害加剧。

植被是覆盖地面植物的总称。我国植被的破坏主要表现在森林面积锐减和草场退化，及由此引起的野生动植物减少、水土流失、荒漠化等。

（1）森林资源的破坏

我国森林的分布面积虽然不大，但破坏森林的情况却相当严重。根据20世纪80年代初的统计数据，全国每年造林成活面积约104万公顷，而每年采伐、毁林、火灾损失面积约250万公顷，每年净减少森林146万公顷。可供采伐的森林蓄积量只有35亿立方米左右，每年实际采伐量为2亿~3亿立方米，加上1987年大兴安岭火灾的损失，照此速度再过10年，大小兴安岭、长白山林区将无林可砍。我国西部的干旱、半干旱地区，国土面积占全国的50%，但森林覆盖率却不足1%，远远低于生态平衡所需的30%且较为均衡分布的森林覆盖率要求。至于亚热带地区的森林资源，亦在迅速减少。广东1982年全省林木蓄积量为2.3亿立方米，每年消耗超过1600万立方米，按此速度，不到2000年全省森林将消耗殆尽。福建10年来森林覆盖率由50%降到40%，海南20年来森林覆盖率由25.7%降为7.2%，20年来四川森林减少30%，云南减少45%。森林资源的日趋枯竭其实质就是生态危机的日趋严重化。

（2）草原资源的退化

我国有2.86亿公顷草原，其中可利用面积为1.93亿公顷。由于过度放牧、不合理开垦、鼠害和火灾危害，以及开矿过多占用草原等，草原退化已达5133万公顷。草原退化、沙化、盐碱化的现象较为严重。每公顷产草量比10年前减少了1/3~1/2。退化的主要标志是产量降低，可食牧草减少，杂草、毒草增多。内蒙古草原的产草量一般下降30%~40%，严重的下降得更多。

（3）珍稀动植物种濒于灭绝

森林、草原类自然保护区的破坏，以及非保护区生物资源的不合理开发利用，致使许多珍稀动植物处于濒临灭绝的境地。例如四不像、野马、高鼻羚羊、白臀叶猴、豚鹿、黄腹雉等十几种动物已基本绝迹。长臂猿、海南坡鹿、野象、东北虎、白鳍豚、大熊猫、黑颈鹤、扬子鳄等20多种珍稀动物正趋于绝迹。金丝猴、雪豹等动物的分布区域显著缩小。

珍稀植物银杉、望天树、龙脑香、金花茶、鹅耳枥、铁力木、降香、黄檀等都不同程度遭到破坏。

（4）土地沙漠化加剧

我国沙漠化土地面积为 1.28 亿公顷，主要分布在北方干旱、半干旱地区，其中约97% 为人为活动引起。3% 源于自然沙丘移动。人为原因中，樵柴滥伐占 28%，滥垦占24%，过度放牧占 20%。我国北方土地沙漠化 85% 是滥垦、滥牧和滥伐的结果，12% 是因水利资源利用不当和工矿建设中破坏植被所造成，属于沙丘移动的只占 3%。除了上述破坏，其他方面的破坏，这里不再叙述。

（5）水土流失十分严重

森林、草原、物种、土地等利用不当引起沙漠化、水土流失、生态平衡失调、环境趋向恶性循环，其中尤以水土流失较为严重。我国水土流失面积已有 150 万平方公里，每年土壤流失 50 亿吨，相当于流失 5000 万吨化肥。这是能源和资金的极大浪费。美国《公元2000 年全球情况调查报告》主编巴尔尼博士访华时指出："黄河水不是泥沙，而是中华民族的血液。平均每年泥沙流量高达 16 亿吨，这不再是微血管破裂，而是主动脉出血。"他又说："对国家安全问题应改变传统的观念，绝不只是外来侵略。日本是个资源贫乏的国家，所以提出了全面安全的新概念。对中国来讲，除人口问题外，国土问题也是国家安全的一个重要条件。"由此看来，自然资源的利用问题不仅涉及国民经济发展和生态环境的好坏，而且危及一个国家的安全与生存。

（6）自然灾害增加

气候的变化、自然灾害的增加都和大气环流关系极大，也应说是个主要的原因，但众多的事实证明，气候的变化，特别是地区性小气候的变化以及与气候相关的自然灾害，都与植被的破坏关系甚大。

据全国政协经济建设组和农业组的调查，由于森林过量采伐和植被破坏，四川已有 46个县年降雨量减少了 15% ~20%，不仅导致江河水量减少，而且导致旱灾日益加剧。在四川盆地，20 世纪 50 年代伏旱一般三年一遇，现在变为三年两遇，甚至连年出现，而且旱期成倍延长。过去一般 15 ~20 天，现在长达 40 ~50 天，春旱也在加剧，由 50 年代的三年一遇现变为十春八旱，有的地区旱期长达 100 多天。自古雨量充沛的"天府之国"出现了缺雨少水的现象。与此同时，无霜期缩短，暴风、冰雹灾害加重。

黑龙江大兴安岭南部森林被砍伐破坏后，年降雨量由过去的 600 多毫米减少到 380 毫米。过去罕见的春旱、伏旱近年来常有发生。1970 年以前因为有森林防护，六七级大风时没有尘暴和扬沙现象，现在三四级风就沙尘飞扬。

云南、贵州的统计资料表明，由于森林砍伐和植被破坏，旱灾频率成倍增加。"天无三日晴"的贵州，现在是"三年有两旱"。

另外，河川上游森林面积减少和植被的破坏，导致下游水灾泛滥的事，屡见不鲜，它还致使地面径流加快，从而加剧地基变形、岩崩、滑坡、泥石流的发生，给人民的生命财产造成严重危害。

近年来黄河断流现象日趋严重，除了源头森林砍伐、植被破坏的原因外，水资源的消耗急剧增加和对河流水资源的管理和控制不当与之关系极大。

3. 自然生态破坏的主要原因

（1）思想认识问题

各级领导和部门还没有把保护自然生态环境提高到基本国策的高度来认识，也没有遵循经济发展与环境保护协调发展的方针，把自然生态保护工作看做是推动社会主义现代化进程中不可缺少的组成部分，没有摆上政府工作议程和纳入社会主义发展计划。

（2）部门利益过重

各部门在考虑资源开发时，往往过多注意本部门的利益，忽视国家的整体利益，只考虑暂时的经济利益，不顾及长远的持续利用，因此常常违背客观规律，对自然资源采取盲目的、过量的甚至掠夺式的开发方式，既浪费资源，又破坏环境。

（3）法律不健全，执法不严

有关自然保护法律不健全，缺乏一部综合的自然生态保护法，同时对各类资源遭受破坏的现象无人过问。珍稀动物保护虽有法律，但不够具体，缺乏量刑标准，执行较难。立法上还没有环境法庭来受理破坏生态环境的案件。

（4）缺乏生态保护的经济政策和投入

全国各地生态保护缺乏资金来源，同时缺乏对保护生态进行长期投资的经济政策及在税收和银行贷款方面的优惠政策。

（5）体制和机构的问题

自然资源涉及各个部门，而各部门又各自为政、各行其是。例如土地问题，城市由城建部门管理，农村由农牧渔业部门分管，规划又由国土资源局统管，还有土地管理局等，实践中矛盾不少。自然资源更缺少一个部门进行统筹兼顾、全面规划和科学的管理。相信，在新的一届国务院对中央各部门体制和机构的改革中，将克服上述弊病。

四、中国自然生态的保护战略

《环境保护2010年远景目标纲要》提出，2000年，力争使环境污染和生态破坏加剧的趋势得到基本控制，部分城市和地区的环境质量有所改善；2010年基本改变环境恶化的状况，城乡环境有比较明显的改善。为实现上述跨世纪环保工作的奋斗目标，从改善生态环境质量角度考虑，保护人类赖以生存的自然生态环境，就需要加强计划性和预见性，克服对自然资源利用的盲目性和破坏性；建立可持续的自然资源利用模式、运用经济生态学规律协调经济发展与自然保护，加强立法、执法和生态环境管理，在改革中更新观念，走可持续发展的道路。

1. 走可持续发展的道路

（1）由来和概念

持续发展战略思想是在总结了环境与发展相互关系的正反两方面的经验和教训的基础上提出的。

20世纪五六十年代发生了世界八大公害事件。70年代联合国人类环境会议讨论了自然资源的有效利用，人口、资源、环境和发展如何协调，并告诫人类"只有一个地球"。80 年代世界自然与自然资源保护联盟编制《世界自然资源保护大纲》（WCS）提出了保护的三大目标，即保护生命支持系统和生态过程，保存遗传基因的多样性，保证现有物种与生态系统的持续利用。90 年代 WCS 的续本《保护地球——可持续生态战略》（IUCN/UNEP/WWF/1992 年）提出一个在全世界保护生态环境，实现可持续发展战略并为地球自然限度内持续生存所采取的 130 个具体行动。与此同时，1987 年世界环境与发展委员会向全世界公开发表了《我们共同的未来》长篇报告，报告提出了可持续发展的战略观点并将其定义为"既满足当代人的需要，又不对后代满足其需要的能力构成危害"。

持续发展这一概念在 1992 年联合国环境与发展大会上再次被接受，它与生物多样性保护、全球气候变化问题一起被列为当代生态和环境科学的三大前沿领域。

（2）持续发展内容和实质

其概念可归纳为下列几方面。

1）人类需求和欲望的满足是发展的主要目标，其基本需求如粮食、衣服、住房、就业等必须得到满足，一个充满贫困和不平等的世界将易发生生态和其他危机；

2）人们的消费水平必须限制在生态可能的范围内，并提高生产潜力，那么合理的消费水平才有长期的持续性；

3）人口的发展应与生态系统的生产潜力相协调，因为人口增长会给资源增加压力，并在掠夺资源普遍发生的地区，减慢生活水平的提高；

4）像森林和鱼类这样的可再生资源，其利用率必须在再生和自然增长的限度内，使其不会耗竭；

5）像矿物燃料和矿物这样的不可再生资源，其耗竭的速度应考虑其资源的临界性，利用技术使其耗竭减少至最低程度和增加使用替代物的可能性。土地不应退化到超过合理恢复的能力，对矿物燃料来说，其耗竭的速度及其再循环的强调和节省都应制定出标准，以确保在得到可接受的替代物之前，资源不会枯竭；

6）要求务必保护动植物物种，发展趋向不使生态系统简化和减少，物种的多样性和物种一旦灭绝，它们就不可再生，动植物物种的丧失会大大地限制后代人的选择机会；

7）不应当危害支持地球生命的自然系统，包括大气、水、土壤和生物，要把影响大气、水、土壤和生物的不利因素减少到最低程度。

总之，这种持续发展的战略要求正确解决眼前利益与长远利益、局部利益与整体利益的关系，求得经济社会和环境问题的协调发展，这是保证经济社会持续发展的正确方针，也是解决资源环境问题的积极途径。持续发展的本质，从资源角度看，是运用资源保护原理，增强资源的再生能力，引导技术改革使再生资源替代非再生资源成为可能，制定行之有效的政策，限制非再生资源的利用，使其利用趋于合理化。

综上七个方面，结合我国国情，持续发展观点在环境保护和自然资源的保护和利用中的应用可以归纳为以下三个方面。

其一，从经济目标看，必须打破旧的传统式经济发展模式。持续发展经济战略目标提出要由单一追求工农业总产值增长向经济、社会、环境协调发展转变；由速度型粗放发展向效益型集约发展转变；由倾斜式发展工业向重视农业、实现产业结构平衡发展转变。

其二，从生产方式看，持续发展生产模式必须改造或放弃旧的传统式的生产模式，即以利用大量自然资源或牺牲环境为代价而取得一些生产上提高和经济发展的暂时效益的这种短见做法，它仍然左右着当前生产发展和工业建设的进程，必须由高能耗、资源高消耗、重污染、轻效益的生产方式向低能耗、低消耗、轻污染或无污染，提高资源的利用率和有效益的清洁生产工艺和过程转变。

其三，从生活方式看，世界上富足的人应当把他们的生活方式控制在生态资源许可的范围内，减少其资源消耗量，并且提倡资源再生，变粗放经营资源为循环利用资源，同时应当使人口数量和人口增长同生态系统生产潜力的变化相协调一致。

总之，持续发展战略从总体上否定了那种人口放任、教育滞后、资源浪费、环境污染、效益低下、分配不公、工艺陈旧、管理落后的发展模式。持续发展战略特别重视生态环境的保护，强调合理开发和科学利用自然资源，维护生态平衡，促使自然资源不断更新、积累、增殖和持续利用。

2. 提高认识，更新观念

（1）认清环境保护的新形势、新趋势、新使命

1）认清全球环境新形势。可持续发展成为时代的主题，环境问题正在重塑全球经济，各国对环境问题的重视正为未来10年世界经济发展提供一个前所未有的机会，人类对环境问题的关心将推动第二次工业革命。

2）环境污染与生态破坏必须提高到国家安全、人民是否能继续生存的高度来认识。1986年12月8日在莫斯科召开的国际环境与发展委员会第七次会议上，该委员会主席布伦特兰提出："目前对生态平衡的破坏完全可能对地区性和全球性安全构成威胁。"她认为，保护环境应成为世界各国谋求发展的一个组成部分，各国政府在制定政策方针时应注意生态问题。

3）可持续发展是当代世界潮流，也是历史发展的必然，保护生态环境和维护自然资源是一个国家文明和科学发达的象征，现代社会的发展也越来越依靠环境与资源的支持。我国的环境污染与生态破坏已成为实施持续、快速、健康发展战略的重大障碍，向破坏生态和污染环境宣战、拯救人类地球的战斗，是迎接21世纪中华民族复兴的历史革命。

4）全球的环境之战已成为建立世界新秩序的主旋律，谁在生态环境问题上采取主动，谁就在国际舞台上有更多的发言权。

（2）树立人均资源概念和确立资源价值观

中国地大物博、自然资源丰富，如前所述，尽管自然资源总量丰富，但人均占有量并不丰富，甚至是资源贫乏的国家。因此，自然资源必须加以保护，必须节约资源，避免浪费和不合理地消耗资源。

资源是有价值的，不是用之不尽、取之不竭的，人们不能任意向大自然掠夺。我国任意滥伐森林、破坏矿产、草地，破坏生态现象严重，一方面是由于法制观念淡薄；另一方面是认为资源可以任意夺取而不用付任何代价，缺乏资源是国家财产的观念。必须纠正资源无价论，树立资源价值观，资源必须有偿使用。

3. 实施资源的合理利用与保护增殖同步的政策

合理利用林木、野生动物资源的同时要采取积极保护森林、草原、野生动植物的政策，明确开发单位的环境责任，在矿区实行复垦造林。保护草原方面主要是合理控制牧畜头数，纠正超载放牧，大力建设人工草场和围栏，改良天然草场，种植耐旱优良牧草，提高产草量，防止草原退化。

4. 采取节约型的资源战略

人均资源少是我国国情的重要特征之一，也是经济发展的重要制约因素，环境污染实质上是资源的浪费所致，生态破坏实质上是使可再生资源（如森林、草原、野生生物等）不能增殖和非再生资源（如矿产、土地等）的大量浪费，我们必须采取节约型的资源战略，精心保护资源，努力增殖资源，合理利用资源，实行自然资源开发利用与保护增殖并重的政策，杜绝因盲目开发自然资源而造成的生态破坏。

5. 开发生态环境领域中的现代技术

经济发展需要科学技术，环境保护同样需要依靠科学技术，要认真实施科教兴国战略，发挥科技进步在环境保护中的作用，有效遏制环境污染和生态恶化。

科学技术是生产力，经济发展的主要源泉是新技术的发展，创造和掌握现代生产工具和技术是落后国家迅速赶上先进国家起决定作用的物质力量。我国生态环境所面临的许多重大问题，更有赖于科学技术的突破和有效的解决。要开展环境科学领域中有效遏制环境污染和生态恶化的现代技术的研究，包括清洁生产工艺技术、环境无害化技术、资源再生化技术、废物资源化技术、综合利用技术、生态保护和生态恢复（生态工程）技术、生物多样性保护技术（就地保护和移地保护）等。

6. 实行有利于生态保护的经济政策和金融政策

1）实行对产业部门收取资源开发生态补偿费制度，征收资源开发生态补偿费是解决我国资源保护和生态环境破坏问题的有效手段之一，目前在我国已初步发展，将逐步形成制度。资源开发生态补偿费的征收对象，一是矿产资源开发；二是土地、水、森林、草原、动植物资源、旅游资源的开发等。

2）政府给予有利于生态保护的长期投资以优惠政策，为鼓励和保护广大人民群众和企业对保护生态环境所付出的劳动和投资，政府应实施相关的优惠政策，特别是在投资、价格政策上，实施对保护生态环境有利的政策倾斜。

3）建立我国的生态环境保护金融支持系统。建立我国的生态环境保护基金，或由金融系统给生态环境保护项目提供优惠的费用贷款等。

7. 加强法制建设，提高执法力度

环境保护是我国一项基本国策，近20年来又颁布了一系列有关保护生态环境的法律法规，但立法体系还不完善，还缺乏综合的国家生态保护法及其相应的管理条例。对那些

破坏生态环境、乱捕滥采野生动植物或非法猎采买卖和出口等违法行为应严加处置，做到有法必依、执法必严、违法必究。加强专业执法队伍建设，提高执法人员的法律素质和文化素质。

8. 提高公众的生态环境保护意识，加快人才队伍的培养

国家应从教育、舆论宣传的各种形式和各个环节引导，提高国民的资源和环境保护意识，增强自然生态保护观念，并将其列为社会主义精神文明建设的重要内容予以提倡，加强对青少年的教育，让他们从小开始逐步培养生态保护意识，在高校已有生态学专业和自然保护有关专业的学科设置中，增强对自然资源的积极保护和合理利用、生物多样性保护技术、生态学、生态恢复学和可持续发展等内容，或成为必修课。

五、结　束　语

当前我国环境污染与生态破坏总体水平相当于发达国家 20 世纪五六十年代的水平。中国正站在高速起跑线上，生态环境的破坏和恶化问题已经成为 21 世纪中国经济发展的重大障碍。我们正承受着空前的人口压力，面临着有史以来最严峻的生态破坏和环境污染的双重挑战。我们正站在十字路口，等待着选择是继续走以牺牲环境为代价、求得眼前的暂时经济效益而污染环境、破坏生态、自毁家园的道路，还是走既发展经济又保护环境、低消耗高产出的良性循环的可持续发展的道路。我们的选择只能是后者，我们的出路只能是走可持续发展的道路。

在党的十四届五中全会上，江泽民总书记指出，把经济建设与环境保护的关系作为正确处理社会主义现代化建设的若干重大关系之一，要求"在现代建设中，必须把实现可持续发展作为一个重大战略"，使经济建设与资源、环境相协调，实现良性循环。他又在 1998 年 3 月 15 日中央计生委和环境保护工作座谈会上指出：再用 15 年左右的时间，使我国的生态环境有一个明显的改观；到下个世纪中叶，在全国建立起适应国民经济可持续发展的良性生态环境，大部分地区做到山川秀美、江河清澈。江总书记的讲话，提出了生态保护的宏伟目标，明确了今后的努力方向。

走可持续发展的道路是新时代的新观念、大趋势，遏制生态破坏、保护自然环境、拯救人类的生存环境——地球，是我们共同的历史责任。

提要：本文介绍了全球环境问题及其发展，评述了中国自然生态保护所取得的成绩，分析了自然生态的特点，指出了当前的生态破坏现状和存在的原因，提出了中国自然生态的保护战略及走可持续发展道路的必然。

关键词：自然生态　全球环境　生物多样性　可持续发展

荒漠化和沙尘暴若干问题的思考[*]

1. 全球荒漠化问题日趋严重

森林砍伐、气候变化、人口增长以及过度放牧，在很大程度上造成了全球每年有 150 万平方公里的土地变成荒漠。

世界土地总面积的大约 40% 已受到荒漠化影响，给世界每年造成 40 多亿美元的损失，受其影响的人口总数超过了 10 亿。荒漠化问题已成为全球关注的环境问题。

2. 我国荒漠化发展状况

有关资料表明，我国荒漠化潜在发生区域范围，即干旱、半干旱和半湿润干旱地区范围的总面积约 331.7 万平方公里，占国土面积的 34.6%，其中荒漠化土地面积 262 万平方公里，占这一区域面积的 79%，占国土面积的 27.3%，相当于 14 个广东的面积，是全国耕地总面积的两倍多，并以每年 2460 多平方公里的速度扩大，生活在荒漠地区和受荒漠化影响的人口近 4 亿。据有关方面粗略估算，因荒漠化危害造成的直接经济损失每年高达 540 多亿，间接损失难以估计。

据历史资料记载，近百年来我国沙尘暴共发生 70 次，平均 30 年一次。20 世纪六七十年代每两年一次，90 年代每年都有。2000 年就发生 12 次，2000 年 12 月 31 日从新疆、内蒙古西部发生，在 2001 年 1 月 1 日影响到我国北方大部分地区，北京也出现扬沙。2001 年春季，我国北方地区共出现 18 次沙尘天气过程，其中强沙尘暴过程 41 天。

3. 荒漠化和沙尘暴形成原因及其对策

（1）形成条件及传输路径

20 世纪以来异常天气状况频繁出现与全球气候变化有关，从总体上来看沙尘暴灾害愈演愈烈的原因是与土地荒漠化日益加剧有关。

根据治沙专家慈龙骏研究，从全球气候变化、地面遥感的分析及沙尘暴本身特点来探讨，强和特强沙尘暴天气的发生必须具备的条件是：①强风和低能见度，西北地区大气循环的规律为在春季多大风。②地面有丰富的、无植被覆盖的、干燥的沙尘物质。③地面呈不稳定热层结，空气对流加强形成上升气流。《沙尘暴与黄沙对北京地区大气颗粒物影响

* 金鉴明，曹凤中．2002．荒漠化和沙尘暴若干问题的思考．见：金鉴明．第二届生物多样性保护与利用高新科学技术国际研讨会论文集．北京：科学技术出版社，9～11．

研究》课题负责人全浩专家指出，沙尘暴的五大沙源区、三条路径如下。

五大沙源区：

1）蒙古国东南部戈壁荒漠区。

2）哈萨克斯坦东部沙漠区。

3）内蒙古东部的苏尼特盆地或浑善达克沙地中西部。

4）阿拉善盟中蒙边界地区。

5）新疆南疆的塔克拉玛干沙漠和北疆的库尔班道古特沙漠。

三条路径到北京：

1）北路从二连浩特、浑善达克沙地西部、朱日和地区开始经四子王旗、化德、张北、张家口、宣化到北京。

2）西北路从内蒙古阿拉善的中蒙边境、河西走廊等地开始经贺兰山地区、毛乌素沙地或乌兰布和沙漠、呼和浩特、大同、张家口到北京。

3）西路从哈密或芒崖开始经河西走廊、银川或西安、大同或太原等地到北京或南京。

（2）形成的主要原因

强沙尘天气的频发区和重灾区主要位于中纬度的干旱、半干旱区，即受荒漠化严重影响和危害的地区，这个地区对全球气候变化最为敏感。在全球气候变化的影响下，我国北方地区干旱和暖冬现象日益加剧，加之不合理的人为活动的干扰，特别是滥砍滥伐和过度放牧等，造成大面积的植被破坏、水土流失，加剧沙化、土地次生盐渍化和土地物理性能的恶化，使荒漠化不断蔓延和扩展，从而使沙尘暴不断发生。因此可以说，荒漠化的扩展是强沙尘暴灾害频繁发生的直接原因，而人类向自然掠夺式的开发和野蛮式的经营活动又是导致荒漠化蔓延的主要原因。

（3）防治及其对策探讨

1）严禁滥伐、滥垦，积极保护原有天然林。

分布在沙漠、沙地周围的天然林是长期形成的自然生态系统产物，与大面积栽植的各类人工林（包括灌木林）一起形成防护体系，是维持荒漠化地区生态系统稳定的重要组成部分，因此必须严加保护。

2）严禁滥牧，保护和恢复原有草地生态系统。

过度放牧是导致草场退化的主要原因，如内蒙古中部的浑善达克沙地由于过度放牧，导致沙化。必须以草定畜，采取轮牧，退耕还草，建立优良人工草地。应谨防春寒潮大风频繁和地表覆被恶化两个原因叠加，导致强沙尘天气的连续出现。

3）治理与开发结合，建立荒漠农业体系以脱贫致富。

4）治理与开发并重。

所谓治理与开发并重的战略就是在治理的同时与土地的垦殖和引入移民相结合，建立以种养业为主体的荒漠农业

不以治理与开发并重，不形成新的、诱导性移入式移民的机制，大规模治理西部的荒漠恐怕永远都仅是梦中的蓝图。我国专家在实践中已经提出，沙漠的科学研究不单纯是防沙、治沙和固沙造林问题，还应恢复沙漠化土地的生产能力，创立沙产业，在改善生态环境的同时不断进行综合开发，加强沙区经济发展。我国在内蒙古赤峰、陕西榆林、新疆和

田等地进行了大范围的治理，成功地创造了防沙治沙的现实模式。

从技术上看，世界上治理和开发荒漠的地区，建立荒漠农业已经有了许多成功的经验（如以色列和埃及），滴灌、喷灌等节水技术已经相当成熟，我们在总结自己治理荒漠经验的同时，可以通过各种渠道引进这些技术和人才，进行相应的人才培训，特别是实行一大套相应的政策和激励机制，这样，建立中国式的荒漠农业不是不可能的。

（4）关于实施"引入移民开发西部计划"的建议

移民对象主要是农村剩余的青年劳动力和其他有理想、有志向的青年志愿者。为了更好地进行合理的科学的开发，应尽可能引进一批高素质人才。例如鼓励中专毕业生到西部参与移民垦殖，组织移民参加生态建设与生态保护工作。

移民村落的组织形式应以社区性的合作制为主体，以便于社区提供统一的农业生产服务，降低村民机械作业、水利灌溉、水资源管理的成本及单个农户进入市场的交易费用。

为了支持和配合移民垦殖开发，在被开发地区，国家必须先期投入一定的资金进行必要的基础设施建设，同时，还可以向国际机构或国际社会申请援助；或者利用国际合作方式吸引外资进行基础设施建设。

国家应为参与垦殖者提供最为优惠的条件，在健康、医疗、培训、住房、学校、娱乐等各个方面提供便利，以吸引各类移民进入。

为了使移民能够放心地长期定居于土地之上，除了国家提供基础和必要的生活居住条件外，还要使垦殖开发对移民有足够的吸引力。因此，在荒漠开发区应该进一步放宽政策，实行一套有别于内地的特殊政策，包括土地政策、保护垦殖者利益政策、对外开放的国际合作等。

新世纪的环境问题[*]

在这篇关于环境问题的文章里，我想阐述两个方面的问题：第一，关于中国的环境问题；第二，根据国际和国内的环境问题，提出新的举措。

对于保护环境，人们已经达成了共识，关于防止污染和生态破坏都制订了公约，为了防止气候变暖，有《联合国气候变化框架公约》；为了保护生物多样性，有《生物多样性公约》；为了消除臭氧层的破坏，有关于臭氧层的《蒙特利尔议定书》；为控制废物越境制订了《控制危险废物越境转移及其处置的巴赛尔公约》。环境保护不仅有其国际合作的共同信念，同时它也是政治、经济斗争的砝码，并且越来越成为与国际贸易、信贷和经济援助等活动密切相关的一项具有举足轻重影响的制约因素。特别是参加了 WTO 的国家对环境、产品质量的要求更高。往往发达国家还限制引用，用贸易壁垒限制发展中国家出口产品。我们的夹克衫拉锁里重金属超标，从德国退回，损失巨大；我们的纺织品里含有过量的甲醛，洗了以后都超过人家的标准，退货。还有温州的打火机，原来行销欧洲市场，因为环保问题和安全问题被限制出口，打官司我们败诉。所以现在我们要赶快修正或者提高旧的、不适应的标准，以跟国际接轨。

近二三百年来，工业文明创造的财富超过了人类历史上创造财富的总和。然而这都是依靠地球几亿年积累的可再生或不可再生的资源得到的。工业文明给人类带来了富裕和繁荣，是人类引以自豪的文明，但是它也破坏了自然环境，给人类的生存与发展带来了威胁，因而又是人类不得不抛弃的文明。21 世纪是人类经济和科学技术更加迅猛发展的世纪。工业的全球扩散、市场经济的全球推进、技术的全球合作、信息化的全球影响势不可挡。同时环境问题的全球化、生态危机的普遍化、自然资源争夺的白热化、人地矛盾的尖锐化也将更加突出。因而，21 世纪的人类面临的环境问题更为严峻。

一、中国的环境保护问题

1. 党中央和国务院非常重视环境保护

在环境保护中，政府提出了抓重点，重点就是三河、三湖、两区、一市和一海。因为中国太大了，必须以点带面。三河就是淮河、辽河、海河；三湖就是云南的滇池、江苏的

* 金鉴明．2003．新世纪的环境问题．科学中国人，（3）：24～25．

太湖、安徽的巢湖；两区就是酸雨的二氧化硫产生和发展的区域以及烟尘（包括二氧化碳）存在的浓度大的区域；一市就是北京市；一海就是渤海。河、湖、区、市、海方方面面都有一个代表。在抓重点的同时还要抓产业结构的调整。通过"十五"计划的产业结构调整，把生产落后、设备陈旧、效益低劣、管理落后的企业淘汰。

2. 目前的形势依然严峻

我国的环境保护形势依然十分严峻，主要表现在以下几方面。

1）十大水系中接近60%的监测水质依然被严重污染；

2）空气质量有三分之二的城市还达不到二级标准；

3）生态恶化，包括水土流失和土壤荒漠化、湖畔和湿地萎缩、森林资源的减少、草地的退化、生物多样性的减少和生态系统的破坏等。这些对生态系统的破坏必然引起自然资源的破坏，前几年我国发生特大洪水，其中很重要的原因就是破坏生态系统而引起洪涝。

4）加入WTO以后，由于我国的法制不健全，我们的标准低于国际上的标准，因此，我们的农副产品，包括服装商品因为不符合环保标准，要么出不去，要么都退货。

为什么投入的力度很大，环境问题还是很严重？我认为第一是认识的问题；第二是资源过度开发和利用的问题；第三是倾斜的政策不够；第四是执法观念不够强；第五是技术观念不够强。这些都是生态问题依然严峻的原因。

3. 存在的问题和发展趋势

环境恶化的原因众多，要治理环境归根结底是要改变传统的观念，走可持续发展的道路。要改变传统工业中的重污染、能耗大、效益低的生产模式，要向少污染、少能耗、高效益的清洁生产模式转变。同时要向源头控制和全过程控制的方式转变。由点的控制和治理、面的控制和治理，向整个面的、区域的生态环境、流域生态环境控制和管理的方向转变。同时管理上要由落后的经营管理向先进的ISO 14000的管理体制转变。

要转变必须要有创新，必须要有观念创新、技术创新、管理体制的创新。如果不这样做，尽管投入很大，尽管提高了认识，我们的生产模式还是落后的，管理方法也是落后的，永远跟国际接不上轨。

二、新世纪环境保护的新举措、新对策

我们的环境保护究竟应该往何处去？我认为必须要有一些正确的方针政策和基本原则来指导，同时还要有若干新的举措。

1. 基本原则

坚持生态环境保护与生态环境建设并重，坚持污染防治与生态环境保护并重，加大生态环境建设力度的同时，必须坚持"保护优先、预防为主"的原则。西部开发不要再走东部沿海地区先污染、后治理的老路，我们现在要以预防为主。江苏的吴县被称为"小上

海",全国小城镇 100 强的第一位是广东的申志县,第二个就是吴县。但是在这里,水源被造纸厂、化工厂污染得很厉害。雷洁琼副委员长去了以后提出一条,说人们的生活富裕了,钱多了,但是命短了,你们要不要这样的生活模式?朱镕基总理去了以后批评说,我不要污染的东西,我既要经济发展,又要环境保护好的东西。要双赢就必须走可持续发展的道路。进行资源开发,必须要考虑生态环境的承载能力,不允许以牺牲生态环境为代价,去换取眼前的和局部的利益,我们有很多的工程、很多的企业,都有先发展经济、先发展工业,而后考虑生态保护的现象,特别是有些县里开矿,污染得一塌糊涂,人们生存不下去,有一句话叫要钱不要命,这些都是跟基本原则相违背的。

2. 建议实行几个新的举措

理念上、观念上要更新,要坚持可持续发展的战略,树立人与自然和谐的观念。人类活动必须在新的生态价值观的指导下,对自然界进行合理的开发和科学的管理。同时发展以循环经济为特征的生态工业和生态工业园区,形成结构优美、高效、持续的生态区域、生态城市,这是新的理念。我们往往过度开发自然资源,现在很多的经营都是掠夺性的。内蒙古的草原放羊,就是掠夺性的放养,这是经营管理的失误,说得不好听是野蛮式的、掠夺式的开发。如果处理不好,就像恩格斯所讲的,自然界要给予人类以报复。

而农业则必须走生态农业这条路,这是农业现代化的必由之路。生态农业是以生态学原理为指导,运用现代科技和方法建立发展起来的一种多层次、多结构、多功能的农业生态系统。我们参加 WTO 以后,首当其冲面临挑战的是农副产品,食品的安全也是一大问题,食品的色素、化学农药,这些东西对人类的害处很大,所以大家对吃的农副产品都很不放心,很多东西都不敢吃。我们只有一条出路,就是走绿色农业的道路,用绿色产品冲击国际上的绿色贸易壁垒,这方面我们大有作为。我们现在有 100 多种绿色食品,包括大米、蜂蜜、还有茶叶,都没有农药、没有化肥。只要质量站得住脚,国外就要买,而且愿意花几倍的高价买。

生态农业有一个很著名的构思:桑叶给蚕吃,蚕构成茧,到工厂里织成衣服,变成产品。蚕沙下到鱼塘里,鱼塘有了蚕沙,鱼也肥了,产量也高了。另外桑蚕的副产品作为沼气的一种原料,沼气的渣返回到桑田里,沼气可以照明,也可以作为一种能源的动力,几个食物链连起来,这就是生态农业的思路。

下面一个新的举措就是城市。新世纪城市的发展必然很快,特别是城市化,发达国家是 97% 以上,我们现在是 35%、36%,所以现代化的城市发展速度还应该加快。但城市化的发展也会带来城市病,包括交通拥挤、人口膨胀。既要发展,又要防止城市病,只有走可持续发展的道路。首先要走生态城市的道路,建山水城市、园林城市,走环境模范城市的路子。城市化的模式,环境是一方面,经济是一方面,社会是一方面,管理是一方面,四大类,每一类都有不同的指标,这样才能组成理想的生态城市。

3. 把生态工业园、生态园应用到各个行业中去

我们要提倡清洁生产。清洁生产的定义就是整体预防,持续利用,这样我们的产品必然是低成本、高质量的。清洁生产首先从源头上控制,要多少原料、多少能源,必须限制

到最小，这样排出去的污染水源就少了，这就是清洁生产的第一步。从工业的思路贯彻到企业，企业和企业之间连起来，第一家企业排放的污水，第二家企业作为原料吃进，第三家企业又把污物排出去，第四家企业又作为原料吃进，作为整个循环，这样材料再循环、再使用，成本很节约，排出的污染也很少，形成了循环经济，然后按照生态工业园的发展思路来进行。

广西桂糖生态工业园有两个生态链条，第一个是甘蔗制糖，废的糖渣制酒精，酒精的废料制造复合肥，排到田里生产甘蔗。第二个生态工业链是甘蔗的渣子本来都扔掉，现在制糖，然后把废物变成原料，变成碱，回收起来制浆，能源消费都在内部进行，不往外面排。再过5年、10年要达到零排放。

广东的南海生态工业园的管理目标是生态工业资源综合利用，循环经济。从汽车原料、配件，到汽车装备出来，这是过去旧的模式。现在新的清洁生产的工艺，生态链还要接下去，汽车成品完成以后还不够，生产过程还没有完，因为汽车将来要报废，生命周期还没有完。不能用了以后，汽车废物，轮胎、汽车壳全部回收，把废品变成产品的原料。现在美国用汽车旧轮胎制造酒精，我们国内也在做。把汽车报废以后的躯壳回收成原料，这才算完成了生产过程的使命，后面的生产链特别重要，这是新的生产模式，区别于旧的传统生产模式。

环境问题已经成为21世纪中国经济发展的重大障碍。面对人口、资源、发展和城市化带来的环境污染，以及生态环境被破坏的巨大的压力和严峻的挑战，我们正处在十字路口，我们的出路也只能是走可持续发展的道路。

生态建设与生态保护的新理念和新举措[*]

一、污染治理与生态保护取得明显进展

1. 排污量不断减少

1991~2000年全国各县及县以上工业污染物排放总量有下降趋势，工业烟尘排放量降低38.8%，工业粉尘排放量下降30%，工业废水排放量降幅达41%，工业废水中化学需氧量（COD）排放量降了37%。

2. 部分城市空气污染程度有所好转

北京空气质量达二级和好于二级的天数比例从1998年的15%上升到2002年的55%，达三级和好于三级的天数比例由56%上升为84%；贵阳、青岛、大连、郑州、沈阳、重庆、兰州、济南、广州、秦皇岛、成都、西宁、长春、烟台、南京15个重点城市空气质量有不同程度好转。

3. 水环境质量基本稳定

长江、珠江、松花江水质保持良好，苏州、杭州、宁波、成都等城市河段水质明显改善，淮河、太湖、滇池、巢湖水体中高锰酸盐指数明显降低。

4. 生态保护与建设取得初步成效

1）水土流失总面积由20世纪80年代末的367万平方公里减少到90年代末的356万平方公里，10年间减少了11万平方公里。

2）天然林资源保护工程，1998年至2001年年底累计完成封山育林502.75万公顷，退耕还林累计完成216.36万公顷。

3）截至2001年年底，全国共建各种类型的自然保护区1755个，总面积的12 989万公顷，占全国国土面积的12.9%，其中国家级自然保护区总数171个，面积5903万公顷。

4）全国已建立风景名胜区690个，森林公园1078个，地质公园44个；已建立大熊猫、朱鹮等15个物种拯救工程，400余处珍稀植物迁地保护繁育基地和种质资源库，100

---

* 金鉴明，金冬霞. 2003. 生态建设与生态保护的新理念和新举措. 浙江树人大学学报，3（6）：68~71.

多处植物园以及 1.3 万公顷种子园，使 1000 多种珍稀植物得到保护，国家第一批重点保护珍稀濒危植物物种已有 80% 被迁地保存。

5）中国特有金花茶、银杉、水杉、珙桐等人工培育成功。

5. 全民环境意识不断提高

1）群众对污染事件的投诉不断增加。

2）公众了解环境信息、参与监督环境保护，不断发挥作用。

3）大中小学不断开展绿色学校创建活动。

4）许多大专院校开设环保专业或课程，培养环保人才，以及开展提高干部生态意识的培训活动。

6. 开展生态建设与生态恢复的环境保护科学研究

1）研究制定各类环境保护标准为制定法律提供科学依据。

2）研究各种污染物迁移转化的规律为环境管理提供依据。

3）研究各项主要污染物的治理应用技术为环境综合整治提供依据。

4）研究各类环境容量和总量控制为制定各项环境规划和制定功能区划提供参考依据等。

7. 我国签署的主要多边国际环境公约

《生物多样性公约》（1992 年）、《气候变化框架公约》（1992 年）、《防治荒漠化公约》（1994 年）、《保护臭氧层维也纳公约》（1985 年）、《国际重要湿地公约》（1971 年）、《世界文化和自然遗产保护公约》（1971 年）等。

二、取得环境保护进展的原因

1. 国家制定有关环保方针、政策和法规

1）国家重视环境保护，把它列为基本国策。

2）采取预防为主，防治结合的方针。

3）生态优势、污染防治与生态保护齐头并举的原则。

4）《宪法》规定"国家保护和改善生活环境和生态环境，防治污染和其他公害"。《刑法》增加了破坏环境和资源保护罪、环境监管渎职罪。国家制定了《环境保护法》、《水污染防治法》、《大气污染防治法》、《噪声污染防治法》、《固体废物污染防治法》、《海洋环境保护法》、《环境影响评价法》、《清洁生产促进法》8 部环境保护法律以及十多部环境相关法律。还制定了（《建设项目环境保护管理条例》、《排污费征收管理条例》、《自然保护区管理条例》）等 30 多种环保和核安全行政法规，以及 90 多种部门规章。

5）法律制度。包括污染防治"三同时"、"排污收费"、"排污申报"、"限期治理"排污许可证和总量控制，落后生产工艺和设备强制淘汰等法律制度。

2. 突出重点

1）抓国家受危害的环境安全最为突出的 12 种主要污染物（二氧化硫、烟尘、工业粉尘、化学需氧量、石油类、汞、镉、六价铬、砷、铅、氰化物、工业固体废物）。

2）三河（淮河、海河、辽河）、三湖（太湖、滇池、巢湖）、二区（二氧化硫、酸雨控制区）、一市（北京市）、一海（渤海）。

3. 涌现一批环境与经济协调发展的典型

1）化工、造纸 5 个重点行业开展清洁生产。

2）4 家企业单位实施 ISO 14000 环境管理体系认证，苏州工业园区等 10 个工业开发区和风景区为 ISO 14000 环境管理国家示范区。

3）建立了 100 多个生态农业县，积极发展有机食品和绿色食品。绿色食品国内销售额达 500 亿元。

4）张家港、大连、厦门、深圳、青岛、大庆、杭州和上海闵行区、天津大港区等 30 个城市、地区为国家环境保护模范城市。

5）全国有 314 个县、市、地区按经济健康发展、生态良性循环的要求建设了生态示范区，其中 82 个通过了国家验收。

6）辽宁、福建和贵州贵阳、广西贵港、广东南海、内蒙古包头、新疆石河子等应用循环经济理念，构建城市循环经济试点和生态工业园区试点。

7）海南、吉林、黑龙江、福建、浙江按照可持续发展理念，开展生态省的建设。

4. 增加环保透明度，提高全社会环境意识

5. 党中央和国务院重视环境保护，并将其纳入国民经济社会发展规划之中

三、生态环境处于临危状态

1. 水

1）在 2001 年全国七大江河水系的 752 个监测断面中，仅有 29.5% 的断面符合Ⅲ类以上水质标准，劣Ⅴ类水质占 44.0%。

2）全国 600 多座城市中有 400 多座城市供水不足。

2. 大气

341 座城市监测数据中，达国家空气质量二级标准的城市占 33.4%，超过三级标准城市占 33.2%；生活在劣于三级标准空气中的人口为 1.16 亿，占 40%；一些城市酸雨严重，并有光化学烟雾污染。

3. 生态

1）水土流失。水土流失面积仍有 356 万平方公里，占国土面积的 30%，因水土流失毁掉耕地达 4000 多亩，造成沙化、退化、盐碱化草地约 100 万平方公里。

2）荒漠化。全国荒漠化土地面积为 267.4 万平方公里，占国土面积的 27.9%，其发展趋势为年均增加 1 万多平方公里。

3）森林草地退化，植被质量较低，生态功能较弱。原始性森林面积极少，森林生态系统结构单一化，生态功能降低，全国森林覆盖率仅 16.5%，低于世界平均水平。天然草原存在着不同程度退化（约退化 30%），鼠害、沙化不断加剧。

4）湿地破坏严重。围垦和城乡工矿建设导致丧失湿地面积 200 万公顷，占湿地总面积的 50%。

5）生物多样性锐减。全国共有濒危或接近濒危的高等植物 4000～5000 种，占我国高等植物总数的 15%～20%。已确认有 258 种野生动物濒临灭绝，濒临灭绝的野生植物有苏铁、珙桐、金花茶、桫椤等。已灭绝动物有野马、高鼻羚羊，濒危灭绝的有蒙古野驴、野骆驼、普氏原羚、白鳍豚、中华鲟等。

6）外来物种入侵。外来物种入侵危害极大。外来物种入侵使生态环境和经济发展遭受严重损害，入侵种有松材线虫、紫茎泽兰、森林草、互花草、水葫芦、大米草等。

7）种质资源的流失。原生性生物资源的流失，如野大豆、野花生、野水稻等。

四、生态保护的新理念、新举措

1. 城市环境方面——构建文明的生态城市

构建生态城市必须克服城市化发展带来的"城市病"。城市生态建设并不仅是城市绿化和景观设计，而是必须兼顾社会、经济、生态三方面的协调发展。规划城市与建设实施应由传统观念和模式向新的发展理念和模式转变，即把经济、社会、生态看做综合的生态系统加以考虑，使城市的结构合理、功能发挥、分区科学、系统稳定、管理高效、达到可持续发展，使城市具有发达的生态经济、优美的生态环境、健康的人居社区、和谐的生态家园、先进的生态文化，形成人与自然和谐的社会。

2. 区域环境方面——区域生态环境领域生态系统组建的新模式

1）恢复以人为本的城市景观模式。用恢复生态学的原理，对被人为干扰和破坏的区域环境进行恢复，使其恢复原有的城市合理结构的面貌。

2）构建人工生态系统的生态经济新模式。运用自然生态系统与人工生态景观相结合的原理，构建人工景观生态和生态经济建设的新模式。如通过废弃地整治把自然引入城市，构建生态公园景观为城市住宅小区服务。

3）工业环保整治的新模式。一是运用清洁生产原理，实施企业污染源的源头控制及污染全过程控制，使之排污减量化、废物资源化、资源再生化。中国已有 20 多个行业 400

多家企业开展了清洁生产审计，建立了 20 个行业或地方清洁生产中心，1 万多人参加培训，许多企业获得了 ISO 14000 环境认证。二是运用工业生态学理论和循环经济理念建设生态工业园区，模拟自然生态系统的能量转换和物质循环，使园区内物流、能流达到正确设计，形成企业间共生网络。即一个企业的废物成为另一企业的原材料，企业间能量和水资源多次梯级利用，使之资源再生化、物质循环化、能耗最小化、效益最大化，达到环境、资源、经济、社会的统一。

3. 污水、固废的处理方面——走向可持续发展的生态化、社会化的新模式

1）城市污水处理模式不能再走传统工业城市处理模式，即大量开采、大量制造、大量消费、大量污染、大量处理之路；而应走可持续发展的生态之路；即适量开采、适量制造、合理消费、无污染、分散处理之路，由双损局面变为双赢。

2）国家决定，人口超过 10 万居民的 667 个城市都要在 2005 年之前修建废水处理站，政府资金短缺，且运转费用增加，因而很难完成上述任务，必须改变传统城市处理模式为企业投资、政府入股或企业全部投资运行 BOT 模式，从而走向专业化、市场化管理模式。

4. 农村环境方面——构建农村生态环境建设新模式

1）建设不同类型的生态农业模式。生态农业系统就其实质来讲，是人们利用生物措施和工程措施不断提高太阳能的固定率、资源的利用率、生物能的转化率，以获取社会必需的生活与生产资料的人工生态系统，是结构与功能协调的高效农业模式。自 20 世纪 80 年代至 2000 年的 20 多年，中国生态农业的不同类型在全国试点近 2000 个；20 世纪末至 21 世纪初，基础生态农业在市场经济形势下，产生了实施产业化发展、企业化经营的生态农业新模式，如广西养殖—沼气—种植三位一体生态农业体系的恭城模式。以恭城模式为基础发展成农业企业和农村生态家园型的现代化文明新城镇，经济效益、生态效益和社会效益十分显著。这样的例子各省均有。

2）发展农村区域生态环保先进模式——生态示范区。自 20 世纪 80 年代中期国际上提出可持续发展重要思想以来，瑞典推进了生态循环城的举措，美国搞了一个"生物圈 2 号"，这是一个特殊形式的生态示范区。

中国的生态示范区以可持续发展和生态经济学原理为指导，以协调经济、社会、环境建设为主要对象，在以县域为区域界定内生态良性循环的基础上，实现经济社会全面健康的持续发展。生态示范区是一个相对独立的又对外开放的社会、经济、自然的复合生态系统。

生态示范区类型有生态农业型、农工商一体化型、生态旅游型、乡镇工业型、城市化生态型、生态破坏恢复型等，全国县城范围已有 314 个试点，82 个经国家验收合格。生态农业型举例：实施稻鸭共育技术，以鸭除虫、除草和鸭粪肥田、稻鸭共育、种养结合，以鸭养稻、以稻田养鸭相互促进的新型稻田生态系统。对比实验表明，养鸭处理单株生产有效穗为 3.99 个，无养鸭施化肥处理则为 2.97 个，前者比后者高 34.3%，每穗总粒数和实粒数分别提高 5.9% 和 7.5%。

3）发展有机农副产品的有机农业生产基地模式。有机食品来自有机农业生产体系，是指根据国际有机农业生产的要求和相应的标准生产加工并通过独立的有机食品认证机构认证的所有农副产品。

有机食品的特点是再生产过程中禁止使用农药和化肥，也不经过基因工程改造，因而是安全、健康、富有营养的食品。

有机食品的生产加工依赖于有机农业基地的建立，而有机农业基地的建立又是在生态农业发展的基础上建立起来的。

目前我国经过认证（IFOAM）的有机食品（AA级）有茶叶、蜂蜜、奶粉、大豆、芝麻、荞麦、核桃、松子、向日葵籽、南瓜籽、八角、家禽（有机猪）、有机蔬菜、中药材等。黑龙江、辽宁、浙江、江苏、福建、广西等地都建有几十万亩的有机农业生产基地。

5. 自然保护方面——自然保护区的自养模式和社区发展模式

中国的自然保护区建设始于20世纪50年代，但80年代后自然保护区的发展甚快，至今已建有不同类型的保护区1755个，其面积占全国国土面积的12.9%。国家提倡以自养的方式发展，但自行开发经营如不按保护条例进行，往往又会带来生态破坏和环境污染，因而多年来一直在探讨和研究的问题是如何贯彻可持续发展理念于保护区，使之处理好保护与发展的矛盾，做到既发展经济又维护好自然保护区，走自养或半自养的道路，把生物资源变成产业经济。

1）辽宁蛇岛国家级自然保护区等的自养模式。辽宁蛇岛国家级自然保护区构建了蛇保护地、蛇园、蛇博物馆、蛇制药厂、蛇医院五个生态产业链相互联系和保护、宣教、科研、生产、应用五结合的自然保护区生态功能，使该自然保护区不仅走自养道路，而且成为保护与发展结合的典范，并取得了显著的生态效益、经济效益和社会效益。

此外还有四川九寨沟国家级自然保护区在实验区以开展生态旅游为主的自养发展模式；四川龙溪—虹口自然保护区的实验区以建立野生蔬菜、水果种植基地、中草药基地为主的自养发展模式。

2）贵州草海、四川王朗自然保护区社区发展模式。贵州草海国家级自然保护区实验区采取群众共建社区的方式，内容包括建立水禽繁殖区、公共放牧场基地、山林绿化、水土保持治理、修整道路和信用基金的管理、培训人才等，既保护了草海湿地自然环境和生物资源，又推动了周边经济的发展，使当地经济由贫困转向富裕。又如四川王朗大熊猫国家级自然保护区推进的社区发展模式。保护区除研究大熊猫栖息地重建及恢复外，还建立了社区经济林木发展基地、野生菌类开发及羊肚菌人工种植研究基地，与社区自然资源共管，取得了科研、宣教、生态旅游、保护管理、社区发展的显著成效。

总之，中国在清洁生产、生态工业园区、生态农业等方面取得了一些探索的经验，但循环经济等先进理念与实验将会导致产业结构的重大变革和科技发展方向的转变。它将改变人们的思维方式和生活方式，树立新的价值观念，并将有助于提高整个地区经济竞争力，是实施国家环境保护基本国策的重要措施，也是国家、地区实现可持续发展的重要途径。

第三篇 生物多样性
引领发展

生物资源与环境保护[*]

一、保护生物资源的重要意义

生物资源的保护是环境保护的一个重要内容。以森林资源来说，森林能发挥净化大气、涵养水源、保持水土、改良土壤、防风固沙、调节气候等保护环境的作用。一个国家的森林覆盖率在30%以上并且分布均匀就很少有大的自然灾害，农业能得到稳定的发展。一旦森林资源受到破坏，环境也随之破坏。例如新疆塔克拉玛干大沙漠南缘的和田区，原来有180余万亩天然胡杨林，由于乱砍滥伐，毁林放牧，现在胡杨林总的面积已不足30万亩。沙漠中的胡杨林受到破坏导致该荒漠地区的生态平衡进一步破坏，使原来已被植物固定的沙丘又变为流动沙丘，而流沙又吞没了农田。这就是生物资源破坏而引起环境破坏的一例。如果沙漠中的这一片胡杨林保护好了，不但沙漠不会吞没农田，而且林中的野生珍贵动物马鹿和野骆驼也能大量繁殖，因此生物资源的保护和环境保护是紧密联系的。

生物资源是人类生活的物质基础。绿色植物在进行光合作用时放出的氧气是人们所必需的，森林生产的木材是工业建设必不可少的原材料，各种林特产品是社会主义建设和出口贸易的重要物资。辽阔的草原是发展畜牧业的重要基地，我国的草原每年向国家提供数亿斤的商品肉，大量的皮张、毛绒和奶品。大量的水产资源为人们提供了丰富的蛋白质。有许多生物种类的功能和特性目前还未被人们所认识，它们可能是一些新食物的源泉，未来的优良作物，或者是农药、医药等工业的重要原料。因此在发展生产的同时要注意对生物资源的保护。

二、生物资源遭受严重破坏

1. 森林资源的破坏

我国森林的分布面积虽然小得可怜，但是森林破坏的情况却相当严重。全国每年采伐利用、乱砍滥伐、毁林开荒、森林火灾等消耗的森林资源近2亿立方米。1966～1977年全国共发生森林火灾11万多次，烧林面积1亿多亩。由于森林被大量破坏，一些地区的自然条件不断变坏，生态平衡严重失调，引起了不应有的恶果。森林资源破坏所引起的自然

* 金鉴明，余慧芡. 1980. 生物资源与环境保护. 环境保护，（1）：10～12.

环境的恶化，其危害是多方面的，影响也是深远的。

2. 珍稀动植物濒于灭绝

保护区的破坏，使珍稀动植物处于濒临灭绝的境地。过去我国大多数自然保护区管理机构薄弱，甚至有些没有管理机构，因此自然保护区破坏严重，没能真正起到保护区的作用。云南西双版纳傣族自治州原有四个保护区，其中大勐龙保护区现已被全部开垦，其余三个也因农场、社队毁林开荒，保护区面积已由85.8万亩缩小到68.7万亩，小勐养保护区在1979年3月底的一场森林火灾中烧毁4.5万亩。这样使西双版纳的望天树、龙脑香、白颊长臂猿、白喉犀鸟、棕颈犀鸟和孔雀雉等珍稀动植物濒于绝迹。广西花坪自然保护区（保护活化石银杉）于1961年建立，在"文化大革命"中保护区的森林被砍作菌材，毁林开荒造成水土流失，珍贵药用资源如麝香、三七濒于灭绝。

非保护区生物资源的不合理开发利用，致使珍稀资源处于枯竭的边缘。有的地方在天然林中任意选伐珍贵树种，有的把珍贵木材当做一般木材使用，所以珍贵树种的破坏很严重。云南耿马县勐定地区有小片铁力木，由于乱砍滥伐现只剩下几十株。因造船需要这种木材，近年以每立方米2000美元从国外进口。海南岛的降香黄檀本来数量已很少，商业和外贸部门至今仍随意收购，价格由每斤五分钱提到两角钱。照此下去，这种树种就会灭绝。红椿在西双版纳、海南岛继续遭到滥伐，现大树很少，公路沿线也见不到了。世界贵重用材树种蚬木长期以来被锯为菜板销到香港。

总之随着工农业建设中资源的不合理开发、荒地不合理的开垦和自然保护区的破坏，珍稀动物四不像、野马、高鼻羚羊、白臀叶猴、豚鹿、黄腹雉已基本绝迹。长臂猿、海南坡鹿、野象、老虎、白鳍豚、儒艮、朱鹮、黑颈鹤、扬子鳄等20多种珍贵动物正趋向绝迹。

3. 盲目的毁草开荒

我国有43亿亩草原，其中可利用的有33亿亩，是世界上草原面积较大、资源比较丰富的国家之一。由于过去盲目毁草开荒，对草原只利用不建设，草原面积大大减少，草原严重退化、沙化、盐碱化，优良牧草大幅度减少。新中国成立以来，干草产量下降3/4，草原有益野生动物因栖息地受到破坏而大量减少，相反，鼠害、虫害日趋严重。

4. 水产资源的衰减

我国内陆水面约有3亿亩，可养殖面积7000多万亩，已养殖水面积4800万亩。由于酷渔滥捕、围湖造田、拦河筑坝、工业污水污染，破坏了水域生态系统，使淡水渔业捕捞产量逐年下降，20世纪50年代为60万吨，60年代下降到40万吨，70年代下降到30万吨，至今下降的趋势仍未停止。除产鱼量下降外，鱼的种类组成也有改变，近10年来长江主要经济鱼类资源变动的趋势是半洄游性鱼类明显下降，定居性鱼类的比例增加，中上层鱼类减少，底层鱼类增加。鱼类年龄组成由高龄趋向低龄，个体也由大型趋向小型。

三、加强生物资源的保护

要保护好生物资源，必须加强宣传资源的积极保护和利用、发展的辩证关系，提高对生物资源保护重要意义的认识，认真贯彻《中华人民共和国环境保护法（试行）》、《中华人民共和国森林法》、《水产资源繁殖保护条例》等有关法规，把加强生物资源的管理工作纳入国家计划的轨道，设置一些必要的专门机构，切实解决一些加强生物资源保护工作所需的资金、设备等具体问题。除此之外，目前还急需同时开展下列工作。

1. 提高认识，按客观规律办事

自然界是一个统一体，它包含着大大小小许许多多生境，这些生境正是生物赖以生存的条件，于是生物与环境形成了一个互相依赖互相联系的统一体。生物和环境彼此进行着物质与能量的交换，这就是生态系统的实质。人们在进行资源开发和工程建设时，如果乱砍滥伐森林，毁掉草原和水产资源，就会造成生态系统的失调，其结果是，自然环境不断地恶化，美好的环境变成了不毛之地，资源也就枯竭了。

2. 加强教育，提倡正确的宣传

要对各级领导和宣传部门加强进行保护珍稀动植物知识的宣传教育，要使大家认识到保护野生生物资源，特别是积极保护和合理利用珍稀动植物资源有其战略意义，与发展国民经济和建设四个现代化都有密切联系。

新中国成立后，我国政府十分重视野生动植物资源的保护，曾在 1962 年颁布了《国务院关于积极保护和合理利用野生动物资源的指示》，1973 年农林部起草了《野生动物资源保护条例（草案)》，1979 年颁布了《中华人民共和国环境保护法（试行）》、《森林法》，关于"加强资源保护、积极繁殖饲养、合理猎取利用"的方针等，都明确规定了严禁乱捕滥猎珍贵稀有的动物，如大熊猫、东北虎、野象、野牛、金丝猴、丹顶鹤等。根据上述精神，有关部门也进行了一些宣传。但与此同时，在宣传中也曾见到"打虎英雄"、"捕象记"的报道。这样的宣传，无疑与中央有关文件的精神相违背，它不利于我国对珍稀动物的保护，有损我国在保护野生动植物资源方面的国际声誉。国外一些著名学者及有关保护野生生物的国际组织都纷纷向我国领导和有关部门来信提出异议，对中国滥捕野生珍稀动物表示遗憾，敦促我国再也不要进行无知的宣传，并一再呼吁我国政府采取有效措施，保护珍稀动物资源，希望中国宣布不捕鲸和其他珍稀动物，不收购象牙、犀牛角等。国内许多科学家对此也有强烈反应。

目前，我国已宣布参加世界自然与自然资源保护联盟和有灭绝危险的野生动植物国际贸易公约，并与世界自然基金会签订了关于保护野生生物的合作协议，为此，既要遵守国际上的有关规定，还要积极宣传严禁捕猎珍稀动物，对无视国家规定，随意猎捕、收购珍稀动物的单位或个人，要依法惩处。要通过各种正面的宣传教育途径，使保护珍稀动植物资源变成各级干部和群众的自觉行动。

3. 采取措施，保护生物资源的栖息地

为了保护生物资源，必须保护好生物赖以生存的环境，即生物的栖息地。人们按不同的目的，在一定的地段、一定的自然地理景观带，区划一定的范围，将国家应受保护的生物资源保护起来，这就是自然保护区。自然保护区是保护生物栖息地的一种有效措施，是保护生物资源存在和发展的重要手段。自然保护区可按不同的类型划分为森林的、草原的、荒漠的、沼泽的、湿地的、水域的自然保护区等。也可以按不同的目的划分为珍稀物种自然保护区，如四川卧龙保护区、福建武夷山保护区；或某种珍稀动物、植物自然保护区，如福建革氏栲保护区，黑龙江水禽（丹顶鹤）综合保护区；或是完整的某种类型的生态系统自然保护区，如吉林长白山森林生态系统自然保护区，广西花坪保护区；或是特殊的地质剖面、地理景观自然保护区等。人们把自然保护区称为活的自然博物馆、自然资源仓库，或是自然生态系统和生物种源的储源地。在自然保护区内可以研究物种的产生和发展，研究珍稀野生动植物的积极保护和合理利用，特别是关于濒危物种的保护、引种、驯化的研究，以及关于生态系统和生物资源的发展的研究。所以自然保护区既是进行科学研究工作的基地、教学实习的场所，又是发展经济林木、中草药生产和旅游事业的胜地。

许多国家把建设和发展自然保护区的事业、保护珍稀野生动植物工作看做是一个国家科学、文化水平发达的标志之一。我国无论是自然保护区的数目还是面积都远远不及发达国家或第三世界的某些国家，保护区的管理、经营水平也落后于世界先进水平。因此，根据国外经验，结合本国实际，一方面要加强领导，完善现有的自然保护区，把它纳入经济和科学管理的轨道；另一方面应尽快地制定自然保护区规划，增加新的自然保护区，使野生动植物资源，特别是一些濒危物种得到保护和发展。

4. 发展科学，开展生物资源的调查研究

我国地域辽阔，气候多样，地形复杂，野生动植物分布较广，且种类繁多。据统计我国野生鸟、兽、两栖、爬行类动物，就有 2100 多种，约占世界总数的 10%，不仅经济动物种类较多，而且有许多世界著名的珍稀动物，如大熊猫、金丝猴、丹顶鹤、白唇鹿、扬子鳄等。全世界共有鹤类 15 种，我国就有 8 种，我国野生鸡类共有 56 种，约占世界野生鸡类总数的 1/5。我国植物资源蕴藏量同样很大，据统计，苔藓植物有 2100 多种，约占世界苔藓总数的 5%，蕨类植物约有 2600 多种，约占世界蕨类总数的 1/5。裸子植物我国有近 300 种，约占世界总数的 2/5，被子植物有 25 000 多种，约占世界总数的 1/10。

新中国成立以来，根据国民经济发展的需要，在全国范围内开展了生物资源的普查工作、经济动植物的科学考察、个体与群体的生态调查和实验、全国的植被调查、引种栽培、引种驯化、定位观察等科学研究工作，取得了许多成绩。为进一步合理利用生物资源，开展综合考察和生态系统的研究工作十分必要。要研究人类在经济活动中所引起的环境影响，运用经济规律和生态规律办事，加强计划性和预见性，避免和克服盲目性，让生物资源更好地为四个现代化建设服务。

广西阳朔漓江河道及其沿岸水生植物群落与环境关系的观察[*]

漓江两岸水秀山清，是我国著名的风景区，素有"桂林山水甲天下，阳朔山水甲桂林"之称。但是，现今，漓江已遭到严重污染！1979 年 2 月人民日报发出了"救救桂林风景区"的强烈呼吁。笔者近年来多次到漓江，进行了调查访问和对比观察。所见所闻确实使人感到，当年青山翠峦倒映在澄澈碧水的清秀景色，却为如今江面上浮着串串白色泡沫、江水混浊发黑的景象所代替。漓江鱼的产量至今仅为 60 年代的 10%，用于江上捕鱼的鸬鹚，或因中毒死亡或因慢性中毒不能繁育，而今很难见到了。就是过去为鱼、猪、牛提供大量饲料和为农田提供大量绿肥的江中水草也大大减少了。更为严重的是，污染已危及沿江两岸居民及牲畜的健康和生存。因此，治理漓江污染的事已迫在眉睫。

1963 年冬，我们对漓江河道及沿岸池塘、水田生境的水生植被的组成和分布情况作了较详细的调查。在开展漓江流域生态系统污染治理和研究时，需要了解其水生植物群落和本底资料，在此特将调查结果整理出来，供有关方面参考。

一、阳朔境内漓江沿岸自然环境概况

漓江发源于广西东北部的越城岭猫儿山区，是西江支流之一，为桂江上游。阳朔县境漓江一段系指兴坪至福利一段。地处中亚热带，年平均气温为 19.1℃，最冷月（1 月）平均气温 8.6℃，最热月（7 月）平均气温 28.1℃；年降雨量为 1627.4 毫米，4～7 月雨水最多，秋季较干旱，因此漓江的水位往往是春夏上升，秋冬下降。

从兴坪到福利之间，漓江的流向最初向南，到阳朔后折而向东。沿岸石山大部为石灰岩构成，但也有少数是由沙页岩形成的丘陵。水流的速度[**]经常在 0.03～1.00 米/秒之间，流速较快处（0.50 米/秒以上），底质以大石块或中等砾石为主；流速中等处（0.15～0.50 米/秒）以砂或小砾石为主；流速缓慢（0.01～0.15 米/秒）和极缓（0.01 米/秒以下）处，以泥为主。水深处与浅处的生境不同：在水体中不仅光的强度随着深度而降低，光谱成分也因而改变；温度随着深度增加而较稳定；在水的流速相似的情况下，在一定范

---

　* 金鉴明，胡舜士，陈伟烈，金代钧. 1981. 广西阳朔漓江河道及其沿岸水生植物群落与环境关系的观察. 广西植物，(2)：11～17.

　** 流速的计算方法是在水面放一漂浮物，以秒为单位，计算漂浮物流动的距离。

围内水深处的营养物质要比水浅处丰富。

　　沿江两岸，池塘、水田的水生植被生长也很茂盛。池塘、水田一般为静水，即使流动也很微弱，水浅，底质以泥为主，阳光能透入水底，营养物质较丰富。这样的生境，对植物的生长是十分利的。水田由于连年受到人为活动的影响，生境变化较频繁。

二、阳朔漓江河道及沿岸的水生植物群落分布概况

1. 流水水生植物群落，主要指漓江及其支流河道的水生植物群落

　　在漓江及其支流河道内，由于底质、水的流速和深度不同，水生植物群落也不同。

　　1）在底质为泥质、流速极缓慢、水深 0.10～1.00 米的生境下，主要有下列群落：

　　a. 金鱼藻（*Ceratophyllum demersum*）群落：主要分布于水深 0.50～1.00 米的岸边。植物生长茂密，总盖度 70%～100%。但种类组成较简单，除金鱼藻外，有少数马来眼子菜（*Potamogeton malainus*）、苦草（*Vallisneria spiralis*）、刚毛藻（*Cladophora sp.*）夹杂其中，其高度不一，低者 0.3～0.5 米，高者 1.2～2.0 米。有些地方，还有黑藻（Hydrilla Verticillata）、菹（*Myriophyllum spicatum*），一般高 0.3 米。

　　b. 黑藻（*Hydrilla verticillata*）群落：多见于泥底，个别分布在以泥为主略含砂的底质上。水深 0.5～2.0 米处均有出现。伴生种有菹、刚毛藻。苦草只在底质局部含砂的情况下少量出现。有时黑藻也呈纯群落分布在金鱼藻群落中。群落的高度随水的深度变化而异，在水深 2 米处，群落高 0.5～1.3 米，层次分明，生长较好。水浅处（0.3～0.8 米），群落高 0.3～0.5 米，只有一层。

　　c. 细叶水苋（*Ammannia baccifera*）群落：分布于小溪，随着水的流速与深度变化，种类组成及外貌均有所不同。在阳朔县城内的街边小溪内，水浅处（0.10 米）除细叶水苋外，沟边还稀疏生长着一些湿生植物——鸭跖草（*Commelina communis*）、水芹（*Oenanthe javanica*），构成第一层。下面还浮有紫萍（*Spriodela polyrrhiza*）、小浮萍（*Lemna minor*），形成第二层。在水的流速较快、水的深度增加至 1.3 米的情况下，紫萍、浮萍、鸭跖草、水芹消失，为苦草所代替。它们的总盖度 60%，高 0.5～0.8 米。

　　d. 菹草（*Potamogeton crispus*）群落：仅分布在水深约 1 米的泥底小溪内。除菹草为优势种外，刚毛藻、菹和小茨藻（*Najas minor*）的生长均很茂密。群落的总盖度有的达100%。高度 0.20～0.50 米。

　　e. 刚毛藻（*Cladophora sp.*）群落：分布在水深约 0.5 米左右流速缓的支流泥底中。伴生种有苦草、黑藻、金鱼藻等，总盖度 70%，高 0.10～0.30 米。

　　2）在底质以砂、砂夹少量泥或泥夹少量砂，流速缓慢至中等，水深 0.80～2.50 米的生境下，主要有如下群落：

　　马来眼子菜（*Potamogeton malainus*）群落：马来眼子菜是水生植物中广泛分布的种类之一，它不仅在泥底的生境下生成，而且也出现在以砂或小砾石为底质的生境下，尤其在这两种生境的过渡类型，即砂夹少量泥或泥夹少量砂的情况下生长更好。随着泥沙含量的变化，马来眼子菜群落的伴生种也有所改变。在砂含量较多的地方，伴生种类较多，常出现砂底质

上的有刚毛藻、苦草、菹等，在刚毛藻生长良好时，间杂于马来眼子菜之间形成马来眼子菜、刚毛藻群落。在泥含量较多的地方，常出现黑藻、小茨藻等伴生种。在黑藻生长好的情况下，往往成为马来眼子菜群落的第二层优势种，组成马来眼子菜——黑藻群落（图1）。马来眼子菜往往以群出现，盖度100%，随着水的深度不断增加，植株增高，可达2米以上。

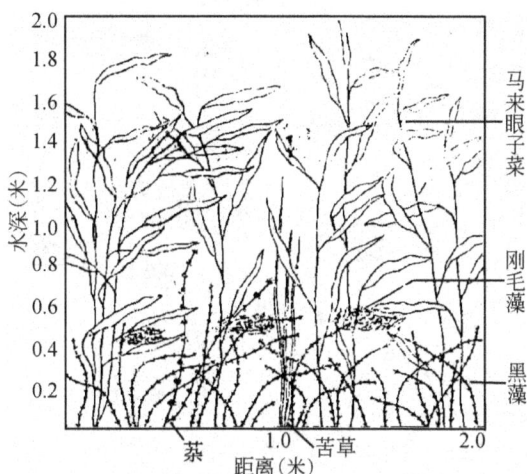

图1　底质泥夹砂，水深2米、流速缓慢的生境下的马来眼子菜群落

3）在底质以砂或小砾石为主，流速中等，水深0.60~2.00米处，常见有下列群落：

a. 苦草（*Vallisneria sprialis*）群落：在水深2.00~3.00米，流速较慢的情况下，苦草往往呈纯群出现。生长情况类似于马来眼子菜纯群落。深水中植株高而密是由于水深处环境较为稳定之故。

在水深0.6~1.0米处，流速较快的情况下，优势种——苦草有时与伴生种金鱼藻、刚毛藻、黑藻组成群落，有时与马来眼子菜、刚毛藻、菹组成群落。但生长都很稀疏，盖度仅40%~50%。植株高0.30米，有时甚至仅0.05~0.08米。这一现象说明了在水浅、流速快的情况下，生境特点恰与水深处相反。因此，植物生长稀疏、矮小，叶短而厚，并呈红褐色。

b. 菹（*Myriophyllum spicatum*）群落，大多分布在以砂或小砾石为主的底质上，极个别生长的底质是以泥为主夹有大石块。水的深度较一致，均在1米左右。种类成分除菹外，尚有苦草、黑藻、刚毛藻伴生。盖度80%~100%。高0.15~0.25米。在流速缓慢的地方，往往还可分为二层：菹、马来眼子菜为第一层，高0.40~0.50米，盖度50%~70%；苦草、黑藻、刚毛藻处于第二层，以苦草占优势。植株高0.15~0.25米。盖度仅20%。

c. 刚毛藻（*Cladophora* sp.）群落：刚毛藻的适应性很强。它出现在以泥为底质，流速缓慢、水深1米的生境下，也出现在以中、小砾石为主的底质上，虽然在两种截然不同的生境下都出现了同一优势种，但其伴生种和长生情况仍有很大的差别。这里以马来眼子菜代替了黑藻、金鱼藻。植物生长极为稀疏，盖度仅20%，植株高0.20米。

4）在底质为大砾石，流速最快的生境下，很少有固定沉水植物生长，只有具有特殊附着能力的刚毛藻生长，形成如下群落：

刚毛藻纯群落：其盖度 70% ~ 80%，丝状植物体碧绿柔软，厚达 0.40 米（图 2）。

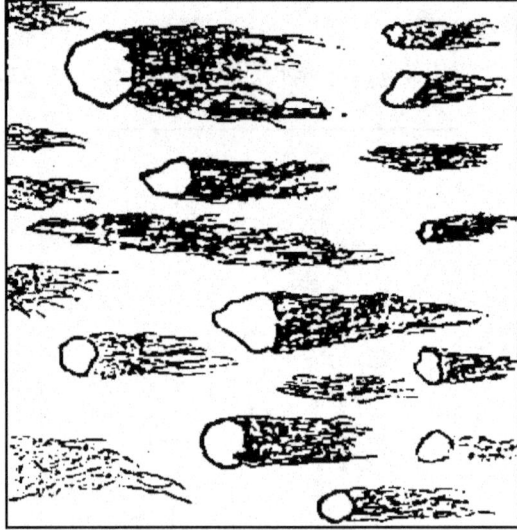

图 2　在急流底质为大砾石的生境下生长着的刚毛藻纯群落水平投影图（1 米 × 1 米）

2. 静水水生植物群落：主要指池塘、水田中的水生植物群落

（1）池塘中的水生植物群落

池塘的面积，一般为（20 × 30）平方米，受人为影响较多，因此植物群落的种类成分和结构也有很大变化。在漓江及其支流河道中常见的苦草、马来眼子菜、菹等，在这里已全然匿迹，而出现了凤眼莲、紫萍、浮萍等。由于它们组成的群落大多生于水面，植株一般较矮。阳朔、兴坪一带的池塘不多，调查所见，有下列两个群落。

1）凤眼莲（*Eichhornia crassipes*）群落：在一般受人为影响较多的鱼塘，如捕鱼后换水、打捞水草等，这类池塘仅有凤眼莲纯群生长。在人为影响较少的池塘内也有分布，但均成片生长于池塘边缘，在接近池塘中心处，往往混有少数紫萍、浮萍、满江红等。凤眼莲是挺叶飘浮植物，露于水面的植株高约 0.20 米，盖度 30%。

2）李氏禾（*Leersia hexandra*）——紫萍（*Spirodela polyrrhiza*）——水网藻（*Hydrodictyon* sp.）群落：该群落生长的地方受人为影响较少，池塘内的水终年不换，也很少有人打捞水草。池水很浅（0.20 ~ 0.40 米），从水的颜色判断，比较肥沃，因此，植物种类十分丰富，不仅表现在优势种的数量上，伴生种也如此，总盖度 80%。可分为三层：第一层以湿生植物李氏禾占优势，还有凤眼莲、水芹、萍、水龙（*Jussiaea repens*）等。它们高 0.10 ~ 0.30 米，盖度 40%。第二层以叶浮于水面的飘浮植物紫萍占优势，还有同一生活型的浮萍、满江红及苔类的浮苔（*Ricciocarpus natans*）、藻类的水绵（*Spirogyra* sp.）等，它们的叶紧贴于水面（水绵植物体成团浮于水面）。第三层仅有藻类水网藻（*Hydrodictyon* sp.），生长茂盛，盖度 30%，由于它处于水中，水成为淡绿色。

（2）水田中的水生植物群落

水田的生境和池塘类似，但受人为影响更大。在阳朔、兴坪一带水田大多种双季稻，在晚稻收割后，采取不同的休闲方法，有的晒冬，有的泡冬。泡冬又有犁后泡冬和不犁泡冬两种。因此，水生植物群的分布及组成也各有不同。常见下列四种情况。

1）在未犁的浅水田里，由于收割水稻后未犁耙，水又很浅，水稻茬及其四周的淤泥均突出于水面。这种田以一年生飘浮植物和湿生植物为主，前者以满江红（*Azolla imbricata*）占绝对优势，槐叶萍（*Salvinia natans*）仅零星分布其间；后者以酢浆草（*Oxalis* sp.）为主。

2）在犁后泡冬的休闲水田里，泥底很平整，稻茬已翻入泥底层。水深 0.12 米左右（四周及角落略深，为 0.15～0.20 米）。在这里主要生长飘浮藻类，如双管藻（*Dichotomosiphon* sp.）、双星藻（*Zygnema* sp.）及水绵（*Sprirogyra* sp.）等，盖度 90%。双管藻及双星藻混生一起，分布于田角水深处，呈深绿色。水绵呈团状分布于水田中央，淡绿色。

3）在未犁泡冬休闲的水田里，水深 0.10 米左右。由于未犁，水稻茬依然存在，但因水深浸泡而呈腐烂状。这类田仍然以飘浮藻类为优势，其优势种为水网藻（*Hydrodictyon* sp.），其他还有双管藻及水绵。此外，还有多年生飘浮植物浮萍、紫萍，固定水中植物水龙，以及湿生植物李氏禾。群落的总盖度为 60%。

4）在荒弃了的水田里，水深 0.25 米。由于不受人为影响的时间较长，植物生长较茂密，盖度可达 100%。优势种是多年生的飘浮植物紫萍和浮萍，其次为一年生的飘浮植物满江红，此外，还有飘浮苔类——浮苔，挺叶飘浮植物凤眼莲。

三、阳朔漓江沿岸水生植物群落的基本特点及其分布规律

兴坪至福利一段，位居中亚热带季风气候区。因此，组成该地区陆生植被的植物，不仅数量多，种类亦异常丰富。但水生植被由于比较一致的水生生境，其种类不多但优势种特显。也就是说虽然组成群落的每一种（特别是优势种）的数量很多，但组成所有群落的种类成分却很少。据对调查地区的统计，仅有 25 种而已。其中高等植物 19 种，苔、藻类 6 种。它们分属 21 科 24 属（表 1）。漓江及其支流河道有 10 种，池塘 11 种，水田 14 种。流水和静水是影响水生植物群藻种类成分分布的一个重要生境因素，所以，虽然群落的某些次要成分或主要成分的少数个体，在一特定的小环境下，两者皆有分布，但就其占优势的情况来看，流水和静水中存在显著的区别，如漓江及其支流河道中，刚毛藻、苦草、菹草、马来眼子菜、茶为其优势成分，而静水的池塘及水田，主要优势种类却是浮萍、凤眼莲、槐叶萍、双星藻、双管藻、水网藻等。

组成水生植被的种类成分不但贫乏，而且它们大都是一些广布种。其科属组成，大都是些单种属、寡种属。在这 25 种植物中，只有 2 种属于同一属，6 种分属相同的 3 个科。这些情况是与水生环境的单纯性和相对稳定性有关的。例如，调查区的金鱼藻、茶、菹草、浮萍、黑藻、苦草等不仅分布于我国温带、亚热带、热带，而且广布于全世界各大洲。尽管如此，不同的气候带还会给水生植物及水生植物群落以一定的影响。例如，满江红群落、外来种凤眼莲群落，其盖度、密度和生长情况在一定程度上反映了气候的特点。有些植物，叶露于水面而越冬不枯，更反映了这一点。

表1 漓江河道及其沿岸水生植物科、属、种统计表

科名		属名	种名	
刚毛藻科	*Cladophoraceae*	*Cladophora*	刚毛藻	*Cladophora* sp.
叉管藻科	*Dichotomosiphonaceae*	*Dichotomosiphon*	双管藻	*Dichotomosiphon* sp.
水网藻科	*Hydrodictyaceae*	*Hydrodictyon*	水网藻	*Hydrodictyon* sp.
双星藻科	*Zygnemataceae*	*Spirogyra*	水绵	*Spirogyra* sp.
双星藻科	*Zygnemataceae*	*Zygnema*	双星藻	*Zygnema* sp.
钱苔科	*Ricciaceae*	*Ricciocarpus*	浮苔	*Ricciocarpus natans*
蘋科	*Marsileaceae*	*Marsilea*	蘋	*Marsilea quadrifolia*
槐叶蘋科	*Salviniaceae*	*Salvinia*	槐叶蘋	*Salvinia natans*
满江红科	*Azollaceae*	*Azolla*	满江红	*Azolla imbricata*
金鱼藻科	*Ceratophyllaceae*	*Ceratophyllum*	金鱼藻	*Ceratophyllum demersum*
千屈菜科	*Lythraceae*	*Ammannia*	细叶水苋	*Ammannia baccifera*
柳叶菜科	*Oenotheraceae*	*Jussiaea*	水龙	*Jussiaea repens*
小二仙草科	*Halorrhagaceae*	*Myriophyllum*	茶	*Myriophyllum spicatum*
伞形科	*Umbelliferae*	*Oenanthe*	水芹	*Oenanthe javanica*
酢浆草科	*Oxalidaceae*	*Oxalis*	酢浆草	*Oxalis* sp.
水鳖科	*Hydrocharitaceae*	*Hydrilla*	黑藻	*Hydrilla verticillata*
水鳖科	*Hydrocharitaceae*	*Vallisneria*	苦草	*Vallisneria sprialis*
眼子菜科	*Potamogetonaceae*	*Potamogeton*	菹草	*Potamogeton crispus*
眼子菜科	*Potamogetonaceae*	*Potamogeton*	马来眼子菜	*P. malainus*
茨藻科	*Najasaceae*	*Najas*	小茨藻	*Najas minor*
鸭跖草科	*Commelinaceae*	*Commelina*	鸭跖草	*Commelina communis*
雨久花科	*Potederiaceae*	*Eichhornia*	凤眼莲	*Eichhornia crassipes*
浮萍科	*Lemnaceae*	*Lemna*	浮萍	*Lemna minor*
浮萍科	*Lemnaceae*	*Spirodela*	紫萍	*Lemna minor*
禾本科	*Gramineae*	*Leersia*	李氏禾	*Leersia hexandra*

    水生植物的种类不多，但其生活型却多种多样。根据 Dansereau 水生植物生活型系统 * ，结合调查区实际情况，将漓江及其沿岸的水生植物的生活型划分为 10 类，各类生活型所包括的植物见表2。

    植物生活型的差异，反映了生境的不同。漓江及其支流河道中固定的沉水植物最为丰富；池塘中飘浮藻类与湿生植物的生活型占优势；水田中主要是飘浮和叶浮于水面的飘浮植物。池塘和水田中的生活型有很大的相似性，这与池塘和水田生境的相似性是一致的。

---

    * Stanley A. Cain and Oliveira Castro G. M. 1959. Manual of vegetation analysis. P262.

表2 阳朔境内漓江沿岸水生植物生活型系统表

生活型	湿生植物	水生植物								
		飘浮植物					固定植物			附着植物
		藻类	苔类	叶浮于水面		叶挺出水面	水中或水面	沉水		
				一年生	多年生			一年生	多年生	
植物名称	水芹 鸭跖草 李氏禾 酢浆草	水绵 水网藻 双管藻 双星藻	浮苔	满江红 槐叶萍 苹	紫萍 浮萍	凤眼莲	水龙	小茨藻 细叶水宽	苦草 马来眼子菜 黑藻 **茨** 菹草 金鱼藻	刚毛藻

水生植物群落的结构和生活型有一定联系。漓江及其支流河道，除个别地段与岸边出现湿生植物和叶浮于水面的飘浮植物外，绝大多数是固定的沉水植物和附着植物，群落的成层现象较简单，池塘和水田大多以飘浮植物为主，但亦有沉水植物，成层现象可由一层到三层，显得较为复杂。

水生植物群落的结构还与底质、流速密切相关。在大砾石底质、流速快的生境下，群落的组成、结构最简单。随着底质颗粒的变细，种类成分亦随之增加，群落的高度亦有所变化（图2，图3，图5）。

水的深度也影响着水生植物群落的结构。由于光线受水深的影响，水愈深，组成群落的种类愈简单，常呈纯群落，而且群落的高度亦有所增加（图4）。水深5~6米处，很少见有植被的分布。

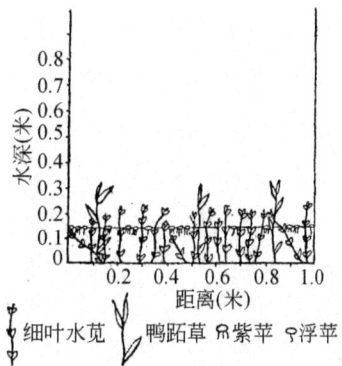

图3 底质泥质，水深0.4米、流速极缓的生境下的细叶水宽群落

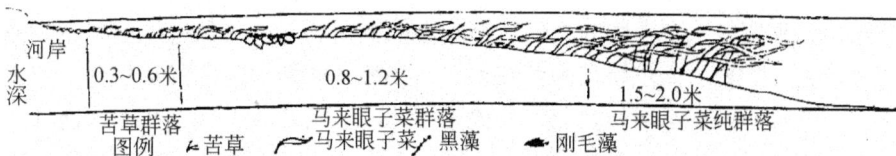

图4 不同深度的水生生境下，水生植物群落的变化垂直剖面图

池塘在生境条件较为一致的情况下，人为影响越重，群落的组成、结构愈简单。例如，在受人为影响较多的情况下，出现凤眼莲纯群落，在受人为影响较少，池塘内的水终年不换的情况下，出现由11种植物组成的李氏禾—紫萍—水网藻群落，就是一个很好的对比。水田在水稻收割犁完后泡冬时，只出现1~2种生活型植物，而在荒弃的水田里，就有4~5种生活型植物，亦说明了这个问题。

水生植被在河流、池塘、水田中各有其一定的分布规律，而且这些规律是受底质、流速、水深等条件制约的。在漓江内，金鱼藻、细叶水宽、黑藻、菹草等群落常出现于流速极缓的泥底上，是泥底上具有代表性的群落。苦草、菹群落是流速中等以砂或小砾石为主的基质上的典型群落。但马来眼子菜群落的适应性较广，它可在以砂或小砾石为主的底质上生长，亦可以在砂夹泥、泥夹砂为底质的地段出现，而往往在该生境下生长得更好，更普遍。刚毛藻群落更是如此，它不仅可以在以泥为底质、流速极缓的生境下出现，而且也可以在以砂或小砾石甚至大砾石为主的底质、流速快的情况下生长。底质为大砾石、流速快的地段，一般其他水生植物群落是难以生长的（图5）。

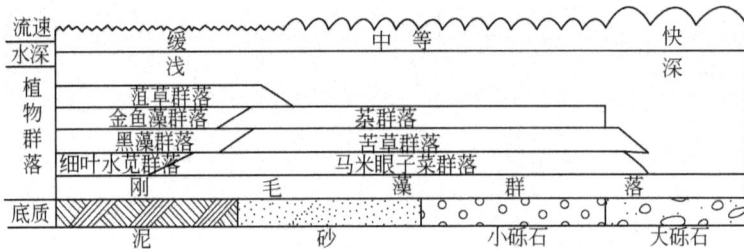

图5　漓江沿岸水生植物群落的分布与环境关系示意图

四、关于水生植物群落的利用途径

水生植物的用途极为广泛，普遍被利用的有：①作饲料：在猪饲料不足时，将苦草（俗称水韭）晒干、切碎，掺在精饲料里喂猪。黑藻（俗称灯笼草）、金鱼藻用来喂养鱼、鸭。还有菹草、菹、马来眼子菜、金鱼藻、黑藻等均是草鱼的主要食料，也是鹅、鸭、猪的天然饲料。李氏禾是牛的良好饲料。尤其是凤眼莲、满江红含蛋白质及粗脂肪较多，是优良饲料。②作绿肥：特别是刚毛藻（俗称青苔）容易腐烂，肥效最佳。由于水生植物分布广、繁殖快、产量高，不占用农地，是重要的绿肥肥源。例如，满江红可做肥料，其肥效高于苜蓿、紫云英、大豆苗等绿肥作物。因此，在水稻田培养，可作为基肥和追肥。并由于满江红覆盖水面，还可抑制杂草的生长*。③作药用：苹、紫萍、水龙等能利尿、治蛇伤、消炎等。农家也常用晒干的满江红和入木屑里熏烟，以驱杀蚊虫。

所有这些，说明了水生植物和人们经济生活的密切关系。从调查地区范围内来看，若能采取适当措施，如在水田里繁殖满江红；在漓江有目的地划定范围培植鱼、家禽、家畜的优良饲料，并打捞其他水草作绿肥，是值得考虑的。但是由于近十几年来漓江沿岸设置工厂以及农田大量使用化肥和农药，污染了河流，水生植物群落几乎已不存在，多数水草由于污染而绝迹，只有少数耐污染的种类零星分布。说明也有些植物能吸收或分解污染物质，忍耐或抵抗这种恶劣的环境，对河流污水起净化作用，从而为防治河水污染提供比较简单、经济的生物措施。采用生物措施是当前防治环境污染的重要途径，特别是利用水生植物净化河水污染，应该引起有关方面的重视，认真开展深入的研究。

* 梁余鑫. 1963. 水生植物的培植. 安徽：安徽人民出版社，2~4，43~54.

广西花坪林区常绿阔叶林内苔藓植物分布的初步观察[*]

苔藓植物在植物群落中常占重要地位，如在冻原和沼泽中，它常是群落中的建群成分；在温带针叶林和亚高山针叶林中，苔藓植物虽然不是建群成分，但也是地表层的优势成分，构成单独的苔藓层；在热带、亚热带的森林中，由于枯枝落叶堆满地面，它在地表虽不成层，但分布很广，不但在地表、裸露的岩石表面、树根、树干及腐木上有分布，而且在树冠枝条和叶面上也有分布，在海拔较高的山地，由于它生长繁茂，还有以其命名的所谓苔藓林。

对于植物群落中苔藓的研究愈来愈引起人们的注意。这些研究不仅对不同群落类型中苔藓植物的分布、结构、分类及演替作详细的阐述（Barkman，1958；Brassard，1971；Iwatsuki，1959；Scott，1966；Zennoske，Sinske，1959），而且愈来愈深入地开展关于它的生理生态和群落生态等方面的研究工作。在环境因素对苔藓植物分布和生长的影响方面也作了不少工作，已开始把苔藓植物作为监测环境、指示环境的指标（Forman，1969；Hoffman，1971；Scott，1966；Scott，1971；Streeter，1970）。目前，它的应用虽还不普遍，但潜在的作用很大，人们正在广泛地探索与研究。在我国，这方面的工作开展尚少，只在研究川西高山林区和安徽黄山等地的森林群落中，对苔藓植物的分布和组成等有过一些报导（陈邦杰等，1958；陈邦杰等，1965；黎兴江，1963）。

一、自然概况及常绿阔叶林的特点

花坪林区位于广西的东北部，地居北纬 25°31′10″ ~ 25°39′36″，东经 109°43′54″ ~ 109°58′20″。调查主要的地点是粗江，它位于林区的中心，海拔 960 米，个别山峰如老山顶达 1670 米。地形起伏大，坡度陡峻，多在 30°以上。

气候特点是夏凉冬冷，夏短冬长。年均温 14℃；冬天绝对最低温一般为 -3℃ ~ -5℃；绝对最高温可达 39℃。降雨量丰富，2000 毫米左右，多集中于春夏两季。雨日多，雾期长，湿度大，日照少。

---

* 参加野外工作的还有花坪林区的石金华同志。本文得到吴鹏程、罗建馨同志的大力帮助、苔藓植物标本由吴鹏程同志鉴定，特此致谢。

胡舜士，金鉴明，金代钧．1981．广西花坪林区常绿阔叶林内苔藓植物分布的初步观察．广西植物，(3)：1~8．

林区为一褶皱块山，由下古生界寒武系的云母砂岩、炭质岩及震旦系含砾石砂岩等构成。

土壤可分为山地黄壤和山地黄棕壤两类，前者主要分布于海拔 700~1300 米的山坡，后者主要分布于海拔 1300 米以上的山坡。

粗江的常绿阔叶林主要分布于海拔 700~1300 米的山地黄壤上。外貌茂密而浓绿。一般乔木层可分为三层：第一层高 16~21 米，树冠多少连续；第二层高 8~15 米，树冠连续；第三层高 3~7 米，树冠连续密闭。整个乔木层主要由常绿阔叶树组成，以壳斗科、茶科、樟科植物占优势。在人为干扰频繁的地段，可出现少数落叶阔叶树和常绿针叶树。灌木层植物高 1~2 米，生长稀疏，除了少数真正的灌木外，大多是上层乔木的幼树。草本地被层植物也分布较稀疏，蕨类植物较多，苔藓植物分布广泛，但未形成苔藓层。

根据建群种的不同，调查区的森林群落可划分为下列 4 类：

1）以细枝栲（*Castanopsis carlesii*）为主的常绿阔叶林。

2）以水椎栲（*Castanopsis eyrei*）为主的常绿阔叶林。

3）以罗浮栲（*Castanopsis fabri*）为主的常绿阔叶林。

4）以银荷木（*Schima argentea*）为主的常绿阔叶林。

二、常绿阔叶林内苔藓的分布及其特点

在温暖湿润的亚热带气候条件下，常绿阔叶林内苔藓植物不仅在地表、岩石及腐倒木等不同生境内生长，而且也分布于林木的树干、枝条及叶面上。由于小生境差异，苔藓的分布也各有不同。对于苔藓在林木上分布的小生境 Barkman（1958）认为：从干基到冠顶部，从树冠周围到树冠中心，以及树皮各部分的湿度、温度、阳光和风速都不相同，各自具有特殊的小气候。因此，把树干分为不同的部位和方向，并以苔藓群落内的优势种和主要种命名，划分了不少苔藓植物群落。我国苔藓植物学家陈邦杰教授根据苔藓个体生长的情况和着生部位，将着生于林木上的苔藓分为紧贴树生群落、浮蔽树生群落、悬垂树生群落、基干树生群落及腐木群落等 5 种类型（陈邦杰等，1963）。为此，我们根据亚热带常绿阔叶林内苔藓分布的特点，将它划分为土生、石生、树生、腐倒木生和叶附 5 个类型。树生类型又进一步划分为根生、干生、冠生及悬垂树生 4 种，现分述如下。

（1）土生的苔藓

土生的苔藓在花坪林区的常绿阔叶林内一般不太多，通常着生于大树露出地表的根部附近枯枝落叶少的地方，一般地表湿度较大。常见的优势种有白边鞭苔（*Bazzania oshimensis*）、密集同叶藓（*Isopterygium tosaense*）和拟刺边小金发藓（*Pogonatum spurio—cirratum*）。其他还有东亚同叶藓（*Isopterygium textorii*）、细枝羽藓（*Thuidium delicatulum*）、网孔凤尾藓（*Fissidens areolatus*）、短盖白发藓（*Leucobryum brevicaule*）、东亚短颈藓（*Diphyscium fulvifolium*）和疣白发藓（*Leucobryum scabrum*）等。在这些苔藓植物中还夹有疣叶大萼苔（*Cephaloziella papillosa*）、细指苔（*Kurzia gonyotrichia*）、斑叶纤藓苔（*Microlejeunea-*

punctiformis）。此外还有少量地衣分布。

（2）石生的苔藓

石生的苔藓多分布在砂岩和页岩露头上，除有和土生相同的种类如密集同叶藓、东亚同叶藓、拟刺边小金发藓和白鞭等外，狭叶白发藓（*Leucobryum bowringii*）和短颈藓（*Diphyscium foliosum*）是常见的。偶尔还见有刺边合叶苔（*Scapania spinosa*）和小扭叶藓（*Trachypus humilis*）。

（3）树生的苔藓

林木与土壤和岩石的生境决然不同，少数适应较大的种类，如白边鞭苔、密集同叶藓、细枝羽藓和短盖白发藓，既能在土壤、岩石上生长，也出现在树干基部。在林木上则出现了不少紧贴树干生长的苔藓植物，如缕斗扁萼苔（*Radula aquilegia*）、白绿细鳞苔（*Lejeunea pallide—virens*）、台湾多枝藓（*Haplohymenium formosanum*）、瓦叶唇鳞苔（*Cheilolejeunea imbricata*）、列胞耳叶苔（*Frullania moniliata*）和冠毛蓑藓（*Macromitrium comatvlvm*）等，它们都是树生习见的种。但是，同一株树的不同部位，附生的苔藓种类仍有明显差异。

1）露出地表树根上的苔藓：常绿阔叶林内的许多乔木，根部往往露出地表面，其上经常有苔藓植物生长。我们对细枝栲、水椎栲、银荷木、虎皮楠（*Daphniphyllum glaucescens*）、杨桐（*Adinandra millettii*）、羊角花（*Rhododendron moulmainense*）和拟赤杨（*Alniphyllum fortunei*）等33种树木进行了观察。树根因接近地表，湿度、温度与地表相差不大，所以土生的种类常在根部出现，如白边鞭苔、密集同叶藓、短盖白发藓和斑叶纤鳞苔等。不同的是后两种在根部大量出现，而其他土生种类，如东亚同叶藓、拟刺边小金发藓、网孔凤尾藓、东亚短颈藓、疣叶拟大萼苔和疣盖白发藓等则在树根很少发现。此外，在树根部生长较多的还有尖叶扁萼苔（*Radula kojana*）、细枝羽藓、薄叶疣鳞苔（*Cololejeunea appressa*）和多胞疣鳞苔（*Cololejeunea oacelloides*）。

2）树干上的苔藓：一般可将树干分为干基、干中和干上部三个不同的部位。

我们对细枝栲、华南稠（*Lithocarpus fenestrata*）、银荷木、虎皮楠、孔雀楠（*Machilus phoenicis*）、网脉山龙眼（*Helicia reticulata*）、紫杜鹃（*Rhododendron bachii*）、罗葵氏柃（*Eurya loquiana*）、羊角花、杨桐、黄杞（*Engelhardtia chrysolepis*）、绿樟（*Meliosma squamulata*）、野漆（*Rhus succedanea*）、五列木（*Pentaphyglax euryoides*）等45种树木的树干基部进行观察。由于干基部接近地面，一般比较湿润，因此，即使在较干燥的常绿阔叶林内，树干中部和上部无苔藓生长或苔藓分布极少的情况下，在干基仍有较多的苔藓生长，种类也比较复杂。土生的白边鞭苔、密集同叶藓和根部生长的尖叶扁萼苔，以及树干上附生的常见种（如前所述），除冠毛蓑藓外，常常都是干基部的优势种。此外，干基部还有大瓣扁萼苔（*Radula cavifolia*）、高疣网藓（*Syrrhopodon tosaensis*）、薄叶绢藓（*Entodon drummondii*）、羽叶凤尾藓（*Fissidens hollianus*）和四齿异萼苔（*Heteroscyphus argutus*）等少量生长，但它们均是在其他部位很少见到的。

树干中部有苔藓植物附生的树种也较多，我们在41种树木上进行了观察，主要树种有细枝栲、银荷木、孔雀楠、山龙眼、虎皮楠、羊角花、南岭山矾（*Symplocos confusa*），杨桐、拟多脉棱（*Eurya impressinervis*）、美叶石柯（*Lithocarpus calophyllus*）、五列木、野漆等。树干中部处于干基与干上部之间，常分布于干基以下的一些种逐步减少，如白边鞭苔、密集同叶藓和尖叶扁萼苔等均已在干中部消失，仅斑叶纤藓苔仍然较多，短盖白发藓和细指苔也只有少量存在。树干习见的种类在干中部仍然生长良好，并且出现了较多的疣胞藓属的一种 Clastobryum sp. 以及一些悬垂生长的藓类，如垂藓（Chrysocladium retrorsum）、多疣悬藓（Barbella pendula）和大悬藓（Barbella asperifolia）等。

在树干上部附生的苔藓已显著减少，因此，我们仅在细枝栲、水椎栲、银荷木、虎皮楠、山龙眼、五列木、野漆等 7 种树上进行了观察。树干上部，一般指树干 5~7 米的高度范围，它正处于第三层乔木与第二层乔木之间，生境较其他部位干燥，光照较强。因此，在这里土生、石生的常见种类极少出现，树干习见的种类除篓斗扁萼苔仍然生长较多外，其他均已减少，而出现鞍叶苔（Tuyamaella molischii）和东亚耳叶苔（Frullania nishiyamensis）等耐干燥的种类。

3）树冠的苔藓：树冠是整个常绿阔叶林的最上层，它离地面更高，因此所受的光线、风力都强，空气湿度较小。在常绿阔叶林内树木的树冠很大，从树冠的边缘到中心，从冠基到冠顶的小生境是有差异的，如冠基部在下层而且多少彼此相连，所受的光线及风力较冠上部相对小些。由于小生境差别使苔藓植物的种类和数量也有一定程度的差别。我们在细枝栲、水椎栲、银荷木、羊角花、小新木羌子（Neolitsea umbrosa）、五列木、虎皮楠、山龙眼 8 种树上进行了观察。树干中部以下部位占优势的多胞疣鳞苔、斑叶纤鳞苔以及树干习见种篓斗扁萼苔、白绿细鳞苔、台湾多枝藓、瓦叶唇鳞苔、冠毛蓑藓以及锦藓科的疣胞藓属（Clastoryum）和竹藓属（Aptychella）的几个种都可在此生境下适应。随着高度的不断增加，生境逐渐变得对苔藓生长不利，因此种类及数量也逐渐减少，在树冠上部及外围多胞疣鳞苔、白绿细鳞苔及台湾多枝藓均已消失，大量出现的是地衣。在树冠上部仅有个体细小的斑叶纤鳞苔和植物体极薄而紧贴树皮的鞍叶苔，以及细胞壁厚的冠毛蓑藓和耳叶苔属的一种 Frullania sp.，它们都具有适应干燥环境的结构。此外，还出现像白鳞苔（Leucolejeunea xanthocarpa）这样较耐旱的种类。

4）树干悬垂生长的苔藓：树干悬垂生长的苔藓，大都分布于距地表 1~5 米高度的树干或枝条上。在此高度范围内，由于第三层乔木郁闭，空气较湿润，所以出现该类型。但粗江海拔 960 米一带的常绿阔叶林内的空气湿度尚不够大，故悬生藓类的植物体很短，尤其在 3~5 米高度处的树干，附生的藓类几乎不呈悬垂状，仅在 1~2 米高度处的藓类的长度为 2~3 厘米。常见的种类有多疣悬藓、大悬藓和垂藓等。

（4）腐倒木生的苔藓

常绿阔叶林内，常有倒木和腐烂的木桩或树干。倒木由于尚未腐烂，其上所见到的种类大多是树干上习见的种，如篓斗扁萼苔、白绿细鳞苔、台湾多枝藓等。而腐烂的木桩及腐烂的倒木树干上，却出现了另一些种类，如锦藓科的一些种类、白发藓属（Leucobryum）的一些种。此外在土壤、岩石上常见的白边鞭苔也常在腐木上生长。

（5）叶附生苔类

叶附生苔类为湿热带森林的特征之一。由于调查地处海拔较高的中山山地，在常绿阔叶林内叶附生苔类分布较少，仅在靠近沟谷潮湿地方的林内有少量分布。一般多长在紧贴地面的草本植物熊巴耳（Phyllagathis cavaleriei）及苦苣苔（Oreocharis auricula）叶面。主要种类有叶片密被刺疣的刺疣鳞苔（Cololejeunea spinosa）及单胞疣鳞苔（Cololejeunea ko-

damae) 等。

从上述材料归纳起来可以看出，花坪林区常绿阔叶林中的苔藓植物有以下几个特点。

1) 区系成分绝大多数属于亚热带、热带分布的种类。白边鞭苔，密集同叶藓、多胞疣鳞苔、短盖白发藓、线角鳞苔、白绿细鳞苔、密瓣耳叶苔、刺边合叶苔等多见于亚热带地区，该分布类型占林内苔藓总数的51.1%。拟刺边小金发藓、列胞耳叶苔、小扭叶藓、橙色锦藓（*Sematphoyllum phoeniceum*）、瓦叶唇鳞苔、垂藓、多褶苔等多见于热带地区，该分布区类型约占林内总的种类的40.4%。细枝羽藓、楼斗扁萼苔、短颈藓等温带地区的种类仅占8.5%。它既反映了亚热带地区的特点，又具有不少热带种类成分的特色。从区系成分来看是比较偏南的。

2) 不同生境生长着不同的苔藓植物种类，并有不同的优势种。如常见于土壤上的白边鞭苔虽在树根和树干基部也能生长，但随着生境的高度增加，数量逐渐减少，到树干中部完全不见其生长，密集同叶藓也是如此，但斑叶纤鳞苔在土壤上仅有少量分布，而在树根、树干基部数量很多，直到树干中部生长仍然很旺盛。在生境差别不太大的情况下，也出现相同的种类，特别是在两种生境过渡范围内更是如此，但数量上有着显著的差别。从树干基部到树冠尽管有较多相同的种类，但总的趋势是越往上，数量越少，详见表1。

从林内苔藓植物分布来看、土壤和岩石上的苔藓种类比树干上少。树干悬垂生长、叶附生和腐倒木上生长的种类更少。在同一株树上，干基部和干中部着生的种类较多，而干上部和冠部的种类较少。

3) 不同的乔木树种，大多出现相同的种类，但有时优势种各有差异。如银荷木上最常见的树生苔藓优势种为细枝羽藓、列胞耳叶苔；虎皮楠树干上到处分布有大麻羽藓（*Claopodium assurgens*），其次是台湾多枝藓；网脉山龙眼树干上，绝大部分生长疣胞藓属的一种。但也有不明显的情况，如细枝栲、水椎栲所着生的苔藓种类及其优势种的区别不太大。

4) 常绿阔叶林内的树生苔藓分布规律是：①在山坡上林内及树皮较干燥，树干基部着生苔藓最多、树干中部以上极少，甚至没有。②沟谷边林内湿度大、树皮水分多。不仅树干基部苔藓多，而且整个树干均有分布。③树皮特征与苔藓植物的附生情况密切相关。树皮厚而粗糙的着生的苔藓较多，树皮薄而光滑的苔藓生长少，如西藏山茉莉（*Huodendron tibeticum*）。

三、结 论

通过对花坪林区常绿阔叶林内苔藓植物分布的初步观察，可以说明：

1) 典型的常绿阔叶林内，苔藓植物广泛分布在各个不同的小生境内，种类和数量均较多，反映出林内温度较大。

2) 亚热带常绿阔叶林内叶附生苔藓不普遍存在，仅在局部湿度大的地方且接近地表的草本植物叶上出现。这反映出亚热带常绿阔叶林内的湿度远不如热带雨林。

3) 中山地区亚热带常绿阔叶林内悬垂附生苔藓植物生长远不如湿热带地区的森林以及湿润亚热带较高海拔地区的森林，也反映了林内湿度不足。

表 1　花坪林区常绿阔叶林内不同生境下苔藓植物的分布和生长状况表

种名		土生	石生	树根部		树干基部		树干中部		树干上部		冠基部		冠中部		冠上部		悬垂生长	叶附生	腐倒木生
				多盖度级	频度（%）	多盖度级	频度（%）	多盖度级	频度（%）	多盖度级	频度（%）	多盖度级	频度（%）	多盖度级	频度（%）	多盖度级	频度（%）			
1		2	3	4	5	6	7	8	9	10	11	12	13	14	15	16	17	18	19	20
网孔凤尾藓	*Fissidens areolatus*	1																		
短茎白发藓	*Leucobryum breviecaule*	1																		
东亚短颈藓	*Diphyscium fulvifolium*	1																		
抚叶拟大萼苔	*Cephaloziella papillosa*	2																		
抚白发藓	*Leucobryum scabrum*	1																		
东亚同叶藓	*Isopterygium textorii*	1	3																	
拟刺边小金发藓	*Pogonatum spuriocirratum*	4	3																	
短颈藓	*Diphyscium foliosum*		2																	
狭叶白发藓	*Leucobryum bowringii*		4																	
刺边合叶苔	*Scapania spinosa = S. ciliata*		1																	
细指苔	*Kurzia gonyotrichia*	1	1																	
尖叶扁萼苔	*Radula kojana*		+	4	17	1	17													
密集同叶藓	*Isopterygium tosaense = I. densum*	5	1	2	35	1	17													
白边鞭苔	*Bazzania oshimensis*	5	1	5	83	2	33													
锯齿细湿藓	*Ctenidium serratifolium = Campylium serratifolium*		1	1	17															

续表

种名		土生	石生	树根部		树干基部		树干中部		树干上部		冠基部		冠中部		冠上部		悬垂生长	叶附生	腐倒木生
				多盖度级	频度(%)	多盖度级	频度(%)	多盖度级	频度(%)	多盖度级	频度(%)	多盖度级	频度(%)	多盖度级	频度(%)	多盖度级	频度(%)			
1		2	3	4	5	6	7	8	9	10	11	12	13	14	15	16	17	18	19	20
粗疣鳞苔	*Cololejeuneama gnipapillosa*			1	17	1	17													
白叶鞭苔	*Bazzania albicans*			2	17	2	17													
大麻羽藓	*Claopodium assurgens*			1	50	3	67	2	17											
线角鳞苔	*Drepanolejeunea tenuis = D. angustifolia* (Mitt.) Grolle			1	33	3	50	2	33											
小扭叶藓	*Trachypus humilis*			2	33	3	33			1	17									
薄叶抚藓苔	*Cololejeunea appressa*			4	33	2	33	1	17											
东亚唇鳞苔	*Cheilolejeunea tosana*			1	33	3	50	5	67											
列胞耳叶苔	*Frullania moniliata*			2	33	5	50	5	50	1	17									
橙色锦藓	*Sematophyllum phoeniceum*			1	17			2	33	1	17	1	17							
多胞抚藓苔	*Cololejeunea ocelloides*			4	67	5	67	5	50			2	33							
细枝羽藓	*Thuidium delicatulum*			6	100	5	67	4	33	1	17	1	17							
虎齿抚藓苔	*Cololejeunea leonidens*			3	50	2	50	3	67			1	17			1	17			
白绿细鳞苔	*Lejeunea pallidevirens*			6	100	5	83	4	67	2	17	2	33							
瓦叶唇鳞苔	*Cheilolejeunea imbricata*			2	33	3	50	4	67	3	33	2	50			1	17			
鞍斗扁萼苔	*Radula aquilegia*			5	83	6	100	6	100	5	67	5	83	2	17					
台湾多枝藓	*Haplohymenium formosanum*			4	50	5	83	5	83	3	33	1	33	1	17	1	17			
斑叶纤鳞苔	*Microlejeunea punctiformis*			6	100	5	67	5	83			2	33							
高疣网藓	*Syrrhopodon tosaensis*					1	17													

246　生态保护理论探索与实践
金鉴明文集

续表

中文名	种名	土生	石生	树根部 多盖度级	树根部 频度(%)	树干基部 多盖度级	树干基部 频度(%)	树干中部 多盖度级	树干中部 频度(%)	树干上部 多盖度级	树干上部 频度(%)	冠基部 多盖度级	冠基部 频度(%)	冠中部 多盖度级	冠中部 频度(%)	冠上部 多盖度级	冠上部 频度(%)	悬垂生长	叶附生	腐倒木生
	1	2	3	4	5	6	7	8	9	10	11	12	13	14	15	16	17	18	19	20
薄叶绢藓	Entodon drummondii = E. macropodus					1	17													
四肉异萼苔	Heteroscyphus argutus					1	17													
羽叶凤尾藓	Fissidens hollianus					1	17													
尖舌扁萼苔	Redula acuminata					2	33	1	17											
粗疣藓	Fauriella tenuis					1	17													17
大瓣扁萼苔	Radula cavifolia					2	33	2	33					1	17					
拟扁枝藓	Homaliadelphus targionianus					2	50	5	83	2	33									
密瓣耳叶苔	Frullania densiloba					2	50	1	17											
矮锦藓	Sematophyllum subhumile					1	17	1	17											
具柄耳叶苔	Frullania pedicellata					2	33					1	17	1	17				1	
冠毛裳藓	Macromitrium comatulum					1	17	2	33	4	50	3	50	1	17	1	17			
多褶苔	Spruceanthus semirepandus					1	17	5	67	1	17			1	17					
垂藓	Chrysocladium retrorsum							1	17	1	17									
扰胞藓属一种	Clastobryum sp.							6	100					1	17					
多疣悬藓	Barbella pendula					1	17	1	17									1		
大悬藓	Barbella asperifolia					1	17	6	17			1	17					1		
东亚耳叶苔	Frullania nishiyamensis									1	17									
鞍叶苔	Tuyamaella molischii									1	17	1	17	1	17	1	17			

续表

	种名	土生	石生	树根部 多盖度级	树根部 频度(%)	树干基部 多盖度级	树干基部 频度(%)	树干中部 多盖度级	树干中部 频度(%)	树干上部 多盖度级	树干上部 频度(%)	冠基部 多盖度级	冠基部 频度(%)	冠中部 多盖度级	冠中部 频度(%)	冠上部 多盖度级	冠上部 频度(%)	悬垂生长	叶附生	腐倒木生
	1	2	3	4	5	6	7	8	9	10	11	12	13	14	15	16	17	18	19	20
耳叶苔一种	*Frullania* sp.																			20
白鳞苔	*Leucolejeunea xanthocarpa*												33	1	17	2	17			
兜藏耳叶苔	*Frullania muscicola*													1	17					
长叶耳叶苔	*Frullania motoyana*															2	33			
尖叶耳叶苔	*Frullania apiculata*															1	17			
刺疣鳞苔	*Cololejeunea spinosa*																		2	
单胞疣鳞苔	*Coloejeunea kodamae*																		2	
白发藓属儿种	*Leucobryum* spp.																			V
锦藓科的一些种																				V
地衣	*Lichens*							5	83			2	33	3	50	3	50			
总计		10	10	21		32		27		14		14		12		9		2	2	若干

注：数字均为多盖度级，共11级。＋：只有1株，生长不正常，无复盖度；1：有一二个植株，生长正常，无复盖度；2：有少数植株，无复盖度；3：有许多植株，复盖度4%以下；4：复盖度4%～10%；5：复盖度11%～25%；6：复盖度26%～33%；7：复盖度34%～50%；8：复盖度51%～75%；9：复盖度76%～90%；10：复盖度91%～100%，仅表示有其生长，不表示多盖度级

参 考 文 献

陈邦杰等.1958. 中国苔藓植物生态群落和地理分布的初步报告. 植物分类学报，7（4）.

陈邦杰等.1963 年. 中国藓类植物属志. 上册. 北京：科学出版社：27～72.

陈邦杰，吴鹏程等.1965. 黄山植物的研究——苔藓、蕨类、种子植物的区系和地理. 上海：科学技术出版社：1～56.

黎兴江.1963. 川西高山林区的苔藓植物. 西南高山林区森区综合考察报告.

Ардеева В Я. 1969. Закономерности расцредедеднния днстостсбелвндх мхов на юхном Сахалине. Комаровские ччтения. Дадвневост. фнд. Сиб. Отд. АН ССР, выц. 15～17, 131～142.

Barkman J J. 1958. Phytosociology and ecology of cryptogamic epiphytes. Van Gorcum & Comp. N. V. —G. A Hak & DR. H. J. Prakke, 31～54.

Brassard G R. 1971. The mosses of Northen Ellesmere Island. Arctic Canada. 1. Ecology and phytogeography, with an analysis for the Queen Elizabeth Islands. Bryologist, 74 (8): 233～281.

Слуюа 3 А. 1972. Структура моховой синузип замшепого пуга. Вестн. Моск. Ун- Та. ъиоп. Почвовец. , No3: 56～61.

Forman R T T. 1969. Comparison of coverage biomass, and energy as measures of standing crop of bryophytes in various ecosystems. Bull. Torrey Bot. Club, 96 (5): 582～591.

Hoffman G R. 1971. An ecologic study of *epiphytic bryophytes* and lichens on *pseudotsuga menziesii* on the Olympic Peninsula. Washington. Ⅱ: Diversity of the vegetation. Bryologist, 74 (4): 413～427.

Iwatsuki Z and Hattori S. 1959. Studies on the epiphytic moss flora of Japan 11. The epiphytic bryophyte communities in the beech forest in Shishibamiwari National forest. Central Japan: The Journal of the Hattori Bot. Laboratory, No21.

Scott G A M. 1966. The quantitative description of New Zealand Bryophyte communities. Proc. N. Z. Ecol. Soc. , 13: 8～12.

Scott G A M. 1971. Some problems in the quantitative ecology of bryophytes. N. Z. J. Bot, 9 (4): 744～749.

Streeter D T. 1970. Bryophyte ecology. Sci. Progr. , 53 (231): 419～434.

Zennoske I and Sinske H. 1959. Studies on the epiphytic moss flora of Japan 10. The epiphytic bryophyte communities in the Chamaecyparis obtusa forest and the Adjacent deciduous forest at Agematsu. Central Japan: The Journal of the Hattori Bot. Laboratory, No. 21.

保护鸟类资源　维持生态平衡*

我国是一个有着悠久历史、灿烂文化的文明古国，自古以来对于鸟类有着特殊的情感。鸟类能点缀大自然、美化自然环境，丰富人类的精神生活；"鸟语花香"、"莺歌燕舞"就是指鸟类点缀了大自然，给大自然平添了无限神韵，给人类增加了美好的情趣。羽色美丽的水鸟鸳鸯由于雌雄形影不离被看做"爱情"和"美"的象征。"新婚燕尔"则是以梁间呢喃的双燕比喻新婚夫妇的情投意合。寿命长达60年以上的白鹤被视为吉祥长寿的象征，它体态秀美袅娜、风姿飘逸潇洒，具有圣洁、高雅的妙趣。古代伟大诗人曾写"两只黄鹂鸣翠柳，一行白鹭上青天"，对黄鹂、白鹭以声以色点缀自然界做了生动的描写。百灵鸟、相思鸟、小夜莺等"鸟类的歌手"以美妙悦耳的歌声，与林下花间草上飞翔的鸟儿发出的各种叫声的鸟语汇成了大自然中美妙而动人的交响乐曲。

鸟类不仅为人类创造了优美的生存环境，充实了人类的精神生活，也是人类物质生活的重要来源。各种家禽给人类提供了含有丰富的动物性蛋白质的禽蛋食品。鸟类的羽毛可做羽绒服装，鸟类身体的分泌物可入药。鸟类的粪便是优质肥料。秘鲁的农民习惯于用鸟粪作为农作物肥源，1965年发生死鱼事件，致使附近1600万只海鸟饿死，由于鸟粪减少，当年的农业生产受到严重损失。

科学家们认为鸟类有最完美的飞行器，现代飞机的设计都是以鸟类的形态构造为依据的，极地越野汽车的设计则起源于企鹅的雪地滑行，候鸟体内生物钟的奥秘以及它们利用地磁场导航的本领是研制新型导航仪器和通讯最好的依据。在现代医学、生理学、遗传学、地理学、动物进化学等领域，鸟类是有价值的研究对象。

鸟类对人类的贡献最重要的方面是它们能大量捕食危害农、林、牧业和人类健康的害虫、害鼠及杂草种籽。鸟类学家认为90%以上的鸟是以昆虫为食的，利用鸟类灭虫是一项既经济又安全的生物防治措施。例如，一对燕子每年育雏两次，它们和两窝雏燕在一个夏季可以吃掉蚊、蝇、螟蛾、金龟子等害虫达50万只以上，一只灰喜鹊一年可吃掉15000条松毛虫，可保护几亩松林。一只杜鹃一小时可吃100条松毛虫，大山雀在喂雏期每天能消灭400~500条松毛虫。啄木鸟可食天牛、吉丁虫、金针虫、梨星毛虫等的幼虫，一对啄木鸟可以保护500亩左右树林，一只猫头鹰在一个夏季可捕食1000只田鼠。按一只田鼠一个夏季吃粮食1千克算，一只猫头鹰一个夏季就保护1000千克粮食。此种例子举不胜举。由此可见"以鸟治虫""以鸟治鼠"对防治虫害、鼠害很有效。

---

* 金鉴明，王礼嫱 . 1982. 保护鸟类资源 维持生态平衡 . 城乡建设，(11)：27，28.

鸟类在生态系统中还起着平衡、抑制或促进的作用。不同鸟类在不同区域，从不同的角度维护生态平衡。在自然生态系统中，鸟类是不可缺少的重要组成部分。

自然界是一个相互依存、相互制约的有机的整体，包括植物、动物、微生物以及水分、土壤、阳光、气体等因素，各因素间有一种连续的物质和能量交换，这种由生物与环境构成的统一体就叫做生态系统。生态系统是自然界的基本的机能单位。

在一定的条件下，生态系统内其物质和能量的输入输出接近相等或是在一定时间内结构和功能呈相对稳定状态，这种稳定状态，就是生态平衡。在自然生态系统中，平衡还表现为动植物的种类和数量保持相对恒定。当一个生态系统中种类成分改变时即可导致生态系统失去自动调节的能力以致破坏了系统的生态平衡。如在森林生态系统中，森林给鸟类提供了取食、营巢的活动场所，保护了鸟类；而鸟类在森林生态系统中食虫、食鼠，从而控制了昆虫的数量，使其不致繁殖过多而致灾，达到了对森林的保护。反之，鸟类减少，昆虫就会繁殖过多，破坏整个森林生态系统的平衡。又如在草原生态系统中，老鹰与黄鼠狼是田鼠的天敌，由于它们的存在，控制了田鼠的数量，保护了草原生态系统。但是，人类用毒饵消灭糟蹋粮食的田鼠，鹰与黄鼠狼捕食体内含有毒素的田鼠，也被毒死。而鹰、黄鼠狼远不及鼠、虫类的繁殖力强，于是鼠害和虫害便在草原上蔓延，造成草原生态平衡的破坏，后果是草原的退化与毁灭。再比如江西省鄱阳湖过去有大量的天鹅、豆雁等冬候鸟由北方飞迁来越冬，这些冬候鸟捕食湖中小鱼、小虾、水草、水生昆虫，使自己得以生存、繁衍，供给人类源源不绝的蛋白质、天鹅绒等珍贵物质。可是随着人类围湖、投放灭钉螺的药物等，一方面使天鹅、豆雁等珍禽的栖息地遭到破坏，另一方面也使它们捕食了被污染的小鱼、小虾、水草、水生昆虫引起中毒，致使天鹅、豆雁等的种群变小，数量减少。其结果是，在一个完整的生态系统中，失掉了一支使物质和能量得以流转的生力军，本来由鸟类加以利用的物质循环渠道被打断了，也使人类失去了宝贵的自然财富。总之，鸟类在自然界生态平衡中起着重要的作用。因此，不论是天然生态系统或是人工生态系统都要维护生态平衡，这也就是保护鸟类的理论基础。

我国具有极丰富的鸟类资源，据不完全统计，全世界现有鸟类 8000 多种，我国鸟类有 1175 种，占世界鸟类的 14%，是世界上鸟类最多的国家。我国拥有 56 种野生鸡类，占全世界野生鸡类的 20%，鹤类全世界 15 种，我国占 9 种。其中丹顶鹤、黑颈鹤主要分布在我国，是我国的特产鸟。画眉类全世界共有 46 种，我国就占 70% 以上。在我国鸟类种数中，候鸟有 500 种。鸟类资源是丰富的。多年来，各地在保护和合理利用鸟类资源方面，虽然做了一些工作，但是还远远不够。首先人们对于鸟类在自然界和国民经济中所占的位置和作用认识不足，缺乏相应的管理机构，没有颁布必要的法令，保护管理不善，乱捕滥猎，使鸟类资源遭受严重的破坏。据调查，人类直接捕灭的鸟类有 140 种。目前我国的朱鹮、黄腹角雉、褐马鸡、白枕鸟、白鹤以及某些鹰、雕等已经濒于灭绝。有重要经济价值的雁、鸭类候鸟和野生鸡类等留鸟，也逐年减少。

因此，为了保护鸟类资源，维护自然生态平衡，必须动员起来，开展爱护鸟类活动，并采取有效措施，使鸟类资源为人类造福。

Protecting Biological Resources to Sustain Human Progress[*]

THE SIGNIFICANCE OF PROTECTING BLOLGICAL RESOURCES

The emergence of life on earth and the history of organic evolution are closely related to the evolution of genetic variation and biological diversity. Biological resources constitute an indispensable part of nature and are of fundamental value for human health and welfare. Food, medicines and the raw materials used in industry all originate from biological sources. Thus, biological resources are not only of enormous economic value, but are also significant for scientific and technological research and for cultural development, the value of which cannot be estimated in economic terms.

SCIENTIFIC RESEARCH ON BIOLOGICAL RESOURCES

The history of human utilization of animals and plants reveals that some species, no matter how inessential they seem to be at present may prove to be important for the future. For instance, the armadillo (*Dasypus* sp.) provides valuable material for research on leprosy, and the hair of the polar bear (*Thalarctos maritimus*) is a high-quality heat-absorbing material[1]. Accidental discoveries of this kind are very valuable because they provide clues for further research. Regrettably, numerous species were damaged by man before their usefulness was recognized and/or determined. It is now widely recognized that the conservation of endangered species and the protection of their gene pools are important.

Chinese scientists have had several successes in the field of biological conservation. Examples of successful research are, for instance, the introduction of the muskrat, and the artificial development of hill-frog populations. In addition, the Chinese alligator (*Alligator sinensis*) and the Sika deer (*Cervus nippon*), were raised and multiplied successfully, artificial propagation of the giant panda was conducted and yinshan (*Cathaya argygophylla*), puto hornbeam (*Carpinus putoensis*) and the magnolia (*Magnolas* sp.) were all introduced and popularized.

At present, further efforts are being made to raise precious and rare animals such as the giant panda and Père David's deer, Milu, and to cultivate precious and rare plants such as the camellia

* Jin J M. 1987. Protecting Biological Resources to Sustain Human Progress. Royal Swedish Academy of Sciences, 16 (5): 262 ~ 266.

(*Camellia chrysantha*) and the azalea (*Rhododendron* sp.) .

Plant and Animal Species—the Source of Food

The genetic variation in plant and animal species provides the requisite materials for sustaining and improving farm production, forestry, animal husbandry, fisheries and other related activities. Farm crops, domestic animals and fish, which constitute basic foodstuffs have all evolved from earlier wild varieties. A great deal of the protein consumed by humans is obtained directly from nature. For instance, 80 percent of the food consumed by man is derived from twenty kinds of plants and animals. On a global basis, the annual human intake of protein from fish and other seafoods accounts for six percent of the total intake of protein[1]. Cultivated plants and domestic animals are also essential to provide clothing. However, because cultivated plants and domestic animals have a narrow genetic base, we need genetic materials from the earlier wild varieties or from close relatives of the natural gene pools in order to develop new strains.

In general, any strain of crop such as wheat, soybean, or rice, will lose its resistance to disease and pests after about 5 ~ 15 years of cultivation and must, therefore: be replaced by new strains. Once successfully developed new strains will not only increase production rates, but will also generate economic growth. In China, the total value of products from wildlife (excluding derivative products) amounts to USD 200 million every year. The gross value of fur and leather products alone is on an average USD 50 to 60 million annually. The annual income from fur and leather products derived from wild animals amounts to one-third of China's total foreign exchange earning of USD 160 million from the sale of more than a dozen domestic animal products such as sheep's wool, goat's wool, and frozen mutton. More often than not the economic gains obtained from the rational utilization of wild animal resources are overlooked.

Plant and Animal Species as Resources for Pharmaceutical Industry and Medical Service

In the USA over 40 percent of the medicines prescribed contain natural biological substances; 25 percent contain extracts from higher order plants, 13 percent contain extracts from microorganisms and 3 percent contain animal extracts. In the USA the annual consumption of extracts from higher order plants alone is valued at USD 3000 million[1].

Chinese medicines, including herbal medicines are mainly produced from wildanimal extracts or plants. The following are all well known and valuable ingredients in Chinese medicines: ginseng (*Panax ginseng*), tian ma (*Gastrodia elata*), ginseng (*Panax zingiberensis*), eucommia (*Eucommia ulmoides*), licorice (*Glycyrrihiza uralensis*), deer antlers, musk, chamois horn, and gallbladder from the bear.

In China, as well as in western industrialized countries the development of the modern pharmaceutical industry has led to the manufacture of synthetic medicines and/or the cultivation of wild herbal plants to alleviate the shortage of medicinal herbs. However, wild-plant resources are still essential. For instance, the amount of vitamin C contained in one hundred grams of Chinese gooseberry (*Actinidia chinensis*) is 100 ~ 400 milligrams, i. e. , 5 to 10 times higher than that in citrus fruits. Wild ginseng and *Gastrodia elata* have greater medicinal effects than do the cultivated varieties. Even among wild medicinal plants, the subspecies or varieties found in different locations vary widely in terms of concentrations of essential substance.

Enormous Quantities of Industrial Raw Materials Can Be Obtained from Biological Resources

Wild animals and plants provide many of the raw materials used in industry, e. g. oil, aromatics and tannin extract. Raw materials such as fur, leather, paper, fibers, oil, animal glue, resin, and aromatics are all derived from natural biological resources. Reeds, Chinese silvergrass, esparto grass, and bamboo are all important raw materials for the paper-making industry. Even dogbane which grows in saline and alkaline areas, as well as in desert regions, is an excellent raw material for fiber production. China has over 133 million hectares of saline, alkaline desert and barren land, of which 1. 3 million hectares are covered with wild dogbane. If fully utilized these land areas could provide an important source of revenue[2].

Research has shown that wide varieties of many species are essential components for ecosystems[2,3]. In respect to material and energy circulation, ecosystems are based on an interdependence and interaction between living organisms and between living organisms and their physical environment. The extinction of one species may damage the entire ecosystem, disturb the ecological balance and undermine the environment. For example, rats and other pests abound because of the excessive elimination of natural predators and/or the excessive use of pesticides. Consequently, irreparable damage is being caused to the environment and in particular to agricultural land and forests. The protection of plant and animal species and the conservation of their genetic variation help to maintain ecological balance. Protection of the ecosystem is becoming more and more essential for man and for the means of production. Conservation is also the material basis on which present and future generations will be able to develop industry, agriculture, forestry, animal husbandry, trade and pharmaceutics.

THE RATIONAL UTILIZATION AND ACTIVE PROTECTION OF BIOLOGICAL RESOURCES

Cultivators of plants and breeders of animals have developed new and varying strains from the available genetic materials of farm crops, trees, domestic animals and microorganisms as well as from the wild varieties of these resources. Because they readily adapt to local geographical and climatic conditions, these new cultivars may increase production output, improve quality of nutrition and strengthen resistance to disease and pests. However, these characteristics of cultivars are not necessarily constant.

During the first worldwide green revolution in the mid-1970s Mexican wheat, a strain of short-stock wheat suitable for close planting, was popularized. Its direct parent has genes of the strain *Nonglin No. 10*, whereas the parent of *Nonglin No. 10* is a strain of thumb-high wheat which originates from the Tibetan region of China. In many countries of the world cultivation of Mexican wheat has greatly improved grain production[4]. Nevertheless, the genetic basis of crop cultivation is generally very narrow. For example, the output of Canadian wheat accounts for 75 percent of the total output of Canada's farm crops[1]; 75 percent of the potatoes grown in the USA originate from four basic varieties[1]; almost all coffee grown in Brazil descends from one species of coffee plant[1].

By about five to fifteen years after the start of cultivation certain crop strains will no longer be resistant to disease, and pests and annual yield will have progressively dropped. Cultivated plants and domestic animals have an equally narrow genetic basis. They all require the introduction of genetic material from their earlier wild varieties and utilization of the variation in the gene pool to provide a basis for the development of new breeds.

If the gene pools of wild animals and plants as well as primitive cultivars are not globally conserved, then future development of agriculture, forestry, animal husbandry, fisheries, and other activities will be practically impossible. For instance, the soybean originates from China where wild soybean constitutes an extremely rich biological resource. Soybean was introduced into the USA in 1804[5], and large-scale soybean production was started in 1924. The current soybean output in the US amounts to 74 percent of the world total and 87 percent of the world total soybean export[6]. In the 1940 the US soybean crop was attacked by the parasite *Heterodera glycines*. This disease gravely threatened the entire soybean production. Eventually, genetic materials resistant to the disease were derived from the slender groundnut (*Glycine gracilis*), a strain of semicultivated Chinese soy bean. A new resistant strain was selected from crossbred strains of hybrids of *Glycine gracilis* and cultivated soybeans[5] and this new strain saved the US soybean crops from complete destruction.

Obviously, protection of environments that support wild species and conservation of primitive cultivars are important to make up for the narrow genetic material base available. Such measures will also facilitate the continued existence of species and simultaneously increase production.

The growth and well-being of all wildlife and a state of equilibrium between wild animals and plants are indicators of environmental quality and ecological balance. The available wild biological resources constitute a major yardstick for judging the quality of the environment.

As a consequence of the dramatic growth in human populations, increasing demands are made on natural resources, and irrational exploitation of these resources is intensified; e. g. excessive logging in forest areas, large-scale reclamation of wasteland, grasslands and marshes, and widespread application of pesticides, all lead to changes in the natural habitats of wild animals and plants. If the natural environment has already been severely damaged, protection of wildlife and plants may be impossible.

Many wild animal species became extinct before their value was recognized. According to the US statistics in 1967 the survival of 78 species was in jeopardy and this number had increased to 109 in 1975. For instance, American passenger pigeons were once numerous, but the last of these birds died in 1914[7,8]. Although white egrets are rare in North America, and are protected in Canada, the population is gradually decreasing and only a few dozen of these beautiful birds have survived to the present date. This decrease is solely due to damage to their natural habitat[8]. The ruff (*Philomachus pugnax*), a beautiful English marsh bird, became extinct because of the practice of draining marshes[8]. The willow ptarmigan in Europe is also gradually disappearing because excessive logging has deprived this species of the nesting sites necessary for propagation[10]. Only a couple of the American marten (*Martes americana*) in South Dakota, USA have survived the onslaught of pesticides[10].

In China, 55 endangered species of animals were listed for state protection in 1962, 150 in 1980, and 205 in 1986. The Père David's Deer, Milu (*Eluphurus davidianus*), the wild horse (*Equus Przewalskii*) and the Japanese crested ibis (*Nipponia nippon*) are among the extinct or close to extinct species. The unique, rare or precious animals and plants found in Xishuangbanna, Yunnan Province, such as the Indian elephant (*Elaphas maximus*), the ox (*Bos gaurus*) the gibbon (*Hylobates* sp.), the green peafowl (*Pavo muticus*) and the Bangladesh tiger, the hornbill (*Berenicornis* sp.), as well as the tree (*Gmelina arborea*) and the fruit tree (*Pometia tomentosa*) are all gradually disappearing or facing possible extinction. The extinction of these wild species may cause irreparable damage to the development of farming, forestry, and animal husbandry; including cultivation of existing species and domestication of wild animals. The objective of all forms of protection and conservation is to bring about perpetual utilization on a sustained yield basis.

MAJOR MEASURES FOR THE PROTECTION OF BIOLOGICAL RESOURCES

The major prerequisite for the protection of biological resources is conservation of the genetic variability of plant and animal species. The protection of genetic variation depends in turn on the protection of the natural habitat of the species concerned. Wild species of plants and animals as well as microorganism communities constitute important components of ecosystems. Therefore, in order to conserve the gene pools of ecosystems measures should be adopted to protect the existing species and the basic ecological processes while simultaneously preventing irrational human interference. Protective measures have now been taken by almost all countries. The measures adopted are directly related to the number of species concerned, the level of scientific research, economic and trade performance, and administrative and legal education in the country concerned. China has adopted the following major measures to protect genetic resources.

Strengthening Awareness of the Significance of Biological Resource Protection

The general public should be made aware that the conservation of plant and animal species is important for the development of the national economy, and for promoting agriculture, forestry and animal husbandry. Conservation is also a necessary basis for enhancing scientific research, cultural and educational undertakings, as well as for the energy flow and interrelations between ecosystem species, and between species and the environment. The extinction of some species may cause damage to the whole ecosystem, thus, endangering the human environment now and for coming generations.

Inhabitants of the Dinghushan Nature Reserve, Guangdong Province used to catch the European black vulture (*Aegypius monachus*) in excessive numbers and sold stuffed specimens in Hong Kong and Taiwan. As a consequence of this trade the number of squirrels in the area increased dramatically. The abundant squirrels fed on tree roots and young branches, undermining regeneration of the forest. Subsequently, the entire forest was destroyed by squirrel populations. Examples of this kind are numerous.

In order to protect species we must proceed by protecting the whole environment and by conserving species as well as their natural habitats. The major objective is to conserve entire gene pools and to secure their perpetual utilization.

Formulating Policies and Introducing Laws and Regulations for Environmental Protection

The Chinese Government declared environmental protection to be on of the basic national policies of China. Principles have been formulated for the simultaneous expansion of economic growth in combination with environmental protection. In keeping with the general spirit of these general guidelines and policies China has formulated and promulgated laws and regulations in regard to the protection of the environment and the conservation of wildlife in areas such as forests, grasslands, aquatic environments, etc. Under the delegation of the Chinese State Council, the State Environmental Protection Bureau has authorized the departments concerned to draft laws for the protection of animals throughout the country, to develop national regulations for the protection of wild plants, administrative regulations for national nature reserves, and to compile national red books on endangered species of fauna and flora. Environmental protection authorities in various regions have also issued regulations at the local level for the protection of species in their respective provinces, cities and other areas. Experience so far has shown that these regulations have played an important role in protecting species and their environments.

Nature Reserves

The establishment of nature reserves is an important means of protecting ecosystems and conserving genetic resources. According to statistics for 1984[9], China has established over 360 nature reserves. Measures have also been taken to protect 176 animal species and 354 plant species. The protection of beneficial birds and insects is now well established thanks to widespread education and publicity. The Chinese nature reserves that have been established to protect species facing extinction are Zhalong Nature Reserve for the red-crowned crane (*Grus japonensis*), Heilongjuang Province; Wuolong Nature Reserve for the giant panda (*Ailuropoda melanoleuca*), Sichuan Province; nature reserve for the sambar deer (*Cervus unicolor*), Guangdong Province; nature reserve for Eldi's deer (*Cerves eldi hainonus*) and Nanwan Reserve on Hainan Islan for the rhesus monkey (*Macaca mulatta*); reserve areas for yin shan (*Cathaya argyrophylla*) in Sichuan and Guizhou and Guangxi Provinces; and reserve areas for the common greytwig (*Schoepfia jasminodora*) and mangroves (*Rhizophora apiculata*) on Hainan Island.

In recent years, the State Environmental Protection Bureau has invested in the establishment of new nature reserves that will serve to protect rare and precious species. These reserves are the nature reserve for the wild yak (*Bos grunniens*) and the Bactrian camel (*Camelus bactrianus*) in

Xijiang; an island reserve for the pallas pit viper in Liaoning Province; Yancheng Nature Reserve for the redheaded crane in Jiangsu Province; Chaohai Nature Reserve for the black-necked crane (*Grus nigricollis*) in Guizhou Province; the nature reserve for the camellia (*Camellia chrysantha*) in Guangxi autonomonous region; nature reserve for wintersweet (*Chimonanthus praecox*) in Hubei Province; Desert Nature Reserve, mainly for desert plants in Ningxia autonomous region; Nanhaize Farm for Père David's deer, Milu in Beijing suburbs; and nature reserve for the Chinese river dolphin (*Lipotes vexillifer*) in the middle and lower reaches of the Yangtze River.

China's Seventh Five-Year Plan for national economic and social development (1986-1990) has been examined and approved by the Fourth Session of the Sixth National People's Congress. The Seventh Five-Year Plan contains 56 chapters[10]. Chapter 52 is devoted to environmental protection and discusses the basic task of protecting and improving the environment. It is stated that more nature reserves will be established insofar as financial and material resources permit, and there will be a gradual development of a network of nature reserves that will be rationally distributed and cover complete genetic variation of the species in the whole country, as well as the setting up of propagation areas for the rare and precious species and their gene pools that are facing extinction.

Strengthening Leadership and Improving Administration

The main characteristics of biological resources are that they are renewable. If properly protected and administered so that they maintain their genetic variability, these resources can provide the material basis for permanent utilization. To meet this end it is essential to strengthen the role of administration on issues that involve nature preservation and the protection of species, to classify job responsibilities, to set up a system of economic responsibility and to extensively apply legal, administrative and economic measures, which are both scientifically sound and effective.

In China, administrative departments have been organized to investigate natural resources and species, i. e. the distribution, quantity and quality of various species resources. These departments will carry out an overall assessment, ecological verification and forecast of future demands. On this basis, both short-term and long-term plans will been drawn up for the utilization and preservation of biological resources. These plans will be in keeping with the conditions prevailing for the different species, and for geographical differentiation. This again will provide a scientific basis for comprehensive arrangements for economic development and the conservation of nature. The plans will also ensure that national economic growth is based on the rational development and perpetual utilization of natural resources on a sustained yield basis to provide optimal ecological results.

References and Notes

[1] IUCN-UNEP-WWF. 1980. World conservation strategy. IUCN, Morges, p. 16 ~ 18.

[2] China Environmental Management College. 1984. Outline of Environmental Protection. Oinwang Dao.

[3] Jianming, J. and Fuxiang, Z. 1983. Environmental protection. Science Press, Helongjiang.

[4] *Workshop on International Wheat Genetics*. 1985. Tokyo.

[5] Jiangming, W. 1982. Genetic breeding of soybean. Science Press, Helongjiang.

[6] World Bank. 1985. FAO Yearbook.

[7] Urban Council of Hong Kong. 1983. Nature conservation in China. Urban Council, Hong Kong. p. 157.

[8] China EPA. 1986. Training course of natural conservation in China, Beijing. p. 157.

[9] Jianming, J. and Liqiang, W. 1986. Nature reserves in China preserve invaluable resources. New China Q. p. 115.

[10] China Environmental News No. 5. 1987. p. 5.

Abstract: Plant and animal biological resources provide the material basis for human life. Eighty percent of the food consumed by man is derived from twenty kinds of plants and animals. The genetic variation within each species that contributes to its gene pool is a very important attribute that is easily exhausted by unwise monoclonal overexploitation. The genetic variation in plant and animal species provides the requisite materials for sustaining and improving farm production, forestry, animal, husbandry, fisheries, etc. Therefore, conservation of the full range of genetic variation within each species is essential for sustained human progress and for man's continued development and utilization of biological resources.

遗传资源的保护[*]

一、遗传资源保护的意义

通过天然作用或人工经营能力，为人类反复使用的自然资源，主要是土地资源、矿产资源、水资源、气候资源、生物资源等。遗传资源在生物资源中占有极其重要的地位。它包括各种农作物、林木、牧草等植物；鱼类、家畜、野生的兽和鸟类等动物以及微生物、病毒等，也包括由它们组成的各种种群、生物群落等。

遗传资源为人们持续发展和永续的开发利用提供了物质基础。没有遗传资源就没有地球生物的持续发展，也就没有生命的存在。

1. 生物物种是提供食物和食品的来源

遗传资源是维护和改进农、林、牧、副、渔等各业不可缺少的物质基础。作为人类基本食物的农作物、牲畜、鱼类等均来源于野生祖型。例如，人们食物的 4/5 就是靠 20 余种植物、动物提供的。人类所需蛋白质来源，不少也是直接取自自然界，如全世界每年从鱼类及其他海产动物取得的蛋白质即占人类蛋白质来源的 6% 。连衣着也是靠培育和驯化野生物种得到的。但是，人工栽培或饲养的动植物，由于其遗传物质基础较窄，都需要自然界基因库的野生祖型及近亲的遗传物质，供作新品种培育或饲养的基础。一般来说，任何一个作物品种，如小麦，大豆、稻谷等类，使用了 5～15 年之后，旧的品种即失去抗病虫害能力，必须更换，而一个优良的新品种如果培育成功，不但可以增加生物生产量，还可创造数以千万美元的经济价值。

2. 生物物种是医疗卫生保健资源的来源

美国每年 40% 以上的药方中，都有天然的生物药品。其中取自高等植物的占 25% ，微生物占 13% ，动物占 3% 。又据报道，仅美国每年从高等植物中提取药物就价值约 30 亿美元。大家知道，我国的中药及传统医学中草药的绝大部分药物均取自野生的动物或植物。

近代医药工业的发展，开始采用工业的方法，生产合成药物的中药和西药，以代替一部分野生中草药药源的不足，或者采用人工的栽培方法培育野生的药用植物。但是仍然离

---

* 金鉴明 . 1989. 遗传资源的保护 . 环境保护，（1）：2～4.

不开野生的植物资源。比如，野生的中华猕猴桃维生素含量每百克果肉达 100~400 毫克，比柑橘高 5~10 倍，野生的人参、天麻的药效成分比栽培的要高几倍，即使都是野生的，其不同地理的亚种或变异型有效成分含量仍然会有很大差别。

3. 大量工业原料来自遗传资源

人们所需要的毛皮、皮革、造纸、纤维、油料、胶脂、芳香等各种原料都来自自然界的生物资源。芦苇、秸秆、龙须草、小杂竹等都是重要的造纸原料，甚至连生长在盐碱沙荒地的罗布麻也是优良的纤维原料，如充分利用起来，将是一笔很大财富。野生动植物还可提供油料、香料、烤胶等工业用生物原料。

在科学意义方面，生物的各种生理功能，可给人类科学技术发展以莫大的启示。现代科学研究证明，多种多样的物种是生态系统不可缺少的重要组成部分。生态系统中生物与生物之间，生物与非生物之间的物质循环、能量流动和信息传递有着相互依赖、相互制约的关系。当生态系统中某一物种消失时，就会导致整个生态系统的破坏、生态平衡的失调，造成自然环境的恶化。因此，遗传资源的保护和保存其遗传的多样性，其意义是显而易见的。

二、遗传资源的合理利用和积极保护

庄稼、树木、家畜、家禽、水产和微生物等以及它们的野生亲缘种中所含的遗传物质，通过人工繁殖的手段，增加不同的品种，使之适应当地的土地和气候条件，从而不断提高产量，改善营养质量，增强抵御病虫害的能力和耐用性，但这些物质是不可能持久的。例如，在 20 世纪 70 年代中期，传遍世界的第一次绿色革命的内容之一是推广墨西哥小麦，这是一种适于高度密植的矮秆小麦。它的直接亲本有农林 10 号的血统，而农林 10 号的亲本则是大拇指矮。这个大拇指矮，原产中国西藏地区。墨西哥小麦的推广使许多国家的粮食生产有了很大的发展。但是粮食生产中的遗传基础十分狭窄；加拿大品种小麦的产量就占农作物产量的 75%；美国 72% 的马铃薯仅来源于 4 个品种；巴西几乎所有咖啡树都是从同一棵咖啡树遗传下来的。一般说小麦、大豆、稻谷等种类使用了 5~15 年之后，就必须更换品种，因为旧的品种已失去抗病虫害的能力，产量逐渐下降，人工栽培或饲养的动植物和粮食作物一样，其遗传物质基础同样较窄，它们都需要从自然界基因库的野生祖型及近亲的遗传物质，供作新品种培育的基础，假如对世界上野生动植物和原始物种的基因库不加以继续保存，那么农林牧副渔业生产就不可能发展。例如，大豆原产于中国，中国具有野生大豆异常丰富的遗传资源，大豆引种到美国早期是在 1804 年，直到 1924 年以后，才在生产上有较大的发展。然而，在 20 世纪 40 年代美国大豆生产上遇到一种孢囊线虫病，对大豆生产构成了致命威胁，最后终于在大豆的原产地——中国半野生大豆，一种黑壳抹食豆中找到抗孢囊线虫病的遗传物质，利用这种抹食豆和栽培大豆杂交选育出了抗孢囊线虫病的新品种，才使美国大豆的生产转危为安。由此可见，保护野生种源的环境，保存野生的原始物种，是人类用来弥补遗传物质基础，使之物种得以持续发展，提高生产的重要手段。

野生动植物与其赖以栖息的自然环境的协调和它们的繁茂昌盛，标志着大自然的环境质量和自然生态平衡的和谐。因此野生生物资源的丰富度，往往是衡量环境质量好坏的重要指标；反之，如自然环境遭受破坏，则保护野生动植物资源就无从谈起。但是随着人口的剧增，社会对自然资源的需求量越来越大，不合理的开发资源也日趋加剧，以致改变了动植物的栖息环境，使许多野生种源在尚未发现其珍贵价值之前，就遭到濒临灭绝的境地。美国1967年统计种群生存处于危急状态的物种为78种，而到1975年已增到109种。美洲旅鸽一度曾多得把天空都遮黑，最后一只旅鸽则是在1914年死的。北美罕见的白鹭在加拿大繁殖曾加以保护。但由于破坏了这种动物的栖息环境，因而逐年减少，现只有几十只了。英国流赤环颈鹬是一种美丽的沼泽鸟，由于沼泽排干而导致绝种。欧洲大雷鸟由于森林的砍伐而影响到它们的筑巢繁殖，也正在逐渐消失。美洲的黑腿貂就因农药的影响，现仅仅几只保留在南达科他州。我国1962年列入受国家保护的动物为55种，1980年已达150种，1986年已增加到205种。我国的麋鹿、野马、朱鹮鸟在原分布区已绝灭或濒于灭绝，云南西双版纳原有独特的珍稀动植物都已面临灭绝或逐渐消失的境地。这些野生物种的灭绝，对农林牧业持续发展，包括引种栽培和家畜饲养业将是不可弥补的损失。保护物种的目的是为了更好地永续利用和持续发展。因此，遗传资源的保护和利用必须协调发展。

三、遗传资源保护的主要措施

保护遗传资源首先是保留遗传的多样性。然而，遗传多样性的保护又取决于生态环境的保护。野生植物和动物、微生物群落是生态系统的主要组成部分，这种生态系统的遗传成分的保留，一方面要采取措施，不破坏其生态系统的基本生态过程，保留它们的组分；另一方面要保护生态环境，不使其系统遭受不合理的人为干扰。保护措施的执行与一个国家的物种丰富度、科技水平、经济贸易状况、行政管理水平、法律乃至宣传教育等多方面问题有关。我国采取了以下主要措施。

1. 提高对遗传物种保护意义的认识

对遗传物种的保存不仅要认识到它对国民经济的发展、促进农林牧副业生产、科学研究、文化教育等意义；还要认识到作为生态系统组成部分的遗传物种之间，以及与环境之间不断地进行着物质交换，能量流动和信息传递。它们之间相互依存相互制约，其中一些遗传物种灭绝了，将给整个生态系统带来无法恢复的破坏，从而危害人类，甚至子孙后代。因此要保护遗传物种，就要从保护自然环境整体出发，必须保存物种及其赖以生存的自然环境，才能达到保存遗传的多样性和永续利用的目的。

2. 制定保护政策和条法

我国已经宣布，环境保护作为一项基本国策，并提出了经济建设和环境保护必须同步发展的方针，又提出了把自然资源的合理开发和充分利用作为环境保护的基本政策。根据以上有关方针政策总的精神，我们制定并颁布了具体的条法来保护森林、草原、水产、土地和野生动物等。目前，国家环保局受国务院委托正在组织制定中华人民共和国动物法、全国野生植物保护条例、全国自然保护区管理条例及组织编写全国植物红皮书和动物红皮书。各地环保部门也已颁布了省市和地区的有关物种保护条法。可以肯定，这些条例的颁布，对于保护生物物种及其生境必将起到其应有的作用。

3. 制定保护规划，建立自然保护区和物种基因库

建立自然保护区不仅是保护生态环境，也是保存遗传资源的一种重要手段。据1984年底统计，我国已建立了各种类型的自然保护区300多处。对176个动物种和354个植物种采取了保护措施。经过宣传教育，保护益鸟、益虫的社会风气开始形成。建立以濒危物种为主的自然保护区有黑龙江扎龙保护区、四川卧龙大熊猫保护区、广东水鹿保护区、海南岛坡鹿保护区、南湾猕猴保护区、青皮木林和红树林保护区等；近年来，国家环保局投资建设以珍贵稀有的物种为主的自然保护区有新疆阿尔金山自然保护区、辽宁蛇岛保护区、江苏盐城自然保护区、贵州草海保护区、广西金花茶自然保护区、湖北野生腊梅自然保护区、宁夏沙坡头自然保护区、北京南海子麋鹿园、长江中下游白鳍豚保护区等。"七五"计划第52章提出："保护和改善生态环境。根据财力物力的可能，增建自然保护区，逐步在全国范围内形成布局合理、种类齐全的自然保护区网，建立一批珍稀濒危物种的培育繁殖基地和基因库。"目前，我们正在制定十五个保护区和物种保护规划。

4. 开展遗传资源的科学研究工作

人类应用动植物种的历史证明，即使是无用的物种，也会预想不到地变为有用的物种，如犰狳是研究治疗麻风病的宝贵材料，北极熊的毛是高级的吸热器……这些意外的发现之后，不论作为试验性动物，还是作为科研线索，对科研工作都是非常有价值的。但是，有许多物种往往在其尚未被人们认识和发现以前，就被人为干扰和破坏了。因此，保护有价值的遗传物种和中国作物起源基因库是开展科学研究的前提。

5. 加强领导、加强管理

遗传资源的根本特点是一种再生资源，如果经营管理和保护得当，将为人们提供永续利用的物质基础。反之，人类将遭到大自然的报复。强化自然保护和物种管理机构，明确其职责分工，建立经济责任制，运用法律的、行政的、经济的、综合有效的科学管理方法是十分必要的。我国已组织有关部门进行自然资源和物种的普查工作，进一步搞清各类资源物种的分布、数量、质量，从而进行综合评价、生态论证和需求量的预测。在此基础上，按物种状况、不同类型、地区特点等制定实际的利用和保护规划（近期的和远期的），为经济开发与自然保护结合的统筹安排以及保证国家经济建设建立在自然资源合理开发、永续利用、发挥最佳的生态经济效益提供科学依据。

我国生物多样性及其保护战略[*]

生物多样性包括遗传多样性、物种多样性和生态系统多样性。遗传多样性是指每一物种内基因和基因型的多样性；物种多样性是种与种之间的多样性，即物种分类上的多样性；而生态系统多样性则是指生物群落与生境类型的多样性。保护生物多样性是在基因、物种与生境三个水平上的保护。目前，保护生物多样性已成为国际主要环境问题之一，在我国也越来越受到人们重视。"生物多样性"（biological diversity）这一名词似乎觉得比较生疏，但从其包含的内容看，我国在这方面已开展了大量工作，并取得很多成就。在迎接国际保护生物多样性潮流之际，总结我国生物多样性保护现状，并根据我国国情，提出当前我国保护生物多样性战略，显得尤其重要。

一、生物多样性的含义及其保护意义

1. 生态系统多样性是物种、遗传多样性的保证

生态系统具有极其多样化的类型。根据环境条件和生物区系，地球表面可分为陆地、淡水、海洋、岛屿等生态系统；陆地生态系统又可分为森林、草原、荒漠、冻原等生态系统；森林生态系统又可再分为热带雨林、热带季雨林、常绿阔叶林、落叶阔叶林、针叶林等生态系统；每一森林类型还可按地区、海拔高度、森林结构、群落类型、关键物种及生态特点等一分再分。生态系统内部始终进行着生物物种之间的能量流动以及生物群落与环境之间的物质循环，这是维持物种生存和进化的必要过程。保护生态系统的多样性则维持了系统中能量和物质运动的过程，保证了物种的正常发育与进化过程以及物种与其环境间的生态学过程，从而保护了物种在原生环境下的生存能力和种内的遗传变异度。由此可见，生态系统是由生物群落和生物群落环境这两个最基本的要素组成，而生物群落是生态系统的核心。由于生物群落是由若干生物物种所组成，因而，丰富多彩的生态系统是物种多样性和遗传多样性存在的保证。

2. 物种多样性是人类生存和发展的基础

物种多样性是指动物、植物及微生物种类的丰富程度。物种资源是农、林、牧、副、

---

* 金鉴明，薛达元 . 1991. 我国生物多样性及其保护战略 . 农村生态环境，(2)：1~5.

渔各业经营的主要对象，对人类的衣食住行提供了必要的生活物质，如丰富的植物资源为人类提供了粮食、油料、蔬菜、果品等；野生动物资源是许多国家人民的主要食物来源。作为工业原料，植物提供了木材、纤维、纸张、香料、橡胶、松脂等大量产品，动物的皮毛革羽常是做御寒服装的高级原料，在出口贸易中占重要地位。野生动植物的药用价值尤其重要，美国每年的医疗处方中，至少有30%的处方包含有来自野生动植物的药物，我国传统的中草药如人参、天麻、贝母、三七、杜仲等来自野生植物，而犀牛角、羚角、鹿茸、麝香、虎骨、熊胆等取自野生动物。随着医学科学的发展，许多生物新的医药价值将不断被发现。

野生生物对现代科学技术的发展具有特殊的贡献，许多发明创造是来自生物的启示。如仿生学，即源于一些鸟、兽、昆虫等。一些物种引爆了人们的灵感，或成为人工智能的仿制原型，如依据响尾蛇的红外线自动用热定位来确定捕捉物位置的原理，设计成功了导弹引导系统；根据昆虫平衡棒具有保持航向不偏离作用的原理，制造了控制高速飞行器和导弹航向及稳定作用的振动陀螺仪；北极熊的毛是高效能的吸热器，这一发现为设计防寒服装和制造太阳能采热器提供了线索等。

3. 遗传多样性是改良生物品质的源泉

遗传多样性即基因多样性。在某种意义上，一个物种就是一个独特的基因库。物种的多样性孕育着基因的多样性，但却不能包含基因多样性，因为基因多样性的表现是多层次的、多水平的。一个物种是由若干个体所组成，即种群，一般认为种群中没有两个个体的基因组合是完全一致的。群体遗传学认为，物种是由许多生理或生态的群体构成，这些群体显示了丰富的遗传变异，使一个物种实际包含有成百上千个不同的遗传类型，如水稻、菊花都有上千个品种或品系。这种种内遗传变异的多态性不仅表现在外部的表现型上，而且表现在染色体的数目、结构、形态和行为上，甚至表现在分子水平上，即蛋白酶的多态现象和 DNA 分子的多态性。所以，遗传多样性可认为是种内或种间表现在分子、细胞和个体三个水平上的遗传变异度，这种变异度是生命进化和适应的基础，变异越丰富，物种对环境的适应能力越强，物种进化的潜力也越大。

遗传多样性对农、林、牧、渔业生产具有重要的现实意义。有人认为，一个基因可影响一个国家或地区的兴衰。如水稻、小麦的矮秆基因改变了其传统的栽培方法，使水稻、小麦的产量在全世界许多地区大大提高；澳大利亚的绵羊，经过长期杂交育种的改良，形成了羊毛绒毛质优、产量高、纺织性能好的优良羊种，使"澳毛"闻名于世，促进了该国的经济繁荣。一些农作物的原始种群、野生亲缘种和传统地方品种，常具有适应性广、抗病力强等优良特性，人们常利用这些特性培育高产、优质、抗病的作物品种，这方面成功的例子举不胜举，我国利用野生稻基因培育杂交水稻就是其中一例。

二、我国的生物多样性与保护现状

1. 生态系统多样性与保护现状

我国国土辽阔，南北受温度影响，形成热带、亚热带、暖温带、温带和寒温带等气候带；东西受湿度影响，形成湿润、半湿润、半干旱和干旱的气候带；全国各地的多山、高原地形，又在许多地区形成垂直气候带。自然条件的复杂性形成生态系统的多样性。据研究，我国森林生态系统就有 16 个大类，约 185 类生态系统。我国热带雨林面积虽然很小，但热带雨林和季雨林生态系统也有 19 类；亚热带常绿阔叶林就有 34 类生态系统；其他的亚热带森林生态系统有 51 类；温带森林有 57 类。我国还有 4 大类草原、7 大类荒漠和各类高山植被，形成约 460 多类的生态系统，其中草原有 56 类，荒漠有 79 类。

保护生态系统多样性的有效途径是建立各类自然保护区，对此，我国政府已给予一定的重视。我国自然保护区的建设始于 20 世纪 50 年代，1956 年首先在广东鼎湖山建立了保护南亚热带季雨林生态系统为主的自然保护区；1958 年和 1960 年又分别在西双版纳和长白山建立了保护热带雨林和温带森林生态系统的保护区。80 年代以来，自然保护区建设发展迅猛，到 1990 年，全国已建自然保护区达 600 处，面积达 3000 万公顷，占我国陆地面积的 3%，使相当一批具有代表性、典型性和多样性的自然生态系统得以保存。在这些保护区中，有森林、草原、荒漠、高原、高山、湿地、海洋与海岛、地质地貌等各种生态系统类型，其中森林与野生动物生态系统类型的保护区较多，占 70% 左右，并有长白山、武夷山、梵净山、鼎湖山、卧龙、锡林郭勒、博格达峰等 7 个自然保护区被联合国教科文组织列入"世界生物圈保护区"网，为保护全球生物多样性作出了贡献。此外，我国还建有各种生态系统类型的风景名胜区和森林公园 500 多个，使中华大地上相当一批自然荟萃得到有效保护，初步形成全国生物多样性保护网络。

2. 物种多样性与保护现状

我国是世界上少数几个物种最丰富的国家之一，动植物区系各占世界动植物区系的 10% 左右。我国分布有高等植物约 470 科，3700 余属，30000 种，其中特有属 200 个，特有种 10000 种左右，其中水杉、银杉、银杏等是我国特有的珍稀孑遗植物。在丰富的植物资源中，已发现中草药植物 4000 多种；香料植物 350 种；油脂植物 800 多种；酿酒和食用植物约 300 种。我国野生动物种类繁多，已发现兽类 430 多种，占全世界种类的 10.72%，其中大熊猫、金丝猴、白唇鹿等是闻名世界的我国特有动物；我国有鸟类 1183 种，占世界 14%，是世界上鸟种类最多的国家；我国还有淡水鱼类 800 余种，近海鱼类 1500 多种，爬行类约 380 种，两栖类约 220 种；无脊椎动物约 100 万种以上，其中昆虫达 15 万种。我国微生物种类也极其丰富，我国已分离出酵母 26 个属，3000 多株，占世界酵母总数的 40%；已知的真菌达 7000 种，仅为估计种数的 10%，绝大多数微生物种类尚有待发现。

我国在 20 世纪 50 年代末就开始提出保护珍贵树木和动物，但直到 80 年代才引起重视。自 80 年代初，国家环境保护局等部门组织科研力量在全国进行了广泛的动植物受威胁现状调查。1984 年，国务院环委会公布首批珍稀濒危保护植名录，共 354 种，1987 年修订为 389 种（表 1），1991 年初出版了《中国植物红皮书》（第一册）。国务院环委会还于 1987 年公布了《重点保护野生动物名录》共 206 种。1988 年底颁布了《野生动物保护法》和附录的保护动物名录，共 247 种（表 2）。

表1 国家重点保护植物分类

植物类型（种） ＼ 保护级别	一级保护	二级保护	三级保护	合计
蕨类植物	1	9	3	13
裸子植物	3	34	34	71
被子植物	4	116	185	305

表2 国家重点保护动物分类

植物类型（种） ＼ 保护级别	一级保护	二级保护	合计
兽类	42	40	82
鸟类	37	74	111
爬行类	6	11	17
两栖类	0	7	7
鱼类	4	11	15
头索类	0	1	1
无脊椎动物	7	7	14

我国物种保护的措施主要是就地保护和迁地保存。就地保护即建立自然保护区，已建保护区中约有30%是以物种为保护对象。如贵州赤水桫椤和道真银杉保护区，广西上岳金花茶保护区，四川卧龙、王朗、陕西佛坪等14处大熊猫保护区，等等。其他一些濒于灭绝的野生动物，如长臂猿、东北虎、海南坡鹿、金丝猴、扬子鳄、丹顶鹤、朱鹮、褐马鸡都已建有专门的保护区。

近十年来，国家环境保护局已投资600多万元用于物种迁地保存项目。在广东和广西建立了木兰科植物和金花茶引种基地；在杭州、南京、九江、郑州、沈阳等地建立了地区性珍稀濒危植物引种保存中心，昆明、西宁两地的引种中心也在建设之中；还在北京、甘肃张掖、安徽铜陵建立了麋鹿苑、蓝马鸡繁殖场和白鳍豚养护场。林业部也投资在安徽宣城、黑龙江海林、四川卧龙、陕西洋县建立了扬子鳄、猫科动物、大熊猫和朱鹮繁育中心或站，还在江苏大丰、新疆吉木萨尔、甘肃武威开展了麋鹿、野马和高鼻羚羊的国外引进项目。全国28个动物园，60多个植物园以及一些树木园都不同程度地进行了野生动植物的迁地保存工作。目前，全国已建有野生植物引种保存基地255个，野生动物人工繁殖场277个。

3. 遗传多样性与保护现状

我国极其丰富的野生物种本身就是一个个遗传基因库。更重要的是我国具有悠久的历史和古老的文明，我国劳动人民在5000多年的农业生产活动中，驯化了许多品质优良的栽培作物和家畜动物。我们主要栽培作物水稻、小麦、棉花、大豆等都有成百上千个品种，同工酶分析表明，这些品种间都存在明显的遗传变异。我国主要家畜，如猪、牛、羊、鸡等，也都有数十乃至上百个品种，仅猪就有 100 多个品种。

但是，由于巨大的人口压力，近几十年来毁林开荒、毁草开荒、围湖造田等，使野生动植物因栖息地日益缩小而遭到生存威胁，而某一物种的灭绝或其种群数量的减少都意味着遗传多样性的减少。另外，社会经济的发展和科学技术的进步以及人们一味追求高产品种的育种目标等，使我们祖先遗留给我们极其丰富的家畜作物品种资源受到削弱。随着外来品种的引进和高产品种的专业化种子生产，家畜和作物的遗传多样性发生深刻的变化，一批我国特有的地方性古老、土著品种逐渐消失，乃至灭绝，如优良的九斤黄鸡已濒于灭绝。

保护家畜、作物遗传多样性一直是我国农业育种科学领域的一项重要任务。中国农业科学院和各省（自治区、直辖市）农业科学院一般都建有作物和家畜品种资源研究所或研究室，开展品种资源的收集和遗传育种研究。全国各地还建立了一批作物品种资源库，对作物种子进行长期的低温保存。在动物方面，一批具现代化管理水平的动物细胞和动物精子库、配子库、胚胎库已在建设中或业已启用，用超低温技术保存野生和家养动物的精液、胚胎和组织培养物。中国科学院昆明动物研究所结合我国西南地区动物资源丰富的特点，建立了颇具规模的野生动物细胞库，迄今已收集保存了包括昆虫、鱼类、两栖类、爬行类、鸟类和哺乳动物在内的野生动物细胞株 198 种，隶属 192 种动物，其中 26 种是我国特有或珍稀濒危动物，如滇金丝猴、中国麂、毛冠鹿、赤斑羚等。

三、我国生物多样性保护的战略

1. 宣传开路

当前，保护生物多样性的首要工作是进行广泛的宣传。要结合《环境保护法》、《野生动物保护法》、《中国自然保护纲要》和《世界自然保护大纲》等法规、文件的宣传，利用"世界环境日"、"地球日"、"爱鸟周"、"植树节"等纪念活动，广泛宣传生物多样性保护的战略意义和迫切性，宣传党和政府关于保护生物多样性的方针政策，以提高各级领域和群众对保护生物多样性的认识程度。要将"生物多样性"一词列入中、小学的课本，增强青少年自然保护意识。要为政府部门管理人员举办各种培训班和学习班，以提高其保护生物多样性的管理水平。要充分发挥有关学术团体作用，组织各种研讨会，研究制定符合我国国情的生物多样性保护策略。

2. 加强科学研究

我国生物多样性保护的研究虽取得很大成就，但仍有大量工作有待深入开展。

在生态系统多样性方面，要进一步开展我国各生物气候带生态系统多样性的调查以及各类型生态系统中生物种类、多度及群落特征的调查；研究生态系统多样性的结构与功能、生物群落的动态变化和与环境的关系；研究生态系统多样性保护网络的建立和永续利用的合理经营技术；还要研究生物多样性中心的确定技术和标准。

在物种多样性的保护方面，要加强生物区系的调查，特别是低等生物区系的调查，改变我国低等生物家底不清的状况，进一步加强受威胁物种的濒危状态和保护现状的调查，编辑各类生物图志和受威胁动植物红皮书；要加强珍稀濒危动植物的生物学、生态学和行为学的研究，建立物种保护的生态监测网络和数据库；还要加强生物资源的开发利用价值研究，特别是生物物种在药用方面的潜在价值研究；同时还要研究生物资源开发利用的管理政策。

在遗传多样性的研究方面，要研究物种群体结构的多样性，了解物种天然群体内和群体间遗传变异。要进一步收集和保存家畜和作物品种资源，开展家畜和作物的野生祖型和亲缘种的遗传学研究，为培育更多的优良品种提供基因材料；要进一步研究野生生物和家畜、作物种质的保存技术，建立更多的现代化"种质资源库"；还要研究品种多样化对增加农业生产稳定性的作用。

3. 加强科研队伍建设

我国已拥有较雄厚的生物多样性研究力量，在中国科学院已建的123个研究所中，约有33个研究所含有生物多样性的研究工作，50多个野外工作站（台）中，有2/3以上与生物多样性有关，科技人员超过1000人。中央各部委和地方省市也建有一大批从事生物学研究的机构。但是，相对我国广阔的领土、众多的人口和丰富的生物资源，我国在生物多样性方面的研究力量是十分薄弱的，特别是从事分类学研究的人才非常匮乏。如我国从事专业真菌地衣分类的人员才100人左右；从事昆虫分类的不足400人，而美国超过2000人，更重要的是，这支队伍的人员结构存在着年龄老化、青黄不接的趋势。因此，国家要重视生物分类等基础学科的建设，切实解决理论学科经费不足等问题，抓紧培养中青年科技人才，使一些重要的基础学科后继有人，这是当前需迫切解决的问题之一。

4. 提高管理水平

近十年中，我国已颁布一系列有关自然资源保护的法规，在《环境保护法》第十七条和第四十四条中，对保护自然生态系统和珍稀濒危野生动植物及其法律责任作了明确的规定。在严格法纪的同时，各级政府要加强生物多样性保护的行政管理。要发挥环保部门监督管理的职能，在政府"环境目标责任制"中应规定保护生物多样性的内容，对本地区保护生物多样性的目标提出要求；在"农村环境综合整治定量考核制"中，应将自然保护区的数量、面积、管理质量，物种就地保护和迁地保存的状况、种质基因库的建设情况等列为定量考核目标；对野生动植物的采集和猎捕要实行"许可证"制度。要进一步完善生物多样性保护的法规建设。国家应尽快颁布《自然保护区管理条例》；抓紧拟定《野生植物资源保护条例》和《野生生物监督管理办法》等。

5. 制订行动计划

《中国自然保护纲要》对物种等资源的现状和应采取的主要对策都作了原则性的阐述，但尚缺乏具体的实施计划。当前面临的一项紧迫工作是，国家环境保护局要会同其他有关部门，尽快制订我国保护生物多样性的行动计划。在该行动计划中，要明确我国各类生态系统、物种及遗传基因多样性的分布中心，并对这些中心的保护提出全国统筹的规划和具体措施，将保护生物多样性的各项任务在时间、方式、人力和财力等诸方面都得到落实。在进行广泛深入的科学研究基础上，编制出《中国生物多样性保护行动计划》，作为《中国自然保护纲要》的续编。

6. 开展环境外交

国务院环委会第 18 次会议专门针对国际四大环境问题（全球气候变暖、臭氧层破坏、有毒有害化学品和废弃物的转运、生物多样性损失）进行讨论，明确了我国参与上述环境问题的外交政策。保护生物多样性符合全人类的利益，也是中华民族的利益所在。中国是一个大国，也是世界上物种最丰富的国家之一，要努力承担自己的责任、积极响应国际社会潮流。同时要明确我国同大多数发展中国家一样，在生物多样性保护方面面临着保护与开发的矛盾和资金短缺、技术力量不足等困难，要根据我国国情，加强环境外交，争取国际合作。在过去的三年中，国家环境保护局曾多次派人参加由联合国环境规划署主持的《保护生物多样性国际公约》的草拟工作，对其内容提出许多建设性意见。今后还将继续参与这项工作。

目前，一些国际组织，如世界自然与自然资源保护联盟（IUCN）、世界自然基金会（WWF）、世界银行和一些发达国家的对外援助机构，正在筹集资金，资助发展中国家的生物多样性保护项目，我们应不失时机，积极争取国际合作项目。

总之，生物多样性是全人类的共同财富，保护生物多样性是造福当代和子孙后代的一项神圣事业，每一个生活在地球上的人都要为之承担义务。

参 考 文 献

[1] 金鉴明. 1990. 强化监督管理，促进生态保护. 环境工作通讯，(10)：12~22.
[2] 施立明. 1990. 遗传多样性及其保存. 生物科学信息，2 (4)：158~164.
[3] 陈灵芝. 1990. 生态系统多样性的保护. 中国科学院生物多样性研讨会会议录，中国科学院生物科学与技术局.

提要 本文系统地论述了生物多样性的含义，在生态系统、物种及遗传基因多样性三个水平上阐述了生物多样性对人类生存和发展的意义；介绍了我国生物多样性的现状，总结了多年来我国在保护生物多样性方面的努力和取得的成就；提出适合我国国情的生物多样性保护战略，即加强生物多样性的宣传、管理、科研和科研队伍建设，制订生物多样性保护行动计划，开辟国际合作。

THE BIODIVERSITY AND CONSERVATION STRATEGY IN CHINA

Abstract：In the paper，the concept and significance of biological diversity to human being's existence and development were counciated systematically at the three levels of ecosystem，species and gene. And the abundance of chinese biodiversity and the achievements for biodiversity conservation in China for past decades were introduced and summarized. Furthermore，the conservation strategy suitable in China was discussed and some proposals were put forward, including enhancing the propaganda, administration, scientific research and research personal for the biodiversity conservation, working out China Biodiversity Conservation Action Plan and opening the international cooperation widely.

保护生物多样性*

保护生物多样性，是当今世界环境保护的热点之一。生物多样性是人类赖以生存和发展的基础。保护生物多样性，保证生物资源的永续利用是一项全球性任务，是协调环境与发展的重要内容。《联合国生物多样性公约》的签署，标志着人类保护生物多样性进入了一个新的发展阶段。

一、生物多样性的概念及其保护的意义

1. 什么是生物多样性

按照公约的定义，生物多样性"是指所有来源的形形色色生物体，这些来源除其他外，包括陆地、海洋和其他水生生态系统及其所构成的生态综合体"。或者说，所谓生物多样性就是地球上所有的生物体及其所构成的综合体。它包括遗传多样性、物种多样性和生态系统多样性三个层次。遗传多样性是指每一物种内基因和基因型的多样性；物种多样性是种与种之间的多样性；而生态系统多样性则是指生物群落与生境类型的多样性。保护生物多样性就是在基因、物种与生境三个水平上的保护。

2. 生物多样性的价值和重要性

生物多样性是人类赖以生存的各种有生命的自然资源的总汇，是开发并永续利用与未来农业、医学和工业发展密切相关的生命资源的基础。生物多样性的消失必然引起人类自身的生存以及生存环境，尤其是食品、卫生保健和工业方面的根本危机。

第一，生物多样性对于提供人类生存所需要的基本食物来说，是至关重要的。例如，丰富的植物资源为人类提供了粮食、油料、蔬菜、果品等；野生动物资源是许多国家人民的主要食物来源。目前，自然界还有许多尚未开发利用的潜在食物资源。全世界估计有80000余种陆生植物，但仅有约150余种被用以大面积种植；世界上90%食物源自20个物种，目前人类所需营养的70%以上来自小麦、稻米和玉米三个物种。动物方面，也主要是由为数不多的几种家畜为人类提供必要的蛋白质。此外，遗传多样性对农、林、牧、渔业生产也具有重要的现实意义。一些农作物的原始种群、野生亲缘种和传统地方品种，常

* 金鉴明. 1992. 保护生物多样性. 见：国际科学与和平周活动环境与发展报告会文集. 1~15.

具有适应性广、抗病力强等优良特性，人们常利用这些特性培育高产、优质、抗病的作物品种。如我国利用野生稻基因培育杂交水稻就是其中一例。

第二，生物多样性在人类的卫生保健事业上起着不可估量的作用。在很久以前，人类就开始利用野生动植物和真菌做药，而且一直沿用至医药事业高度发达的今天。例如，美国每年的医疗处方中，至少有 30% 的处方包含有来自野生动植物的药物。我国传统的中草药如人参、天麻、贝母、三七、杜仲等来自野生植物，茯苓、灵芝和神曲等来自微生物，而犀牛角、羚角、虎骨、鹿茸等取自野生动物。在我国，有记载的药用植物有 5000 多种，其中 1700 种为常用药。相当多的陆生动物也已经提供了重要的药物。目前已知有 500 多种海洋生物含有抗癌潜力的化学物质。随着医学科学的发展，许多生物新的医药价值将不断被发现。

第三，生物多样性为人类提供了多种多样的工业原料。如植物提供了木材、纤维、造纸原料、香料、橡胶、松脂、天然淀粉等，动物提供了皮、毛、革、羽等御寒服装的高级原料，甚至原油、煤、天然气等也都是由森林储藏了几百万年前的太阳能所提供的。现代工业还需要开发更多更新的生物资源，以提供各种工业生产中的必要原材料和新型能源。

第四，生物多样性对现代科学技术的发展还具有特殊的贡献。有许多发明创造就是来自于生物的启示。如仿生学，即源于一些鸟、兽、昆虫等。一些物种引发了人们的灵感，或成为人工智能的仿制原型，如依据响尾蛇的红外线自动用热定位来确定捕捉物位置的原理，成功设计了导弹引导系统；根据昆虫平衡棒具有保持航向不偏离作用的原理，制造了控制高速飞行器和导弹航向稳定作用的振动陀螺仪。此外，动物作为医药等科学研究的实验模型，也为科学技术的发展起着极为重要的作用。

由此可见，生物多样性既是过去、现在，又是将来社会经济发展的基础，保护和合理开发利用生物多样性是当代社会、经济发展的必然趋势。

二、生物多样性受威胁的现状和原因

1. 全球生物多样性概况

据估计，地球上有 500 万～3000 万种各类生物，科学上已经订名的却只有 140 万种，而对它们的复杂的生命结构、功能、行为、生理、生态作用等生物学知识，以及与人类的关系的了解却是微乎其微。

世界生物多样性分布不均匀，热带森林和温带地区、海洋等被认为是生物多样性分布最重要的地区。通常认为最严重的物种损失发生在热带森林，这些区域仅占世界陆地面积 7% 的森林容纳了全世界一半以上的物种。在这些全世界物种最丰富的生物群落中，仅仅很少几个特别丰富地区就包含了全世界生物多样性最重要的部分，这些地区具有物种尤其是特有物种分布特别集中的特点。我国的喜马拉雅山东部是热带森林热点之一。

经过世界各地各领域专家的广泛商讨，根据极其丰富的生物多样性、高度的特有物种分布以及森林被占用速度等方面因素分析，热带生物学研究重点委员会确定了 11 个需要特别重视的热带地区，分别是：厄瓜多尔海岸森林，巴西"可可"地区，巴西亚马逊河流域东部和南部，喀麦隆，坦桑尼亚山脉，马达加斯加，斯里兰卡，缅甸，苏拉威西岛，新喀里多尼亚，夏威夷。

热带森林中还有数以百万计的物种未被发现，但比较起来，人类对海洋的了解就更少了。至今在海洋中仍有许多举世瞩目的新发现：1986 年发现了一个全新的生物门——*Loricifera*；80 年代又发现一种"巨口鲨"；1986 年在墨西哥湾天然气井发现一种以食沼气为生的贴贝。深海生物群落也远比人们所想象的丰富。在美国新泽西州海岸 1500 ~ 2000 米深的海底沉积物中人们发现竟然有分属于十多个门和一百多个科的 898 种生物。上个年代仅在温海出口这种生境，就发现了 16 个无脊椎动物新科。在高级分类阶元上，海洋生态系统要比陆地和淡水生物群落变化多，具有更多的门和特有门。

生物多样性并不是均匀地分布在世界各国。初步研究表明，在包括有巴西、哥伦比亚、厄瓜多尔、秘鲁、墨西哥、扎伊尔、马达加斯加、澳大利亚、中国、印度、印度尼西亚、马来西亚的 12 个生物多样性特丰国家占有全世界 60% ~ 70% 甚至更高的多样性。其中，马达加斯加和澳大利亚的物种数量不太高，但因其物种或科属的高度特有分布也被列入生物多样性特丰国家。

2. 生物多样性遭受威胁的原因与方式

生物资源退化和减少的直接原因主要有：大规模地砍伐或烧毁森林、过度猎捕野生动物和采集植物、抽取湿地水体和填充湿地、破坏性捕捞鱼类、包括滥用杀虫剂在内的环境污染，以及把野生地改为农田和市郊造成的生境破坏等。

除此之外，还有一系列的社会和经济原因，例如，一些不合理的开发利用政策导致自然资源的过度利用，包括获取热带木材、野生生物、纤维、农产品等；在缺乏经济增长和发展保障下不断增加的人口，日益加重了对渐趋枯竭的自然资源及生态系统的依赖和压力。债务的压力迫使一些政府通过大量出口资源和原材料创汇，加剧对资源的开采。资源利用率低下造成了浪费和污染，等等。

在进一步加强生物多样性保护的过程中，有些问题应当特别引起人们的重视：

1）国家发展目标没有给予生物多样性足够的重视。

2）贸易和生产经营者通过利用生物资源获得最大利益，而当地民众谋生之路狭窄，蒙受过度利用带来的环境影响，却无利可图。

3）对人类赖以生存的物种及生态系统了解不详。

4）已掌握的科学知识没有充分应用到解决管理问题的实践中去。

5）多数组织的保护行动涉及范围狭窄。

6）负责生物多样性保护的机构因经费来源和组织来源不足而无法进行工作。

三、保护生物多样性的途径

造成生物多样性损失的原因错综复杂，因此解决问题的办法也必然要牵涉到方方面面，需要各个国家、各个部门、各个阶层和各方面人士的通力合作。保护生物多样性的途径有多种多样，但有三方面是最为基本的：

1. 制定政策，开展科研和加强教育

由于国家政策往往会导致资源的保护或破坏，所以制定或调整政策理应是通往保护之路的第一步。直接关系到野生地、野生动植物、林业等生物、自然资源管理的立法和国家政策，或通过土地占有、农村发展、计划生育、工业发展和对食物、杀虫剂、能源开发利用技术和经济补贴等间接影响生物多样性的国家政策，对生物多样性的保护至关重要。

加强科学技术研究，依靠科技进步是保护生物多样性必由之路，因为，科学技术水平低下，往往也造成生物资源的严重破坏和浪费。发展生物多样性保护的科学技术，主要有这么几方面：一是生物多样性的现状、分布、数量及其变动趋势和减少原因的分析调查、农作物和家畜野生型、亲缘种的遗传学研究；二是生物多样性保护的技术研究，如就地保护技术研究、迁地保护技术研究；三是生物资源持续利用的技术研究，包括生物资源和生物技术合理开发利用的研究。

另外则是要加强教育。通过宣传提高公众对保护生物多样性的认识、道德水平和参与保护的能力。通过专业教育、中小学教育、职业教育，使生物多样性保护成为人们知识体系的一个组成部分。通过培训提高生物多样性保护有关的管理人员和生物资源开发利用工作人员的业务素质。

2. 保护物种与生境的综合途径

保护物种最好通过保护栖息地来实现。许多国家部门都已制定了对保护生物资源至关重要的有关保护栖息地的法律规定，并建立相应的保护区或国家公园，实现了物种和生态系统的就地保护，目前，全世界主要保护区约有 4500 个，占地面积近 5 亿公顷。

近年来，人们越来越认识到，只有有效地管理保护区，并使对其周围土地的管理和利用与保护区的宗旨相一致，才能实现保护的目的。因此，提出应当建立生物多样性管护区，发挥保护区的多功能作用。也就是，以保护为主，在不影响保护的前提下，把科研、教育、生产和旅游等功能有机地结合起来，使生态、社会和经济效益得到充分发挥。管护区划分成三个部分，即严格保护的核心区、半经营性的缓冲区和试验示范的实验区。在保护区内生物多样性与经济活动并存，保护区成为区域经济建设的组成部分，并可受到当地人民的支持。

3. 迁地保护途径

迁地保护包括建动物园、水族馆、种子库、植物园等，它补充了就地保护的不足，为濒危珍稀动植物种及其繁殖体的长期储存、分析、检测和繁殖提供了方便。就种群数量骤减的野生物种，迁地保护尤其重要，它可作为就地保护的补充，引种放养的材料来源、如未来繁殖家养物种的遗传物质的主要载体。

四、保护生物多样性国际公约

《联合国生物多样性公约》于 1992 年 6 月 5 日经联合国环境与发展大会通过。6 月 11

日，李鹏总理代表我国在巴西里约热内卢签署了该公约。11月初，全国人大常委会审议并批准了我国参加《联合国生物多样性公约》。

1. 公约的形成

联合国大会于1987年通过决议，针对全球生物多样性遭受严重威胁的现状，确定由联合国环境规划署（UNEP）组织制定一项旨在保护世界生物多样性的法律文书，UNEP委托世界自然与自然资源保护联盟（IUCN）于1988年完成"国际生物多样性就地保护及其基金机制的法律文书草案"。该草案完成后，曾向国际自然保护著名专家广泛征求过意见。

1988年UNEP将此草案提交各国政府，并邀请各国政府派代表参加该公约的起草和修订，同年11月，UNEP在日内瓦召开"公约起草特别工作组会议"，有25个国家和一些国际组织派代表参加。以后，又在1990年2月和7月在日内瓦召开第二次和第三次特别工作组会议，分别有40多个和60多个国家参加，对原"公约草案"进行了重大修改和起草，形成"国际生物多样性公约草案"。

自1990年11月，"公约草案"进入修订阶段。11月在内罗毕召开了公约修订的法律与技术专家第一次会议；1991年2月在内罗毕召开了第二次会议；1991年6～7月在马德里召开了第三次会议，有80多个国家参加会议，这三次会议对公约草案的条款逐条进行了充分讨论和修订。

从马德里会议开始，公约的修订实际上已进入政府间谈判阶段，因此第三次法律与技术专家会议又称为政府间谈判的第一次会议，接着，在1991年9月和11月，1992年2月和5月又分别召开了四次政府间谈判会议，直至各国政府承诺公约的签署。

在该公约的起草、修订和谈判中，各国代表为了本国利益，就条款的内容进行了激烈的争辩，尤其是发达国家和发展中国家之间进行了针锋相对的斗争，斗争的焦点主要在生物资源的主权、遗传资源的获取条件、技术转让条件以及资金和财务机制等条款方面。公约的最终文本基本上满足了发展中国家的要求。在6月联合国环境与发展大会期间，153个国家签署了公约。

2. 公约的主要内容

公约由序言、42条正文和2个附件组成，其主要内容如下：

（1）公约的目标与原则

公约第1条规定：本公约的目标是促进保护并持续利用生物多样性，并促使公平合理地分享利用生物资源而产生惠益。同时，物种资源的取得、生物技术的转让和特定的基金机制被确定为实现这一目标的三项措施。公约的原则为，各国有按照其环境政策开发其资源的主权权利，同时亦负有责任，确保其管辖或控制范围内的活动不致对他国的环境造成损害。

（2）关于保护措施

公约主要规定了三个方面的措施：一是一般性措施，即制订保护与持续利用生物多样性的国家和部门或跨部门的战略、计划或方案。二是应对生物多样性的各组成要素进行调

查和监测，以便在此基础上采取进一步的措施。三是移地保护和就地保护，前者是指人为
地将生物多样性的组成部分移到它们的自然环境之外进行保护；后者则指在其自然生存环
境中保护生态系统与物种，以便维持、恢复物种的有生存力的群体。

（3）关于遗传资源的取得

这是公约的重要内容之一。公约第 15 条对此规定：①"可否提供资源的决定权属于
国家政府，并依照国家法律行使"，这对于强化我国及其他发展中国家的物种出口的统一
管理是极有利的。②获得资源应经拥有资源之缔约国的事先知情并同意。资源只能来源于
资源之原产国或依照本公约获取该资源的国家；选样有利于减少乃至杜绝物种的国际盗窃
与非法交易。③提供资源的缔约国有权参与利用该资源进行的研究与开发，并从中获取技
术与惠益。

（4）关于技术转让

技术转让条款是公约的关键内容之一。在历次谈判中，发展中国家一直坚持发达国家
缔约国应以优惠和非商业条件向发展中国家缔约国转让有关技术包括生物保护技术和生物
应用技术。但一直为一些发达国家所反对。最后，各方经过妥协，公约做出如下规定：
①发达国家应以公平和最有利的条件，包括经过共同商定后以减让和优惠条件向发展中国
家转让技术；②此种技术属于专利范围时，技术转让所依据的条件应承认且符合知识产权
的充分有效的保护；③在生物技术转让时，应考虑由生物技术改变的任何生物体的安全转
让，以避免对生物多样性的保护与持续利用产生不利影响。

（5）关于财务机制

资金条款与技术转让条款一样，是公约的两大关键内容之一。公约规定：①发达国家
缔约国提供新的额外的资金，以使发展中国家能支付因履行本公约义务而承担的议定的全
部增加费用；②发展中国家缔约国有效地履行本公约义务的程度将取决于发达国家缔约国
履行并在技术转让与资金提供方面义务的程度；③公约财务机制由缔约国会议决定采用一
个现有机构，该机构根据缔约国会议的决定履行职责。缔约国会议确定政策、战略、方案
重点以及资金刊用的详细资格标准和准则。在第一次缔约国会议之前"全球环境基金"
（由联合国开发计划署、联合国环境规划署和国际复兴开发银行合办）应为临时财务机构
（见第 16、19、20、21、39 条）。

3. 中国对公约的基本态度

1990 年国务院第十八次会议通过了"我国关于全球环境问题的原则立场"。其中，对
全球生物多样性的保护提出了 5 条原则：

1）保护生物多样性对人类的生存和发展，是至关重要的一个方面。

2）生物多样性具有地域分布特征，是所在国自然资源不可分割的一部分。任何国家
都对其境内的生物物种拥有主权。

3）生物多样性保护对全人类有巨大而长远的效益，任何国家和地区的生物多样性保
护，都应得到国际社会的支持和帮助。

4）生物多样性丰富的国家多数是发展中国家。为了有效维护生物多样性，使之得以
永续利用、造福人类，发达国家理应承担更多的义务，从财力、技术上提供援助，并在人

员培训、公众教育等方面与发展中国家合作。

5）生物多样性的维护和实施行动计划的成功与否，一定程度上取决于当地居民的积极参与和理解，因此在制定和实施行动计划时，必须充分考虑当地人民的利益和经济发展，要解决局部与全局、当前与长远的利害关系。

在历时近4年的公约谈判中，我国谈判代表团根据国务院批准的与会方针与原则，一直以积极和建设性姿态参加谈判。谈判初期，我国参与了十余个国家组成的法律起草小组的工作；后期我国又进入了小范围的谈判核心组——主席（生物多样性公约政府间谈判委员会）之友。我国对公约主要问题的主张已基本反映在公约条款中。例如，依照我国与其他发展中国家的要求，公约的目标不仅仅是保护生物资源，还包括合理利用生物资源；公约确认国家对生物资源的主权，这样可以防止个别国家干涉我国及其他发展中国家对资源的合理利用；公约规定给资源提供国以一定的补偿。我国作为生物资源丰富的国家，将可依据此规定，在向其他国家提供资源时，要求参加研究开发此资源的活动，并在一定条件下分享由此而产生的惠益。发达国家应承担一定的财政援助与技术转让义务，我国可依据这一规定得到一些资金与技术援助。鉴于各国情况不同，公约有关保护措施的规定比较原则，其中不少已经是我国的现行做法。我国执行这些措施不致有困难。公约存在的主要问题是其有关向发展中国家提供资金的规定没有充分的保障。从总体而言，公约的规定有利于全球生物资源的保护与合理利用，并照顾了发展中国家的特殊需要，于我国及广大发展中国家是有利的，此外，公约中的一些重大问题将由公约第一次缔约国大会决定，我国现已批准了公约，将有利于我国参加这些问题的决策。

五、我国生物多样性及其保护战略

1. 我国生物多样性及其保护现状

我国幅员辽阔，地理条件复杂。南北贯穿热带、亚热带、暖温带、温带和寒温带；东西横跨温润、半湿润、半干旱和干旱等气候带；多山、高原的地形特点，又在许多地区形成垂直气候带。自然条件的复杂性形成了丰富的生态系统的多样性，几乎拥有所有类型的主要动植物栖息地。据初步统计，我国现有高等植物约3万种，占全世界高等植物种类的10%以上，其中特有植物约有200个属；同时，爬行类、鸟类、哺乳类、两栖类动物拥有量约占世界总量的10%，有脊椎动物达4400多种，并保护有大熊猫、金丝猴、白鳍豚等一批特有的珍稀动物。我国动植物种类之多均列世界前茅，是生物多样性十分丰富的国家之一。

丰富的生物资源是我国社会发展和国民经济建设的重要物质基础。但是，由于人口的急剧增长和不合理的资源开发活动，以及环境污染和破坏，对各种生态系统产生了极大的冲击。我国的生物多样性损失严重，有关的研究结果表明，大约有200种植物已经灭绝，另估计有5000多个物种处于濒危状态，这将给我国的社会经济发展带来不利的影响。作为一个发展中国家，我国正面临着社会经济发展和生态保护的双重压力。

我们对"生物多样性"这个词还比较生疏，但就其包含的内容看，我国在这方面已经开展了大量工作。例如，从 20 世纪 50 年代开始，我国即开展了自然保护区的建设，建立了鼎湖山自然保护区，80 年代得到了迅速发展，截至 1991 年，全国已建自然保护区 700 多处，面积达 5600 万公顷，占国土面积的 5.6%，这个比例是比较高的，使相当一批具有代表性、典型性和多样性的自然生态系统得以保存。此外，还建有野生植物保存基地 255 个，野生动物人工繁殖场 227 个，珍稀濒危物种保存繁殖基地 200 多个。在全国各地还建立了一批作物品种资源库和动物细胞、动物精子库、配子库、胚胎库。国家颁布了重点保护野生动植物名录，使 257 种珍稀濒危动物和 354 种珍稀植物得到重点保护。目前，在我国已初步形成以各种相互配套的法规为保证，由各级政府有关部门积极参与、通力协作的自然保护体系。同时通过广泛的宣传教育，公众的自然保护意识也日渐提高。

但是，总的来说，中国的生物多样性保护事业还处于初级的发展阶段，还面临着许多的问题和困难，任重而道远：

1）生物多样性保护的法规、法制需要健全与完善。

2）自然保护的管理水平亟待提高，管理机构有待加强。

3）生物多样性保护的科学研究急需加强，保护的技术还需要发展。

4）资金短缺和技术力量不足的困难也有待解决。

同时，从目前的发展情况看，人们的旧习俗、旧观念还没有得到很好地转变，我国的环境污染和生态破坏的总体趋势还没有得到有效的控制，这必将对生物多样性产生严重的影响。

2. 我国生物多样性保护的战略目标和任务

我国生物多样性保护的总目标应该是：实现生态系统的良性循环，确保生物多样性的丰富程度；实现生物资源的永续利用，保证我国国民经济和社会发展具有良好的物质基础。

具体的目标和任务大致有这么几方面：

（1）建立和完善全国自然保护区网络

从我国国民经济和社会发展需要出发，以保护自然生态系统的完整性和生物多样性为中心，根据我国的国力，因地制宜、合理调整自然保护区的结构和布局，逐步在全国范围内建成布局合理、类型齐全的自然保护区网络，使自然保护区的面积达到世界先进水平。

（2）保护对生物多样性有重要意义的野生物种和与作物、家畜有关的遗传种质

根据物种保护的典型性、稀有性、多样性等原则，优先保护生物多样性中心和国家重点保护动植物的分布地，使每一种重点保护动植物都得到就地保护。并在此基础上，根据国情和财力以及物种分布的地带性规律，合理规划建设珍稀濒危物种的迁地保护中心，建立作物的种子库和家畜的基因库。

（3）合理开发利用生物资源和生物技术，寻求生物多样性保护与持续利用相协调的途径

在加强保护的同时，大力开展野生珍稀濒危动植物的观赏和经济动植物的繁育技术与生物工程技术的开发研究。在不影响保护的前提下，充分发挥保护区科研、教育、旅游和其他生产经营等多种功能的作用，达到保护与合理利用相结合。

3. 中国生物多样性保护行动计划既实施公约的国家方案

为了承担签约国的责任和义务，根据"生物多样性公约"第 6 条 a 项；每一缔约国应按照其特殊情况和能力，"为保护和持续利用生物多样性制订国家战略、计划或方案，或为此目的变通其现有战略、计划或方案；"为此有必要依据公约所有明显关系到我国权利和义务的规定，结合我国具体国情和实际需要，制订实施公约的方案或行动计划。

1987 年我国编制了《中国自然保护纲要》，作为一个纲领性文件，主要对物种资源和各种自然资源的现状和应采取的主要对策作原则性的阐述。要付诸实施，还必须制订具体的行动计划。通过计划，对国家的生物多样性保护进行统筹规划，以确保生物多样性保护纳入社会经济发展计划，确保各项保护措施和投资得以贯彻实施，确保各项任务在时间、方式、人力、物力和财力等诸多方面都落到实处。同时，也可以确保上面所谈到的一些存在问题得以系统的考虑和解决。

《中国生物多样性保护行动计划》作为国家发展政策的组成部分，将对我国社会、经济和发展提供必要的指导、建议和补充。同样，也将为我国环境保护的发展提供指导、依据和补充，并为我国的环境外交和国际合作提供指导和依据。同时，鉴于我国生物多样性在世界生物多样性中所占据的重要位置，《中国生物多样性保护行动计划》的制定，将对世界生物多样性保护产生积极的影响。

什么是生物多样性策略和行动计划[*]

一、生物多样性策略

1. 生物多样性概念

根据《生物多样性公约》第 2 条把生物多样性定义为"所有来源的活的生物体中的变异性，这些来源除其他外包括陆地、海洋和其他水生生态系统及其所构成的生态综合体：这包括物种内，物种之间和生态系统的多样性。"或者说，所谓生物多样性就是地球上所有的生物体及其所构成的综合体。它包括遗传多样性、物种多样性和生态系统多样性 3 个层次。保护生物多样性就是在基因、物种与生态系统 3 个水平上的保护。

2. 生物多样性策略和含意

生物多样性保护策略具有广泛的领域和规模，然而这一过程通常分为 3 个基本部分：抢救生物多样性；研究生物多样性；持续、合理地利用生物多样性。

有限的保护资源必须从策略上集中于可能产生最大保护效益的项目。《全球生物多样性策略》一书提供了 5 项关键的策略目标，为有效的保护资源行动提供了很大的可能。

第一个目标必须是发展国家和国际政策的纲领以促进生物资源的持续利用和生物多样性的保持。

第二个策略性需要在于为地方社区（local communities）的有效保护工作创造条件并给予鼓励。保护生物多样性的行动必须在人们工作与生活的地方深入开展。

第三，保护生物多样性的设施必须加强，并更加广泛地应用。世界上的保护区是极其重要的保护生物多样性的设施。与诸如动物园、植物园、种子库等迁地保护设施相结合，保护区能够保护世界生物多样性的大部分，而且有助于发挥其效益。然而，如果这些设施经费不足、人员太少，它们就不能起到这个作用。

第四，人类保护与持续利用生物多样性的能力必须大大加强，发展中国家尤其如此。只有当人们懂得生物多样性的分布和价值，明白生物多样性怎样影响他们自己的生活和追求，而且学会管理以达到在不降低生物多样性的前提下满足自身的需要，保护才能获得成功。

* 金鉴明．2002．什么是生物多样性策略和行动计划．四川师范学院学报（自然科学版），23（2）：101～105.

最后，保护行动必须通过国际合作和国家规划予以促进。减缓生物多样性损失的国际合作需要比业已存在的更为有效的国际机制（international mechanisms）的协助。

3. 十项原则为策略提供指导

这十项原则指导了参与制定全球生物多样性策略的个人和研究机构。

①每种类型的生物都是唯一的，也是人类应予以重视的。②生物多样性保护是一项产生重大的地区、国家和全球效益的投资。③生物多样性保护费用与利益应在国家间以及国内的公民间公平共享。④保护生物多样性是可持续发展的一部分，在改变世界范围的经济发展的格局与实践中将起推动作用。⑤生物多样性保护基金增加的本身并不能减缓生物多样性的损失。需要政策和制度的改革为增加的基金得以有效利用创造条件。⑥分别从地区、国家和全球的发展考虑时，生物多样性保护的优先重点会有所不同。这些都是合理的且要一并考虑。所有国家和社区在保护其生物多样性方面也会显示效益，其重点不应仅仅集中于几个物种丰富的生态系统或国家。⑦只有公众意识极大提高，并且决策人获得了制定政策的可靠信息时，生物多样性保护才能持续进行。⑧保护生物多样性的行动必须在由生态标准和社会标准共同确定的尺度上进行计划与完成。活动的重点不仅在荒芜的保护区，还应包括人们生活和工作的地方。⑨文化多样性与生物多样性紧密相连。人类对生物多样性的采集（collective）知识、利用和管理都依赖于文化多样性。反之，保护生物多样性有助于加强文化的完整和价值。⑩增强公众参与意识、改善大众受教育和获取信息的机会以及公共机构较大的责任感是生物多样性保护的根本组分。

4. 生物多样性策略的大致内容

①通过国际合作和国家规划，促进行动开展。②建立生物多样性保护的国家政策纲要：改革现行的导致生物多样性浪费或滥用的国家政策；采用新的国家政策和核算方法，以促进生物多样性的保护和合理利用；减少对生物资源的需求。③创造一个国际政策环境以支持国家生物多样性保护：将生物多样性保护纳入国际经济政策；为了完善生物多样性公约，要加强国际保护的法律机制；使得发展的辅助过程成为生物多样性保护的动力；增加生物多样性保护基金，同时建立新型的、分散的和义务明确的途径以筹募资金并有效地使用。④为地方生物多样性保护创造条件并予以鼓励：纠正导致生物多样性损失的土地和资源控制的不平衡，建立政府与地方社区之间新的资源管理的合作关系；为了地方的利益扩大并鼓励对野生资源的产品和功能的持续利用；确保具有地方遗传资源知识的人，在他们的知识被利用时能够得到相应的利益。⑤管理整个人类环境中的生物多样性：为生物区域的保护和发展创造制度化的条件；支持私有机构生物多样性保护的开展；将生物多样性保护与生物资源的管理相结合。⑥加强保护区建设：确定加强保护区建设的国家和国际优先的重点，并增强它们在生物多样性保护中的作用；保证保护区及其对生物多样性保护所作贡献的持续性。⑦保护物种、种群和遗传多样性：提高在自然生境中保护物种、种群和遗传多样性的能力；加强迁地保护设施的建设以保护生物多样性教育民众并为持续发展作出贡献。⑧扩大人类保护生物多样性的能力：增加对生物多样性价值和重要性的正确评议和了解；帮助公共机构传递保护生物多样性及发挥其效益所需的信息，改进生物多样性保

护的基础研究和应用研究；发展人类保护生物多样性的能力。

5. 生物多样性策略的促进因素

①保护行动的关键促进因素是在 UNEP 主持下协商产生的生物多样性目标公约，它使阻止现代生态危机的发生和加剧有了可能，同时对生物多样性保护进入一个新的历史阶段，具有里程碑的作用。②《全球生物多样性策略》号召所有的国家和人民开展并继续一个国际生物多样性 10 年行动（1994—2003 年），为了现代和后代的利益保护世界的生物多样性。③建议成立由政府代表、科学家、居民组织、工业、联合国组织和非政府组织组成的机构，以保证国际性生物多样性问题决策的参加者的广泛性。④必须将对生物多样性构成直接威胁的信息及时提供给可直接或间接阻止这些威胁发生的个人和组织，建立预警系统，以监测生物多样性所遭受紧密威胁并导致相应的行动予以阻止。⑤把生物多样性行动规划纳入国家国民经济发展规划之中，以促进能力建设保护手段"加强以及生物多样性效益"发挥，没有上述激发这些行动的机制，这个策略就不会起作用，同时这个策略的促进因素不能代表生物多样性行动计划的编制。

二、我国编制《中国生物多样性保护行动计划》的
意义、原则和内容

1. 编制《中国生物多样性保护行动计划》的依据和意义

①《生物多样性公约》第 6 条第一款规定为保护和持续利用生物多样性必须制定国家战略、行动计划及实施方案。②生物多样性是人类赖以生存和发展的基础，保护生物多样性是当今世界环境保护的热点之一。它有利于全球环境的保护和生物资源的持续利用。③根据《公约》要求制订行动计划，因而它是贯彻、落实《公约》精神的主要步骤，"行动计划"具有针对性、实用性和可操作性的特点，它的制定可大大推动我国生物多样性工作的开展，对促进国民经济持续、快速、健康的发展和社会进步，稳定长期发展都具有重要意义。④中国是世界上生物多样性最丰富的国家之一，它在世界生物多样性中占有重要位置，因此保护好中国生物多样性有重要的国际意义，"行动计划"的制订和实施将对生物多样性的保护产生积极的影响。

2. 编制《中国生物多样性保护行动计划》的原则

①生物多样性是生物的基因库、全人类共同的财富，是人类赖以生存的物质基础，因而我们必须要保护生物多样性。②发展必须以保护为基础，必须保护我们的物种赖以生存的自然生态系统的结构，功能的多样性，在保护的基础上进行持续的有效的利用自然资源，同时最大限度地减少不可再生资源的枯竭（矿物、石油、煤气、煤等）。③确定行动计划分成目标、行动和优先项目 3 个层次，明确重点项目，重点优先保护物种和优先保护地区并开具名单以及提出保护行动中确定优先程度的标准（特殊性、威胁性、价值性）。④明确保护区以外的就地保护问题，有许多动物如黄羊、野马、野骆驼、野驴等其活动范

围远超过自然保护区，必须在保护区内采取就地保护措施的同时，也需加强自然保护区以外的就地保护。⑤编制行动计划的主体是有关生物多样性保护的各主管部门，同时要有管理者和科学家的参加，并借助于非政府组织及民众的参与力量，行动计划必须作为当地推动社会经济发展的内容列入地方国民经济"十五"计划之中（《公约》第6条第二款所要求）。

3. 《中国生物多样性保护行动计划》的程序和过程

（1）编制程序

首先以《生物多样性公约》的原则为指导从国情出发，即结合当前社会和经济发展现实以及生物多样性现状来制订行动计划，其次充分利用长期科学研究和管理工作积累的资料，对其进行认真总结和科学评价的基础上制订今后的行动计划，再有把行动计划分成目标、行动和优先项目3个层次，使其逐步深入，具体化。

（2）编写过程

1）项目由来。编制《中国生物多样性保护行动计划》是在1991年联合国开发计划署通过全球环境基金（GEF）资助的一个项目，由世界银行担任本项目的执行机构，国家环保局作为项目的政府实施单位。由于生物多样性保护的职责涉及各个部门，国务院环委会责成由国家环保局牵头，组成由国家计委、科委、财政部、林业部、农业部、建设部、公安部、海洋局和中国科学院等10个部门参加的领导小组，负责对本项目进行指导和协调工作。同时吸收了国内外各方面的著名专家组成中外专家工作组。

2）编制过程。1992年3月举行了第一次生物多样性研讨会，为评价各个物种的濒危状况和生态系统确定了国内和国际意义的准则，以及保护这些物种和生态系统的优先程度。1992年11月举行的第二次研讨会，首次将国内专家和国外专家汇集在一起，交流中国生物多样性的有关资源。为行动计划制定了详细的具有国内和国际意义的物种保护的名录，并确定所需保护行动的优先顺序。1993年2月组织中外专家用4周的时间起草《中国生物多样性保护行动计划（讨论稿）》。与会专家根据几次研讨会的成果，将领导小组各成员单位编写9份报告综合成为一个总报告，即《中国生物多样性保护行动计划（讨论稿）》。1993年4月举行的第三次研讨会，审核了《中国生物多样性保护行动计划（讨论稿）》并对其进行了修改，形成《中国生物多样性保护行动计划（待审稿）》。我们在编写过程中先后召开过11次领导小组会议，80多次专家会议，先后3次征求有关部门意见，最终形成了《中国生物多样性保护行动计划（送审稿）》。

4. 《中国生物多样性保护行动计划》主要内容

整个行动计划由四部分构成，前两部分描述生物多样性及当前为保护生物多样性所作的努力，后两部分介绍行动计划的组成，以及中国为了保护其生物多样性所采取的措施。主要内容包括：

1）对中国生物多样性现状进行了全面的分析与评估，描述了中国生物多样性的丰富程度和受威胁情况以及加强保护的紧迫性。

2）对就地保护和迁地保护、机构体制、政策法规、科学研究、教育培训、国际合作等现有保护措施进行了系统的论述和评价。

3）对生物多样性的直接保护，即物种和生态系统的直接保护的具体行动计划进行了介绍。把生物多样性保护工作分成目标、行动和优先项目 3 个层次，详细作了阐述。首先是确定主要目标，再在每项目标下确定几项重要的行动，然后再在每项行动下确定优先项目。《中国生物多样性保护行动计划》总共确定了 7 项目标，包括建立和完善国家自然保护区网络、确定和规划对生物多样性有重要意义的野生物种的保护、保护作物和家畜遗传资源、评价野生物种在自然保护区以外的就地保护、建立全国范围的信息和监测系统、协调生物多样性保护与持续发展，强化对中国生物多样性的基础研究。

4）对支持直接保护行动所需的 7 项措施进行了论述，包括立法和政策保证、机构措施、科学研究、技术推广、宣传教育、资金渠道和国际合作等。

三、落实《中国生物多样性保护行动计划》的对策

1. 以《中国生物多样性保护行动计划》为基础，加强立法

根据《生物多样性公约》的要求和实施《中国生物多样性保护行动计划》的需要，制定和完善某些综合性或专门的法规，特别以制定综合性的生物多样性保护法、珍稀与濒危物种保护法和自然保护区管理条例最为紧迫。

2. 以《中国生物多样性保护行动计划》为基础，加大投资力度

执行《中国生物多样性保护行动计划》需要大量资金，应该从多种渠道积极争取，如中央政府、地方政府、社会集资、国际援助等。由于大多数保护生物多样性项目的投资难以产生直接的经济效益，但它体现了国家和民族长远利益之所在。因此，这些投资应以政府为主。

3. 以《中国生物多样性保护行动计划》为基础，开展宣传教育工作

经常性、普遍性宣传对提高整个社会的保护意识和扩大民众对生物多样性保护行动计划的参与程度是十分重要的。

4. 以《中国生物多样性保护行动计划》为基础，指导保护区建设与管理

建立自然保护区是保护生物多样性的有效手段。全国自然保护区管理质量的高低，直接影响到生物多样性保护工作的开展，加强和做好自然保护区的工作对保护生物多样性意义重大。

5. 以《中国生物多样性保护行动计划》为基础，加强国际合作与交流

要落实《中国生物多样性保护行动计划》，必须加强生物多样性保护的国际合作与交

流，通过多种渠道获取我们所需要的各种信息，为全球生物多样性保护作出贡献。

6. 以《中国生物多样性保护行动计划》为基础，进一步开展生物多样性保护的调查与科学研究，编制中国生物多样性保护国家报告

要最大限度地利用现有资料和设备，进一步开展生态系统、物种和遗传资源种类、数量、相互关系的调查统计与研究工作，建立有关的数据库，逐步完善各类编目工作，收集和分析生物多样性现状的本底资料，鉴别空白点，分析影响生物多样性的社会、经济因素和有关资料。进一步开展生物多样性保护与持续利用的科学研究和技术推广工作。

四、结　语

自然资源和生物多样性都是全人类的共同财富，保护自然资源并持续利用和生物多样性保护是造福当代和子孙后代的一项神圣事业，每一个生活在地球上的人，都要为之承担义务，因此，加强自然资源持续利用管理和提高对生物多样性保护的重要性的民族意识和观念乃当务之急，面对资源的破坏，环境的污染和生态系统破坏日趋严重，我们的选择只有保护环境。持续利用资源保护国家生物多样性所依赖的青山绿水、蓝天沃野，挽救我们广阔的家园以便使中华民族能够世代繁衍，生生不息，这些已成为迫在眉睫的头等大事。

宋健主任在宣布实施《中国生物多样性保护行动计划》时指出：保护生物多样性重在行动、重在参与，中国保护生物多样性这一现实紧迫、艰巨而又具有长远战略意义的工作，需要各级政府和部门能够切实行动，社会各界和广大人民群众能够积极参与和支持，只有这样中国的生物多样性保护才能取得较大的成效，中国也才能真正为全球的生物多样性作出应有贡献。我们热爱中华就要以中国生物多样性破坏和资源破坏给予我们的种种警告为戒，我们深知我们为子孙后代所承担的责任，就要为中国生物多样性保护和资源持续利用做出最大的努力。

保护生物多样性是人类共同的责任，让我们共同努力！

参 考 文 献

[1]　"中国生物多样性保护行动计划"编写组.1994.中国生物多样性保护行动计划.北京：中国环境科学出版社.
[2]　LYLE G，BU RHENNE-GUILMIN F，SYNGE H.1994.A Guide to the Convention on Biological Diversity.IUCN-The World Conservation Union.
[3]　中国科学院生物多样性委员会.1997.生物多样性译丛（1-3）.
[4]　国家环境保护局.1998.中国生物多样性国情研究报告.北京：中国环境科学出版社.
[5]　麦克尼利 J A，米勒 K R，瑞德 W V，等.1991.保护世界的生物多样性.北京：中国环境科学出版社.

摘要： 中国是世界上生物多样性最丰富的国家之一，在世界生物多样性中占有重要位置，保护好中国生物多样性具有重要的国际意义。作者从生物多样性策略，我国编制《中国生物多样性保护行动计划》的意义、原则和内容以及落实《中国生物多样性保护行动计

划》的对策等方面阐述了如何进一步加强自然资源持续利用管理与开展生物多样性保护问题。

关键词： 自然资源；生物多样性；保护；策略；行动计划

What Are the Strategy and the Action Program of Biological Diversity?

Abstract： China is one of the richest countries of biological diversity in the world and her diversity has an important position in the world biological diversities. So it is of internationally significance for us to conserve our biological diversity in China. In this paper, the writer has expounded how to further strengthen the management of sustained utilization of natural resources and carry on the conservation of biological diversity from the strategy of biological diversity from the strategy of biological diversity, the significance, principles and contents of *China's Action Program of Biological Diversity Conservation* and the countermeasures of carrying out the program, etc.

Key words： natural resource; biological diversity; conservation; strategy; action program

The construction and management of nature reserves in China[*]

1 General shape of nature reserves in China

Natural resources and environment have always been the material bases for human existence and development. In the long process of life and production, mankind has fully recognized the importance of protecting natural resources and environment. As crucial and effective means of protecting natural resources environment as well as biological diversity, the construction and management of nature reserves have attracted greater and greater concern. A country with vast territory, long geological history, varied climate and complex natural conditions, China is endowed with rich biological resources and geomorphologic sceneries. The country has a wide range of wild plants and animals. Take plants for example, according to statistics, there are about 2000 species of bryophyte, 2600 sinopteris species, 25 000 species of angiosperm, which totally amount to 30 000 species. Its fauna and flora make up 10% respectively out of the world's total. Not greatly affected by Quaternary Glaciation, many rare species have survived, such as the giant panda, golden monkey, Lipotes vexillifer, Python molurus, Metasequra glypostroboides, Cathaya argyriphylla and Ginkgo biloba. As the precious bestowal of nature both for China and for the world, the spectacular natural sceneries and rich biological resources have provided China with unique advantages in developing nature reserves.

Attaching great importance to nature reserves, the Chinese government has organized and coordinated various departments to undertake the tasks of construction, management, planning, scientific research, training as well as seeking international cooperation in this regard. By far, great achievement has been made in these fields; however, considering the unique and diversified natural conditions and rich biological species, the need of economic development, and especially as compared with countries with longer history of developing nature reserves, there is still big room for improvement. The paces of nature reserve construction, therefore, should be further quickened so as to bring about continuous development for China's nature reserves.

[*] Jin Jianming. 1991. The construction and management of nature reserves in China. Journal of Environmental Sciences, 9 (2): 129~140.

2 Construction and development of nature reserves in China

2.1 The establishment of nature reserves

Beginning from 1956, the construction of nature reserves in China only has a 40-year history. However, after 1978, nature reserves increased rapidly in number and covered a wide range of types. The construction and management work has enjoyed continued improvement and has entered a period of rapid development (Table 1).

Table 1 The change of the nature reserves of China

Year	Number	Area, $10^4 hm^2$	Percentage, %
1965	19	64.88	0.07
1978	34	126.50	0.13
1982	119	408.19	0.43
1987	481	2374.95	2.47
1989	573	2476.30	2.58
1991	638	5505.68	5.73
1995	799	7185.00	7.19

From 1978 to 1991, the number of nature reserves in China increased from 34 to 638, the area expanding from 1 265 000 hectares to 55 056 800 hectares, the percentage in total land area rising from 0.13% to 5.73%, the extent of increase being 17.76%, 42.52%, 43.08% respectively. Currently, there are 61 national nature reserves, 302 provincial ones, 275 municipal and country level ones, of which the Qingzang Nature Reserve is the largest, with an area of 24 million hectares, ranking first in Asia.

In recent years, rapid progress has been made in the construction of nature reserves and genebases for various species due to the concern for nature conservation cause paid by the State. Many rare species of animals and plants have been reserved effectively. It is estimated that by 2000, rare animals like David Deer and Wild Horse will have reformed their species communities, the number of rare and endangered animals such as Giant Pandas, Black-necked Cranes, Redcrowned Cranes and wild elephants will have increased. Most of the endangered wild plants under vital state protection are included in nature reserves, with only 40 exceptions, which take up 11.6% of the total of plants under vital protection. More than 10 species have been domesticated to fine varieties. As for the other 20 species, there are still a good number of communities available. Nevertheless, the population growth in China as well as its pressure and impact on natural environment and biological diversities, have placed the task of setting up zones for the conservation of nature and ecosystems on the agenda. Meanwhile, efforts should be made to set up a number of new nature reserves in the 8th-five-year-plan period so as to reach the world average level on the whole or in some areas by the end of the century.

2.2　Types of nature reserves

In terms of resource types, there are nature reserves for forest, grassland, wetland, sea beach, geo-section and geomorphological landscape as well as special types such as deserts and islands. In terms of the target and nature of conservation, these reserves can be divided into six major types, which are primary environment, secondary environment, biospecies origins, geological sites, resource management regions and state parks. The principles for classification according to the latter criterion are listed as follows:

Nature reserves for primary environment, i. e. reserves built for the purpose of protection of representative and original natural complex and ecosystems, such as: Altun National Nature Reserve; Changbaishan Nature Reserve; Wuyishan Nature Reserve; Fanjingshan National Nature Reserve; Dinghushan Mountain National Natural Reserve.

Nature reserves for secondary environment refer to reserves built in areas where the secondary ecosystems have been destroyed but are likely to recover through conservation, such as: Mudanfeng Nature Reserve for secondary forest in Heilongjiang, Xiaolongshan Maicaogou Nature Reserve for secondary forest of Sabia in Gansu, Changanpao Nature Reserve in Jilin, and Taibailing Nature Reserve in Henan.

Nature reserves for biospecies origins, which are reserves constructed for conserving ceratin biological resources or vegetation types, especially rare and endangered species of plants and animals, such as: Wulong Nature Reserve in Sichuan, Wanglang Nature Reserve, Baishuijiang Nature Reserve in Gansu, Zhalong Nature Reserve in Heilongjiang, Chishui Three Fern Nature Reserve in Guizhou, Camellia Chrysantha Nature Reserve in Guangxi and Wild Calycanthus Chinensis Nature Reserve in Baokang, Hubei Province.

Nature reserves for geological sites, which are built for protecting geological and geomorphologic sites of scientific and tourist values: Wudalianchi National Nature Reserve; Jixian Geologic Section middle and upper proterozoic erathem National Nature Reserve In Tianjin; Wulingyuan Geological Nature Reserve; Yunnan Stone Forest Nature Reserve; Cangshan-Erhai Nature Reserve.

Nature reserves for resource management, which are reserves set up for the purposes of achieving sustainable utilization of renewable resources through rational management and establishing models for rational utilization or resources in forestrial, pastoral, fishing hunting areas. The combination of utilization and conservation, such nature reserves may produce considerable economic benefits. For instance, nature reserves have been built to protect the resources of wild bee in Heilongjiang Province and Yinjiang Uygur Autonomous Region, and Xunkecheluwanzidao Nature Reserve and Xunkekuerbin Nature Reserve in Heilongjiang Province are both constructed for the protection of the resources of Schisandra Chinensis and Vacciniun Palustri.

State parks, which are built for the purpose of protecting complete natural complex or ecosystems with beautiful landscapes and suit for tourism; Jiuzhaigou Nature Reserve in Sichuan; Lu shan Nature Reserve; Xiaowuyishan Landscape Reserve.

3　The management of nature reserves in China

3. 1　Necessity

Science, technology and management are considered worldwide as the three key factors for modernization, which are interacted and of which management is of the most importance. Practice shows that the speed of a country's economic development depends, to a large degree, on managerial level. The management of environment and nature reserves is an important component of the modernization drive. Facts both in China and abroad prove that the construction and development of nature reserves should rely on the strengthening of management. With the improvement of managerial skills, nature reserve undertakings will enjoy progress and development. Scientific management contains wide-ranging contents, including the systems of the management of administrative affairs, scientific research, ecosystems and natural sceneries as well as business publicity an education. In view of the existing problems, new contents should be added on the basis of the original ones, such as theoretical guidance, targeting, planning legislative, scientific & technological as well as administrative management.

3. 2　Main contents of scientific management of nature reserves

3. 2. 1　Theoretical guidance

As revolutions in science and technology have been more and more combined into an unified process, the interactions between scientific and technological theories, practice and environment have been increasingly strengthened. And it is the request of the time to develop the study of nature reserves.

A. The world nature conservation strategy and the nature conservation strategy of China are the basic theories for nature Conservation.

a. The three objectives provided by WCS are: to maintain basic eco-process and ecosystem, to conserve the diversity of genes and to ensure renewability of species and ecosystems.

b. The main targets for the NCSC. In accordance with the principle of the WCS, the NCSC provides the following targets:

——The protection of ecosystems and life-supporting systems (forest, grassland, coastal and freshwater as well as agricultural ecosystems);

——The insurance of sustainable utilization of biological resources (water-quality and land animal and plant resources);

——The conservation of genetic diversity of biospecies;

——The maintenance of "souvenirs" of natural history (waterfalls, craters, aerolites, cross sections of stratum, mountain streams, fossils of ancient species and ancient and valuable trees).

B. Ecology constitutes the theoretical foundation for nature reserve cause. As the bridge across natural science and social science, it provides scientific bases for the work of nature reserves, such as: the principles of ecological development; characteristics of ecosystems as a whole or partially; the theory of exchange and circulation for both material and energy in ecosystems; renewability and metablist functions of biological resources; the laws in mutual adaption and coordination in the structure and functions of ecosystems.

C. The theoretical basis for the construction and management of nature reserves includes:

Classification of nature reserves and the designation of the corresponding systems (the evaluation and grading of nature reserves are conducted according to their various types and usages); formulation of index and index-system for conducting the grading of environmental quality of nature reserves; the control of the tendency of growth and decline of biological species, which calls for forecast techniques as well as optimized designs; the study on managerial skills for nature reserves of special value.

3.2.2　Targeting management

A. The world nature conservation strategy provides three specific targets for biological resource protection: maintenance of basic ecological process and life-supporting systems; conservation of genetic diversity; insurance of sustainable functions of ecosystems and biospecies.

These three targets have been accepted by nature conservation workers and experts of various countries and are considered as the necessary conditions for human existence and sustainable development. Meanwhile, it is realized that the attainment of these targets requires international cooperation and consorted efforts.

B. The main targets of nature reserves in China. Guided by the mentioned above three targets and in accordance with the domestic conditions of China, the targets for nature reserves construction are formulated as follows: to protect natural environment and resources and maintain dynamic balance of natural ecosystems; under scientific management, to maintain virtuous balance of ecosystems and to create optimized models of biological community and natural referential systems for regional exploitation; to reserve the diversity of species, which includes the conservation of gene-bases for animals, plants and microorganisms as well as the protection of rare and endangered species; to maintain sustainable development and utilization of ecosystems which includes biological species and natural resources; to protect natural human geographical environment of special value and provide bases for textual research, status-quo evaluation and future forecast.

C. Research aspect of the targets.

On April 27th, the World Environment and Development Committee published a long report titled "Our Common Future", in which a lot of historical and statistical data were employed to elaborate the 16 serious environmental problems, including the sharp increase of population, soil erosion and degeneration, expansion of deserts, reduction of forests, growing air and water pollution, deteriorating human health conditions, deepened poverty, huge military expenditure, mounting natural disasters, greenhouse effect and destruction of ozone layer, abuse of chemicals, accelerating extinction of specie, growing energy consumption, repeated industrial accidents and serious maritime pollution and so on, of which the problems concerning greenhouse effect, ozone layer protection, acid rain and poisonous chemicals have aroused world attention. These facts show the mankind is faced with severe challenge in terms of ecological environment. Since the two human environmental conferences held in Stockholm in 1972 and 1979, global environmental problem have been manifested mainly in the relations and interactions between population, development, resources and environment. These subjects, along with the target-research of nature reserves in China, decides the macro and comprehensive research in this field should be guided by the development to the following aspects: the study on the structure and function of ecosystems under the influence of different levels; the study on the control, recovery and increase of natural resources, including biological species; the study on human pressure upon and reaction to nature reserves; the study on human input and exploitation of resources, the volume of input of both manpower and material resources as well as the rate of sustainable utilization of natural resources.

3.2.3　Planning management of nature reserves

A. Necessity

The rational distribution of nature reserves nationwide, reasonable proportion among various types and levels (national, provincial, county) of nature reserves as well; as the management and utilization of resources in each nature reserve, all depend on the formulation and implementation of programme and plans; therefore, planning management constitutes the basic for scientific management of nature reserves. A reflection of the distribution and development of natural regions as well as the guiding and controlling work for the management of resources in nature reserves, it is the reference for target-management and item-designs.

The planning of nature reserves should be based of district-dividing work. In order to set up nature reserves which not only represent the varied natural geographical environments in China, but also form a rational layout across the land so as to establish a complete nature conservation network connected with the grand one of the world, efforts should be made to improve the dividing work of nature reserves, which is an important and basic task of research.

B. The order of planning management

Diversified as the forms and contents of planning management are, there are still some common basic steps.

C. Contents

A draft of a management plan is an important fruit of plan formulation, which should include the following contents: general remarks on nature reserves; analysis and assessment of nature reserves; management plan, including long-term targets and immediate tasks.

There are various sorts of plans, such as environmental management plan, administrative management plan, resource exploitation and utilization plan and so on.

3.2.4　legislative management of nature reserves

A. The significance of legal protection of nature reserves

The law of nature reserves is the total of legal norms coordinating the social relations with regard to the establishment, protection and management of nature reserves, with the purpose of ensuring, through legal means, the proper establishment, effective protection of nature reserves so as to fully demonstrate the positive influence of this form of nature conservation in the long process of promoting human existence and prosperity.

B. The basic contents of the law of nature reserves

Due to the common ground shared in the field of nature reserve construction and management, the basic contents of the laws of nature reserves in different countries are very much similar. However, the forms and systems of legislation for nature reserves are varied in different countries.

The main contents of the law of nature reserves include: The guideline and basic principles of the state concerning the construction, protection and management of nature reserves; the management system of nature reserves, duties of departments of comprehensive management of nature reserves and other departments concerned, the status and tasks of nature reserve management organs; the status, level of establishment and basic requirement of nature reserve divisions; the procedures and conditions for the establishment of nature reserves; the basic systems and mea sures for the protection and management of nature reserves; the legal responsibility for violations of the law of nature reserves and so on.

3.2.5　Scientific management system

A. The scientific management of nature reserves should be based on science and technology.

The scientific management system includes the following components: organization of comprehensive investigation and assessment; arrangement of subjects for scientific research and organization of research groups; establishment of fixed observation stations and selection of observation items. Computerized database can be built for nature reserves where conditions permit; tests in planting and breeding; formulation of plant for research and evaluation, and examination of plans for nature conservation, exploitation and utilization; appraisal and publication of the achievements of scientific research; establishment of specimen rooms, exhibition halls, offices of scientific & technological files and data; scientific & technological consultation and popular science publicity; establishment of grassroots organizations for scientific & technological information as well as relevant societies, associations and institutes aimed at extending ties among various nature reserves.

B. Scope of business and subjects for research

To conduct investigation and analysis of ecosystems within nature reserves, including studies on their structure, functions, stability, diversity, minerals and energy streams and so on; to make judgment on whether a biological shaper unit is of typical and representative feature and to work out the methods for such judgment; to explore and forecast the factors that may influence the genetic substance in the unit, prevent the declining tendency of the structure of biological community and master the situation concerning possible extinction of biological species; to conduct environmental monitoring, systematically collect data in natural, chemical, physical, biological and human aspects concerning the factors influencing environmental quality; to offer data concerning problems in other regions so as to serve as the crucial basis of the work in the monitored region; to employ advanced techniques, including remote-sensing, computerized and autonomized instruments in the research of nature reserves; to study the basic theories for the assessment of nature reserves and work out index and index systems.

3.2.6 The administrative management of nature reserves

The main contents of administrative management systems are listed as follows: administrative affairs among various levels of departments; foreign affairs, including coordination of interregional relations; labor and personnel affairs; finance and accounting; publicity of policies, laws and decrees; rear-service, capital construction and welfare for staff members; cultural education for personnel; inspection on the enforcement and implementation of plans, programs, and regulations for nature reserves; computerized management can be adopted if condition permits.

4 Major experience of nature reserve construction and management in China

The Chinese government attaches great importance to the construction of nature reserves and regards the nature reserve cause as a component of national economic development. To protect and develop nature reserve undertakings, several measures have been adopted:

4.1 To include the work of protecting wild plants and animals and establishing nature reserves into national plan

The 7th five-Year Plan and the 8th Five-Year Plan of China provide that the protection and improvement of ecological environment are the basic tasks of the state.

Nature reserves should be increased and more rationally distributed, and nature various types of reserve network be built if necessary and possible. Breeding bases and gene bases should be set up for rare and endangered species. Meanwhile, solid enforcement of environmental protection guidelines and policies, effective strengthening of environmental management and sufficient investments should serve as the guarantee for the implementation of the 7th and 8th Five-Year Plans.

4.2 To formulate relevant regulations and decrees

The state had already issued the law of forest, law of environmental protection, law of grassland, law of land, law of ocean protection, law of wild animal protection, regulations of marine resources, regulations of nature reserves for forests types and wild animal protection and regulations of nature reserves and so on. Regulations of endangered plant protection and the correspon ding red books on animals and plants are being formulated.

4.3 To undertake the work of publicity, education and personnel training

March 12th of every year is the day on national trees planting. In addition, the period from April to May is designated for national bird-loving activities. People receive education on the protection of wildlife via bird- loving exhibitions, TV programs, films, journals and magazines, public gathering and academic reports and so on. On the World Environmental Day of June, 5th every year, there are similar activities in China. It's the long-term strategy of the State to integrate education on environment into the various courses taught at school. Besides, students may be guided to draw the layout pictures of rare animals on different continents and the layout of nature reserves in China. Summer camps held within nature reserves also include the above- mentioned educational items on environmental protection.

Training courses, academic seminars are offered to managerial workers of nature reserves.

4.4 To conduct scientific study in nature reserves

Since the founding of the PRC, the State has organized a series of large- scale and comprehensive investigations in accordance with the need of national economic construction, through which the characteristics of the major part of natural environment, the quality, quantity and distribution of natural resources have been clarified, especially with regard to those endangered species. The ecosystems already established or those to the built have been examined, and fixed observation stations and ecological monitoring network have been set up in nature reserves such as Xishuangbanna of Yunnan Province, Dinghushan of Guangdong, Huaping of Guangxi, Changbai shan of Jilin and Baiyingele of Inner Mongolia. Gene bases have been built for endangered species of animals and plants, such as Breeding Bases for endangered plant Camellia Chrysantha in Guangxi;Carpinus Putoensis Base in Hangzhou, Wild Calycanthus Chinensis Base in Hubei. For endangered animals, there are Red- Crowned Crane Breeding Bases in Zhalong in Heilongjiang and Yancheng in Jiangsu, Black Necked Crane Breeding Base in Caohai, Guizhou Province Lipotes Vexillifer Conservation Area in Anhui and Hubei as well as David Deer Breeding Area of David Deer Research Center in Beijing.

In addition, achievements have been made in the scientific study of reproduction of Cathyaya Argyrothylla, variety-introduction of mask rat and the domestication and breeding of wood frags.

4.5 To promote international cooperation

China has extended ties with international organizations in the field of nature reserves. In 1972, China participated in the "MAB" Plan initiated by UNESCO and became member of the Council. From early 1980s to 1990 many nature reserves were designated to be nature reserves of world biological sphere, such as Dinghushan NR, Changbaishan NR, Wolong NR, Fanjingshan NR, Wuyishan NR, Xilingele NR, Bogedafeng NR, Shennongjia NR, Ranchen NR and so on, which have not only provided scientific data for international nature conservation and ecological monitoring, but also promoted the construction for other nature reserves.

In the recent 1 year or 2, cooperation on a series of items has been carried out with international organizations, such as the research center for giant panda in Wolong NR in Sichuan, which was set up under the auspice of World Wildlife Fund (WWF) aimed at the research of biology and behavior science for pandas, the joint survey in Altun NR in Xinjiang with International Union of Conservation of Nature and Natural Resources (IUCN); the cooperation in the study of Forest Type Nature Reserves and Forestrial wild animals with US Internal Department Fish and Wild Animal Agency; exchange of visits and inspection of Nature Reserves with France; Cooperative research of David Deer Breeding and species biology with British Wubangsi Park; Sino-Japanese jointbreeding program of Crested Ibis and training classes of nature reserves held with WWF and IUCN. International exchange and communication will undoubtedly do good to the development of nature reserve cause.

5 Problems existing in nature reserves in China and countermeasures

5.1 Major problems

The geographical distribution of nature reserves is uneven, their types and structure irrational.

The contradiction between economic development and construction of nature reserves has yet to be removed. In certain regions, such contradiction is even intensifying.

The building of legal systems for nature reserves has yet to see major improvement.

There has been no effective coordination among various departments in the field of nature reserves.

Nature reserves lack funds, the management system imperfect, the managerial level low, which can hardly meet the need for the construction of nature reserves.

5.2 Measures to strengthen nature reserve work

A. General targets and guidelines for China's nature conservation

According to the nature conservation strategy of China, the general goal for the year 2000 is to achieve rational utilization and protection of the country's natural resources, especially renewable resources by the end of the century; to curb the deteriorating tendency of national and rural environment so as to form a virtuous circle between ecological environment, population, social and economic development; therefore, the general guideline for China's nature conservation cause should be to develop environmental protection urban and rural construction in lockstep in accor dance with the general goal for national economic and social development, to turn the exploitative and extensive management into conservative and intensive management and achieve "all-round" planning, active protection, scientific management and sustainable utilization, to bring about unified economic, social and environmental benefits.

B. Specific countermeasures under the general targets and guidelines

To achieve the targets and guidelines mentioned above, effective measures should be taken as regards policy, management and technology.

a. "Policy" measures, i. e. , the policies and regulations by the state as a means to conduct macro control in the field of environmental protection and construction, which serve as the guidance for scientific development of national economy and which play a decisive role in coordinating economic construction and nature reserve work.

Policies and measures should be made and implemented to facilitate the construction and development of nature reserves.

——The policy of "The one who destroys nature reserves makes compensation";

——The policy of combined process of rational utilization, protection and reproduction of resources. The nature reserves should be divided into zones of special functions, such as "core-zones", buffer zones and business zones and so on.

——The policy of encouraging paid service of limited scale within the nature reserves.

Nature reserves are not only laboratories for professional study, but also classrooms to publicize scientific knowledge. They are the gene bases for species and the museum of nature. The profit got from the service will flow back to the construction of nature reserves.

——The policy of self-reliance and self-assistance.

Except for a small number of national nature reserves which can get state subsidiaries, most nature reserves at provincial and county levels can hardly get the financial support from the State and have to rely on their own strength. As a combination of social, economic and natural elements, nature reserves should offer benefits to the society and the state. Appropriate exploitation and management can be made, such as the establishment of breeding bases for rare endangered wild animal and plants as well as those of ornamental and economic value, such as nursery stocks, flowers, potted landscape and so on.

b. Technical measures

Science and technology constitute the primary productive force.

The solution of major problems in the terms of ecology and environments lies in the breakthrough of science and technology. In selecting the strategy for scientific and technological development, we should take into consideration domestic conditions as well as economic, technological and social elements so as to gain the best results at the lowest price. Several points are stressed as follows:

——Technical and economic policies in favor of the development of nature reserves should be formulated and adopted.

——Scientific research should serve the scientific management within nature reserves. The scientific research centers in NRs should serve the need for the reproduction of biological species and effective management.

The criteria for the classification of nature reserves, the assessment index and methods as well as the promotion of modernized management all rely on the acquirement and utilization of scientific achievements.

It is an urgent task to work out criteria for classifying nature reserves of different levels, the guiding principles and evaluating standard for the appraisal of ecosystems and managerial measures, including scientific principles and measures adopted by the management, which are the guarantee for ecological conditions and the quality of management in nature reserves.

——Techniques for the study of the improvement of resource exploitation from the environment both within and outside nature reserves should be developed.

——Effective patterns of management should be adopted.

Macro guidance should provide the long-term and immediate plans for the planned target.

Rational distribution should be planned, the programs and plans for nature reserves among various department be coordinated and their implementation be inspected.

National network of nature reserves should be built on the basis of three natural areas and 14 climatic and biological communities, and should gradually be connected with the world nature conservation network.

Models of sustainable development and combined benefits should be established. As the foundation to create wealth for the state, nature reserves should be economic entities. Under the prerequisite of active protection, they may bear the functions of farms, pasture land and enterprises that turn out their own produces and products. Nature reserves should make full use of their advantages in regard to resources to conduct variety-introduction, domestication, breeding and cultivation so as to utilized biological resources in a sustainable way.

——Techniques of biological diversity.

The problems such as ozone layer protection, prevention of global warming, prohibition of transboundary transportation of poisonous and deserted substances and the control of acid rain have attracted world attention. However, there is a new heated point, i. e. , the protection of global biological diversity. Composes of diversities in inheritance, species and ecosystems, biological diversity is the basis for human existence.

Species are extincting at a high speed and in as expanding share. To protect the gene bases and sustainable utilization of species and avoid the destruction of species and ecosystems, in June 1992, the UN environment and development conference held in Brazil approved the convention on biological diversity signed by 283 countries. Initiating the principles for sustainable utilization of natural resources, this convention is of great significance to the publicity and adoption of biological diversity techniques and to the maintenance of the balance of biological sphere as well as the development for nature reserves.

c. Management measure

Environmental management stands for the management in the economic and social activities of human beings through legal, economic and administrative, technical, educational means in accordance with the economic and biological laws purpose for coordinating the relations between development and environment, acquiring best environmental result with limited investment and attaining the goal of better developing nature reserves and protecting natural environment.

——Improving the legislation of nature reserves and strengthening legal management.

——Strengthening planning management and combining nature reserve plans into the plan for national economic and social development.

——Strengthening institutional construction in nature reserve; strengthening the role of inspection in term of the enforcement of relevant law, regulations, guidelines and policies.

——Regularly conducting monitoring and appraisal on the managerial level of nature reserves.

——Publicizing and popularizing knowledge concerning biological diversity and nature reserves so as to promote the national consciousness with regard to ecology and environment.

Abstract: This article briefly outlines the construction and development of natural reserves; it embraces the necessity and main content of the management of natural reserves, including theoretical guidance, targets management, planning management, legislative management, technological management, administrative management. It discusses the experience of construction and management of natural reserves and existing problems in this regard as well as correspondent solutions such as policy measures, technology measures and management measures.

Key words: natural reserve; construction; management

生物多样性就是生命，生物多样性就是我们的生命[*]

一、第七届生物多样性保护与利用高新科学技术国际论坛的背景

1）是在 5·22 国际生物多样性日的纪念活动和 6·5 世界环境日之间召开。

2）是在 2010 年被联合国环境署定为全球生物多样性年期间举办。

3）是在第十三届中国·北京国际科技产业博览会期间召开。该国际科技博览会是由多个部门联合举办的，本次论坛是博览会中 9 个论坛之一。

本论坛主题是生物多样性与生态安全。

下设生物多样性与生物安全、生物多样性与环境安全、生物多样性与绿色产业、全球气候变化与生物多样性等 4 个专题。

生物多样性与生态安全也就是说当今世界正在遭遇一场全球性的物种灭绝危机，生态环境及生态系统遭受极大威胁，生态环境很不安全，也威胁到了人类自身。地球上所有生物的生存都依赖于生物多样性、生态系统和自然资源，这是人类生存和发展的物质基础，可以说生命是生物多样性的源泉，生物多样性就是我们的生命，因此在回顾过去，纪念今日和展望未来的今天，我们必须深刻认识生物多样性是地球生命的基础，地球村的每个村民都有责任，保护地球就像保卫我们家园那样保护生物多样性，保护我们生命之泉的生物多样性！

二、生物多样性保护目标未如期实现

据国际专家估计，地球上曾经存在过的至少 5000 亿个物种中 99% 以上已经消亡。目前，1/3 的两栖动物，1/3 的珊瑚虫，1/4 的哺乳动物和 1/8 的鸟类被列为濒危物种。

最新的世界自然与自然资源保护联盟（IUCN）红色物种名录显示，根据目前评估结果，70% 的植物，35% 的无脊椎动物，37% 的淡水鱼类，30% 的已知两栖动物，28% 的爬行动物，22% 的已知哺乳动物，12% 的已知鸟类正在遭受灭绝的威胁。

---

* 金鉴明. 2010. 生物多样性就是生命，生物多样性就是我们的生命. 见：第七届中国生物多样性保护与利用高新科学技术国际论坛文集. 北京：科学技术出版社.

一些专家估计认为，全球人类活动造成的物种灭绝速度是自然条件下的 1000 倍。

因此，IUCN 呼吁制定长远而又切实的生物多样性保护目标，这些目标应有明确的衡量标准，且易于实施。联合国环境署和《生物多样性保护公约》秘书处公布了最新编制的第三版《全球生物多样性展望》，报告指出，全世界并没有实现其生物多样性保护目标，未来在 2010 年大幅降低生物多样性丧失的速度，生物多样性整体目标涉及 21 项辅助目标没有一项在全球得到实现，而生物多样性公约制定的 15 项大目标中，有 10 项显示出不利于生物多样性的趋势，全球 44% 陆地生态区域和 82% 的海洋生态区域没有达到预期的保护目标，其中包括大多数重点生物多样性保护区域，报告还指出，直接造成生物多样性丧失的五大主要压力，即生态环境变化、过度开发、环境污染、外来物种入侵和气候变化。

报告呼吁国际社会不要继续将生物多样性丧失视为游离于社会核心关切之外的问题，应给予生物多样性保护应有的重视。

联合国秘书长潘基文郑重表示，生物多样性的丧失，必将严重危及人类的生存和发展，危及子孙后代。为此他呼吁，每个地球公民都要团结起来，共同努力，保护地球上的生命，保护生物多样性，就是保护我们生命，生物多样性就是我们的生命。

三、中国政府对生物多样性公约的履约行动

1）2010 年 5 月 19 日，国务院副总理、国际生物多样性年中国国家委员会主席李克强主持召开国际生物多样性年中国国家委员会全体会议并讲话强调，生物多样性是人类赖以生存和发展的基础，生物资源是国家安全的战略资源，具有宝贵的开发利用价值，在新形势下做好生物多样性保护工作应立足我国国情、信誉、国际经验，坚持保护优先、合理利用、惠益共享的目标和方针建立健全生态保护体系。

2）2010 年 4 月 2 日环境保护部部长周生贤在生物物种资源保护部级联席会议第五次会议上总结讲话指出，生物物种资源是国家重要的战略资源，生物物种资源保护事关国家生态安全、国家长远利益和子孙后代的福祉。

周部长指出，几年来我国物种调查结果显示，我国部分生物物种资源丧失现状得到一定程度改善，但物种资源丧失总体趋势仍未得到有效控制，物种丧失依然严重，资源过度利用、气候变化、环境破坏、工程项目建设仍严重影响物种生存及资源的可持续利用，我国物种资源流失现象也并未好转。实践证明，做好生物物种资源保护工作，需要各部门通力合作，协调配合，大家团结起来，共同努力。

2010 年是国际生物多样性年，我国决定成立 2010 国际生物多样性中国国家委员会，李克强副总理出任委员会主席。

周部长指出 2010 年工作如下：①审议并通过多部门编制的 2010 年国际生物性年中国行动方案；②深化全国生物物种资源调查和执法检查；③组织开展好 2010 年国际生物多样性年活动；④发布《中国生物多样性保护战略与行动计划》；⑤通过 2010 年活动宣传我国生物多样性保护成就、宣传生物多样性保护的重大意义，提高公民保护意识，促进社会广泛参与，进一步推动全国的生物多样性保护工作，也向国际社会展示我国是负责任环境

大国的形象，表明积极保护生物多样性的态度。

3）环境保护部李干杰副部长在生物物种资源保护部际联席会议第五次会议工作报告指出，近8年来工作取得成果：①物种保护法律体系不断完善；②物种保护规划和计划相继编制发布；③物种资源调查与收集取得重大进展；④物种资源就地保护与迁地保护得到进一步加强；⑤物种保护联合执法检查工作不断深入；⑥外来入侵物种管理得到强化；⑦国际谈判和国际合作积极推进。以及今后一段时期的重点工作：①尽快发布并实施《中国生物多样性保护战略与行动计划》；②加快生物资源保护的立法工作；③增加物种资源保护的经费投入；④加强生物物种资源监测和执行检查；⑤深入开展生物物种资源保护的宣传教育工作。

四、结 束 语

1）保护生物多样性是国际社会共同关注的环境问题，也是未来人类自下而上发展和繁荣进步的长远问题，因此保护生物多样性就是保护我们的生存环境，保护生物多样性就是保护人类的生命。

2）在已有的法律法规基础上，进一步完善相关政策法规推进科技创新，形成在发展中保护，在保护中发展的新机制。

3）进一步加强生物多样性保护的基础能力建设，深入开展生物物种调查，摸清家底，建立监测、评估体系和进一步规范生物物种资源的采集、收集、研发、贸易、交换、出入境等活动，加大执法检查力度。

4）大力宣传教育保护生物多样性的重要意义，提高自觉保护意识使保护生物多样性、建设生态文明成为全社会自觉行动，同时做好国际生物多样性年各项活动。

5）开拓和深化国际合作，借鉴国际先进理论和经验认真履行国际公约，借国际生物多样性年中国行动方案的实施，把中国生物多样性保护工作推向一个崭新的发展阶段。

生物多样性是生命，生物多样性就是我们的生命，让我们共同努力保护生物多样性！

Biodiversity is Life，Biodiversity is Our Life

Abstract：This report introduced the background of 7th China International High-tech Forum on Biodiversity Conservation and Utilization，pointed out the problems and challenges in biodiversity conservation. Our government attached great importance to biodiversity conservation，actively carried out activities to perform Convention on Biological Diversity. China decided to set up 2010 International Year of Biodiversity National Commission，and Vice Premier Li Keqiang took on the chairman of the commission. This year we will perform the following activities：making China's action plan on 2010 International Year of Biodiversity，deepening national biological species resources investigation and law-enforcement inspection，issuing "China Biodiversity Conservation Strategy and Action Plan"，strengthening propaganda and education，improving the general public's consciousness on biodiversity protection, promoting the whole society's extensive partici-pation. Protecting biodiversity is an environmental problem that the whole world concerns and a long-term problem of human development and progress. Therefore protecting biodiversity is protec-ting our survival environment; protecting biodiversity is protecting human life. Let us work together to protect biodiversity.

第四篇 | 生态管理
　　　　建章立制

保护自然环境和自然资源

学习环境保护法的体会[*]

1979 年 9 月颁布的《中华人民共和国环境保护法》（试行）（以下简称《环境保护法》）把我国环境保护工作的方针、政策、原则、保护对象作了全面的规定，是环境保护工作的行动准则。它体现了全国人民的共同心声和迫切愿望，标志着我国环境保护工作进入了一个新的历史时期，是我国进行四个现代化建设的一项重要措施。下面就我们学习中的体会谈几点意见。

一、正确、全面地理解《环境保护法》的内容

《环境保护法》是依据我国《宪法》第十一条关于"国家保护环境和自然资源，防治污染和其他公害"的规定制定的，其任务是"保证在社会主义现代化建设中，合理地利用自然资源，防治环境污染和生态破坏，为人民建造清洁适宜的生活和劳动环境，保护人民健康，促进经济发展"。总则第一、第二条的内容明确指出了环境保护工作既要防止环境污染和防止生态的破坏，又要保护自然环境和自然资源，因此产生了第二章保护自然环境和第三章防治污染和其他公害的内容。第三条对于环境的解释，反映了环境是由多种因素组成的整体的客观存在，因此要保护好环境，首先要使自然环境不受破坏。国际上把保护自然环境和自然资源的合理利用当作环境保护的重要内容，并且把保护和利用自然资源的水平看作一个国家现代化水平的标志之一，积极保护和合理利用自然资源水平越高，反映出这个国家文明生产的水平就高，工业经济现代化的水平也就越高。联合国大学国际地理学会曼斯特教授于 1979 年访华期间所作报告指出："关于环境问题首先是什么？世界上百分之九十的人们回答生态系统的退化是作为环境的首要问题"。同年联合国环境规划署执行副主席撒切尔在中国环境科学学会成立大会上讲："刚刚成立机构时，各国政府关心的是由于工业造成的污染，这些年来显示工业产生的污染只是环境中很少的一部分，而且更大的问题多得很，如可耕地的减少，热带森林的开发，等等"。由此可见，保护自然环境和自然资源，防止生态系统的破坏在环境保护占有重要地位，有时往往是联合国环境规划理事会上的主要议题。

但是，我国由于"四人帮"的干扰破坏和我们工作中的缺点，再加上经验不足、科学

---

[*] 金鉴明，张维珍 . 1980. 保护自然环境和自然资源——学习环境保护法的体会 . 环境保护，（2）：13～15.

管理不善，以致经济发展同环境保护的比例失调，至今环境保护的重点仍然是"三废"治理，所以一提到保护环境给人们的印象就是"三废"治理和工业污染，而忽视自然环境的保护。《环境保护法》第十条至第十五条对自然环境——土地、水、森林、草原、野生动植物、矿藏等资源详细规定了保护、发展、合理利用、防止破坏和改善环境的方针和政策，是保护自然环境的行动指南。保护自然环境与防治污染是一个问题的两个方面，如果自然环境得以保护，那么为社会主义现代化建设提供的物质基础的自然资源才得以保证，而保护自然资源的目的在于合理利用自然资源，为工农业生产提供良好的物质条件。工业污染，特别是"三废"的污染，实质上是能源和资源的浪费，假若我们最大限度地把能源和资源综合利用起来，不任意浪费资源，那么也就能从根本上控制和解决环境的污染。由此看来，保护自然环境和防治污染二者又是互相联系、互相制约的，它们是一个整体，二者都不可缺一。

目前，我国的工农业生产还不发达，但自然环境和自然资源的破坏却相当严重，例如：盲目毁坏森林造成一些地区水土流失，洪水泛滥，气候失调，沙漠蔓延，风暴、干旱、病虫灾害不断发生；过度放牧使草原退化、沙化、盐碱化；盲目开荒造成土地资源不断丧失，引起局部地区的黑风暴；乱捕滥猎资源物种，使许多珍稀野生动物濒于绝迹。总之，不合理地利用自然资源造成环境质量的恶化，严重地破坏了自然界的生态平衡，影响了农、林、牧、副、渔业的发展，有的甚至影响到人类的生活和生存。因此，自然环境和自然资源破坏的危险要比环境污染对国民经济和人民生活的影响更为广泛、更为深远。生态系统的失调和环境的破坏是很难恢复的，有的甚至是不可能恢复的。这样的例子在世界上并不罕见，茂密的美索不达米亚森林变成了不毛之地；意大利阿尔卑斯山南坡的松林变成了赤裸裸的岩石；南美哥伦比亚肥沃的土地变成了荒无人烟的沙漠这些例子，都是由于不合理地利用自然资源，自然界给予人类报复的结果。我们要吸取这些教训，引以为戒。

二、保护环境与发展经济的辩证关系

《环境保护法》第二、四、五、十八、三十一条都涉及环境保护与发展生产的问题，这个问题从国际到国内都是引人关注的。

发展经济，改造自然无疑会带来环境问题，但我们完全有可能在发展经济的同时，处理好与环境保护的关系，如山东泰安市造纸厂的废水，曾经污染水源、危害农业生产，后来，他们把害水变成了益水，成为肥田的优质肥料，促进了农业生产的发展。这样的例子在全国各地是不少的。

产品和"三废"是在生产过程中同时产生的，不能认为出了产品，生产过程就完成了，应该是既出了产品，又治了"三废"，才是一个完整的生产过程。实践证明，只要提高认识，加强管理，采取改革工艺，综合利用，合理地利用自然资源，污染是不难解决的。这样做既发展了经济，又提高了保护环境的能力，而改善和保护好环境又促进了经济的发展。

三、预防为主，防患于未然

《环境保护法》第四、六、七、十、十二、十三、十四、十五诸条都贯彻了预防为主的原则。贯彻这项原则，必须进行合理布局，统筹规划。一些单位对环境的污染，往往是工业布局不合理造成的。例如，江南水乡城市和著名风景游览区的苏州市，工业布局极不合理，21 家污染严重的化工厂分散在城市四周，13 家排放废水量大的印染厂设在内城区，3 家大造纸厂在水源上游，42 个电镀点则遍地开花，使整个的城市毒水横流，臭气冲天，变成"江南水乡无净水喝，鱼米之乡无鲜鱼吃"。昔日的天堂——苏州城，今日变成污染城。工业布局的不合理，是造成污染的主要原因。因此，对于新建工程企业、工矿、城市都必须进行合理布局，全面规划。坚持预防为主的原则，还必须坚决贯彻"三同时"的原则，这是控制新污染产生的有效措施。同时还必须实行环境质量影响评价的制度，对于建设大型工程、开发资源、规划城市、工矿企业等都必须考虑到对自然环境和生态系统远期的、近期的影响。

四、执行环境保护法，为四化建设服务

20 世纪 80 年代是我国社会主义现代化建设的关键时期，认真贯彻执行环境保护法，对于促进"四化"的早日实现有其积极的和现实的意义。下面对如何认真执行环境保护法提几点看法：

（1）提高对保护环境科学知识的认识

认真执行环境保护法，首先要深入开展学习和宣传《环境保护法》，明确《环境保护法》的指导思想、方针、政策，并全面理解它的内容和任务。根据《环境保护法》第二十九条、三十条规定，利用报纸、广播、电视、学习班、报告会、展览会、文艺节目等各种形式开展宣传教育活动，普及环境科学知识，提高人们对环境保护重要性的认识及其与四个现代化的密切关系。当前应强调自然环境的保护，大力宣传生态观点，宣传保护自然环境对于发展经济的促进作用。

（2）认真执行《环境保护法》，从生态观点出发按客观规律办事

必须坚决贯彻环境保护工作的方针和一系列政策规定。在进行经济建设的时候，要正确处理发展生产与保护环境的关系，既要有发展生产的观点又要有生态的观点，把眼前的局部的利益和长远的全局利益结合起来，做到合理布局，统筹安排，切实贯彻"经济发展和环境保护，同时并进，协调发展"的政策。在经济工作中，特别是在制订经济发展和城市建设，新建项目等长远规划和年度计划时，各部门必须要做好全面规划，根据统筹兼顾、适当安排的原则，对自然资源的开发利用，要加强计划性和预见性，避免盲目性。

（3）保护自然环境切实采取防治结合的管理方法

保护自然环境，应采取防治结合，以防为主的管理方法。通过全面的规划、因地制宜、合理地开发利用自然资源，以防止自然资源破坏，促进经济发展。目前，在国民经济调整时期，工业、农业、林业、畜牧业、水产、水利、海洋等主管部门在开发、利用自然资源的同时，要搞好自然资源的保护和保养，实行养用结合，防治结合，合理安排生产布局，做好全面规划。由于环境是一个整体，各种环境因素相互联系，相互制约。环境保护部门要参与自然资源的开发利用和保护的规划，通过审查及评价大型开发工程对环境造成

的生态影响来管理自然环境。

（4）要加强自然环境标准制订的研究工作

为了贯彻执行《环境保护法》，要加强对自然环境质量标准研究，为制定一些保护环境和自然资源的单行条例提供科学依据，如，制定《大气保护法》、《水质保护法》、《草原法》、《水土保持法》、《土地法》、《自然保护区管理条例》、《野生动物保护管理条例》、《野生植物保护管理条例》等，以及其他各种有关保护自然环境立法。从各个方面贯彻国家保护环境的方针、政策，再加上一些奖惩制度的保障，以达到保护自然环境和自然资源的目的。

坚持环境科研为管理服务的方向　努力开创"七五"环境科研的新局面[*]

同志们：

从 1978 年在太原召开的全国环保科技工作大会到现在，八年来，我们环保科技战线的广大科技工作者，在经济建设必须依靠科学技术，科学技术工作必须面向经济建设的战略方针指导下，进一步明确了环境科技工作必须为经济—环境协调发展和环境管理服务的方向；经过几年努力，取得了一批有显著经济效益、环境效益和学术水平的研究成果；科研工作条件相应得到了改善，环境科技队伍逐步成长壮大起来，基本形成了一支能承担环境科学技术研究的骨干力量。我们这次会议的任务是要充分肯定成绩，认真总结经验，分析当前形势，研究如何改革环保科技管理体制，加强环境科技管理，讨论"七五"期间环保科技工作的主攻方向，为解决我国面临的重大环境问题提供技术支持，为增强环保工作的后劲打好基础。

下面谈谈几年来环境工作开展的情况并对今后环境科技工作如何开展提几点意见：

一、几年来环保科技工作开展情况的回顾

1. 环境科技体制改革迈出了可喜的一步

从 1984 年开始，在中央关于改革开放等一系列方针政策的指引下，环境科技系统开展了改革的试点。改革的主要内容是扩大研究所的自主权，实行所长负责制和课题承包制。

实践证明，改革促进了环境科技工作与环境建设、经济建设的结合，调动了广大科技工作者为环境管理服务的积极性，使环境科技工作取得了较大的进展。如云南省环境保护研究所了解到滇西少数民族地区生活饮用水受到污染和滇东北地区有五百多万人因环境因素引起地方病的问题后，立即组织本所的科技人员奔赴现场，进行调查研究，摸清情况提出防治措施，受到云南省负责同志的赞扬。沈阳市环境保护研究所，通过改革，出现了生机勃勃的局面，科技人员的积极性和创造性得到了较好的发挥，所里的纯收入增加了近四倍。

通过改革，实行了成果有偿转让，开拓了技术市场。试点单位在保证完成上级下达的

* 金鉴明．1986．坚持环境科研为管理服务的方向，努力开创"七五"环境科研的新局面——国家环保局总工程师金鉴明同志在全国科技工作会议上的讲话．全国环保系统科技工作会议文件．

指令性任务的前提下，面向社会开展技术服务，开辟资金来源，增加研究所的活力。华南环境科学研究所，在完成国家、部、省下达的任务后，几年来共承担横向委托项目 35 项，收入达 350 万元之多。

2. 取得了一批有显著经济、社会、环境效益的科研成果

针对各地突出的环境问题，环保系统科研单位与兄弟单位团结协作、联合攻关，几年来完成了近千个课题的研究工作。这批成果在控制环境污染、改善环境质量、强化环境管理工作中发挥了积极作用。

在环境战略研究方面，中国 2000 年的环境预测，各省、自治区、直辖市 2000 年环境预测及对策在掌握大量信息的基础上，运用多种定量的方法，系统地揭示了经济发展、社会发展与环境质量的内在联系和发展趋势，提出了发展经济、保护环境的宏观对策，为各级领导部门编制经济发展和城市建设规划提供了科学依据。

在环境政策研究方面，在国家科委、计委、经委受国务院委托组织我们研究并编制了《环境保护技术政策要点》及其说明，经国务院批准国家科委以《中国技术政策》蓝皮书（第八号）的形式公布实行。我局还在此基础上，组织科技力量编制了关于防治大气和水环境污染的专项政策，已经国务院环境保护委员会批准实行。技术政策的制定，它不仅把"三同步"、"三效益"统一的环保战略方针具体化了，而且为我国环境法体系的研究和制定提供了有利条件。

在区域污染综合防治方面，结合"六五"攻关工作，各地选择典型地区，采用计算机模拟等先进技术，针对当地主要环境问题，把污染源的厂内外治理与环境管理结合起来，把探索合理利用环境自净能力与污染物总量控制结合起来，研究出区域污染综合防治优化方案，并落实到该地区的环境规划及地方标准的制订工作上，不仅在控制污染方面取得实效，而且在环境质量研究的方法学及污染物在自然环境中运动的各种模式研究方面也有所创新。上海黄浦江污染综合防治课题，经过三年研究，提出了两项工程措施，一是取水口上移，一是污水排至长江口。前者解决了当前上海市 600 万人民饮用水污染问题，后者对减轻黄浦江污染提出可行方案。这些对上海市经济发展和人民生活都是有着十分重要的意义。据估算，方案实现后，产生的效益达亿元。深圳湾和沱江、湘江水容量及湘江污染综合防治研究也取得不少效益。

在污染治理技术方面，取得了一批效率高、成本低，有较好的经济效益、环境效益的成果。至今主要污染源的治理，都有了较为理想的技术。对一些难度较大的项目，如电厂低浓度 SO_2、印染废水脱色、造纸黑液处理等也进行了中试规模的研究。新材料、新技术、新工艺开发也有不少进展，如污水漫流土地处理技术、用于北京市啤酒厂的废水治理工程，比常规生物滤池法节约投资 550 万元。

在分析测试技术及环境调查方面，进行了全国放射性本底调查，粮食农作物中农药残毒调查以及 114 平方公里的水、土壤环境背景值研究，建立了全程序质量控制，研究了 40 种标准参考物，还针对 60 多种污染物，建立了 200 多种分析测试方法用于全国的分析监测。试用引进的大气、水质自动监测系统技术也有一定成效，遥感遥测技术也在区域环境质量研究工作中得到应用，其效果令人鼓舞。

在农村环境自然保护方面，农牧渔业部作了农业环境质量标准的研究，取得了成果。为了探索农村环境保护的途径，在传统农业经验的基础上，开展寻求高产、优质、低能耗，多种经营、多种类型生态农业试点研究。北京留民营、浙江萧山、广东顺德等取得的效益是明显的。

在自然保护区的调查和建设方面，如阿尔金山、沙坡头、锡林郭勒盟草原、梵净山、蛇岛等属环保系统管理保护的有 40 多个；珍稀动植物的保护和基因库的建立，如熊猫、白鳍豚、丹顶鹤、麋鹿的保护及华南木兰园、浙江普陀鹅耳杨基地、野生腊梅、金花草基地等的建立，都已有良好开端。

在环境污染对人体健康影响的研究方面，有关部门从化学毒物到物理因素，从流行病学调查到毒性毒理研究，初步开展了一些工作。宣威肺癌高发环境因素研究，通过中美合作取得了成果。在饮用水有机氯含量与人体健康的相关性研究，农药和重金属的毒理研究，有毒化学品"三改"快速测定方法，噪声、电磁波对人体影响方面，都取得了一定进展。

在环境科技情报、刊物出版、学术活动等方面，也同样做了大量工作。

3. 建立了一批环境科研机构，培养锻炼了一支环境科技专业队伍

目前已经建立了 76 个环境科学研究院、所，除了个别省份外，各省、直辖市、自治区均已经建立了省级环境保护科研所。省辖市、工业较发达的中等城市和沿海城市组建的环保所达 46 个之多。中国环境科学院和部属的华南、南京环境科学研究所相继建成，成为国家环境科技研究的重要支柱和骨干。

目前全国环境保护系统的科研单位有固定职工 6710 人，其中科技人员为 5633 人，占 80%，中级职称以上的有 2889 人（在实行聘任制之前），初步形成了一支学科较为齐全，具有相当规模的科技队伍，可以胜任多方面的研究任务。

4. 试验研究的装备、基础条件不断完善充实加强

几年来，用于添置大型仪器设备的投资达 8600 万元，万元以上的仪器有 785 台，离子色谱、色质联机、质子荧光、多谱勒声雷达等现代分析测试仪器和探测手段逐步装备起来。

5. 环境科技对外交流日趋频繁

几年来，就共同关心的环境问题，先后与美、日、英、澳、加、丹、瑞典等国建立起双边环境科技合作。我国环境科技工作者与各国环境科技工作者的学术交流得到了进一步的发展。

除此在环境科技情报、刊物出版学术活动方面也开展了大量工作，取得不少成果。

二、几年来开展环境科技工作的几点体会

1. 为强化环境管理服务是环境保护科学技术研究的首要任务，经济建设要依靠科学技术，科学技术工作必须面向经济建设

新兴的环境保护工作，更需要依靠科学技术。过去我们在科学依据不足的情况下，搞

了一些环境保护设施，结果往往收效不大。环境规划、环境标准如不科学、不切实际，影响就更大。当前，环境科技工作必须贯彻"面向环保工作"的方针，其首要的任务是为环境管理服务。

从我国环保科技工作发展的过程来看，开始是搞单项治理技术开发，后来感到不能解决环境问题，而开展环境质量评价，以解决在区域环境中要治什么和如何治的问题；再进一步感到不能停留在认识世界而要改造环境，提出要搞综合防治，近两年认识到要搞好综合防治解决环境问题，应从根本上来抓资源、能源的综合合理开发利用，要把法规、经济、自然科学、工程技术等方面综合起来进行系统研究，寻求生态良性循环的优化方案。这一发展过程，说明了环境科技工作为了适应环保工作的需要，使环境管理更为科学合理，努力走在环保工作的前头而不断深化研究内容。各地区环境科技工作，凡是对科技总方向把握得好的，科技活动就比较活跃，成果多，发展快，效益大。云南、贵州、重庆等省、市的环保科研所紧紧围绕当地环境主要问题开展工作，取得了领导的信任。如云南要建立世界上数得上的黄磷生产大基地时，省里领导提出由省环保所牵头来做好环境影响评价工作。

2. 团结协作，联合攻关，是搞好环境科技工作的关键

环境问题具有很强的综合性，广泛的社会性和群众性。"六五"攻关各项研究课题以及过去的官厅水库、北京西郊和东南郊环境质量评价大气污染监测车和水质污染监测船的研制等，都是大协作的成果。在大型项目的组织协调工作中，打破部门所有制的桎梏，集中优势，共同攻关，出效率、出成果、出人才。在组织上还要建立一个强有力的领导核心，围绕课题总目标，搞好总体设计。由地方科委和环保局牵头，紧密结合地方要解决的问题来开展工作。并要抓住重点，注意处理好研究课题中任务与学科、硬件与软件、局部与整体、近期与长远的关系，要注意从一开始就要加强综合部分的力量，不断调整，使课题按不同层次，不同学科，围绕总目标形成有机整体，才能取得高水平的成果，同时锻炼培养一批具有多方面知识的综合研究的人才和科技管理人才。天津市在环境保护局的主持下，组织市环境保护研究所、市检测中心站、中国科学院系统有关研究所、天津大学、农业部环境科研监测所，以及市属的科研设计单位共 22 个近 300 名科技工作者，进行"天津市城市生态及污染综合防治"课题研究，近 7000 人参加各项专业工作，成果获得国家攻关课题奖。

3. 领导重视，是推动环境科学技术进步的保证

几年来的工作表明，各级领导重视，特别是各级政府及科委的重视和支持，是推动环境科技事业发展的保证。一些省、市地方政府和科委，在地方环保局的大力宣传下，把环境科技工作列入议事日程，在人员配备、财政拨款和试验研究条件的改善等方面给以一定的保证，使这些地方的环境科技事业有了较快的发展。据统计，全国环境科技人员在"六五"期间增加了一倍。有些地方在科技三项费用中，安排一定比例用于环境科研工作。如上海市过去每年安排 80 万元，天津、四川在"六五"攻关中地方自筹环境科研资金在 200 万元以上。总结的经验，是一方面大力宣传，一方面用他们的科研成果，切实可行的

好主意、好办法去争取各级政府的重视和支持，这是推进环保科技工作重要的环节。

三、几年来环保科研工作开展中存在的几个问题

1. 现行的环境科技管理体制存在着弊端，影响环境科技事业的发展

环境科学技术涉及各部门、各行业、各地区。既有环境建设中出现的突出的技术问题，又有行业、地区的问题，有共性，也有特殊性，需要在宏观管理上加强统筹安排，使有限的经费发挥更大的效益。目前环境科技体制是部门所有、条块分割，加上管理工作跟不上，信息不灵，课题重复，呈现了"散、乱、抢"的局面，内耗大、协调难，造成浪费。

就环保系统而言，不同层次、不同区域的几十个研究所，如何组织起来，形成拳头，统一规划，各有侧重，有机配合，共同攻关，我们过去还停留在设想阶段。没有适应环保科技发展的需要，及时采取各种措施，改革体制，加强管理。

2. 地方环保科研所事业费低，科技三项费用渠道不够通畅，地方环境管理上需要研究的科技问题，往往由于经费不足难以安排

开展地方环保科技工作，是我国环保科技发展的基础。地方环保科研所是社会公益性的事业单位，由财政拨款，实行经费包干。由于各地财政情况不同，加上环境保护科研所一般建所较晚、底子薄、事业费少，平均只有2400元左右，除了工资和必要的开支外，没有力量安排科研项目，科技三项费用的地方渠道还不畅通，以致一些地方所自建所以来，几年了，仅仅争取到10万元的科技经费。国家项目覆盖面及分到下面的经费也很有限。这种情况，使研究所处于只能活不能动的局面，影响了环境科技工作环境管理服务方针的落实。

3. 环境科技成果与推广脱节，成果推广应用比例较低

其中有的是因为计划与现实需要脱节，有的是选题不当造成的，有的是因管理工作跟不上引起的。同时，今后一定要加强科技管理，信息疏通，安排一定的经费和人力，用于环境科研的推广工作。

四、"七五"期间的环保科技工作

"七五"期间的环保科技工作应根据"七五"期间全国环境保护的基本目标和工作重点，针对当前存在的重大环境问题来确定方向和任务。它必须是为实现这个基本目标和工作重点服务，并为"八五"以至本世纪末达到最高的环境目标提供必要的技术储备。关于"七五"环保科技发展规划和研究项目的安排意见，已写在会议的有关文件，这里只谈谈主要任务和带方针性的几点意见，请大家讨论。

"七五"期间的主要任务：

1）以加强环境法制管理为中心，提高环境管理决策的科学化、政策法规的完整化，开展总量控制和浓度控制为内容，制订出国家和地方两级的质量控制标准和水、气、渣污染物排放标准为重点的研究，使环境管理水平大大提高一步。

——完善分析测试手段，提高环境监测水平。进一步开展有毒化学品、有机污染物的分析测试、生物监测、标准参考物以及环境监测规范化的研究。

——加强以城市"四害"防治为重点，以实用技术为目标的城市环境污染综合防治技术的研究。重点进行氧化塘、土地处理系统、排江排海可行性与工程技术以及废水回用、污水资源化的研究。提出小造纸厂废水、高浓度有机废水、低浓度二氧化硫处理、粉尘、汽车尾气净化、工业及民用型煤成型、固体废弃物处置与综合利用、噪声振动防治等切实可行、经济有效的适用技术。

——巩固和发展现有农业生态示范工程，继续开展大自然保护、酸雨成因、环境污染对人体健康影响的研究以及环境背景值，环境容量等方面应用基础的研究工作。

——加速已有科技成果的推广应用。发布行业治理技术指南，制定治理技术手册和相应的技术政策。

2）工作中应注意的几个问题。

①环境科技发展一定要符合国情，重在实用。

符合国情，要针对我国经济实力还不雄厚，而环境问题较多这一现实，在解决环境污染时，应该走少花钱、多办事的路子。比如，处理城市污水在现阶段不能普遍推广二级处理，而是应该着重研究氧化塘、土地处理系统；对乡镇企业污染的防治、燃煤污染面源的治理，不要把目标定得过高，指望投入大量资金和技术，也不宜强调用最先进的技术治理污染，改善环境，而是要重视对已有技术实用化、生产化或商品化。

我们不能把主要力量放在研究力不能及的先进的技术上，更不能去重复研究已有的技术。而是应该花大力气对比较成熟的传统技术，进行综合分析和优化筛选，使之实用化、规范化、系列化。"七五"期间，如果我们在科技成果转化和推广应用上有所突破，开始形成有我国特色的实用组合技术和系列化产品的话，就是环保科技工作的一大贡献。

为了落实这项工作，除国家环保局进行政策性指导和统筹协调外，还应把环保系统的科研院所和其他部门力量联合在一起考虑。总之，这个问题需尽快组织力量进行研究，提出具体实施方案。

②以应用为基点，处理好当前与长远、软科学与硬科学、城市与乡镇环境科技发展之间的关系。

环境问题的整体性和综合性，环境科学技术的多学科性和学科交叉渗透的特点，决定了环保科技发展不能单打一，而必须照顾其相关性。在突出传统技术推广应用的同时，要考虑长远发展的技术储备。如高浓度有机废水的处理技术、酸雨防治技术等；在强调为环境决策管理科学化服务的软科学重要性的同时，要安排污染治理技术的实用化，建立一些示范性环境工程和生态工程；在强调以应用为基点的同时，要抓好应用基础工作，如环境背景、容量、污染对人体健康影响、监测和分析测试、大自然科学保护的科学技术等，在研究城市污染治理技术的推广应用的同时，应适当安排乡镇企业污染综合防治的适度技术和生态农业示范工程与推广工作。

3）"七五"期间的科技工作既是以"六五"的科技成就为起点，又是它的延伸和发展。

首先，"七五"期间的战略重点是从"六五"期间的污染源调查、污染物扩散规律及影响、环境质量评价、环境背景值和容量等以认识环境为主的课题，逐步转移到以解决环境问题为主改善环境质量的轨道上来，使已有的研究成果实用化、商品化。

其次，城市环境保护在今后相当长的时期内，是我们的工作重点，不应忽视。但随着乡镇企业的发展，农业环境污染日趋严重。如何指导乡镇企业按"三同步"原则健康发展，为它们提供实用有效的污染防治技术和对策，也应成为环保科技工作的重要任务。

五、对科技体制改革和今后两年工作的几点意见

中共中央《关于社会主义精神文明建设指导方针的决议》指出："我国社会主义精神文明建设的总体布局是：以经济建设为中心，坚定不移地进行经济体制改革，坚定不移地进行政治体制改革，坚定不移地加强精神文明建设，并且使这几方面相配合，互相促进。"我们必须深刻领会和认真贯彻执行这一决议，坚定不移地搞好环保系统的科技体制改革。

改革是进行社会主义现代化的伟大战略部署，是社会主义公益性科技事业发展的强大动力。改革不仅是体制上的变动，而且也是观念上的更新。不改革就不能冲破旧的束缚，充分调动广大科技人员的积极性和创新精神。改革是振兴环保事业，开拓环保科技工作新局面的头等大事。因此，改革是大势所趋，势在必行。我们必须积极而稳妥地搞好环保科技体制改革。

在进度上，要求各研究院所的改革，在 1987 年见眉目，1988 年大体完成，1989 年见到成效。国家环保局将在 1988 年再次召开会议，总结交流科技体制改革经验。

在今后两年还应该抓好以下几件事：

（1）建立具有我国特色的环保科技工作体系

环境监测应优化布点，健全环境监测网络，科研应与其他部门的环保科研力量适当分工。在环保系统内的科研机构，要从我国环保工作的实际和区域环境多样化的特点出发，建立由部门、区域、地方不同层次分工协作的环保科技工作机构组成的研究群体或中心。坚持环境管理为经济建设服务的方向，按照适当分工，各有侧重，扬长避短，发挥优势的原则，进行规划和建设，使之形成具有我国特色的环保科技体系。

（2）开辟资金渠道，建立环保科技发展基金

为了尽快解决地方环保所科技经费严重不足的问题，拟用科委系统划拨的三项费用、环保系统的排污费留成部分和冲抵上缴的事业费来建立环保科技发展基金。

为了花好这笔钱，应成立专门的管理委员会和顾问委员会，按一定的章程和办法进行资金和技术管理。

（3）加强计划管理，加速成果的推广应用

首先，国家环保局要定期召开环保科技工作会议，研究问题，交流经验，讨论制订科技工作指南。同时，要发挥环保科技管理研究会的智囊作用，开展有关专题的讨论研究。

向有关管理部门提供科技管理、体制、成果评定和成果管理等方面的建议。要设立全国和地方环保科技进步奖，以调动广大科技人员、管理人员的积极性。

同时还要加强环境科技情报工作。建设好环保局情报所，充分发挥全国环境情报网和环境学会的作用。采取多种形式，及时交流国内科技成果，传布国外科技发展讯息和先进技术、市场信息。要解决科研成果与生产应用之间的技术开发不利于成果转化的问题。既要提倡各种形式的横向联合，也要发挥全国环境工程协调委员会与环保工业协会等群众性组织的桥梁作用。

（4）切实加强环境科研所的自身建设，以提高科研和技术开发能力

作为国家和地方环境保护部门直接支持发展的科研机构，环境科研所建设方向，必须是为国家和地方的环境管理和经济建设服务。由于我国地域辽阔，差异很大，作为地方环保所都应围绕当地的环境问题开展工作。应坚持改革，根据责、权、利统一的原则，进一步完善计划、技术、经济、奖励等几项基本管理制度，付诸实施。

要特别重视环境科技人才培养，注意环境科技人员、管理人员岗位的相对稳定，坚持岗位培养是人才成长的主要途径。同时考虑成立环境科技人才培训中心，进行统筹规划和组织实施。也要有计划地扩大对外合作与交流，加速人才培养。人才的培养遵照中央关于两个文明建设一起抓的指示，既重视业务技术素质的提高，也要注意政治思想方面的教育。

（5）制定"七五"科技发展计划，保证完成国家"七五"重点科技项目计划

"七五"期间国家对环保科技工作给予了很大重视，拨款达 1 亿元，比"六五"增加一倍多。这也标志着对我们环保科技工作者提出了更高的要求和更重的任务。而"七五"期间科技任务完成的好坏，在很大程度上将影响"八五"、"九五"期间环保事业的发展。为此，要求承担国家"七五"重点科技项目的地区、单位和人员，必须严肃认真，执行合同，采取有力措施，保证如期完成。

其次，要紧密结合地区实际，制订好各自的科技发展计划。要目标明确，要求具体，重在实用。要争取和依靠环委会、政府的领导和支持，以保证科技发展计划的实施。

我们这次会议要讨论确定的问题，对今后和环保科技工作的发展，有重大的意义和作用。我相信，通过大家的共同努力，一定能够把会开好，达到预期目的。

引进创新不断前进[*]

国家环境保护局于1986年9月7日在烟台市召开了全国环境保护引进技术经验交流会，大会交流了400多项引进技术，参加会议的有各部委、各省、市的有关企业的代表100人，曲格平局长出席了会议，并做了重要讲话。

1982年邓小平同志指出，利用外资引进技术改造企业，要成千上万项地搞起来。赵总理也说过：正确地坚持对外开放政策，可以取别人之长补我之短，加快我国现代化建设的进程，不但不会妨碍而且只会增强我们自力更生的能力。

党的十一届三中全会以来，我国实行对外开放、对内搞活的方针，人们认识到技术引进是加速提高我国科技水平，增加自力更生能力，振兴国民经济，实现"四个现代化"的一项战略决策，技术引进工作有了较快的发展。

"六五"期间从国外引进先进技术14 000多项，据不完全统计环境保护技术引进有400多项，仅上海市几年来引进环保技术总投资已达10亿元，这些环保技术大都是污染治理技术，对治理工业"三废"起到了积极的作用。

从全国来看，我国的技术引进工作出现了一些新的变化：

1）由重点引进大型成套设备搞基本建设，扩大到引进先进技术和关键设备改造现有企业特别是中小企业。

2）引进规模逐步扩大，以行业看涉及国民经济各个部门，以地区看主要在沿海，内地、边疆也开始起步。

3）引进形式趋于多样化，除了许可证贸易外，还采取了补偿贸易、合资经营和技术咨询服务等方式。

4）把技术引进同消化、吸收、创新和自主开发结合起来。

在引进技术方面日本的经验可以借鉴。日本在经济起飞时非常重视花钱买技术，但有两条原则，即除注意引进技术的消化吸收外，还特别重视买来的技术要为创造更多的外汇服务。引进技术，对于像我国这样的发展中国家是推动技术与经济的发展，加快发展速度必不可少的重要手段之一，这是毫无疑义的。

我国的环境污染物70%来自工业排放的"三废"，其中60%是一些大中企业造成的，因此，在相当一段时间里，防止污染的主要任务是控制工业重点行业和重点企业的污染。通过技术改造，把污染消除在生产过程之中，是解决我国环境污染的根本途径，研究先进

* 金鉴明. 1986. 引进创新不断前进. 环境与可持续发展，(11)：1~2.

的污染治理技术，配备先进的环保设施是十分必要的。我们在执行对外开放政策以来，各个不同部门和地区在不同程度上引进了一些环保技术和设施，如何贯彻"一方引进，多方受益"的方针，通过消化吸收、改造、创新、充分发挥这些环保设施的作用，促进我国环境科学技术的进步，解决我国环境污染问题，就提到议事日程上来了。

为了沟通引进环保技术的信息渠道，突破条条和框框进行横向技术交流，促进我国环保事业的发展，我们在1984年就开始进行筹备工作。1984年底我们找到了轻工部、电子部等有关部和个别厂矿召开了一次小型座谈会，各个部门对召开引进环保技术交流会都很积极，一致希望由国家环保局主持召开这样一次交流会。所以，也可以说，我们是受各个部门的委托来召开这次会的。在筹备这次会议过程中，我们一直得到各省市、各部门、各厂矿的大力支持和帮助，对此，我代表国家环保局向他们表示衷心的感谢！

这次会议的主要目的：

1）沟通信息渠道，进行横向技术交流，尽量避免"重复引进，盲目引进"和达到"一方引进，多方受益"的目的。

2）总结引进环保技术的经验，做好技术引进工作。这次会议各行业各省市非常重视，许多同志都要求参加，会议通知发下后，很多部门在本行业进行转发做了大量统计和准备工作，这次会议为了给大家充分交流信息的机会，大会小会相结合，以小会交流为主；进行横向技术交流和总结引进技术的经验相结合，以横向交流技术为主；大会小会发言和文字交流结合，以文字交流为主。为了充分发挥这些引进技术的作用，让更多的人知道这些信息，会后拟编写一本文集，在全国发行。

"七五"期间自然保护工作的主要任务[*]

"七五"期间，要努力控制自然生态的继续恶化。根据财力和物力的可能，全国增建自然保护区，逐步形成布局合理、种类齐全的自然保护区网。建立珍稀濒危物种的培育繁殖基地和基因库。同时，要建立代表不同自然条件的生态农业试点。

一、抓好自然保护区的建设和管理

建立自然保护区是保护有特殊价值的自然环境和珍稀物种的一项重要措施。自然保护区包括森林、草原、荒漠、岛屿、海涂、沼泽、水源、地质地貌和物种等多种类型。为使自然保护区在全国具有合理的结构和布局，应进行全面规划。森林型的自然保护区，林业部已有个规划。我们与农牧渔业部和地质矿产部也分别开展了草地类和地质类自然保护区的规划工作。在全面规划的基础上，"七五"期间，全国拟增建一批自然保护区。这样，就可逐步形成布局合理，种类齐全的自然保护区网。"七五"期间，我们拟增建几十个不同类型的自然保护区。

我们应建立不同层次的自然保护区，如国家级和地方级，地方级包括省级、市级和县级。可多建一些地方级的保护区，特别是县级保护区。这样，既能发挥地方的积极性，又能更好地为当地的物质文明和精神文明建设发挥作用。

在管理上，我们要坚持各类自然保护区按各业务部门分工管理的原则，充分发挥部门的作用。对于重大科研或其他特殊价值而且各部门又不宜管理的一些自然保护区，环境保护部门可直接管理。

一般来说，一个保护区应包括三部分，即核心部分、缓冲部分和经营部分。对核心部分，应绝对保护，禁止开展旅游活动，一般也不允许进行科学研究。缓冲部分，可进行非破坏性的科研和采集标本活动，也可从事教学活动，但一般不开展旅游活动。在缓冲部分的外围，应有较大面积的经营部分，可开展物种的引种驯化工作，在有导游带领下允许参观、旅游。当前，要特别注意经营部分的规划和管理，以取得经济效益，使保护区在经济上逐步达到半自给以至自给。

我们已经管理的一批自然保护区，要切实管好，要摸索出经验来。有些省份的环保部门，至今没有自己管理的保护区，应抓紧规划和筹建，当然不宜过多。我们建立保护区的

* 金鉴明. 1987. "七五"期间自然保护工作的主要任务. 环境，(4)：15~16.

目的，就在于通过抓典型，积累经验，以指导面上的工作。同时，也要有计划地开展保护区指标体系和优化管理方面的科研工作。

二、抓好物种的保护工作

保护物种是自然保护工作的重要内容。保护物种，防止物种绝灭，是一项涉及立法、行政管理、科学研究、经济贸易等多方面的复杂工作。我们要充分发挥组织协调作用，把这项工作搞好。

当前，物种保护的重点应是国家重点保护的 300 多种珍稀濒危植物和 200 多种珍稀濒危动物（尚未正式公布）。要抓紧第一本"植物红皮书"出版工作，以及第二本"植物红皮书"和"动物红皮书"的编写出版工作。这是一项具有战略意义的工作，对物种保护将起积极作用。

开展物种资源考察，进行珍稀物种个体和群体生物生态学研究，以及引种驯化，培育繁殖试验，是保护物种资源的一项有力措施。应有计划地开展一些为管理服务的研究项目，为有效保护物种提供科学依据。

对珍稀濒危物种的保护，可采取就地、易地和离体保持三种形式。珍稀物种的主要栖息地和繁殖地，应建立各种类型的保护区，对一些最濒危的物种，还要有计划地建立繁殖基地和基因库，"七五"期间，我们拟建几个珍稀濒危物种的繁殖地和基因库。这样，就会更加有效地保护珍稀濒危物种。

三、抓好生态农业的试点工作

保护农业生态环境是当前一项十分重要和紧迫的任务。发展生态农业，既能促进生产发展，又能保护农业生态环境，使经济效益和环境效益得以统一。

目前，我国生态农业的试点工作已逐渐展开。生态农业是一项综合性很强的工作，涉及环保、农、林、水、商业和工业、交通等许多部门，各部门应互相配合，通力合作，使生态农业的试点工作不断趋于完善。

我国地域辽阔，地区之间气候和地理条件差异很大。因此，生态农业应有不同的类型。要因地制宜，有计划地开展生态农业的试点工作。"七五"期间，全国拟建一批不同类型、不同层次和布局合理的生态农业试点，我们拟建几个生态农业示范工程。

现在正进行的试点工作，要切实抓好，特别是一些科研项目，要不断提高水平，由定性向定量方面发展。同时，我们要有计划地开展一些生态农业优化模式和指标体系的研究工作，以达到有效保护农业生态环境的目的。

对于病虫害的生物防治，也是防止污染，保护农业生态环境的一项重要措施，"七五"期间，生物防治面积要有所增加。

四、抓好开发建设项目的自然保护工作

坚持开发建设项目的环境影响报告书制度，是防止新的生态破坏的一项主要措施，也

应作为自然保护的一项重要工作去抓。对那些可能给自然环境带来不利影响的资源开发或工程建设项目，要求这些项目的主管部门做好环境影响评价，在开发建设中采取各种有效措施，把不利影响减少到最低限度。这是一项很重要的工作，一方面要对自然环境质量评价方法、内容、指标等进行研究，另一方面要制定相应的管理办法。

北方干旱半干旱地区土地沙漠化、盐渍化，草场退化，森林减少，水土流失和湿地（包括沼泽、滩涂、湖泊等）的生态破坏，都是十分突出的环境问题。需进行调查研究，不断摸索出一套管理办法。为了及时掌握自然环境的变化，环境监测要增加生态监测内容，"七五"期间，我们有计划地要建立几个不同类型的生态监测站，为大环境的管理提供可靠依据。

自然保护工作的任务十分艰巨，我们一定要振奋精神，开拓前进，不能坐等上级布置和群众督促。我们各级环保部门的领导干部，要根据办实事的精神，每年都要扎扎实实办几件自然保护的实事，并要做出成效来。让我们共同努力，为保护好我国的自然生态环境而奋斗。

自然保护的战略研究[*]

人口、资源、环境及其发展关系，已成为举世瞩目的全球性问题；特别是人口的增长和经济发展所引起的资源短缺和环境破坏，已成为当今大自然面临的严重挑战。过去人们一直关注着经济增长对人类社会的贡献和影响，现在被迫地把注意力集中在环境压力对经济前景的影响上来；过去人们注意到大自然能忍受和容纳多少污染物，现在人们担心人类赖以生存的自然系统能承受多少人口的压力，地球资源对当今经济发展的持续性能维护和支持多久。

我国自然资源的人均占有量本来就很少，再加上以往对自然资源掠夺性的开发和不合理的使用，更加剧了林木锐减、土地沙化、水土流失、物种灭绝、生态环境退化等一系列问题。为保护大自然环境，维护生态系统的平衡，近些年来我们开展了全国性的植树造林、自然资源考察、国土规划和自然保护区划（包括农业区划）、珍稀物种引种驯化、自然保护区的建立和生态农业的建设等项工作。由于我国自然保护工作起步比较晚，法制不全并缺乏有效管理和统筹协调，一些违反自然规律的开发和建设不但没有制止而且有所发展，社会需求与资源环境支持能力的平衡还在继续遭到破坏。对于这些现象如不引起高度重视和采取果断措施，势必会危及我们民族赖以生存的生命维持系统，大自然将继续给人们以毁灭性的报复。为了解决大自然保护面临的危机，我国已经把维护生态平衡列为国家宪法的内容，又把保护环境作为国家的一项基本国策，并加强全民族的生态观念和环境意识，实施经济建设、城乡建设、环境建设同步发展和经济效益、社会效益、环境效益相结合的方针，努力实现社会主义初级阶段资源和环境问题的战略目标。为达到这一目标，要紧的是制定大自然保护的科技政策和科技近期应急计划与长期规划，并采取立法的、经济的、行政的手段以保证措施的实施，而其中当务之急是借助当前世界新技术革命，紧密结合国情，不断地研究和采用先进的科学技术以维护自然支持系统，协调人与自然的关系，控制污染的发生，解决资源增殖和改善生态环境的问题。

一、开发自然保护领域中的现代化技术

经济增长的主要源泉是新技术的发展，创造和掌握现代生产工具和技术是落后国家迅速赶上先进国家起决定作用的物质力量。在环境科学领域内，生态工程的兴起成为划时代

  * 金鉴明．1988．自然保护的战略研究．大自然，（1）：3～9．

的生产技术。

所谓生态工程，是把相当一部分粮食、饲料、能源和环境问题结合起来的强有力的经济开发手段。例如，用食品加工厂的污水来生产光合细菌和绿藻，光合细菌和绿藻含有蛋白质和维生素，可以当作饲料来饲喂家禽，家禽长大被送进食品加工厂制成食品，而加工厂的污水又被利用。这样的循环，使污染被净化、能源再生、资源再利用，形成一个资源利用率高、成本低、没有污染的生产体系，它在不破坏林木、不消灭物种、不引起生态破坏和环境恶化的前提下，开辟了一条高产食物和饲料的途径。

生态工程的兴起，使生物工程的微观研究和宏观研究相结合，对减轻或消除环境污染，防止生态破坏，展现了光明的前景。

二、研究资源开发对环境的影响

我国众多的人口，对于生态环境产生的压力和冲击越来越大。我国的耕地、森林、草原、水体等资源的人均占有量本来就很低，随着人口的不断增加和经济的飞速发展，自然资源的不断衰减越来越不适应经济发展的需求；而自然资源的破坏导致枯竭的危机，往往是由于资源的开发不当和浪费所致。因此，坚持开发建设项目的环境影响的报告书制度，是防止资源破坏和新的生态恶化的一项主要措施。

所谓报告书制度，是指对那些可能给自然环境带来不利影响的资源开发或工程建设项目，要求主管部门做好对环境影响的评价，在开发建设中采取各种有效措施，把不利影响减少到最低限度。这是自然保护工作中一项重要任务，为此一方面制定相应的管理办法，另一方面要研究资源利用的合理组合的理论，经济发展与资源更新的理论与方法，要研究对自然环境质量评价的方法和指标，以及自然环境质量指标体系的建立。这里还应该指出的是，由于中国地域辽阔，地形复杂，区域差异很大，生态类型众多，因此要对不同的生境进行不同的生态指标的研究，以形成指标系列并配合生态监测的内容，进行生态平衡的动态监测研究，为控制自然环境的新的破坏，预测自然生态的发展趋势，管理各种自然资源，改善自然生态系统的稳定性、持续性提供科学化、决策化依据。

三、加强生物物种的研究

保护野生动植物，特别是保护濒临灭绝的珍贵稀有的物种，是自然保护工作的重要内容。保护物种，防止物种绝灭，是一项涉及立法、行政管理、经济贸易、科学研究等多方面的复杂工作，而其间加强科研工作尤为根本。

当前物种保护的重点对象是受国家重点保护的三百多种珍稀濒危植物和二百多种珍稀濒危动物。开展物种资源考察，进行珍稀物种的个体和群体生物生态学研究以及引种驯化、培养繁殖试验、建立种质资源库等，都是保护物种资源的有力措施。遗传财富正在开始成为一种直接的具有高价值的通货，基因库正有效地为生物技术的发展服务。目前在用传统的生物技术处理污水和固体废弃物的同时，已把研究重点转向用发酵工程、酶工程、细胞工程和基因工程，发展生物能源、培育作物新品种，净化环境和改善环境，并达到维护生物种群多样化的目的。

四、研究自然保护区的有效管理

建立自然保护区，是保护具有特殊价值的自然环境和珍稀物种的一项重要措施。国际上把自然保护区的数量和占国土面积的百分比，作为一个国家社会发达、重视自然保护和实行文明建设的标志之一。在比较发达的国家里，自然保护区占国土面积一般都在5%～10%，甚至更多。他们采取科研、教学、生产、旅游相结合的方针，以科学作为理论依据，开展保护区的有效管理。我国这方面的工作起步较晚，自然保护区只占国土总面积的2%，且布局不合理，类型不够齐全，缺乏应有的章法、统筹规划和管理经验，因此有必要进一步提高认识，要把自然保护区事业看作国民经济的组成部分，纳入社会发展计划之中。同时必须开展自然保护区建立的原则、方法、规划设计、类型划分、监测评价、经营管理等一系列的研究，以科学的有效的管理作为指导思想，借鉴国外先进经验，结合国情，走出一条具有中国特色的自然保护区建设的路子来。

五、农村生态系统的环境战略研究

生态农业作为一种先进的农业生产方式和农业现代化的重要内容而产生。生态农业的建设目的是探索农村发展与环境保护相互协调的道路，做到既省投资、低能耗，又高效益和有利于保护农村生态环境。生态农业作为一门科学，它的内容包括：从维护农村生态系统出发，以生态经济学原理为指导，研究如何提高能源在农业生态系统中的数量及其速度，充分发挥生产潜力，建立农村新的物料、能料、肥料无害化的良性循环系统并开辟新能源，因地制宜发展太阳能、沼气、风能、地热等无污染能源，使自然生态符合良性循环等多方面的课题，这样就直接和间接地保护了绿色植被和有用物种，做到农村经济发展与环境保护同步。因此走生态农业之路，无疑是我国实现农业现代化的重要战略问题。

目前我国各种类型的生态农业试点有几百处，生态县、生态村的典型有一百多个，但大多缺乏科学规划论证和由点带动面的实效。因此，当前怎样提高农村生态系统的生产率、稳定性、持久性和均衡性，使其发挥更大的效益；如何用经济、生态、社会的综合观点，用定量的方法进行多学科（自然科学、社会科学）的系统分析以便把生态农业的研究水平提到一个新的高度，都是值得我们进一步研究的课题。

六、规划与全球性环境有关的大自然课题

当今世界面临着十大环境问题，它们是：沙漠化日益严重、森林遭到严重破坏、野生动植物大量灭绝、世界人口急剧增加、饮水资源越来越少、农村大量污染、有毒化学品潜在危险、酸性雨的下降、地球温度逐步上升、臭氧层的破坏。这十个问题在我国都不同程度地存在，特别是人口的压力所引起的环境污染和生态破坏（如破坏森林资源和草场资源引起的水土流失、土地沙化、物种消失等），尤为严重。

在我国，在战略上有重点地部署全球性的自然环境研究课题是长远之计，而当务之急则是以下几个方面：研究在生态脆弱和敏感地区恢复、增殖可再生资源和合理开发生物资源的新技术；研究大面积植树造林、开发人工草场、增加植被覆盖率的新技术；研究涵养水源、保持水土、防治沙化、改良土壤的新技术等。

七、开展生态环境区划和规划的研究

由于人类不合理的生产和消费活动，导致水土流失、风沙危害、河流泛滥、土壤盐渍化、地面下沉等环境问题。为了建立一个有利于生产和生活的良好环境，有必要拟定一套综合改善环境的步骤和措施，即进行生态区划，也就是说用生态观点提供科学依据，使区域地段得到合理的开发利用，并拟定出和发展方向相结合的保护改造措施，在此基础上制订一个防止环境遭受污染破坏的生态规划。这种生态规划是十分必要的，它为国土规划、流域治理规划、土地利用规划、自然资源合理开发利用规划、自然保护区规划和物种保护规划等提供理论基础。制订规划时，不仅要考虑到自然生态系统的演变规律，还必须联系社会经济发展水平和生产经营体制，用自然、社会、经济的生态系统研究制订规划的理论和方法，这样才能使规划具有科学性和实用性。

八、制定科学技术政策及其实施方案

在经济和社会发展中，保持良好的人类生活环境和自然生态，其基本措施就是要有适当的政策。环境规划、法令、条例、标准等都是政策的体现。环境保护工作能否推动，其进展程度决定于政策是否得当，同样，先进的科学技术的发挥，需要有正确的科学技术政策作指导。环境保护技术政策要点（包括自然环境保护）已经颁布，它指明了环保科技研究的方向和任务，但如何贯彻实施仍需研究实施方案和拟定实施细则。

《中国自然保护纲要》的正式发表是保护自然、造福人类的一项战略任务，是我国自然保护工作的第一部宏观指导性文件。《中国自然保护纲要》阐明了我国保护自然环境资源的理论和政策，以及为保护自然进行各项经济活动应遵循的原则，但同样必须研究其实施方案和实施办法，以保证政策和原则的贯彻，使《中国自然保护纲要》成为一个行动的指南。

环保工作的一项重大改革[*]

《污染源治理专项基金有偿使用暂行办法》已由国务院正式发布，自今年 9 月 1 日起施行。

李鹏同志在审议这个办法时曾强调指出："建立基金制，实行资金有偿使用，是我们环保工作中的一项重大改革。通过这个改革，可以使这笔资金的使用更趋于合理化，有利于重点污染源的治理，也有利于对基金使用的监督，能够把死钱变活钱，一个钱顶几个钱用，使这笔资金发挥更大的效益。"国家预算内资金的有偿使用，是我国经济体制改革深化的一个方向。排污费作为国家预算内的一项专项补助资金，全部或大部分变无偿使用为有偿使用，由"拨"改"贷"，是与深入经济体制改革的形势相适应的。

建立污染源治理专项基金，就是从每年按照国家规定征收的超标排污费中提取 20% ~ 30%，和以前年度积存的超标排污费捆在一起，作为污染源治理专项基金，并以委托银行贷款的方式，实行资金的有偿使用，从而达到提高资金的使用效益，加快污染治理步伐，改善环境的目的。

我国的排污收费制度自开始建立并实施至今已近 10 年，全国除西藏自治区以外，已经全部实施了这一制度。

近 10 年来，我国的征收排污费工作取得了很大的成绩。据统计，全国年排污费征收额已由初期的 1.42 亿元增长至 1987 年的 14.29 亿元，年平均递增率为 22.3%。自开始实行排污收费制度至 1987 年年底，全国共向 15 万个排污单位征收了排污费，累计收费额达 65.51 亿元。目前全国已建立各级征收排污费监理机构 658 个，专门从事征收排污费工作的监理人员 6650 人。10 年来，排污费用于补助防治污染的资金达 35.68 亿元。这笔污染源治理专项补助资金的投入，不仅获得了巨大的环境效益，而且获得了显著的经济效益和社会效益。但是也存在着一些问题。在排污费的征收上，目前较为突出的问题就是，现行收费标准普遍低于各类污染治理设施运转费用，由此导致了一部分企业宁可缴纳排污费而不愿治理污染，即所谓"花钱买排污权"。

在排污费的使用方面，目前存在着一种不正常的现象：一方面污染治理资金严重不足，另一方面却有排污费被闲置或挪用。截至 1987 年，全国各地累计积存排污费 13.8 亿元，其中可用于补助污染源治理的就有 10 亿元。虽然这部分资金的积存原因是多方面的，但原排污费以无偿拨款形式，补助排污单位治理污染源（这种补助一般不得高于其缴纳排

———————————
　＊　金鉴明. 1988. 环保工作的一项重大改革. 环境工作通讯，(9)：12 ~ 13.

污费的 80%）的规定，是造成资金分散、积存的主要原因。李鹏同志对此十分重视，在 1986 年 2 月国务院环境保护委员会第六次会议上就提出了建立环保基金的设想。国家环保局根据李鹏同志指示，在总结各地进行排污费"拨改贷"试点经验的基础上，会同财政部、人民银行、原国家经委报请国务院颁发了《污染源治理专项基金有偿使用暂行办法》。本办法共 19 条，其基本精神是：

1）国家建立污染源治理专项基金。分级管理（主要是省、市、县三级），可以拆借使用。

2）基金来源为排污费用于污染源治理部分的 20%～30% 和以前年度尚未使用的排污费。

3）基金实行有偿使用，委托银行贷款。

4）基金的贷款对象是缴纳超标排污费单位。它的使用范围主要是重点污染源治理项目，"三废"综合利用项目，污染源治理示范工程及实行并、转、迁企业的污染源治理设施。

5）基金由治理单位申请，环境保护部门审批，同级财政监督，银行按计划发贷。

6）基金贷款利率优惠，一年期月息 2.4‰，二年期为 2.7‰，三年期为 3.0‰。

7）企业还款除用自有资金等三种资金渠道外，确有困难时，还可以用继续缴纳排污费的形式还贷。

此外，"办法"还对拖欠或挪用基金贷款和对按期、按质完成治理任务者，分别作出了处罚和奖励的规定。

《污染源治理专项基金有偿使用暂行办法》，改变了以前由于排污费无偿使用而造成的资金积压、分散等弊端，既增加了企业治理污染的紧迫感，又增加了企业治理治染的能力和活力，使得排污单位能够筹集到更多的污染治理资金，加快污染治理步伐。

应该看到，我国的污染源治理任务还十分繁重，资金缺口很大，由于排放污染物而造成资源的损失和浪费也十分严重。据测算，全国每年因工业污染而造成的经济损失达数百亿元。要实现 2000 年环境规划目标尚需 250 亿元治理资金。解决这些问题，其中很重要的一条就是强化排污收费工作。为此，国务院发布的这个办法再次重申了，排污费作为污染源治理专项基金，必须用于污染源的治理而不能是其他方面，各级人民政府及其环境保护部门都应该严格遵守国务院的规定，把有限的资金用在刀刃上，最大限度地发挥排污费作为污染源治理专项基金的效益。

由于种种原因，我们目前实行的还是排污费拨、贷并行的双轨制。李鹏同志在国务院环委会第 11 次会议还曾提出建立环保基金、信托公司的设想。我们根据李鹏同志的指示，在沈阳市、南京市进行了环保投资公司的试点，希望通过试点，取得经验，使环保补助资金发挥更大的效益，把征收排污费工作做得更好。

保护人类生存的环境[*]

　　人是自然环境的产物，自然环境是人类赖以生存的基本条件；自然资源是社会主义现代化建设的物质基础。人类的生存和社会的发展都离不开一定质量的自然环境和丰富的物质资源。因此保护、改善和建设良好的自然生态环境是功在当代、利在千秋的伟大事业。

　　近二百年来，随着科学技术的发展，大大提高了人类改造自然的能力，丰富了人类物质文化生活。然而，由于人类经济活动的加剧，却使生物圈遭到了难以承受的干扰和冲击。人们担心，人口增长、污染加剧、资源衰竭将会进一步导致生态危机。于是人口、资源、环境及其发展关系，就成为举世瞩目的全球性问题；特别是人口的增长和经济发展所引起的资源短缺和环境破坏，已成为当今大自然面临的严重挑战。过去人们一直关注着经济增长对人类社会的贡献和影响，现在被迫地把注意力集中在环境压力对经济前景的影响上来；过去人们注意到大自然能忍受和容纳多少污染物，现在人们担心人类赖以生存的自然系统能承受多少人口的压力，地球资源对当今经济发展的持续性能维护和支持多久。

　　1986 年 12 月 8 日，在莫斯科召开的国际环境与发展委员会第七次会议上，该委员会主席布伦特兰提出："目前对生态平衡的破坏完全可能对地区性和全球性安全构成威胁。"他认为，保护环境应成为世界各国谋求发展的一个组成部分，各国政府在制定政策方针时应注意生态问题。

一、当前世界关注的生态环境问题

　　20 世纪五六十年代，一些发达国家相继出现了严重威胁生态环境的公害事件。各国政府不得不付出巨额投资，制定各种保护环境的法令、法规，建立并加强环境保护机构，研究开发环境保护技术等措施来治理污染。到 70 年代后期，发达国家的环境质量已有明显好转。最近几年，在不断强化环境保护法规的同时，已开始从整个生态系统考虑环境问题，开展环境规划的研究，制定协调经济发展和保护环境的长期政策，重视自然资源的合理利用和持续利用。有的国家提出要编制生态规划，即在编制国家和地区的经济发展规划时，综合考虑当地的地球物理系统、自然生态系统和社会经济系统。遵循生态规律，既发展经济，又不使当地的生态平衡遭到更大的破坏。

　　但是，现代工业生产与自然环境之间的物质交换仍在以惊人的速度发展。一方面，许

　* 金鉴明 . 1990. 保护人类生存环境（一、二、三）. 农村生态环境，（1）：1~6；（2）：1~6；（3）：1~8.

多国家和地区出现了过度消耗土地、森林、能源、淡水和其他自然资源的现象，尤其是对动植物可再生资源的开发利用，已使之难以恢复再生；另一方面，向环境排泄的废弃物不断增加。据估计，全世界每年排入环境的二氧化硫废气 1.5 亿吨，废水 4000 多亿吨，固体废弃物超过 30 亿吨。有些废弃物包含有难以降解的有毒物质，只得任其扩散、迁移、累积、转化，不断恶化生态环境，严重威胁着人类和其他生物的生存。

为此，酸雨的问题，臭氧层破坏的问题，世界气候变暖的问题等已成为世界性的、当代人类面临的重大问题。

1987 年 4 月 27 日，世界环境与发展委员会向全世界公开发表了一份题为"我们共同的未来"的长篇报告，该报告引用大量历史资料和统计数字，全面地阐述了当今世界面临的 16 个严重的环境问题：①人口激增，②土壤流失和土壤退化，③沙漠日趋扩大，④森林锐减，⑤大气污染日益严重，⑥水污染加剧，人体健康状态恶化，⑦贫困加深，⑧军费开支巨大，⑨自然灾害增加，⑩大气"温室效应"加剧，⑪大气臭氧层被破坏，⑫滥用化学品，⑬物种正在以前所未有的速度从地球上消失，⑭能源消耗与日俱增，⑮工业事故不断发生，⑯海洋污染严重。上述情况表明，人类正面临生态环境问题的严峻挑战。

我在《环境科学浅论》一书中，把世界的环境问题归纳为 10 大问题，即①二氧化碳的增加引起气候的变化，②酸雨的危害，③臭氧层的被破坏，④有毒有害的化学品，⑤水荒和水污染，⑥沙漠化的蔓延，⑦土壤侵蚀和水土流失，⑧热带雨林的严重破坏，⑨野生物种的消失，⑩人口和都市化对环境的压力。

当前，世界共同关注的生态环境问题主要有以下几个方面：

1. 森林破坏严重

森林是最大的一种陆地生态系统，是维护陆地生态平衡的枢纽，它对于人类文明的发展产生过并继续产生着巨大影响。

历史上地球的森林面积一度多达 76 亿公顷，19 世纪减少到 55 亿公顷，到 1980 年减少到 43.2 亿公顷，1985 年全世界森林面积又减为 41.47 亿公顷，其中发达国家森林面积 19.2 亿公顷，占土地总面积的 35%；发展中国家 22.27 亿公顷，占土地面积的 29%。全世界每年损失森林面积 1800 万~2000 万公顷。

目前，全世界热带森林面积为 30 亿公顷。自 1976 年以来，全世界每年砍伐密林 600 万~800 万公顷，疏林 400 万公顷，其中，非洲每年砍伐密阔叶林 130 万公顷。1985 年一年中，拉丁美洲砍伐森林 400 万公顷，到 2000 年，全世界至少要损失 2.2 亿公顷的热带森林。

热带森林是动植物的天然博物馆，许多动植物在这样一个复杂而和谐的生态系统中繁衍生息，它还起着涵养水源、调节气候的功能，同时还蕴藏着极其丰富的生态资源。目前世界上出售的药物，其原料的四分之一取自热带雨林中的动植物。另据专家估计，热带雨林中有 1400 种植物具有抗癌性。

科学家们对保护热带森林的呼声越来越高，但有关国家采取的实际步骤非常缓慢，致使一些木材出口国很可能变成木材进口国，而处在热带森林区的第三世界国家已成了国际经济"开发"的理想场所，这些开发项目往往要吃掉大片森林，因此，如何保护热带森林已是各国生态学家和环境学家极为重视的问题。

2. 土地资源丧失

土地资源是人类生存和发展的摇篮和襁褓，是人类最基本的环境资源。随着森林的砍伐，土地沙化和土壤侵蚀日趋严重。目前，全世界沙漠化面积达 40 多亿公顷，100 多个国家受其影响，如非洲撒哈拉地区，干旱地面积为 47 亿公顷，沙漠占 88%；西亚地区干旱地面积为 1.4 亿公顷，沙漠占 82%；南美洲干旱地面积为 2.9 亿公顷，沙漠占 71%。据联合国估计，非洲 40%、亚洲 32%、拉丁美洲 19% 的非沙化土地受到沙漠化的影响。

因沙漠化扩展，全世界每年损失土地 600 多万公顷，其中包括草地 320 万公顷，靠雨水浇灌的农田 250 万公顷，人工浇灌的 12.5 万公顷。有史以来已经损失土地大约 20 亿公顷，比目前全球耕种的土地还要多。1975 年世界人均耕地 0.31 公顷，到 2000 年将下降到 0.15 公顷，即减少一半。在 70 年代初，每公顷耕地养活 2.6 人，到 2000 年需养活 4 人。可见人均土地资源下降之快。

据联合国粮农组织估计，全世界 30% ~ 80% 的灌溉土地不同程度地受到盐碱化和水涝灾害的危害。由于侵蚀而流失的土壤每年高达 240 亿吨。这些土壤经过河流淤积在湖泊、水库和海洋，所到之处不会带来任何好处，还可能会产生危害。科学家们悲观地估计，到本世纪末，世界人均耕地土层将比现在减少三分之一。有人认为，在自然力的作用下，形成 1 厘米厚的土壤需要 100 ~ 400 年的漫长岁月。土壤侵蚀是一场无声无息的环境危机，是一场还没有为人们充分认识的环境灾难。这种灾难所带来的不仅是土壤的退化，而且是人类生活质量的下降。

3. 淡水资源紧缺

地球上水的储量很大，总计约为 140×10^{16} 立方米，其中 97% 分布在海洋中，但海水不能直接饮用，也不能用于灌溉。此外，大部分淡水分布在两极冰盖和高山冰川之中。而湖泊、河流、地下水、大气中和生物体内的水还不足全球水量的 1%，但正是这部分小小的淡水资源构成了人类赖以生存的淡水主要来源。其中，淡水湖、淡水河的水只占总水量的 0.0093%。这些水中，又有三分之二被蒸发掉，只有三分之一，即大约 37.5×10^{12} 立方米，再加上适量抽取地下水，来满足工业、农业和生活用水的全部需要。进入 20 世纪以后，全世界用水量急增。其中农业用水量增长了 7 倍，工业用水量增加了 20 倍，生活用水量仅 1960 ~ 1975 年就翻了两番。目前世界淡水的消耗量，正以平均每年递增 4% 的速度增长。有关预测认为，到 2000 年，全世界用水量可能达到 60×10^{12} 立方米，与 1975 年相比，增加 2 ~ 3 倍。耗水量的增加，水污染的加剧以及水资源的浪费，导致全球性的水源危机。

随着现代工业生产的发展和大城市的兴起，工业废水量和生活污水量急剧增加，全世界每年排出的污水量约 4000 多亿立方米，造成 55000 多亿立方米水体的污染，占全球总径流量的 14% 以上。据联合国调查统计，全世界河流稳定流量的 40% 受到污染，有的国家受污染的地表水达 70%。目前，全球淡水不足的陆地面积约占 60%，全世界约有 20 亿人口面临饮用水紧缺，10 亿以上的人口饮用被污染的水。

对水的浪费，也很惊人。日、法、美一些大城市中，每人每日用水量达 400 ~ 600 升但仅漏水一项，就占全部用水量 10% ~ 15%。在工业用水中，99% 的水没有进行处理重复使用，而是当作废水全部排掉。水的时空分布不均也造成水的极大浪费。

目前，过量开采水资源，不仅破坏了水的正常循环和水生态平衡，而且造成地面下降。预计如不采取任何节水和恢复用水措施，到 2100 年，世界上所有河水将耗尽或因污染而不能使用。到 2230 年，人类将可能耗尽岩石圈所有的水贮量。因此，人类要想更有效地利用一切可利用的淡水资源，就必须节约用水和依靠先进的技术手段保护水源，开发水源。

4. 野生物种的消失

生物种是大自然的遗传资源，是天然的"基因库"，是自然生态系统的重要组成部分。但目前，世界面临着植物和动物资源急剧减少的严重问题。

据美国世界资源研究所和国际环境与发展研究所最近公布的 1986 年世界资源报告指出，目前世界上已经鉴定的物种有 170 多万种，其中哺乳动物 4200 种，鱼类 21000 种，鸟类 8700 种，爬行动物 5100 种，维管植物有 25 万种。

美国鱼类和野生动物管理局每年都公布一张濒临灭绝的野生动植物表。该组织宣称，他们的表格越编越大，已有 900 多种野生动植物列于该表之中。伦敦环境保护组织"地球之友"指出，目前地球上每天至少有一种生物灭绝，到 1990 年会增加到每小时消失一种，这样，到 2000 年将有 100 万种生物在地球上消失。

生物种消失的主要原因是由于世界人口的剧增和森林资源的不合理的开发和破坏所致。人口的增长，生产的发展引起供需矛盾的突出，特别是都市化的发展引起居住和食品的矛盾，城市和部分发达地区变得非常拥挤，迫使人们去开拓那些原始地区和原始森林，尤其是世界各地的热带森林，是自然环境变化最剧烈的地方，占全球动植物种类半数以上的野生动植物生活在这里。热带森林是多种生物的乐园，它的湿热气候为动植物提供了良好的生存条件，然而每年有 1000 多万公顷的热带森林被毁掉。巴西的热带森林已有半数遭到破坏就是明显一例。

科学家们预言，如果热带森林从地球上消失，将有 80% 的植物和 400 万物种随之消失。此外，湿地锐减，商品狩猎，粗放耕作，大气、水源和土壤污染等都造成对动植物的摧残。

5. 人口对环境的压力

地球孕育了人类，并为人类提供生存环境和一切必需的资源。人类在征服自然的过程中可以创造美好的环境和现代化社会，然而人口的激增给自己的生存环境造成了巨大的压力，如加以掠夺式的经营和违反自然规律的行径，这样，人类将自处逆境、自毁家国。

《公元 2000 年的地球》预测，到 20 世纪末，世界人口总数将增至 63.5 亿，即每年将增加 1 亿人，生活在发展中国家的人数将达到 50 亿。

人口发展的另一个趋势是大量农村人口移居城市，使城市人口猛增。1985 年城市人口占世界人口的 41.6%，而在 1960 年仅占 33.6%。到 2000 年，地球上半数以上的居民（32

亿）将生活在城市地区。城市人口的增加，给住房、卫生设施、食物供应等增加了困难，并带来严重的城市生态环境问题。一些发达国家面临着住房不足和"四害"威胁。发展中国家一半人居住条件差，生活设施缺乏基本保证，造成严重的健康问题。

此外人口问题对土地资源、森林资源、野生动植物、能源、水资源、气候、工业发展，生活水平等都有极大的影响。

人类社会要生存和发展，就必须连续不断地进行物质资料的再生产。生态环境诸因素是社会的自然财富，是发展生产的物质基础，构成生产力的要素。但是，由于人们对"人口与资源、环境"的相互依存关系缺乏足够的认识，人口无限制的增长，社会生产中滥用环境资源，因而导致生态环境的破坏。于是在 20 世纪 60 年代以来，世界上一些学者、政治家、知名人士都在不安地谈论着人类的生存环境，并不断发出警告，唤起人们的关注以"拯救世界"。

1972 年在斯德哥尔摩召开的联合国人类环境会议向全世界提出了"只有一个地球"的警告，让人们要为保护人类唯一生存的环境——地球而斗争。

除此之外，科学家对影响全球的酸雨危害、臭氧层被破坏以及二氧化碳浓度不断增加将导致地球平均温度明显上升等问题也不断发出警告。

6. 大气臭氧层破坏问题

自 1970 年以来，大气同温层中的臭氧总量在不断减少。特别在 70 年代中期以来，根据卫星监测的结果，在南极洲上空，臭氧总量在春季（即 10 月）浓度减少 25% ~ 30%，近年来南极上空已出现了一个直径上千公里的臭氧层空洞（地球同温层臭氧平均含量高于 250 个多布森单位，而空洞中臭氧平均含量低于 200 个多布森单位）。

臭氧可以减少太阳紫外线对地表的辐射，当大气中臭氧层破坏后，照射到地面的紫外线将增加，引起人类身体的各种疾病，并影响动植物的生长。据研究，臭氧浓度降低 1% 会导致皮肤癌发病率增加 4%。迹象表明，阳光紫外辐射是恶性黑瘤的成因之一。

臭氧层的破坏，主要是由氯氟烃类物质的长期排放和积累所引起，还有一氧化二氮、甲烷等气体也都是破坏臭氧的物质。而氯氟烃类物质的生产和消耗，主要在发达国家。有资料表明，全世界氯氟烃类的消耗量，美国占 28.6%，欧洲共同体占 30.6%，苏联和东欧占 14%，日本占 7%，发展中国家总量仅占 14%，我国不足 2%。

由于臭氧层的改变将严重威胁人类的健康和产生其他危害，这已引起国际社会的普遍关注。1985 年 3 月世界各国通过了《关于保护臭氧层的维也纳公约》，有 43 个国家及 7 个国际组织代表参加。联合国已正式宣布该公约自 1988 年 9 月 22 日起生效。到 1988 年底，已有 36 个国家正式批准了该公约，中国政府也已同意加入《维也纳公约》。为了切实减少氯氟烃类物质的生产和消耗，1987 年 9 月在联合国环境署的主持下，还通过了减少氯氟烃类使用量的《蒙特利尔议定书》（以下简称《议定书》），该议定书的主要目标是 1998 年将全球破坏臭氧层化学品的消耗量减少到 1986 年的一半。到 1988 年底，已有 43 个国家正式批准了该《议定书》，中国也正准备签署该《议定书》。近两年中，召开了一系列有关保护臭氧层、限制氯氟烃类物质生产的国际会议，包括一些部长级会议。今年 3 月份，欧洲共同体成员国的环境部长在布鲁塞尔开会，一致通过在 20 世纪末全部停止生产、使用氯氟烃类，比《蒙特利尔议定书》规定的目标又超前了一步。

7. 温室效应及全球气候变化

"温室效应"是由二氧化碳及其他诸如一氧化二氮、甲烷、氯氟烃类以及臭氧等温室气体的排放浓度增加所引起的，其中，二氧化碳是最主要的原因，而二氧化碳浓度的剧增主要是化石燃料的燃烧和森林的毁坏所致。全世界化石燃料消耗量占一次能源消耗的87%，每年排入大气的二氧化碳达 50 亿吨，并逐年递增。大气中的二氧化碳含量已从 19 世纪中叶的 $260 \sim 280ppm$ 增加到目前的 $340ppm$。据预测，21 世纪中叶还可能达 $600ppm$。另一方面，森林的严重砍伐加剧了二氧化碳浓度的增加。森林植被的光合作用可吸收二氧化碳，放出氧气，对二氧化碳浓度起调节作用，但是，由于热带森林主要集中在近赤道地区的发展中国家，由于人口增加，不适当的毁林开荒，使森林面积逐年下降。同时，在烧毁森林时，还向大气释放出大量的二氧化碳。

由于二氧化碳含量的倍增，将导致全球气温的逐渐变暖，而气候变暖将会对人类带来许多灾难。首先，气候变暖将使冰川融化，海平面上升。据估计，到 2100 年时，全球海平面将会升高 $144 \sim 217$ 厘米，这将使许多沿海地区遭受淹没。由于气候的变化，也改变了降雨和蒸发体制，影响农业和粮食资源的生产。降水量的变化使部分地区更加干旱，或更加雨涝，并使植物病虫害增加。气候变化还能改变大气环流，进而影响海洋水流，导致富营养地区的迁移、海洋生物的再分布和一些商业捕鱼区的消失，所以，气候变暖将影响整个全球生态系统。

同样，气候变暖也引起全球范围内的广泛注意，联合国环境规划署决定今年"世界环境日"的宣传主题就是"警惕：全球变暖"，为此，也召开了一系列的国际性重要会议。一些控制二氧化碳释放浓度的国际性措施和合作也正在进行，特别是在改变能源结构，发展核能和可再生能源，如水电、太阳能、风能等方面，以及植树造林，扩大森林覆盖率等方面都日益受到各国政府的重视。

8. 酸雨的危害

酸雨也是一项全球性环境问题。目前，世界上有许多地区，酸雨对环境的污染已越过了国境，而且这一问题已有十多年的历史。最严重的地区是北美和欧洲。

形成酸雨的一个重要原因是烧煤发电厂排出的二氧化硫所致。酸雨使湖泊水质酸化，造成鱼虾死亡和灭绝；在陆地上，酸雨使土壤酸化，造成森林受害。最近的研究指出，在美国东北部，雨雪的 pH 已降到 $4.0 \sim 5.0$，由于水质酸化，已经消灭了那里湖泊河流中对酸敏感的水生生物种群，减少了绿色植物（第一生产者）的产量和破坏了酸化湖泊中的营养食物网络。酸性沉降物对陆生生态系统的影响，是增加了植物表面或森林土壤中化学元素的淋沥量。有机物与无机物从植被和土壤中淋沥出来是陆生生态系统的一种自然功能。营养物的溶出会影响土壤的结构、通气性、渗透性以及离子交换能力，这些溶出物还影响土壤的微量有机物含量与状况，从而降低土壤的肥力，并使植物对害虫与疾病的抵抗力受到不良影响，使大批森林遭到毁坏。普遍认为，酸性沉降物对农作物、水生生物、建筑材料和文物古迹都是有害的，并对人体也有影响。如 1971 年，日本关东地区就出现因酸雨使人眼睛受刺激，咽喉刺痛等症状的事件。

由于酸雨的严重污染和危害，各国都纷纷采取防治对策。各国的电力专家，都对酸雨问题采取了积极的措施。在火力发电厂，安装了许多防止公害的设施，如安装烟气脱硫装置就是一个十分有益的措施。一些国家如美国以法律形式规定电力部门的脱硫装置。另外，为解决酸雨问题，开始实施了一些具体的国际合作，1985 年在赫尔辛基召开国际性会议，欧洲各国及美国、加拿大参加了会议，会议通过一项防止酸雨、减少二氧化硫30% 排放量的国际协议，规定，在 1993 年以前，各国的二氧化硫排放量要在 1980 年的基础上减少 30% 。美国和加拿大之间的酸雨纠纷由来已久，1985 年里根与加拿大首相会谈时决定两国共同协作，双方在 1987 年签定了关于减少酸雨的双边协议，共同制定了大气污染物排放标准；另外，东欧三国亦签定了有关酸雨的环境保护协议等。

臭氧层破坏，温室效应和酸雨是大气遭受严重污染的三个明显后果，也是当代人类共同面临的三个全球性环境问题。

总之对于世界面临的生态环境问题，一方面应清楚看到其问题的严重性和紧迫性；另一方面应坚信人类的知识和智慧能够解决人类社会发展中出现的各种问题。影响人类未来的最关键因素是人类本身。人类唯一的出路是自我控制，即通过调节出生率，确定整个人类的人口限度，通过对自然和社会发展的深刻理解以及越来越多的科学发现和技术发明，来协调人与生物圈的关系，遵循生态规律，维护生态平衡，保护自然资源的永续利用，为当代和子孙后代维护并创造一个优美、富饶的生活环境。

二、我国生态环境的现状和发展趋势

我国幅员辽阔，有不同的地带，生态环境类型复杂，地区差异很大。我国历史悠久，开发很早，社会背景、经济结构、科学技术和经济管理水平既不同于发达国家，也不同于发展中国家。我国人口众多，人均资源并不丰富，特别是人均生物资源很少，对环境的压力很大。我国目前正处在经济大发展时期，已确定了到 20 世纪末国民经济年总产值翻两番的伟大目标，这些就决定了我国生态环境的特点和发展趋势。

新中国成立以来，我们就采取了一系列的措施来改善城市环境质量和农村生态环境，并取得了显著的成绩，但在经济发展中，我们没有遵循自然生态规律，往往以牺牲自然环境求得生产的发展。人们往往重局部的利益，忽视了资源的整体性；常常重眼前利益而很少考虑长期的计划；重部门的短期行为，缺少自然资源的国家的统筹安排和全面规划，致使生态环境状况日趋严重。在未来的十几年内，随着人口的增加和生产建设的发展，自然资源的消耗量和污染物的排放量都将大幅度地上升，我国面临的生态环境问题将更是十分严峻的。

1. 自然生态环境

自然生态环境恶化已是我国很严重的环境问题，其主要表现是植被破坏，并由此导致水土流失、土地沙化、野生动植物资源减少和自然灾害加剧。

植被系指覆盖地面植物的总称。我国植被的破坏主要表现在森林面积锐减和草场退化。

（1）森林资源的破坏

据统计，新中国成立后我国林地最高曾达 18.7 亿亩，森林覆盖率为 13%。"四五"期间减为 18 亿亩，覆盖率降为 12.7%。"五五"期间林地面积减至 17.3 亿亩，覆盖率仅 12%，目前实际只有 11.5%（另据遥感测定结果，认为森林覆盖率只有 8.9%），还不及世界平均覆盖率 31.3% 的一半。就林木蓄积量来说，我国为 93.5 亿立方米，仅占世界林木蓄积量 3100 亿立方米的 3%。

我国森林的分布面积虽然不大，但破坏森林的情况却相当严重。根据 80 年代初的统计数据，全国每年造林成活面积约为 1560 万亩，而每年采伐、毁林、火灾损失面积约为 3750 万亩，每年净减少森林 2190 万亩。可供采伐的森林蓄积量只有 35 亿立方米左右，每年实际采伐量 2 亿～3 亿立方米，加上 1987 年大兴安岭火灾的损失，照此速度再过 10 年大小兴安岭、长白山林区将无林可砍。我国西部的干旱、半干旱地区国土面积占全国 50%，但森林覆盖率却不足 1%，远远低于生态平衡所需的 30% 且较为均衡分布的森林覆盖率。至于亚热带地区的森林资源，亦在迅速减少。广东省 1982 年全省林木蓄积量为 2.3 亿立方米，每年消耗超过 1600 万立方米。按此速度，不到 2000 年全省森林将消耗殆尽。福建省十年来森林覆盖率由 50% 降到 40%。二十年来四川森林减少 30%，云南减少 45%。森林资源的日趋枯竭其实就是生态危机的日趋严重化。

（2）草原资源的退化

我国有 43 亿亩草原，其中可利用面积 33 万亩。由于过度放牧、不合理开垦、鼠害和火灾危害，以及开矿过多占用草原等等，使草原退化已达 7.7 亿亩。草原退化、沙化、碱化的现象较为严重。亩产草量比十年前减少了 1/3～1/2。退化的主要标志是产量降低，可食牧草减少，杂草、毒草增多。内蒙古草原的产草量一般下降 30%～40%，严重的下降得更多。

（3）珍稀动植物种濒于灭绝

森林、草原和自然保护区的破坏，以及非保护区生物资源的不合理开发利用，致使许多珍稀动植物处于濒临灭绝的境地。例如四不像、野马、高鼻羚羊、白臀叶猴、豚鹿、黄腹雉等十几种动物已基本绝迹。长臂猿、海南坡鹿、野象、东北虎、白鳍豚、大熊猫、黑颈鹤、扬子鳄等二十多种珍稀动物正趋于绝迹。金丝猴、雪豹等动物的分布区域显著缩小。珍稀植物银杉、望天树、龙脑香、金花茶、鹅耳枥、铁力木、降香、黄檀等都不同程度遭到破坏。

（4）土地沙漠化加剧

我国沙漠化土地面积为 19.2 亿亩，主要分布在北方干旱、半干旱地区，其中约 97% 的面积为人为活动引起。3% 面积为自然沙丘移动。具体分配是樵柴滥伐占 28%，滥垦占 24%，过度放牧占 20%。我国北方土地沙漠化 85% 是由于滥垦、滥牧和滥伐的结果，12% 是因水利资源利用不当和工矿建设中破坏植被所造成。属于沙丘移动的只占 3%。除了上述破坏现象外，还有其他方面的破坏，这里不再叙述。

森林、草原、物种、土地等利用不当引起沙漠化、水土流失、生态平衡失调、环境趋向恶性循环，其中尤以水土流失较为严重。我国水土流失面积已有 150 万平方公里，每年土壤流失 50 亿吨，相当于流失 0.5 亿吨化肥。这是能源和资金的极大浪费。美国《公元 2000 年全球情况调查报告》主编巴尔尼博士访华时指出："黄河水不是泥沙，而是中华民族的血液。平均每年泥沙流量高达 16 亿吨，这不再是微血管破裂，而是主动脉出血"。他又说："对国家安全问题，应改变传统的观念，绝不只是外来侵略。日本是个资源贫乏的国家，所以提出了全面安全的新概念。对中国来讲，除人口问题外，土壤问题也是国家安全的一个重要条件"。由此看来，自然资源的利用问题不仅涉及国民经济发展和生态环境的好坏，而且危及一个国家的安全与生存。

（5）自然灾害增加

气候的变化、自然灾害的增加都和大气环流关系极大，也应说是个主要的原因。但众多的事实证明，气候的变化，特别是地区性或小气候的变化，以及与气候相关的自然灾害，都与植被的破坏关系甚大。

据全国政协经济建设组和农业组的调查，由于森林过量采伐和植被破坏，四川省已有 46 个县年降水量减少 15%～20%，不仅导致江河水量减少，而且旱灾日益加剧。在四川盆地，50 年代伏旱一般三年一遇，现在变为三年两遇，甚至连年出现，而且旱期成倍延长。过去一般 15～20 天，现在长达四五十天。春旱也在加剧，由 50 年代的三年一遇变为十春八旱，有的地区旱期长达 100 多天。自古雨量充沛的"天府之国"出现了缺雨少水的现象。与此同时，无霜期缩短，暴风、冰雹灾害加重。

黑龙江省大兴安岭南部森林被砍伐破坏后，年降水量由过去的 600 多毫米减少到 380 毫米。过去罕见的春旱、伏旱近年来常有发生。1970 年以前因为森林防护，六、七级大风没有尘暴和扬沙现象，现在三、四级风就沙尘飞扬。

云南、贵州的统计资料表明，由于森林砍伐和植被破坏，旱灾频率成倍增加。"天无三日晴"的贵州，现在是"三年有二旱"。

另外，森林面积减少和植被的破坏，还导致地面径流加快，从而加剧地基变形、岩崩、滑坡、泥石流的发生，给人民的生命财产造成严重危害。

（6）造成破坏的原因

造成破坏的原因很多，其主要原因有：

1）思想认识问题。各级领导和部门还没有把保护自然环境提高到基本国策的高度来认识，也没有遵循经济发展与环境保护协调发展的方针把自然保护工作真正纳入计划。

2）部门利益过重。各部门在考虑资源开发时，往往过多注意本部门的利益，忽视国家的整体利益；只考虑暂时的经济利益，不顾及长远的永续利用，因此常常违背客观规律，对自然资源采取盲目的、过量的甚至掠夺式的开发方式，既浪费资源，又破坏环境。

3）法制不健全，执法不严。对各类资源遭受破坏的现象无人过问。有关自然保护的法律很不健全。珍稀动物保护虽有法律，但不够具体，缺乏量刑标准，执行较难。立法上还没有环境法庭来受理破坏生态环境的案件。

4）体制和机构的问题。自然资源涉及各个部门，而各部门又各自为政、各行其是。土地问题，城市由城建部门管理，农村由农牧渔业部门分管，规划又有国土局统管，还有土地管理局等，实践中矛盾不少。自然资源更缺少一个部门进行统筹兼顾、全面规划和科学的管理。

2. 农村生态环境

随着工农业生产的迅速发展，特别是乡镇企业的蓬勃兴起，我国农村生态环境日趋恶化。

（1）耕地面积减少，土壤肥力下降

我国现有耕地面积 20.5 亿亩，人均 1.45 亩，其中盐碱地约 1 亿亩，涝、洼地 0.6 亿亩，水土流失严重的山坡地约 5.5 亿亩，被污染的耕地约 3 亿亩。多年来，由于城乡、交通、水利、能源建设和资源开发占地不断增加，与新开垦的土地相抵后，每年仍减少耕地 1200 万亩。乡镇企业的发展加剧了耕地的减少。据统计，江苏省目前耕地正在以千分之八的速度下降。仅 1984 年一年，全省基建共征用耕地 20.1 万亩，其中乡镇企业用地 11.74 万亩，约占 60%。

我国耕地不仅人均占有量少，而且有一半耕地利用条件较差。全国低产田占耕地面积的 30.4%，而高产田仅占 20.8%。耕地质量普遍下降，土壤贫瘠化严重，这是当前农村生态环境面临的主要问题，也是限制农业生产发展的重要因素。

造成土壤肥力下降的主要原因是水土流失、粗放耕作、农田污染、有机质不能还田等。

我国许多水土流失地区每年损失土层的厚度达 0.2～1.0 厘米，严重流失的地区达 2 厘米，造成有机质和氮、磷、钾养分的大量损失，如南方红壤严重流失区，土壤有机质含量仅 0.3%～0.5%。

粗放耕作和广种薄收的地区，土壤肥力一般都有所下降，如黑龙江三江平原，新中国成立初期开垦的肥沃黑土，土壤的有机质含量已从 6%～11.5% 降至 3%～5%，团粒结构从 60%～90% 降至 30%～50%。

长期使用农药化肥的地区，土壤都有不同程度的污染。在城市近郊和大型工矿区附近，"三废"对农田的污染更为明显，特别是城市垃圾粪便，多数未经处理直接运到郊区，施于农田，造成土壤理化性状劣化，土质变坏。

我国农村能源以直接燃烧作物秸秆、柴草和牲畜粪便为主。据统计，全国一年至少要烧掉 6.5 亿吨柴禾才能满足生活需要。现在农村生产的秸秆有 60%～70% 作为燃料烧掉了，由此损失有机质 2.7 亿吨。大量的有机秸秆长期不能还田，破坏了农田土壤的团粒结构，降低土壤肥力。吉林省在解放初期，土壤有机质含量都在 4% 以上，由于大部分秸秆被烧掉，现在很多地方有机质含量已下降到 1%～2%。

现在农民都依靠施用大量的化学氮肥来补充土壤中的氮，但无法补偿有机质的损耗。长期依赖化肥还会使土壤的物理化学性质恶化。

（2）乡镇企业污染蔓延，资源浪费惊人

最近几年，随着农村经济体制的改革，我国乡镇企业得到了迅速的发展，已经成为我国国民经济建设中的一支重要力量。据统计，1985 年全国有乡村两级企业 157 万个，个体、联合企业 1065 万个。在乡镇企业中，有工业企业 85 万个，占全国工业企业总数的 80%。乡镇企业吸收了农业的剩余劳动力 7000 多万人，占农村总劳动力的 18.8%。乡镇企业的总产值 2728 亿元，占全国社会总产值的 18%，占农村社会总产值的 44%。广大农民从乡镇企业中得到收益 279 亿元。乡镇企业的发展，使农村由单一的经济结构变成了多元化的经济结构。实践表明，乡镇企业确实是振兴农村经济的必由之路。

但是，乡镇企业给农村生态环境带来了极大的危害，同时造成了资源的严重浪费。

1）乡镇企业污染在农村蔓延。由于乡镇企业工艺陈旧，设备简陋，技术落后，能耗高，污染大，加之缺乏科学技术管理人才，不少地方急功近利，片面强调农村办企业，"遍地开花"，根本不顾环境效益，"三废"污染已开始在农村蔓延。据统计，1985 年乡镇工业排放的废气占全国废气排放量的 12.4%，工业废水占全国工业废水排放量的 10%，工业废渣占全国废渣排放量的 15%。从"三废"排放量看，乡镇工业污染占全国比重不大，但因点多面广，大部分集中在沿海省区，厂点密度很高，且和农业环境镶嵌在一起，危害是严重的。

江苏省水资源比较丰富，由于乡镇企业的发展加重了水环境的污染。在小城镇和广大农村，不少地方因一个工厂污染了一条河流，从而毁掉了一个水源。据 43 个市、县的监测统计，1986 年有 37 个小城镇地区的河流出现黑臭，其总长度达 575 公里，其中 174 公里的河道处于全年黑臭状态，影响城镇居民生活和农、渔业生产。

浙江省有乡镇企业 78 000 多家，污染比较严重的有 1900 多家，主要是建材、电镀和印染等行业。由于大量"三废"进入农业环境，给农业生产、渔业生产带来严重危害。龙山化工厂的废水直接排放到钱塘江，曾使新放养的鱼苗死亡 30 万尾。绍兴县一百多家乡村印染厂排放的废水污染了周围的河道和湖塘等水体，使水质发黑，不能饮用、灌溉、养鱼，更可惜的是，绍兴黄酒这一传统名酒质量也因鉴湖水质污染受到了影响。

云贵川三省土法炼硫在局部地区已造成毁灭性社会公害。土法炼硫磺，生产方式十分落后，大量的硫和铁以"三废"形式排入环境，造成炼硫区磺烟笼罩，毒气熏人，废渣堆积如山。有的硫厂，炼硫区方圆 9 平方公里内的空气中二氧化硫浓度超过国家标准 5~50 倍，整个炼硫区山光岭秃，寸草不生。大片耕地变成了死土，失去了生机，上万农民丧失了维持生存和繁衍后代的基本农业生产环境。

2）乡镇企业对资源浪费严重。大部分乡镇企业只重视产值、产量的增长，把利润作为唯一的指标。在产品方向上，"什么赚钱搞什么"；在经营方式上，"怎么赚钱怎么搞"，再加上资金和技术力量的限制，采用的多是城市中淘汰的设备和工艺，不仅污染环境，而且资源浪费严重。

山西省是我国煤炭能源基地，乡镇企业中小煤矿和土法炼焦占很大比例。由于开采方式落后，有的地方丢失的煤炭比采出量还要高。以介休县为例，全县 1984 年原煤产量 72 万吨，生产土焦 15 万吨，但煤炭的回采率仅为 35%，比国家规定的 80% 低 45%，每年丢失煤 91 万吨，为采出量的 1.26 倍。土法炼焦和机焦相比，耗煤量大，全年要浪费原煤 7.2 万吨。陕西省有 1000 多处小煤矿，只有澄城窑头斜井符合国家规定的正规采煤方法，其余都不符合要求，资源的回收率只有 40%。

西南三省土硫磺的生产，入炉硫的回收率仅为 45~50%。对粉矿无法利用，加之人为采富弃贫，硫资源的平均利用率仅为 20%，80% 的硫白白浪费。仅按 1984 年三省硫磺产量为 12.6 万吨，创造产值 5800 万元计算，就浪费硫磺资源 50.4 万吨（按照回收率为 80% 计），价值 2.3 亿元。浪费的资源价值大大超过创造的价值。而且土硫磺生产浪费能源惊人，目前 10 ~ 15 吨的土炉生产每吨磺耗煤 4 ~ 5 吨，国营厂百吨炉单耗比小炉低 5 倍，仅此一项每年就浪费煤 30 多万吨。

3）乡镇企业污染发展预测。2000 年以前，乡镇企业还将迅速发展，污染物的排放量和污染面积将成倍扩大。在未来的十几年内，乡镇企业的发展如果在布局、管理、技术等方面不采取得力措施，其小型分散的布局特点将更加突出，全国广大农村会形成星罗棋布的环境污染源，生产力和各种资源的浪费将更加严重，农村生态环境质量将明显下降，局部农村会受到严重威胁。

（3）农药化肥及农业废弃物对农村生态环境的影响

到 1983 年底，我国累计农药总产量达 815 万吨（原药），每亩耕地年平均使用量在 140 克左右，其中有机氯农药占 60%，曾对农业生态环境和农畜产品造成不同程度的污染。1983 年国务院命令停止生产和使用六六六、DDT，将极大地改变农药的污染状况。但由于有机氯农药的长期环境效应，其影响到 2000 年可能基本消除。

今后农药对环境的污染，有机磷、氮等农药将上升成为主要矛盾，其排污总量将从 1985 年的 32 万 ~ 33 万吨增加到 2000 年的 39 万 ~ 48 万吨。其污染程度约为有机氯农药总强度的 2%。但在农作物上的污染度明显增加，相当于土壤污染度的 5 ~ 6 倍。在农作物整个生长期中，污染状况在局部地区有可能出现比有机氯农药污染严重的情况。

化肥对环境的污染危害主要是氮素和磷素，造成对河流、湖泊的富营养化的威胁。

我国的化肥以氮肥为主。1980 年氮肥年产量（以氮计）为 943 万吨，而利用率仅 40%。今后 15 年内，氮肥产量将不断增加。1990 年为 1706 万吨，2000 年达 2100 万吨。

到 2000 年磷肥的产量会大幅度上升，达到 760 多万吨，为 1980 年的 2.5 倍。磷肥的流失量会相应增加。按 1% 估算（国外标准），将流失磷肥 7.6 万吨，从而大大增加水体的磷富营养化。

农业废弃物主要是粪肥和秸秆。1981 年人粪尿和秸秆总量为 6.2 亿吨，到 2000 年不会有明显增加。而畜禽粪便的产生量将猛增，1990 年达 27 亿吨，2000 年达 36.6 亿吨。随着经济的发展，农民富裕了，有些农民不愿用粪肥而用化肥，所以粪便的利用率不高。按目前的 50% 计算，到 2000 年将有近 20 亿吨不能被利用还田，成为新的有机和生物污染源。其危害不小于城市垃圾。

总的来说，由于乡镇企业的不断发展，污灌面积的扩大，农药化肥施用量的增加，到 2000 年，我国农村生态环境，特别是城镇郊区和乡镇企业密集的地区，污染呈逐渐加重的趋势。

3. 城市生态环境

城市生态环境是一个复杂的人工生态系统，它是自然环境与社会环境之间的相互作用与影响的统一体。在城市生态系统中，物质流、能流、信息流最大，最集中。工业发展和城镇人口增加，城市建筑、道路和大量废弃物的排放，造成大气和水体污染，产生了拥挤、噪声等环境问题，破坏了城市自然生态系统的平衡。

（1）城镇人口的迅速增加

随着经济建设的发展，我国城市化进程加快，其主要表现是城镇人口迅速增加，城市规模不断扩大。1949 年，我国城镇人口仅有 9000 万人，到 1985 年底，全国城镇非农业人口已超过 2 亿人。近年来，由于各种原因，城镇人口迅猛增加，据 1989 年底的最新统计资料，全国城镇非农业人口已突破 3 亿（3.05 亿）。急剧的人口膨胀使得城市的生态关系扭曲，问题成堆。许多昔日宁静、美丽的自然栖境已一去不复返，而今变成"灰蒙蒙，雾茫茫，密匝匝，闹哄哄"的人工困境。

（2）工业污染严重

我国大部分工业集中在城市，决定了城市环境大多深受工业的影响，工业"三废"的控制成为城市环境保护的主要内容。

大气污染是城市生态环境的主要特征之一。火电厂、各种工业窑炉、钢铁工业、有色金属冶炼、水泥等工业都是大气中尘埃和二氧化硫的重要污染源。1988 年全国烟尘排放量达 1436 万吨，二氧化硫排放量达 1520 万吨，主要城市的降尘、颗粒物普遍超标，北方城市的冬季传统的煤烟型污染尤其严重，而南方城市的酸雨问题日益严重。

由于历史的原因，我国大多数城市的工厂与居民区犬牙交错，彼此穿插，使得城市居民经常处在工业污染物影响之下。

工业废水的排放是造成城市地表水和地下水污染的主要原因。我国污水排放量大，处理能力低，1988 年全国污水排放总量达 368 亿吨，但处理能力仅达 22%。一些城市在水源区建立工厂，使城市饮用水源也受到不同程度的污染。1987 年对 38 个城市的 85 个水源监测表明，有 54 个水源受到污染，其中受到严重污染的水源地有 36 个。严重污染的城市中，北方城市是长春、哈尔滨、沈阳、包头、乌鲁木齐，南方城市是成都、昆明、杭州、蚌埠、无锡、常州、长沙、福州和湘潭等市。

固体废弃物，即工业废渣的排放也是城市生态环境恶化的重要原因。由于工业废渣的处理、利用率低、使废渣的积累逐年增多。1988 年全国排放各种工业废渣 5.6 亿吨。截至 1988 年，我国历年积存的固体废弃物已达 66 亿吨。这些废弃物不仅占据大量土地，而且是大气和水体的二次污染源。

（3）水资源短缺

城市缺水和水污染，是城市生态环境的主要问题之一。近年来，缺水问题越来越突出。据全国 191 个大中城市初步调查，有 154 个城市缺水，尤其是北方的城市。沈阳的地下水仅能开采 10 年，而且水质也在恶化，水的硬度超标率达 17%，有 20%～50% 的水酚含量超标；大连因过度开采地下水，招致海水入侵，使地下水中氯离子浓度大幅度提高，天津从 20 世纪 70 年代始，几乎年年用水紧张，人均水资源占有量仅 100 多立方米。虽然"引滦入津"工程的完成解决了天津人民吃水问题，但那些年的缺水困境尚记忆犹新；北京近年来地下水位下降，缺水已给北京人心灵上蒙上了阴影。

（4）噪声污染加剧

交通、道路、车辆的快速发展，加重了城市的噪声污染。北京市自 1978 年以来，每年平均增加机动车 13 500 辆，自行车 35 万辆。现在，二环路以内的主要路口高峰时，每小时机动车的流量平均达 3000 辆，自行车 2 万辆。其他城市也是这种情况。目前，城市区域环境噪声平均等效声级达 60 分贝左右，平均白天声级为 59 分贝，夜间为 49 分贝。城区及交通干线的平均噪声达 74 分贝，交通噪声超标的城市占 84%。城市噪声污染面积和危害人口的比值过半。我国有 2/3 的镇市人口暴露在较高的噪声（55 分贝）环境中，有将近 30% 的城市居民处于难以忍受的噪声（超过 65 分贝）环境中。

三、改善我国生态环境的措施

根据到 20 世纪末我国社会主义经济建设战略任务的要求，改善生态环境的目标是：合理开发和利用环境资源，提高植被覆盖率；综合防治环境污染，使生态环境继续恶化的趋势得到缓和；人民生活和劳动环境进一步得到改善。为实现上述目标，需要从政策、管理和技术三个方面采取有力的措施。

1. 政策措施

政策措施是国家对环境保护和环境建设进行宏观指导的政策性规定，是国民经济走向科学发展道路的指南，对协调经济建设和环境建设起着决定性的作用。

我国已确定了"经济建设、城乡建设、环境建设同步规划、同步实施、同步发展，实现经济效益、社会效益，环境效益的统一"的环境保护战略方针。实践证明，这是一条适合我国国情的，对防治污染，保护生态环境起着重要的作用，具有中国特色的环境保护路子，这应该成为所有环保政策的出发点和落脚点。

（1）谁开发谁恢复，谁利用谁保护，谁破坏谁补偿的政策

例如开矿，特别是露天煤矿的开采，往往破坏大面积的地表。为了开采时防止大面积的植被破坏和对环境的污染，对采矿必须实行环境监督，注意节约用地，谁开发利用，谁就要造地复垦或筑塘养鱼，或植树造林，开辟为风景区。

（2）资源的合理利用与保护增殖同步的政策

合理利用林木、野生动物资源的同时要采取积极保护森林、草原、野生动物的政策。

明确开发单位的环境责任，在开发资源的收入中提取一定比例用于恢复生态环境的投入资金。国家在林业投资中适当增加育林比例，严格法规对森林的管理，在矿区实行复垦造林，奖励群众在荒山荒坡植树种草，营造农田林网，开展群众性的"四旁"绿化和城市、工矿区的绿化工作。到 20 世纪末，使森林覆盖率提高到 15%。

保护草原主要是合理控制牧畜头数，纠正超载放牧，固定草场使用权，种植耐旱优良牧草，大力建设人工草场和围栏改良天然草场，提高产草量，防止草原退化。对已退化的草场进行整治和改造，力争到 2000 年把草原退化面积由目前的 11 亿亩减至 5 亿亩。

对珍稀濒危的野生动植物严禁非法猎采、买卖和出口，加强市场管理，对违法者严加处理。对它们的生存和栖息环境严加保护，建立和建设好自然保护区，争取到 2000 年使全国自然保护区面积达到国土面积的 4% ~5%。并建立一批濒危物种基因库和野生动植物引种繁殖中心，促进繁殖，保护濒危动植物。

（3）采取节约型的资源战略

人均资源少是我国国情的重要特征之一，也是经济发展的重要制约因素。环境污染实质上是资源的浪费，生态破坏实质上是使可再生资源不能增殖和非再生资源的大量浪费。我们必须采取节约型的资源战略，精心保护资源，努力增殖资源，合理利用资源，实行

"自然资源开发利用与保护增殖并重"的方针，杜绝因盲目开发自然资源而造成的生态破坏。

以水资源为例，采取有效措施节约用水，最主要的是降低单位产品耗水量。根据现有的技术水平，提出指令性指标，列入单位的考核指标，并应考虑建立双轨供水系统，即一方面通过公共供水系统供给合乎卫生标准的饮用水；另一方面积极发展污水的净化处理和回用技术，由专用供水系统供给不需合乎饮用标准的水满足生产和生活的需要。奖励水资源的循环使用，工业用水的循环利用率力争 1990 年达到 60%，2000 年达到 80%。

（4）开展资源综合利用的政策

开展资源的综合利用，对企业的综合利用项目，实行"谁投资、谁受益"的原则。凡由企业自筹资金的项目，获益归企业所有。并按有关规定实行减免税的优惠政策。有关部门应制定鼓励"三废"综合利用的奖励政策，建立各种废旧物品回收交换中心，开辟第二资源基地，使工业固体废弃物综合利用率由 1985 年的 23% 提高到 2000 年的 50%。逐步实现废弃物的减量化、无害化和资源化。

（5）严格控制污染源，坚持"预防为主，防治结合，综合治理"的政策

1）对开发和建设项目，即所有新建、改建、扩建项目，包括重大技术改造项目，实行"环境影响报告书"和"三同时"制度。它对控制新污染的产生和生态破坏起到了积极作用。必须坚持和严格把关，把"三同时"的达标率由目前的 85% 提高到 90% ~ 100%。对现有的污染老企业，结合技术改造，改变工艺路线，开展综合利用辅以相应的治理手段，减少污染物排放。对那些污染重、危险大而又不能通过技术改造减少污染的企业，应结合地区规划，适当调整工业布局，实行关、停、并、转、迁。

2）对污染严重的某些重要城市和河段，结合城市规划和区域规划进行综合治理。即通过调整工业布局加强企业管理，合理利用资源，采用生态整治工程，充分利用自然净化能力等措施，来制定整体性的污染最佳防治方案，有计划、有步骤地解决环境问题。使主要污染物排放总量除二氧化硫和工业废渣外，大体维持在 1985 年的水平。

3）为防治乡镇企业对环境污染在农村蔓延，要正确引导乡镇企业的发展方向。乡镇企业的发展，首先要就地取材，多发展以农副产品加工为主的产业，对农副产品实行深度加工，多次增殖，实行农副工一体化，也可因地制宜地兴办无污染或少污染的传统密集型工业。

（6）逐步改变能源结构，推行有利于生态环境保护的能源政策

我国能源以煤为主，导致煤烟型的大气污染。广大农村和山区，以植物秸秆和木柴为生活能源，导致过度樵采林木和大量有机质不能还田，破坏农村生态环境。我们应逐步改变能源结构，推行有利于生态环境保护的能源政策。

1）在大中城市加速煤制气的进程，兴建集中供气的城市煤气厂。在天然气丰富的地区，优先供应民用，改变民用燃料结构。所有大中城市和有条件的小城市，严格限制各家分散修建工业供热和民用供暖锅炉房，提高集中供热、联片供热水平。

2）在没有条件实现煤气化的城市普遍推广使用型煤。型煤的节能效果为 15%，减少烟尘排放量为 50%。若在型煤中掺加固硫剂，二氧化硫排放量可减少 60% ~ 70%。目前全国城市生活用煤一年 2 亿吨，全部改烧型煤，全国的烟尘排放大约可减少 1/4。

3）在农村主要是因地制宜地营造各种薪炭林。发展薪炭林除了解决农村能源外，还具有保护和改善农村生态环境，促进农业生态良性循环的重大作用。人们有了柴烧，秸秆就得以还田，农田肥力就可以提高；秸秆不烧掉，可以为畜牧业提供更多的饲料。畜牧业的发展又可为农田提供更多的有机肥料。人们有了柴烧，就可以减少森林的过量砍伐，植被得以更好的保护。薪炭林本身也是有多方面的生态效益。

此外，解决农村生活用能应通过多种途径，如推广节柴灶，发展多种实用的农村供能技术和装置，包括发展太阳能、风能和小水电，发展生态农业，开发生物能源，普及户用沼气，试办大中型沼气池和简易供气网，以减少秸秆的燃烧量，扩大有机肥源还田。

（7）逐步推行环境保护产业政策

环境保护产业是国民经济结构中以防治环境污染、改善生态环境、保护自然资源为目的所进行的技术开发、产品生产、商业流通、资源利用、信息服务、工程承包等活动的总称，主要包括环境保护机械设备制造、环境工程建设、自然保护开发经营和环境保护服务等方面。环保产业是保护和改善自然环境的物质和技术基础。因此一方面要在治理整顿和深化改革中提高环境工程和产品质量，提高管理水平和成套工程服务项目；另一方面必须依靠科学技术进步，加强科研、学校、企业横向协作，开拓环保技术市场，促使研究成果尽快转化为生产力。

环境保护产业就自然保护领域必须优先发展的考虑，有以下几方面：

1）农业生态方面。包括有生态农业工程和生物能工程；农业废弃物综合利用技术和加工技术；食物链转化和太阳能利用率技术；立体经营和无公害农副产品生产技术；低毒高效低残留农药开发技术以及薪炭林和绿色草地经营技术等。

2）工业生态。包括有矿场土地复垦植被技术和城市废弃物填埋绿化技术；土地处理技术和生物净化（包括微生物、藻类）技术等。

3）环境绿化。工矿、城镇、住宅绿化工程；农田、海岸防护林带工程；公园、旅游区绿化工程等。

4）区域和流域生态建设。小流域合理布局和生态开发技术；区域多种景观和生物多样性合理配置技术；自然保护区生态保护与建设工程；土地沙化和防风固沙技术；水土流失和种草种树技术；土壤盐渍化、贫瘠化绿肥综合治理工程等。

5）野生珍稀、濒危、观赏和经济动植物繁殖，苗木、花卉、盆景培育技术；草皮培育技术；珍稀濒危植物培植和药用植物培育技术；珍稀濒危动物繁殖和野生经济动物繁殖技术等。

2. 技术措施

科学技术是生产力。我国生态环境所面临的许多重大问题，有赖于科学技术的突破来得到有效的解决。加强科学研究，注重科研成果的实用性，不断推广、采用新技术，对于实现 2000 年的环境目标有着巨大的作用。环境科学体制必须在改革中克服种种弊端，改革环境科技体制，制定适合国情的生态环境科技发展战略是当务之急。

环境科技发展战略的选择要从国情出发，从技术、经济、社会三方面通盘研究解决生态环境问题，以期花最少的代价，获取最佳的效益。当前应着重考虑以下几点：

（1）开发不同生态类型地区的生态保护技术

以生态经济学原理为指导开发不同类型地区的生态保护技术，以确保生物资源的合理利用和不断增殖，例如，在森林采伐区采取伐后更新技术；在宜林山区采取飞播种树种草技术；在干旱、半干旱地区采取防风治沙技术；在严重水土流失地区采取以改变小地形为主和增加地面覆盖为主的水土保持耕作技术；在广大农村因地制宜地发展以秸秆、粪便、农业废弃物为原料的沼气能源技术等。

（2）开发自然保护领域中的现代技术

经济增长的主要源泉是新技术的发展，创造和掌握现代生产工具和技术是落后国家迅速赶上先进国家起决定作用的物质力量。在环境科学领域内，生态工程的兴起成为划时代的生产技术。

所谓生态工程，是把相当一部分精食、饲料、能源和环境问题结合起来的强有力的经济开发手段。例如，用食品加工厂的污水来生产光合细菌和绿藻。光合细菌和绿藻含有蛋白质和维生素，可以当作饲料来饲喂家禽，家禽长大被送进食品加工厂制成食品，而加工厂的污水又被利用。这样的循环，使污染被净化、能源再生、能源再利用，形成一个资源利用率高、成本低、没有污染的生产体系，它在不破坏林木、不消灭物种、不引起生态破坏和环境恶化的前提下，开辟了一条高产食物和饲料的途径。

生态工程的兴起，使生物工程的微观研究和宏观研究相结合，对减轻或消除环境污染，防止生态破坏，展现了光明的前景。

（3）研究农村生态系统的环境战略

生态农业作为一种先进的农业生产方式和农业现代化的重要内容而产生。生态农业的建设目的是探索农村发展与环境保护相互协调的道路，做到既省投资、低能耗，又高效益和有利于保护农村生态环境。生态农业作为一门科学，它的内容包括：从维护农村生态系统出发，以生态经济学原理为指导，研究如何提高能源在农业生态系统中的数量及其速度，充分发挥生产潜力，建立农村新的物料、能料、肥料无害化的良性循环系统并开辟新能源，因地制宜发展太阳能、沼气、风能、地热等无污染能源，使自然生态符合良性循环等多方面的课题，这样就直接和间接地保护了绿色植被和有用物种，做到农村经济发展与环境保护同步。因此走生态农业之路，无疑是我国实现农业现代化的重要战略问题。

目前我国各种类型的生态农业试点有几百处，生态县、生态村的典型有一百多个，但大多缺乏科学规划论证和由点带动面的实效。因此，当前怎样提高农村生态系统的生产率、稳定性、持久性和均衡性，使其发挥更大的效益；如何用经济、生态、社会的综合观点，用定量的方法进行多学科（自然科学、社会科学）的系统分析以便把生态农业的研究水平提到一个新的高度，都是值得我们进一步研究的课题。在这方面，北京留民营村、浙江山一村、南京古泉农场、上海东风农场、辽宁西安农场等的生态农业已为我们做出了榜样。

（4）积极开展综合利用技术、提高资源的利用率

资源的综合利用是我国首先提出的，但实际进展并不快，资源利用率比一些国家低得多。如林木利用率仅为10%，水的循环利用率不足20%，钢渣利用率仅为5%，电厂粉煤灰的利用率也在15%以下。这里有管理问题，也有技术水平问题。应在不断加强管理的同

时，积极开发综合利用技术，使更多的废旧物资转化为资源。

1）研究开发采伐剩余物造纸浆、纤维板和林化产品的技术，使林木的利用率由目前的 10% 提高到 2000 年的 20% 左右。

2）积极推广各种节水技术。工业领域，主要是冷却水循环回用技术、工业用水闭路循环体系、开发无水新工艺等；在农业领域主要是喷灌、渗灌和滴灌技术，发展管道灌溉和密闭灌溉渠道等；对城市生活污水和某些工业废水，应逐步发展二级污水处理厂和处理后的污水回用技术，因地制宜地发展包括氧化塘在内的污水土地处理系统，充分利用水肥资源。

3）推广利用工业固体废物制造建筑材料，筑路，回收能源，制作肥料，回收金属等技术。

4）研究开发工矿企业废气、余气的利用技术和利用工程，将冶金焦炉气、矿井瓦斯气、石油伴生气、化工尾气等作为能源和化工原料使用。

（5）研究资源开发对环境的影响

我国众多的人口对于生态环境产生的压力和冲击越来越大。我国的耕地、森林、草原、水体等资源的人均占有量本来就很低，随着人口的不断增加和经济的飞速发展，自然资源的不断衰减越来越不适应经济发展的需求；而自然资源的破坏导致枯竭的危机，往往是由于资源的开发不当和浪费所致。因此，坚持开发建设项目的环境影响报告书制度，是防止资源破坏和新的生态恶化的一项主要措施。

所谓"报告书制度"，是指对那些可能给自然环境带来不利影响的资源开发或工程建设项目，要求主管部门做好对环境影响的评价，在开发建设中采取各种有效措施，把不利影响减少到最低限度。这是自然保护工作中一项重要任务，为此一方面要制定相应的管理办法，另一方面要研究资源利用的合理组合的理论，经济发展与资源更新的理论与方法，要研究并制定对自然环境质量评价的方法和指标，以及自然环境质量指标体系的建立。这里还应指出的是，由于中国地域辽阔，地形复杂，区域差异很大，生态类型众多，因此要对不同的生境进行不同的生态指标的研究，以形成指标系列并配合生态监测的内容，进行生态平衡的动态监测研究，为控制自然环境的新的破坏，预测自然生态发展的趋势，管理各种自然资源，改善自然生态系统的稳定性、持续性提供科学化、决策化依据。

（6）开展生物多样性技术

当前国际环境保护的热点是保护臭氧层，防止全球气候变暖，严禁有毒废弃物越境和酸雨等。但是另一个新的热点已经到来，这就是保护全球生物多样性。生物多样性包括遗传多样性、物种多样性和生态系统的多样性，它是人类赖以生存的基础。80 年代，美国著名生物学家 E. Q. 威尔逊指出："可能发生的，将要发生的最坏事情，不是能源耗尽，经济崩溃，有限的核战争或是被一个极权主义政府所征服，对我们来说，这些灾难尽管可怕，但经过几代人就可以得到补救，可是，由于自然栖息地的毁灭而失去遗传物质和物种的多样化，这一进程要花数百万年的时间才能得以改正，这是我们的子孙最不能原谅我们的蠢事。"科学家们估算，目前在地球上有 500 万～1000 万种动植物，其中约有一半生存在只占地球表面 6% 的热带雨林地区。迄今为止，人类已毁灭了地球上大约一半的原始热带森林。根据联合国粮农组织的估计，人类每四天就破坏一片像纽约市一样大的热带雨林。热带雨林为人们提供了取之不尽的多样化的生物资源，因此对于热带雨林的保护和开发之间的平衡问题，值得人们研究和重视。

当前世界上的物种毁灭并不是件新鲜事，新鲜的是灭种的速度和范围。为了保护物种的基因库和持续利用，防止破坏物种和生态系统，使之提供取之不尽的可更新资源，联合国环境规划署正在制订生物物种多样化的文件和公约，在我国已颁布了《中国自然保护纲要》，提出了对自然资源确保永续利用的原则。宣传并推行生物多样性技术对保护生物圈的平衡，保护资源的永续利用和促进经济持续发展具有十分重要的意义。

3. 管理措施

环境管理是按照经济规律和生态规律，运用法律、经济、行政、技术和教育手段，对人们的经济社会活动进行管理，协调发展与环境的关系，使有限的环境投资获取最佳环境效益，达到既发展生产又保护环境的目的。

（1）完善环境立法和标准，强化法制管理

我国已开始重视通过法制建设加强对生态环境的保护。《宪法》明确规定："国家保护和改善生活环境和生态环境，防治污染和其他公害。"1979 年颁布了《中华人民共和国环境保护法（试行）》，此后，我国环境立法工作迅速发展，制定和颁布了一系列单项法规和标准，如《大气污染防治法》、《水污染防治法》、《海洋环境保护法》、《森林法》、《土地管理法》、《草原法》、《矿产资源法》、《征收排污费暂行办法》和《环境保护标准管理办法》，各地区、各行业也制定了一些相应的法规。到目前为止，我国颁布了 71 项各类环境标准。这些环境法规和标准的颁布和执行，对保护和改善我国生态环境，防治污染，强化环境管理，提高干部和群众的环境意识和法制观念起到了积极的作用。

但是，我国在环境法制建设和执行中还存在一些问题。主要是：法制还不够健全，法律责任规定的不明确；广大群众特别是某些领导干部法治观念薄弱，往往注意经济效益，忽视环境效益，有法不依，执法不严的情况带有一定的普遍性。要在不断强化环境的法制管理中加以克服。

（2）加强规划管理，把环境规划真正纳入国民经济建设和社会发展计划中去

我国已把环境保护确定为基本国策，各项经济建设规划都应把环境保护提到这样的高度，即环境规划要真正纳入国民经济和社会发展中去。近几年，虽然制定了不少环境规划，并在形式上纳入了各地区、各部门的总体规划中，但规划不具体、指标不明确、措施不得力，未能分解到各年度、各地区、各部门逐一落实。今后的规划应从实际出发，确定指令性的目标，分解到户，明确任务，定期检查，限期完成。

当前要特别重视乡镇企业的规划管理。一方面要制止城市污染企业向农村转移，另一方面在布局上应相对集中，纠正村村办厂、处处"冒烟"的趋势。乡镇企业的布局，可考虑两个层次：一是红线规划，即根据各地的环境特点和资源优势，划定水源保护区、水产养殖区、风景游览区、自然保护区等，在这些区域所在地及一定距离内，限定某些企业的发展；二是从长远考虑，以县或地区为单位，制定经济、社会、资源、环境相统一的规划，对农村经济发展和生态建设起长远的指导作用。

（3）坚持排污收费制度，强化经济管理

1982 年国务院颁布了《征收排污费暂行办法》后，全国逐步开展了征收排污费的工作，"六五"期间共向全国 10 万多个企事业单位征收了 32.9 亿元排污费，为我国环境的经济管理创出了一条新路，树立了我国环境法规的权威，充分发挥了环境法规的作用，开辟了环境建设筹集资金的渠道，促进了对污染源的控制和治理，也提高了各企事业单位为减少排污而加强管理的积极性，推动了环保部门的自身建设，已成为强化环境管理的一项行之有效的措施和手段。

由于开展此项工作时间短，又缺乏经验，尚存在收费低，影响企业积极性；收费项目还需扩大等问题，有待在体制改革中研究解决。

（4）积极稳步地推行五项制度

李鹏总理在第三次全国环境保护会议上提出在治理整顿中建立环境保护工作新秩序，他指出，中心就是要加强制度建设，强化监督管理。他肯定了三项行之有效的总制度和近几年创造的五项制度和措施，主张在全国推行，并不断加以总结完善。五项制度即环境保护目标责任制；城市环境综合整治定量考核；排污许可证制度；污染集中控制和限期治理。这些新的制度和措施的产生，标志着我国环境管理机制的不断发展和完善，也标志着我国环境管理工作进入了一个新的阶段。推行五项制度和措施的过程就是逐步形成符合中国国情的，规范化和法律化制度体系的过程。对于推进我国的环境保护事业具有重大的意义。

（5）加强环保机构建设，强化环境监督管理职能

为了确保我国环境建设与经济建设的协调发展，实现环境目标，环保部门必须依法全面行使环境的监督管理职权，环保部门的监督管理权首先是监督我国的环境保护法律、法令、规定、方针、政策等能否在产生污染和生态破坏的单位得到落实和实施，达到控制污染，恢复改善生态环境的目的。"六五"、"七五"期间在行使环境监督方面取得了较大进展，主要表现在"三同时"和排污收费两个方面。由于实行监督管理，"三同时"制度在大中型项目中基本上得到执行，在"六五"、"七五"期间新污染源得到有效控制。环境监督的职能是多方面的，对环境规划和计划的落实和实施的监督以及保护自然生态的监督更需要强化，但目前尚无一个统管自然资源的机构以对自然资源和自然环境进行统筹规划和科学管理，需要成立国家自然资源委员会以行使保护和管理自然环境的职能。

（6）普及生态环境知识，提高全民族的生态环境意识

环境保护是一项基本国策，要通过宣传教育和法制管理提高全民族的环境意识和生态观念，特别要使各级领导的认识提高到"基本国策"的水平上来。

1）观念的转变。自然环境的面貌和自然资源处置得当与否是反映一个国家能否兴旺发达、持续发展并关系国家安全感的问题。《美国公元 2000 年全球情况调查报告》主编巴尔尼博士访华时指出："对国家安全问题应改变传统的观念，绝不是外来侵略，日本是个资源贫乏的国家，所以提出了全国安全的新概念，对中国来讲，除人口问题外，土地问题也是国家安全的一个重要条件。"因此，自然环境的保护和自然资源的利用问题不仅涉及国民经济发展，而且危及一个国家的安全与生存的问题。另一个观念的转变是资源应有价值，资源必须有偿使用，才能达到资源的持续利用。

2）战略的地位。保护自然环境是个战略任务。自然环境与自然资源是人类赖以生存的物质条件，也是社会主义现代化建设的物质基础。万里同志在《中国自然保护纲要》出版时写道："保护自然资源和自然环境是保证经济持续发展，促进社会进步繁荣，造福全人类的一项战略任务，它不仅直接制约社会主义建设的发展进程，而且严重影响子孙后代的生存，资源和环境的状况如何，是衡量一个国家的地区社会物质文明和精神文明的重要标志，因此它是我国的一项基本国策。"李鹏同志多次指出环境保护是我国一项基本国策。根据他的指示，我国制定了环境保护"三同步、三效益"方针和自然资源积极保护合理利用的基本政策，《中国自然保护纲要》贯彻了并具体反映了保护自然的政策和策略。

3）人人有责。自然保护事业是全人类的事业，人人有责任保护。首先各有关主管部门都要对本部门开发利用自然资源工作统筹安排，合理布局，使自然保护事业在各级领导头脑中占有重要地位。万里同志指出，"要广泛开展自然保护宣传教育工作，以引起全社会对自然保护工作的重视，这件事要从幼儿园、小学抓起，使娃娃们从小就养成保护大自然的好习惯"。

4）宣传《中国自然保护纲要》。保护自然环境和自然资源在我国国民经济发展中占有什么位置？它与经济发展有何相关？生态环境遭到破坏应如何控制和改善？

1987年，以国务院环境保护委员会的文件形式加以发表和出版的《中国自然保护纲要》回答了上述提出的问题。它说明了自然保护在我国现代化建设中的地位和作用，论述了主要保护对象和各类地区在开发、保护中应遵循的基本原则，指出了当前自然环境和自然资源所面临的问题和解决问题的主要措施，因此，《中国自然保护纲要》是我国一个较为系统的在保护自然方面具有宏观指导作用的文件，是做好自然保护工作必备的指南，是制定有关自然保护方针、政策、法令、规划的依据，是人类控制自然和在生态系统中自身有力调控的有力工具。当然也是向决策者和广大群众进行自然保护宣传的有益教材。

（7）积极开展环境外交和环境保护的国际合作

环境问题已成为外交的热门话题，成为国际关系中的新课题。

1）首先连接不断地召开环境保护国际会议是1989年的一大特点，这一特点在1990年将继续发展。这一两年来应邀出席环境会议的国家代表之多是前所未有的，与会或在会议宣言上签字的国家元首级人物之多也是前所未有的，会议通过的环保问题宣言、环保公约，提出的环保计划、建议和措施之多更是前所未有的。

2）国际环境活动广泛而深入开展的标志之一是各国首脑会议讨论的内容都增加了环保内容。1988年6月在加拿大多伦多召开的发达国家首脑会议，在其经济宣言中有相当篇幅论述了应该认真对待有关臭氧层破坏、大气污染、水质污染、酸雨和有害废弃物的越境迁移等问题；1988年在莫斯科举行的苏美首脑会议上，1989年7月在巴黎召开的西方七国首脑会议上，同年9月在贝尔格莱德召开的不结盟国家首脑会议上，都讨论了共同关心的环境问题及在该领域内加强国际间合作的问题。

3）发达国家与发展中国家对保护臭氧层，限制 CO_2 排放量及温室效应限制氯氟烃（CFCs）生产的矛盾日益尖锐，发展中国家要求美、英、日等生产氯氟烃代用品应无代价地提供，并建立国际基金以解决发展中国家由于治理污染所需资金的困难，因为全球性环境污染产生根源多数来自发达国家，他们应对全球环境负有更多的责任。

由于环境问题具有全球性、综合性、因此需要动员世界的力量和国际的合作才能加以解决。围绕着保护臭氧层和防止气候变暖的全球环境问题的国际会议之多将是 1990 年环境外交一大特点。随着世界环保浪潮的兴起，我们要不失时机地加入这个浪潮。我们应根据环境外交的特点和要求，既要坚持原则又要多做工作，积极开展国际环境合作，以外促内，以促进我国环境保护事业。

为使人类主宰自己的命运，保护人类赖以生存的自然环境，就需要加强计划性和预见性，克服对自然资源利用的盲目性和破坏性；就必须运用经济生态学规律协调经济发展与自然保护，以达到下列三大目标：保护生命支持系统和重要的生态过程；保存遗传基因的多样性；保证现有物种与生态系统的永续利用。

提要：本文全面、系统地论述了当前世界关注的生态环境问题和我国生态环境的现状及发展趋势，并提出了改善我国生态环境的措施。

PROTECTION FOR HUMAN'S LIVING ENVIRONMENT

Abstract：The recent eco-environmental problems concerned by the World and the present situations and future trends of eco-environment in China were wholly and systematically discussed in this paper. The measures for improving eco-environment of China were also proposed.

振奋精神　努力进取　在治理整顿中
大力加强环境宣传工作[*]

在全国环境保护厅局长会议举行的同时，第一次全国环境宣传工作会议今天开幕了。通过这次会议，回顾和总结十几年来环境宣传工作的历史和经验，认清当前面临的形势和任务，制定并落实环境宣传工作的目标和措施，是非常必要的，也是非常适时的。

下面，我讲三个问题。

一、16 年来环境宣传工作的基本总结

我国环境保护事业开创已经 16 年多了。16 年来，作为环境保护事业重要组成部分的环境宣传工作，同整个环境保护事业一样，经历了一个不断发展的过程，取得了很大的成绩，积累了丰富的经验。

1. 环境宣传工作的历史回顾

环境宣传的发展大体上经历了两个阶段。第一阶段是从第一次全国环境保护会议到第二次全国环境保护会议这 10 年间。

20 世纪 70 年代初期，在斯德哥尔摩会议和我国第一次全国环境保护会议以后，为了了解世界环境状况和环境问题对经济社会发展的重大影响，为了清除"社会主义国家没有环境污染"的愚昧论调，认识中国环境问题的严重性，曲格平同志组织翻译了《只有一个地球》、《寂静的春天》等一批启蒙读物，在国内产生了广泛影响，开辟了环境宣传的先河。这个时期，我们开始组织群众性的宣传活动，诸如宣传月、宣传周、报告会等，环境宣传工作揭开了新的篇章。

1979 年，全国人大常委会颁布了《中华人民共和国环境保护法（试行）》。环保法明确了环境宣传的法律地位，强调了环境宣传在环境保护事业中的重要作用。

80 年代开始随着环境保护事业发展的需要，环境宣传有了较大发展，环保部门开始有了自己的宣传阵地。1980 年，《环境工作通讯》创刊，中国环境科学出版社成立；1984 年，《中国环境报》创刊，这段时间，从北京到其他各省市，一大批环境保护报刊杂志相

---

　　* 金鉴明. 1990. 振奋精神努力进取，在治理整顿中大力加强环境宣传工作——金鉴明副局长在第一次全国环境宣传工作会议上的报告. 环境工作通讯，（4）：26 ~ 36.

继问世，环境宣传的阵地不断扩大。

在第一次全国环境保护会议以后的 10 年间，出于创业的需要，我们积极宣传环境污染和生态破坏造成的危害，提醒各级领导和广大群众关注我国的环境问题，普及环境保护科学知识，宣传环境保护的方针政策和措施，响亮地喊出了"保护环境，造福人民"的口号，从这个意义上讲，环境保护是靠宣传起家的。这期间，在一些地区也搞过很有声势的宣传活动，但从总体上看，这一阶段的宣传工作形式比较单一，内容比较狭窄，宣传对象也不够广泛。

第二阶段是从第二次全国环境保护会议至今。

1983 年 12 月，在第二次全国环境保护会议上，李鹏同志对宣传教育工作作了长篇论述，从理论上阐明环境宣传教育在环境保护事业中的重要作用，明确提出了提高全民族环境意识这样一个重要的历史任务。

1985 年，国家环境保护局开始组织纪念"6·5"世界环境日活动。以后每年围绕这个纪念日开展遍及城乡的声势浩大的宣传活动。环境宣传在广度和深度上有了新的发展。

1988 年，国务院新的一届环委会组成，人民日报、新华社、光明日报、经济日报和广播电影电视部作为新的成员单位参加环委会工作。国家环境保护局在机构改革中，为了加强对环境宣传的领导，成立了宣传教育司。这些重大的措施，为环境宣传工作迈上新台阶创造了必要条件。

在第二次全国环境保护会议以后的五六年间，由于有了前 10 年的摸索，环境宣传工作有了新的发展。由于明确提出了提高全民族环境意识的历史任务，我们大力宣传环境保护和经济、社会协调发展的思想，宣传形式趋向多样化，宣传重点转向各级领导干部。环境宣传开始由封闭式转向开放式，由环境保护系统内部推向全社会。

2. 16 年来环境宣传工作取得的成绩

（1）对环境问题的认识逐步深入，全民族的环境意识有了明显提高

十几年来，党和国家对环境保护工作十分重视，通过我们坚持不懈的宣传，全国人民的环境意识不断提高，热爱环境、保护环境的观念开始深入人心。越来越多的省、市、县、工厂领导的环境意识有了很大提高，并且采取了各种措施来宣传环境保护，治理环境污染，这成为我国的环保方针、政策和法规得以顺利贯彻执行，环境状况恶化趋势有所控制的重要保障。不少城市居民、职工和离退休干部自发组织环境保护监督小组或主动承担环境保护监督员的职责。许多中小学生主动承担起爱护树木花草、监督污染、保护环境的工作。这都说明群众环境意识的提高。

（2）环境保护科学知识不断普及，群众的环境保护知识水平有了普遍提高

环境保护是一门新兴的科学，涉及社会生产和生活的各个领域。为了使人们了解环境保护工作的任务和意义，提高公众环境科学知识水平，通过举办报告会、演讲会、环保知识竞赛、街头环保咨询、编印宣传图书、拍摄科普电影、电视及专题讲座等多种形式的宣传活动，普及了环境科学知识，提高了群众的环保知识水平。

1989 年，国家环境保护局和经济日报社联合举办了"环境保护有奖知识竞赛"活动，

在短短 20 多天时间里，共收到有效答卷 3.3 万份，有近 200 份答卷全部答对。在 3 万多份答卷中，企业组织职工参加的为半数，除台湾、西藏外，所有的省份都参加了竞赛活动，覆盖面之广令人欣喜，其中两份来自云南前线猫耳洞的答卷带着战场的硝烟更使人感动。全国各省市和各类环境报刊也举行了许多类似的宣传活动，在普及环境科学知识方面起了很好的作用。

（3）加强舆论监督，促进了污染治理

对整个环保事业来说，宣传是先行官，是环境管理的重要组成部分，是整个事业不可缺少的方面。但是，归根结底，宣传是手段，不是目的。它是宣传群众、动员群众和组织群众的必要手段，宣传的最终目的是唤起公众环境意识的觉醒，通过公众的监督支持和广泛参与，督促政府在环境保护方面有所作为，促进企业的污染治理。

为了利用舆论监督，促进污染治理，在 1984 年国务院环委会第一次会议上，李鹏同志要求大中城市要一年为群众办几件实事，并在报上公布，好的在报上表扬，差的在报上批评，让群众监督。从 1984 年开始，全国很多地方，每年年初向全市人民公布在环境保护工作方面要办的几件实事，发动全市人民参加监督和检查。北京、天津、上海、广州、武汉、哈尔滨、洛阳、平顶山等一大批城市采用举行环境保护新闻发布会的形式，及时发布全市人民关心的环境问题，发布办实事计划完成情况，以引起全市人民的重视和注意，动员全市人民参加和监督环境保护工作，收到了较好的效果。

在利用群众舆论监督，促进污染治理方面，辽宁省的沈阳、本溪、阜新等城市做了有益的探索。他们发动群众利用投票的办法从全市工矿企业中选出"十差"，即 10 个环境保护最差单位。"十差"选出后，市政府召开大会，公布"十差"名单，并请"十差"单位的主要领导上台讲话，表明态度，从而极大地促进了污染治理。

（4）普及环保法规，强化了环境管理

自环境保护工作开展以来，我国先后制定并颁布了 4 个国家环保法规，国务院颁布了近 20 个行政法规、140 多项环境标准，各地还制定了许多地方性环保法规，初步形成了环境保护法规体系，为环境管理部门依法管理提供了依据和武器。

为了普及环保法规，宣传部门开展了多形式、多层次、丰富多彩的普法宣传活动。让广大群众和执法人员熟悉环保法，掌握环保法，利用法律武器监督环境污染和破坏的行为。

1980 年，为学习贯彻《中华人民共和国环境保护法（试行）》和普及环保法规知识，当时的国务院环境保护领导小组组织开展了全国性宣传活动。各级环保部门、宣传部门、新闻出版单位和群众团体密切配合，广泛运用各种宣传手段，进行了生动形象的宣传工作。据统计，省级以上报纸共发表文章和报道 1300 余篇，仅上海一个市，在宣传月活动中，就有 89 万人次受到教育。

1989 年，山西省环境保护局和省委宣传部、司法厅一道发起了一场声势浩大的学习考核环保法规活动。全省 12 个地市、13 个厅局党政机关干部 15 万多人参加了学习考核，占全省党政机关干部总数的 70%，其中，县团级领导干部近万名。通过学习考核环保法规活动，全省党政机关干部和领导的环境意识得到普遍提高，法制观念普遍加强，有些地、市、县的环保机构也得到加强。从全省来说，普法活动大大强化了环境管理。

（5）加强了宣传队伍的自身建设

十几年来，环保事业靠宣传起家，同时，环境宣传队伍自身建设也随着环保事业而不断发展。到目前为止，我们已经初步建立起了一支专兼结合，掌握了一定的专业知识和宣传技能，热爱宣传工作的宣传队伍。

据统计，北京、天津、河北、山西、贵州、哈尔滨、青岛、厦门、长春等省市设立了宣教处（组），有的省市正在组建，有 15 个省市建立了宣教中心。省级宣教处专职或兼职从事环境宣传的有 80 人左右，宣教中心有近 200 人的宣传队伍。多年来，在艰苦的条件下，他们做了大量的工作，在思想上和业务上得到了锻炼和提高，受到了各级领导的重视和好评，这说明我们的宣传队伍是有战斗力的。

此外，自身建设的另一个重要方面，就是我们已经有了自己的宣传阵地，如《中国环境报》、《环境工作通讯》、《世界环境》、《环境保护》等，总发行量达数十万份，产生了非常积极的影响，许多省市还创办了自己的报纸或刊物。我们自己的这些宣传阵地为宣传党和国家的环保方针、政策和法规，普及环保科学知识，提高全民族的环境意识发挥了重要的作用。

总之，环境宣传取得了很大进展，为环境宣传工作向更深、更广泛的领域发展，为宣传工作迈上新台阶打下了坚实的基础。

3.16 年来环境宣传工作的基本经验

16 年来，环境宣传工作取得了很大成绩，积累了丰富的经验，归纳起来，主要经验有：

（1）紧紧围绕环境保护不同时期的工作重点开展宣传，是宣传工作的基本指导思想

十几年的成绩表明，宣传工作必须紧紧围绕环保工作的重点，紧扣环境保护事业发展的脉搏，始终与环保中心工作保持一致，环境宣传才具有生命力，才有明确的方向和前进的目标，才能有所作为。

1988 年，环境宣传紧紧围绕防治大气污染这一重点，开展了卓有成效的宣传，收到良好的效果。年初，以环委会名义组织了调查组，对大气污染严重的本溪市进行了专题调查。随后，由十几家首都新闻单位组成记者采访团，对本溪市大气污染状况进行了深入的采访和报道。其中，由新华社记者采写的"卫星看不见的城市——本溪市环境污染情况调查"在《动态清样》上登出，引起陈云同志的高度重视，亲笔作了三点批示："治理污染，保护环境，是我国一项大的国策，要当作一件重要事情来抓。这件事，一是要经常宣传，大声疾呼，引起人们的重视；二是要花点钱，增加投资比例；三是要监督检查，做好落实。"陈云同志的批示，言简意深，切中环保工作的要害，意义非常重大。陈云同志的批示，一方面，体现党和国家领导同志对环保工作的重视；另一方面，给环保工作带来巨大的动力。批示的第一条就强调了宣传的重要性，这对我们也是一个巨大的鼓舞。

最近几年，各地方配合人大和政协代表团视察环境保护工作，做了大量的宣传报道，引起各级领导和群众对环境问题的关注，促进了一些环境问题的解决。事实证明，这是一条行之有效的经验。

（2）普及宣传，提高全民族的环境意识，是宣传工作的基本任务；向领导宣传，提高

决策者环境意识是宣传工作的重点

事实告诉我们，群众环境意识的高低，不仅是一个国家或地区文明程度的反映，也是一个国家或地区环保政策成功与否的标志，而最终则是一个国家或地区经济能否持续发展的决定性因素。一方面，人是最活跃、最有影响的环境因素，人的行为与环境息息相关。另一方面，群众又往往是环境污染的直接受害者，群众的觉醒，将是对政府工作，对污染状况的一支巨大的监督力量。近年来，关于群众污染受害的来信、来访和厂群间污染纠纷案件日趋增多，群众自发组织起来保护环境、监督环境污染和破坏的事例也日益增多，这都充分反映我国公众环境意识的提高。

事实还告诉我们，向领导宣传，提高领导的环境保护意识是至关重要的，是我们宣传工作的重点。由于领导同志在经济发展和环境建设中处在决策者的位置，只有他们充分认识到环保工作的重要性，认识到保护环境就是保护生产力，保护环境与发展经济具有相辅相成、互相制约、互相促进的密切关系时，才能正确处理经济效益、社会效益和环境效益三者的关系，环保工作才能摆到应有的位置，环保工作的各项措施才得以实施，保护环境的目的才能实现。

山东省的经济发展较快，在发展经济的同时，该省领导加强了对环境保护工作的领导。1988 年，该省试行环境目标责任制，省长亲自和市长签订环境目标责任书。由于省长带头，各市长、区长、县长、厂长均是一把手对一把手签订目标责任书，有力地推动了环保工作的发展。山东省环境保护局有一个深刻的体会：环保工作是老大难，老大抓了就不难。这充分说明领导者环境意识的高低对环保工作具有多么重要的意义。

（3）宣传的社会化，是宣传工作扩大影响面，提高宣传效果的必要途径

在宣传社会化方面，经过多年的努力，我们已经建立了比较广泛的社会联系，吸引了社会各方面人士来关心和宣传环境保护事业。特别是近几年，有关环境问题的宣传报道明显增多，宣传活动日趋活跃。1989 年，广播电影电视部还专门发文，要求各级电视台、站，把环境保护作为宣传的一个重要内容。更为喜人的是，更多的全国性、专业性报纸，主动找上门来，要求了解、刊登环保方面的文章和消息；越来越多的影视、声像部门主动要求与我们合作，拍摄环保方面的影视片；越来越多的作家、艺术家以其高度的责任心和艺术灵感把笔触伸向环保领域。在实践中，许多省市创造了不少好经验，例如有的省市成立了环境新闻工作者协会，利用这种形式，把广大记者组织起来，及时向他们提供环境信息，发挥他们的优势，从不同角度宣传报道环境保护内容，使环境宣传的覆盖面大大增加。各级环境科学学会在推进环境宣传社会化和传播环保科技知识方面做了大量工作，发挥了很好的作用。在宣传对象方面，许多省市针对儿童、中小学生、青年、基层干部，组织不同的宣传活动，从内容到形式都有所创新，也使得环境宣传社会化程度有所提高。

众多的部门和单位，不同层次、不同专业的人对环境宣传的参与和介入，标志着环境宣传高潮的到来，同时证明了我们走宣传社会化道路的正确，证明了这是一条宽广的、有效的宣传途径。

（4）知识性、趣味性相结合，是我们宣传工作取得成功的必要手段

采用人们喜欢和易于接受的形式，使知识性、趣味性相结合，达到寓教于乐，老少皆宜，雅俗共赏，在不知不觉间接受我们的宣传，是我们宣传工作取得成功的必要手段。仅

有内容，缺乏有力的表现形式，使丰富的内容成为空洞的说教，不仅影响宣传效果，而且会倒观众胃口，最终失去群众。

1989 年，国家环境保护局和全国儿童少年活动中心合作，在全国范围内发起了以"我与蓝色的地球"为主题的少年儿童绘画比赛活动，吸引了上百万少年儿童参加，有 7 万多幅作品参加各省市的初评，最后有 300 幅优秀作品进京参展，有 90 幅作品获奖。在各省市环保部门和有关部门的支持配合下，这次活动取得了圆满成功，其主要原因就是选择了知识性的主题、趣味性的形式。

4. 环境宣传工作中存在的问题

16 年来，环境宣传取得了很大成绩，探索了一些成功的经验，但是，还存在着许多问题，有些问题如不尽快解决，势必影响宣传工作的进一步发展乃至制约整个环保事业向新台阶的迈进。

（1）对环境宣传的认识亟待提高

环境宣传是整个环保事业不可缺少的组成部分，是强化监督管理的重要方面。环保事业重要的任务之一就是提高全民族的环境意识，尤其要提高各级领导者的环境意识。没有全民族环境意识的提高，就不可能有社会主义事业的繁荣和发展，没有领导者较高的环境意识，环保事业就不可能有所作为，所有这些都离不开环境宣传。但是，并不是所有的人都认识到了这一点。我们有一些领导干部，认为环境宣传工作是软任务，需要了就忙一阵子，没有把环境宣传放在应有的高度来认识。还有些同志，不善于在复杂的情况下抓主要矛盾，在任务重、人手少、资金不足的情况下往往顾不上抓环境宣传，还有些同志，主观上也很重视宣传工作，但是对环境宣传形势的发展估计不足，思想上还停留在原来的认识水平上。现在，无论宣传内容、宣传形式，还是宣传对象、宣传手段，与环境保护事业开创时期相比，都有了巨大变化，我们要利用社会各种宣传媒介来宣传环境保护的内容，首先要极大地提高我们自身对环境宣传重要性的认识。

（2）环境宣传队伍的建设亟待改善

近几年来，我们已经建立起一支粗具规模的宣传队伍。但是应当看到，环境宣传队伍的建设与整个环保事业的发展还很不适应，与我们承担的任务相比，我们的力量还很薄弱，与环境保护其他部门的队伍建设相比，我们还存在很大差距。靠宣传起家的环保事业，宣传机构的建立和健全本应不成问题，然而时至今日，尚有相当一部分省市没有设立专门的宣传机构，甚至没有专人负责这项工作，地、市一级和县级设立宣传机构的就更少了，全国各地区的发展也很不平衡。很难想象，这些地方能把环境宣传工作做好。

另外，环境宣传人员的思想素质和业务素质还存在很大差距。其中一部分人对环境保护的方针政策还缺乏宏观把握，对宣传的专业知识还知之不多或知之甚少，亟待抓紧培训和提高。可以说，无论从机构设置还是从人员素质这个角度讲，环境宣传队伍建设的任务都是十分艰巨的。

（3）经费不足，制约了宣传工作的深入开展

目前，宣传经费不足的现象普遍存在，许多省市的宣传活动经费大大低于一般业务部门的开支，有的省市宣传活动没有正常的资金渠道，没有列入年度财务计划，甚至出现遇

有宣传活动临时筹措经费的现象。这种情况制约了宣传工作的开展。首先，由于宣传经费不足，导致宣传手段的落后，而在现代社会中，宣传效果的大小在很大程度上取决于宣传手段的先进与否，例如我们有许多选题新颖、内容深刻可以引起人们重视的影视片，就因为我们的设备陈旧、技术水平不能适应在中央台播出的要求而被搁置起来。其次，随着环保工作的不断深入发展，宣传工作必须开拓新领域，占领新阵地，必须采用更多的手段和形式，获得更广泛的群众来关心、支持环保事业的发展。而经费不足束缚了我们的手脚，致使许多本来可以做好，也能够做好的工作，难以实施。

二、环境宣传工作面临的形势和任务

当前，我国环境保护工作进入了一个新的历史发展阶段，认清环境宣传工作面临的形势和任务，对于搞好我们的工作是至关重要的。

1. 环境宣传工作面临的新形势

党的十三届五中全会提出了继续治理经济环境，整顿经济秩序，全面深化改革的方针，这为我们加强环境保护工作创造了良好的时机。当前，环境宣传工作面临着前所未有的新形势，具体表现在：

第一，第三次全国环境保护会议的召开为环境宣传工作提出了更高的要求。在这次会议上，李鹏同志指出："要加强环境保护的宣传教育，提高全民族的环境意识，特别要提高各级领导的环境意识。现在，不少干部和群众，对环境保护的重要意义还缺乏足够的认识。环保法规和政策，并没有很好地执行。在一些领导干部中，环保工作'说起来重要，做起来不要'的现象还是存在的。这里，一个重要的原因还是宣传教育不够，认识不高。所以，要大力加强环境保护的宣传教育，使各级领导和广大群众真正搞清楚为什么保护环境是一项基本国策，搞清楚经济和环境为什么要协调发展，充分认识保护环境在治理整顿中的地位和作用。"李鹏总理这段讲话为环境宣传工作指明了方向，我们环境宣传工作必须向新的广度和深度开拓，要把环境保护作为精神文明建设的一个重要组成部分来抓，教育广大群众自觉地保护环境，把它看作一项公德。各级政府应当定期发布环境质量状况公报，加强舆论监督，加强群众监督。该表扬的表扬，该批评的批评。

第二，强化环境管理的指导思想为环境宣传工作明确了具体的工作任务。强化环境管理，深化监督管理，一个重要的方面就是要加强环境宣传工作。可以说，环境管理的每一个环节都离不开环境宣传。强化环境管理的指导思想要靠宣传来普及，深化监督管理的各项制度要靠宣传来落实，环境保护法规的制定和实施要以宣传作为先导，鼓励公众参与，加强舆论监督本身就是环境宣传的重要内容。总之，环境宣传在强化环境管理中具有不可替代的重要作用，只有广大领导和群众真正理解和领会了强化环境管理的指导思想，才能使各项环境保护的法规、制度和措施得到真正切实的贯彻。

第三，新闻界、出版界、教育界、文学艺术界和其他社会各界出现的前所未有的"环境热"，为环境宣传工作拓宽了领域。过去，总是环境保护部门要求社会各界来宣传环境保护，而现在，广播、电视、电影、报纸杂志等都主动报道环境保护消息，要求我们提供素材和资料。事实表明，他们的主动宣传，比我们环境保护部门自身的宣传，范围更宽，影响更大，效果更好。许多群众组织，如共青团、工会、妇联等也都把更大的注意力投入到环境保护中来。总之，全社会关心环境问题，支持环境保护工作的局面已经开始形成。这对我们环境宣传工作是一个极大的促进。我们应该充分利用这一有利条件，解放思想，勇于探索，使环境保护这项全民的事业得到全民的支持与配合。

第四，十几年来环境保护的光辉历程为今后环境宣传工作打下了坚实的基础。16年来，我们在环境宣传方面进行了大量卓有成效的工作，积累了丰富的经验。各地区各部门创造了很多生动活泼的环境宣传形式，建立了一支粗具规模的环境宣传队伍，这是我们进一步开展环境宣传工作的宝贵财富。和过去相比，我们队伍壮大了，经验丰富了，信心增强了，获得的理解和支持增多了。我们环境宣传工作者应该很好地总结经验，找出不足，把环境宣传工作进一步推向前进。

综上所述，我们所面临的形势喜人，形势逼人，我们应该把握机会，努力进取，把环境宣传工作做好。

2. 当前和今后一个时期环境宣传工作的任务

（1）广泛宣传第三次全国环境保护会议精神，为促使环保工作迈上新台阶鸣锣开道

第三次全国环境保护会议是继1984年第二次全国环境保护会议以后的又一次盛会。这次会议提出了我国到1992年的主要环境目标，规定了深化监督管理的五项制度，提出了我国环境保护工作走上新台阶的具体措施，明确了走具有中国特色的环境保护道路的大政方针。广泛深入地宣传第三次全国环境保护会议精神，是当前和今后一个时期环境宣传工作的重要任务。各级环境宣传部门要在理解和消化会议精神的基础上，结合本地情况，制定出宣传和贯彻第三次全国环境保护会议的具体措施，要运用多种宣传形式和活动方式，进行富有成效的宣传工作，使第三次全国环境保护会议的精神深入人心，强化监督管理的制度顺利实施，各项具体措施落到实处。

（2）继续深入宣传保护环境这项基本国策，进一步宣传保护环境就是促进治理整顿，就是保护生产力的思想

党和国家非常重视环境保护工作，明确提出保护环境是我们的一项基本国策。李鹏总理在七届人大政府工作报告中把环境保护列为本届政府的十大任务之一。党和国家把环境保护摆到这样重要的位置上，是由于保护环境直接关系到国家全局和长远发展，关系到国家的强盛，民族的兴衰，社会的安宁。第二次全国环保会议以来的实践证明：凡是深入宣传这项基本国策的，那里的经济建设和环境保护工作就有较大进展，人民群众也安居乐业；反之，凡是对这项基本国策宣传教育不够，贯彻落实不力的，不仅环境质量每况愈下，经济持续发展也困难重重，群众反映也比较强烈。因此，我们要继续深化基本国策的宣传，让国策思想深入人心，促使各级政府把基本国策落实成省策、市策、县策和厂策。

我们要充分认识到，宣传保护环境这项基本国策，是环境宣传工作的一项长期的基本任务。各级环境保护部门要结合本地经济发展和环境保护工作的情况和特点，充分发挥各级领导和环境宣传工作者的积极性和创造性，采取有力的措施，组织必要的力量，创造出新的宣传形式和方法，使基本国策的宣传达到新水平。

应该强调指出，宣传环境保护这项基本国策，关键是要宣传保护环境就是促进国民经济持续、稳定、健康发展，就是治理整顿的一部分，就是保护生产力这一指导思想。要使各级领导和全体人民都认识到，人是生产力的主体，保护环境首先是保护人类自身的生存条件和身体健康；环境是社会经济赖以生存和发展的必不可少的物质基础，破坏了环境，就破坏了经济发展所必需的资源、能源和空间，就破坏了经济持续、稳定、健康发展的物质条件。在治理整顿的同时如果没有强有力的保护环境的政策和措施，就会使环境进一步恶化，就达不到治理整顿的预期效果。从这个意义上说，保护环境既是人类生存的需要，又是经济社会发展的前提条件。我们要反复宣传这个观念，特别是向各级领导宣传这个观念，使经济发展与环境保护协调一致的思想成为他们的自觉行动。

（3）大力开展环境法制宣传，牢固树立环境法制观念

十几年来，我国已经制定了多项环境保护的法规，新的《中华人民共和国环境保护法》也已经正式颁布施行。越来越多的人开始了解环境法律知识，全社会的环境法制观念有所增强。但是在实际工作中有法不依、执法不严、以权代法、不按环境法规办事的现象仍普遍存在。其中重要的原因在于，我们对环境法规的宣传还不够广泛深入，全体人民的环境法制观念还没有得到普遍提高。因此，宣传环境保护法将是环境宣传今后一个时期内的重要工作，我们要采取各种形式，大力开展环境法规的宣传，进行广泛的多层次的普法教育，增强全民的环境法制观念，形成人人知法、人人守法、人人监督的社会风尚，为把我国的环境法制建设进一步推向前进打下坚实的群众基础。

（4）广泛传播环境科学知识，努力形成良好的环境道德风尚

提高全民族的环境意识，一个重要的方面就是使更多的人民了解和掌握更多的环境保护科学知识。我们一方面要通过"6·5"世界环境日、植树节、爱鸟周等纪念活动，普及知识，大造声势，集中宣传，提高人们对环境问题的认识和重视；另一方面要坚持不懈地进行点滴宣传，让环境保护这一概念经常出现在报端、电台、影屏、书画上，使环境保护与人们的日常生活结缘，通过长期地耳濡目染，让人们在不知不觉中掌握环境知识，提高环境意识。

当前，环境宣传要以正面宣传为主，进行正确的舆论导向，努力树立良好的环境道德风尚。我国环境污染和破坏之所以十分严重，其中一个重要的原因就是人们的环境道德水准普遍不高，没有把污染和破坏环境当作一种违犯社会公德的行为。正因为如此，在生产领域中，只重经济效益，忽视社会效益和环境效益的现象普遍存在；在生活领域中，保护环境、人人有责的风气还未形成。我们要把树立全社会的环境道德风尚作为建设社会主义精神文明的重要内容，努力抓紧抓好，动员全社会的力量，发挥各方面的优势，为"保护环境光荣，破坏环境可耻"的环境道德风尚的形成努力工作。

我们要继续宣传养鹤姑娘徐秀娟无私奉献的革命精神，学习我们表彰过的上百名先进人物的先进事迹，振奋我们的民族精神。各级宣传部门要把宣传先进典型当作自己的重要职责之一，列入计划，进行经常性的宣传报道。

三、进一步加强环境宣传工作的主要措施

环境宣传工作面临新的形势和繁重的任务，就当前情况，我们提出加强环境宣传工作

的措施如下:

1. 加强对环境宣传工作的领导

第三次全国环境保护会议的召开为环境宣传工作提出新的任务和新的要求,环境宣传能否在新的时期有所作为,取决于各级领导同志对宣传工作的重视程度。加强对环境宣传的领导,首先要提高领导者的认识。环境宣传是环境保护事业的重要组成部分,是一项长期的、具有战略意义的任务,搞好环境宣传是环境保护事业的一项基本建设。我们这样讲是分析了我国的基本国情和环境保护事业的基本任务得出的科学结论。在这方面,曲格平局长作过很多重要的论述。他强调指出,环保事业靠宣传起家,这要靠宣传去发展。当前,在治理整顿中,国家不可能拿出更多的钱用于污染治理,这是我国的经济条件所决定的。因此,大力加强环境宣传是一种远见卓识的表现。其次,必须把加强对宣传工作的领导落到实处,各地要把环境宣传工作列入领导机关的议事日程。要及时掌握宣传动态,对重大的环境问题的宣传要亲自过问,及时向上级或有关部门报告情况和传递信息。同时要根据有关规定,结合当地实际,切实解决宣传机构、人员和经费等问题。第三,各级环保部门的主管领导要直接参与制定宣传计划,审定宣传提纲,参加研究重大宣传活动的实施方案,并监督检查各项宣传任务的落实情况,做好宣传工作的带头人。

2. 加强环境宣传工作的制度建设

第三次全国环境保护会议提出了积极推行深化环境管理的五项制度,这对于推动环境保护事业走上具有中国特色的环境保护道路有着重要作用。环境宣传工作建立相应的制度,既能推动五项制度的贯彻实施,又为进一步开展广泛的环境宣传创造条件。在这方面,有的省、市已经进行了有益的探索。

环境保护目标责任制是以签订责任书的形式,具体规定省长、市长、县长在任期内的环境目标和任务,根据完成情况予以奖惩的一项环境管理制度。这项制度应该包括环境宣传教育的内容。最近,江苏省省长和徐州市市长签订的责任书中,就明确规定了环境宣传工作的任务。北京市与各区县和大型厂矿企业签订的环境保护目标责任书中也明确规定了环境宣传的任务。把环境宣传纳入到环境保护目标责任书中,是加强环境宣传的一项重要的制度和措施,各地应该创造条件,摸索经验,积极推行这种做法。各级环境宣传部门要在各级行政首长领导下,按照责任书中规定的环境宣传任务,拟定具体实施方案,并及时报告工作进展情况,接受各级行政首长的督促和检查。

为加强环境宣传工作的制度建设,各地环境宣传管理部门要根据工作需要建立相应的环境宣传管理的制度。这次提交大会讨论的《环境宣传管理办法(试行)》,是国家环境保护局为加强环境宣传的宏观管理和制度建设采取的一个步骤,今后我们还将陆续研究制定一系列环境宣传工作制度,如《全国环境保护先进企业和模范人物表彰办法》、《全国环境宣传教育情况汇报制度》等,使环境宣传工作逐步走向科学化、制度化。

环境宣传日常工作的开展,也应建立相应的工作制度和程序。每年年初拟定宣传计划要点及宣传提纲要形成制度;一年一度的"6·5"世界环境日和要办几件环境宣传方面的活动也可以作为一项制度逐步固定下来;阶段性工作或重大活动完成之后,还要及时报送工作总结；等等。各级环境宣传部门要按照各项制度的规定，明确责任，合理分工，各司其职，协同作战。目前，随着环境宣传机构的完善和人员素质的提高，加强环境宣传的制度建设提上我们的议事日程，我们要不断探索经验，使环境宣传逐步形成自己的工作节律，有一套完善的制度可循。

3. 加强机构建设，提高人员素质

建立健全宣传机构是加强环境宣传工作的一个重要保证。目前，全国各地环境宣传机构建设不尽理想，前面，我们已经谈到了全国环境宣传机构和人员的一些统计数据，从这些数字可以看出，我国环境宣传机构建设的差距很大。为此，各地要把建立健全环境宣传机构，充实环境宣传力量当作十分紧迫的工作来抓，各地区在机构改革、确定"三定"方案时，要重点考虑环境宣传机构和人员编制。国家环境保护局在机构改革中设立了宣传教育司，定编21人，约占全局编制的7%，各地区可以参考这种做法。在《环境宣传管理办法（试行）》讨论稿中，我们提出省一级应设立宣传教育处。强调省一级环保部门设立宣教处，是为了行使政府职能，强化管理，加强宣传工作的宏观指导和协调。地市一级也应建立相应的宣传机构，配备必要的人员。有条件的地方要逐步建立各级环境保护宣传教育中心，承担具体的宣传教育任务，行使事业单位的职能。各地区在加强机构建设的同时，还要注意宣传设备的配置，要根据工作需要和可能适当添置基本能满足正常工作需要的宣传工具，譬如影视设备等。希望各地克服困难，为宣传工作积极创造条件。

在健全机构、壮大队伍的同时，要注意提高宣传人员的思想素质和业务素质。各地要结合本地实际情况，采取送专业学校进修，或举办各种门类的培训班等形式，使他们尽快提高业务素质，以适应宣传工作的需要。国家环境保护局也准备组织和协调各种短期培训活动，请社会上一些专家、学者和有经验的宣传人员来授课。同时，通过各种宣传活动的实践锻炼，希望在不长的时间内，能培养起一支事业心强、精通业务的宣传队伍。

4. 开源节流，切实解决宣传经费问题

开展环境宣传工作，就要有一定的活动经费，不然，环境宣传工作就将寸步难行。当前，治理污染资金十分短缺，环境宣传活动经费更无保障。在这种情况下，解决宣传经费问题就成了当务之急。国家环境保护局非常重视解决环境宣传经费问题，在经费分配时优先考虑宣传部门，数量也高于一般业务司。各地要参照国家环境保护局的做法，积极开辟资金渠道，保证宣传活动的经费。遵照国家计委、财政部等单位联合发的《关于环境保护资金渠道的规定的通知》中的第四条规定，建议在排污收费的20%中，提取一定数额的经费用于环境宣传工作；一些条件较好的省、直辖市、自治区可从行政经费中列支宣传教育费用。关于经费额度问题，在《环境宣传管理办法（试行）》中作了具体规定，请代表们认真讨论，修改通过后以国家环境保护局文件下发。这里要强调一点，有的环保部门舍得在治理工程上花钱，舍不得在宣传工作上投资。事实上，有的治理工程投资几十万元、上百万元，效果不尽理想，而在宣传上花一两万元就能收到不可估量的效果。

近年来，通过广泛宣传，我们的工作取得了社会各界的关心和支持。有的省市根据本地区的特点，组织成立了环境宣传教育基金会，这条路子为我们多渠道筹集宣传活动经费

提供了借鉴。

由于我们的经费有限，各级环境宣传部门一定要本着厉行节约、反对浪费的精神，把钱花在刀刃上。要注意宣传的社会效果，不要搞花架子，我们不提倡花很多钱搞大型节目，要多搞些短平快而又效果好的活动，力求以较少的投入获得最大的社会效益。

5. 拓宽领域，加强合作，进一步推动环境宣传社会化

环境保护之所以要走社会化的宣传道路，是由于环境保护自身所具有的特性、地位及其基本国情所决定的。

第一，早在1984年第二次全国环境保护大会上，国家已把环境保护确定为一项基本国策，因此，每个部门、每个地区、每位公民都有保护环境的责任，都有宣传这一基本国策的义务。仅靠环保一家，是不可能胜任的。

第二，环境保护是一项崭新的事业，它涉及经济发展和社会生活的各个方面，既对现实生产和生活有着重大影响，又关系着一个国家、地区未来的发展；既对整个社会发生着影响，又直接关系着每个人的生活和健康；既是一门新兴科学，又是一项公益事业。因此，要大家事情大家做，公益事业公众参与。

第三，我们国家还很穷，不可能拿出很多的钱用于环境保护，我国许多环境问题又是由于管理不善造成的，通过加强管理就可以解决，这是我们的国情。而环境宣传正是管理的一个重要部分。通过广泛的社会化宣传，调动各方面的积极力量，让所有的新闻媒介、宣传手段都参加到宣传环境保护的队伍中来，形成一股巨大的社会舆论力量，唯有如此，我们的事业才能兴旺发达。

我们要主动地与新闻界、出版界、教育界、文学艺术界等社会各方面配合，通过积极提供环境信息、资料和科普读物，举办各种座谈会、专题讲座，吸引并促使他们更加关心环保事业，自觉地宣传环境保护。我们还要与这些部门进行广泛的合作，深入研究和探索环境宣传的规律和表现形式，推出有一定理论深度的丛书和科普读物，使环境宣传在广度和深度上有一个新的突破。

我们要注意发挥共青团、妇联、工会、各群众团体的作用。由于这些团体都有自己固定的宣传对象，发挥他们的优势，将使环境宣传的对象更加广泛，声势更加浩大。

我们要加强与农业、林业、建筑、旅游、交通、气象等部门的联系。放开眼界，寻求合作的共同点。条件成熟的地区可建立各种协会组织，把各方面的力量团结在我们周围，形成一支声势浩大的环境宣传队伍，结成四通八达的宣传网络。

第三次全国环境保护会议指出，"环境保护是一项长期的伟大事业。从根本上解决我国的环境问题需要几代人的努力奋斗"。这就要求我们不仅要充分认识到环境保护工作的长期性和艰巨性，而且要充分认识到环境宣传的重要性和迫切性，振奋精神，努力进取，积极开拓，把我国的环境保护事业推向新阶段。

强化监督管理　促进生态保护[*]

  全国自然保护工作会议今天在长春召开。这次会议的目的是要在治理整顿、深化改革的新形势下，贯彻落实第三次全国环境保护会议精神，总结经验，明确职责，提高认识，解决自然保护工作"管什么"和"怎么管"的问题。因此，这次会议对于推动我国自然保护事业的发展，将会具有十分重要和深远的意义。

  下面，我讲三个问题。

一、历史的回顾

  自 1973 年第一次全国环境保护会议以来，我国环境保护事业取得了举世瞩目的成就。自然环境保护也走过了一段曲折坎坷的道路。

1. 自然保护开创阶段（1972～1978 年）

  在斯德哥尔摩会议的影响下，我国于 1973 年召开第一次全国环境保护会议。会议提出："要做好全面规划，合理布局；加强对土壤、植物的保护及水系、海域的管理；加强对自然保护区和野生动物的资源管理。""对自然资源的开发，包括采伐森林、开发矿山、兴建大型水利工程等，都要考虑到对气象、水生资源、水土保持等自然环境的影响，不能只看局部，不顾全局，只看眼前，不顾长远。"第一次全国环境保护会议开辟了我国环境保护事业的新纪元，自然保护事业也揭开了新的一页。

2. 自然保护较快发展阶段（1979～1983 年）

  1979 年 9 月，我国颁布了《环境保护法（试行）》。《环境保护法（试行）》明确了环境保护的对象和任务主要是保护自然环境和防治污染及其他公害，并有专门章节论述了自然环境的保护，有力地推动了自然保护事业的发展。

  1981 年，国务院发布了《国务院在国民经济调整时期加强环境保护工作的决定》。《决定》指出，我国的环境污染和自然资源、生态平衡的破坏已成为影响人民生活，阻碍国民经济发展的一个突出问题。并要求各级环保部门会同农业、林业、水利、水产、交通、海

---

  * 金鉴明 . 1990. 强化监督管理　促进生态保护——金鉴明副局长在全国自然保护工作会议上的讲话 . 环境工作通讯，（4）：12～22.

洋、地质、城市园林等部门，加强对自然环境的规划和管理，强调要做好自然保护区的区划工作，建立和扩大各种类型的自然保护区。这些规定为后来环保部门与各部门密切协作，制定全国自然保护区建设规划提供了保证，使这一阶段的自然保护工作得到较快的发展。

3. 自然保护迅速发展阶段（1984～1989 年）

1984 年初，在第二次全国环境保护会议上，李鹏同志代表国务院宣布："保护环境和维持生态平衡的良性循环，是我国社会主义现代化建设的一项基本国策，这件事必须抓早，抓紧，抓好，否则贻害无穷。"在《我国国民经济与社会发展第七个五年计划（1986～1990）》中提出"七五"期间自然保护的基本任务和目标，即努力控制自然生态环境的继续恶化，减缓恶化趋势；合理利用自然资源，逐步恢复生态平衡；保护土地资源、森林资源、草原资源、渔业资源；加强自然保护区的建设，逐步在全国范围内形成布局合理、种类齐全的自然保护区网；建立一批珍稀濒危物种的繁殖基地和基因库；建立代表不同自然条件的生态农业试点等。从此更加明确了自然保护工作在国民经济和社会发展计划中占有的重要位置。

1987 年，国务院环境保护委员会发布了《中国自然保护纲要》，该纲要阐明了自然保护在我国四化建设中的地位和作用，论述了自然保护的主要保护对象和各类自然资源在开发利用中应遵循的基本原则和主要对策。这是我国自然保护工作方面第一部较为系统、具有宏观指导作用的纲领性文件。是自然保护工作的指南，也是制定有关自然保护政策、法规、标准、规划的依据。《中国自然保护纲要》的颁布和贯彻对我国自然保护工作产生了深远的影响。

1989 年春，国务院召开第三次全国环境保护会议。会议提出本届政府（1988～1992年）环境保护目标与任务，要求"努力制止自然生态环境恶化的趋势，争取局部地区有所好转，为实现 2000 年的环境目标打下基础"。

1989 年底，全国人大常委会审议通过了《中华人民共和国环境保护法》，新的环保法比过去的试行法更加完善，在第三章"保护和改善环境"中，分别对环境保护责任制、自然保护区和其他保护对象、开发利用自然资源、农业环境保护、海洋环境保护等方面作了规定，这为保护和改善生态环境指出了方向与途径，也为加强自然保护的监督管理提供了法律保障。

二、10 年来自然保护工作的基本总结

从 1979 年《环境保护法（试行）》颁布以来的 10 多年时间内，我国自然保护事业得到了较快的发展。在取得一定成就的同时，仍面临着很多问题。

1. 10 年来自然保护工作的进展

10 年来取得的成就是多方面的，主要是以下八个方面。

（1）逐步加强了自然保护的法制建设

10 年中，国家颁布了一系列有关自然环境和自然资源保护的法律、条例。除《环境

保护法》，还陆续颁布了《森林法》、《草原法》、《海洋环境保护法》、《土地管理法》、《矿产资源法》、《水法》、《渔业法》、《野生动物保护法》和《文物保护法》等等。同时，国务院还颁布了10多个有关自然保护的条例，如《森林和野生动物类型自然保护区管理办法》、《水土保持工作条例》、《水产资源繁殖保护条例》、《风景名胜区管理暂行条例》及《野生生物药材保护条例》等。一些省、市、自治区还根据本地实际需要，颁布了不少自然保护的地方性法规和文件，例如，贵州、新疆、浙江等地颁布了《自然保护区管理条例》，内蒙古颁布了地方《自然保护纲要》，等等。

近年来，许多地方环保部门与有关部门密切配合，严格执法，依法处理了一批违反自然保护法规的事件。通过严肃法纪，提高了人们对自然保护的法制观念。

（2）广泛开展了自然保护的宣传教育

为了提高各级领导和全国人民对自然保护的认识，环境保护部门和其他有关部门及地方各级政府，结合《环境保护法》、《世界自然保护大纲》、《中国自然保护纲要》和"6·5"世界环境日等宣传活动，采用各种形式、多种渠道，广泛宣传了自然保护在国民经济发展中的战略地位与党和国家有关自然保护的方针、政策和法规，大大提高了广大人民群众的自然保护意识，激发了人们对其生存环境的关注。自然保护的教育也有了较快的发展，许多大专院校开设了生态学、环境生物学、生态经济学等专业，为自然保护事业培养了一批大专毕业生和研究生，在中小学的教学课程中，也增加了自然保护的内容；各部门和各省、市、自治区先后举办了多种类型、不同层次的学习班和培训班，培训了大批管理人员。

（3）积极组织了自然环境和自然资源的考察与科研

自1979年以来，各地相继开展了自然生态本底调查、自然资源现状考察、野生动植物保护研究以及国土规划、农业区划等工作，仅环保部门组织的大规模科学考察就达100多项。10年中，自然保护方面开展了多项科学研究项目，仅国家环境保护局下达的就达数十项，有些已取得重要成果并通过鉴定。获奖项目达18项，其中部级一等奖2项、二等奖4项、三等奖12项。留民营生态农业工程的研究获得国家科技进步奖一等奖。农业部门也在全国组织了200多个有关环境保护项目的研究，有80多个农业环境保护研究项目获得国家和部级奖励；林业部门在造林技术、沙漠治理、珍稀树种的引种扩大、野生动物的保护与繁殖等方面也安排了许多项目，并取得一批成果。各省、直辖市、自治区环保部门也安排了一批自然保护研究项目。

（4）加速进行了自然保护区的建设

10年来，我国自然保护区事业发展很快，取得显著成绩。1979年以前，全国自然保护区仅有59处，占我国陆地面积0.17%。到1989年，全国已建自然保护区超过600个；占我国陆地面积3%以上。其中，国家级自然保护区已由1979年的7处增加到现在的56处，并有鼎湖山、长白山、卧龙、梵净山、武夷山、锡林郭勒和神农架等7个保护区参加了"世界生物圈"保护区网。10年中，国家环境保护局投资900万元用于自然保护区的建设，环保部门建设并管理的保护区从1979年的零发展到现在的100多处。此外，全国还建立了具有保护性质的风景名胜区和国家森林公园数百个，其中国家重点风景名胜区达84个。

自然保护区的类型也有所发展，初步改变了过去类型单一、布局不合理的状况，除建有较多的森林生态类型保护区外，还建立了一批草原、荒漠、湿地、海洋等生态系统以及地质地貌、历史文化遗迹等类型的保护区，逐步形成了全国自然保护区网络。

（5）重点建设了一批珍稀物种迁地保存基地

1976 年以来，环保等部门多次组织专家进行动植物资源及其受威胁状况的调查，在广泛调查的基础上，国家环境保护局组织专家编写了全国动植物"红皮书"。国务院环境委员会于 1984 年公布了全国重点珍稀濒危保护植物 354 种，1988 年，国务院又公布了我国重点保护野生动物 257 种。为了拯救这些濒危物种，10 年中，国家环境保护局投资 600 万元先后建立了北京南苑麋鹿苑、甘肃张掖蓝马鸡繁殖场、安徽铜陵白鳍豚养护场等珍稀濒危动物保存中心，并在广东、广西、湖北建立了木兰科植物、金花茶、野生腊梅引种基地，还在云南、河南、浙江、江西、辽宁、江苏等地建立了地区性珍稀濒危植物迁移保存中心。林业、农业、海洋等部门，也都拨出专款，建立了一批珍稀物种引种繁殖基地。到 1988 年底全国已建野生动物人工繁殖场 227 个，野生植物引种保存基地 255 个。目前，大多数属于已公布的国家重点保护动植物物种都程度不同地得到迁地保存，一些濒危物种的种群已得到扩大，为保护生物多样性作出了贡献。

（6）广泛开展了生态农业的试点工作

1982 年，国家环保部门布置了生态农业试点；1984 年，国家环保部门又与农牧渔业部在江苏吴县联合召开农业生态环境保护经验交流会，交流生态农业试点的经验和问题。此后，生态农业试点工作在全国普遍展开，江苏、安徽、浙江、北京、黑龙江、湖北、四川、辽宁、山东等地都抓了一批试点。据全国 26 个省市的不完全统计，至 1988 年年底，全国已建各种类型的生态农业试点 734 个，其中省级试点 107 个，地（市）级试点 85 个，县级 542 个。在生态农业试点中，创造出许多优化农业生产的模式和一批"三效益"典型。其中北京大兴县的留民营村、浙江萧山市山一村和江苏泰县河横村先后被联合国环境规划署评选为 1987、1988 和 1990 年度的"全球 500 佳"先进单位。

我国生态农业的成就，得到了国际的公认。

（7）一定程度上控制了乡镇环境污染的蔓延

环境保护与农业等部门在改善农村环境质量方面做了许多工作。农业部与国家环境保护局以及卫生部、化工部、商业部共同组成"全国农药登记评审委员会"，对农药等农用化学品进行评审登记，限制或禁用了一批对人体或农村环境有害的农药。农业部还建立农业环境监测机构 220 多个，制定了《农药安全使用规定》，使粮食中有机氯农药残留超标率由过去的 16% ~20% 下降到 7.4% 左右。

对乡镇企业污染的管理正在加强，有些省、市环境保护局，如江苏、山东等省去年已开始进行乡镇企业污染源的调查。今年年初，国家环境保护局会同农业部、国家统计局发出《全国乡镇企业污染源调查的通知》，并成立了各级领导机构，目前，前期工作已完成，大规模的调查工作即将在全国普遍展开。

此外，自 1981 年以来，有些省、自治区环境保护局的自然保护部门对大中型非污染建设项目开展了生态影响评价工作，其中安徽、新疆、辽宁、贵州等 12 省、自治区做得比较好。

（8）积极开展了国际合作和交流

保护生态环境和自然资源是一项全球性的事业，需要广泛的国际合作。1979年以来，随着改革开放，自然保护的国际合作也得到加强。1980年，我国加入了世界自然与自然资源保护联盟（IUCN），并在1982年瑞士召开的第12届大会上出任理事；1981年我国加入《有灭绝危险的野生动植物国际贸易公约》，1986年又加入《保护世界文化和自然遗产公约》；我国于1972年参加国际"人与生物圈计划"；中国环境科学学会还与世界自然基金会（WWF）签署了《关于保护野生生物资源的合作协议》；1986年和1988年，新疆环境保护局分别与IUCN、WWF合作，对阿尔金山自然保护区进行科学考察。近年来，我国还加强了与苏联、蒙古及东欧国家在自然保护方面的交往与合作。

自1985年以来，我国先后举办了三期控制沙漠化的培训班，为亚非拉国家培训了60多人，并派出治沙专家赴坦桑尼亚、埃塞俄比亚等国家工作。同时，我国还邀请了数百名外国专家来华访问、讲学，在广州、南京、北京、昆明、南昌和通辽等地举办了生态农业、农业生物防治、旱地退化和湿地保护等方面的国际研讨会和培训班，1980年我国翻译出版了《世界自然保护大纲》，《中国植物红皮书》、《中国自然保护大纲》和《中国自然保护地图集》也译成英文，即将向国外出版发行；国家环境保护局还与联合国环境署合作，连续3年翻译并出版了《世界资源报告》，林业、农业、地矿、海洋等部门和高校科研系统在自然环境和自然资源的保护及合理开发利用方面也与国外进行了广泛的合作。

2. 10年自然保护工作的主要体会

回顾10年自然保护工作的历程，主要有以下三点体会：

（1）大家动手，分工合作

自然保护包括自然环境和自然资源的保护，涉及国民经济的许多部门，工作量大面广，而且错综复杂，因此，仅靠环保部门是难以完成自然保护战略目标的，而必须同各有关部门和地方各级人民政府通力协作、分工负责，共同搞好自然保护工作。10年来的实践证明，我国自然保护工作之所以能取得很大进展，是与"大家动手、分工合作"的工作体制分不开的。党的十三大以后，各部门职责逐渐明确，调动了各部门的积极性，林业、农业、地矿、海洋、建设、水利以及计划、财政等部门都在自然保护方面发挥了各自的作用。如林业部门组织规划了森林和野生动物类型的自然保护区，在全国建成约400个保护区；农业、地矿、海洋等部门也相继建立了一批草原、荒漠、湿地、地质地貌、海洋等生态系统类型的保护区，使全国自然保护区的类型和布局逐渐趋于合理。林业、农业等部门还安排了许多改善我国生态环境的重点项目，如"三北"防护林、长江中上游水土保持林、平原绿化网、沿海防护林体系、西北地区种草治沙、草场建设和黄淮海平原盐碱地改良等工程，对于维持生态平衡、改善我国生态环境具有重大意义。

在自然保护工作中，我们深深体会到，各部门间、部门与地方政府间的紧密协作是搞好自然保护工作的关键。10年中，国家环保部门与各自然资源管理部门和地方政府之间开展了许多合作项目，取得了显著的成效。1980年，国家环境保护局会同林业部门与WFF合作，在四川卧龙保护区建立了大熊猫研究中心，为拯救我国国宝大熊猫作出了贡献。同年，国家环保部门与林业、科委等8个部门共同开展了全国自然保护区的区划工作，为后来自然保护区建设的迅速发展奠定了基础。1984 年，国家环保部门会同地矿部、农牧渔业部进行了全国地质地貌类型、草地及湿地类型自然保护区的规划，使全国自然保护区的类型和布局渐趋合理。国家环境保护局还与国家土地管理局合作，加强了自然保护区土地的管理。在与地方政府合作方面，1985 年国家环境保护局与北京市政府合作，在北京郊区建立了麋鹿研究中心和麋鹿苑。此外，地方环保部门在与其他部门的合作方面，也有许多成功的例子。

（2）抓好典型，带动全面

要搞好自然保护工作，必须抓好典型示范。手中有了典型，才能指导全面，抓好试点，才能推广。10 年来，我们在自然保护区建设与管理、物种保护、生态农业、监督管理和组织机构等方面抓了一些典型试点，并用典型经验指导全局工作，取得了良好的效果。如辽宁蛇岛老铁山保护区，在保护好资源的情况下，积极开发利用蛇资源，建成蛇岛制药厂和蛇岛医院，解决了部分科研、事业经费；天津蓟县地质剖面保护区，实行开放政策，吸引国内外专家上千人次到保护区从事科学研究，提高了保护区的声望和科学价值；黑龙江省逊克县，在保护区内开发野生动物养殖和药材生产提供出口，促进了保护区的经济活力。这些保护区的经验已被总结、推广，有些已经起到示范作用，如黑龙江省环境保护局推广了逊克县的管理经验，在其管理的 16 个保护区中，已有一批取得明显的经济效益。

生态农业的典型试点，对全国生态农业的推广起到极其重要的作用。如北京大兴县留民营村、浙江萧山市山一村和江苏泰县河横村，利用生态学原理进行种植业、养殖业、加工业的物质循环利用模式，在国内外产生了重大影响。江苏江宁县古泉生态实验场和辽宁大洼县西安生态养殖场，采用物质多层次利用技术实现无废物、无污染的畜牧生产，降低了成本，提高了经济效益和环境效益。这些成功的经验很快得到社会的承认和利用，并转化为生产力，增加了农民收入，丰富了市场农副产品，减少了农村废弃物污染。

（3）领导重视，事业兴旺

李鹏总理在第三次全国环境保护会议上指出："实践证明，凡是政府的主要领导重视环保工作，亲自过问环境管理和环境建设，环境恶化状况就逐步减轻，经济发展也富有成效。反之，不注意保护环境，环境污染就会日益发展甚至积重难返，经济建设也难以顺利进行。"10 年自然保护工作的实践，使我们深深体会到，自然保护的顺利开展，也都与各级领导的关心重视分不开。万里同志关心自然保护事业，亲自为《中国自然保护纲要》撰写了序言；李鹏总理为纪念"世界环境日"和"地球日"发表电视讲话，把环境污染与生态破坏提高到威胁人类生存与安全的高度；国务委员、国务院环境保护委员会主任宋健非常重视自然环境保护，并对自然保护区的建设作过多次重要指示；天津市原市长李瑞环同志在任天津市长期间曾亲自为天津蓟县地质剖面自然保护区的建立剪彩；一些地方，由于领导重视，自然保护工作已打开局面。江苏省人大常委会 1988 年通过地方立法，对矿山企业和个人采矿收取环境整治基金，占矿产销售收入 2%～4%，并全部交环保部门使用；辽宁省政府今年下达文件，开辟自然保护资金渠道，规定从自然资源开发项目中提取总投资的 0.5%～1%，从乡镇企业排污收费中提取 3%～5%；青海省领导把自然保护作为全省环境保护工作的战略重点，在财政紧张的情况下，去年筹集资金 1300 多万元，开始了绿化西宁南北两山的生态工程；海南省从建省一开始，省领导就重视自然生态环境的保护，建省两年，自然保护区发展到 54 个，其中环保部门管理的有 20 多个；黑龙江省领导重视自然保护机构的建设，各级环保部门都设有自然保护机构，从事自然保护的管理人员达 123 人，形成一支强有力的自然保护队伍。

由于各级领导重视，自然保护机构从无到有。目前，全国已有 18 个省、直辖市、自治区环境保护局设置了专门的自然保护管理机构。在机构改革中，国家环境保护局设置了自然保护司，有关部门也设置了自然保护管理机构，从事自然保护的人员逐年增加。

领导重视，自然保护事业就兴旺发达。正如曲格平同志在第三次全国环境保护会议所作工作报告中指出的那样：凡是省市政府主要领导重视环境保护工作，亲自抓环境管理和建设的，环境保护工作都有较大进展。这是一条重要经验。

3. 自然保护面临的形势和工作中存在的问题

一方面，由于我国人口众多，保护与开发的矛盾突出，自然生态环境恶化的趋势还没有得到根本的扭转；另一方面，在自然保护的管理工作中还存在一些弊端，给我们的工作带来不少困难，只有认清形势，克服困难，才能使自然保护工作跃上新的台阶。

（1）自然保护面临的严峻形势

大家知道，我国虽称地大物博，但人均自然资源的占有量远低于世界平均水平，我国人均耕地、森林、水及草地资源量仅分别占世界人均量的 25%、20%、25% 和 30%，而且随人口的不断增加人均占有量还在不断下降。尽管在过去 10 多年中自然保护工作取得显著成就，但由于人口压力和自然资源的过度开发，从整体上看，生态破坏仍在继续发展。

由于保护区的建立和全民植树造林，10 年来森林覆盖率由 12% 上升到 12.98%，这是一个重大的成就。但是，用材林的面积却急剧下降，森林资源消耗量仍大于生长量。每年因毁林开荒、乱砍滥伐、基本建设和开矿采石等侵占的森林面积达 50 万公顷。虽然人工种植的幼、中龄林有所增加，但成、过熟林仅够采伐 7~8 年。

由于过度放牧、樵采、火灾以及鼠害等，到 1989 年，全国草地累计退化面积已达 6670 万公顷，目前退化速度每年约 130 万公顷。草场产草量 80 年代比 50 年代下降 30%~50%。

植被破坏引起严重的水土流失，据统计，全国水土流失面积已由 30 年前的 116 万平方公里发展到现在的 160 万平方公里，占国土面积 1/6；水土流失的农田面积也逐年上升，现已达 5.5 亿亩，占总耕地面积的 1/8。每年因水土流失丧失的表面土壤达 50 多亿吨。

植被的破坏引起土地沙漠化，北方地区沙漠化土地面积已达 33.4 万平方公里，并仍以每年 1600 平方公里的速度扩展，近 25 年来共丧失土地 3.9 万平方公里。目前约有 400 万公顷农田、500 万公顷草场受到沙漠化威胁。

我国耕地矛盾尤为突出，由于城乡建设、土壤质地退化等原因，耕地面积急剧减少，80 年代耕地减少更快，1979~1987 年的 9 年间，共减少 350 万公顷耕地，仅 1985~1986 年两年就减少 165 万公顷。相当于 36 个中等县的耕地面积。近年来，由于城镇工业和乡镇企业"三废"污染加剧，受污染的农田已达 700 万公顷，其中 160 万公顷受到破坏。农药等农用化学品的污染也日趋严重，近年来，每年有 20 多万吨农药、1700 多万吨化肥投入农田，严重污染了土壤、地下水，杀死了害虫的天敌，有些还影响到粮食和蔬菜产品的品质，甚至威胁到人体健康。

水资源的短缺也是十分严重的，北京及北方几十座城市都面临水荒问题，农业旱灾频繁发生，平均每年有 3 亿亩农田受旱，14 亿亩草场缺水，西北农牧区大约有 4000 万人和 3000 万头牲畜的饮水发生困难。

物种的消失速度仍未降低，自然生境的日益缩小使大批野生生物处于灭绝威胁之中。一些地区对野生生物施行掠夺性开采，如近年在内蒙古、甘肃、新疆等地对麻黄的采挖，使这种草原固沙植物种群量骤减。尽管《野生动物保护法》已经颁布，但去年在青海省还发生了捕杀一级保护动物雪豹的严重违法事件。

生态环境的破坏已给我国国民经济带来巨大的经济损失。据专家研究，江西每年因生态破坏造成的直接经济损失达 18 亿多元，广东为 31.7 亿元，西北地区 116 亿元，估算全国每年损失达 500 亿元以上。由于生态平衡的破坏，自然灾害也明显增加，损失逐年加重。40 年来，全国各种自然灾害造成的经济损失已达数千亿元，其中 1989 年损失达 525 亿元，接近国民收入的 5%。

生态破坏还在发展的事实已得到各级领导和全社会的高度重视，宋健同志在第三次全国环保会议上所作题为"向环境污染宣战"的讲话中，强调的第一个问题就是加强生态环境的保护；相当多的人大代表、政协委员、知名人士发表意见，对生态破坏表示担忧；在庆祝新中国成立 40 周年的口号中，也列入了保护生态环境的内容，表明了党和政府对保护生态环境的严重关注。

（2）当前自然保护管理工作中存在的问题

当前，自然保护管理工作主要有以下困难和问题。

第一，自然保护的法规体系尚未健全配套，执法不严现象普遍存在。虽然近年来颁发了多个有关自然资源保护与利用的法律，但仍不够系统化和完整化，缺乏综合性的自然保护法和一系列有关行政法规。另外，自然保护法规的宣传不够深入，一些地方有法不依，执法不严，致使生态破坏和猎捕野生珍稀动物的违法事件屡禁不止。当前需要切实研究一下加强执法的问题。

第二，自然保护的管理机制尚未建立。由于主管自然资源的部门较多，往往容易政出多门，部门分割，部门之间的关系也还没有完全理顺，存在着协调困难的现象。一些地方和部门，常从本地、本部门利益出发，重开发，轻养护；重短期效益，轻长远利益。环保部门转变职能的时间还不长，监督管理工作尚未深化，有关监督管理的制度、办法、标准、指南等尚未出台，环保部门对自然保护进行统一监督管理的机制和权威还没有真正在工作中树立起来。

第三，自然保护的管理机构比较薄弱。目前，全国有 10 多个省、直辖市、自治区环境保护局尚未建立自然保护管理的专门机构，市县两级环境保护局基本没有建立自然保护机构，甚至没有专人负责这项工作。而实际上大量的自然保护工作是在县级开展，县级机构的薄弱对自然环境保护工作十分不利。

第四，自然保护经费渠道不畅，这是当前自然保护工作面临的重大困难之一。目前，多数地区的自然保护工作没有正常的经费来源。1984 年公布的《关于环境保护资金渠道的规定的通知》中，没有关于用于自然保护事业的明确规定。有些地区没有把自然保护建设资金纳入国民经济计划，仅靠有限的行政事业费开展工作，"巧媳妇也难煮无米之炊"，其他部门，如林业，农业等部门的自然保护工作也有类似的经费困难问题。

第五，自然保护工作中的薄弱环节亟待加强。由于自然保护工作基础差，经验不足，很多方面需要改进。

在自然保护区的建设方面，全国尚缺乏统一的规划和审批标准，审批制度也不健全。这几年，自然保护区发展很快，这是件好事，但同时要看到一些地方出现了不顾质量、没有明确的保护目的而盲目建立保护区的现象。

已建保护区的管理质量也普遍不高。许多保护区机构不健全。据初步统计，在全国606 个保护区中建立机构的仅 462 个，占 76%。有些保护区虽有文件批准的面积，但实际上并无明确的边界，保护区内的资源仍遭受破坏，与地方群众的纠纷经常发生。很多保护区缺乏科学的管理计划和发展规划，没有严格的规章制度，管理人员素质差，管理仅停留在看护林子的水平上，有些甚至连林子都没有看好，保护区内偷捕乱伐的违法事件时有发生。

对珍稀濒危动物的迁地保存，与保护生物多样性的要求还有较大差距。在动物方面，仅注重了少数名贵大型兽类动物的引种繁育，但对一些小型兽类、鸟类，鱼类，特别是非脊椎类保护动物却重视不够；在植物方面，乔木种类引种较多，但灌木和草本植物引种较少。物种迁地保存规划方面还很欠缺，全国缺少统一协调的引种区划和规划，尚未形成全国物种迁地保存网络。

生态农业方面，虽然搞了很多试点，但还没有进行认真的总结和评价，推广工作比较差，有些试点工程实用性差，农民不易操作或难以接受。

在国际合作方面，我们虽然加入了一些国际组织，但参加的活动很少，合作项目不多，主动程度也不够。另外，我们缺少合作经验，使一些已开展的合作项目未能维持下去。

三、自然保护的目标任务与对策措施

根据我国生态环境恶化的严峻形势和自然保护管理工作中存在的问题，当前和今后一段时期我国自然保护的目标任务是很艰巨的，必须采取积极有效的对策措施。

1. 我国自然保护的总目标与总方针

根据《中国自然保护纲要》提出的主要目标，2000 年我国自然保护的总目标是：

到本世纪末，我国自然资源，尤其是可更新资源得到合理利用与保护，自然环境和农村环境恶化的趋势得到控制，生态环境开始与人口、社会和经济发展相协调，良性循环逐步形成。

按照上述自然保护总目标的要求，我国自然保护的总方针应当是：在我国国民经济和社会发展总目标指引下，使生态环境建设与经济、城乡建设同步规划、同步实施和同步发展，变资源掠夺式粗放经营为节约型集约经营，做到"全面规划、积极保护、科学管理、永续利用"，实现经济效益、社会效益与环境效益的统一。

2. 当前与今后一段时期自然保护工作的具体目标与任务

根据我国自然保护工作的总目标和总方针，当前及今后一段时期的具体目标任务是：

（1）加强自然保护区的建设与管理

建立自然保护区是保护自然环境和自然资源、制止生态破坏的一种有效途径。目前，我国自然保护区的数量与面积已达到"本届政府（1988~1992年）环境保护目标与任务"中规定的"数量达500个，面积达国土的3%"的要求，但相对于我国广大的国土面积、丰富的自然资源和多样化的生态系统，仍不相适应，与发达国家的水平仍有一定差距。因此，宋健主任和曲格平局长多次指示，有条件建立自然保护区的地方要尽快建立一批自然保护区。当前，要抓紧制定全国自然保护区发展规划，在类型上要适当增加草地、荒漠、沼泽、滩涂、海洋、地质地貌、资源管理和珍稀濒危物种类型的保护区的比例；在布局上要加强华东、华中、青藏高原和西北地区的保护区建设，我国沿海大中城市也要抓紧建立一批自然保护区。力争1995年，全国自然保护区面积达国土面积的4%~5%；到2000年，接近国际平均水平。沿海大中城市保护区的面积比应达到3%，即现在全国的平均水平。

同时，要严格掌握自然保护区的申报条件和审批标准，各级自然保护区的建立都要经同级环保部门提出审批意见，报同级人民政府批准，以确保自然保护区的质量。

为适应典型示范工作的需要，各级环境保护部门应建立和管理一些具综合性、有特殊保护价值和示范作用的自然保护区，探索自然保护区建设与有效管理经验。各类自然保护区要根据实际情况，在不影响保护的前提下，充分发挥保护、科研、教育、旅游和生产等多种功能作用。

（2）控制乡镇环境污染，保护农村生态环境

加强农村污染源的控制和治理。要根据国务院颁布的产业政策，调整乡镇企业的产业结构，优先发展以农畜产品为主，或立足于本地资源的无污染、少污染的行业，严格限制污染严重行业的发展；对现有污染严重的企业，实行关、停、并、转、迁。力争1995年，使有污染的乡镇企业由目前的15%控制到10%以下，乡镇企业"三同时"的执行率达90%以上，废水治理率达20%以上。

1990年，要集中精力搞好全国乡镇企业主要污染行业污染源调查，摸清乡镇企业"三废"排放量和污染状况，以编制和实施各地农村污染防治规划。在"八五"期间，要建立一批小造纸、小印染、小水泥、土硫磺、土炼焦和农副产品加工行业的乡镇企业污染防治示范工程。

加强农药管理，严格执行农药新品种的注册登记和审批，以及农药的安全评价和农药环境影响监测；要积极推广病虫害的综合防治技术，严格控制农药施用量，到1995年，全国生物防治面积达5亿亩次，约占防治总面积的21%；要提高农药使用技术和防治效能，科学用药，到1995年，农产品的农药残留超标率低于1%，到2000年，基本实现不超标。大力开展农村环境建设，进一步完善现有的生态农业试点，总结试点模式和经验，

对取得成效的试点进行评价和验收，并积极推广先进典型。

（3）加强建设项目管理，防止破坏生态环境

为严格防止对自然环境造成新的破坏，凡开采矿藏、石油，新建水库、电站、调水工程，修建铁路、公路、港口、机场、开山取石，新建狩猎场，开发风景旅游资源等和在自然保护区、风景名胜区周围进行开发建设的项目，必须依照国家有关法律规定，严格执行环境影响报告书审批制度和"三同时"制度，执行达标率1995年达到90%，2000年达到100%。

3. 自然保护工作的对策措施

为实现自然保护的目标与任务，要采取积极有效的对策措施。

（1）明确职责，充分发挥环保部门统一监督管理的职能

环保部门要明确自己的职责，切实转变思想，担负起全国统一监督管理的责任。在国务院批准的《国家环境保护局"三定"方案》中，已明确规定国家环保部门综合管理全国的自然环境保护工作，包括组织拟定并监督执行自然保护和乡镇环境保护的方针、政策、法规；统筹规划全国自然保护区，提出国家级自然保护区的审批意见；监督濒危物种的管理和保护；归口管理乡镇企业的污染防治工作；负责农药环境影响的安全评审；监督重大经济建设活动引起的生态破坏；指导全国自然环境保护和乡镇环境保护工作，总结推广经验等。

1989年底颁布的《环境保护法》中的第七条，特别强调了国务院和地方政府环境保护行政主管部门对全国和地方的环境保护实施统一监督管理的职能。

统一监督管理的内容，涉及保护影响人类生存和发展的各种天然的和经过人工改造的自然因素，包括大气、水、海洋、土地、矿藏、森林、草原、野生生物、自然遗迹、人文遗迹、自然保护区、风景名胜区等。

环保部门在实施统一监督管理的同时，也要充分发挥组织协调作用，使有关部门做好各自管辖的自然保护管理工作。

（2）完善自然保护法规标准体系和监督检查制度

目前，自然保护的监督管理工作尚未深化，其主要原因是缺乏监督管理的必要手段。因此，我们要在《环境保护法》的原则指导下，抓紧制定一批自然保护的行政法规。

1990年，要完成《自然保护区管理条例》和《乡镇企业环境保护管理条例》的送审与颁布；还要抓紧制定《国家级自然保护区申报审批办法》、《自然保护区土地管理办法》、《自然保护区监督管理办法》、《野生生物监督管理办法》、《农业环境保护管理条例》等。

在标准与指南方面，要抓紧制定《自然保护区评价标准》、《农村环境评价指标与方法》、《化学农药环境安全试验标准》等。

地方也应加快立法步伐，使自然保护工作有法可依。

随着自然保护法规标准体系的完善，环保部门将会同有关主管部门或组织人大代表、政协委员以及专家和新闻记者，对自然保护区、野生生物、乡镇环境的管理进行监督检查，对存在的问题提出对策建议。通过监督管理的深化，使我国自然保护的方针、政策、

规划、计划得到真正落实，并使环保部门真正负起监督管理的责任。

（3）加强自然保护管理制度建设，逐步推行自然保护目标责任制和乡村生态环境考核制

我国自然保护工作的一个重大缺憾是尚未形成规范化的、行之有效的管理制度。因此，在积极抓好法制建设的同时，我们要借鉴我国城市环境管理的成功经验，认真做好管理制度的建设工作。

当前，自然保护管理制度建设的重点是自然保护目标责任制和乡村生态环境考核制。首先，依照《中华人民共和国环境保护法》关于地方各级人民政府应当对本辖区的环境质量负责的规定，各地应结合当地的实际情况，逐步将自然保护目标责任制纳入现行的环境保护目标责任制，同时检查考核。自然破坏比较严重的地区要率先抓好试点和推行工作。其次，根据县级环境保护工作中自然保护任务比较重的特点，各地要在抓好试点的基础上，逐步地、有重点地推行县级政府乡村生态环境考核制，湖北省的做法值得向全国推广。由于我国自然条件复杂多样，各地可根据本地区生态特点设立考核指标。自然保护任务比较重的地区都要实行考核制。

（4）抓典型，推动面上的工作

抓典型是推动面上工作的一种有效方法。各级环保部门都要注意抓好试点工作，要建立自然保护区有效管理、生态农业建设、乡镇企业污染治理和农村环境综合整治的示范工程，不断总结经验，指导全面工作。在过去10年的自然保护工作中，各地都总结出一些好经验，涌现出一批像蛇岛老铁山自然保护区、北京留民营生态村那样的先进典型。

我们要宣传典型，推广典型，使自然保护工作学有榜样，使典型真正起到示范作用，也有利于加强自然保护的建设和管理。

（5）加强自然保护的科学研究、宣传教育和国际合作

开展自然保护的科学研究要紧紧围绕管理工作，重点包括评价标准、指标体系、管理规范和技术指南等，为自然保护工作提供科学依据。

要围绕《环境保护法》和《中国自然保护纲要》，向领导干部和广大群众开展形式多样、生动活泼的宣传教育，提高领导干部和广大群众热爱自然、保护自然的自觉性和责任心。目前，保护全球生物多样性已成为国际环境保护的主题之一，我们要不失时机地加强与国际组织和各国的合作与交流，积极参与，共同行动，进一步推动我国的自然保护工作。人类正面临一场全球性的生态危机。对于我们这样一个人口众多，人均资源比较贫乏，生态环境破坏比较严重的国家来说，自然保护的工作更加艰巨。但是，我们的任务也是十分光荣的，我们的工作是为人民造福，为子孙后代造福，并将对创造一个全人类的美好生存环境作出贡献。

振奋精神　开拓前进　为实现环保科技
工作重点转移而努力*

我完全拥护曲格平局长作的《转变环保科技管理工作方向是当务之急》的报告。我也完全赞成各位代表在讨论发言中谈的观点。

当前，我们正在认真学习党的七中全会精神，深刻理解 20 世纪 90 年代科技工作的历史使命。党的七中全会的文件指出：九十年代是我国经济的关键时期。能否把国民经济和科学技术搞上去，关系到中华民族的兴衰，关系到整个社会主义革命事业的成败和命运。

20 世纪 90 年代对我们环保工作来讲，也是一个关键时期。它关系到我国"本世纪末环境污染基本得到控制，部分城市的环境质量有所改善，生态环境恶化的趋势有所减缓，使环境与经济的发展趋于协调"的环境保护战略目标能否实现。就是在这样的大背景情况下，曲局长提出了两个转移的战略思路：一是在继续强化环境管理的同时，把解决环境问题逐步转移到依靠科技进步的轨道上来；二是把环境科技组织管理工作转移到对科技成果的评价、筛选和推广上来。随着这项工作的深入开展，将有可能从根本上找到科技为环保工作提供技术支持的突破口，并将有效地解决环保科研与环境管理之间"两张皮"问题。转变环保科技工作的方向，既是我国环境保护工作实践的客观需要，也是我国环保历史发展的必要结果。

最近一个时期，我们正在对"七五"国家重点科技攻关环保项目进行验收。"七五"攻关在国家计委、国家科委的领导下，全体攻关人员团结协作，克服重重困难，全面完成了攻关任务和考核目标，取得了一批重大科技成果，其中不少专题成果达到了国际先进水平和国际领先水平。这些项目结合国情，针对性强；开发了成套实用治理技术、配套技术；节能和综合利用相结合；三废治理和资源化相结合；应用推广效益明显，覆盖面大。如何使"七五"攻关科技成果尽快得到推广应用，也是我们正在面临和思考的问题。

改革开放十多年来，党中央和国务院制定了一系列符合世界科技发展潮流和切合我国国情需要的方针、政策和法规。这些方针、政策和法规都贯穿了一个中心思想，那就是解决长期以来形成的科技与经济相脱节的问题，促使科技与经济的紧密结合，改革单一的统得过死的计划管理模式，建立起计划管理与市场调节相结合的运行机制，最大限度地解放

* 金鉴明.1991.振奋精神开拓前进，为实现环保科技工作重点转移而努力——在环保科技工作座谈会上的总结发言.环境科学动态，(2)：7～12.

科学技术这个第一生产力，推进全社会的科技进步。曲局长关于强化环保科技成果推广应用的战略思想，以及如何做好环保科技成果的评价、筛选、推广工作的意见，其核心问题就是解决科技如何"长入"经济，科技成果如何"转化"为生产力。这个问题具有重要的现实意义和战略意义。这个意义我想可以从以下几个方面来理解：

——充分发挥环境保护管理部门的监督、管理职能作用，强行推广环保最佳实用技术，从而建立起具有我国环保特点的科技成果推广应用的新模式；

——依照这个模式，环境保护最佳实用技术被强制推广，科技真正进入环境保护第一线，较好地解决了科技"长入"经济和科技成果"转化"的问题；

——是在目前情况下，我国经济—科技—环境三维空间中的最佳选择；

——深化了环保科技体制改革。

下面我想就开展环保科技成果评价、筛选、推广工作，谈几点个人的具体意见。

一、建立具有环境保护特点的环保科技成果推广应用的新模式

在我国社会主义的有计划的商品经济的前提下，科技成果推广的基本途径一是通过各级政府有组织、有计划地推动，二是利用技术市场进行扩散。政府的有组织有计划的推广是通过指导性计划和指令性计划的实施来实现的。目前指导性计划比指令性计划占的比重大，应逐步向指令性计划过渡。环保科技成果的推广应用虽然起步晚，但起点较高。现阶段，环保科技成果的推广应用以指令性为主，这是由环保事业的特殊性所决定的。环境保护是一项社会公益性事业，是依据法律、规章、制度、标准对全社会的经济活动实行监督与管理，对任何环境污染和破坏规定并采取强制措施，以协调社会经济发展与环境的关系。国家为了更快、更有效地把环境保护科技成果转化为生产力，更有效地控制污染，最大限度地发挥环境投资效益，采取以计划为主导的指令性推广方式，有利于调动和组织国家、地方、部门、企业以及社会各方面采用实用技术的积极性，是符合环保特点的，是符合我国社会主义的有计划的商品经济发展规律的。

指令性推广的特点是高度的计划性和行政的强制性。所谓计划性是把科技成果推广计划纳入各级政府和部门的污染治理及环境综合整治计划之中，使最佳实用技术的应用得以落到实处；强制性就是政府以管理制度干预环保最佳实用技术的推广。

推行指令性推广方式并不排斥以指导性计划和市场交易等方式推广科技成果。选择以计划为主导的指令性推广方式，形成强有力的综合推力，就有可能突破环保科技成果推广工作长期不够得力的被动局面。

二、环境保护最佳实用技术推广工作的主要做法

以计划为主导的指令性推广模式的基本结构，是建立"环境保护最佳实用技术推广计划"和推行"环境保护最佳实用技术推广管理办法"。

环境保护最佳实用技术的评价、筛选、推广是一项全新的长期的工作。有组织、有领

导、有计划地将我国环境保护技术进步纳入国家行使监督管理的轨道，是适合我国环保事业发展规律的。组织实施这项工作的主要做法是：

1. 开辟环境保护最佳实用技术推广指令性计划渠道

（1）制订环境保护最佳实用技术推广应用计划

制订环境保护最佳实用技术指令性推广应用计划就是根据环境污染状况、环境保护目标、环境管理的技术需求，按规定程序评价、筛选技术上可行、经济上合理、环境效益良好的最佳实用技术，编制推广计划，提出推广的目标和内容，然后以政府或部门行文指令性推广。

环境保护最佳实用技术指令性计划分为国家计划、地方计划和部门计划。国家计划在全国范围执行，地方和部门计划在相应地区和部门内执行。国家计划主要针对影响大范围广的环境污染问题，如节水、节能、废物资源化问题，城市综合整治问题，"三、六、九"工业污染等一些关键问题。地方和部门的计划则解决本地区本部门的主要环境污染问题。在编制推广计划时，要有统一的分工和协作，发挥各方面的积极性，特别要发挥行业部门的作用和技术优势。

（2）环境保护最佳实用技术推广计划的编制程序

国家环保最佳实用技术推广计划的编制程序是，首先由各地区环境保护局和各部门环保司（办）在初选的基础上，填写最佳实用技术推荐表，推荐出本地区、本部门的最佳实用技术上报国家环境保护局。国家环境保护局组织有关技术依托单位，编写最佳实用技术文本，然后由专家评审委员会审查并写出评审结论，再确定推广计划项目，编制推广计划，包括最佳实用技术指南，提供地方和部门执行计划时使用。地方和部门推广计划参照国家环境保护局的编制程序由相应的专家评审委员会进行筛选和编制，并报国家环境保护局备案。

环保最佳实用技术推广计划是一种滚动计划，成熟一批推广一批，分期分批推广不同的技术。国家环境保护局和省市环境保护局、部门环保司（办）每年都要推出若干项最佳实用技术。这样经过一段时间，就会逐步形成我国环境污染治理技术体系，并为环境战略、环境政策、环境规划、环境标准、环境法规的实施提供卓有成效的技术支持。

编制推广计划，评价、筛选是关键环节。评价、筛选实际上是一个技术选择的过程，按一定的标准选择出污染治理所需要的最佳实用技术。所谓最佳实用技术应具备以下几个基本条件：①工艺成熟，技术可行，经济合理；②有两个或两个以上的工程应用实例，并有两年以上的正常运行时间；③技术辐射力强，一经组织推广可覆盖该技术适用行业的60%以上的企业；④符合国家产业结构调整方向或行业发展目标；⑤技术依托单位具有较强的研究开发和设计能力。

（3）计划实施

指令性推广计划的实施采取分级管理，按项目管理权限分为中央部委和地方两级。中央各部委的推广计划由部委组织实施，地方计划由地方组织实施。

推广计划的投资安排办法，可采取多种渠道加以落实。总的讲是要把现有环保资金渠道开通、用足。要制定相应政策，把有限的资金集中起来使用，保证一定的资金投入强度，当前可以利用的资金渠道有基本建设投资、更新改造资金、城市建设资金、环保补助资金和贷款等。如在"三同时"项目中安排推广最佳实用技术的费用就是基本建设投资。

2. 制定《环境保护最佳实用技术推广管理办法》

实行以计划为主的指令性推广计划，要有规定、制度来保证。加强对推广工作的管理，落实推广计划，没有一个规定性的东西，推广工作就无章可循，推广计划也会落空。《环境保护最佳实用技术推广管理办法》的基本内容应包括：实行环保最佳实用技术指令性计划管理的客观必然性，计划管理体制，计划编制的原则、方法和程序，计划实施办法，与现行环境管理制度和措施的衔接，奖励与处罚等。

我们现在已有九项环境管理制度和措施，几乎都与技术有关。通过《环境保护最佳实用技术推广管理办法》，将最佳实用技术的推广与各项管理制度和措施衔接呼应起来，形成具有中国特色的以技术为依托的科学管理体系，从而使我国环境监督管理有可能在法制的基础上进一步深化和扩展为"技术的监督管理"，充分发挥现有的管理制度的潜力并渗透到生产工艺过程中去。

国家环境保护局要抓紧制定《环境保护最佳实用技术推广管理办法》，各地方、各部门也要根据国家《环境保护最佳实用技术推广管理办法》制定本地区本部门的《环境保护最佳实用技术推广管理办法》。

构成环保科技成果推广模式的《环境保护最佳实用技术推广计划》和《环境保护最佳实用技术推广管理办法》就好比推广工作运行的两只轮子，有了它们，环保科技成果推广工作就可以正常运行起来。可以相信，经过几年的努力，环保科技成果的推广应用乃至环境保护科技工作的发展将会出现一个新局面。

还应强调指出的是环保科技成果推广应用涉及面广、环节多，是一项比较复杂的工作。当我们确立指令性计划推广模式的同时，还要不断开辟其他各种行之有效的推广途径，为环保科技成果的流通创造良好的外部环境。

特别要提到的是当我们把科技工作重点转移到对现有最佳实用技术的评价、筛选的同时，要注意开发工作的部署，就是把科学研究不断开发的新技术、新工艺、新材料、新设备，及时通过建立科技成果示范工程或示范区，使其进入最佳实用技术。这是一个由于种种原因长期以来没有解决的直接影响科技成果转化的关键性问题。对此我们将在调查研究的基础上，研究解决的途径和办法。

3. 实现"八五"环保科技工作重点转移的主要措施

为了实现"八五"环保科技工作的重点转移，我们要着手采取以下措施：

（1）加强领导，统一认识

党的七中全会的决议一再强调，社会主义的根本任务就是集中力量发展生产力。工作在科技战线上的每一个职工，特别是各级领导干部和第一线的广大科技人员，要团结一致，艰苦创业，加速科技发展，竭力把科学技术物化活化在经济与社会发展之中，推进全社会的科技进步。这是关系到第二步战略目标能否如期实现，现代化建设成败与否的一个核心问题。各级环境保护主管部门必须把认识和行动统一到党的七中全会的精神上来，充分认识到科技工作的战略地位，加强对科技工作的领导，切实依靠科技进步，推动我国环保工作上新台阶。

（2）统一组织，明确分工

最佳实用技术的筛选工作和计划的编制与实施分中央和地方两个层次进行，国家环境保护局牵头成立国家环保科技成果推广领导小组，各有关部委参加，负责全国的环保科技成果组织协调工作。成立国家环保科技成果推广项目评审委员会，负责国家推广项目技术评审工作。国家环境保护局科技司成果处负责办理日常事务。各省、自治区、直辖市成立相应的组织与机构，负责地方推广项目的评审、推广工作。

（3）争取开辟相应的资金渠道，筹措必需的启动经费

国家、地方和部门应制定相应政策、措施，吸引、组织推广资金；要在现有的科技发展计划经费中适当安排资金；并争取国家科委，各地方科委的投资；建立科技成果推广基金。当前，可在"科技三项补助经费"以及排污收费中争取适当开个口子，筹措必要的启动经费。

（4）建立健全技术支持与服务体系

一项实用技术包含开发研究（引进）、设计、设备加工（制造）、试用（示范）等多个环节。要着手建立健全具有我国特色的技术支持服务体系。要精选一批科研院、所，设计单位，环保设备厂家，示范工程厂家作为技术依托单位，加强横向、纵向联系，组织起来，形成完整的服务体系。

（5）在环境管理工作中强化技术监督，强制推行最佳实用技术

九项环境管理制度中，有多项制度是涉及工程技术的。例如，在"三同时"项目设计方案审批中，必须强制推行国家或地方公布的技术方案。在排污收费贷款项目审批时也要这样办。

（6）设立环保最佳实用技术推广奖

国家和地方分两级分别设立环保最佳实用技术推广奖。制订奖励办法，奖励推广工作中有成绩有贡献的单位和个人。

（7）加强与各部门、各行业之间的配合、协作

环保科技成果的推广应用，涉及的方面和问题很多，在一定意义上讲是一项复杂的系统工程。要加强与各部门各行业的配合、协作。例如与计划、产业、财政、税务、金融等部门的配合，以得到他们的支持。

（8）制定科技成果推广的有关政策法规

科技政策与法规的研究制定是各项科技工作顺利进行的保证。科技成果的推广应用也应立法。国家在"八五"期间将制定《科技进步法》、《科技奖励法》等，并着手制定有关的科技计划、技术市场、成果推广等方面的行政法规和规章。今年5月，国家科委将召开全国科技成果推广工作会议，组织起草《科技成果推广法》，完成并发布"八五"科技成果推广计划发展纲要和推广项目指南。在环保科技成果推广的法律地位尚未明确之前，应充分利用已有的九项管理制度的法律地位，加速科技成果推广。

4. 当前应着手办的几件事

（1）分层次做好最佳实用技术评价、筛选和推广计划的编制工作

2月底科技司已将关于推荐环保最佳实用技术的通知发下去了，并要求4月底报上来，

待这些项目上来后，就要对它们进行评价、筛选。

为了做好这项工作，现在就要着手考虑成立国家环保科技成果推广领导小组，并应尽快会同各部门组织科研、管理、生产等方面的专家，建立评审委员会，负责评价、筛选最佳实用技术，将它们确定为现阶段特定行业治理技术。依靠推广计划的实施，体现重点转移这一战略目标，争取在一、二年内初见成效。

（2）制定最佳实用技术推广管理办法

应制定配套的管理办法，理顺关系，协调政策，规范评价、筛选、推广工作，从政策、法规的角度，保证这项工作的顺利进行。

（3）补充环境管理九项制度实施中的技术政策规定

现有九项环境管理制度中没有或没有明确必须实施技术性的规定。要为强行推广最佳实用技术补充有关规定。只有这样做，最佳实用技术的推广工作才有制度保证。同样，这也是九项制度进一步的完善和环境管理工作深化的过程。

同志们，转变环保科技工作的方向是一项全新的、开创性的事业，难度是相当大的，我们既要解放思想，大胆探索，又要稳妥、求实，不断总结，扎扎实实地把工作开展起来。如果说改革、开放给我们提供了一个历史性机遇，那么90年代，整个社会经济发展对科技的需求又给我们带来了一次机会。我们一定要把90年代环保科技工作做得更有活力，更有成效。

今年是"八五"的第一年，"八五"科技工作能否有新突破，这个头开得怎么样很关键。我相信，只要我们的认识到位、行动到位，我们的环保科技事业一定能有大的发展，依靠科技进步推动我国环保工作上新台阶的目标一定能实现。希望大家回去后，将这次会议精神及时传达，结合本地区、本部门的实际，研究如何贯彻这次会议精神，提出具体做法和措施。希望同志们在工作中不断取得新成绩。

谢谢大家。

我国资源和环境发展的战略问题[*]

资源、环境和发展是一个有机的整体，我们保护环境、保护生态也就是保护资源，保障人类社会健康、稳定、协调、持续地发展。在我国，资源的不合理开发和利用导致了严重的环境污染和生态破坏，而环境的污染和生态的破坏反过来又加剧了资源的紧缺和枯竭，严重地危及了经济社会的发展和人民的健康与生活。目前，我们正面临着环境状况和资源状况不断恶化的严峻局势，这是一个涉及面很广的问题，要解决好这个问题，靠环保部门或是资源管理部门单方面的努力是不够的，需要有多部门的合作，通过多层次多方面来解决问题。这里我想把资源—环境作为一个整体，来讨论与资源环境保护有关的几个问题。

一、观念的更新是解决资源破坏和环境污染的一个先决条件

在观念上对资源的有价值性认识不足，是造成我国资源浪费的一个重要原因。长期以来，人们一直以为，地球资源是无限的，可以任意索取，随意开采，无偿地使用。特别是对生物系统中的许多物种，它们可能对人类并无直接的价值，但却对自然系统特别是对生物系统的生存和发展有着至关重要的稳定和平衡作用，这种自然所固有的价值也常常得不到人们应有的尊重。另外，过去我们宣传的一直是："我国地大物博，资源丰富"，却忽视了人口众多，人均资源拥有量低的现实，无形中也加剧了人们浪费资源的行为。因此，促使人们观念的更新对资源—环境保护具有决定性的意义。应当使人们建立起新的环境价值观念，充分认识到地球资源的有限性，不仅地下矿藏是稀缺资源，就是看似取之不尽、用之不竭的水和空气也是宝贵的资源。同时，资源的有价值性决定了我们在开采、利用资源中必须严格按照价值规律办事，而不是随意索取，无偿使用。

二、加强管理是资源—环境保护的一项战略措施

管理不善也是造成资源浪费和环境污染的一个重要原因。据统计，我国的环境污染有30%～50%是由于管理不善和认识不高造成的。因此，我们说加强管理是资源—环境保护的一项战略措施。从宏观上讲，有以下几个方面：

---

* 金鉴明. 1991. 我国资源和环境发展的战略问题. 环境保护，（10）：3～5.

1）要把环境规划真正纳入国民经济建设和社会发展计划中去资源—环境是社会经济发展的重要基础，保护资源—环境是社会经济发展能否长期连续和稳定的基本保证，只有把环境规划真正纳入社会经济发展计划，才能使计划内的各种目标得到很好的实现。我国已把环境保护确定为基本国策，各项经济建设都应当把环境保护提到这样的高度。

2）坚持开发利用与养护更新并重的原则，加强资源开发利用的规划管理。具体说，对可更新资源，如生物资源，要本着永续利用的原则，把开发、利用的强度限制在资源更新转化的能力限度之内，同时要加强对它们的人工更新和增殖。对不可更新资源，如矿产资源，应严格按计划开采，坚决禁止乱挖滥采的行为，同时，要本着节约的原则，努力提高资源的综合利用率，降低资源消耗，并积极寻找资源的替代品。此外，应当加强对废物的回收转化工作，使之变废为宝，化害为利。

3）严格执行环境影响评价制度，加强资源开发和工程建设项目的管理，防止破坏生态环境。对那些可能给自然环境带来不利影响的资源开发或工程建设项目，如开采矿藏、石油、新建水库、电站，调水工程，修建铁路、公路、港口、机场，开山取石，开发风景旅游资源等，以及在自然保护区、风景名胜区周围进行开发建设等，必须做好环境影响的评价，并在开发建设中采取各种有效措施，把不利影响减少到最低限度。对于开发中和开发后破坏了的自然植被和景观，必须搞好恢复工作，恢复土地资源和生态环境。目前我们这方面的工作做得很不够。

三、完善资源—环境立法，加强法制管理

资源—环境立法是我们开展有效的资源—环境保护的根本保证。我国宪法第9条和第26条分别规定："国家保障自然资源的合理利用，保护珍贵的动物和植物。禁止任何组织或者个人用任何手段侵占或者破坏自然资源。"和"国家保护和改善生活环境和生态环境，防治污染和其他公害。"近10年来，我国的资源—环境立法工作发展迅速，对保护和改善我国的资源和环境，起到了积极的作用。

1）国家颁布了一系列有关资源—环境保护的法律、条例。自1979年颁布了《中华人民共和国环境保护法（试行）》以后，国家又陆续颁布了《森林法》、《草原法》、《海洋环境保护法》、《土地管理法》、《矿产资源法》、《水法》、《渔业法》、《野生动物保护法》和《文物保护法》，以及《大气污染防治法》、《水污染防治法》等。同时，国务院还颁布了10多个有关自然保护的条例，如《森林和野生动物类型自然保护区管理办法》、《水土保持工作条例》、《水产资源繁殖保护条例》、《风景名胜区管理暂行条例》、《野生生物药材保护条例》等。一些省、直辖市、自治区还根据本地实际需要，颁布了不少自然资源保护的地方性法规。

2）资源—环境法制建设中的存在问题，主要有两方面，一是法制还不够健全，法律责任规定不够明确，造成执法上的困难；二是广大群众特别是某些领导干部的法制观念还比较薄弱，有法不依，执法不严的情况还比较普遍地存在，致使资源的乱开滥采现象屡禁不止。这些问题，都需要在不断完善资源—环境立法和不断加强法制管理中加以克服。

四、加强科学技术研究，依靠科技进步解决资源—环境问题

多数资源开发利用工艺技术落后，设备陈旧，造成资源综合利用率低，浪费大，污染重是我国的技术现状。因此，应当把依靠科技进步解决资源—环境问题提高到与强化管理同等重要的战略高度来认识，并作为我国资源—环境保护的一项重要战略措施。

1）发展资源的合利用技术，提高资源的利用率。资源的综合利用是我国首先提出的，但实际进展并不快，与一些国家相比，我们的资源利用率还很低。如森林利用率仅10%，水的循环利用率不足20%，钢渣利用率仅5%，电厂粉煤灰的利用率也在15%以下。必须通过大力发展综合利用技术，使更多的废旧物资转化为资源，才能使资源得到更充分的利用。在农业方面，则应积极发展农村生态系统，这也是提高资源利用率的一个重要方面。

2）加强对稀有资源替代物和替代技术的研究，保证资源的长期利用，特别是对不可再生资源，这是一条行之有效的保护途径。同时，也应当开展对氟氯烃类物质等消耗臭氧或是严重危害环境物质的替代物和替代技术的研究。

3）积极开发资源再生和恢复技术，例如，为了保护生物物种多样性，应当积极开发生物多样性技术，包括物种的人工繁殖和栽培技术，自然保护区和物种基因库的建设等。再如，加强生态脆弱地区（如黄土高原）生态系统改善和恢复技术的开发问题。在这些地区，自然生态破坏已经比较严重，而且呈继续恶化趋势，若不尽快采取措施，将可能很难再恢复良性循环，从而导致更大的生态灾难。

五、制订配套的技术和经济政策，加强国家对资源环境保护的宏观指导

政策是国家进行宏观指导的政策性规定，资源—环境政策的制定对协调经济发展与资源环境保护起着决定性的作用。

1）我国已经制订了一系列的资源—环境保护技术政策。但是，在实际中有些政策还没有得到认真和严格地贯彻执行。我国现有的环境保护技术政策大致有两大类，一是专门的环保技术政策，如《区域开发建设的环保技术政策》、《工业、交通企事业的环保技术政策》、《建设中的环保技术政策》、《保护乡镇农业环境和自然环境技术政策》等，一是部门环保技术政策，如《钢铁工业环保技术政策》、《轻工业环保技术政策》、《化学工业环保技术政策》等。虽然还不完善，但已在资源—环境保护中起了重要的指导和决定作用。

2）我们还应当进一步制订一些与环保技术政策相应的政策。比如，资源—环境政策，包括征收土地开发税、征收资源税等，以及鼓励"三废"综合利用的经济政策和有利于综合开发的投资政策等，以充分调动国家、集体和个人对资源—环境保护的积极性。

六、大力开展宣传教育提高公众资源—环境保护意识

公众资源—环境保护意识的高低，直接影响着资源—环境保护的开展。通过广泛的宣

传教育，提高公众的资源—环境保护意识是资源—环境保护的重要基础。

1）积极传播有利于资源—环境保护的新观念，包括新的生态观、资源价值观和持续发展观。并培养人们以自觉保护资源—环境为荣的环境道德观念。

2）宣传环境保护是一项基本国策，资源—环境保护是国民经济和社会发展的重要组成部分，是经济社会发展的重要基础。

3）积极宣传资源—环境保护法规，增强人们的法制观念，促进资源—环境保护法规的贯彻实施。

保护森林是强化环境管理的重要内容[*]

  我国幅员辽阔，自然条件优越，适宜于各种林木的种植。许多研究表明，历史上我国曾是一个多林国家，著名的黄土高原在西周时代曾拥有森林4.8亿亩，覆盖率高达53%。然而，由于历史的原因，加上近、现代不合理开发等人为因素和自然灾害的破坏，我国的森林拥有量急剧下降。

  近年来，我国大力开展全民性的植树造林活动，林木的种植量有所增加。但是，由于人口不断增多、建设事业发展迅速，社会对木材及林副产品的需求量越来越大，过量开采、乱砍滥伐以及毁林开垦等现象还比较严重，加之森林火灾、虫害的影响，结果不仅加剧了木材及林副产品的短缺，而且导致了生态系统和环境质量的衰退，使珍稀动植物不断减少甚至灭绝，水土流失、河库淤塞、旱涝灾害、泥石流等灾害不断加剧，严重地影响了我国的经济建设和人民生命安全。根据我国现阶段以强化管理为主的环境保护总体思路，在森林保护中有以下几方面的工作值得重视。

  加强对森林采伐利用和植树造林的计划管理。森林的更新与采伐比例失调，采多育少是目前存在的主要问题。这种状况是多种因素造成的，但与我们对林业的计划管理不周有很大关系。长期以来，在林业指导思想上重采轻育；重眼前利益，轻长远利益；重森林木材的经济效益，轻森林系统的生态效益。在经营管理上缺乏合理的经营原则，没有科学的林价制度，超采滥伐现象严重，因此造成集中过伐、无偿采伐、营林资金不足等现象。再加上大量的计划外砍伐，使得森林资源年消耗量长期超过年生长量。要改变这种状况，首先要坚决贯彻以营林为基础的林业方针，明确育重于采的原则；其次要制定和实施森林经营规划，建立合理的林价制度，并严格控制计划外的木材采伐和毁林活动，确保森林资源的年消耗量低于年生长量；同时要继续坚持不懈地开展全民植树造林活动。

  严格执法，做到有法必依，违法必究。我国于1984年9月颁布了《中华人民共和国森林法》，对森林的经营管理、森林采伐和森林保护、植树造林等均作了明确规定，为保护森林、合理利用森林资源提供了有力的法律保证。1986年4月，国务院有关部门又发布了《森林法实施细则》。但是，由于人们的法制观念不强，在"森林法"的贯彻实施中有法不依、执法不严的问题依然存在，致使乱砍滥伐屡禁不止。因此，要有效地保护森林，就必须认真、严格地执行"森林法"。

  加强生态影响评价工作。环境影响评价是我国的一项重要环境管理制度。通过评价制

---

 * 金鉴明. 1991-06-05. 保护森林是强化环境管理的重要内容. 人民日报.

度，可以对不利于环境的开发建设行为，实施有效的控制。但是，过去的各项评价往往只重工业性的、污染性的环境影响，对一些大型开发项目，如公路、铁路建设中大面积、无计划地砍伐林木所造成的非污染性的生态破坏，则缺乏应有的评估，而这种影响又常常是长远的、一时很难逆转的。所以，今后在各种开发项目的环境影响评价中，必须严格按照环境影响评价制度的要求，加强生态影响方面的内容，加强对工程建设中森林砍伐的有关经济、生态、环境等方面的综合性损益分析。

加强森林自然保护区的建设与管理。建立森林类型自然保护区，是保护森林生态系统的重要技术措施，特别是有利于加强对有经济价值和濒危物种的有效保护。目前，我国已建立以保护森林和珍稀动物为主的自然保护区约 260 多处，但与实际需要相比差距还很大。今后还应当按照全国自然保护区规划要求，有计划地进行建设，并加强对已建保护区的科学的、有效的管理。

加强森林的科学技术研究。依靠科技进步是开展森林保护的一条重要途径。一方面要加强森林生长规律的研究，解决速生树种、经济树木、薪炭林的生长抚育问题，以便在不影响国民经济建设所需木材生产的同时，又能有效地保护森林。另一方面要加强合理开发利用森林资源的研究，包括森林的综合利用、木材替代品的开发等，以利于森林资源的保护和发展，提高资源的利用率。

加强森林保护的宣传教育。现代社会，资源消耗后的补偿已不能仅依靠自然过程来实现，特别是人口激增，对自然资源需求压力加大。在生态环境恶化日趋严重的今天，人们必须向自然不断地投入以促使自然资源不断再生，才有可能实现经济、社会和资源、环境的持续协调发展。因此，强调自然资源的社会再生产过程和提出资源产业概念，已十分必要。要全面认识森林的价值，森林不仅具有提供木材的经济价值，而且还具有重要的生态与环境价值。必须通过广泛深入的宣传教育，增强人们对森林资源的价值与作用及保护森林重要性的认识，培养人们以爱护树木为荣，破坏树木为耻的道德观念，从而提高人们积极参与植树造林的自觉性。

搞好环境保护　促进矿业发展[*]

一、矿产资源的开发利用与保护和治理环境要同步规划、同步实施、同步发展

　　众所周知，环境污染与破坏作为一个重大的社会问题，自产业革命以后，日益受到世界各国的重视。目前，工业发达国家在防治工业污染方面取得了一些成效，一些老的环境污染问题得到了控制，但是新的环境问题还在不断发生。自然生态环境的破坏则属于另一类环境问题，当前，这类环境问题越来越严重了。随着人口的激增和经济开发活动的强化，自然生态环境破坏的速度也加快了，如森林植被大面积减少和破坏，水土流失加重，沙漠化扩展等，而控制和解决这类环境问题，往往难度很大。人类面临的环境问题，除了自然灾害以外，主要与经济活动有着十分密切的关系。矿产资源的开发和利用也是一种经济活动，并且与我们的生存环境有着很广泛、很直接的联系。在开发和利用矿产资源的过程中，为防治和解决环境污染与破坏，只有两条路可走。一是"先污染，后治理"的道路，以牺牲环境为代价去换取经济的发展，当引起广大人民的强烈反对并影响和阻碍经济发展时，才被迫治理。走这条路所付出的代价是惨重的，也是不能被我国所接受的。二是"预防为主、防治结合"的道路，这条路，在实践中被证明是切实可行的，是符合我国国情的。因此，在矿产资源的开发利用中，以预防为主、加强管理为中心的环境保护方针是防治环境污染与破坏的基本方针。

　　我们是主张发展的，只有发展才能创造高度的物质文明和精神文明，使人民的物质文化水平得到提高和改善。但是，我们也不赞成那种不顾自然生态规律，不顾人民和国家的长远利益，盲目追求产值的发展方式。如何处理好经济发展与环境保护的关系，是多年来我们一直探索的课题。有一点是清楚的，经济社会发展和环境保护的根本宗旨是一致的，都是为了造福人民。这就为正确处理和协调好两者的关系奠定了基础。历史经验告诉我们，防治环境污染和破坏，关键是要处理好经济社会发展与环境保护的关系。在这方面，我们曾经有过深刻的教训，也有过成功的范例。只要我们真正重视和认真对待这一问题，采取适当的方针政策、实事求是的科学态度和切实可行的管理方法，经济、社会和环境效益的统一是可以得到解决的。

* 金鉴明 . 1992. 搞好环境保护 促进矿业发展 . 自然环境保护文集 . 北京：中国环境科学出版社，68～71.

国务院召开的第二次全国环境保护会议确定了保护环境是我国的一项基本国策和重大的战略任务，提出了"经济建设、城乡建设和环境建设同步规划、同步实施、同步发展"的战略方针，并把自然资源的合理开发和充分利用作为环境保护的基本政策，使保护环境与开发利用自然资源在符合经济规律和生态规律的前提下得到同步发展、协调发展。

我们的科学技术水平还不够高，管理较落后，过去在认识上还有差距，致使在矿产资源的开发利用过程中，自然生态环境遭到一定程度的破坏，许多宝贵的资源没有变成财富，而是变成了污染物被排放出来。目前，我们在进行技术改造，努力提高科学技术水平，提高经济效益的同时，更加重要的是加强管理，搞好规划、健全法制。无论是新建的，还是原有的工矿企业，都应在资源的开发利用和环境保护的统一规划下进行生产、实施和发展。而规划是搞好宏观管理的重要环节。环境保护的近期规划已经纳入国家经济社会发展"七五"计划，现在的关键是抓落实。所有的工矿企业，特别是重点骨干企业，在编制生产发展和技术改造规划时，也要同时编制污染防治规划，并且在规划指导下做到生产发展与环境保护同步实施。为此，还要解决好两个方面的问题，一是建立环境保护的考核指标体系，并把它作为衡量工矿企业完成国家计划的考核指标之一，还应把它作为企业上升等级的重要依据。二是切实落实环境保护的资金渠道，国家已明确规定的资金渠道落实情况并不太好，环境保护本来"欠账"就多，若在治理污染的资金上没有给予保证，就会使"七五"计划的环境保护目标落空。

二、矿产资源开发利用中的主要环境问题及其对策

矿产资源开发利用过程包括：地质调查、矿产普查、探勘、可行性研究、矿山设计、建设、采矿、选矿、冶炼或加工、矿山关闭等，其中任何环节出问题都有可能造成矿产资源的浪费和环境污染与破坏。当前存在的主要问题有：

1）没有认真进行矿山建设前的环境影响评价工作，致使项目上去以后，造成环境保护工作上的被动局面。

2）采矿、选矿、冶炼或加工的回收率低，损失率高，许多未回收利用的化学元素流失进入环境，造成污染，威胁人体健康。

3）综合开采、综合利用差，一些共生矿、伴生矿没有很好地回收和利用，有的只为了提取容易利用的成分，而把其他珍贵的成分丢弃了，并造成环境污染。有的可以多利用的资源没有被利用起来，反而对环境造成压力。

4）不经申请、批准，在没有科学指导的条件下盲目采掘、随意开发，排出的污染物不经任何处理，污染和破坏了环境。

5）选址不当造成的环境问题，如在饮用水源地、自然保护区等开矿。

6）大面积破坏地貌景观和植被，采矿结束后不进行回填复垦和恢复植被的工作，尾矿处理不当，堆压土地，造成土壤和地下水源污染。

以上这些问题，除了科学技术方面的原因外，大多是管理上的问题。通过加强管理，很多问题可以得到解决。对于新污染源要执行环境影响评价制度、执行"三同时"制度严格管理；对于老污染源要本着"谁污染谁治理，谁开发谁保护"的原则，结合技术改造和

企业整顿促进治理，限期治理。"六五"期间，环境影响评价制度纳入了基建管理程序，并得到了贯彻执行，总的情况是好的。据 23 个省、自治区和直辖市的统计，5 年来有 445 个大中型建设项目编制了环境影响报告书，评价工作对指导合理选址，优化环境保护工程设计，节省投资、提高治理污染的能力等起到了显著作用。新、扩、改建设项目的"三同时"执行率有了很大提高。"六五"期间，国家规定建成投产的大中型项目中全部执行"三同时"的占当年投产项目的比例由 1981 年的 66% 上升到 1985 年的 85% 以上。北京、天津、上海、湖南、甘肃、江苏大中型投产项目"三同时"执行率，连续 3 年达到 100%。东北三省和陕西、山东在 1985 年也达到了 100%。对乡镇企业的环境管理也开始起步。一些地方相应制订了一些政策法规定，对小型企业开发矿产资源，保护环境起到了积极作用，但是做得还很不够，各地发展也不平衡，浪费资源、破坏生态环境的现象屡有发生。严于执法、强化管理仍然是我们要坚持的工作方法。

解决矿产资源开发利用方面的环境保护问题需要采取一些切实可行的对策，既要加快矿藏开采，又要保护自然环境，既要防止对资源的破坏和浪费，又要满足社会主义建设的需要。在放开、搞活、管好、振兴矿业的总方针指导下，搞好环境保护工作是我们每个人的责任。

1）建立健全矿产资源开发利用和保护的计划管理和审批制度，在审批采矿权、采矿生产过程和申请矿山关闭时，都应明确单位、集体或个人的环境保护责任，并进行监督管理。

2）在可行性研究、选址、批准项目和投资、审查等方面要联合把关，各部门、各方面应密切配合、大家负责，各尽其职，共同搞好环境保护工作。

3）对采矿实行环境监督，发现有破坏浪费矿产资源和污染环境的行为应及时阻止。建立矿山环境保护考核指标体系。

4）开展矿产采、选、冶等方面的科学研究，特别是综合利用的研究，研究综合开发利用与保护的新技术、新工艺，努力减少尾矿及其污染。

5）利用经济杠杆促进矿产资源的合理开发和综合利用，制订利于综合利用和保护环境的经济政策。

6）建立健全和完善有关的法规和制度，强化管理。

7）采取措施在采矿时注意节约用地、保护植被和其他自然资源，矿山关闭时要求植树造林或造地复垦、筑塘养鱼、辟为风景区等。

8）针对大量发展的小型矿制订有效的环境管理措施。

三、依法管理，加强监督，促进矿业发展

我国先后颁布的《中华人民共和国环境保护法》和《中华人民共和国矿产资源法》使开发利用矿产宝藏，依法管理矿产资源和保护环境，有了法律依据。正确理解和全面贯彻执行这两个法具有十分重要的意义。

《中华人民共和国矿产资源法》明确规定了："开采矿产资源，必须遵守有关环境保护的法律规定，防止污染环境。"我国自 1979 年环境保护法颁布以来，陆续颁发了一系列

环境保护的法规。这些法规的颁布，有力地促进了环境的改善和治理，强化了环境监督管理，使环境保护工作能够比较顺利地向前发展。这些法律赋予环保部门监督管理的权力和责任，我们就要认真负责地行使好这些职权，依法监督，严于把关，做到有法必依，执法必严，违法必究。不但要敢于执法，还应善于执法，不断提高执法的能力和环境管理的水平，在去年召开的全国城市环境保护工作会议上，李鹏副总理赞扬了山西古交煤矿在建设中认真执行"三同时"规定严格控制新污染源的"古交精神"。我们就是要大力发扬这种精神，为国家和人民的利益严格执法、加强监督，各部门、各企业的领导者也要带头学法、遵法，支持环境保护部门的工作。建设部门及主管单位与环境建设有直接的关系，环境保护搞得好，可直接受益，反之，则直接受害。自觉执行国家有关的法律规定，严格按章办事，以对人民负责、对"四化"建设负责的精神，共同为矿产资源的开发管理做好工作。

　　当前，全面加强环境管理是环境保护的中心任务，我国面临的环境任务很重，但我们国家还不富裕，还不能拿出很多钱用于环境保护；同时，实践又证明，通过法制建设，加强管理，很多环境问题可以得到控制或解决。环境管理内容很多，其中最重要的是加强环境监督，但是在这方面，我们的认识和措施还不能适应形势的发展。环境监督主要是对以下几方面进行监督：

　　1）对新建、扩建、改建项目实行监督管理，主要是监督执行"环境影响报告书"制度和"三同时"制度。这方面的措施要有力、态度要坚决。

　　2）对老企业的技术改造实行监督管理。对此，国务院颁发了"关于结合技术改造防治工业污染的几项规定"，这个文件对技术改造中防治污染作出了比较具体的规定、要求，步骤和措施都很明确，我们应当坚决贯彻执行。我国"七五"计划也明确指出，对耗能高、质量差、严重污染环境的产品以及落后的工艺和设备，要限期淘汰。

　　3）对小型乡镇企业实行监督管理。《中华人民共和国矿产资源法》规定对乡镇企业集体矿山企业和个体采矿实行"积极扶持、合理规划、正确引导、加强管理"的方针是十分正确的。目前在这方面的环境监督管理还很薄弱，必须进一步加强以保证在遵守国家规定和保护资源的前提下，积极发展小型采矿业。要制定一套切实可行的管理制度，把这项工作管好。

　　4）对独资、合资、合作的引进项目实行监督管理。国务院批准我们发布了一个规定，为这方面的环境监督管理提供了法律依据。

　　总之，我们依法管理，加强监督的最终目的还是为了促进经济的发展、振兴矿业、加速我国四个现代化的建设。搞好环境保护与促进矿业发展是相辅相成的，只有在开发利用矿产资源的过程中，达到经济效益、社会效益和环境效益的统一，才能确保矿业的健康发展，让我们共同努力，为保护环境、促进矿业的发展做出贡献。

环境宣传要适应环境保护的新形势[*]

今天的环境保护，已经成为国际社会和世界各国政治、经济、文化、科技以及人们社会生活的热点，成为一件影响广泛，关系到人与人、国与国，涉及各行各业、各个领域的大事。它使人类生产、生活、社会、经济和伦理道德产生了重大的转变，引起了人们思维方式、生产方式和生活方式的深刻变革。特别是今年召开的联合国环境与发展大会，作为联合国历史上级别最高、规模最大的一次会议，充分表明了环境保护的重要性和紧迫性，表明了世界各国对环境保护的高度重视，它必将对 90 年代及下个世纪的国际环境与发展的结合和各国社会经济的发展产生积极而又深远的影响。对于环境保护的这种新形势，环境宣传应当如何去发展才能适应它的需要？这是摆在我们面前的问题。我想，有以下几方面值得我们思考。

一、要力求发挥环保工作整体的宣传功能

发挥环保工作整体的宣传功能是对宣传社会化的深化和发展。我们说，环境宣传要走社会化的道路，也就是要充分调动社会各界的力量，形成一支联系广泛，影响深远，有各方面人士和各类宣传人才参与的环境宣传队伍。

近年来，我们在这方面取得了长足的进展，现在已经拥有了众多新闻界、文化艺术界、教育界、影视界和一些社会团体组织的朋友，每年的环境宣传活动，他们都发挥了十分重要的作用。这支宣传队伍今后还要发展，要把社会理论、意识形态领域的朋友和各级党校教师、党的宣传部门的同志也吸引到我们的队伍中来。与此同时，我们要力求发挥环保工作整体的宣传功能，即在加强各级环境宣传机构建设和积极推行环境宣传社会化的基础上，充分调动环保系统各职能部门和各部委、各行业主管环保工作的部门宣传环境保护的积极性，发挥他们结合实际工作宣传环境保护的功能。事实上，这方面的工作我们已注意到了。每年的"六·五"环境日，各级环保部门，从局长到一般工作人员都走上街头，参加各种宣传教育活动。但是总的来讲，由于认识不够全面，工作开展的广度和深度还不够，还需要从系统或整体的角度来加以认识和把握。

环保工作整体的宣传功能大致包括五个层次：

第一个层次是环保系统主管环境宣传教育的机构，包括各级环保宣传机构。

---

* 金鉴明. 1992. 环境宣传要适应环境保护的新形势. 环境保护，(11)：5～8.

第二个层次是环保系统的各职能部门，包括计划，法规、监督、科研等。

第三个层次是各行各业、各部委、厅局中主管环境保护的机构。

第四个层次是社会新闻、教育、文化、艺术等社会宣传力量。

第五个层次是企、事业单位，学校，街道，它们的特点是群众参与宣传，群众宣传群众，群众教育群众。

在上述五个层次中，第一个层次是整个环境宣传的核心，占据主导地位，起引导、组织、协调和推动作用。第四、第五个层次是第一个层次的外延和扩充，也就是社会化。第二、第三个层次则是第一个层次向环境保护主体力量内部的发展，它们同样占据着重要的位置。这也是由环境保护工作的性质和特点所决定的，我们说，环境保护是一项全民的事业，必须有大家的认识和参与，否则，是难以取得成功的。这就要求我们要边工作边提高人们的认识，使工作本身成为一个宣传的过程。这方面，计划生育系统的经验值得我们借鉴，他们在各个主要管理环节都采取了一些相应的宣传教育措施。其实，我们在开展环境监督管理的一些环节，也是可以采取相应的宣传教育措施的，现在，国家环境保护总局很多司处一有活动，就找宣传部门，期望宣传报道，上报上电视，扩大影响，积极性很高。作为宣传主管部门，能否反过来也向他们提出宣传的任务要求呢，尤其在基层，这种可能性还是存在的。所以，我们在这里特别提出，要充分发挥环保系统各职能部门、业务部门宣传环境保护的功能，要努力做到环保部门的每一项工作都是一种宣传，每一个环保工作人员都有责任和义务宣传环境保护。

各行业、各部委（厅）局主管环保工作的机构，也是我们发挥宣传功能的发动对象。年初的厅局长会上，很多部委的同志提出，他们在环境宣传教育方面也搞了很多工作，希望能够给他们提供更多的参与和交流宣传工作的机会，可见他们的积极性还是很高的，许多省份都出现了这种情况。为此，今年我们加强了这方面的工作，但深度和广度还不够，特别是在向他们提供指导和帮助方面，还可以有更多的作为。

在发挥环保工作整体宣传功能的过程中，应当特别注意以下两点：

第一，要更加突出宣传的效果和效益。首先是要力求使宣传活动投资少、见效快。要把有限的宣传投资用好，用出成效来，要少花钱、多办事、办好事。其次宣传的目的性要明确，要使宣传的目标与宣传效果统一起来。不能只是为了宣传而宣传。再次，环境宣传也要在实现社会、环境、经济之效益统一上下工夫。宣传活动既能使环境保护深入人心，成为人们社会、经济生活不可缺少的部分；又能促进环境管理和环境治理，或改善环境状况；同时又能参与经济活动，带来一定实际效益，特别是推动环保产业和绿色产品的发展。现在，各种艺术节已不再单纯地搞艺术活动，也开展各种经济交易和商贸活动，实现艺术与经济双丰收。我们的一些宣传活动是否也可以借鉴这方面的经验呢？大家不妨去探索一下。总之，宣传的效益是今后需要多加注意的问题，特别是在宣传活动中注重采取实际行动改善环境状况已成为当今世界环境宣传教育活动的一个发展趋向。

第二，要把握住宣传的科学性和政策性。科学性，也就是在内容上要符合科学知识、科学道理，在宣传的表现形式上也要符合科学的规律。政策性，对一件事报道与否，或者说对内对外、对上对下的报道应当有所差别，都会涉及政策性问题。因此，我们在推动环境宣传社会化的过程中，一定要注意不断提高社会宣传队伍的环境意识，一方面要充分调动他们宣传环境保护的积极性，另一方面也要积极提高他们的环境科学知识水平和环保政策水平。

二、要积极开展环境文化建设

文化是人生存在的基础。我们提出要开展环境文化建设（有人认为应当提生态文化建设，总之，是关于环境保护的文化建设）。一方面是基于环境宣传形式的需要，另一方面则是从更高的层次、更为广阔的角度来认识、发展环境宣传。我们都知道，环境问题归根结底是人的生存和发展问题。文化作为人类生存和发展的产物，同时也是人类生存和发展的基础。现在，既然人的生存和发展出现危机，遇到问题，就必然会在文化中有所反映，一方面反映出现有文化所存在的缺陷，需要进行改造；另一方面则反映出现有文化的局限，需要去建设、发展新文化，以确保人类的生存和发展有一个良好的基础。这就是我们开展环境保护文化建设的重要性和意义所在。而且，文化作为人类的精神财富，世代相传，影响极为深远。所以，我们开展环境保护文化建设，也可以说是从长远的、根本上去解决人的思想认识问题。很有必要把它开展下去，并开展好。

在现阶段，环境文化建设主要应从三个方面入手。

第一是要积极利用现有的文化艺术形式，通过环境价值观念与现有文化形式的有机结合，充分发挥其宣传环境保护的功能。也就是要通过各种文化艺术的形式来表现人类保护环境、追求美好环境、实现人与自然和谐、协调发展的决心和愿望，并逐步发展具有我国民族文化特点、具有强大生命力的环境宣传形式，如书法、绘画、曲艺、戏剧等。

第二是要加强环境保护思想向社会科学、社会意识形态领域的广泛渗透。目前，我国的社会科学理论界对环境保护思想的认识和接受还十分有限。例如，在国际上，良好的环境质量已成为生产力发展的目标之一，而在我国却还没有上升到这个高度来认识。还有，环境道德观念在国内的伦理界也还没有提出，原因是伦理道德长期以来只限于协调人与人的关系，对于它在协调人与自然的关系方面的作用，还没有被认可。所以，我们要加强渗透工作，要努力使环境保护思想融汇到社会科学理论中。

第三是要广泛传播环境保护观念。要用新的文化观念代替旧的文化观念。主要有下面几点：

1）人与自然和谐的观念。人与自然是一个有机的整体，两者相互依存、相互制约和相互作用。人类不是自然的主宰，不能对自然采取无节制的、破坏性的行为，否则，就会受到自然残酷的报复，危害到自己的生存和发展。所以，人类在发展的同时，应当及时处理好人与自然的关系，达到相互和谐、协调发展，才能从根本上保证人类生存和发展的健康、安全和永久。

2）持续发展的观念。这个观念是1987年4月由当时的世界环境与发展委员会提出来的。所谓持续发展，是指"人类有能力使发展持续进行，既能保证使之满足当代人的需要，又不危及下一代满足其需要的能力"。其核心就是现代人对自然资源的开发和利用要合理，要有一定的限度，否则就会发生生态灾难，危害后代，破坏后代满足其需要的能力。持续发展观念的提出，否定了传统的片面追求经济效益不顾环境破坏的发展模式。现在，持续发展的观念已经被世界各国广泛接受，成为各国制定社会经济发展的依据，并对社会政治、科技、文化、道德产生了深刻的影响。

3）资源价值观。长期以来，人们一直以为地球资源是无限的，可以任意索取，随意开采并无偿地使用，结果不仅导致了资源的极大浪费，而且造成了严重的环境污染和生态破坏。现在，一种新的资源价值观已经建立，它充分认识到地球资源的有限性，不仅地下矿藏是稀缺资源，而且水和空气也是宝贵的资源，并要求人们在开采、利用资源中必须严格按照价值规律办事，支付资源费，而不是随意索取、无偿使用，确保资源合理、永续利用。

4）人均观念。我们不能仅仅看到我国"地大物博、资源丰富"，也要充分认识到人口众多，人均资源拥有量低，有些资源甚至十分贫瘠的现实。人均观念的建立，可以减少人们的盲目乐观，加强人们资源紧缺的危机感，提高人们保护资源的责任感。

5）国家安全观念。在美国，原苏联等国，都把环境保护作为国家安全的一部分，也就是说，国家安全不仅仅是战争、侵略，还包括了环境。在国际上，已经发生了许多起因环境污染而引起的国与国之间的纠纷。在一个国家里，环境保护不好，也会影响国家的安定团结。

6）环境道德观念。即以保护环境为荣，损害环境为耻的新道德观念。它要求把善恶、正义、平等等传统的用于人与人关系的道德观念，扩大到人与自然的关系上，明确人类对自然界所负有的道德责任。

此外，还有环境法律观念、生态经济观念等，在此就不一一介绍了。可以这样说，上述的环境保护观念对人类现有的思想文化观念进行了修改、补充和发展，并初步构成了环境保护进一步发展的文化基础。

三、要及时地加强舆论和先导作用

首先，要能及时采取宣传对策，积极参与环境管理。

环境宣传是环境保护的重要组成部分，是环境管理的一项有力措施，通过开展舆论监督，它直接参与了环境管理。根据环境宣传本身的特点，它应当具有更强的灵活性和适应性，能针对形势的新发展，及时采取相应的宣传对策，加强舆论监督和导向作用，以弥补其他环境管理反应较缓慢的不足。目前，我国的改革开放和经济建设正进入新的发展阶段，环境保护也面临着一些新的挑战，特别是在有些地方，领导环境意识淡化，片面地要求环境保护服从和服务于经济建设，放松对项目的审批把关和环境管理，造成一些严控、禁办的污染项目有所抬头，污染转嫁现象有所回潮，环境污染负荷加重。对此，环境宣传应当及时跟上，展开宣传攻势，努力扼制和消除这种只要经济不要环境的错误认识的抬头。讲明环境恶化的严重性和不可逆转性，讲明经济更好、更快地发展与加强环境保护的关系，讲明环境保护在改善投资环境中的重要地位。

其次，要能抓住重大问题，开展调查研究，把握问题的本质，使工作更加有的放矢。

所谓重大问题，就是当前存在着关系到全局的问题。例如，现在有些地方出现的只要经济，忽视甚至不要环境的问题。这个问题，宏观上是社会对环境保护方针、政策和制度的承受力和接受程度的问题，但本质上都是价值观的问题，反映出在一些人的头脑中环境价值观还没有建立牢固的地位，或者说，我们某些环境管理制度所赖以存在的价值基础与他们的价值观念还有较大的差距——这就需要我们通过舆论分析、社会调查和理论研究等来找出这些差距，找出缩小、消除这些差距的方法、手段，以确保环境保护得到重视，确保经济更好、更快地发展。另一个问题是，文化艺术规律与环境宣传规律的有机结合，这是关系到环境宣传自身发展的问题。最近，我看了一些以环境保护为主题的文学艺术作品和影视片，总的来讲，都很不错，但是，在艺术规律与环境宣传规律的结合方面还没有解决好。有的影片，耗资上百万元，本来是想宣传环境保护，却由于对环境宣传规律不太了解，在内容和表现上不仅不合理，有些甚至是错误和荒谬的。我们应当加强对文化艺术规律与环境宣传规律的研究，只有了解和掌握这些规律，才能引导环境文化艺术的发展，才能更有力地推动环境文化的建设。

再次，需要在宣传中加强的几个层次如下：

1）宣传已有的方针、政策、法规，包括基本国策、三效益、三同步、八项制度，中国特色的环境管理、自然保护、生物多样性保护、环境保护技术政策，各项环境、资源保护法律、法规。

2）宣传某些宣传不够或尚未宣传的领域，如对生态破坏的宣传。我们知道，环境问题包括两大方面，即环境污染和生态破坏，现在往往对污染宣传得多，对生态破坏宣传得不够。对保护珍稀动植物的宣传也不够。

3）宣传批判错误的观点。如"先污染、后治理"的观点，有的人以这是一条客观规律为由公开提出可以先不管环境保护。这显然是错误的，从历史发展的角度来看，人类确实是走过了一段先污染、后治理的弯路，就当时的历史条件来说，确实是不可避免的，为此也付出了沉重的代价，并向我们提供了历史的经验教训。环境污染危害的严重性和生态破坏的不可逆转性都告诫我们，决不能走先污染后治理的道路。就现阶段而言，我们是有能力使经济发展与环境保护协调、同步进行的。

4）宣传并提倡那些在形成之中，符合发展方向，但尚未成为方针政策的观点。例如，在中共中央国务院批准的《关于出席联合国环境与发展大会的情况及其有关对策的报告》中提出的，按照资源有偿使用的原则征收资源利用补偿费和环境税；把自然资源和环境纳入国民经济核算体系；对污染治理、废物综合利用和自然保护等公益性明显的项目，给予必要的税收，信贷和价格优惠；在吸收和利用外资时，要把环境保护工程作为同时安排的内容，引进项目时，要切实把住关口，防止污染向我国转嫁；"经济靠市场，环保靠政府"，在机构改革和经济体制改革中，环境保护作为政府的基本职能将更显突出；环境保护作为社会主义物质文明和精神文明的重要内容，必须与经济建设同步发展等，要抓住这些苗头性的观点，通过宣传，加强引导，推动它们发展、成熟。

上面谈到的环境宣传发展的三个方面，也可以说是衡量环境宣传是否进入的三条基本标准，即环保工作整体的宣传功能是否得到了发挥，环境文化建设是否在不断发展，环境宣传的舆论和导向作用是否有所加强。这样的结论合理不合理，还需要大家共同论证、探讨。

编者按 今年6月在巴西召开的联合国环境与发展大会开创了一个环境保护的新局面。金鉴明副局长在8月银川召开的"全国环境宣传处长会议"上的讲话，用很大篇幅谈了环境宣传如何适应环境保护新形势，现节录发表，以飨读者。

加强我国矿产资源开发中的环境保护工作[*]

矿产资源是国民和社会发展的基础。我国矿产资源丰富，又是世界上矿种比较齐全的少数国家之一。但是，由于人均资源拥有量低，资源消耗量大，我国的资源并不富裕，而是相对贫乏。特别是人为不合理的开采和低效率的使用，不仅浪费了大量资源，使资源更加紧缺，而且造成了严重的环境污染和生态破坏。因此，加强我国矿产资源开发的环境保护，是保证我国社会经济安全、持续发展的一项战略性措施。

一、矿产资源开发利用中的主要环境问题

1991 年国家环境保护局对部分省份生态环境破坏情况的调查表明，矿产资源大量开发毁坏了矿区原有生态环境，破坏了自然景观，带来了一系列的环境问题：

1）显著改变地表形态，破坏原有植被，引起地面塌陷，毁坏大量良田和水土保持工程，造成滑坡、泥石流，引起新的水土流失；导致建筑、铁路、公路和桥梁等工程设施变形甚至毁坏。例如，山东省到 1987 年底，全省统配煤矿采煤后塌陷土地累计为 8573.3 公顷，其中绝产 2333.3 公顷。山西省 1988 年对 2035 平方公里矿区进行调查，产生塌陷、裂缝等地表变形的矿区面积为 542 平方公里，占总调查面积的 26.1%。

2）矿产开发使资源紧缺进一步加剧，优质天然水体受到污染，给当地工农业生产带来巨大影响。据山西省不完全统计，全省因采煤漏水造成 300 多个村庄，26 万人吃水困难，2 万多公顷水浇地变成旱地，大量水井干枯。晋城市丹河水系由于两岸的煤矿开发，矿坑水的污染，各种有毒物质严重超标，影响了沿岸的工农业生产及上万人的身体健康。

3）矿产资源开采排放的"三废"带来严重的环境污染。例如，煤矸石的露天堆放，不仅占用土地，而且降水淋溶出其中的一部分物质，污染了水体及土壤、农作物；煤矸石自燃产生了大量的有害气体，污染大气，矿区周围的环境质量明显下降。又如，四川西阳、管山的土法炼汞，从采矿到冶炼，汞的回收率仅为 18%，约有 80% 的汞排入环境。

二、矿产资源开发利用中的环境保护措施及存在问题

近年来环境保护在资源开发利用中已经越来越受到重视，相关部门采取了一些必要的

* 金鉴明．1993．加强我国矿产资源开发中的环境保护工作．中国人口·资源与环境，(1)：22～24.

措施。主要有：

1）加强法规建设。在我国的"环境保护法"、"矿产资源法"、"土地管理法"等法规中，对矿产资源开发利用的环境保护都作了明确规定。如"矿产资源法"的第三十条规定："开采矿产资源，必须遵守有关环境保护的法律规定，防止污染环境……"各有关部门也制定了一些相应的规章。

2）加强环境管理。地矿部门在一些专业技术规范中，加强了环境保护的内容。例如，在国家"矿区水文地质工程地质勘探规范"中，明确规定评述地区环境质量、预测矿床开发可能引起的主要地质问题，并提出防治建设是勘探的基本任务之一。在矿山开发设计规范中规定，对可能危害矿山工程本身和附近地区环境安全的重要环境地质问题，须采取适当措施加以防治。矿区建设要专门编制环境影响评价报告，并制定专门的环境保护措施。地质灾害防治设计与矿产开发工程设计同时报，防止费用纳入工程预算，从而使矿区地质环境保护得以与矿产资源开发同步进行。同时还坚持了"谁污染谁治理，谁破坏谁保护"的矿产资源开发的环境保护方针。

3）加强了科学研究和环境监测。例如，对一些较有普遍性的重点矿山地质灾害的成因、机制和发生发展规律及防治的研究、对矿区污染的研究等，并在一些重点矿区开展了环境监测。

由于采取了这些措施，我国的矿产资源开发与环境保护在一定程度上能够相协调，减轻了部分环境污染和破坏，并在矿产资源开发和矿山建设发展迅速的情况下，相当程度上减缓了环境恶化的趋势。但是，由于历史和自然等方面的原因，总的来看，矿产资源开发利用的形势还是比较严峻，生态环境破坏问题仍然比较严重。主要原因有：

1）矿产资源开发建设环境保护的法规和制度不健全，没有形成必要的、配套的法规、制度和程序。有法不依、有章不循、执法不严的现象还比较严重。有的地方，不经申请、批准，不进行环境影响评价，在没有科学指导、没有任何措施的条件下，随意开采，使许多浅层矿产资源遭受破坏和浪费，又造成了环境的污染和破坏。

2）资源开发者的环境意识淡薄，只重经济效益，忽视环境效益的现象还比较普遍。没有认真贯彻节约资源、合理开发、提高效率的原则，也没有很好地实行综合勘探、综合评价、综合利用的规定，对资源采取掠夺式的开采方式，既造成了资源的浪费，又人为地加大了生态环境的压力。

3）科学研究和科技水平落后影响了资源开发中的环境保护。由于对资源开发利用所造成的生态影响的科学预测和论证不够，对有的潜在问题认识不清，一些项目建成后的生态问题较多，造成了巨大的经济损失和环境破坏。

4）价格不合理使资源开发的环境保护资金短缺。长期以来，矿产资源被当作可以任意索取的自然物，其价值得不到应有的承认。资源的无偿使用使各级单位团体都可开发利用资源，而国家又缺乏有力的管理措施和合理的价格制度，致使资源的消耗得不到经济补偿，资源和环境保护的资金不足。有的地方行业部门虽以保护资源和环境的名义征收资源费，但却不能完全用于资源和环境保护。

三、加强我国矿产资源开发的环境保护对策

优化矿产资源开发的环境，既是资源开发利用的一项基本工作，也是开展保护自然的

一项基本任务，需要从国家到地方各部门、各方面的密切配合，通过协作解决矿产资源开发利用的环境保护问题，需要进一步采取一些对策和措施，既要加快矿藏的开发以适应经济建设的需要，又要防止对资源的破坏和浪费。只有这样才能保护好环境，减少生态破坏和环境污染。

1）建立健全矿产资源开发利用和环境保护的法规、制度，制定相应的、配套的管理方法。例如，在审批采矿权、采矿生产过程和申请矿山关闭时，都应明确单位、集体或个人的环境保护责任，并进行严格管理，对发现有破坏、浪费矿产资源和污染、破坏环境的行为应及时纠正、阻止。建立矿山环境保护考核指标体系。

2）加强矿产资源开发中环境保护的计划管理。在可行性研究、选址、批准项目和投资、审查等方面要联合把关，各部门、各方面应密切配合，各尽其职，共同搞好环境保护工作。

3）制定有利于资源综合利用和环境保护的经济政策，根据"谁利用谁补偿"的方针征收"生态补偿费"，用于恢复和治理已遭破坏的生态环境。

4）加强宣传教育，提高资源开发者的环境意识，树立有利于资源永续利用和生态环境保护价值观，减少资源开发利用中不利于资源和环境保护的思想和行为。

5）加强矿产资源开发环境影响评价和矿产资源开发利用技术的研究，为矿产资源开发提供环境保护规范化科学化的管理依据，注意矿产资源开发对植被、生物栖息环境、水土流失、自然景观、环境地质、水环境、环境污染等产生的变化及影响。采矿时要保护植被和其他自然资源。矿山关闭时要及时植树造林，或造地复垦、筑塘养鱼、辟为风景区等。

参 考 文 献

[1] 金鉴明等. 1991. 自然保护概说. 北京：中国环境科学出版社.
[2] 朱训. 1992. 矿产资源开发与环境保护. 中国环境报.
[3] 《中国自然保护纲要》编写委员会. 1987. 中国自然保护纲要. 北京：中国环境科学出版社.

摘要：我国矿产资源丰富且矿种较齐全，但人均占有量偏低。生产技术水平低，资源消耗较大，造成环境污染严重。加强矿产资源开发中的环境保护工作是经济持续发展的战略措施。

关键词：*矿产资源；经济持续发展；战略措施*

STRENGTHENING ENVIRONMENTAL PROTECTION IN EXPLOITATION OF MINERAL RESOURCES IN CHINA

Abstract：Mineral resources in China are rich and of a considerable variety，but the average per capita is low. A low standard of production technology and a high resource consumption result in heavy environmental pollution. Strengthening environmental protection in mineral resources exploitation is a strategic measure for economic sustainable development.

Key Words：Mineral resources；economic sustainable development；strategic measure

中国特色的自然保护区管理模式探讨[*]

国际上一般把科学、技术、管理称为现代化的"三大要素"，三者互相制约，相辅相成，其中尤以管理这一要素更具重要意义。因为科学技术的发展，往往要靠科学的管理去实施。实践证明，一个国家经济发展的快慢，在很大程度上取决于管理水平的高低。国内外的实践证明，自然环境管理在现代化建设中占有重要地位，当人们对自然环境缺乏认识，不加管理或很少管理时，环境污染和生态破坏就会发展，反之，随着管理的加强并不断完善，环境污染就会得到更多的控制，生态环境也会得到更多的改善。

一、环境管理新时期的特点

从 1972 年斯德哥尔摩的"人类环境会议"以来，环境管理进入了一个新的时期，这个时期的主要特点有两点：

1）扩大了环境管理的范围，把防止局部地区的环境污染与保护大自然的生态平衡结合起来，人们逐渐认识到，大自然的生态环境决定着整个环境的质量，它对小环境或城市环境往往有决定性的影响。

2）冲破了以环境论环境的狭隘界限，把人口、资源、环境和发展四者相互关系作为环境管理的指导方针，人们意识到只有揭示当代人类面临的这四大问题的相互制约、相互影响的关系，才能从整体上采取防治环境污染与生态破坏的对策。

二、西方工业发达国家环境管理的基本经验

西方工业发达国家环境管理的内容是极其庞杂的，但其基本经验有三条：

1）建立严格的环境法规、制定有关大气、水质、噪声、固体废物，有毒化学品、土地、森林、渔业、野生动植物等保护的法律、条文、规定和标准。

2）制定鼓励减少污染、改善环境的经济和技术政策，使各种先进科学技术得以应用。

3）建立起比较完善的环境管理体制。从中央到地方，再到各行各业，对环境保护都有法规要求，都有明确分工，各单位个人都了解自己应负的责任，并为履行这种责任做出

* 金鉴明.2001.中国特色的自然保护区管理模式探讨.中国自然保护区可持续发展有效管理研修，中国生物多样性保护基金会，5~18.

人力、物力和组织的相应安排。从中央到地方的环境管理机构，都有力地监督环境政策和法律的贯彻执行。

三、中国自然保护区管理的重要性和必然性

自然保护区作为自然保护的一种特殊、重要形式，作为生物多样性保护的一种就地保护形式有其特殊的意义，在保护具有特殊科学文化价值的自然资源中起着其他自然保护形式无法起到的重要作用，它对物种基因库的保存，社会经济的繁荣和人类生存与发展以及对科学技术、生产建设、文化教育、卫生保健、自然保护等事业的发展都具有不可估量的积极意义。尤其是在自然环境和自然资源承受的由人类活动造成的压力日益加重的今天，自然保护区的价值显得更为珍贵，在西部大开发的当今形势下，加快建设自然保护区和加强力度管理好自然保护区显得尤为迫切。

四、自然保护区的科学管理体系

要落实自然保护区的基本任务，必须有一定的组织机构来领导，必须有相应的人员来承担，这就是说自然保护区应当有一套完整的科学管理体系。根据我国的具体情况，自然保护区科学管理体系一般可分为四大管理系统。

1）行政管理体系——自然保护区的组织领导系统。政策、法令宣传业务，文化教育，人才培养，监督计划、规划的实施，劳资，财务，后勤等内容。

2）科研管理系统——自然保护区的参谋、决策系统。组织综合考察与综合评价，安排科研课题，布设定位观测站和确定观测项目、有条件的可建立基本资料数据库，种植试验与养殖试验，组织编制短期和中、长期发展规划，审定自然资源的保护与开发利用方案，提供建立标本室、展览馆、信息资料室等科技资料内容。

3）生态与景观管理系统——自然保护区的保卫系统。自然资源与自然环境保护方案的实施，保护站与巡逻队，公安局或派出所，农民护林员（或保护员），处理自然保护区内所反映的违法事件和破坏性事件等。

4）经营管理系统——自然保护区的生产管理系统。实施合理开发利用自然资源方案，统筹管理种植业、养殖业、加工业、旅游业、商业和妥善安排群众的生活等。

五、现阶段自然保护区管理模式解析

1. 目前自然保护区管理体制现状

我国现阶段的自然保护区管理体制为实行综合管理和分部门管理相结合的管理体制，即统一监督管理与分类管理并存的管理体制，国家环保部门负责全国自然保护区的综合管理；林业、农业、地矿、水利、海洋等部门在各自的范围内，主管有关的自然保护区，林业部门建设管理自然保护区的时间最早、数量最多；环保部门从强化自然保护区的监督管

理和建立示范的目的出发，目前也建立和管理一批自然保护区；另外农业、海洋、地矿等部门也根据各自职责管理有关的自然保护区。

上述管理体制的优点：①发挥各部门和地方的积极性；②各级政府和各部门出资筹建保护区，减少国家财政压力；③各部门管辖专业对口有利于总结经验，提高管理水平。

多头管理体制的缺点：造成管理力量的分散，机构设置重叠、混乱、协调困难，影响合作和交流。

总结经验，吸取国外组建和管理自然保护区的先进经验，分析国情，从实际出发，寻找我国保护区最佳管理模式，已是势在必行。

2. 目前自然保护区管理模式分析

（1）行政主管部门

1）单一专门管理机构。（国家级保护区也由所属主管部门委托地方所在下属单位进行建设和管理）全国大多数拥有多种自然资源的自然保护区由所辖资源对口部门进行建设和管理。

2）中央直辖管理。国家林业局直接投资进行建设和管理（如卧龙保护区、佛坪保护区、白水江保护区）

（2）政区—保护区合一

四川卧龙特区保护区、安灰鹞落坪保护区

（3）风景名胜区—自然保护区合一

黑龙江五大连池、四川姑娘山和九寨沟

（4）风景名胜区—自然保护区—森林公园合为一体

黑龙江镜泊湖、辽宁千山

（5）学校、科研单位和地方政府共管

广东鼎湖山（中国科学院）、黑龙江凉水（东北林业大学）

（6）林业局所管辖的林场改制挂靠林场管理　地方较多的保护区

（7）农民或企业家承担保护管理

六、以四川省自然保护区管理模式为例

1. 四川省概况

四川省位于中国西南部长江上游地区，面积48.5万平方公里，地势西高东低，地形复杂，海拔高低悬殊，河流纵横，是我国东部季风区与西南青藏高原交接和青藏高原与四川盆地的过渡地带，区域气候和地质、地貌等自然地理条件的多样决定了四川省自然资源的丰富和多样性。

四川省自然环境条件的多样，孕育了四川丰富的自然资源，拥有野生脊椎动物1100多种，野生高等植物1万余种，珍稀、濒危植物种类繁多，属于国家级保护的珍稀动物居全国之冠，生物多样性居全国第二位。

2. 四川省自然保护区概况

四川省已建自然保护区：四川省从 1963 年建立起第一个自然保护区以来，已建有自然保护区 75 个，占幅员面积的 9.29% 左右。其中有国家级自然保护区 12 个，列入人与生物圈保护区网的有卧龙自然保护区和九寨沟自然保护区，列入世界自然遗产名录的有九寨沟自然保护区。

四川省自然保护区的主要类型有：①森林生态系统和野生动、植物类型；②内陆湿地生态系统和水域生态系统类型；③草原与草甸生态系统类型；④综合自然生态类型；⑤自然地质遗迹类型。

3. 四川省自然保护区的管理体制

根据《中华人民共和国自然保护区条例》和《四川省自然保护区管理条例》的有关规定，我国的自然保护区的管理体制是综合管理与分部门行业管理相结合的管理体制（图1）。

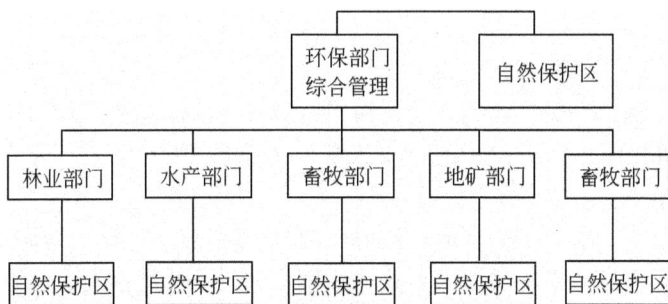

图 1　四川省自然保护区管理体制

4. 四川省自然保护区管理方面存在的主要问题

由于管理体制等多种原因，该省的自然保护区管理主要存在的问题有：①由于多部门管理，产生部门之间的矛盾；②资金投入严重不足；③管理和保护能力差，技术力量薄弱；④保护区的建设未能很好解决社区发展问题。

5. 四川省自然保护区的建设和发展

（1）编制四川省自然保护区发展和建设总体规划

全国自然保护区规划纲要的要求和规定，该省环境保护局与省计划委员会共同组织编制了《四川省自然保护区发展和建设总体规划》，规划目标是：2010 年全省自然保护区将发展建设到 156 个，占幅员面积的 10%。

（2）加强自然保护区的深层管理

该省今年刚实施的《自然保护区条例》等规定和《自然保护区总体规划》的要求，该省的自然保护区建设将分两个阶段进行：

第一阶段是抢救性地建设一批各级自然保护区；

第二阶段是对保护区进行规划和建设，包括对保护区内的水质、大气和生态环境实行环境质量检测，对生物资源采取保护措施，开展科研教学等。

6. 自然保护区的传统管理举例

（1）九寨沟自然保护区的管理（图2）

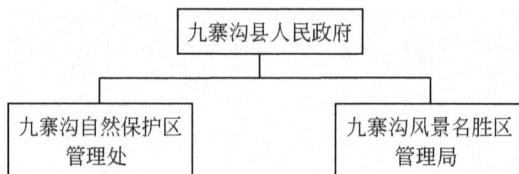

图 2　九寨沟自然保护区管理体制

九寨沟自然保护区的管理体制属于多部门并管的形式，自然保护区管理处和风景名胜管理局属于县政府管辖，这两个机构在同一地区行使管理，各有侧重，但存在一些不协调和工作交叉的问题。

九寨沟自然保护区的社区建设：

生态旅游是九寨沟解决社区经济发展和当地居民生活的主要方式。20 世纪 80 年代初，九寨沟就开始开展生态旅游，到目前全年旅游人数已达 40 万以上，为当地经济的发展起到了十分重要的作用。

为保护好九寨沟丰富的生物资源，在进行九寨沟旅游规划时，明确提出了"沟内游，沟外住"的原则。但是由于种种原因，这一原则没有得到很好执行，九寨沟内目前已建有5000 多个旅游接待床位，过量的人员在沟内吃住，造成了九寨沟水质的污染。在众多的原因中，管理机构与保护区级别的不适应，人员素质不高等是其主要原因。

（2）卧龙自然保护区的管理（图3）

图 3　卧龙自然保护区管理体制

卧龙自然保护区是国家林业局直管的另一个世界级自然保护区，由四川省林业厅代管，同时又是四川省政府的一个行政特区，其管理级别较高，所配备人员素质也较高，这使保护区的工作开展得卓有成效。

卧龙自然保护区的建设状况：①由于管理机构的性质和所配备人员素质的不同，卧龙自然保护区的管理和发展现状良好；②大批水电站的建设使当地居民基本解决了能源问题；③建立了大熊猫繁殖研究中心，为保护和研究大熊猫作出了极大贡献；④开展有规划的旅游活动，带动当地经济的发展。

（3）龙溪—虹口自然保护区的管理模式

1）龙溪—虹口自然保护区管理体制（图4）。根据龙溪—虹口自然保护区规划，龙溪—虹口自然保护区的管理体制将采用峨眉山的管理体制，即由市长任主任的"自然保护区管理委员会"。

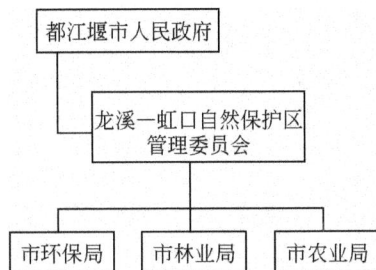

图4　龙溪—虹口自然保护区管理体制

由于管理体制的不同，保护区的各项工作都能直接由市政府牵头，可以调动各部门力量进行建设，这使保护区的工作能够健康地发展。

2）结合产业结构调整，大力发展高科技农业和生物资源的综合利用，解决社区居民的根本出路。

生态旅游仍然是重要的绿色产业。根据《龙溪—虹口自然保护区的总体规划》，将重点开展以生态旅游为主要内容的旅游活动，结合都江堰市"建设生态旅游文化城市"的推行，促进当地的可持续发展。

七、中国自然保护区管理特色——走自养和半自养产业化发展道路的探讨

国家对自然保护区投入尚未纳入国民经济和社会发展的总体规划中，或者纳入但尚未实施，只有主管部门的少量投入和地方的投入，但差异很大，远远不能满足保护区建设和发展的需要。因而，多年来不少地区寻求和探讨走保护区自养和半自养管理的路子，也取得了不少经验。

1. 自然保护区之间的投资水平参差不平

由于各自然保护区的主管部门不同，所在地区不同以及保护区的重要地位不同，在投资水平方面存在明显的差异。

（1）保护区级别的差异

保护区的重要地位主要反映在其级别上，保护区按重要程度划分为国家级，各省、市级和县级，一般来说国家级保护区知名度较大、资金来源较广，所获资金额度也多，国家级保护区的资金渠道主要有中央主管部门，各省级主管部门，省财政，所在市、县主管部门和市、县财政。例如，甘肃安西国家级荒漠保护区是由环保部门和农业部共同主管，因此其资金来源较广，1987～1992年6年中累计投资（除人头事业费）166.5万元，其中环

保部门投资80万元（国家环境保护局45万，省环境保护局35万），占48%，农业部门投资86.5万（农业部60万，省畜牧厅26.5万元）。林业局直属的卧龙、佛坪、白水江保护区则投资更多。

（2）地区差异

广东省始兴县在1982~1992年对车八岭保护区投资共达1800多万，浙江1980~1992年对天目山保护区投资共达600多万元，辽宁蛇岛保护区1982~1992年投资达300万元，而山西省国家级庞象沟保护区每年投入仅10万元，安徽省保护区的经费则更是困难，除人头事业费外，其他什么也没有。

（3）主管部门差异

林业部门主管保护区时间较长，经验较多，投资规模较大，在林业部门主管的保护区中总投资额已超过1000万元的有长白山、武夷山、天目山、祁连山、卧龙、车八岭、凉水等一批保护区，环保部门主管的保护区以蛇岛时间最长，投资也大，草海投资为350万，农业部门主管的云雾山保护区规模大，总投资不足200万元，海洋部门主管的南麂列岛投资只150多万元。

（4）经营管理差异

一般来说，地处沿海开发地区的保护区易受市场经济影响，商品意识较浓，经营活动比较活跃，而内地保护区的商品意识较差或思想比较保守，安于现状、依赖拨款，经营无方，即使同一地区，由于管理水平不同其经营差异甚大。例如，贵州雷公山保护区组织群众开发、经营，其声势较大，目前每年仅创收10万元，但潜力较大，贵州草海保护区有得天独厚的水面资源，然而保护区创收能力差，每年仅数千元收入。

2. 不断提高自养水平，逐步发展保护区产业

国家级自然保护区的资金投入虽有保障，但它只占整个国家自然保护区总数的10%，绝大部分的省级、市级、县级保护区投入甚少，有的甚至全无，要国家担负所有保护区的经济支持，显然是不可能的，但是自然保护区需要发展，现有的保护区需要完善和提高，都缺少不了经费的支持。因而需要寻找适合中国国情的保护区管理特色之路，而提倡自养自给和发展保护区产业或许是解决当前燃眉之急的良方。

保护区产业是指在依法严格的保护前提下，保护区管理机构在实验区或保护区周围可开展多种资源开发经营活动，包括生物资源的合理开发利用、资源的加工和产品生产、旅游服务业和商业等经营活动。保护区产业是环保产业的一种形式，它的特点是以不破坏保护区的自然环境和自然资源为基本条件，适当利用实验区的资源优势，因地制宜地发展生产和经营服务，取得经济效益、社会效益和环境效益的三效益统一，同时积累资金，为加强自然保护区管理和发展提供经济效益支持，这是保护区产业发展的主要目的。

生物资源的开发利用是实现产业结构调整的科学道路。

例一　根据龙溪—虹口保护区规划，保护区的发展重点之一即是生物资源的开发利用，结合该保护区的实际，有以下9个重要发展领域：

·无公害传统中药材基地的建设
·无公害蔬菜种植基地

·特色水果种植基地

·优质园林植物和造林苗木种植基地

·茶叶种植基地

·银杏种植基地

·野生蔬菜的综合开发

·栽培优质牧草发展圈养畜业

·藤编和竹编家具开发

例二　根据内蒙古锡林郭勒草原自然保护区规划，其生物资源开发项目有以下几个重要发展领域：

·珍贵药用植物（黄芪，甘草等）栽培基地

·珍贵经济动物（马鹿）养殖基地

·优良牧草培育基地

·引进优良绵羊品种，更新畜群示范地

·生态旅游新兴产业发展

·扎格斯太度假村

·蒙古文化村风情游艺、赛马、射箭、摔跤项目

·中国科学院草原生态定位站和保护区研究成果参观和宣传教育

结束语：深化改革走中国式自然保护区管理体制的模式之路

适合中国式保护区的管理模式，目前仍然是一个值得研究、探讨的问题，历经多年的努力和试点，管理模式多种、各有利弊、探讨适合国情的理想管理模式仍需时间和实践。

鉴于自然保护区事业是公益性事业，国家及各级政府应大力支持并加大投资力度，以保证和促进保护区的建设和发展。随着自然保护区数量不断增加和各级政府的日益重视，各级政府自然保护区建设与管理的投资逐渐增多，投资渠道也日益扩大。在多年的实践中，采取多渠道的投资形式是可行的（中央、地方、社会及国外资助）。

与此同时，借鉴国际管理思想先进经验，结合国内经济、社会发展的需要，从长远来看，我国自然保护区的管理体制应形成一个从资源业务主管部门为主，充分调动和发挥社会各界参与的积极性（在我国除林业、农业、海洋、地矿等资源业务部门之外，尚有不少部门以及社会团体和企事业单位出于部门工作需要或对保护区事业的关心和热爱，有参与保护区建设和管理的积极性）使其共同参与自然保护区建设和管理的开放式管理体制，在科教兴国战略思想的指导下进一步探讨走提高自养水平和产业化道路的可能性。

其他部门建设和管理的自然保护区，有关资源业务主管部门应为其建设创造必要的条件，并在日常管理方面提供业务指导和进行监督管理。自然保护区业务主管部门之间也应打破资源管理的界限，相互提供建区和管理的条件，齐心协力、共同建设和管理好自然保护区。

自然保护区新的模式

生态功能保护*

一、建立自然保护区新模式——生态功能区的目的意义

改革开放以来，党和政府十分重视生态环境保护工作，特别近几年来从生态建设和生态保护的角度加大了领导的力度，采取了一系列行之有效的举措，取得了显著的成绩。

主要内容包括：水土保持、植树造林、草原恢复、防沙治沙、天然林保护、退耕还林还草，建立了一批自然保护、风景名胜区森林公园和生态示范区等，使得一些地区的生态恶化趋势有所缓减，一些地区的生态环境得到改善。但是生态环境形势仍然相当严峻，表现在一方治理多方破坏、治理赶不上破坏的速度，其结果是森林资源的继续破坏，草原资源的迅速退化，珍稀动植物濒于灭绝，生物多样性大幅度减少，土地荒漠化的加剧，水土流失面积的不断扩大以及生态恶化所引自然灾害（滑坡、泥石流、沙尘暴等）的频繁出现。其原因归纳起来，环境保护意识不强、重开发轻保护、重建设轻维护和资源不合理开发利用是造成生态环境恶化的主要原因，同时，执法不严、管理不力和投入不足也是加剧生态环境退化的重要原因。

根据生态环境破坏和退化的主要原因，特别是在重要的生态敏感地区和重点的生态保护地区加强生态环境建设和生态环境保护，科学规划、合理利用和保护各类重要自然资源，并加强严格的环境管理已迫在眉睫。其中的重要措施之一是建立生态功能保护区。

这是惠及当代和子孙后代的千秋大业，是落实环境保护的基本国策和可持续发展战略的重大举措，建立生态功能保护区的意义十分重要也十分深远。

二、生态功能保护区的主要内容与要求

1. 生态功能保护区的界定

在保持流域、区域生态平衡，减轻自然灾害，确保国家和地区生态环境安全方面具有

---

* 金鉴明 . 2002. 中国特色的自然保护区管理模式探讨（续）：自然保护区新的模式——生态功能保护 . 中国自然保护区可持续发展有效管理研修，中国生物多样性保护基金会，4～10.

重要作用的地域（或流域），它们是：

1）江河源头区。

2）重要水源涵养区。

3）水土保持的重点预防保护区和重点监督区。

4）江河洪水调蓄区。

5）防风固沙区。

6）重要渔业水域。

7）其他具有重要生态功能的区域。

2. 加强生态功能区的环境管理

1）对生态功能保护区采取下列保护措施：停止一切可导致生态功能继续退化的开发活动和其他人为破坏活动，包括在区内进行开垦、开矿、采石、挖沙、砍伐等活动和交通、水利、水电等建设项目。确有必要进行上述活动和建设项目的，必须严格执行环境影响评价制度和"三同时"制度。

2）在区内已经建成的设施，其污染物排放超过国家和地方规定的污染物排放标准的，应当限期治理，已造成生态破坏的必须采取补救措施。

3）在生态功能保护区的外围地带进行的开发建设活动，不得危害区域内的生态环境。

4）严格控制区内人口增长，已超过承载能力的应采取必要的移民措施。

5）改变粗放生态经营方式，走生态经济型发展道路，对已退化的生态环境，一方面遏制其恶化趋势，另一方面积极重建与恢复生态系统。

三、重点资源开发的生态保护措施

加强对水、土地、森林、草原、海洋、矿产等重要自然资源的管理。对自然资源的开发，必须遵循相关的法律、法规，实施国家规定的生态环境影响评价制度。

1. 对水资源开发利用的生态环境保护

水资源的开发利用需要考虑流域的统筹兼顾。生产、生活、生态用水的综合平衡，坚持开源与节流并重、节流优先、治污为本、科学开源、综合利用的原则。

2. 土地资源开发利用的生态保护

根据土地利用总体规划，实施土地用途管制制度，明确土地承包者的生态保护责任，加强生态用地保护、冻结征用具有重要生态功能的林地、草地、湿地。

3. 森林、草原资源开发利用的生态保护

具有重要功能的森林、草原应划为禁垦区、禁伐区和禁牧区，严加保护。已开发利用的要退耕还林还草、育林育草。

4. 生物物种资源开发利用的生态保护

生物物种资源开发利用应在国家保护生物多样性和生物安全的原则下进行，依法严禁一切捕杀、采集濒危野生生物的活动，严打濒危野生动植物的非法贸易。加强生物安全管理，引进外来物种必须进行风险评估，防止国外有害物种进入国内。

5. 矿产资源开发利用的生态保护

严禁在自然保护区、风景名胜区、森林公园、生态功能区内采矿；严禁在崩塌滑坡危险区、泥石流易发区和易致自然景观破坏的区域采石、采砂、挖土。在沿海、江、河、湖、库地区开采矿产资源，必须采取生态保护措施，尽量减少由于开采引起的生态环境破坏，已造成破坏的必须限期恢复，已停止采矿和关闭的矿山、坑口必须及时做好土地复垦。

6. 旅游资源开发利用的生态保护

旅游资源的开发必须明确环境保护目标，符合生态保护要求。确保旅游设施建设与自然景观相协调，与生态环境承载能力相适应，科学的确定游客容量、合理的设计旅游路线，严格限制对重要自然遗迹和自然保护区内的旅游开发，严格管制索道等旅游设施的建设规模和数量。旅游区的污水、烟尘、生活垃圾必须按生态环境保护管理要求达标排放和回收，实行严格处理。

7. 海洋和渔业资源开发利用的生态保护

海洋和渔业资源开发利用必须统一规划并按功能区划进行，严格保护沿海防护林红树林、珊瑚礁，重点加强江河出海口、海湾和渔业水域等重要水生资源繁育区的保护，防止海洋污染和海洋倾废。

四、生态功能保护区与自然保护区的不同模式和不同管理

1. 保护区的界定范围

自然保护区的范围大多强调保护对象的原始性、自然性，在一定的行政管辖范围之内。

生态功能保护区的范围较大，它强调的是以重要区域生态系统为保护对象，它从保护江河源头（可以是河流的或区域的跨界、跨行政管辖区）的角度对生态系统进行保护。

2. 保护区的主要任务

自然保护区的主要任务是保护生物多样性，包括生态系统的保护、濒危物种的保护、遗传资源的保护、自然地质遗迹的保护。换言之，以保护为主，在保护的前提下适当地对自然资源进行合理的开发利用（限经营区内）。

生态功能保护区除了具有设管理机构、规划和划分功能区、开展监测、制定管理条例等与自然保护区相同任务之外，其主要任务是在生态功能保护区内强调调整产业结构、发展生态产业、开展生态恢复与重建工作。

3. 保护区的管理模式

自然保护区是相对封闭式的管理，在保护区除管理机构外，禁止人为活动的干扰。而生态功能区是开放式的，是自然、社会、经济综合的管理模式，它可以在生态保护的前提下进行适度的生态建设与资源的合理开发利用，满足区内居民生产、生活所需的开发活动，但此类开发活动必须在规范建设、统筹规划、严格管理、适度开发和持续发展的前提下进行。

4. 保护区的领导机构

按自然保护区不同的重要性，自然保护区可划分为国家级、省级和县（市）级，并由当地政府委托自然保护区不同类型相应的部门负责组建和管理。

按重要性不同，生态功能保护区可分为国家和地方生态功能保护区二个级别类型，并要求政府主要负责人负责组建和管理。

5. 保护区的生态环境管理

自然保护区的生态环境管理应根据自然保护区所具有的保护、科研、宣教、适度经营和生态旅游 5 项功能进行管理。

生态功能保护区除上述功能管理外，还有生态建设和开发项目的管理，包括交通、水利、水电、开垦等项目或活动，必须严格执行环境影响评价制度和"三同时"制度，并需建立生态环境保护目标责任制，明确责任单位和责任人。

在生态功能保护区的外围地带进行的开发建设活动，不能危害保护区内的生态环境。

五、自然保护区与生态功能保护区遵循的原则和努力的方向

1）二类保护区都必须遵循可持续发展的战略方针。坚持保护优先、预防为主的原则，坚持统筹兼顾、合理开发，正确处理资源开发与环境保护的关系。

2）二类保护区都是以采取就地保护方式为主，这是生物多样性保护主要途径之一。

3）加强对周边地区的保护是生物多样性保护的原则之一，把周边地区对保护区的干扰影响减到最小程度，同时应十分重视保护区社区共管的建设和发展，把它视为推动保护区可持续发展的实验点或示范地。

4）加强依法管理、科学管理是建设和保护好二类保护区的两块基石，是标志保护区发展水平和管理水平的标志。

5）加强生态环境保护的宣传教育，不断提高全民的生态保护意识和对保护区在国民经济社会发展中重要意义的认识，重视保护区的培训和宣传教育，动员和推动广大民众与民间团体参与保护区发展事业。

六、结 束 语

全球环境的恶化威胁着人类未来的生存和发展。当代人所面临的环境问题，就其涉及范围来看，包括：工业、农业、交通、运输、能源、外交、贸易、经济、科技、教育等各行各业和诸多领域；就其影响范围而言，从南极到北极的地球任何角落都有污染和破坏的足迹，因而并不以人为划定的国家疆界为限。它具有地区性甚至世界性的特点，涉及几乎所有国家的安全和全人类的利益；就其产生的危害来看，它制约着人类，甚至影响几代人的生存和发展，如得不到切实解决，将导致生产力倒退，生物多样性减少、退化，从而危及人类社会进步和繁荣，甚至引起人类生存条件的恶化和文明的没落。因而，人类必须重视生态环境安全并维护生态安全，保护生态环境，建设和管理好自然保护区、生态功能保护区，保护生物多样性，就是保护人类自己，保护我们的家园——地球。这是历史赋予我们共同的责任。

第五篇 | 生态文明
       演绎和谐

水资源面临着危机[*]

水是人类生活和生产不可缺少的宝贵的自然资源。水是生产过程中物质循环与能量传递的介质和原料；又是调节气候，维护自然界水热平衡的因素；水还是构成生物体的基础。水是生物之本，生命之源，它在生物体中占了很大的比例：占水母体重的90%以上，占水生生物体重的80%，占陆生生物体重的50%，占人体体重的三分之二。当人体缺少相当于体重20%的水分时，生命就有危险。没有水，也就没有生命。

根据水文循环和生态平衡的原理，水是一种可以再生的自然资源，但是它的数量不会增长。地球水的总量约有14.5亿立方公里，全世界平均每人每天可摊到30多万升，而每人每天的耗水量只不过几百到几千升。这样看来，水资源似乎很丰富。其实不然，因为在总水量中，海洋的咸水占了97.3%，陆地和大气中的水只有2.7%。而陆地的水，大量分布在两极的冰盖和高山顶的冰冠中，目前尚无法加以利用；余下的又有一半存于盐碱湖和内海之中。所以，人类可以直接利用的淡水只占地球总水量的0.013%。尽管地球上有的是烟波浩渺的海洋，真正为人类生产和生活所用的淡水却非常贫乏，世界可用的淡水资源并不多。有这样几个数字：全世界陆地年平均总降水量约119万亿立方米，年径流总量47万亿立方米，按43亿人口计算，人均径流量只有10 930立方米。

尽管世界水资源越来越紧缺，但是对水体的污染和浪费水资源的现象依然大量存在，从而加剧了水资源的危机。由于任意排放未经适当处理的工业废水、生活污水和垃圾，世界河流的稳定量有40%被污染。曾经轰动世界的"水俣病"、"骨痛病"等公害事件，都是水域被污染后，有害物质通过食物链进入人体而造成的。

水域污染还给工农业生产带来极大危害，造成严重的经济损失。在美国，1970~1975年，因环境污染造成的经济损失达3000亿美元；其中由水污染造成的损失占26.5%。1970年，日本因环境污染造成的220亿美元的经济损失，占国民净福利的13.8%。在一些国家，水污染造成的损失竟占国民经济总产值的1%。

对水的浪费，也很惊人。日本、法国、美国的一些大城市中，每人每日用水量达400~600升，但仅漏水一项，就占全部用水量的10%~15%。在工业用水中，99%的水没有进行处理并重复使用，而是当作废水全部排掉。

随着生产的发展和人民生活的改善，人类对水资源的需要量越来越大。目前，世界淡水的消耗量，正以平均每年递增4%的速度增长。在美国，1975年已使用了全国可利用淡

* 金鉴明.1982. 水资源面临着危机. 环境，(6)：2，3.

水的 95%；预计 25 年后，美国所需淡水总量将缺少六分之一，连世界淡水资源最丰富的大湖区，用水也将紧缺。有人估计，如不采取任何节水和恢复用水措施，到 2100 年，世界上所有河水将耗尽或因污染而不能使用；到 2230 年，人类将可能耗尽岩石圈所有的水贮量。难怪现在中东一些水资源最贫乏的国家，已经着手计划开发南极冰山的淡水资源。

世界水资源面临危机，我国也不例外。按人口平均，我国水资源并不丰富，加上地区之间水量分布不均，降水量和径流量年内各月分配不均，年际变化又大，生产和生活用水急剧增加，使得用水矛盾日趋激化。

解决我国水资源问题，首要的是要扭转水是"取之不尽，用之不竭"的陈旧概念，确立从生态观点和经济观点的角度去认识水，真正将水看成是一种"宝贵的资源"。从上到下，各行各业都来大力宣传保护和珍惜水资源的重要意义，做到人人节约用水、合理用水。

开源节流是解决水资源问题的重要途径。开源，就是合理充分地利用当地水资源。去年为了确保北京用水，减少密云水库对天津的供水量，而从豫鲁引入黄河水，以解决天津用水，这就是一个很好的实例。节流，主要是降低工农业的耗水量，采取一水多用，提高现有水资源的循环使用率、再次利用率和回用率。我国对水的浪费十分惊人：国外生产 1 吨纸仅用水 20 吨，我国却需用水 200 ~ 700 吨；国外炼 1 吨油用水 0.3 ~ 1.2 吨，我国要 2 ~ 32 吨。可见，通过技术改造和提高管理水平，节流的潜力是很大的。为达到节约用水的目的，上海实行用经济办法强制工厂执行，凡超过规定用水量的单位，要加 2 ~ 5 倍收费；北京也拟定了利用和保护水资源的六条措施。

防治水源污染，是解决水资源问题的一个重要方面。现在我国许多地区不是没有水，而是由于水源受到污染，有水也不能用。某些靠近河、湖的城镇，往往由于河、湖受污染而喝不上河、湖的水。这几年来，一些地区通过抓好环境管理工作、开展区域性综合治理、实行排污收费等措施，对各种工业废水的治理取得明显的效果，在一定程度上缓和了当地用水紧张的状况。

在宣传教育、统筹计划、科学管理和防治水资源污染的同时，还要考虑制订相应的法制、规定和措施。对于破坏和浪费水资源的个人和单位，要实行必要的经济制裁甚至绳之以法。此外，各地都要根据本地水资源的实际情况，拟定城市和工农业的布局，使城市人口的增长和工农业发展的规模，不致超越本地水资源的客观实际。

全球变暖对农业生态的影响[*]

人们普遍认为，人口、资源、粮食、环境和发展是当今人类面临的五大挑战，而在环境问题中，又以"温室效应"、臭氧层破坏等全球环境问题最为突出。大家知道，1989年的世界环境日，就是以"警惕：全球变暖"作为宣传主题的。在即将过去的这一年中，世界上许多国际组织、国家和学术团体，为此组织了多次国际会议。国内外的报纸、广播、电视也频频发出有关的报道或讨论"温室效应"引起的全球性气候变暖问题。因而使人们对其可能导致的严重后果有了比较清醒的认识。

气候变暖对农业生态的影响主要体现在气温升高、降水量及其时空分配的改变，以及由此产生的对农作物生长的影响。

1. 气温升高海平面上升

近几十年来，由于人类大量燃烧矿物燃料、砍伐森林，大气中的二氧化碳、甲烷、一氧化二氮等温室气体浓度大大增加。在工业化的1850年，二氧化碳的浓度仅280ppm，而现在已达345ppm，预计到2050年，将达到560ppm，为1850年的两倍。温室气体浓度的增加引起了全球温度的直接上升。研究表明，二氧化碳浓度增加了一倍，全球平均增暖大约$1.5 \sim 4.5℃$，气温升高的直接后果是导致北极、南极的冰雪部分融化，从而使海平面上升。近百年来，全球海水平均上升了$10 \sim 15$厘米，照目前气候变暖的速度推算，到2100年，世界海平面将平均升高110厘米。海平面上升会淹没许多沿海低地农田；由于海水侵蚀，海岸附近土地盐渍化也会加剧，海水还会污染沿海地区的地下淡水资源并使海流情况发生变化，提高河流出口处与陆地蓄水层的程度，从而影响淡水供应。此外，由于沿海地区经济受到不良影响，也会影响沿海地区的社会安定。

2. 水资源恶化

气候变暖将会使降水量发生变化。研究结果表明，在世界主要农业区的中纬度地区，夏天可能会变得更加干燥，而在冬末期间的降水量将会增加。这样，中纬度地区有些内陆湖泊、水库水位将下降，甚至干涸。有人推算，加拿大与美国的五大湖水平面在今后50年内将会下降$10 \sim 30$厘米，使内河航运受到影响；而在高纬度地区的一些低地，则可能经常渍涝，不少现有的水利设施可能失效，农业的旱涝灾害次数将会增加。气候变暖引起

＊ 金鉴明. 1990. 全球变暖对农业生态的影响. 环境保护，（2）：8，9.

旱涝灾害频繁的情况在我国也较明显。20 世纪 50 年代，我国发生旱灾的次数为 6 次/年，到 70 年代已增加到 10 次/年。20 世纪 50 年代初期北京地区平均降水量为 738 毫米，60 年代初期平均为 712 毫米，1976 年 ～ 1985 年已下降到 585 毫米。随着气温的不断升高，我国西北干旱地区将更加干旱，而热带地区的海南岛夏季对流性降水将更加充沛，从而改变了农业生态系统，影响粮食生产。

另外，气温升高会增加水分蒸发量，在降水量相同的情况下，会减少河流的径流量，并使每月的径流量变化大于年平均的径流量变化，从而使冬季土壤湿度增大，而其他各季土壤湿度降低。

3. 对农业生产弊大于利

虽然二氧化碳浓度升高有益于植物的生长，气温升高也可延长高纬度地区作物的生长季节。但是，现在地球上多数地区是雨热同季，有利于作物生长，如果夏季变得干热少雨，冬季温湿而多雨雪，不仅对作物的生长不利，而且会使病虫害更加严重。从整体上讲，降水量变化的不利影响，将会大大抵消二氧化碳对植物的肥效作用和升温后延长高纬度地区生长季节的作用。有不少研究表明，气候变暖将对北美和欧洲的小麦生长区的粮食收成不利。如果降水量不变，气温升高 1℃ 可使小麦减产 1% ～ 9%；气温升高 2℃，将减产 3% ～ 17%。在冬天气温升高与降水量增加的情况下，虽然可使加拿大扩大小麦的种植面积，然而，气温升高后将使墨西哥的粮食减产。

气候变暖对树木生长也有明显影响，北方森林的许多树种将死亡，大树将遭枯萎，在新树种生长壮大以前的至少 50 年时间内，木材产量将大大减少，森林带的地理分布界线和森林病虫害都将北移。

综上所述，气候变暖对农业生态系统的影响是巨大的。尽管对未来气候变化的规模、速度以及影响范围尚有不明之处，但气候变暖已成为趋势，其影响也已客观存在。由于农业生产与气候变化关系甚密，农业生态系统的改变必然会影响到农业生产。以往，我们所进行的农业生态经济发展规划，在很大程度上是建立在气象资料的基础上的，如果现已考虑到由于温室气体浓度增高，21 世纪全球气温会大大增加，我们应该对诸如农田灌溉、旱灾预防、农田利用、堤岸结构、水力发电等重要规划方面及早制定适宜的对策。

生态农业是利用生态学原理，实现生态系统内能量流动和物质循环最优化的农业生产方式，是实现农业持续发展的重要途径。由于生态农场是建立在生态学理论的基础上的，具有持续、稳定、高效的生产力，这种农业生产系统对于气候变化的影响，比起常规的石油农业具有较好的适应性和稳定性。从这个角度上讲，它的实用价值更大，意义更深远。

总之，全球气候变化不仅对农业生态系统产生影响，而且将影响到我国的经济发展，甚至整个的战略部署。它又一次提醒人们，在发展经济的同时，要注意生态环境，要树立全球大气环境观念，以便及早组织科技力量，进行全球大气环境监测分析研究，以掌握全球气候变化对我国未来大气环境的影响，做到统筹兼顾、防患于未然，为保护人类赖以生存的家园做出应有的贡献。

中国的生态农业[*]

新中国成立 40 年来，特别是党的十一届三中全会以来，我国农业取得了举世瞩目的成就，基本解决了 12 亿人口的温饱问题。但长期以来，农业对自然资源利用不当，整个国民经济以资源消耗型和粗放经营型快速增长，造成了严重的生态环境问题，构成了对农业可持续发展的挑战。中国农业的发展除面临如何阻止自然资源耗竭和生态环境恶化的挑战外，也面临着如何满足日益增长的农产品需求和如何使广大农村摆脱贫困落后面貌的挑战。

一、发展生态农业是中国实现可持续发展战略的重要举措

工业化革命以来，以高度集中、高度专业化、高度劳动生产率为特征的现代农业——石油农业在发达国家取得了很大发展，甚至一时成为世界农业发展的趋势。但是到了 20世纪 70 年代，这种以高投入为特征的农业形式产生了许多诸如植被迅速减少、水土流失加剧、土地肥力下降、沙化和盐碱化严重、生态环境遭到破坏等问题，使农业发展面临困境。

在这种情况下，各国相继寻求新的替代农业模式，如有机农业、生物农业、生物动力学农业、自然农业等。其目的在于建立一个能自身维持土壤肥力、减少对环境的污染和控制病虫害的持续发展的农业系统。各种替代农业虽然在节能、保护自然资源、改善生态环境和提供无污染食品等方面取得了很大成绩，但由于各种替代农业为了防止污染，尽可能减少现代工业产品尤其是化工产品在农业上的使用，主要依靠农业生态系统自我调节和维持能力组织生产，实现农业生产较低水平的自身良性循环和长久发展，因而其产量和经济效益往往不如常规农业，劳动生产率一般较低，这与现代社会所要求的高效率相悖，因此未能得到大面积推广。即使在发达国家，其推广面积也只占耕地总面积的 0.3%，在广大的发展中国家市场更小。中国人口多、人均资源拥有量少，农产品供给还很不宽裕，人们的生活水平还处在温饱向小康过渡阶段。这样的国情，要实现农业现代化，就不能重走西方发达国家的"工业化农业"或"石油农业"的老路，因为持续的高投入，中国不具备这样的国力，加上环境容量有限，不符合中国农业发展的选择。而国外的"替代农业"对人多地少、农产品需求量大的中国来说也是行不通的。中国农业在从传统农业向现代农业

[*] 金鉴明，金冬霞. 1999. 中国的生态农业. 世界科技研究与发展，(2)：10~14.

转变的过程中正逐步形成一种具有中国特色的持续发展模式——中国式生态农业。中国的生态农业既不是对"石油农业"的全盘否定，也不是传统农业的完全复归，它是人们自觉地运用生态学和生态经济学原理以及系统工程方法，把现代科学技术同传统农业的精华结合起来指导和组织农业的生产建设，以建成良性循环，持续发展，三效益（经济、生态、社会效益）统一，高产、优质、高效、低耗的现代化农业生产体系。它是我国实现农业高效、持续健康发展和现代化的必由之路。

二、中国生态农业的基本原理

"生态农业"一词最初是由美国土壤学家 W. Albreche 于 1970 年提出的。1981 年英国农学家 M. Worthington 将生态农业明确定义为"生态上能自我维持、低输入，经济上有生命力，在环境、伦理和审美方面可接受的小型农业"。这种以克服石油农业所带来的危机的各种替代农业，实际上都源于生态学思想，其中心思想是企图将农业建立在生态学基础上而不是化学基础上，但西方替代农业出现了一些片面遏制化学物质投入的极端作法。

中国的生态农业并不出于发达国家生态农业的引入，而有其深厚、古老的农业传统背景与基础，可以说中国生态农业具有悠久的历史，有其一定的发生、发展过程。中国的生态农业是遵循自然规律和经济规律，以生态学、生态经济学原理为指导，以生态、经济、社会三大效益的协调统一为目标，运用系统工程方法和现代科学技术建立的具有生态与经济良性循环持续发展的多层次、多结构、多功能的综合农业生产体系。应当说，真正的、比较完整的生态农业理论与技术是在中国，而不是在西方。

中国生态农业最基本原理正如马世骏教授所精辟概括的："整体、协调、循环、再生"，具体有下列 10 项原理：

1）整体效益原理。
2）生物与环境协同进化原理。
3）生物之间链索式的相互制约原理。
4）能量多级利用与物质循环再生原理。
5）边缘效应原理。
6）互惠共生原理。
7）相居而安原理。
8）生态位原理。
9）地域性原理。
10）限制因子作用原理。

三、中国生态农业建设成就

中国开展生态农业研究和试点已有近 20 年的历史，特别是 20 世纪 90 年代以来，开展了全国生态农业县建设试点，这在国内外都是最大规模的开创性工作，并且取得了可喜的成效，展示了广阔的发展前景，不仅为中国农业的持续发展提供了一条有效的途径，而且对国际上特别是为发展中国家提供了典型示范。

1. 确立了生态农业发展的政策方针

1980 年，国家在银川召开了全国农业生态经济学术讨论会，在这次会上中国第一次使用了"生态农业"这一术语；1982 年，中国农业环境保护会在四川乐山召开的综合性学术讨论会，正式向主管部门提出了发展生态农业的建议，随后国务院环境保护领导小组开始组织生态农业的试点工作；1984 年，国务院《关于环境保护工作的决定》中提出"要认真保护农业生态环境，积极推广生态农业，防止环境污染和破坏"；1985 年，国务院环境委员会发出《关于发展生态农业，加强生态环境保护工作的意见》中对发展我国生态农业提出了具体要求；1991 年，国家在《国民经济和社会发展十年规划和第八个五年计划纲要》中提出了"继续搞好环境治理示范工程和生态农业试点"；1992 年，国家把发展生态农业作为环境与发展十大对策之一，提出要增加生态农业的投入，"推广生态农业"；1993 年，国务院 7 部、委（局）成立了"全国生态农业县建设领导小组"，并召开了"第一次全国生态农业县建设会议"，把生态农业建设纳入了政府工程议程，作为可持续农业的一种模式，发展生态农业被写入《中国 21 世纪议程》，标志着我国生态农业建设从此纳入了政府行为；1994 年，国务院批准了 7 部、委（局）提出的"关于加快发展生态农业的报告"，要求各地积极开展生态农业建设试点工作；1996 年，中共中央十四届五中全会提出"大力发展生态农业"；1997 年，党的十五大又一次提出发展生态农业。1997 年 8 月 5 日，江泽民总书记在姜春云副总理"关于陕北地区治理水土流失建设生态农业的调查报告"上作了"植树造林、绿化荒漠、建设生态农业"的重要批示。"大力发展生态农业"已列入《中华人民共和国国民经济和社会发展"九五"计划和 2010 年远景规划纲要》。发展生态农业作为我国实施可持续发展战略重要措施之一的政策方针得到确立。

2. 生态农业试点示范建设有所发展

我国生态农业建设由小范围试验到大面积实施，由科学家试验研究到国家政府行为，使全国各地区的生态户、生态村、生态乡、生态县蓬勃发展起来。目前，全国不同类型、不同级别的生态农业建设试点已达 2000 多个，其中国家级试点县 51 个，省级试点县 100 多个。生态农业建设示范面积已达 666.7 万公顷，约占全国耕地面积的 7%。

目前，我国已形成了以国家级试点县为主导，国家试点与省级试点相结合，生态农业县与生态农业地区相结合的全国生态农业建设网络。

我国生态农业建设在国际上引起了高度重视。联合国环境规划署前执行主任托尔巴博士曾亲临考察，给予很高评价，环境规划署先后授予我国北京市大兴县留民营村、浙江省萧山市山一村、鄞县上李家村、江苏省泰县河横村、安徽省颍上县小张庄村、辽宁省大洼县西安生态养殖场、浙江省奉化市滕头村等生态农业试点单位环境保护"全球 500 佳"荣誉称号。

3. 生态农业建设取得显著效益

（1）经济效益

根据部分省（自治区、直辖市）生态农业试点的调查，开展生态农业建设后，粮食总产增长幅度一般均为 15% 以上，单产比试点前增长 10% 以上。人均收入水平均高于当地环境水平的 12%。

（2）生态效益

通过综合治理生态环境，普遍提高了森林覆盖率，有效控制了水土流失。29 个试点县的统计资料表明，与 1990 年相比，水土流失面积减少 49%、土壤沙化面积减少 21%、秸秆还田率增加 13%，省柴节煤灶普及率达 74%；废气、废水处理率及固体废弃物利用率分别提高了 24%、45% 和 34%。生态环境的明显改善，提高了农业抗灾能力和持续发展的后劲。

（3）社会效益

通过多样化宣传、培训教育及生态农业建设试点的效益，促进了农村精神文明建设，增强了广大干部和群众生态环境意识和持续发展观念。

（4）基本建立了生态农业管理和推广体系

各级政府高度重视生态农业示范和推广工作。1993 年成立了全国生态农业建设领导小组，之后各省（自治区、直辖市）和各示范县也相继成立了多部门共同组成的领导小组。目前，已形成国家、省、县三级计委、科委、财政、农、林、水、环保等多部门共同参与的生态农业管理与推广体系。这种有效的管理体系为生态农业建设各项任务的落实及其健康发展创造了条件。

（5）生态农业理论研究成绩显著

强有力的科学技术支持是我国生态农业建设及发展的重要保障之一。20 世纪 80 年代以来，农业、环境保护等部门及科研院所、大专院校开展了生态农业研究，取得了一批科研成果，推动了生态农业发展。初步形成了具有中国特色的生态农业理论，有力地指导了生产实践。

我国生态农业具有独特的特点与丰富的内涵，已引起了国际上的普遍关注。

四、中国生态农业适用技术

我国生态农业技术很多，概括起来，主要侧重以下几个方面：

1. 立体生产技术

指在农业生产中，利用生物群落内各层生物的不同生态位特性及互利共生关系，分层利用自然资源，以达到充分利用空间，提高生态系统光能利用率和土地生产力，增加物质生产的目的，这是一个在空间上多层次、在时间上多序列的产业结构。种植业中的间混套作，稻鱼共生，经济林中乔灌草结合以及池塘水体中的立体多层次放养等均属立体生产技术的应用。

2. 有机物多层次利用技术

这种技术模拟了生态系统中的食物链结构，在生态系统中建立了物质的良性循环多级利用，一个系统的产出（废弃物）是另一个系统的投入，废弃物在生产过程中得到再次或多次利用，使系统内形成一种稳定的物质良性循环系统，这样可以充分利用自然资源，获得较大的经济效益。例如，在一些生态农场，鸡的粪便喂猪，猪的粪便喂鱼（或进入沼气池），鱼塘的泥（或沼气发酵的废弃物）用于农作物的肥料，农作物的产品又是鸡、猪的饲料，如此形成良性的物质循环。

3. 农林牧副渔业一体化，种植、养殖、加工相结合的配套生态工程技术

这是指在一定区域内，调整种、养、加的产业结构，使农林牧副渔各业合理规划、全面发展的综合生态工程技术。它要求根据各地自然资源特点，发展资源优势，以一种产业为主，带动其他产业的发展，对农村环境进行综合治理，它是当前我国生态农业建设中最重要也是最多的一种技术类型。

4. 能源开发技术

广开途径，积极开辟新能源，解决农村能源问题，提高农业生态系统中能量流动与资源合理开发利用，促进良性循环，是生态农业建设的一个重要内容。近年来，不少农村重视利用农业废弃物进行沼气发酵，发展利用太阳灶、太阳能热水器、节柴灶、微型风力发电等，为扭转农村能源紧缺所引起的生态环境恶化实现良性循环起到辅助、推动作用。

5. 病虫害综合防治（IPM）技术

病虫害综合防治具有保护生物多样性及改善环境的特点。目前我国主要采用抗病虫品种，保护天敌，利用生物以虫或以菌防治病虫害，选择高效、低毒、低残留农药，改进施药技术，实行轮作倒茬等，保证农作物优质、高产、安全。

6. 维持土壤肥力的植物养分综合管理（IPNM）技术

主要包括配方施肥和合理开发使用有机肥等。

7. 引入新品种，充实生态位技术

充实生态位是一种生物工程与生态工程结合、利用优良种质资源并通过生物技术手段选出基因优化组合新品种，再配置各自合适的生态位，有利于生产力成倍的提高。近年来，我国农村一般的作物种子趋于老化、退化。因此，本来适宜的生态位，由强转弱，只有不断更换适宜种与品种，充实到各种生态位去，才能提高系统生产力。

除上述七大类生态农业技术外，我国还有许多实用技术。如利用生物养地技术；建立农田生物固氮体系，种植豆科作物、绿肥及红萍；开发利用水生饲料（水花生、水浮莲等），促进养殖业的发展，以牧促农、培肥地力；利用高钾植物的种植（水花生）发展生物钾肥等。

五、中国生态农业类型及模式

由于中国地域辽阔、地理条件复杂、气候多变、资源丰富，因而各地在生态农业建设

中因地制宜，创造出多种不同类型的生态农业建设模式。主要类型有：

1. 立体复合型

这是一种根据各生物类群的生物学、生态学特性和生物之间的互利共生关系而合理组合的生态农业系统。该系统能使处于不同生态位的各生物类群在系统中各得其所、相得益彰、互惠互利，更加充分利用太阳能、水分和矿物质营养元素，建立一个空间上多层次、时间上多序列的产业结构，从而提高资源的利用和生物产品的产出，获得较高的经济效益和生态效益。

2. 物质循环利用型

这是一种按照生态系统内能量流动和物质循环规律而设计的一种良性循环的生态农业系统，如前所述，在该系统中，一个生产环节的产出（如废弃物排出）是另一个生产环节的投入，使得系统中的各种废弃物在生产过程中得到再次、多次和循环地利用，从而获得更高的资源利用率，并有效地防止了废弃物对农村环境的污染。

3. 生态环境综合整治型

近年来，由于受一些地方森林过度砍伐，草地过度开垦等人为活动影响，生态环境严重破坏、自然灾害加剧，如在中国西北部地区的沙漠化、黄土高原的水土流失、华北一些地区的土地贫瘠化、盐碱化等。在这些地方，沙漠化、水土流失等成为该地区影响农业生产和生态环境的主要因素，需要因地制宜地通过植树造林，改良土壤、兴修水利、农田基本建设等措施对农业生态系统进行人工调控。

4. 资源开发利用型

这类模式主要分布在山区及沿海滩涂和平原水网地区的荒滩，这些地区农业发展的潜力较大，有大量的自然资源未得到充分开发或很好地利用，阻碍了经济的发展。通过因地制宜、全面规划、综合开发，利用改造荒山、荒坡、荒滩、荒水，实行资源开发与环境治理相结合，治山与治穷相结合，可全面促进环境建设、生产建设和经济建设。

5. 综合发展与全面建设

此类系统是在一定的区域内，在全面规划的基础上，以结构调整为突破口，综合发展农林、牧、副、渔、工、贸，带动山、水、林、田、路、渠的全面建设，并采取配套措施，实行优化的系统调控，使经济发展与生态建设在较高层次上达到良性循环。

六、21世纪生态农业的展望

我国生态农业自20世纪80年代初由环保、农业等部门组织开展试点及建设至今已取得了举世瞩目的成就，在单元规模上已由户、村、乡向着县级或区域发展方向转变；在覆盖范围上由点向面的方面转变；在思想认识上开始实现由科研示范向着企业化发展转变；

在组织实施上由部门和群众自发性向各级人民政府组织推动方面转变；可以说，我国生态农业建设已经迈上了一个新的台阶。但是生态农业在我国的发展毕竟只有近20年的历史，生态农业示范面积只占全国耕地面积的7%左右，有关部门、有关领导对发展生态农业是一条农业可持续发展的道路还认识不足；对生态农业是实现经济、社会和生态三大效益统一的最佳模式的总结和宣传尚重视不够；发展生态农业还缺乏必要的法规和条例、优惠政策和保障体系，也缺乏相应配套技术的研究和开发，因而必须排除种种障碍，克服前进中存在的问题。同时，重视总体规划、统筹安排、进一步开展理论研究和高新技术应用，改善农村环境，走企业化道路，才能使生态农业健全、稳步和持续地发展，使之规模更大、效益更高、影响更加深远。

1. 生态农业建设需要总体规划和统筹安排

生态农业建设是一项系统工程，要进一步在党和政府的统一领导下，组织各部门、多学科、运用现代农业技术、生态学、系统工程等知识和先进技术手段，遵循自然规律和经济规律，因地制宜地结合九五计划与2010年远景目标，制定出总体规划。预计到2000年，全国将建成200多个生态农业县，20个左右生态农业地区，10个左右生态经济县，全国有四分之一的县开展生态农业县的建设，为在21世纪生态农业建设再推向一个新阶段打下基础。

2. 生态农业理论和实践将进一步深化和发展

多年来生态农业研究主要是从实践中总结群众经验，自发形成该地区行之有效的模式，随着试点规模的扩大，对各类试点的建设需要理论的指导才得以进一步的发展，而实际上理论远远落后于需求，而已有的类型和模式也需要在理论上加以概括和升华，其研究内容包括定义的科学表述、指标和评价方法的完善、规划设计的定型化，各种模型的优选化以及生态农业基本理论体系的建立等。

3. 现代高新技术在生态农业中的进一步应用

生态农业是建立在高产、优质、高效、低耗和无污染基础上的农业产品，而要实现这个目标就必须更多地利用现代高新技术才能实现，否则不能持续发展。例如，种植、养殖中良种培育技术、无土栽培技术、合理施肥和有机肥处理技术、生物农药开发技术、节水工程技术、提高光能利用率技术、渔业养殖技术；农业生物技术中生物遗传工程、酶工程、生物降解、微生物利用、动物基因疫菌等以及再生能源工程、废弃物资源化工程、害虫综合防治、生物活性肥料等环保生态工程技术，这些高新技术的应用，将更大地促进生态农业的发展。

4. 生态农业的发展将推动农村环境综合整治的进程

我国农村经济由单一传统的农业向工业化过渡期间，乡镇工业的崛起对推动农村的经济建设和经济发展起了重要作用，它的产生加剧了农村工业化的进程，但也带来了不可忽视的农村环境污染问题，而生态农业强调恢复绿色植被、改善土壤肥力、物质循环再利用，废物再生资源化、自然资源的合理利用，它在很大程度上控制了农业自身的污染及乡镇工业带来的环境污染，起着保护和维持农村环境质量的重要作用。而乡镇工业发展有了一定资金，又促进了生态农业技术的发展，二者之间相互依赖、相互促进，使整个农村环境综合整治有了坚实的基础。生态农业建设在取得经济、生态、社会三效益的同时，必将加速整个农村和小城镇生态建设的步伐。

5. 迎接 21 世纪生态农业的革新

前面所述生态农业是一种高产、优质、高效、低耗的无污染农业产品，要把农业产品变成商品农业，把生态农业的无污染绿色产品的优势转变为产业优势和经济优势，必须按不同的农业产品实行贸工农一体化，产加销一条龙经营，把它推向农业产业化，产业化是解决农业生产规模狭小与提高农业劳动生产率矛盾的必然选择，也是解决市场经济发展要求与农民对市场调节不适应矛盾的必然选择。产业化是现代化农业规模经营的一种重要形式，农业规模经营需要与技术集约型相结合，规模扩大，投入也要相应增加，而大量的资金集约不易做到，科技投入可以弥补资金的不足，因此依靠科技进行规模式的集约经营是根本的方向和出路。同时，与此相适应的还要建立多元化的生态农业和科技投入体系、科技创新体系以及符合市场经济需要的新的运行机制，包括科技推广和科技服务体系。

在高科技的指导下，21 世纪有机农业、精确农业、海水农业、观光农业等将大放异彩。而具有中国特色的可持续生态农业将在实践中被再一次确认，且它将进入一个新的发展阶段，21 世纪将是生态世纪、生态文明的新纪元。我们将大力建设和推进以生态环境、生态文明和生态农业为特征的现代化农业。

参 考 文 献

边疆．1993. 中国生态农业的理论与实施．北京：改革出版社

卞有生．1992. 生态农业技术．北京：中国环境科学出版社

刘玉凯．1998. 抓住机遇、建设生态农业．生态农业研究，6（3）

史同广．1998. 生态农业与农业可持续发展．农业环境与发展，（3）

孙鸿亮等．1993. 生态农业的理论与方法．济南：山东科学技术出版社

孙桂兰等．1992. 生态农业技术导论．济南：山东大学出版社

王锡吾．1998. 真抓实干、加快生态农业建设步伐．生态农业研究，（6）：3

王文学．1991. 生态农业原理及应用．北京：人民出版社

薛玉中．1992. 若干生态农业的模式及其应用．上海环境科学，（12）

阎成．1997. 中国生态农业建设成就与发展．农业环境保护，16（1）

张庆文．1998. 我国生态农业正在顺利发展．生态农业研究，6（1）

张壬午等．1994. 中国农业可持续发展技术．农村生态环境，10（3）

E. P. 奥杜姆．1981. 生态学基础．北京：北京人民教育出版社

摘要： 论述了发展生态农业是实现可持续发展战略的重要举措，阐明了生态农业的理论基础及其应用，介绍了中国生态农业的建设成就，提出了生态农业的运用技术、类型和模式以及 21 世纪中国生态农业发展的展望。

关键词：生态农业；适用技术；类型和模式；可持续农业

Eco-agriculture in China

Abstract：The paper describes the development of eco-agriculture which is the measure in realization of sustainable strategy, and explicates theoretical basis and its application of eco-agriculture, and introduces the construction achievement of eco-agriculture in China. Finally it puts forward the application technology, types and models of eco-agriculture and prospects the development of eco-agriculture of China in the 21 century.

Key words：Eco-agriculture；application technology；type and model；sustainable agriculture

什么是生态旅游?[*]

生态旅游（Ecotourism）一词最早出现在旅游业中，指的是在满足自然保护的前提下，从事对环境和文化影响较小的游乐活动。目前，国内外学者对生态旅游的概念尚未达成共识。Caballos - Lascurain（1988）给生态旅游下的定义是：生态旅游作为常规旅游的一种特殊形式，游客在欣赏和浏览古今文化遗产的同时，置身于相对古朴、原始的自然区域，尽情研究和享乐旖旎的野生动植物和风光。

E. Boo（1992）认为，生态旅游是促进保护的旅游。进一步来说，生态旅游是以欣赏和研究自然景观、野生动植物以及相关的文化特色为目标，通过保护区筹集资金、为地方居民创造就业机会、为社会公众提供环境教育等方式而有助于自然保护和持续发展的自然旅游。

东亚第一届国家公园与保护区会议（1993）提出，生态旅游是环境上敏感的旅游和设施，提供的宣传以及环境教育使游客能够参观、理解、珍视和享受自然和文化区域，同时不对其生态系统或当地社会产生无法接受的影响或损害。

Wester（1993）强调旅客数量的控制，将生态旅游定义为：考虑环境承载能力将游客数量控制在适当范围内的旅游。

生态旅游协会（1993）把生态旅游定义为"具有保护自然环境和联系当地人民双重责任的旅游活动"。

探险与旅游协会（1994）将生态旅游定义为：对环境负责的、对一定地区自然或人文景观进行有利于促进保护和地区经济发展的旅游观光。该定义不仅考虑了旅游对环境的影响，而且特别强调生态旅游的发展必须有助于生物多样性的保护以及地区社会经济发展。这一点同生物圈保护区保护和发展的功能相一致。

吴兆录（1998）主张，生态旅游是旅游者走进优良生态环境的一种活动，旅游者除脚印外不留下任何其他物质和痕迹，除带走照片、录像和自然感受外不带走任何物质。

我们认为，生态旅游是指以吸收自然和文化知识为取向，尽量减少对生态环境的负面影响，确保旅游资源的可持续利用，将生态环境保护与公众环境教育同促进地方经济社会发展有机结合的旅游活动。生态旅游不只是一种旅游形式，更应该将其看作旅游资源的保护与开发相结合的一种战略思想。反映在生态旅游区应考虑三个方面：

1) 最简单、狭义理解的生态旅游区，就是游览区内生态环境质量高：洁净、舒适、

---

* 金鉴明，金冬霞. 2001. 什么是生态旅游? 大自然，(2)：32, 33.

清净、优美……

2）较高层次的生态旅游区应得到严格的保护，有较完美的自然生态景观；较丰富的有关生态学或生态工程项目的内容，可供观赏、游玩、探求或购买。

3）从区域开发和建设的战略要求，在一个旅游区的内部，以至外部的相当大的区域范围内，天、地、生（物）、资（源）、人与自然（人的活动）、人际关系各个方面，达到优化和最优化，既高效又和谐。这便是建设生态旅游区的最高要求和最终目标（韩也良等）。

生态旅游是一种高成本和高附加值的旅游产品，环境优质本身就意味着产品价值高于其他地区，旅游业利用生态环境的享受和对其内在文化传统的体验，就是产品的高附加值的功能和效用的支持点（王大悟）。

概括地说，生态旅游区是按照生态学的合理要求实现环境优化，物质、能量良性循环，经济、社会优质、高效、和谐，并有值观光、游玩、探求的生态旅游项目的旅游区。

生态旅游必须具备哪些条件呢？虽然上面的定义已经非常明确，但仍不能包括生态旅游的全部含义，根据已被广泛接受的生态旅游的原则可归纳为以下四个方面：

1）具有自然条件：有价值的自然区域（如保护区）以及具有特殊的生物学、生态学或人文价值的地区。

2）有利于生态保护：生态旅游必须有利于保护，这种利益表现在两个方面，一是宣传教育提高环境保护意识；二是生态旅游所得赢利应为保护区管理提供保护资金。生态旅游必须是低环境影响的或者必须保证对其严格有效的管理。

3）有利于当地人民：生态旅游可以为当地群众带来经济、文化和社会利益。这种利益表现在就业机会增多，企业创业机会增多，同时还可以使特殊的文化特点或价值得以保存和强化。至少，生态旅游应该有利于当地经济和社会发展。

4）明确职责范围：各尽其职，有利于旅游业的推进。导游者对旅游者这一最广泛的群体，应在生态旅游的过程中，对旅游点的自然和人文景观、动植物进行生态环境的保护和生物多样性保护的科学知识的介绍，让旅游者接受教育。旅游者应当了解和尊重当地的文化，并从理解当地的自然和自然过程出发，提高环境保护观念和生态意识修养。旅游经营者需要在生态旅游原则下，在满足自己企业经济利润目标的同时应担负起生态保护和资源持续发展的社会责任。管理者们在提高生态保护和宣传的同时应在生态学的指导下，严格地、科学地管理好生态旅游区，进而加强对其他地方的自然和自然过程保护的理解和监督并贯彻在行动中。

与各类传统旅游方式相比较，生态旅游具有如下特点：

1）品位高。旅游者一般文化素养较高，多为大自然美景和奥秘所吸引，以观赏大自然美景、获取生态和人文历史知识为主。

2）计划性强。旅游经营者一般是经过生态环境可行性论证之后，在科学规划指导下进行有目的的参观旅游，以求获取大自然之知识、探索自然生态之奥秘。

3）自然性。旅游者和旅游经营者都强调突出自然本色，参观浏览活动以自然生态本色为中心，所需要的旅游设施简单，基础设施的投资费用很低，仅相当于传统生态旅游的1/4左右。

4）环保性。对环境资源进行非损耗利用，是一种无污染、无破坏，生态安全性极强的浏览方式。

生态旅游还具备如下一般原则。

（1）生态旅游必需实行保护优先的原则

旅游是人类追求美好与享受的一种文化性活动，旅游者要求旅游环境幽静、空气清新、山清水秀、景物宜人，这些自然景观，人文景观是一种自然风景的旅游资源，可归纳为地貌、水文、气候、生物四大类，它们是自然环境也是旅游资源，旅游资源是旅游业发展的前提和基础。如果一个海滩旅游区水面浮着油污，一个国家森林公园到处堆积垃圾，一个风景点污水横溢，一个度假村空气呛鼻、噪声不停，这样的旅游点就不会吸引旅游者光顾，因此旅游点必须保护好原有的自然风貌，不能以破坏生态环境去开展旅游。有人主张以在森林中寻找野人为由，从而获取经济利益的做法，更是违背生态旅游的原则。

（2）生态旅游的环境目标和它的整体性、系统性的原则

自然风景旅游区的生态要素均是互相关联、依存和制约的，其中一个因素发生变化，就会引起系统内的其他因素产生连锁反应，因此在计划、设计、建设和管理时必须避免盲目性和片面性。加强整体性和生态系统性的观念，以保证和创造适宜人类身心修养的良好的风景宜人的自然环境。云南滇池的围垦就是许多例子中的典型一例，当时为了向地要粮，动用千军万马围垦滇池，其结果不仅得不到应有的粮食，把风景秀丽的滇池分解得支离破碎，渔民转业，旅游资源破坏，局部小气候变劣，事过几十年都不能恢复。这种违背生态规律的蠢事，只能为世人耻笑。

（3）生态旅游采取综合考虑、统一规划的指导原则

如前所述，旅游环境是一个有机的不可分割的统一体，它必须具有生态发展观点。根据联合国环境规划署（UNEP）对生态发展（Ecodevelopment）所下的定义为经济发展速度，城市工厂的布局、规模应以不违反生态规律为限度，使自然资源和大自然的恢复及自净能力不致受到破坏，造成恶性循环，否则超过这一限度就会产生严重的环境问题，生产就不能持久。生态发展就是要求经济发展要尊重生态规律，要受环境制约。这一概念适用于旅游业发展就是旅游资源的持续利用，即旅游资源有一定限度，它的开发利用必须遵循生态规律，要受环境制约，如果任意开发或超负荷利用，都将破坏旅游资源，就不能达到自然资源持续利用的目的。云南大理和丽江风景名胜区以及辽宁蛇岛国家级自然保护区的管理是典型的正面例证，而四川九寨沟的污染和峨眉山顶的破坏则是潜在的负面例子。

探讨生态建设与生态保护的新模式和新举措[*]

　　人类经历了从农业文明、工业文明到生态文明的三大阶段，目前正由工业文明时代的中后期向着生态文明迈进。与此同时，全球环境保护的历程从 1972 年斯德哥尔摩人类环境会议到 1992 年里约热内卢联合国环境与发展大会，再到 2002 年约翰内斯堡可持续发展的首脑会议的 30 年，这是人类历史不平凡的 30 年，是世界环境保护事业进程中的划时代的三个里程碑，从 1972 年新的综合发展观、协调发展观到 1987 年提出的崭新理念——可持续发展战略思想以及 1992 年可持续发展观的确立和 2002 年首脑会议再确认和实践，说明了人类对社会、经济、环境又一次认识上的飞跃和理性的又一次觉醒和深化。

　　中国环境保护 30 多年的历史也是在全球环境 30 年的历史进程中产生和发展起来的。

　　农业文明时代人们过度放牧、无休止的开垦受到了大自然的警告，人们摧毁了自己所创造的农业文明，工业文明时代的到来使生产力的发展史无前例，人们在大幅度的创造物质财富和享受富裕物质生活的同时带来了资源破坏、环境污染和生态灾难的隐患，大自然同样报复了人类贪欲的行为，人们已经或正在反省以牺牲环境为代价破坏生态所获的物质文明是不可取的，这样的生产模式的工业文明同样应该抛弃，需要用先进的理念、持续发展的观点研究和探索一条走发展与保护相协调的可持续发展的生产模式和消费方式，本研究在上述背景下，经过几年的资料收集和探索研究，现将研究成果归纳如下。

一、城市环境方面——构建生态城市的环保新举措

　　城市是社会生产力发展到一定历史阶段的产物，是人类文明的结晶，国内外城市的发展表明，城市化具有正负两个方面的效应，城市化可以促进经济繁荣和社会进步，城市化能集约利用土地、提高能源利用效率，促进教育、就业、文化、健康和社会服务行业，城市化还能使财富涌流和积累，推进区域经济的增长和发展，但城市化也会带来负面的影响，从环境角度来说，即为"城市病"。例如，人口增加居民拥挤、城市污染不断加剧、水资源日趋紧张、城市交通拥挤噪音增加，城市空间缩小致使各种野生动植物锐减或濒临绝迹，城市气候发生局部变化等。

　　中国城市化率目前只有 39%，离世界城市化率平均 50% 相差较远，预计用 10 年时间

　　* 金鉴明，田兴敏．2005．探讨生态建设与生态保护的新模式和新举措．山东生态省建设论坛论文选编（内部资料），64～69．

提高到75%，建设具有容纳11亿~12亿人口的城市容量又要使其可以防备"城市病"的发生，其解决的主要途径是构建生态城市的城市发展新模式，这种城市发展的新模式可以避免由于经济高速发展带来的种种城市弊病，同时也是城市自我发展的需要，适应现代化的需要和城市可持续发展的需要，探讨和寻找可持续发展城市建设模式中生态城市的构建是可持续发展城市的载体，编制生态城市战略规划是生态城市建设的前提，明确构建生态城市的目标、框架、内容、措施是实施生态城市的重要保障。

例如，生态城市的内容：

1）建立正确的生态观——引用城市生态学原理构建城市规划与建设，实现由传统观念和模式向新的生态城市理念和模式转变。

城市生态建设不仅是城市绿化和景观设计，还必须兼顾社会、经济、生态三方面的协调发展，社会、经济、自然复合生态系统整体协调达到一种稳定有序状态。

2）改变传统模式——以综合的规划方法来协调城市各方面的发展关系。

3）充分适用市场机制——在城市生态环境基础设施的投资和经营上，由政治包括向市场化、专业化、产业化转变。

4）大力建设生态文化——按生态环境和生态文化要求，建立生态住宅小区和生态文明绿色社区，积极发展生态科技，提倡公众参与生态城市的建设，努力提高全民的生态环境意识。

二、区域环境方面——区域生态环境领域生态系统的组建新模式

1. 恢复以人为本的城市景观模式

运用恢复生态学的原理对被人为干扰和破坏后的区域环境进行生态恢复，使之恢复原来城市面貌，并使城市结构更趋合理和完善。例如，江苏若干中小城的河流为房地产建设均被填没，目前在编制构建生态城市中提出恢复原有的河网体系，北京城市边缘有大片湿地被破坏，规划修编中要求恢复湿地景观。

2. 构建人工生态系统的生态经济新模式

运用自然生态系统与人工生态景观相结合的原理构建人工景观生态和生态经济建设的新模式。

1）通过废弃地的整治把自然引入城市，构建生态公园景观为城市住宅小区服务。

2）企业实施源头控制物料及污染物过程的控制，由过去末端排污治理向着从源头控制到全生产过程的控制，从而实现清洁生产的目的，使之排污减量化、废物资源化、资源再生化。我国已在20多个省、市，20多个行业，400多家企业开展清洁生产审计，建立20多个行业或地方清洁生产中心，1万多人参加了培训，许多企业获ISO14000环境认证。

3）运用工业生态学理论和循环经济理念建设生态工业园区。生态工业园区的构建是运用工业生态学和循环经济理念，模拟自然生态系统使园区内物流、能源达到正确设计，

形成企业间共生网络，一个企业的废物成为另一企业的原材料、企业间能量及水资源多次梯级利用，使之资源再生化、物质循环化、能耗最小化、效益最大化，许多国家，如加拿大、德国、英国、奥地利、瑞典及日本等，都建成了一批生态工业园区，我国运用循环经济理念并结合本国实际建立以企业为中心的小循环，以企业间为主的中循环和以企业及各行业和社会间的大循环三个层面的模式构建生态工业园区。据近年来统计已有若干省、市通过国家级生态工业园区的规划并正在实施中，如以广西贵港糖业为主的生态工业园区，以新疆石河子纸业为中心的生态工业园区、以包头铝业为主的生态工业园区、广东南海生态科技工业园区以及天津泰达生态工业园区、大连开发区生态工业园区、烟台经济技术开发区生态工业园区、苏州生态工业园区、各行业（钢铁、铝业、盐化工、磷化工业等）的循环经济发展模式等。

总之，末端治理向全过程控制污染战略转变；耗能、排污、单向生产模式向减量、再生，循环的生态模式转变；传统的管理模式向着先进的（EMS）ISO14000 管理体系转变，这是区域生态环境建设和污染控制的新模式，也是建设区域生态环境和构建生态市、生态省的主要支柱之一。

三、污染治理产业化方面——由政府的计划经济体制向社会化、企业化、专业化管理模式转变

中国城市环保基础设施严重滞后，城市生活污水占废水排放量的51%，经处理的生活污水和生活垃圾仅占49%，生活污水二级处理和垃圾无害化处理各占10%，究其原因，其一是仅靠政府投入远远不够，多渠道投资机制尚未建立；其二是没有摆脱计划经济影响，运行管理没有引入市场经济机制，设施运行费完全靠政府补给，治理成本过高。近年来，江苏、浙江、山东、广东、辽宁、上海等地在环保污染治理中引入新的市场机制，建立了环保产业的社会化、企业化、专业化的管理模式。

1. 传统的污水处理双损模式向走可持续发展生态化处理双赢模式转变

城市污水处理模式不能再走传统工业城市处理模式的"大量开采、大量制造、大量消费、大量污染、大量处理"之路，而应走可持续发展的生态化之路，即适量开采、适量制造、合理消费、无污染、适当分散处理之路，由双损局面变为双赢。

国家做出决定，人口超过 10 万居民的 667 个城市都要修建废水处理站，使废水处理能力（达45%）在 2010 年能达 60%。出于一方面污水增加，政府资金短缺建不了那么多污水处理厂，另一方面污水处理运营费用高，建了也用不起的两难局面，必须将传统城市处理模式转变为企业投资政府入股或是企业全部投资企业运营的 BOT 模式，大连博家庄污水处理厂商业化城市污水处理厂就是一例。目前江苏、浙江等省的许多民营企业已采用BOT 模式处理城市生活污水和城市固体废物并取得成效。

2. 构建节约型社会——合同能源管理模式的产业化

合同能源管理是构建节约型社会新的管理模式之一，它通过与愿意进行节能技术改造

的企业签订服务合同，为用户的节能项目进行投资或融资，向用户提供能源效率审计、项目设计、采购、施工、管理节能监测等一条龙服务。以与用户分享项目运行后产生的节能效益方式收回投资和取得合理的利润，根据合同规定，在合同结束后，设备的所有权和节能效益全部为企业所有。上海新亚药业有限公司使用合同能源管理模式，采用改造水泵使之增加流量降低扬程，使用自控系统对大量冷水机组实行有效流量控制，循环水管道水处理以减少结垢等措施并在政策上给予优惠。计算项目总投资为 218 万元，经半年运行，节能效果明显，经测算可每年节电 114 万度、节水 6 万吨，年节约费用 78.74 万元，算上运行成本不到 4 年就可回收全部投资。

四、农村环境方面——农村生态环境建设的若干新模式

1. 建设不同类型的生态农业模式

生态农业系统就其实质来讲，把生态学原理应用于农业系统使人们利用生物措施和工程措施不断提高太阳能的固定率、农业资源的利用率、生物能的转化率以获取社会必需的生活与生产资料，构成优质、低耗、合理、稳定的人工生态系统，是结构与功能协调的高效生态农业模式。20 世纪 80 年代至 2000 年间的 10 多年，中国生态农业的不同类型在全国试点近 2000 个，20 世纪末至 21 世纪初实验生态农业在市场经济形势下产生了实施产业化发展、企业化经营的生态农业新模式（农户＋基地＋企业＋产业化＋市场化）。例如，广西养殖—沼气—种植三位一体生态农业体系的恭城模式和以恭城模式为基础发展而成的农业企业和农村生态家园型的现代化文明新城镇，其经济效益、生态效益和社会效益均十分显著。这样的例子不少省都有。

2. 农村区域生态环保先进模式——生态示范区

20 世纪 80 年代中期国际上提出可持续发展重要思想，瑞典推进了生态循环城的举措，美国搞了一个"生物圈 2 号"，这是一个特殊形式的生态示范区。

中国的生态示范区以可持续发展和生态经济学原理为指导，以协调经济、社会、环境建设为主要对象，在以县域为区域界定内的生态良性循环的基础上，实现经济社会全面健康的持续发展。生态示范区是一个相对独立的，又对外开放的社会、经济、自然的复合生态系统。

生态示范区类型有生态农业型、农工商一体化型、生态旅游型、乡镇工业型、城市化生态型、生态破坏恢复型等生态示范区类型，全国县城范围已有 314 个试点，82 个通过国家验收合格。生态农业类型的例子举不胜举，但值得提出的是实施稻鸭共育技术，以鸭除虫、除草和鸭粪肥田、稻鸭共育、种养结合，以鸭养稻，以稻田养鸭的相互促进的新型稻田生态系统。对比实验养鸭处理单株生产有效穗为 3.99 个，无养鸭施化肥处理则为 2.97个，前者比后者高 34.3%，每穗总粒数和实粒数分别提高 5.9% 和 7.5%，该新型农业生态模式（生态示范区内的一种类型）已被列为联合国遗产保护地。

3. 发展有机农副产品的有机农业生产基地模式

有机食品来自有机农业生产体系，根据国际有机农业生产的要求和相应的标准生产加工并通过独立的有机食品认证机构认证的所有农副产品。

有机食品的特点是再生产过程中禁止使用农药和化肥，也不经过基因工程改造，因而它是安全、健康、富有营养的食品。

有机食品的生产加工依赖于有机农业基地的建立，而有机农业基地的建立又是在生态农业发展的基础上建立起来的。

目前我国经过认证（IFOAM）的有机食品（AA 级）有茶叶、蜂蜜、奶粉、大豆、芝麻、荞麦、核桃、松籽、向日葵籽、南瓜籽、八角、家禽（有机猪）、有机蔬菜、中药材等。黑龙江、辽宁、山东、浙江、江苏、福建、广西等地都建有几十万亩的有机农业生产基地，值得一提的是上海松江区华阳桥镇农业公司 2000 年在长娄、长岸等村建设的 1000多亩有机水稻生产基地，有机水稻由原来亩产 250 公斤提高到 500 公斤。实践证明它具有改良土地、抑制杂草、高产稳定、高抗性等特性。

五、自然保护方面——自然保护区的自养模式和社区发展模式

中国的自然保护区建设始于 50 年代，但 80 年代后自然保护区的发展甚快。截至 2004年年底，已建有不同类型的自然保护区 2194 个，其总面积 14 822.6 万公顷，陆地自然保护区面积占国土面积的 14.8%，其中国家级自然保护区 226 个，面积 8871.3 万公顷，分别占全国自然保护区总数和总面积的 10.3%，59.9%。国家提倡以自养的方式发展，以减轻国家对自然保护区资金投入的压力，但自行开发经营如不按保护区条例进行，往往又会带来生态破坏和环境污染，因而多年来一直在探讨和研究如何贯彻可持续发展理念于自然保护区，使之处理好保护与发展的矛盾，达到既发展保护区经济、增加自养能力，又维护好自然保护区及区内生物多样性的双赢目的，走自养的道路，在保护优先的前提下，把生物资源变成资源优势和产业经济。

1. 辽宁蛇岛等国家级自然保护区自养模式

辽宁蛇岛老铁山国家级自然保护区构建了蛇岛、蛇保护地蛇园、蛇博物馆、蛇制药厂、蛇医院五个生态产业链的相互联系和保护、宣教、科研、生产、应用相结合的自然保护区生态功能，该自然保护区不仅走自养道路而且是保护与发展结合的典范，并取得显著的生态效益、经济效益和社会效益。

四川九寨沟国家级自然保护区等在实验区开展以生态旅游为主的自养发展模式。

浙江大盘山国家级自然保护区在实验区开展以药用植物为基地的自养发展模式，福建武夷山国家级自然保护区在实验区内开展以竹、茶为基地的自养发展模式等都取得了显著的成效。

2. 贵州草海、四川王朗自然保护区社区发展模式

近几年来在国家级自然保护区实验区逐步开展了社区共管的发展模式，以下仅例举一二。

1）贵州草海国家级自然保护区的实验区采取群众共建社区的方式，其内容包括建立水禽繁殖区、公共放牧场基地、山林绿化、水土流失治理、修整道路和信用基金的管理、培训人才等，既保护了草海湿地自然环境和生物资源，又推动了四边的经济发展，使当地经济由贫困转向富裕。

2）四川王朗大熊猫国家级自然保护区，推进社区发展模式，保护区除研究大熊猫栖息地重建及恢复外，还建立了社区经济林木发展基地，在野生菌类开发及羊肚菌人工种植研究与社区自然资源共管等方面，均取得了科研、宣教、生态旅游、保护管理、社区发展的显著成效。

总之，生态学原理和循环经济等先进理念与实施是生态市、生态省建设的指导原则和实施生态市、生态省的重要支持和保障，它将会导致产业结构的重大变革和科技发展方向的转变，改变人们思维方式和生活方式，树立新的生态价值观念，并将有助于提高整个地区经济竞争力，也是国家、地区实现可持续发展的重要途径。

2005 年中国山东生态省建设论坛的召开，为进一步推动全国生态省、生态市建设的实施，做出了历史性的应有的贡献。

城市的明天

构建生态城市的探讨*

一、引 言

城市是人类活动高度集中的场所，是人类生存和发展以及对资源、商品和服务的主要消费场所和集散地。从城市的发展历史看，城市化具有正负两个方面的效应：一方面城市化促进经济的繁荣、财富的累积、社会的进步和人民生活水平的提高；另一方面城市化容易产生一系列严重的生态环境问题，对自然生态系统和人民健康产生不良影响，特别是在经济增长和工业发展过程中所产生的人口膨胀、居住拥挤、交通堵塞、污染加剧、水源短缺、能源紧张、区域空间缩小，生物多样性锐减[1]、城市热岛效应等一系列危害（或称城市病）。目前世界城市化率平均为50%，但中国的城市化率只有37%，未来50年中国城市化率将力争从37%提高到75%，超出世界中等发达国家城市水平[2]。如何在城市现代化进程中，既防止城市病的产生又提高城市资源利用率、减少污染物排放、改善生态环境质量，使城市向生态良性循环方向发展，走新型工业化和城市生态化道路，构造生态城市可持续发展模式，这正是全球关注的热点，也是本文探讨的主要内容和实践意义所在。

二、生态城市理论概述

1. 生态城市的概念

（1）国外生态城市理论研究

虽然生态城市至今尚无公认的确切定义，但已有国内外许多学者从不同角度加以论述，前苏联生态学家 N. Yanitsky 于1984年指出生态城市是一种理想城市模式，其中技术与自然充分融合，人的创造力和生产力得到最大限度的发展，物质、能量、信息、高速利用，而居民的身心健康和环境质量得到最大限度的保护。美国生态学家 R. Register 认为生态城市追求人类和自然的健康与活动，即生态健全的城市是紧凑活力、节能与自然和谐共存的聚居地，并在美国加利福尼亚州的 Berkeley 市进行了生态城市的规划建设。1990年在

* 金鉴明，田兴敏. 2006. 城市的明天——构建生态城市的探讨. 自然杂志，（3）：131～136.

该市召开了第一届国际生态城市讨论会，与会的 12 个国家介绍了生态城市建设理论与实践，并提出了生态结构革命（Eco – structural Revolution）十项计划[3]。

1971 年联合国教科文组织（UNESCO）发起的《人与生物圈计划》（MAB）在巴黎召开第一次国际协调理事会，提出了 14 项研究计划，其中一项为国际城市及工业系统中能量利用的生态学影响。1977 年维也纳召开第五次 MAB 国际协调理事会，提出了用综合生态方法研究城市生态系统及其他人类居住地。1984 年 MAB 报告中提出了生态城市规划的生态保护策略（包括自然保护、动植物区系及资源保护和污染防治）、生态基础设施（自然景观和腹地对城市的持久支持能力）、居民的生活标准、文化历史的保护、将自然融入城市等五项原则，成为生态城市建设的重要依据[4,5]。此外有许多影响生态城市生态学著作问世，如美国生物学家 R. Carson 的《寂静的春天》（1962）、罗马俱乐部的《增长的极限》（Medows，1972）、世界人类会议的《只有一个地球》（1972）、世界环境与发展委员会（W. C. E D）的《我们共同的未来》（1987）等。这些警世著作的问世，一方面推动了城市生态学的发展，另一方面极大地影响了生态城市的进一步研究。

（2）国内生态城市理论研究

我国著名生态学家马世骏和王如松先生在 1984 年提出了社会、经济、自然复合生态系统的理论，并指出城市是典型的社会、经济、自然复合生态系统。1990 年王如松对生态城的理论提出了三个层次的内容，第一层自然地理层，第二层社会功能层，第三层为文化—意识层。他又在 1994 年就城市生态学实质作了进一步阐述，指出生态城市的建设必须满足人类生态学的满意原则、经济生态学的高效原则、自然生态学的和谐原则[6]等。黄光宇教授从生态经济学、生态社会学、环境生态学、城市规划学、地理空间的角度阐述了生态城市的含义。他认为，生态城市是根据生态学原理，综合研究社会、经济、自然复合生态系统，并应用生态工程、社会工程、系统工程等现代科学与技术手段建设能实现社会、经济、自然可持续发展、居民满意、经济高效、生态良性循环的人类住区。吴人坚先生在《生态城市建设的原理和途径》一书（2000 年）中指出，生态城市是一类人与自然和谐发展，人的建设与自然的建设统一的人居形态的总和，并认为生态城市的演化模式可能对应于生态发展模式，它是有强大的包容性、易合性、适应性和创新性，是人类社会潜在赋予永恒生命力的发展模式。在 20 世纪 80 年代至 90 年代期间，有许多著名学者对生态城市进行了深入的研究工作，其中周纪伦教授在任中国生态学会城市生态专业委员会主任期间对推动生态城市研究工作起到重要作用。

2. 生态城市的理论基础

（1）生态学的理论

生态学理论将整体、协调、循环、再生的理念应用于城市生态的整体性、城乡的协调性、资源的再生和物质循环利用。同时还包括生态位理论应用于生态城市的定位；关键物种理论运用于主导产业结构和布局；食物链及食物网理论运用于企业和工业园区生态链的延伸；生态系统多样性理论应用于城市生物多样性保护等。

（2）可持续发展理论

所谓可持续发展，就是既满足当代人的需求，又不对后代人满足其自身需求的能力构成危害的发展（《我们共同的未来》[7]），其内涵强调人类的发展要有限度，不能危及后代人的发展。可持续发展理论的核心是对自然资源合理利用和积极保护并重，人与自然和谐，社会、经济、自然协调发展。

（3）人与生物圈的理论

人类生态系统是地球上生物圈在太阳系中长期演化的产物，人类是大自然的一部分，是地球的主要成员，一方面人从自然界分离出来，站在自然的对立面，另一方面人又必须回归自然，与自然密切相连。研究人与自然相互关系及其规律性，实现人与自然的高度和谐，正是社会发展的最高境界，也是实现和建设生态城市的根本宗旨。生态城市建设目标就是以人为本，达到人与自然的高度和谐，实现可持续发展。

（4）循环经济理论

循环经济的本质是改造或调控现有的线性的传统模式，向循环模式转变，提高资源和能源的效率，形成资源和能源效率较高的物质循环模式。循环经济是新型工业化的重要载体，其发展模式呈现出资源—产品—再生资源的特征，它以减量化（Reduce）、再利用（Reuse）、再循环（Recycle）的 3R 原则为社会经济活动的行为准则。

3. 生态城市的主要特征

（1）和谐性

和谐性是生态城市的核心内容，它不仅反映在人与自然的关系上，自然与人和谐共生，更重要的是在人与人的关系上，寻求人际、自然、经济、社会良性循环的发展新秩序。

（2）可持续性

生态城市是以可持续发展思想为指导的，兼顾不同时间、空间、合理配置资源、公平地满足现代与后代在发展和环境方面的需要。

（3）高效性

生态城市可改变现代城市高能耗、高物耗、非循环的运行机制，提高一切资源的利用效率，废物循环再生，协调各行业、各部门的共生关系。

（4）整体性

生态城市不仅强调社会、经济、环境的协调和整体效益，更注重对人们生活质量的提高，它是在整体协调下寻求可持续发展。

（5）区域性

生态城市不是封闭的，而是开放型的城市生态系统，是区域平衡基础上的城乡统一体，该城乡统一体本身便是区域概念。

由此，不难看出生态城市的主要特征与山水城市、园林城市、森林城市、卫生城市等概念不同，生态城市是人、自然、环境和谐发展的最佳形式。

综上所述，笔者认为生态城市的概念或内涵可概括为：生态城市是一个经济发达，社会公平、繁荣，自然和谐，城乡协调，环境优美舒适，并促进城市文明、稳定、协调与可持续发展的复合生态系统；是经济发展、社会进步、生态保护三者协调，人与自然和谐的复合生态系统。

三、建设具有中国特色的生态城市

目前，全国已有 150 多个城市编制了生态城市的规划，并通过专家论证，正处于规划实施阶段。还有许多城市正在编制生态城市、生态县的规划，在此基础上已有 9 个省编制并通过国家生态省规划鉴定并报国务院备案，其中包括海南、吉林、黑龙江、福建、浙江、山东、江苏、安徽、河北等省。正在编制规划的有广西、四川、天津、辽宁等省（直辖市）。本文作者将自 2000 年环境保护系统对全国生态城市开展规划编制和实施工作以来，6 年的跟踪调查研究所获得的阶段性成果归纳如下。

1. 生态城市的目标、战略构想

（1）生态城市的目标

1）总体目标——可持续发展城市的载体

发达的生态经济、优美的生态环境、和谐的生态家园、繁荣的生态文化、人与自然和谐相处的（社会）可持续发展城市，它的切入点和载体——构建生态城市。

2）具体目标

生态城市：定位要正确、结构要合理、功能要健全、系统要稳定、管理要高效、发展要持续。

（2）生态城市建设的战略构想

1）以可持续发展和城市生态学指导理论；

2）以"高效和谐、持续发展"为基本目标；

3）城市以生态调控能力，结构合理，功能有效的生态系统良性循环为建设中心；

4）以生态产业建设为经济生态系统建设的重点；

5）以人工生态系统与自然生态系统为统一体建设的根本；

6）以生态文化建设为社会生态系统建设的基础。

2. 生态城市的主要内容

（1）生态城市建设的基本要求

1）安全、和谐的生态环境——生态城市的基本保障；

2）高效率的城市产业体系——生态城市的必要条件；

3）高素质的城市文化——生态城市的根本动力；

4）以人为本的城市景观——生态城市的形象标志。

建设工作必须以节水、节电、节地、废物减量、垃圾回收等指标为依据创造有利于人们适宜、健康、和谐的生活环境，以达绿化环境、净化空气、整治污染、保护生态、促进身心健康的目的。

（2）城市生态化内容

包括工业清洁化（清洁生产）、农业有机化（有机农业基地）、经济循环化（循环经济）、废物资质化（回收再利用）、资源再生化（多次利用）、城镇现代化（城乡统一体）、管理科学化（生态系统管理）、经营产业化（应用市场机制）。

（3）基本框架

从城市生态系统管理的角度，生态城市可分为社会、经济、环境、管理四大系统，便于宏观调控和综合管理（图1）。

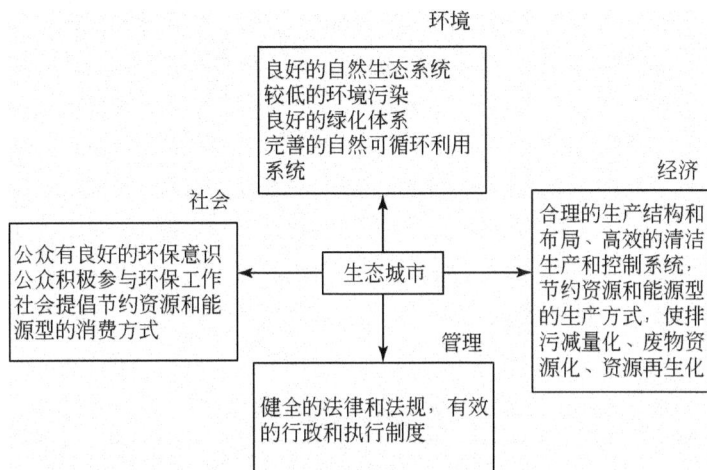

图1 城市生态化基本框架

（4）建立生态市的支撑点

1）企业——实行清洁生产。从被动排污治理转变为源头控制污染与全过程控制污染相结合，促进高能耗、高物耗、高污染、低效益（三高一低）生产方式向低能耗、低物耗、低污染、高效益的（三低一高）清洁生产方式改变。

2）生态工业园区——企业与企业间的组合和联合。上游企业排放的污染物质，在下游企业作为原料进入并形成产品，依次类推，形成和延伸产业链，实行减量化、再生化、无害化的3R原则。

3）绿色小区和生态社区——生态城市的细胞工程。以提高对和谐自然和生态保护意识为目标，促进人与自然的和谐为目的，树立资源的价值观、对自然资源必须积极保护与合理利用、科学管理的资源观，以及不破坏生态、不污染环境的生态观。

建设生态社区必须遵守节水、节电、节地、废物减量、垃圾回收等指标，创造有利于人们的适宜、健康、和谐的生活环境，以达到绿色环境、净化空气、整治污染、保护生态、促进身心健康的和谐社会的目的。

3. 指标和指标体系

生态城市建设目标和建设内容的实施需要用指标和指标体系加以鉴定，因此评价生态城市建设成效的指标体系设计至关重要，它不仅是生态城市内涵的具体化，而且是生态城市规划和建设成效的度量，因而也是构造生态城市不可缺少的重要内容之一。国内生态城市的指标体系虽研究不多，但也有几种不同的设计思路，其中以王如松研究员为代表的一方提出了从经济、社会、自然3个子系统的分析出发构成的指标体系[8]；另一类是以宋永

昌教授为代表的从城市生态系统的结构、功能和协调度三个方面探讨生态城市的概念，从
而建立生态城市的指标体系[9]；第三类是以孙铁珩院士为首的分为第一层总水平、第二层
功能层、第三层识别层、第四层指数层对城市进行定标、量化、监控和度量[10]。此外，
有的学者还从生态意识、生态经济、生态景观、生态安全、生态卫生5个方面构造生态指
标体系。与此类同的还有目标层、系统层、领域层、度量层和指标层组成指标体系。同
时，对指标筛选数量存在两种观点，其一是少而精，其二是详细而全面。笔者认为少而精
往往不够反映全面，而详细全面在实施可操作方面会遇到困难，在指标选择上应更多地注
意因子的代表性、综合性、合理性以及现实性。国家环境保护总局通过3年推行生态市建
设的经验于2003年公布了生态县、生态市、生态省建设指标（试行）[11]（表1），2005年
在广泛征求意见的基础上对《指标》中的农民年人均纯收入和城镇居民年人均可支配收入
两项指标进行了调整[12]。这说明《指标》既要考虑相对稳定性，因规划的实施是长期过
程（一般15～20年），又要考虑动态性。指标对时间、空间、系统结构的变化及实施可行
性应具有一定灵活性，根据经济发达地区和欠发达地区的差异因地制宜地加以调整是十分
必要的。

表1 生态市建设指标

项目	序号	名称	单位	指标
经济发展	1	人均国内生产总值 经济发达地区 经济欠发达地区	元/人	≥33 000 ≥25 000
	2	年人均财政收入 经济发达地区 经济欠发达地区	%	≥5 000 ≥3 800
	3	农民年人均纯收入 经济发达地区 经济欠发达地区	元/人	≥11 000 ≥8 000
	4	城镇居民人均可支配收入 经济发达地区 经济欠发达地区	元/人	≥24 000 ≥18 000
	5	第三产业占GDP比例	%	≥45
	6	单位GDP能耗	吨标煤/万元	≤1.4
	7	单位GDP水耗	立方米/万元	≤150
	8	应当实施清洁生产企业的比例 规模化企业通过ISO 14000认证比率	%	100 ≥20

续表

项目	序号	名称	单位	指标
环境保护	9	森林覆盖率 山区 丘陵区 平原区	%	≥70 ≥40 ≥15
	10	受保护地区占国土面积比例	%	≥17
	11	退化土地恢复率	%	≥90
	12	城市空气质量 南方地区 北方地区	好于或等于2级标准的天数/年	≥330 ≥280
	13	城市水功能区水质达标率 近岸海域水环境质量达标准率	%	100，且城市无超4类水体
	14	主要污染物排放强度 二氧化硫 COD	千克/万元（GDP）	<5.0 <5.0 不超过国家主要污染物排放总量控制指标
	15	集中式饮用水源水质达标率 城镇生活污水集中处理率 工业用水重复率	%	100 ≥70 ≥50
	16	噪声达标区覆盖率	%	≥95
	17	城镇生活垃圾无害化处理率 工业固体废物处置利用率	%	100 ≥80 无危险废物排放
	18	城镇人均公共绿地面积	平方米/人	≥11
	19	旅游区环境达标率	%	100
社会进步	20	城市生命线系统完好率	%	≥80
	21	城市化水平	%	≥55
	22	城市燃气普及率	%	≥92
	23	采暖地区集中供热普及率	%	≥65
	24	恩格尔系数	%	<40
	25	基尼系数		0.3~0.4
	26	高等教育入学率	%	≥30
	27	环境保护宣传教育普及率	%	>85
	28	公众对环境的满意率	%	>90

四、生态城市的实践途径和对策

1. 生态城市规划的必要性及优先考虑的主要问题

（1）生态城市规划的定位问题

构建生态城市的前提是必须要有一个具有先进性、科学性、可操作性的规划。先进性表现它的前瞻性和高起点的水平；科学性反映因地制宜客观真实的状况；可操作性是检验规划的可行性和实用性，三者是缺一不可的有机整体。生态城市规划还必须由市人大通过以具法律的权威性。此外，根据实践经验，生态城市规划还应具有战略性、宏观性和指导性的意义，它一方面协调各有关部门及行业的规划，另一方面又是各部门及行业规划的依据。

（2）经济增长、工业发展必须与区域的资源环境承载力相协调

生态城市的构造和发展必须全过程贯彻可持续发展的战略思想和经济、社会、自然三者整体利益的协调和统一。任何 GDP 增长和工业布局与发展超越了区域资源环境所允许的承载力和环境容量都是与可持续发展相违背的。

（3）任何区域的发展方向和生态产业的布局都必须在生态功能区划的基础上进行，这是对生态城市规划科学性、合理性的检验

生态功能区的划分还必须与国家四区（优化开发区、重点开发区、限制开发区、禁止开发区）要求制定不同区域政策和经济发展规划相适应。

2. 建立实施生态城市规划的机制与保障体系

（1）组织和管理机构保障

生态市建设规划和实施涉及各不同部门，需建立专门的组织机构（若干市已在政府领导下常设生态办机构）。该组织由政府主要责任人牵头，各部门配合，各企事业单位共同执行。在规划的实施行政管理体系中，各级政府是规划实施的主要领导者、组织者和责任承担者，环保部门对规划实施行使监督检查和进行各种组织、沟通、协调和服务的任务，其他各部门共同配合实施规划。

（2）法制与政策保障

在贯彻国家与地方的有关法规与政策的基础上，因地制宜地制定有利于本地区实施生态市规划的法律条文和政策措施，要按照"谁开发谁治理，谁损坏谁修复，谁污染谁赔偿"和"资源有偿使用"的原则制订条例法规；对主要自然资源征收资源开发补偿税费和上下游、区内外的生态补偿费用，以完善资源的开发利用，节约和保护机制；制订有利于产业发展政策和推动清洁生产、生态工业园区所需各项应用技术的引进、吸收、开发的技术政策。

（3）技术和人才培养保障

生态市规划的实施技术与人才保障是关键因素，是实施规划的先决条件。生态城市的支撑系统中，企业和生态工业园区的清洁生产和循环生产链的构造和运营等需要引进先进

的技术作支撑，但更需要一大批高素质的公务员、高水平的科技人才、创业型的经营管理人才和高级熟练工人去掌握先进技术，按照"公开、公平、公正"的原则健全人才选拔使用机制。

（4）资金筹措和投资保障

除了政府每年拿出财政收入的一定的百分比用于生态城市建设专项引导资金外，还需加大现有各项资金对生态市建设项目的投入力度。生态市建设需要巨大资金投入，因此必须转变只能由政府投资，国有企业负责运营的管理观念，按照"谁经营，谁受益"的原则，充分调动社会各界的积极性，多渠道筹措资金，以开放的形式、竞争性的建设运营格局来完善投融资体制。

（5）公众参与和社会监督机制保障

加强生态城市建设的宣传教育。生态城市建设不仅是政府各部门、各行业、企业的事，它涉及全民、全社会，因此必须充分利用广播、电视、报刊、网络等新闻媒体广泛开展多层次、多形式的舆论宣传和科普教育，表扬先进典型，公开揭露和批评违法违规行为，同时要建立健全公众参与机制，扩大公民对环境保护和生态建设应有知情权、参与权和监督权，定期向公众发布生态市建设进展情况，以促进生态城市建设的决策科学化、民主化。

（6）监测监督能力保障

在制定重大政策和规划的实施中，始终应重视和发挥专家的咨询作用。生态监测同样是必要的基础工作，综合应用遥感、地理信息系统、卫星定位系统等技术，在摸清生态环境基本状况的基础上提高环境污染监测的准确性和时效性，整合环保、农林、土地、水务等行业监测网络，实现信息资源共享，为预报、预警、监理提供信息服务。与此同时，根据松花江污染的经验教训要建立完善生态环境预警系统和快速反应体系，强化灾害性天气、生态安全、农林牧渔业病虫害、地质灾害、突发事件、环境质量的预报，健全突发性事故快速反应体系，避免和减少各类灾害造成的损失。

3. 构建生态城市的步骤和阶段

（1）构建生态城市的"三步走"

构建生态城市的阶段建设可分"三步走"，即三个阶段。

1）第一步——起步期（初级阶段）：大力宣传、倡导生态价值观，唤起人们对生态城市建设的重视，制订行动计划，建立示范工程，加强能力建设，对社会经济组织结构、功能进行初步调整，为建设阶段做好准备、打下基础。

2）第二步——建设期（过渡阶段）：重在逐步调整、改造社会经济组织结构，提高生活质量，改善环境质量，加强生态重建和生态恢复，增强城市共生能力，进一步增强人的生态意识，使之自觉广泛参与生态化建设。

3）第三步——成型期（高级阶段）：这一阶段生态城市并不是处于"静止"的理想状态，而是自觉地通过各种技术的、经济的、行政的和行为诱导的手段实现其动态平衡、增强持续发展、自我组织、调节能力，使传统的生产、生活方式及价值观念更进一步向环境友好、资源高效、系统和谐、社会融洽的生态文化转型，实现城市生态化目标，向着更高目标的可持续发展城市迈进。

（2）构建生态城市的发展阶段

卫生城市→园林城市→山水城市→环境模范城市→城市生态化→生态城市的发展过程。从上述生态城市的概念、特征、框架、内容和实施的过程不难看出这是一个巨大的复合生态系统工程，它涉及各部门、各行业、各学科专业及经济、自然、社会的复合大系统，更具有战略性、综合性和更高水平目标追求的特点，因而它需要政府部门、企业社团、民众及全社会的推动和关注。

五、结　语

1）人们越来越意识到城市生态化发展及创建生态城市的重要性和迫切性。

2）生态城市已不是纯自然的生态，而是自然、社会、经济复合共生的城市生态，值得注意的是中国生态环境条件千差万别，需因地制宜地创造各种生态城市规划类型和各种发展模式。

3）要解决环境与发展之间的矛盾，克服城市病的挑战，使之自然、经济、社会生态化，其根本途径在于改变传统的工业发展模式和资源利用方式，采取清洁生产→生态工业→循环经济模式，实现低排放或零排放目标，这是城市生态化的必然选择，是城市可持续发展的必然选择。

4）总之新世纪也将是城市的世纪，而对城市化、人口、环境、资源的巨大压力和严峻挑战，只能走城乡生态化发展道路，构造生态城市是历史发展的必然趋势，也是城市的明天必然选择的道路。

参 考 文 献

［1］国家环境保护总局．关于印发生态县、生态市、生态省建设指标（试行）的通知，环办［2003］91号文件．

［2］国家环境保护总局办公厅．关于调整《生态县、生态市、建设指标》的通知，环办［2005］121号．

［3］黄光宇．2004．生态城市研究回顾与展望．城市科学研究，11：6．

［4］李文华．2003．复合生态与循环经济（王如松主编）．北京：气象出版社，10．

［5］刘洁等．2003．城市生态规划的回顾与展望．生态杂志，22（5）：118～122．

［6］马国交等．2004．生态城市理论研究综述．兰州大学学报，32（5）：108～117．

［7］牛文元．2001．中国可持续发展战略报告．北京：科学出版社，64．

［8］宋永昌等．1999．生态城市的指标体系与评价方法．城市环境与城市，112（5）：10．

［9］孙铁珩等．2005．论生态城市规划与建设的内容框架．上海师范大学学报，34（3）：76～79．

［10］王如松著，马世骏主编．1990．现代生态透视．北京：科学出版社，183．

［11］National Environmental Protection Agency（NEPA）. CHINA Biodiversity Conservation Action Plan. 1994, 5.

［12］World Commission on Environment and Development（WCED）. Our Common Future［R］. 1987.

　　摘要： 生态城市建设是可持续发展的战略选择，它不仅为城市发展指明了方向，它的构建为解决城市化进程带来的各种挑战和弊病提供了途径和示范。2000年起环保系统在全国开展了生态城市的工作，至今已有约150个市相继启动。本文根据6年来的跟踪调查研究，并以建设生态城市为主题在广州、杭州、上海、北京、深圳等地的讲课内容为基础整理而成。

　　关键词： 生态城市；生态学理论；生态化；可持续发展

建设生存发展协调统一、独立崭新的现代文明[*]

建立在牺牲资源和环境基础上的工业文明带来了人类物质财富前所未有的巨大积累，推动提高了人类的物质文明水平，然而人们逐渐发觉了工业文明的不可持续性：其对自然资源的掠夺式开发、肆意的破坏和污染、人口爆炸等，造成了代内和代际间的不公平等一系列全球性问题。恩格斯早已提醒我们："不要过分陶醉于我们对自然界的胜利。对于每一次这样的胜利、自然界都报复了我们。"当自然以它特有的方式对人类进行惩罚之后，人类才突然明白了后果的严重性。正是基于此，一种新的文明取代工业文明就将是不可避免的历史必然。这种文明需要我们重新审视人和自然的关系，重新确立人类生存的终极价值，这种新的文明就是生态文明。鉴于各国工业化过程所带来的人口、环境与发展的困境，我们需要重新确立一种人类生存与发展、经济与环境协调统一的发展观，这是一种建立在工业文明之上的更高层次的文明——生态文明观。

生态文明观强调人的自觉与自律，强调人与自然相互依存、相互促进、共处共融，具有较高的环保意识、可持续的经济发展模式、更加公正合理的社会制度这3个重要特性，包括生态文明的自然观、生态文明的可持续发展观和生态文明的伦理观3方面的内容。胡锦涛总书记在党的十七大报告中根据马克思主义的基本原理，站在现代人类文明时代发展的高度，从当今世界和当代中国的实际出发，明确提出"建设生态文明"和"使生态文明观念在全社会牢固树立"的论断，是实现全面建设小康奋斗目标的新要求，是我党实现科学发展、建设和谐社会的新发展，体现了从物质文明、精神文明的二位一体，到政治文明三位一体，再到生态文明的四位一体的发展历程。

以下例举了生态文明建设的几个典型案例。

一、生态文明村建设

案例：浙江滕头村

20世纪90年代初，浙江滕头村（包括江苏泰县河横村、安徽省小张庄村、北京的留民营村等）被联合国评为全球环境500佳，他们成立了世界上最早的乡村级环保机构——滕头环境资源保护委员会，实施对引进项目的一票否决制，至今已否决了46个总投资额超过1.5亿美元可能产生污染的项目。在联合国第七届全球论坛上，中国滕头村被授予联

---

* 金鉴明. 2008. 建设生存发展协调统一、独立崭新的现代文明. 环境保护，(23)：51~53.

合国首批"世界十佳和谐乡村"之一，滕头村党委书记傅企平获"2007世界和谐突出贡献人物奖"。

联合国有关机构将评选十佳和谐乡村的标准确定为：GDP、就学率、就业率、犯罪率、绿化率、空气质量、人均寿命和幸福指数八大指标26项参数。专家们看重的不是单项指标的高低，而是评定8个指数的综合水平，强调注重各指标共同发展、和谐发展。评审组专家认为，滕头村最具魅力之处概括起来为六大和谐：人人安居乐业、心理和谐；村落布局合理、人居和谐；青山绿水相济、环境和谐；企业发展创新、市场和谐；村民和睦相处、人文和谐；刑事犯罪为零、社会和谐。从滕头村看到中国未来的希望，看到和谐社会的雏形。

二、县级生态文明建设

案例1：浙江省洞头县生态文明建设和发展

洞头县是浙江第二大渔场、省级风景名胜区、温州深水港区。十六大以来，坚持以科学发展和构建和谐社会为指导，始终把环保优先、城乡协调发展摆在突出位置，推进国家级生态县建设，先后获省级文明县城、省级旅游经济强县称号；十七大以来在生态县创建基础上提出了编制生态文明县的规划。

他们特别提出了"五个坚持"的创新工作理念：坚持树立保护绿水青山，更要有金山银山的创建思想；坚持把改善人民环境作为衡量县城经济社会发展的重要指标；坚持将环保一票否决制度作为产业引进和发展的第一门槛；坚持把生态建设作为统筹城乡协调发展的有力抓手；坚持把生态文明建设作为全县各项工作的总纲。

其主要做法和工作亮点包括：规划先行，逐步明确生态功能，正确处理好开发与保护的关系，坚持在保护中开发，开发中保护；强化投入，改善环保基础设施，农村环境五整治，建成37个农村垃圾收集场，25个农村污水集中处理点，沼气净化，生态湿地、绿色通道（50多公里）累积建设资金24亿元；综合治理，不断提高海洋环境质量；改善生产结构，努力发展生态产业和循环经济，积极推广循环经济模式，实行养殖—加工—利用的循环清洁机制，促进资源的循环利用；发展优势，积极发展清洁能源，充分利用海岛丰富的风能、太阳能等资源，积极鼓励和引导风力和太阳能发电用于生产和生活能源；加强保护环境、强化生态环境整治，明确和重视山体修复，建立矿山修复资金，保护岸线资源和景区景点，建设居住地区和创建绿化文明示范村；加强执法，全面抓好污染减排、污染整治、在线监控和污染源普查工作；宣传引导，积极营造创建氛围，县委、县政府一直把生态文明建设和环境保护作为全县经济社会发展的主要内容来抓。开展以生态文明建设和弘扬生态文化为主题宣传活动，大力倡导生态理念和绿色消费，推进绿色学校、绿色企业、绿色家庭、绿色社区环境教育基地的创建，营造浓厚生态文明建设氛围，提高全社会生态环境保护意识。

案例2：浙江省安吉县应用循环经济建立生态农业与生态工业结合的创新模式（现代化农业的发展模式）

竹业生态循环链：竹林下养鸡、鲜嫩竹笋是当地农家饭菜特色之一，以鸡粪肥竹土形成了良性循环生态链；生产竹工艺品、竹地板、竹墙体、竹饮料、竹啤酒、竹碳、竹纤维等竹子开发产品；参观竹林、竹子产品开发的生态农业游和生态工业游等。由此形成了循环经济和清洁生产工艺在农村贯彻的具体典范，认识到资源的循环利用和重复利用减少污染物的排放又使资源得到重复利用，降低产品成本，增加经济效益。

三、市级生态文明建设

案例1：江苏省张家港市

张家港是新兴的港口工业城市，多年来在经济快速发展的同时，大力推进环境保护和生态建设，坚持环保优先的发展方针，实现了经济社会与环境资源的全面协调可持续发展，先后荣获多项国家级荣誉。2006年率先通过了生态市验收，在十七大精神指引下，张家港市提出了建设生态文明，增强生态文明意识，改变公共生产、生活和消费观念等新的目标和任务。张家港建设生态文明内容包括生态意识文明、生态行为文明、生态环境文明、人居环境文明、生态制度文明五大内容。生态文明的目标评估体系由五大内容33要素构成。生态意识文明包括物质基础、生态宣传和生态教育，生态行为文明包括生产行为、生活行为，生态制度文明包括政府、企业、公众参与，生态环境文明包括环境质量、人居环境。

（1）省会城市区级生态文明建设

把加快形成城乡经济社会发展一体化新格局作为根本要求，坚持工业反哺农业、城市支持农村，必须统筹城乡经济社会发展，始终把着力构建新型工农、城乡关系作为加快推进现代化的重大战略，繁荣农村文化、大力办好农村教育事业。

案例2：沈阳东陵区统筹城乡生态文明建设

东陵区在建设和谐社会进程中，始终把生态保护与建设摆在突出位置，在2000年提出创建国家生态示范区目标的基础上又启动了创建国家生态区的工作，全区在贯彻科学发展观、建设生态文明的新思维引领下，坚持把走生态优先的生态型发展之路作为治区理政的基本战略。

按照生态优先的原则，实施城乡经济大转型。构建生态产业的集聚区：坚持高标准、高起点严格新建项目绿色准入；坚持有退有进，大力调整和淘汰落后产业；大力发展现代农业，实现传统农业向生态农业转型。

按照生态保护的要求，实施城乡环境的大治理。构建城乡均衡的发展区：加快城乡水环境质量治理步伐；加强大气环境综合整治；实施农村畜禽养殖污染综合治理；强化噪声、固体废物和重点污染源管理。

按照生态人居标准，实施城乡一体化大改造。筑就生态人居的示范区：实施村屯改造工程，加快推进农村城市化进程；实施家园工程，大力创建环境优美的乡镇和生态居住区；实施清洁工程，着力解决农村垃圾围城问题；实施三改工程，加快农村改水改厕工作；实施畅通工程，加快城乡路网建设。

树立生态财富的理念，实施自然资源的大保护。构筑生态资源的保护区：强化自然保护区保护；实施大规模封山育林；广泛开展绿化造林；对沈抚的污灌区土地实施生态恢复。

　　坚持从人人改变传统观念做起，普及生态文明。提高领导干部生态文明意识，定期举办生态区建设培训班，形成全党动员、全民上阵、人人参与的良好氛围；全区启动了"进百村访万家"主题宣传活动，发放"走百村访万家"生态调查问卷，开展环保知识竞赛，保护绿色环境、共建生态东陵演讲比赛，青少年环保摄影大赛，中小学环保创意大赛，生态创建进校园，环保社区建设等一系列活动；加大环境监管力度，开通环保网站，为群众零距离参与监督和支持环保工作提供信息化平台，创立区、乡（街）、社区（村）三位一体的环境管理体系模式，聘用2.5万名社区（村）兼职环保协理员，使生态文明理念、生态区建设深入到社会各个层面，走进千家万户。

　　总之，在生态文明建设指引下建设高水平生态产业聚集区、高标准的自然资源保护区、更舒适的生态人居示范区、更和谐的城乡均衡发展区，提升了区域经济发展，使城乡经济社会得以可持续发展，加快社会主义新农村建设步伐，让城乡人民得到实惠，让农民真正享受到和城镇居民一样的生活环境。

　　（2）企业与企业之间的工业问题

　　环境保护部最近新命名6家国家环境友好企业。其共同特征和示范作用在于贯彻生态文明建设，采取清洁生态和文明生产，做到资源节约型和环境友好型的企业示范作用。它们共同的特点：一是环境指标领先同行业国家环境友好企业的创建，对企业的污染物排放、单位产品综合能耗、水耗、废物综合利用率等指标都有严格的要求，与同行业其他企业相比，在环保方面表现非常突出；二是生产技术领先于同行水平，不断探索技术创新，积极进行技术创新，应用新工艺、新技术，领先于同行业。同时，积极推行清洁生产和循环经济，形成物质循环和能源循环模式；三是积极履行社会责任，企业社会责任已经成为评价企业的一个重要方面，也是创造国家环境友好企业的重要内容之一，所谓企业的社会责任是指一家企业在其整个的供应链中，就企业行为所造成的社会、生态和经济后果负起责任，报告这些后果，并建设性地与各利益相关方面进行互动。

　　从2003年开始创建国家环境友好企业至今已有14个省、自治区、直辖市的44家企业获此殊荣，这些企业的示范带头作用和生态文明的行为激励着其他企业坚持走科技含量高、经济效益好、资源消耗低、环境污染少的新型工业化道路，大力发展循环经济，争当节能减排的模范。

　　案例3：上海浦东张江高科技国家生态工业示范园区

　　上海浦东的张江高科技国家生态工业示范园区在发展经济的同时，采取生态文明建设和清洁生产全过程，以保护良好的社会生态环境为总体目标。他们的做法是园区经济增长方式向低碳特征转变（低能耗、低排放、低污染经济发展模式），高新技术产业集聚向产业生态文明和生态化转型，确保园区生态文明和生态安全是企业具有时代战略意义的目标和任务，建设生态文明和清洁生产的总体框架是把园区建成高科技产业生态改造样板区、低碳新兴企业示范区、创新要素汇集区、技术标准引领区。通过企业创新、机制创新、服务创新、产品创新、形成低碳经济，其内容包括低碳生产、低碳产业、低碳产品、低碳生活。

有机食品、生态环保与武义养生旅游资源的开发[*]

生态旅游具有愉悦性、审美性等多种属性，其本身就具有养生的特点，可以说是养生的一部分。近些年来，养生旅游则是把旅游中众多的养生因素，或者说是众多因素的养生部分提炼出来而形成的专项旅游。

随着人们生活水平的不断提高，人们对于环境质量生活水平有了更高的要求，不仅要有良好的食住条件，还要供应健康而富有营养的食品，特别是随着我国监督制度及信息透明度的完善，以及层出不穷的食品安全事件，让人们逐渐开始对食品的营养与健康有了前所未有的重视。与此同时，有机食品在公众的视野中受到高度关注和追求，并且这种趋势将会在21世纪左右全球有机食品的发展趋势。

同样左右21世纪有机食品发展方向的另一个领域，就是生态与环保。环境保护对于全球来讲都是一个刻不容缓、亟待解决的民生问题。从宏观来看，环保关系到地球、子孙后代的可持续发展问题；从微观来看，生态与环保涉及国家与区域经济社会发展，也与养生旅游有着密不可分的关系。大家知道，有机农业是生态环保的一种有效措施，而有机农业所生产的有机食品又是养生旅游的一个十分重要的要素，生态环保与养生旅游资源的开发必须在这种生态环保大背景、养生旅游大趋势、有机食品大发展的基础上来研究与阐述。

一、养生和养生旅游

1. 关于养生

在西方国家，养生（wellness）这一新生词汇最早产生于1961年，由美国医师公顷lbert Dunn提出，将wellbeing（幸福）和fitness（健康）结合而成。公顷lbert Dunn医生认为养生的境界应为自我丰盈的满足状态。在我国，"养生"一词最早由我国道家学派代表人物庄子提出。养生古称"摄生"、"道生"、"保生"，其中"生"为生命、生生不息之意，即通过各种手段调摄保养自身生命，使生命生生不息、延年益寿的意思。

中国的中医学博大精深，认为疾病仅有10%是由身体本身产生的，另外90%都由心

---

* 金鉴明，田兴敏.2010. 有机食品、生态环保与武义养生旅游资源的开发. 见：养生旅游–2009，中国武义，国际养生旅游高峰论坛论文集. 上海：上海人民出版社，3～7.

理引起，心理又会反映到身体上。中医文化研究者梁冬说，中医养生根本是什么，就是"不对抗"，因为有对抗，就会有受伤，即要化解与人对抗的心理基础。

著名生态养生专家、中国老年保健医学研究会副会长刘长喜教授在融合传统养生精髓、现代科学新知及个人创新成果的基础上，提出了全新的"生态养生1236健康新法则"，全面、系统地诠释了生态养生的理论和具体方法。

生态健康观认为，健康不仅仅是身体没有疾病或不羸弱，还是人的身体和精神心理与其生存环境的和谐适应与良性互动。刘长喜教授指出，呵护生命、维护健康的生态养生，是一项复杂、多元的系统工程，必须以综合养生论或全面、整体养生观作为统领并加以实施。

我们认为，养生旅游具有如下4个特点：①养生追求的是身心的平衡，即身体和精神保持的一种内在和谐与生存平衡的状态；②养生是预先的、以保健为导向，而非事后的、以治疗为目的的；③养生涉及的范围非常广泛，几乎无所不包，涵盖食物、保健品、生态环境、心理素质、文化修养、生活方式的方方面面，具体到旅游行业，可把养生与旅游6要素分别结合，形成相对独立的产业或领域；④养生是一种状态，是长期持续的过程，而非短期或一时兴起的行为。

2. 养生旅游

在西方，养生旅游起源于20世纪30年代的美国、墨西哥，以健身活动与医疗护理项目为特征，满足旅游者追求放松、平衡的生活状态和逃避工业城市化所带来的人口拥挤、环境污染等问题。我国的养生旅游始于2002年海南省三亚保健康复旅游和南宁中药养生旅游，随后在四川、山东、安徽、黑龙江等省份发展迅速，近些年来逐渐演绎成为全国时尚旅游的热点。养生旅游从本质上是区别于观光型旅游的，它不仅强调在旅游目的地的一系列养生行为，更应涵盖旅游者从常住地出发起就以一种养生的状态来进行研究的一系列旅游行为，包括交通工具的选择、旅游行程的安排等内容。

二、有机食品与养生旅游

1. 有机食品产业发展潜力很大

我们说的有机食品是一种国际通称，是从英文"Organic Food"直译过来的，其他语言中也有叫生态食品或生物食品等的。这里所说的"有机"不是化学上的概念，而是指采取一种有机的耕作和加工方式。有机食品是指按照这种清洁生产方式进行生产和加工的，产品符合国际或国家有机食品要求和标准，并通过国家认证机构认证的一切农副产品及其加工品，包括粮食、茶叶、蔬菜、水果、奶制品、禽畜产品、蜂蜜、水产品、调料等。

全球范围内，有机农业起始于20世纪二三十年代，最先由德国和瑞士提出，到20世纪60年代，有机农业的概念被广泛接受。1972年11月5日，"国际有机农业运动联盟"（IFOAM）在法国成立，最初仅英国、瑞典、南非、美国和法国的5个机构代表参加，经过30多年的发展，目前已拥有110多个国家的700多个集体会员，成为当今世界上最广泛、最庞大、最具权威的全球性有机农业组织，形成了从生产者到消费者的有机食品网络。我国也于 20 世纪 90 年代成为该组织成员。

目前，全球有机食品市场正在以年均 20% ~ 30% 的速度增长，预计 2010 年将达到 1000 亿美元。与此同时，国际市场对中国有机产品的需求也在逐年增加。中国的有机稻米、蔬菜、茶叶、杂粮等农副产品和山茶油、蜂蜜等加工产品在国际市场上供不应求。2006 年，中国有机食品出口额 3.50 亿美元，仅占国际有机市场份额的 0.7%。广阔的市场，加上比常规产品高出两三倍的价格，让越来越多的生产者走上有机生产之路。据调查，有机食品已经成为 2009 年最牛的创业六大项目之一。

中国的有机食品正处在快速发展时期，但主要用于出口及较少量供应于国内大型超市。因为有机食品在国际市场上非常盛行，出口利润也相对较高，许多生产企业更倾向于出口。中国有机农业的发展与有机农业发展较快的国家和地区相比，尚存一定差距。在生产规模上，中国有机食品占全部食品的市场份额不到 0.1%，远远低于 2% 的世界平均水平；在消费习惯上，认识有机食品标识的消费者比例最低，购买过有机食品的消费者比例也是最低；因此，有机食品的市场还有相当大的发展空间。在"十一五"期间，中国政府有关部门按照"引导、规范、培育、监督"的职责定位，在大力促进有机食品产业的发展中做出了努力与贡献。

在如今全球经济危机的背景下，奢侈品行业已经有了不同程度的萎缩，但有机食品依然保持了强劲的增长态势，美国贸易协会调查显示 2008 年美国有机食品饮品的销售量增加了 15.8%。虽然有机食品在食品行业中属于一种高端的形式，但毕竟食品是人类的生活必需品，追求食品的安全、营养和健康的饮食与生活也是人类最根本的诉求，在中国出口不太景气的情况下，出口行业重点发展有机食品也不失为一剂良方，有机食品品牌的做强做大，必然会带来旅游及养生旅游产业的创收。

2. 有机食品在养生旅游产业的地位及发展前景

生态旅游的宗旨是人们回归自然，人与自然和谐，认识自然、了解自然从而提高对保护自然的生态意识，同时配以生态的有机食品，警示人们要以清洁生态方式达到食品的安全、健康无害的目的。因而有机食品是生态旅游更是养生旅游资源中的一个重要的组成部分，光围绕有机食品就可做出一系列的旅游项目，如垂钓，其本身即是一种修身养性的户外活动，再加上天然、无污染、种类繁多的鱼类，有机的烹饪方式等即构成了"养生垂钓"。有机食品不仅可以运用到旅游行业 6 要素的"吃"的环节，形成特色菜、药膳菜、养生餐等多种形式，还可发展有机食品行业的工业旅游项目，更香有机茶公司也已经开始发展工业旅游，已经修建了工业旅游专用通道等设施。武义养生旅游产业中的以生态农业游到生态工业游的新模式具有很大的发展潜力。

3. 武义有机食品产业的发展

1) 形成一体化的养生食品产业链。不仅包括现在知名的有机茶、有机国药产业，还应扩宽领域，发展有机农产品、有机蔬菜水果等。武义有与上海、杭州毗邻的区位优势，依靠如此大的客源市场，是武义发展有机水果蔬菜得天独厚的条件。产业链的发展不仅有利于有机产业本身，而且可以依托产业发展养生旅游，特别是生产出养生旅游商品来创收。

2）有机食品在武义旅游餐饮业中的发展策略。形成国内独具特色的"有机养生宴"品牌，结合温泉资源，打造武义度假、休闲、养生圣地。从长远来看，甚至可以考虑形成"有机养生宴"饭店的全国连锁、特许经营的模式。"有机养生宴"从内容上来看，可以包括蔬菜、粮食、水果、家禽等几乎所有的食物种类；而从形式上来看，则可以包括食物的烹饪方式、就餐方式及顺序、餐厅布置及氛围等。

3）有机食品在武义旅游商业中的发展策略。有机奶制品、蜂蜜、调料等相对易贮藏的食品可以真空包装的形式供游客购买。近几年国内民众对于食品安全的关注度不断升高，可通过举办有机美食大赛、有机食品与营养价值讲座/座谈/论坛等活动扩大武义有机食品的知名度。

三、生态环保与养生旅游

1. 生态环保与养生旅游的双赢发展

有机农业其产业本身就是我国重视保护生态环境、社会进步和经济发展的产物，它可以有效地减轻环境污染，恢复生态平衡。改用有机农业生产方式，可以帮助解决现代石油农业带来的一系列问题，如减少土壤侵蚀，减少农药和化肥对环境的污染，保护农村环境；减少能源的压力（农药和化肥的生产需要消耗大量能源）；发展低碳经济，增加生物种类的多样性等。

2. 优质的生态环境本身就是养生旅游资源的重要组成部分

生态环保与养生旅游的关系是相互促进、和谐发展的关系，它不像其他类型的旅游，如主题公园，可以以短期内的超负荷运行来提前收回投资。生态环境保护得好，养生旅游就有赖以发展的资源基础，反之，生态环境遭到破坏，就失去了其被称为"养生"的根本。

四、发展建议及措施

首先，从策略上把环保与养生提到相同的高度，不仅可以保护武义的养生资源，实现旅游事业的可持续发展，还可增加武义的知名度、美誉度和好感度，生态旅游提倡绿色环保型旅游车、绿色宾馆、绿色环保型景区建设等，让游客一进入武义就感受到强烈的绿色、低碳环保氛围，从而自觉履行保护自然的义务。

同时，要掀起全民的生态环保意识。通过武义养生旅游、温泉旅游、文化旅游进一步激发人和自然的和谐，提高人们的生态环保意识。在武义，环保工作搞得好可以营造优良的养生环境，优美的养生环境不仅有利于当地居民的身心健康，而且会吸引更多的游客，带来旅游收入的高增长，继而也会提高居民现实的经济收入。同时，开展生态旅游的过程也是提高民众环保意识的过程，这是检验生态旅游效果的重要标志之一。

其次，建立一个高效运转的良性循环体制。环保工作做得好，可营造优良的养生氛围，增加旅游收入，而旅游收入也要划定合理的比例，用于环保的投入，可采用生态补偿的方式来保证环保工作的持续和良性循环。

最后，武义发展有机食品产业关键是要形成一体化的养生食品产业链。扩宽领域发展有机产业，不仅包括目前知名的有机茶、有机国药产业，还可以加大有机农产品等。充分利用与上海、杭州相邻的区位优势和巨大的客源市场，有机食品产业链的发展以及整合温泉资源的养生有利于带动度假休闲的养生旅游的发展。

新时期新形势下生态农业的可持续发展[*]

一、发展生态农业保护农村生态环境

1. 新时期新形势下农村生态保护取得的显著成绩

党的十七届四中全会上，胡锦涛总书记进一步将"生态文明建设"提高到与社会主义政治建设、经济建设、社会建设、文化建设并列的位置上，要求纳入国家战略，统筹加以推进。落实科学发展观、推动生态文明建设，对全国环境保护工作提出新的要求：环保工作必须立足我国快速工业化和城镇化的现实，深刻把握环保工作的规律，着眼于关系民生的突出问题和新的生态问题，统筹城乡，协调推进。新形势下加强农村环保就是直接推进生态文明建设。

《国民经济和社会发展第十一个五年规划纲要》提出了建设社会主义新农村的宏伟目标，对全国农村环境保护工作提出了要求：切实加强农村环保工作，建设以"清洁水源、清洁家园、清洁田园"为主要标志的新环境。农村生态保护已成为社会主义新农村建设的一项重要内容，是新时期环保工作的重大任务。

党中央、国务院高度重视农村生态环境保护工作。近年来，全面启动了全国土壤污染状况调查和农业污染源普查，稳步推进农村环境综合整治工作，加强农村环境监管，积极开展生态县（市）、环境优美乡镇、生态村等创建活动，农村生态保护工作取得了显著成绩。

广西大力发展"三大农业"，以生态农业为抓手，开展农村生态环境保护工作，取得显著效果。"三大农业"是指以生态农业为基础，以信息农业为手段，以品牌农业为重点，把农业与科技、环保、信息、市场、安全、质量、效益等各个领域紧密连在一起的现代化农业。全省每年新建生态富民"十百千万"工程示范村60个以上，推广应用生态农业模式面积每年新增200万亩以上，生态理念普及率90%以上，每年推广清洁种植1650万亩以上，构建农作物防治有害生物监测预警和综合防控体系，加大发展综合利用稻草、桑枝、木薯茎秆、甘蔗叶、香蕉茎叶、畜禽粪便等农业循环产业，加快建设水果、蔬菜、茶

　　* 金鉴明，田兴敏，温丽娜. 2011. 新时期新形势下生态农业的可持续发展. 见：生态农业——21世纪的阳光产业. 北京：清华大学出版社；广州：暨南大学出版社，1~21.

叶等园艺作物首批 42 个国家级标准园，无公害农产品产地认定种植业面积达 2400 万亩，有机产品认证达 220 个，打造"三高"（高产、高技术、高附加值）桑蚕基地和食用菌、木薯、香蕉、柑橘、葡萄、蔬菜、马铃薯、茶叶等特色产业示范基地。

浙江省坚持把农村生态建设作为落实科学发展观和建设环境友好型社会的重要载体，作为建设生态文明的具体实践，作为经济社会发展全局中的大事来抓，深入推进"五整治一提高"和"千村示范万村整治"工程，取得了明显成效。浙江省宁波市以新农村建设、生态市建设为抓手，大力改善农村基础设施和环境，全面开展"百村示范千村整治"工程，促进了农村环境质量改善。安吉县以建设环境优美、生活甜美、社会和美的"中国美丽乡村"为载体，全力推进生态文明试点县建设。

此外其他各省在农村生态保护方面也做了很多出色工作，取得一定进展：江苏省宜兴市坚持"环境立市、生态兴市"理念，把抓环保、抓生态作为最大、最重要的民生工程，通过生态市创建，强化节能减排，大力推进农村环境综合整理工作；四川省洪雅县把生态经济建设放在中心地位，突出生态工业，发展生态旅游，壮大生态农业，通过做大、做强生态经济，推动生态县建设；广东省中山市统筹城乡发展，环境保护和生态市建设重点由城市转向农村，建成了较为完善的农村生活污水处理、垃圾无害化处理系统；山东省威海市以深入生态建设示范为抓手，把农村环境保护作为"三农"工作的重要内容，强化农村环境综合整治，扎实推进农村环保工作；辽宁省沈阳市借助社会力量，建立社会多元化投入机制，破解资金瓶颈，积极探索形式多样的城乡环境共建模式；湖南省长沙县以生态建设规划为龙头，发挥环保科技的支撑作用，组建了农村环境建设投资公司，创建了农村环保合作社；宁夏回族自治区大力实施农村环境综合整治，建立健全农村环保工作网络体系，建立农村环保专项资金，取得了良好的成效；安徽省霍山县积极探索贫困地区生态建设模式。石台县以整合资源为抓手，贯彻"以奖促治"，全力打造"绿色石台"。

2. 农业快速发展对农村生态保护的压力日益突出

"农民、农村与农业"问题是我国建设和谐社会中最突出的薄弱环节。为解决"三农"问题，中央和各级地方政府采取了多种措施鼓励农民发展集约化、商品化的种、养、果大农业生产，努力提高农业的效益，增加农民的收入，建设社会主义新农村。然而，近年来的实践表明，集约化、商品化农业在增加农民创收、提高农业效益的同时，对我国农村生态环境的影响却日益严峻，国务院新闻办公室 2010 年 2 月 10 日举行第一次全国污染源普查成果新闻发布会，公布我国农业源污染物排放对水环境的影响较大，其中化学需氧量排放量为 1324.09 万吨，占化学需氧量排放总量的 43.7%，化学需氧量排放大体上是工业占 1/3，农业占 1/3，生活占 1/3，准确地说就是农业占 1/3 强一点。同时农业源也是总氮、总磷排放的主要来源，其排放量分别占总量的 57.2% 和 67.4%。农业源污染中，比较突出的是畜禽养殖业污染，畜禽养殖业的化学需氧量、总氮和总磷分别占农业源的 96%、38% 和 56%。

大面积的农业面源污染加剧了我国本已严峻的环境污染态势，尤其是养殖业污染使水环境污染呈流域蔓延势态。许多农村地区饮水安全得不到保障，农村生活污水、垃圾污染、畜禽养殖污染以及不合理使用化肥、农药引发的面源污染均呈加剧趋势，并导致土壤及食品安全受到严重威胁，已经对农民群众的生活和身体健康以及农村经济社会的健康发展产生了严重影响，2007 年太湖无锡流域突然发生了大面积的蓝藻暴发，引发公共饮用水危机的事件就是一次严厉的警钟。

农业环境污染日益严重，不仅造成水体污染、大气污染、耕地污染，还出现了酸雨污染、气候变异等问题，甚至导致区域农业生态环境严重退化，部分地区出现森林质量下降，湿地生态退化，草原生态恶化，水土流失和荒漠化现象。对草原"重利用、轻保护，重索取、轻投入"，过分强调草原的经济功能，进行掠夺式开发，乱开滥垦、过度开采和长期超载过牧，使草原生态环境面临巨大威胁。森林采伐量和消耗量远远超过森林生长量。南方某些林区的开采也已到了极限，毁林速度惊人，林地流失比较严重。盲目的围垦、泥沙淤积、污染、过度开发利用等，直接造成了我国天然湿地面积消减。我国沿海地区湿地总面积的 50% 已经消失。

农村生态环境问题成为全面贯彻党的十七大精神，深入贯彻落实科学发展观，全面建设资源节约型、环境友好型社会和实现全面建设小康社会和社会主义新农村建设目标的重要制约因素。

3. 发展生态农业是农村生态环境保护的有效途径

农业生态系统是人们赖以生存与发展的物质基础，农业生态环境安全一旦受到严重破坏，国家的基本生存基础就会受到直接威胁，为此我们必须突破传统安全观的视野，从农业生态环境安全和粮食安全、经济安全以及公共安全相互关联的角度增进对农业生态环境安全的认识。我国农业生态环境本来就十分脆弱，生态环境承载力不高，随着我国农业和农村经济的快速发展和人口的急剧增加，农业生态环境不断恶化，资源短缺矛盾日益突出，部分地区农业环境污染相当严重，成为农业和农村经济可持续发展的屏障。

要把生态农业建设与农业结构调整结合起来、与改善生产条件和生态环境结合起来、与发展无公害农业结合起来，把我国生态农业建设提高到一个新水平。实践证明，生态农业是解决我国人口、资源、环境之间矛盾的有效途径，实现了经济效益、生态效益和社会效益的统一，是农业和农村经济可持续发展的必然选择。

生态农业建设是优化农业农村经济结构和增加农民收入的重要手段。生态农业适应市场多层次、多样化的需求，发展无公害农产品、绿色食品和有机食品，合理组织农业生产和农村经济活动，调整农业产业和农村经济结构，并结合地区优势和产业特点，确定农业发展主导产业，培育龙头企业，因此生态农业不仅保护生态环境，而且可促进农业生产和农村经济持续高效发展，是农业和农村经济结构战略性调整的重要措施。

发展生态农业要按照现代农业和可持续发展的要求，从战略高度关注农业生态环境安全，贯彻落实科学发展观，切实加强对农业生态环境保护工作的管理，把农业污染纳入环境保护的重要议题。要以统筹人与自然的和谐发展为指导，以全球变化为背景，以解决我国农业生态环境中的重大问题为核心，发展以循环农业、立体农业和有机农业模式为内容的生态农业。推进农业废弃物资源化利用，转变生产方式，控制农业废弃物排放，扩大农村清洁工程的实施范围，建设家园、田园的清洁设施，落实好以奖促治、以奖代补政策，推进农村环境的综合整治。

必须着力发展资源节约型、环境友好型农业，采取切实有效的措施，尽快推进农业增长方式的根本转变。必须大力加快发展资源节约型、环境友好型农业生产体系。以节地、节水、节肥、节药、节种、节能、资源综合循环利用和农业生态环境建设保护为重点，按照"植物生产、动物转化、微生物还原"的农业循环经济理念，结合农业区域资源特征，调整优化农林牧渔业结构，大力发展高效生态农业、循环型农业、绿色农业和标准化农业。要把农业生态环境保护作为统筹城乡社会经济协调发展和全面建设农村小康社会的重要内容，要把农业发展建立在自然环境良性循环的基础上，来实现农业的可持续发展和农村生态环境保护的统一。

二、生态农业是现代农业的发展趋势

1. 国家对发展生态农业高度重视

国家对发展生态农业、农村生态保护工作极其重视，2008年中央一号文件指出"加强农村环境保护，减少农业面源污染，并确定要鼓励发展循环农业、生态农业，有条件的地方可加快发展有机农业"；2010年中央一号文件再次明确指出"加强农业面源污染治理，发展循环农业和生态农业"。

国务院李克强副总理多次强调环境保护尤其是农村环境保护是国民经济发展的重大战略性问题，是保障和改善民生的重大现实性问题。在全国首次农村环境保护工作会议上，李克强副总理强调：农村环保是一项系统工程，需要分步实施。近期重点要突出抓好农村饮用水安全，加大饮用水水源保护和监管力度，有序推进乡镇污水处理设施建设，加快解决部分农村人口喝不上干净水的问题，建设清洁水源。要着力防治工农业生产污染，严控工矿企业环境准入和达标排放，强化节能减排，加强土壤污染和农业面源污染防治，建设清洁田园。要稳步推进农村环境综合整治，实行"以奖促治"集中整治危害严重的环境问题，实行"以奖代补"鼓励开展生态示范创建，建设清洁家园。环境保护部部长周生贤也指出，根据农村环境状况，当前和今后一个时期要着力抓好全力保障农村饮用水安全、严格控制农村地区工业污染、加强畜禽养殖污染防治监管、积极防治农村土壤污染、加快推进农村生活污染治理、深化农村生态示范创建活动、强化农村环境监管体系建设、加大农村环保宣传教育力度等八项工作。

环境保护部部长周生贤2009年在全国环保工作会议上的总结时指出"要立足统筹城乡发展，把加强农村环境保护作为新亮点"，并对农村环保工作提出新的要求：要把全面加强农村环境保护作为环保工作的新亮点，切实抓好农村种植、养殖"两清洁"，农药、化肥施用"两减量"，畜禽养殖、生活污染"两治理"。在全国农村环境保护暨生态建设示范工作现场会上，他还指出要深化"以奖促治"，开创农村环境保护工作新局面。实施"以奖促治"，就是要加大农村环境保护投入，逐步完善农村环境基础设施，调动广大农民投身农村环境保护的积极性和主动性，切实推进农村生态文明建设。"以奖促治"是保障改善民生的重要手段。"以奖促治"，就是要将环保公共服务向农村覆盖，将环保基础设施向农村延伸，建设清洁水源、清洁家园和清洁田园，使广大农村居民享受改革开放和发展的成果。

2. 生态农业是现代农业的发展方向

生态农业是在保护、改善农业生态环境的前提下,遵循生态学、生态经济学规律,运用系统工程方法和现代科学技术集约化经营的农业发展模式,是按照生态学原理和经济学原理,运用现代科学技术成果和现代管理手段,以及传统农业的有效经验建立起来的,能获得较高的经济效益、生态效益和社会效益的现代化农业。

生态农业是以生态学理论为主导,运用系统工程方法,以合理利用农业自然资源和保护良好的生态环境为前提,因地制宜地规划、组织和进行农业生产的一种农业。生态农业是 20 世纪 60 年代末期作为"石油农业"的对立面而出现的概念,被认为是继石油农业之后世界农业发展的一个重要阶段。其主要是通过提高太阳能的固定率和利用率、生物能的转化率、废弃物的再循环利用率等,促进物质在农业生态系统内部的循环利用和多次重复利用,以尽可能少的投入,求得尽可能多的产出,并获得生产发展、能源再利用、生态环境保护、经济效益等相统一的综合性效果,使农业生产处于良性循环中。生态农业不同于一般农业,它不仅避免了石油农业的弊端,并发挥其优越性。通过适量施用化肥和低毒高效农药等,突破传统农业的局限性和粗放性,但又保持其精耕细作、施用有机肥、间作套种等优良传统。它既是有机农业与无机农业相结合的综合体,又是一个庞大的综合系统工程和高效的、复杂的人工生态系统以及先进的循环农业生产体系。

生态农业是一个农业生态经济复合系统,将农业生态系统同农业经济系统综合统一起来,以取得最大的生态经济整体效益。它也是农、林、牧、副、渔各业综合起来的大农业,又是农业生产、加工、销售综合起来的适应市场经济发展的现代农业。

生态农业的生产以资源的永续利用和生态环境保护为重要前提,根据生物与环境相协调适应、物种优化组合、能量物质高效率运转、输入输出平衡等原理,运用系统工程方法,依靠现代科学技术和社会经济信息的输入组织生产。通过食物链网络化、农业废弃物资源化,充分发挥资源潜力和物种多样性优势,建立良性物质循环体系,促进农业持续稳定地发展,实现经济、社会、生态效益的统一。因此,生态农业是一种知识密集型的现代农业体系,是农业发展的方向。

3. 生态农业的可持续发展新模式

生态农业的发展,不但可以提高农业生产资源的使用效率,促进出口农产品结构优化,而且可以渐进性地改善农村生态环境。这种以可持续发展为指导思想,兼顾多种效益统一的农业生产模式日益受到欢迎,创建出多种生态农业可持续发展新模式。

（1）洪雅模式——生态产业发展模式

四川省洪雅县的农业产业发展格局是:有组织、有规模,一乡一示范,一村一产业,一组一风貌,一户一循环。地处四川盆地西南边缘的洪雅县走新型工业、绿色农业和生态旅游建设道路,通过六大生态产业链,推进生态县建设,摸索出"洪雅模式"。

1993 年,洪雅县被批准为全国生态农业试点县;2001 年,又率先在四川省发出《绿色食品宣言》;2003 年,正式提出"建设洪雅生态经济强县"战略构思;2004 年,制订了

《洪雅县生态经济发展战略行动纲要》。一系列生态发展的举措，都走在了四川省前列。

洪雅县以生态牧业为龙头，初步形成了生态食品产业、生态磷化工产业、生态茶叶产业、生态林竹产业、生态旅游产业、生态畜牧业六大生态产业链，以六大生态产业链推进生态县建设，可以称为"洪雅模式"，值得其他同类山区生态县借鉴。

洪雅确立了生态农业，林竹、茶叶、奶牛三大支柱产业。推进生态畜牧业，洪雅县以环境容量为依据发展总量。根据环境承载能力，洪雅县把 8 万头奶牛发展目标降为 5 万头。引进现代牧业集团投资 2.5 亿建设现代牧场。洪雅已经成为西南最大的奶源基地。

（2）龙游模式——生态循环养殖模式

浙江省龙游县走生态养殖的新路子，推进畜禽养殖逐步由传统粗放型向技术节约型、资源节约型和生态循环型方向发展，取得较好成效，主要经验如下：

实行四个统一，实施养殖业生态化。"牲畜上山、水禽下田、园林养禽"的发展方向，科学划分了禁养区，推广"四统一"即"统一规划、统一管理、统一服务、统一治理模式"。

科学规划了一批畜牧业园区。龙游县已建成生态畜牧园区 35 个。其中龙游街道白半月生猪生态养殖园区列入了农业部标准化示范小区建设项目，康绿养鸡场，生态农牧科技有限公司养殖场被评为省级现代畜牧生态养殖示范场。

创新养殖模式，推进畜牧业生态循环。龙游县以沼气工程建设为纽带，引导农户用沼液灌溉作物，用沼渣施肥，形成了猪、沼、作物的良性循环。产生的沼渣沼液全部通过污水提灌系统直接灌溉到周围 1000 余亩茶园和苗木基地。"猪—沼—作物"综合利用，排泄物自我消纳的示范场，养殖污水经沼气发酵处理后通过管道自流灌溉果园、毛竹，产生的沼气作为农家乐燃料，经济效益十分明显。

抓好建设载体，综合治理养殖业污染。从 2005 年开始，龙游县抓住省政府实施"811"环境污染整治的契机，全面推进畜禽排泄物治理工程。龙游县已完成 438 家生猪存栏 300 头以上规模养殖场的排泄物中和治理，建成沼气池 7.5 万立方米，沼液池 1.2 万立方米，年产沼气 655 万立方米，年产沼肥 225 万吨，每年可为规模化养殖场节约煤电费用 2100 多万元。

（3）会宁模式——生态农业合作社模式

甘肃省会宁县牛家河村村民近日自发组织成立了会宁县牛家河生态农业农民专业合作社，这是会宁县第一家生态农业专业合作社，标志着牛家河村探索现代农业、生态农业、可持续发展农业之路又有了新的突破。会宁县牛家河村生态农业农民专业合作社成立以后的工作以推广葵花种植为主。合作社同时贯彻生态农业理念，指导农民施农家肥，合理利用葵花盘、葵花秸秆，实现产品绿色化、资源利用循环化。牛家河村现已有 140 余户自愿交纳股金加入合作社，增加了农民收入，提高了农民发展绿色农业、资源循环利用的意识。合作社的 8 名理事和监事，均由社员大会投票选举产生，合作社成立和发展的过程还增强了社员的民主管理意识，积累了农民管理的经验。

（4）安吉模式——工农生态产业链模式（现代化农业发展模式）

安吉是全国第一批试点的生态县，又是打造长三角"新农村建设示范区"，将生态文明的理念落实到新农村建设过程之中，继续保持生态建设走在全省乃至全国前列。安吉县辖10镇7乡1区，人口45万，是个典型的山区县。20世纪70年代开始他们就经营毛竹，经几十年的坚持不懈，走出了一条以科技为动力、市场为导向、充满活力的创业路子。全县竹林面积108万亩，其中毛竹86万亩，小杂竹22万亩，占林地面积的51%；竹业总产值108亿元，年创税超2亿元；全县各类竹加工企业1600多家，90%以上是民营企业；产品有十大系列1000余种，出口创汇达10亿元；旅游商品生产和经营企业100多家，"农家乐"800余家，从业农民一万余人；各类休闲农庄、度假山庄遍布竹产区，年接待游客360万人次，收入达8.4亿元。2009年安吉县农民人均总收入15 258元，全年人均纯收入达到11 326元，比2008年增收983元。农村居民人均纯收入中，工资性收入占5076元，家庭经营性收入为5392元。近6年来38万安吉农民人均收入增幅均保持在14%以上。2009年人均家庭经营纯收入5392元，占当年农民人均纯收入的47.6%，比上年同期人均增收519元，增长10.7%，对当年人均收入的贡献率为52.8%，成为农民收入的主要部分。

竹资源是安吉赖以发展的基础资源，也是安吉最大的特色产业。安吉通过对竹资源进行五次深加工开发，实现生态农业的生态工业链的延伸：第一代竹产品开发为竹工艺品（笔筒、竹扇等）；第二代竹产品开发竹窗帘、竹地板等；第三代竹产品开发为竹饮料、竹啤酒等；第四代竹产品开发为竹炭沙发垫、竹炭汽车坐垫、竹炭鞋垫等；第五代竹子深度开发为竹纤维（竹被单、竹地毯、竹背心等）。以上竹子深加工开发产品吸引了外商几十家订购，出口在90%以上，产品供不应求。在全球爆发经济危机下，安吉竹业及时调整营销策略，大力开拓国内市场，产值仍有30%以上的大幅增长。竹叶深度开发遵循清洁生产、循环经济理念，根据减量化、资源化、无害化的3R原则，把竹子的碎块、剩渣全部利用再生，真正做到竹子吃干榨尽的零排放目标。安吉工农生态产业模式也带动了其他经济的发展。例如，当地开拓了生态旅游的项目，人们在生态旅游中不仅能参观，也受到了生态农业先进理念的教育，同时，还能提高对生态工业理念的认识。

安吉从生态农业延伸生态工业链，把丰富的竹资源和良好的生态优势转化为发展优势，实现了三次跨越，形成安吉工农生态产业链模式的现代农业发展模式。

第一次跨越（20世纪70年代末~80年代中期）：开展了以毛竹低产林改造和笋竹两用林建设为主要目标的竹资源培育开发活动，竹产业融入千家万户，全县80%以上农户或育竹、或加工、或营销。

第二次跨越（20世纪80年代后期~90年代中期）：主要是实施科技兴竹，力促竹加工和经济发展效益。建立竹丰产示范基地和科技样板村，以基地带农户，涌现了一大批示范村和示范户。

第三次跨越（1995年至今）：主要是发展第二、三产业，力促产业层次和效益提高。笋、竹加工成为安吉的支柱产业，由此带动一个个产业，形成一二三产联动的致富链。

近年来，安吉充分依托区位优势和生态特色，大力推进新农村建设，农村经济发展、生态建设和社会管理取得巨大成就。"中国美丽乡村"高度凝聚了农村物质文明、精神文明、文化活力和环境魅力因素，全面彰显了品牌产业、品位村镇和品质农民特色，整体营造了一、二、三产业协调发展、农村城市共建共享、现代文明与自然生态高度融合优势，成为新农村示范区的提升工程和精品载体。安吉县是环境保护部开展全国生态文明建设的试点地区之一,将生态文明的理念引入"中国美丽乡村"建设,以"中国美丽乡村建设"为载体推进生态文明建设,这在全国尚属首创,具有很强的借鉴、指导、示范意义。

(5)滕头模式——中国农业生态文明村的先驱者

在20世纪80年代初~90年代,浙江滕头村作为全国生态农业试点之一,在建设具有中国特色的现代化农业过程中,调整农业生态系统结构和功能,进行科学合理布局,转变生产方式,已经取得显著的成效。

因而在20世纪90年代,浙江滕头村(包括江苏泰县、河横村、安徽小张庄村、北京的留民营村等)被联合国授予全球生态500佳奖,15年前,成立了世界上最早的乡村级环境保护机构,滕头环境资源保护委员会,实施对引进项目一票否决制,至今已否决了近50个可能产生污染的项目。两年前,联合国第七届全球论坛上,中国滕头村被授予联合国首批世界十佳和谐乡村之一。滕头村党委书记傅企平被授予"2007世界和谐突出贡献人物奖",联合国有关机构将评选十佳和谐乡村的标准确定为:GDP、就业率、犯罪率、绿化率、空气质量、人均寿命和幸福指标等八大指标,26项参数,专家们看重的不仅是单项指标的高低,而是评定8个指标的综合水平,强调注重各指标的共同发展、和谐发展。评审组专家认为,滕头村最具有魅力之处,概括起来贯彻了生态文明的六大和谐:

人人安居乐业心理和谐;村落布局合理人居和谐;

青山绿水相济环境和谐;企业发展创新市场和谐;

村民和乐相处人文和谐;刑事犯罪为零社会和谐。

滕头从20世纪至今,与日俱进,贯彻中央、国务院各时期、各阶段的指示,成效显著。十六大和谐社会和循环经济原理、十七大生态文明建设精神、社会主义新农村建设的要求及先进的清洁生产、绿色发展、绿色经济、低碳经济理念。

浙江奉化滕头村紧密结合社会主义新农村建设,解决了乡村环境污染整治,构建低碳社会,关键是他们以先进生态工业引领农村及农业生产,不断推进低碳农业发展:

1)滕头低碳发展之一——推进新能源建设

风光能环保节能灯就是利用风能、太阳能发电和太阳能蓄电池提供能源,无论晴天阴天还是台风灾害天气,一年四季都能保证路灯供电。

2)滕头低碳发展之二——清洁能源工程的建设

为了进一步改善人居环境,近年来村落投入亿元实施蓝天碧水、绿地、清洁能源三大工程,撤出了农家柴灶,统一改用液化沼气,实现了农居无烟村。遍地植树种草,饲养白鸽、野鸭、飞禽等,目前全村绿化率达到67%,营造了"花香田丽四季春,碧水涟涟桃花村"的江南田园美景。

3)滕头低碳发展之三——建设污水处理零排放目标工程

滕头村有800多位村民,以及大量在滕头村企业中工作的外来人员,每天产生大量生活污水,如不加处置将造成对土地的污染,滕头构建了无动力的生态绿地及湿地处理系统,不仅使污水处理零排放,还可做绿化用水,达到治污、节水、节能的目的,实现降湿、降噪、净化空气、美化环境的多种功效。

4)滕头低碳发展之四——推动低碳农业的发展

滕头村本身就是国家级农业综合开发示范区,也是浙江省首批12个现代化农业示范区之一，总面积为 3000 亩，大部分为高效生态农业。例如，蔬菜瓜果种子种苗基地、植物组织培养中心、花卉苗木基地等，都是我国农业现代化的样板。科技、生态、效益——滕头农业始终走低碳之路，不断推广标准化生产，实施品牌战略，大力发展现代生态农业产品基地、种子种苗基地，产品供不应求，得到国内外客商的高度肯定，成为全浙江省农业科技示范样板。

　　5）滕头低碳发展之五——开展生态旅游

　　生态旅游是滕头低碳生态乡村系统的又一亮点所在。早在 20 世纪 90 年代，滕头以生态旅游推进人们保护自然、宣传人们生态意识教育，滕头村人把高雅的园艺、农业的观光和生态旅游融为一体。让中外游客瞻仰将军陵、观赏柑橘村、参观婚育新风园、漫步绿色长廊和体验乡村文化等 30 多处田园景观，在生态旅游中，返璞归真，亲近自然，深刻体验生态旅游内涵。

　　滕头是首批国家级 AAAA 景区，目前国家级 AAAAA 级景区创建已全面完成。2009 年滕头生态旅游景区共接待游客 119 万人次，比上半年增加 14.8%，门票收入 2630 万元，比上年增加 11.4%，旅游综合经济收入 1.1873 亿元，比上年同期增加 10%，取得了社会效益、环境效益和经济效益的丰收。因而中国联合国协会副会长陈士球指出，奉化滕头村能解决好乡村环境污染问题，关键是他们成功构建了低碳乡村生态系统，村落的低碳已形成系统，这是全球的典范。

　　在 2010 上海世博会上，全球唯一的一个农村馆即中国滕头馆，展示了它的神奇、显要和独特的地位，它的主题是：让城市生活更美好，让城市更加向往农村。国际专家及参观者认为，从滕头村看到了中国农村未来的希望，我们认为，从滕头村看到了中国和谐社会的雏形。

三、新时期新形势下发展现代农业的战略策略

　　高举生态文明建设的大旗，以建设社会主义新农村和农业可持续发展为宗旨，以协调农业生态环境保护与农村经济发展关系为核心，遵循自然、经济和社会发展规律，以丰富生态农业内涵、创新生态农业发展模式、开发生态农业实用技术、建立健全农村生态环境管理体系为抓手，促进农业发展由环境污染型向环境友好型转变，由传统的低效高损耗的效益型向高效低损耗的生态型转变，倡导农业生态文明，促进生态农业持续发展。

1. 运用先进理念丰富现代农业内涵

（1）生态文明

　　党的十七大报告提出建设生态文明。生态文明，是指人类遵循人、自然、社会和谐发展这一客观规律而取得的物质与精神成果的总和；是指以人与自然、人与人、人与社会和谐共生、良性循环、全面发展、持续繁荣为基本宗旨的文化伦理形态。生态文明是人类对传统文明形态特别是工业文明进行深刻反思的成果，是人类文明形态和文明发展理念、道路和模式的重大进步。生态文明突出生态的重要，强调尊重和保护环境，强调人类在改造自然的同时必须尊重和爱护自然，而不能随心所欲，盲目蛮干，为所欲为。生态农业其实

就是生态文明理念贯穿于农业生产实践的具体体现。

（2）循环经济

循环经济即物质闭环流动型经济，是指在人、自然资源和科学技术的大系统内，在资源投入、企业生产、产品消费及其废弃物再利用的全过程中，把传统的依赖资源消耗的线形增长的经济，转变为依靠生态型资源循环来发展的经济。它是以资源的高效利用和循环利用为目标，以"减量化、再利用、资源化"为原则，以物质闭路循环和能量梯级使用为特征，按照自然生态系统物质循环和能量流动方式运行的经济模式。它要求运用生态学规律来指导人类社会的经济活动，其目的是通过资源高效和循环利用，实现污染的低排放甚至零排放，保护环境，实现社会、经济与环境的可持续发展。循环经济是把清洁生产和废弃物的综合利用融为一体的经济，本质上是一种生态经济，它要求运用生态学规律来指导人类社会的经济活动。

党的十六届三中全会提出了"以人为本，全面、协调、可持续发展"的科学发展观，是我国全面实现小康社会发展目标的重要战略思想。胡锦涛总书记指出："要加快转变经济增长方式，将循环经济的发展理念贯穿到区域经济发展、城乡建设和产品生产中，使资源得到最有效的利用。"党的十六届四中、五中全会决议中明确提出要大力发展循环经济，把发展循环经济作为调整经济结构和布局，实现经济增长方式转变的重大举措。"十一五"规划也把大力发展循环经济，建设资源节约型和环境友好型社会列为基本方略。深入研究发展循环经济的有关理论与实践，探讨生态农业循环经济发展，对正确理解生态农业内涵，指导生态农业生产实践是十分必要的。

（3）低碳经济

低碳经济是应对全球气候变化的重要战略选择，走"低碳经济"发展道路与我国建设资源节约型、环境友好型社会的要求本质相同，也是我国贯彻落实科学发展观、加快经济发展方式转变的客观要求。低碳经济的实质是一种以"低排放、低能耗、低污染"为主要特征的绿色经济发展理念和增长模式，核心是能源技术创新和制度创新。从这一技术经济特性看，它与我国目前正在开展的节约资源能源、提高效率、调整能源结构、转变经济增长方式、走新型工业化道路、降低污染排放等做法是一致的。要用低碳理念丰富生态农业的内容，低碳理念指明了未来生态农业的发展方向，即生态农业应向转变农业经济增长方式、降低生产污染排放、提高资源综合利用的方向发展。中国奉化滕头村之例已给中国现代化农业发展指明了前进的方向。

2. 依靠科技创新引领现代农业发展

加快农业发展方式由数量型、粗放型向质量型、效益型转变，提高农产品质量安全水平和竞争力的迫切要求，也是实现农业增效、农民增收的重要举措。发展现代农业作为转变经济发展方式的重大任务。发展现代农业科技作为我国农业科技工作的重中之重。传统农业向现代农业转变阶段，全面推进产业结构调整、转变经济发展方式的历史新阶段，以可持续发展战略为指导，发展现代农业是必由之路。科技创新是现代农业发展的根本动力。充分发挥农业科技在现代农业建设中的"四大作用"是当务之急：发挥科技创新的引领作用；发挥科技创新的带动作用；发挥科技创新的支撑作用；发挥科技创新的保障作用。

科技创新也是产业发展的动力，未来农业的发展需要科学技术提供支撑。为适应农村生态环境保护需求，应从以下几方面加强生态农业建设的技术保障：

（1）研究生态农业循环经济生产模式

探索养殖业和种植业的循环经济发展模式。研究农业废弃物集中收集利用技术，提高农业废弃物的综合利用技术。将养殖业废弃物利用与种植业有机肥的制备有机地联系起来，各地根据不同的种养结构进行合理搭配，建立包括养殖业和种植业的生态型产业链，并进行不同的利用模式的探索。通过制度构架和政策措施的制定和创新，推动提高能效技术、节约能源技术、可再生能源技术和温室气体减排技术的开发和运用，促进整个社会经济向高能效、低能耗和低碳排放的模式转型。

（2）推进生态农业建设开拓实用技术

加大现有农业污染治理科技成果的转化力度。从源头控污，确保农业面源污染治理技术的实用性，注重农业科技成果的推广应用。通过实地调查了解，列出农村治污效率高、成本低的治污技术项目，建立专项研究，促进治理技术成果的广泛推广。加大先进成果的推广力度，通过组织各方专家队伍进一步研究将先进治污技术编写相关的普及性技术教材及培训材料。

（3）健全生态农业技术推广体系

建立健全完备的养殖业实用治污技术的推广体系。加大对乡镇一级农技站治污技术及设备方面的投入，加强基础设施建设，确保农技站有服务场所、办公学习环境，以便乡镇农技人员能及时地学习到国内外先进的农业生产技术。每年对农技人员组织系统的养殖业环境污染技术专业知识培训，提高农技推广人员的环保技术推广水平，以适应不断发展的环境保护要求，并把培训学习的成绩作为人员聘用、职称晋升、职务聘任的重要依据之一，激励专业技术人员自觉提高业务素质，学习业务知识。

3. 建立生态农业科技园区示范推进现代农业建设

鼓励地方相关部门根据地方的农业发展现状进行生态农业循环经济发展模式的探索。各相关部委根据不同部门特点安排相应的生态农业循环经济模式探索专项研究及推广应用示范项目。形成在政府的倡导和支持下，科研部门创新研究，农户主动参与，企业积极探索的生态农业科技园区，以生态工业理念引领现代生态农业发展。

（1）海门生态农业科技园区

海门建成生态葡萄园区，这个园区在种植优质葡萄的同时，采取立体化生态种养方式经营。葡萄架下饲养生态土鸡，土鸡饲料全部采用海鲜、虾壳为饲料。经上海权威机构检测，土鸡生产出的鸡蛋微量元素含量比普通鸡蛋要高，口感更好，海门申请注册了"黄海牌"葡萄和"黄海牌"海鲜蛋。园区作为生态旅游景点向游客开放，让游客到葡萄园中享受自采乐趣。目前葡萄和海鲜蛋成熟上市，仅葡萄亩均销售收入达2.5万元以上。

（2）渝北国家农业科技园区

重庆渝北国家农业科技园区确立了以科技型农业、生态型农业、加工型农业和市场型农业为中心的产业定位，延长了农业产业链，引领传统农业向现代农业转型，对现代农发展起到了示范推动作用。园区自成立以来，先后建成重庆市马铃薯工程技术研究中心、重庆市农产品检验检测中心、重庆市良种牛繁育中心、重庆市鳄鱼养殖中心、重庆市柑橘组培中心、重庆市渝北区农业科学研究所等 6 个研发机构，并在园区的核心区建立了波尔山羊农业专家大院等 6 个科技服务机构，成为重庆市乃至西南地区农业科技研发机构的聚集区。渝北农业科技园区凸显的"重庆模式"，农业科技园区建设贯穿了现代农业发展理念，改变了农业经营方式，有利于农业科技成果的转化与推广应用，有利于农业结构的调整和优化升级，有利于农业资源的高效利用和生态环境保护，有利于培育农业支柱产业，对加快农业现代化进程、实现农业可持续发展具有积极的示范和推动作用。农业科技园区由核心区—示范区—辐射区的梯度推进和"三区"联动的发展模式组成。从而提高了农业生产的产业化、专业化、集约化、高效化、市场化水平，必将为农业的可持续发展和新农村建设提供不竭动力。重庆渝北国家农业科技园区不仅是渝北的农业科技园区，也是全市乃至全国的农业科技园区。

（3）慈溪国家农业科技园区

宁波慈溪国家农业科技园区以"一园三区"探索建设模式，在核心区内规划建设集生产加工、科研培训、信息服务、旅游观光为一体的现代化蔬菜园区，以烤鳗等水产品加工升级与鲜活水产品出口创汇为发展重点的水产园区，以宁波特色水果生产及保鲜加工为主的特色水果园区。园区提出"展示、科技、综合服务"三大目标功能建设，立足现代设施农业展示功能，实施了一大批基础设施建设工程。

4. 与国际标准接轨发展绿色农业走向有机农业

山东安丘市在城区设了市区域化建设农药兽药专营总店和农资配送中心，形成了市、镇、村三级专营专供网络，对专供网络筛选出的 36 个农药批发商的合格、低残留农药实行编码管理，统一印刷身份证标签贴到农药瓶上以便于识别。讲授国际农业标准知识等多种形式，倡导推广使用低毒安全农药和配方营养施肥，实现了农药和化肥的"减量化"使用，有效地解决了农村面源污染难题。2007 年山东省政府还专门在安丘召开会议推广区域化管理的"安丘模式"经验。安丘市规划建设的 45 万亩区域化种植基地和 10 万亩果品基地中，现已认证有机食品基地 2.19 万亩，绿色食品基地 4.1 万亩，无公害农产品基地 8.4 万亩。2009 年前 8 个月，安丘市农产品出口创汇 8200 万美元，同比增长 7%；已有 70 多万吨生态安全农产品销往北京、上海等地的大超市，安丘市荣获"全国蔬菜出口示范区"。此外，积极构建微型循环经济，建立"家庭绿岛"式小循环，打造"绿色氧吧"，是安丘市发展生态农业的另一个显著特点。建立"家庭绿岛"式小循环是指开展"一池三改"活动，推广生态农业循环生产模式，以此实现农业的生态良性循环。打造"绿色氧吧"是指安丘市大做"绿"文章，先后建成生态林场 14 个、生态村 94 个，全市森林覆盖率达到了 33.6%。安丘市以生态建设作为城市发展的立足点，统筹经济发展、资源利用和环境保护，努力把生态优势转化为经济优势，以生态价值转化为经济效益的做法，使安丘市呈现出经济增长、社会进步、环境改善的和谐发展局面，让安丘市的百姓实实在在地尝到了甜头。

山东章丘市强力推进标准化生产，制订了 40 多项农畜产品生产标准和技术规程，该市无公害农产品种植达到 7.6 万公顷，102 个农产品品牌，30 个农产品被认定为无公害产品、17 个农产品被贴上绿色标签，55 个成为有机食品，认证数量居山东省各县（市、区）之首，基本涵盖了主要优势农产品，年带动农民增收 4800 多万元。实施品牌战略，以结构调整先行，形成了南部山区以小杂粮和干果为主，中部以章丘大葱和创汇蔬菜为主，北部以水稻和西瓜为主的有机食品、绿色食品、无公害农产品区域化种植、规模化发展的农业标准化生产新格局。章丘的农产品进行标准化生产，从本地特产向知名品牌转变，实行统一供种、统一施肥、统一收获、统一销售。章丘大力发展农民专业合作组织，积极鼓励引导农村能人、龙头企业、农产品批发市场、村集体等兴办、领办合作经济组织，扩大市场。全市各类农民专业合作组织 332 个，其中农民专业合作社 252 个，经营服务范围涉及种植、养殖、加工、流通等各行业，参加农民专业合作组织的成员有 2.5 万余个，吸引和带动农户 8 万余户，年销售农产品 180 万吨，年经营总收入 15 亿元。

5. 建立创新机制保障生态农业可持续发展

建立以行政手段、经济手段和法律手段为主的生态农业建设与发展的政策保障机制，积极引导农业生产和农村工业企业开展清洁循环的生态农业生产。

（1）深入推进"以奖促治"工作

实施"以奖促治"，解决农村群众反映强烈的突出环境问题，改善农村环境质量，维护社会和谐稳定。"以奖促治"是环境保护的重大政策创新。"以奖促治"政策实施以来，中央财政投入农村环境保护专项资金达 15 亿元，支持 2160 多个村镇开展环境综合整治和生态建设示范，带动地方投资达 25 亿元，直接受益农民达 1300 多万人。

（2）建立健全生态农业生产的管理体系

针对目前农村生态环境保护等方面的弱势地位，应该不断完善政策法律保障体系的建设，应建立健全有关政策、法规、标准体系，建议尽快制定、颁布《农村环境保护法》、《土壤污染防治法》、《畜禽养殖污染防治条例》、《农村清洁生产促进法》、《农业资源综合利用法》、《生态农业保障法》、《农村污水治理条例》等法律，填补法律空白，从法律上为农村环境保护提供依据，为从源头上控制农村环境问题创造条件。

依法加强对农村环境的监督管理。制定、修订农村生态保护相关的标准、技术规范和操作规程，如《有机食品技术规范》、《畜禽养殖污染物排放标准》、《农药、化肥、农膜污染防治标准》等。针对不同地区，制定切合当地农村实际的农村环境质量、评价的标准和方法，制订和实施适合本地区的地方性农村环境保护法规、规章和标准，如《污水分散处理系统管理指南》。

（3）建立农村生态保护新型资金投入机制

当前我国农村发展面临的最大瓶颈在于资金短缺，进而导致农村公共基础设施短缺，从而制约着我国农业的可持续发展。从国外的经验来看，农业发达国家都十分重视农村和农业的财政扶持力度，通过补贴、公共产品供给等多种方式，增加对农业和农村的支持。我国农村长期的积弱积贫，仅依靠农村的自我积累来加快农村经济社会的发展，缩小城乡发展差距是不现实的。必须借助外部的力量，通过加大对农村的资金保障力度来促进发展。

应建立多元化的投融资机制进行生态农业建设，对一些重大农业生态保护工程，可以采取财政补贴、信贷支持、税费减免等方式积极吸引民间资本、外资参与共同保护和开发，逐步形成政府主导、地方配套、多元投资、企业经营的市场运行机制，充分发挥农村环保中市场机制的作用。

附录一 风采访谈

生物多样性与中国

金鉴明访谈[*]

　　生物多样性是人类社会赖以生存与发展的基础。保护生物多样性，保证生物资源的永续利用是一项全球性的任务，也是全球环境保护行动计划的重要组成部分。中国幅员辽阔，气候复杂多样，地貌类型齐全，具有丰富的生物种类及其生长发育的自然条件，因此中国生物多样性保护在世界上占有相当重要的位置。

　　在"国际生物多样性日"到来之际，本刊记者就世界及中国生物多样性保护的状况采访了中国工程院院士、原国家环境保护局副局长、中国生物多样性保护基金会常务副理事长、著名环境生态学家金鉴明。

　　邹俊（以下简称"邹"）：您是一位国内外著名的环境生态学专家，您曾经以联合国生物多样性专家团成员和国家环境保护局副局长、总工程师的身份参与了中国加入《生物多样性公约》的全过程。能否请您介绍一下中国加入《生物多样性公约》的一些背景情况。

　　金鉴明（以下简称"金"）：十分高兴《科技潮》杂志能够关注生物多样性保护工作，我希望贵刊的读者都来关心生物多样性保护工作。

　　1987年，联合国针对全球生物多样性遭受严重威胁的现状，曾通过相应决议，确定由联合国环境规划署（UNEP）组织制定一项旨在保护世界生物多样性的法律文书，世界自然与自然资源保护联盟（IUCN）接受UNEP委托，在1988年完成《国际生物多样性就地保护及其基金机制的法律文书草案》，并提交各国政府。同年11月和1990年2月、7月，在日内瓦召开了3次公约起草特别工作组会议，对原公约草案进行了若干重大修改，形成了《国际生物多样性公约草案》。

　　1991年6月至1992年5月，又分别召开了政府间谈判会议，各国代表为了本国利益，就条款内容发生了激烈的争辩，特别是发展中国家和发达国家间，在许多问题上进行了针锋相对的斗争。经过反复讨论修改后的公约最终文本，在生物资源的主权、遗传资源的获取条件、技术转让条件以及资金和财务机制等条款上，基本上满足了发展中国家的要求。公约由序言、42条正文和2个附件组成。1992年6月5日，在里约热内卢举行的联合国环发大会通过了《生物多样性公约》。在这一期间有153个国家签署了公约。6月11日，李鹏总理代表中国政府在这项公约上签字。同年11月7日，我国全国人大常委会审议、

---

　　* 邹骏. 1996. 生物多样性与中国——金鉴明访谈. 科技潮，1~8.

批准了中国参加《生物多样性公约》并于 1993 年 1 月 5 日递交批准文本，是世界上较早批准公约的国家。

邹：您刚才介绍《公约》的目标不仅仅是保护生物资源，还有合理利用的问题。中国既是生物多样性资源丰富的国家，同时又是发展中国家。您认为中国成为公约缔约国有什么实际意义？

金：在历时 4 年多的公约谈判中，中国政府一直以积极的和建设性的态度参与工作。我国对公约的主张已基本反映在公约的各项条款中。例如，公约的目标不仅仅是保护生物资源，还包括了合理利用生物资源，公约确认国家对生物资源的主权，这样可以防止个别国家干涉发展中国家对资源的合理利用，公约还规定了给资源提供国以一定的补偿。我国作为资源丰富的国家，可按公约的规定在向其他国家提供资源时要求参加研究开发这一资源的活动，并在一定的条件下分享由此产生的惠益。根据公约中关于发达国家应承担一定的财政援助与技术转让义务的规定，发展中国家可得到必要的资金和技术援助。

邹：大家都在讲生物多样性保护，作为这一领域的专家，您是怎样定义生物多样性的？

金：作为保护对象的"生物多样性"（biological diversity 或 biodiversity）一词 80 年代初出现于自然保护刊物上，《生物多样性公约》第二条对"生物多样性"作了如下解释。

"生物多样性"是指所有来源的活的生物体中的变异性，这些来源除其他外包括陆地、海洋和其他水生生态系统及其所构成的生态综合体；还包括物种内、物种之间和生态系统的多样性。

1995 年，联合国环境规划署（UNEP）发表的关于全球生物多样性的专著《生物多样性评估》给出一个较简单的定义："生物多样性是生物和它们组成系统的总体多样性和变异性"。

地球上生命的存在已有 35 亿年，随着地球的演化，曾经产生过千百万种生物，但它们大多灭绝了。现在存在的生物也许只代表曾经存在过的生物总数的千分之几。地球历史中生物的灭绝也不是以一种恒定的速度发生。在某些时期，由于重大的地质剧变及其他自然灾害，在比较短的时间内发生大量的物种灭绝。古生物学家认为，2.3 亿年前的二叠纪之末海洋中的生物总数减少了 90% 以上，而发生于大约 6500 万年前的恐龙的大量灭亡，更是大家都知道的。

即使在地球历史的较平静的阶段，生物种类随着进化不断增加的同时也由于多种多样的自然原因在不断地减少。但是，自从人类出现以后，特别是近几个世纪，人类的活动剧烈地加快了地球上物种灭绝的速度。科学家认为，现在的生物物种至少以 1000 倍于自然灭绝的速度在世界范围消失。

邹：物种的灭绝、遗传多样性的丧失、生态系统退化和瓦解，都直接、间接威胁到人类的生存基础。看来保护生物多样性迫在眉睫。

金：保护生物多样性的具体措施包括就地保护、迁地保护两种方式。前者指在自然界（陆地或水域）划出一定面积，加以保护，称为"保护地"，保护地有多种类型，其中最主要的是被严格划分的自然保护区；此外还有国家公园、自然历史纪念地等。后者是把保护对象迁出原地，以特别设计的设施进行保护，如动物园、植物园、水族馆、基因库、种子库、繁育中心等。

物种的保护主要是被称为关键种或关键种集的这些物种，对整个生态系统具有控制性的影响，如果这些关键种或关键种集丧失，其他的种，乃至整个生态系统将受到严重影响。它们的确定和保护对于生态系统多样性的保护也是至关重要的。

为了有效地保护生物多样性并加以可持续地利用，还必须在林业、渔业、农业、旅游业和土地等管理系统之内发展全面的和协调的战略。此外，加强立法、执法，广泛开展保护和可持续利用生物多样性的教育，也是至关重要的环节。

邹：我刚刚看到由您参与编写、主持和组织两院院士、专家评议并由国务院批准颁布的《中国生物多样性国情研究报告》，据说这本报告得到了国际专家的好评，认为它十分详尽地描述了中国生物多样性的情况。

金：为了保护生物多样性，根据《生物多样性公约》的要求，在联合国环境规划署的支持下，在有关国际专家的参与下，我们组织编写了《中国生物多样性国情研究报告》。《中国生物多样性国情研究报告》是对中国广阔国土和海域的植物、动物、微生物及有关生境的理论研究，对农、林、牧、渔等实践活动所积累的有关生物多样性的资料以及近年开展保护生物多样性的各种活动与经济评估的全面系统总结。《国情研究报告》的编写是在由国家环境保护局牵头、国务院 13 个部门组成的中国履行《生物多样性公约》工作协调组的组织领导下，在两年半的时间里完成的。我是《报告》的科学评审委员会主任，与我一起参加编写评审工作的有 80 位国内外著名专家。《报告》中披露的资料十分翔实，积累了中国几代科学工作者的心血，得到了国际有关方面的好评。这是了解中国生物多样性的大百科全书。

邹：中国国土辽阔、海域宽广、自然条件复杂多样，同时中国有较古老的地质历史。中国的土地孕育了极其丰富的植物、动物、微生物物种，因此中国是全球 12 个"巨大多样性国家"之一。

金：中国地域辽阔、地貌复杂，形成多种生态系统类型，据初步统计，中国陆地生态系统类型有森林 212 类，竹林 36 类，灌丛 113 类，草甸 77 类，沼泽 37 类，草原 55 类，荒漠 52 类，高山冻原、垫状和流石滩植被 17 类，总共 599 类。淡水和海洋生态系统类型暂时尚无统计资料。中国确实是地球上生物多样性最丰富的国家之一。地球上少数国家拥有世界物种的巨大百分数，它们被称为"巨大多样性国家"，并应受到特别的国际关注。在当时是根据一个国家的脊椎动物、昆虫中的凤蝶科（Papilionidae）和高等植物的数目评出 12 个这样的"巨大多样性国家"，它们是：墨西哥、哥伦比亚、厄瓜多尔、秘鲁、巴西、扎伊尔、马达加斯加、中国、印度、马来西亚、印度尼西亚和澳大利亚。这些国家合在一起占有类群中世界物种多样性的 70%。这就是中国按生物多样性被排在第 8 位的由来。但这样的排列是否合理，尚有待于进一步从其他方面加以论证。

邹：中国在北半球国家中无疑是生物多样性最为丰富的国家。

金：对。首先中国物种高度丰富。中国有高等植物 3 万余种，仅次于世界高等植物最丰富的巴西和哥伦比亚，居世界第三位。其中苔藓植物 2200 种，占世界总数的 9.1%，隶属 106 科，占世界科数的 70%；蕨类植物 52 科，约 2200 ~ 2600 种，分别占世界科数的 80% 和种数的 22%；裸子植物全世界共 15 科、79 属，约 850 种，中国就有 10 科、34 属，约 250 种占世界物种的 29.41%，是世界上裸子植物最多的国家；中国被子植物约有 328 科，3112 属，3 万多种，分别占世界科、属、种数的 75%、30% 和 11.54%。中国的动物种类也非常丰富，脊椎动物共有 6347 种，占世界总种数（45 417 种）的 13.97%。中国是世界上鸟类种类最多的国家之一，共有鸟类 1244 种，占世界总种数（9198 种）的 13.52%。中国有鱼类 3862 种，占世界总种数（22 037 种）的 17.53%。包括昆虫在内的无脊椎动物、低等植物和真菌、细菌、放线菌，其种类更为繁多。目前尚难作出确切的估计，因大部分种类迄今尚未被认识。

邹：中国辽阔的国土，古老的地质历史一定也为生物多样性提供了丰富的资源。

金：正是由于辽阔的国土、古老的地质历史、多样的地貌、气候和土壤条件，形成了复杂多样的生境，加之第四冰川的影响不大，这些都为特有属、种的发展和保存创造了条件，致使目前在中国境内存在大量的古老孑遗的（古特有属、种）和新产生的特有种类（新特有种）。前者尤为人们所注意。例如，有活化石之称的大熊猫、白鳍豚、文昌鱼、鹦鹉螺、水杉、银杏、银杉和攀枝花苏铁等。高等植物中特有种最多，约 1.73 万种，占中国高等植物总种数的 57% 以上。

邹：中国是一个农业大国，农业开垦史有 7000 年以上，这与生物多样性有关系吗？

金：是的，中国农民开发利用和培植繁育了大量栽培植物和家养动物，其丰富程度在全世界是独一无二的。这些栽培植物和家养动物不仅许多起源于中国，而且中国至今还保有它们的大量野生原型及近缘种。中国共有家养动物品种和类群 1900 多个。在中国境内已知的经济树种就有 1000 种以上。水稻的地方品种达 5 万个，大豆达 2 万个。中国的栽培和野生果树种类总数无疑居世界第一位，其中许多主要起源于中国或中国是其分布中心。除种类繁多的苹果、梨、李子外，原产中国的还有柿子、猕猴桃，包括甜橙在内的多种柑橘类果树，以及荔枝、龙眼、枇杷、杨梅等。中国有药用植物 1.1 万多种，牧草 4200 多种，原产中国的重要观赏花卉 2200 多种。各种有经济价值植物的野生原型和近缘种，大多尚无精确统计。

这些都表明，中国的生物多样性在全世界占有十分独特的地位。

邹：看来我们从祖先手中继承下来的生物多样性遗产十分丰富多彩，但我觉得公众对生物多样性并不熟悉，因此，人为的威胁十分严重。

金：确实，中国生物多样性正受威胁，如陆地生物的状况就十分严峻。现存森林面积狭小、碎裂分散。中国目前仅有森林 1.337 亿公顷，只占世界森林总面积的 4%。覆盖率仅 13.92%，只有世界平均森林覆盖率的 1/2，碎裂分散且分布不均匀。针叶树由于树干端直、材质优良、出材率高，首先成为采伐的对象。中国最大的 3 片针叶林区：大兴安岭、长白山地和西南横断山区，70% 的天然林已被采伐；各种阔叶树林也所剩不多。森林破坏最明显的直接后果是引起生境的剧烈改变，原来适应于阴湿森林环境中的一些物种，如苔藓、蕨类以及多种无脊椎动物等，首先受到威胁，许多高等植物和脊椎动物也趋于消失。草场超载放牧，退化严重。中国草场主要分布于半湿润、半干旱和干旱的北部和西部地区的蒙新高原和青藏高原，草地总面积 274 万平方公里。由于长期超载放牧，有一半以上已经退化，其中 1/4 严重退化。造成草场退化的原因除了放牧以外，与连年割草，滥采药材，如麻黄、甘草等，以及毁草开荒等都有关系，草场退化也导致某些稀有或敏感种的消失。

对动、植物资源掠夺性地开发利用。由于绝大多数脊椎动物的肉可食，毛皮可衣，并且其中许多种具有很高的药用价值，所以它们历来是人们捕杀的对象。新疆虎、蒙古野马的灭绝，高鼻羚羊在中国境内的消失，华南虎的濒危等，都是剧烈捕杀的结果。植物方面，肉苁蓉、锁阳等名贵中药植物日渐稀少，也是过采所致。有些植物，如三尖杉属和红豆杉属植物自被发现为新型抗癌药物后，立即遭到大规模的采伐破坏，使资源急速减少。近年来，虽然国家严禁捕杀和随意采集珍稀濒危动、植物，但偷猎滥采现象仍然存在。

邹：大气污染是否能对生物多样性构成威胁。

金：对大气中 SO_2 和 HF 污染敏感的地衣，已从许多城市和近郊以及接近污染源的森林中减少甚至消失，但当前最大的是酸沉降。西南、华南、华中一些省份是酸沉降严重的中心区域，酸雨的年均 pH 值大多在 5.0 以下。北方少数城市也出现酸沉降。酸沉降严重地区，湖泊水体和土壤酸化，使鱼类和多种无脊椎动物受害。

此外，生物安全也是当今生物多样性保护的问题之一，该问题远未被人们所认识，如其中外来种的问题，外来物种入侵日益增多。例如，紫茎泽兰广泛蔓延于西南地区（仅云南就达 2470 万平方公里），还有水葫芦、大米草等。外来有害动物松突圆蚧于 80 年代侵入广东沿海地区，蔓延成灾，1983 年松林受害约 11 万平方公里，至 1990 年底，扩展到71.8 万平方公里，造成 13 万多平方公里的马尾松林枯死。

邹：中国风景优美，各地都在开发旅游业，看来也对生物多样性保护造成了威胁。

金：旅游、采矿和围垦湿地等活动也对生物多样性产生不利影响。近年来旅游业发展很快，它对生物多样性的不利影响越来越突出。例如，由于游客的践踏，已使特产于华山岩石上的世界珍稀地衣华脐鳞的生存面临威胁；旅游业还使峨眉山顶的锦丝藓、塔藓和安徽黄山的疣黑藓面临绝迹。

采矿活动引起的植被破坏、土壤和水体污染，开采地下水导致的地下水位下降以及沿交通线的噪声等也对生物多样性产生不利影响。

邹：看来中国生物多样性是丰富的，但生物多样性保护所受到的威胁也是严重的。在生物多样性保护方面，近年来中国政府也进行了很大努力，开展了很多工作。

金：自 1978 年实行改革开放政策以来，中国政府集中精力于促进经济和社会的发展，同时将保护环境作为一项基本国策。在过去的 17 年时间内，国家制定和实施了一系列有利于保护和可持续利用生物多样性的方针、政策和措施。1987 年国务院环委会发布《中国自然保护纲要》；1992 年国务院发文要求进一步加强对生物多样性的保护和持续利用，逐步扩大自然保护区的面积，建设野生珍稀物种与遗传资源保护和繁育中心；国家还适时颁布了各种有关生物多样性保护的法律、法规、条例等，尤其是《环境保护法》、《野生动物保护法》和《自然保护区条例》等法规的颁布和实施，在中国生物多样性保护工作中发挥了十分重要的作用。

我国设立了由国务院有关部委和直属机构组成的"中国履行《生物多样性公约》工作协调组"，加强了部门之间的协调。

在保护设施方面，近年来，已在全国建立了 926 个自然保护区、512 个风景名胜区、755 个森林公园，它们的总面积已占国土面积的 8%，还建立了 171 个动物园和公园动物展区、110 个植物园或树木园，以及若干珍稀濒危动、植物人工繁育基地，此外，还建立了由长期库、中期库和种质圃组成的农作物种质资源保存体系，已收集和保护各种农作物种质 33 万份。

在生态建设方面，国家投入大量资金实施了一系列重大植树造林工程，并动员全民植树，在天然林保护上国家明令严禁砍伐天然林木。现在已初步做到森林面积和林木蓄积量逐年增长。我们还实施了农业、渔业和生态旅游业的资源持续利用示范工程。

在科学研究方面，国家组织了多次大型的生物多样性摸底调查，出版了大批的志书和名录，公布了国家重点保护的动物、植物名录，出版了《中国植物红皮书》（第一册），《中国濒危动物红皮书》（鸟类卷），还开展了保护生物学、物种人工繁育技术、生物多样性监测和信息系统建立等方面的研究工作，取得了大批研究成果。

我国决定在每年 12 月 29 日"国际生物多样性日"开展大型宣传活动，向公众宣传生物多样性保护的意义。

邹：《生物多样性公约》序言中有这样一段话："地球的生物资源对人类的经济和社会发展是至关重要的。因此，人们越来越认识到，生物多样性对当代和后代人具有巨大价值并且是全球的财富。另外对物种和生态系统的威胁从来也没有像今天这样巨大，人类活动造成的物种灭绝正以惊人的速度继续。"

金：所以说，只有在全民族生物多样性保护意识具备之时，才真正是我国生物多样性保护成功之日，希望《科技潮》能够多进行这方面的宣传，让大家都来进行生物多样性保护工作。只有那样，中国才能碧水蓝天，世界才会丰富多彩。

邹：谢谢您接受我们的采访。

以环境管理促进"绿色奥运"

访北京奥运环境顾问金鉴明[*]

随着北京奥运倒计时一周年钟声的敲响,北京绿色奥运各项筹备工作都进入了最后的攻坚阶段。为了让公众更好地了解北京奥运践行"绿色理念"的情况,本刊记者就相关问题采访北京奥组委环境顾问、原国家环境保护局副局长、中国工程院院士金鉴明。

自 2001 年起,金鉴明已经连续三次被聘为北京奥组委的环境顾问。在担任北京奥组委环境顾问的几年间,金鉴明参与了建立环境管理体系,设计绿色奥运标志,展示奥运场馆环保亮点等方面的工作,为北京市的绿色奥运提供了许多有益的建议。

据金鉴明介绍,自 20 世纪 90 年代以来,环境被国际奥委会确定为与体育和文化并列的第三个支柱,国际奥委会制定了《奥林匹克运动 21 世纪议程》,用于指导奥林匹克运动的环境保护工作。

金鉴明说,绿色奥运的含义可从狭义和广义两个方面加以区分,狭义的绿色奥运是指在申办、组织、举办奥运会的过程中,以及在受奥运会直接影响的举办奥运会之后的一段时间里,自然环境和生态环境能与人类社会协调发展。广义的绿色奥运是指与奥运会相关的物质和意识上的绿色,以及在其他方面与自然和社会发展相协调的思想和做法。绿色奥运的含义更多的应该是体现在对环境的保护和资源的节约和循环再生利用。

近年来,北京市经济社会快速发展,城市人口、建设规模以及机动车保有量快速增长,随着北京社会经济快速发展和人口的增加、资源能源消耗的持续增长,改善环境的压力继续加大,环保任务非常艰巨。

金鉴明说,北京是中国政治文化中心,是世界历史名城之一,是走向国际化的大都市。面对城市化、人口、环境的巨大压力和严峻的挑战,走"自然、社会、经济协调和可持续发展"之路,推进城市的生态化发展,是城市发展的必然选择。

金鉴明告诉本刊记者,解决好当前经济社会生活中矛盾突出的资源短缺与生态环境薄弱问题,加强环境管理,大力发展清洁生产和循环经济,建设资源节约型城市,是北京市推进绿色奥运的关键所在。

一、推进废弃物再生利用

金鉴明认为,践行绿色奥运理念的要素之一,是积极开展资源综合利用,全面回收并

---

[*] 孙钰,熊礼明.2007.以环境管理促进"绿色奥运"——访北京奥运环境顾问金鉴明.环境保护,(8B):4~6.

分解利用废弃物，达到对末端废弃物的资源化和再生化利用。作为北京奥组委的环境顾问，金鉴明曾在促进北京循环经济工作方面提出建议。对于北京市近年来在深化循环经济，推进资源综合开发利用方面所采取的一系列措施，金鉴明表示了肯定。

比赛场馆固体废弃物的收集、运输和最终处置工作是成功举办高水平奥运会的保证。为了促进资源再利用，北京奥组委制定了奥运场馆清洁与废弃物管理运行纲要，编制了场馆清洁废弃物管理相关政策和程序，确保对比赛时产生的废弃物进行有效、合理的管理和循环利用。

在北京，一些奥运场馆已经起到了环保示范的效果，以废钢渣利用工程为例，在建设过程中，奥运村利用首钢公司 8000 吨废弃钢渣做道路路基，国家体育馆地下结构的抗浮材料采用了 4 万吨废钢渣。这些措施实现了资源再利用，降低了首钢的"钢渣山"对周围环境的影响。

目前北京市 9 成垃圾靠填埋处理，未来 5 年，这一比例将降低到 3 成，北京市的垃圾处理将日渐安全化与资源化，更多的垃圾将采用更环保的堆肥和焚烧方式。正在建设的 4 座垃圾焚烧站将配备相应的发电设备，实现垃圾的资源化，为城市提供绿色能源。全部建成后，日焚烧垃圾量将达到 5000 吨。其中，高安屯生活垃圾焚烧发电厂产生的余热每年发电 2.2 亿度，运营后除去解决奥运期间运动场馆、运动员村及相关公共场所的垃圾焚烧处理问题，还可为 200 多万城市人口提供环境服务。

2007 年，北京还将建设完成电子废弃物处置，废旧轮胎和废塑料再利用项目，并完善电子废弃物回收网络，利用现有再生资源回收网络，有偿回收居民旧家电。

在废弃物处理方面，金鉴明建议，下一步要继续推进垃圾减量化、资源化和无害化，开展垃圾源头减量工作，遏制商品及礼品过度包装。并通过健全垃圾处理收费制度。加快生活垃圾无害化处理能力建设，提高垃圾无害化处理率。

二、实施生态措施治理水环境

城市河湖是生态环境的重要组成部分，担负着供水、排水和城市水景观的重要作用。金鉴明认为，治理北京城市水环境要采取生态治河的治理思路，采取生态措施治理河湖污染，合理配置有效利用有限的水资源，开发利用再生水，既确保首都生产和生活用水，又保持良好的水环境。

据金鉴明介绍，为了改善水环境，在治污过程中，北京市将治河与截断污水相结合，减少污水直接入河，河湖面貌不断得到改观。2006 年，北京市河湖治理任务超额完成，全市 II 类、III 类水质河道首次达到 56%。

在改善水质量的过程中，北京市将生物措施和工程净化措施相结合，维护河流的健康生命。为保护河道水质，在城中心区河道种植了各种水生植物，使水质明显改善。在治河工程中，打破了过去单纯从防洪角度治河的理念，按照生态治河的思路进行实践，建成河道天然自我净化系统。

同时北京市扩大使用再生水，使水资源循环利用。将优质的再生水作为河湖景观的第二水源。近两年每年都有 1 亿立方米再生水补充入河。

金鉴明介绍说，北京是我国最早利用再生水的城市之一。目前，再生水已经成为北京第二大水源，北京正在工业、城市建设、居民生活等各方面推广使用再生水。由于采用再生水取代清水作为用水水源，工业用水已由城市用水量的1/3减少到1/4。清河再生水厂主要服务奥运中心区、清河上游及周边地区，是国内供水规模最大的再生水厂。清河再生水厂日供水6万立方米作为奥运公园景区及清河的补充水源，每年可节约清洁水源3000万立方米。

金鉴明说，悉尼奥运会在环境方面的亮点之一是收集利用雨水，节约了城市的清水资源。而近年来北京市也在回收利用雨水。在主汛期到来前，提闸将河道水放空，下雨时关闭闸门收集雨水。既冲洗了河道，又节约了清水。近两年城市河湖每年利用雨水都在1000万立方米以上。

在河湖治理方面，金鉴明建议，下一步要强化河湖水环境管理，加强生态治水力度，加大城乡污水治理力度，稳步提高城市污水处理率，持续提高再生水水质，力争将城市中心区水质再提高一步。

三、节能降耗控制大气污染

改善大气质量是北京市环境保护工作的重点。金鉴明认为，要控制大气污染，必须重视节能降耗，充分利用清洁能源和可再生能源，控制机动车尾气排放量。

金鉴明说，近年来，通过下大力气采取治理措施，北京市大气质量不断好转，空气质量达到二级或好于二级的天数逐年增加。2007年上半年，在全国两项主要污染物——二氧化硫和化学需氧量排放总量一降一升的情况下，北京这两项指标都大幅下降，降幅在全国名列前茅。

在减排二氧化硫方面，北京市积极推进工业和燃煤电厂的治理，实施中心城区20吨以下燃煤锅炉的改造和平房居民小煤炉的"煤改电"，各远郊区县也正在按照供热规划推进卫星城燃煤锅炉整合工作。

北京市注重开发可再生能源。目前，北京市首个大型风力发电场已在官厅地区开工，该项目建成后每年将向北京输送近1亿度的绿色电能。

为推进可再生能源普及利用，北京市在奥运场馆积极推行太阳能照明产品。在奥运村项目的管理办公区、工人生活区、施工区道路，分别安置了太阳能草坪灯、太阳能庭院灯和太阳能路灯。这些灯具在为奥运村场区提供夜间照明的同时，也节约了电力，为北京市推广太阳能利用技术起到了示范作用。

近期北京市为了控制汽车尾气排放量，实行汽车单双号限行，提高了空气质量。金鉴明建议，为了保证北京的大气质量，最好能够将这一措施作为长效管制、促进北京空气质量提高的有效途径之一。

四、加强城市生态建设

自北京申奥成功之日起，"办绿色奥运，建生态城市"已经成为北京市政府与全体市民的共同目标，加强北京市生态建设是建设绿色奥运的重要组成部分。作为一位生态领域专家，金鉴明在这一领域提出了不少建议。

北京怀柔喇叭沟门林区是北京市面积最大、森林蓄积量最高的天然林区。现存的大面积天然林有蒙古栎树，胡桃楸林，油松林等。是北京地区生物多样性最为丰富的地区之一，也是密云水库上游的主要水源补给区。为了在申奥前给北京增加一道绿色生态屏障，金鉴明曾与另外两位专家以中国生物多样性基金会的名义共同向北京市政府提出建议，要建立喇叭沟门自然保护区，在北京市成功申奥前不久，北京市政府正式批准建立了北京市喇叭沟门自然保护区。

据金鉴明介绍，到目前为止，北京申奥时对于绿化建设的多项承诺，除"山区林木覆盖率达到70%"将于2007年底实现以外，其余各项绿化指标承诺均已提前、超额实现。目前，北京市已形成了城市周边绿化隔离地区、平原防护林体系以及山区生态屏障构成的三道绿色生态屏障。北京市还兑现了"申奥报告"中的在永定河、京石路等"五河十路"两侧形成2.3万公顷绿化带的承诺。北京市区建成1.2万公顷的绿化隔离带，2006年年底还实现了城市绿化覆盖率达到40%以上的目标。

目前北京已经实现申奥时提出的自然保护区面积不低于全市土地面积8%的目标，但与建设生态城市自然保护区的面积达到17%的要求尚有一段距离。为了加强北京市生态建设，金鉴明建议，要进一步加大野生动植物资源保护力度，加强自然保护区建设，要为北京市的生态安全增添新的绿色生态屏障，为未来创建生态城市奠定基础。

五、打造碧水蓝天的宜居城市

近年来，北京市一直坚持加大环境污染治理和生态建设力度，在城乡建设，经济建设快速发展的同时，环境质量和生态状况明显改善，但与"绿色奥运"的要求相比还有一定差距，污染防治工作处于攻坚阶段。

2007年是北京奥运筹备决战之年，北京市将力争实现以下环保指标：市区空气质量二级和好于二级天数的达标率达到67%，城八区污水处理率达到92%，再生水利用率达到50%，城八区垃圾无害化处理率达到97%，郊区垃圾无害化处理率达到60%，林木覆盖率达到51.6%，城市绿化覆盖率达到42.7%。

2007年，北京将完成全部奥运场馆建设，并加速道路交通、污水处理等奥运相关基础设施薄弱项目的建设进度，力争在奥运会前使城市面貌得以彻底改观，同时，北京市六环以内的河道将基本完成治理，达到水清、岸绿、流畅、部分河道通航，实现"三环碧水绕京城"的目标。

金鉴明建议，北京市应该以推进绿色奥运为契机，把筹办奥运与整个城市的生态环境保护与建设结合起来，落实科学发展观的要求，继续着力调整产业结构，严格控制发展中产生的环境问题，大幅度提高环境质量。

金鉴明说，实践"绿色奥运"理念，对于北京市环境保护工作具有积极的推动作用，要加强环境管理，切实推进绿色奥运工作，将北京建设成为碧水蓝天、环境更加宜居的城市，并加快北京向生态城市转变的步伐。要在奥运会结束后，为北京、中国和世界体育留下一份丰厚的环境保护遗产——奥运会绿色建筑示范工程，举办大型运动会新的环境管理模式，以及持续改善的北京环境质量。

绘就生态建设新画卷

访中国工程院院士金鉴明[*]

《走向世界》：在环境保护方面，先进的理念和可持续发展的观点为什么是我们所必须坚持的呢？

金鉴明：人类目前正由工业文明时代的中后期向着生态文明迈进，全球环境保护的历程从1972年斯德哥尔摩人类环境会议到1992年里约联合国环境与发展大会，再到2002年约翰内斯堡可持续发展的首脑会议的30年，这是人类历史不平凡的30年。中国环境保护30多年的历史也是在全球环境30年的历史进程中产生和发展起来的。人们已经或正在反省以牺牲环境为代价破坏生态所获得的物质文明是不可取的。这种生产模式的工业文明同样应该抛弃，需要用先进的理念、持续发展的观点研究和探索一条走发展与保护相协调的可持续发展的生产模式和消费方式。

《走向世界》：构建生态城市的前提和保障是什么？

金鉴明：城市是社会生产力发展到一定历史阶段的产物。城市化可以促进经济繁荣和社会进步，能合理利用土地，提高能源利用效率，促进教育、就业、文化、健康和社会服务行业，推进区域经济的增长和发展。中国城市化率目前只有39%，离世界城市化率平均50%相差较远，预计用50年时间提高到75%。建设具有容纳11亿~12亿人口的城市容量又要使其防备"城市病"的发生，其解决的主要途径是构建生态城市的城市发展新模式。这种城市发展的新模式可以避免由于经济高速发展带来的种种城市弊病，同时也是城市自身发展的需要、适应现代化的需要和城市可持续发展的需要。编制生态城市战略规划是生态城市建设的前提，明确构建生态城市的目标、框架、内容、措施是实施生态城市的重要保障。

《走向世界》：在城市污染治理产业化方面，政府应该扮演什么样的角色？

金鉴明：在城市污染治理产业化方面，政府的计划经济体制急需要向着社会化、企业化、专业化管理模式转变。中国城市环保基础设施严重滞后，原因是仅靠政府投入远远不够，多渠道投资机制尚未建立，设施运行费完全靠政府补给，治理成本过高。近年来江苏、浙江、山东等省在环保污染治理中引入新的市场机制，建立了环保产业的社会化、企业化、专业化的管理模式。目前，传统的污水处理双损模式向着走可持续发展生态化处理双赢模式转变。城市污水处理模式转变为走可持续发展的生态化之路，即"适量开采、适

* Reporter of openings. 2005. 绘就生态建设新画卷——访中国工程院院士金鉴明. 走向世界，(106)：38，39.

当分散处理"之路，由双损局面变为双赢。目前江苏、浙江等省的许多民营企业已采用BOT模式处理城市生活污水和城市固体废物并取得成效。

《走向世界》：近年来，中国农村在生态环境建设方面呈现出哪些新的探索模式？

金鉴明：第一，建设不同类型的生态农业模式。近年来，中国生态农业的不同类型在全国试点近 2000 个。20 世纪末至 21 世纪初实验生态农业在市场经济形势下产生了实施产业化发展、企业化经营的生态农业新模式，生态效益和社会效益十分显著。第二，农村区域生态环保先进模式——生态示范区。中国的生态示范区以可持续发展和生态经济学原理为指导，以协调经济、社会、环境建设为主要对象，在以县域为区域界定内生态良性循环的基础上，实现经济社会全面健康的可持续发展。生态示范区类型有生态农业型、农工商一体化型、生态旅游型、生态破坏恢复型等生态示范区类型。第三，发展有机农副产品的有机农业生产基地模式。有机食品来自有机农业生产体系，根据国际有机农业生产的要求和相应的标准生产加工并通过独立的有机食品认证机构认证的所有农副产品。它是安全、健康、富有营养的食品。

《走向世界》：中国是怎样解决自然保护区自养模式与环境保护之间的矛盾的？

金鉴明：至 2004 年底，全国已建有不同类型的自然保护区 2194 个，其总面积14 822.6万公顷，陆地自然保护区面积占国土面积的 14.8%，其中国家级自然保护区 226个。国家提倡以自养的方式发展，以减轻国家对自然保护区资金投入的压力，但自行开发经营如不按保护区条例进行，往往又会带来生态破坏和环境污染，所以多年来一直探讨和研究如何贯彻可持续发展理念于自然保护区，使之处理好保护与发展的矛盾，达到既发展保护区经济增加自养能力又维护好自然保护区及区内生物多样性保护双赢的目的。保护区应该走自养的道路，在保护优先的前提下，把生物资源变成资源优势和产业经济。运作比较成功的有辽宁蛇岛国家级自然保护区自养模式，浙江大盘山国家级自然保护区在实验区以药用植物为基地的自养发展模式等，都取得了显著成果。

附录二 | 主要论著目录

一、主 要 论 文

[1] 金鉴明.1974.环境保护和生态学.见:环境保护知识讲座选编.北京:中国建筑工业出版社,99~107.

[2] 金鉴明.1974.植物生态学与环境保护.科学实验,(4):24,25.

[3] 金鉴明,侯学煜.1974.环境保护和植物生态学.植物学杂志,(1):18~20.

[4] 金鉴明,周富祥.1974.生态系统和环境污染.环境保护,(5):36~39.

[5] 金鉴明,周富祥.1974.关于环境保护的生态学研究的探讨.科学通报,(1):542~546.

[6] 金鉴明,周富祥.1978.一门新的综合性科学——环境科学.见:现代科学技术简介.北京:科学出版社,28~43.

[7] 金鉴明,周富祥.1978-09-22.环境科学.光明日报.

[8] 金鉴明.1980.环境保护与生态系统.知识就是力量,(2):4,5.

[9] 金鉴明.1980-3-5.动员起来保护大自然.光明日报.

[10] 金鉴明,张维珍.1980.保护自然环境和自然资源——学习环境保护法的体会.环境保护,(2):13~15.

[11] 金鉴明,王玉庆.1980-01-04.大自然保护与四个现代化.光明日报,第4版.

[12] 金鉴明,王玉庆.1980.威宁草海的教训.环境科学,(15):6.

[13] 金鉴明,余慧芜.1980.生物资源与环境保护.环境保护,(1):10~12.

[14] 金鉴明.1981.面临危机的水资源.地球,(1):12,13.

[15] 金鉴明,胡舜士,陈伟烈,等.1981.广西阳朔漓江河道及其沿岸水生植物群落与环境关系的观察.广西植物,1(2):11~17.

[16] 胡舜士,金鉴明,金代钧.1981.广西花坪林区常绿阔叶林内苔藓植物分布的初步观察.广西植物,1(3):1~8.

[17] 金鉴明.1982.介绍《让它们活下去——保护濒于绝种的动植物展览》.环境,(8):14,15.

[18] 金鉴明.1982.水资源面临着危机.环境,(6):2,3.

[19] 金鉴明,王礼嫱.1982.从三废治理到生态保护.大自然,(3):33,34.

[20] 金鉴明,王礼嫱.1982.学习大自然的课堂——介绍中国自然保护展览.环境保护,(6):17~19.

[21] 金鉴明,王礼嫱.1982.回顾与发展——纪念斯德哥尔摩人类环境会议十周年.环境,(7):2,3.

[22] 金鉴明,王礼嫱.1982.保护鸟类资源维持生态平衡.城乡建设,(11):27,28.

[23] 金鉴明,沈建国.1982.第十五届国际自然及自然资源保护同盟大会简介.环境保护,(4):11,12.

[24] 金鉴明,张维珍.1983.自然保护区.见:中国大百科全书总编辑委员会《环境科学》编辑委员会.中国大百科全书.环境科学卷.北京:中国大百科全书出版社,498.

[25] 金鉴明,周富祥.1983.环境科学发展史.见:中国大百科全书总编辑委员会《环境科学》编辑委员会.中国大百科全书.环境科学卷.北京:中国大百科全书出版社,187~190.

[26] 金鉴明,王德铭,黄振管.1983.自然保护.见:中国大百科全书总编辑委员会《环境科学》编辑委员会.中国大百科全书.环境科学卷.北京:中国大百科全书出版社,496~498.

[27] 金鉴明,高拯民,王之佳.1985.世界自然保护的战略——记第十六届IUCN大会.农村生态环境,(3):30~32.

[28] 金鉴明.1986.人口与环境.海军计划生育办公室,1~21.

[29] 金鉴明.1986.坚持环境科研为管理服务的方向,努力开创"七五"环境科研的新局面.全国环保系统科技工作会议文件.

[30] 金鉴明.1986.引进创新不断前进.环境与可持续发展,(11):1,2.

[31] 金鉴明.1987. 国家环境保护局总工程师金鉴明在中国科协组宣部组织的"记者联谊会"上的讲话（摘要）. 中国环境科学学会动态，(24)：20～25.

[32] 金鉴明.1987. "七五"期间自然保护工作的主要任务. 环境，(4)：15, 16.

[33] Jin J M. 1987. Protecting biological resources to sustain human progress. Royal Swedish Academy of Sciences, 16 (5): 262～267.

[34] 金鉴明.1988. 自然保护的战略研究. 大自然，(1)：3～9.

[35] 金鉴明.1988. 环保工作的一项重大改革. 环境工作通讯，(9)：12, 13.

[36] 金鉴明.1988-05-21. 保护自然环境促进经济发展. 中国环境报.

[37] 金鉴明，程振华.1988-03-01. 任重而道远——祝《环境科学研究》. 环境科学研究，1.

[38] 金鉴明，王礼嫱.1988. 自然保护的回顾与展望. 大自然，(4)：7～11.

[39] 金鉴明.1988. 我国有害废弃物的防治对策. 环境科学动态，(3)：1～3.

[40] 金鉴明.1989. 做好环评工作——推动我国环境科学技术的进步. 环境科学动态，(8)：1, 2.

[41] 金鉴明.1989. 中国的环境问题及其对策（一）. 国防环境科学，(1)：7～12.

[42] 金鉴明.1989. 中国的环境问题及其对策（二）（三）. 国防环境科学，(2)：1～5.

[43] 金鉴明.1989. 遗传资源的保护. 环境保护，(1)：2～4.

[44] 金鉴明.1990. 保护人类生存的环境（一）. 农村生态环境，(1)：1～6.

[45] 金鉴明.1990. 保护人类生存的环境（二）. 农村生态环境，(2)：1～6.

[46] 金鉴明.1990. 保护人类生存的环境（三）. 农村生态环境，(3)：1～8.

[47] 金鉴明.1990. 振奋精神，努力进取在治理整顿中大力加强环境宣传工作——金鉴明副局长在第一次全国环境宣传工作会议上的报告. 环境工作通讯，(4)：26～36.

[48] 金鉴明.1990. 全球变暖对农业生态的影响. 环境保护，(2)：8, 9.

[49] 金鉴明.1990. 强化监督管理，促进生态保护——金鉴明副局长在全国自然保护工作会议上的讲话. 环境工作通讯，(10)：12～22.

[50] 金鉴明.1991. 振奋精神，开拓进取，为实现环保科技管理工作重点转移而努力. 环境科学动态，(2)：7～12.

[51] 金鉴明.1991. 我国资源和环境发展的战略问题. 环境保护，(2)：3～5.

[52] 金鉴明.1991-06-5. 保护森林是强化环境管理的重要内容. 人民日报.

[53] 金鉴明，薛达元.1991. 我国生物多样性及其保护战略. 农村生态环境，(2)：1～5.

[54] 金鉴明.1992. 保护生物多样性. 见：国际科学与和平周活动环境与发展报告会文集，1～15.

[55] 金鉴明.1992. 我国环境保护科学技术发展展望. 中国科学基金，(4)：23～27.

[56] 金鉴明.1992. 中国典型生态区生态破坏现状及其保护恢复利用研究. 农村生态环境，(1)：1～8.

[57] 金鉴明.1992. 搞好环境保护，促进矿业发展. 见：金鉴明，王礼嫱，毛夏. 自然环境保护文集，68～71.

[58] 金鉴明.1992. 环境宣传要适应环境保护的新形势. 环境保护，(11)：5～8.

[59] 金鉴明，王礼嫱，臧玉祥，等.1992. 中国典型生态区生态破坏经济损失分析. 农村生态环境，(3)：14～19.

[60] 金鉴明.1993. 加强我国矿产资源开发中的环境保护工作. 中国人口·资源与环境，3 (1)：22～24.

[61] 金鉴明.1993. 环境保护知识讲座（一）——全球性环境保护浪潮（上）. 生物学通报，28 (5)：23, 24.

[62] 金鉴明.1993. 环境保护知识讲座（二）——全球性环境保护浪潮（下）. 生物学通报，28 (6)：24～28.

［63］金鉴明 . 1993. 环境保护知识讲座（三）——中国的环境保护概况（上）. 生物学通报，28（7）：21～24.

［64］金鉴明 . 1993. 环境保护知识讲座（四）——中国的环境保护概况（下）. 生物学通报，28（8）：21～24.

［65］金鉴明 . 1993. 环境保护知识讲座（五）——环境保护的基本原理及其宣传教育（上）. 生物学通报，28（9）：22，23.

［66］金鉴明 . 1993. 环境保护知识讲座（六）——环境保护的基本原理及其宣传教育（下）. 生物学通报，28（10）：22，23.

［67］金鉴明 . 1994. 自然环境及其保护问题 . 94 年中国省级环境保护局局长环境管理高级研讨班讲义下册 .

［68］金鉴明 . 1994. 建立和管理自然保护区的基本理论与实践 . 见：王礼嫱，金鉴明 . 论自然保护区的建设与管理 . 北京：中国环境科学出版社：1～22.

［69］金鉴明 . 1996. 生态危机观念上的误区、盲区、进区 . 环境科学动态，（4）：2～4.

［70］Jin J M. 1997. The construction and management of nature reserves in China. J. Environ. Sci., 9（2）：129～140.

［71］金鉴明 . 1998. 中国的自然生态保护 . 世界科技研究与发展，20（2）：21～31.

［72］金鉴明，金冬霞 . 1999. 中国的生态农业 . 世界科技研究与发展，21（2）：10～14.

［73］金鉴明，金冬霞 . 2001. 什么是生态旅游 . 大自然，（2）：32，33.

［74］金鉴明，曹凤中 . 2002. 荒漠化和沙尘暴若干问题的思考 . 见：金鉴明 . 第二届生物多样性保护与利用高新科学技术国际研讨会论文集 . 北京：科学技术出版社，9～11.

［75］金鉴明 . 2002. 环境领域若干前沿问题的探讨 . 自然杂志，24（5）：249～253.

［76］金鉴明 . 2002. 什么是生物多样性策略和行动计划 . 四川师范学院学报（自然科学版），23（2）：101～105.

［77］金鉴明 . 2002. 自然保护区新的模式——生态功能保护区 . 中国自然保护区可持续发展有效管理研修 . 中国生物多样性保护基金会，4－18.

［78］曹凤中，金鉴明 . 2002. 人与自然和谐观的生态理念思考 . 见：第二届生物多样性保护与利用高新科学技术国际研讨会论文集 . 北京：科学技术出版社，212～215.

［79］金鉴明 . 2003. 新世纪的环境问题 . 科学中国人，（3）：24，25.

［80］金鉴明，金冬霞 . 2003. 生态建设与生态保护的新理念和新举措 . 浙江树人大学学报，3（6）：68～71.

［81］金鉴明，田兴敏 . 2005. 探讨生态建设与生态保护的新模式和新举措 . 山东生态省建设论坛论文选编，64～69.

［82］金鉴明 . 2006. 保护生物多样性就是保护人类的家园 . 大自然，（5）：1.

［83］金鉴明 . 2006. "三步"走向生态城市 . 中国减灾，（1）：52.

［84］金鉴明，田兴敏 . 2006. 城市的明天——构建生态城市的探讨 . 自然杂志，28（3）：131～136.

［85］金鉴明 . 2008. 全面建设生态文明 . 绿色视野，（12）：16，17.

［86］金鉴明 . 2008. 建设生存发展协调统一、独立崭新的现代文明 . 环境保护，（23）：51～53.

［87］金鉴明 . 2009. 三峡库区必须进行生态修复与屏障建设 . 中国三峡，（11）：20～25.

［88］金鉴明 . 2009. 中国生物多样性受威胁的现状与国家生态安全 . 见：曾晓东 . 第五届环境与发展中国（国际）. 北京：现代教育出版社，87～94.

［89］金鉴明 . 2010. 生物多样性就是生命，生物多样性就是我们的生命 . 见：胡昭广，金鉴明 . 第七届中国生物多样性保护与利用高新科学技术国际论坛 . 北京：科学技术出版社，3～7.

［90］金鉴明，田兴敏 . 2010. 有机食品、生态环保与武义养生旅游资源的开发 . 见：周玲强 . 养生旅游 .

上海：人民出版社，3～7.

[91] 金鉴明，田兴敏，温丽娜．2011. 新时期、新形势下生态农业的可持续发展，生态农业——21 世纪的阳光产业．北京：清华大学出版社；广州：暨南大学出版社，204～225

二、主 要 著 作

[92] 建明（金鉴明笔名），富翔（周富祥笔名），杨之（李金昌笔名），等．1977. 环境保护．北京：科学出版社．

[93] 金鉴明，周富祥，李金昌，等．1983. 环境保护．北京：科学出版社．

[94] 金鉴明，周富祥．1987. 环境科学浅论．北京：科学出版社．

[95] R. P 格默尔．1987. 工业废弃地上的植物定居．倪彭年，李玲英译，金鉴明校．北京：科学出版社．

[96] Ю. Ю. 图佩察．1987. 自然利用的生态经济效益．金鉴明，徐志鸿译．北京：中国环境科学出版社．

[97] 曲格平，金鉴明，曹如明，等．1988. 中国环境科学研究．上海：科学技术出版社．

[98] 王献溥，金鉴明，王礼嫱，等．1989. 自然保护区的理论与实践．北京：中国环境科学出版社．

[99] 编辑委员会（主任委员金鉴明）．1991. 环境科学大辞典．北京：中国环境科学出版社．

[100] 金鉴明，王礼嫱，薛达元．1991. 自然保护概论．北京：中国环境科学出版社．

[101] 傅立国，金鉴明．1991. 中国植物红皮书——稀有濒危植物．第一册．北京：科学出版社．

[102] 金鉴明，王礼嫱，毛夏．1992. 自然环境保护文集．北京：中国环境科学出版社．

[103] 国家"七五"科技攻关环境保护项目研究成果编辑委员会（主编金鉴明）．1993. 大气污染防治技术研究．北京：科学出版社．

[104] 国家"七五"科技攻关环境保护项目研究成果编辑委员会（主编金鉴明）．1993. 国家水污染防治及城市污染水资源化技术．北京：科学出版社．

[105] 国家"七五"科技攻关环境保护项目研究成果编辑委员会（主编金鉴明）．1993. 环境背景值和环境容量研究．北京：科学出版社．

[106] 金鉴明．1994. 绿色危机——中国典型生态区生态破坏现状及其恢复利用研究论文集．北京：中国环境科学出版社．

[107] 王礼嫱，金鉴明．1994. 论自然保护区的建立和管理．北京：中国环境科学出版社．

[108] 金鉴明．1995. 自然、文化、科技——中国环境保护的思考与探索．北京：中国环境科学出版社．

[109] 金鉴明．1995. 中国自然资源丛书野生动植物卷．北京：中国环境科学出版社．

[110] 编辑委员会（主编金鉴明，托尼施奈德）．1997. 国际环境合作与可持续发展环境监测、信息指标体系述评．北京：中国环境科学出版社．

[111] 曹凤中，金鉴明，周国梅．1999. 环境与可持续发展．北京：中国科学技术出版社．

[112] 金鉴明．2001. 生物多样性保护与利用高新科学技术国际研讨会论文集．北京：科学技术出版社．

[113] 沈国舫，金鉴明．2001. 中国环境问题院士谈．北京：中国纺织出版社．

[114] 金鉴明．2002. 第二届生物多样性保护与利用高新科学技术国际研讨会论文集．北京：科学技术出版社．

[115] 金鉴明，卞有生．2002. 21 世纪的阳光产业——生态农业．北京：清华大学出版社；广州：暨南大学出版社．

[116] 李延寿，金鉴明．2002. 中国自然保护区可持续发展有效管理．中国生物多样性保护基金会．

[117] 金鉴明，李俊清，石金莲，等 . 2004. 生态旅游学系列丛书 . 北京：中国林业出版社 .

[118] 胡昭广，金鉴明 . 2010. 第七届中国生物多样性保护与利用高新科学技术国际论坛文集 . 北京：北京科学技术出版社 .

[119] 金鉴明，卞有生，田兴敏 . 2011. 生态农业——21 世纪的阳光产业 . 北京：清华大学出版社；广州：暨南大学出版社 .

致　　谢

　　本文集在编辑过程中，中国环境科学研究院领导给予了大力支持和帮助，中华人民共和国环境保护部、科学出版社、中国科学院国家科学图书馆、新华社等单位和相关同志提供了许多相关材料和帮助。在此，我们对关心和支持本文集编撰与出版的单位、领导、专家以及金鉴明院士的夫人沈国英老师表示最诚挚的谢意！并特别感谢中国环境科学研究院孟伟院长和郑丙辉副院长给予的鼎力支持！

　　参与本文集编务工作的有：郑丙辉、张林波、何萍、齐月、韩永伟、吕世海、冯朝阳、沈云、刘军会、刘伟玲、香宝、苏德、龚斌、杜加强、郭杨、张海博、胡钰、吴志丰、张继平、尚洪磊、刘芮杉等。感谢书中部分文章的共同作者和访谈记者，感谢所有为本文集的选编、汇集、录入、排版、校对、印刷、出版、发行而辛勤付出的人们。

《金鉴明文集》编辑组

2011 年 10 月